5G
WIRELESS SYSTEM
GUIDE

Pave
the way to
Digital
Transformation

5G无线系统指南

知微见著，赋能数字化时代

王喜瑜 刘钰 刘利平 ◎著

图书在版编目（CIP）数据

5G 无线系统指南：知微见著，赋能数字化时代 / 王喜瑜，刘钰，刘利平著．-- 北京：机械工业出版社，2022.4

（中兴通讯技术丛书）

ISBN 978-7-111-70326-6

I. ① 5… II. ① 王… ② 刘… ③ 刘… III. ① 第五代移动通信系统 – 指南 IV. ① TN929.538-62

中国版本图书馆 CIP 数据核字（2022）第 039710 号

5G 无线系统指南：知微见著，赋能数字化时代

出版发行：机械工业出版社（北京市西城区百万庄大街 22 号 邮政编码：100037）

责任编辑：董惠芝 责任校对：马荣敏

印 刷：北京铭成印刷有限公司 版 次：2022 年 6 月第 1 版第 1 次印刷

开 本：186mm × 240mm 1/16 印 张：31.5

书 号：ISBN 978-7-111-70326-6 定 价：129.00 元

客服电话：（010）88361066 88379833 68326294 投稿热线：（010）88379604

华章网站：www.hzbook.com 读者信箱：hzjsj@hzbook.com

Preface 序

党的十八大以来，党中央高度重视发展数字经济。2021年，中共中央政治局就推动我国数字经济健康发展进行第三十四次集体学习。中共中央总书记习近平在主持学习时强调，数字经济事关国家发展大局，要做好我国数字经济发展顶层设计和体制机制建设。

工业和信息化部发布的《"十四五"信息通信行业发展规划》对建设新型数字基础设施提出了新的更高要求，做出了具体的战略部署。

推动数字经济发展，加快数字产业化发展，就需要加快进行包括5G在内的新一代信息通信技术的集成融合、系统创新，推动信息通信产业升级提速，降低全社会使用信息通信技术的门槛。推进产业数字化升级，就需要推动新一代信息通信技术深度融入生产运营各领域、各环节，助力实体经济突破全要素生产率的增长瓶颈，实现高质量发展。

"十三五"期间我国已经建成全球规模最大的光纤和移动宽带网络，实现了5G网络的规模化商用。"十四五"期间，我国5G覆盖面会更广，5G应用会更深，对5G专业技术人才的需求数量会更多、能力要求会更高。5G技术的发展及行业应用的深入，需要上下游产业链的企业、科研院所、CCSA等行业组织共同协作。包括中兴通讯在内的国内企业有着领先的5G技术，并积极参与5G标准的制定。很开心看到中兴通讯将自己在5G无线技术领域的深厚积累分享出来，汇集成这本书，让更多的专业人员得以深入学习5G无线技术，了解5G标准。本书有助于5G人员能力的提升和行业的共同发展。

百尺竿头，更进一步。希望中兴通讯不断沉淀和萃取自己的最佳实践，未来出版更多、更好的科技著作！也希望产、学、研、政各界携手，充分利用5G技术赋能千行百业，抓住新一代信息通信技术和数字经济发展的历史机遇，更好地赋能实体，服务社会，造福人民！

闻库
中国通信标准化协会副理事长兼秘书长
2022年1月17日

前言 *Preface*

2019年，工业和信息化部向各运营商颁发了5G牌照，这标志着我国正式进入5G商用时代。经过两年多的发展，我国5G基站数量占全球70%以上，稳居全球第一；5G终端用户数量超过4.9亿，占全球80%以上。至此，我国已建成全球规模最大、技术最先进、行业应用最丰富的5G网络。很荣幸，中兴通讯作为无线通信产业的参与者，在过去的三十年，见证了我国通信产业从2G时代的跟随、3G时代的突破、4G时代的同步，发展到5G时代的引领的整个过程。

国家“十四五”规划明确提出“加快数字化发展，建设数字中国”的战略目标，构建基于5G的应用场景和产业生态，在智能交通、智慧物流、智慧能源、智慧医疗等重点领域开展试点示范。可以预见，5G将在垂直应用领域发挥巨大作用。

中兴通讯作为全球领先的综合通信信息解决方案提供商，在国家数字化发展浪潮中，甘当数字经济的“筑路者”，与行业伙伴探索5G应用，共同推动行业数字化转型。“一枝独秀不是春，百花齐放春满园”，中兴通讯将持续赋能各行各业，实现与客户、合作伙伴的共同发展，致力于打造“让沟通与信任无处不在”的美好未来！

从5G标准制定到5G全系列产品研发，再到5G行业应用，中兴通讯在全球5G发展过程中一直扮演着重要角色。在5G产业蓬勃发展之际，更多的人员投身5G行业，大家迫切需要掌握5G相关技术。中兴通讯适时倾情推出本书，以期为5G技术的普及和行业的发展贡献自己的力量。

本书以3GPP NR R15最新版本为基础，主要对5G无线系统相关技术进行详细、深入的阐述，内容覆盖5G系统架构、随机接入过程、RRC连接过程、上下行各物理信道和信号处理过程以及5G关键技术等。为了便于读者理解，书中还列举了大量实例。本书结构清晰、内容翔实、案例丰富、通俗易懂，适合作为对5G无线系统感兴趣的读者自学的教程，也适合作为大专院校相关专业的教学参考书。

在本书的创作过程中，我们得到了中兴通讯赵志勇、王欣晖、闫林等专家的大力支持和帮助，以及机械工业出版社杨福川、陈洁编辑的专业周到的服务，在此深表感谢！

本书创作时间有限，疏漏难免，敬请广大读者批评、指正！

王喜瑜

2022年1月21日

Contents 目录

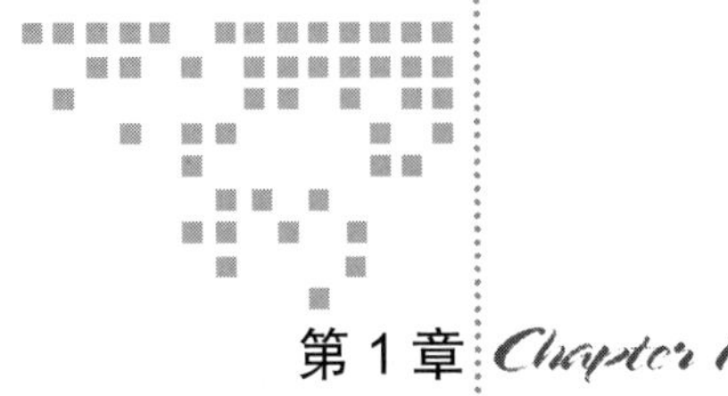

第 1 章 Chapter 1

5G 系统架构

本章主要介绍 5G 标准由来、5G 标准版本、5G 网络架构、5G 控制面协议栈和用户面协议栈等。

1.1 延续传统，筑基未来

过去几十年，移动通信经历了从 1G（第一代移动信息技术）、2G、3G 到 4G 的发展历程。1G 出现在 20 世纪 70 年代末、80 年代初，只用于提供模拟语音业务，技术标准主要有美国贝尔实验室的 AMPS（Advanced Mobile Phone System）、北欧四国的 NMT（Nordic Mobile Telephone）和英国的 TACS（Total Access Communication System）。2G 出现在 20 世纪 90 年代，用于提供数字语音和短信业务，技术标准主要有欧洲的 GSM（Global System for Mobile Communications）、美国高通提出的 IS-95 CDMA（Code Division Multiple Access，也叫作 cdmaOne）和日本的 PDC（Personal Digital Cellular）。3G 出现在 2000 年左右，用于提供数据和语音服务，技术标准主要有欧洲的 WCDMA（Wideband Code Division Multiple Access，宽带码分多址）、美国的 CDMA2000（Code Division Multiple Access 2000）和我国提出的 TD-SCDMA（Time Division-Synchronous Code Division Multiple Access，时分同步码分多址）。到了 3G 时代后期，智能手机开始普及，移动上网需求激增，为了满足爆发式增长的数据需求，4G 应运而生。4G 技术标准统一为 LTE（Long Term Evolution，长期演进），包括 FDD-LTE 和 TD-LTE，可以提供 100 Mbit/s 以上的下载速率。

随着移动互联网的发展，垂直应用领域不断扩大，新的应用和服务层出不穷，越来越多的设备需要接入无线通信网络，为了满足这些需求，亟须发展新一代 5G 移动通信网络。5G

的发展愿景为：在任何时间、任何地点，任何物和任何人都可以顺畅通信。5G 让人与人之间的通信扩展为人与物、物与物之间的通信。由此可见，5G 不仅在 4G 基础上进一步提升了速率，而且会全方位地改变人们的生活。5G 涉及制造业、交通、物流、能源、医疗、农业、自动驾驶、智慧城市等垂直行业，将助力垂直行业加速数字化转型，而这些都反过来推动了 5G 标准的不断演进。本书将重点介绍 5G 标准中的无线空口技术。

1.2 5G 标准介绍

3GPP（Third Generation Partnership Project，第三代合作伙伴计划）定义了 5G 三大应用场景，如图 1-1 所示。

- eMBB（enhanced Mobile BroadBand，增强移动宽带）：主要是为了满足更大传输速率的需求，要求峰值下载速度达到 20 Gbit/s。
- URLLC（Ultra-Reliable and Low-Latency Communication，超高可靠低时延通信）：主要应用为自动驾驶、工业控制和远程医疗等，要求上下行均为 0.5 ms 的用户面时延。
- mMTC（massive Machine Type Communication，海量机器类通信）：大规模物联网，主要面向海量设备的网络接入场景。

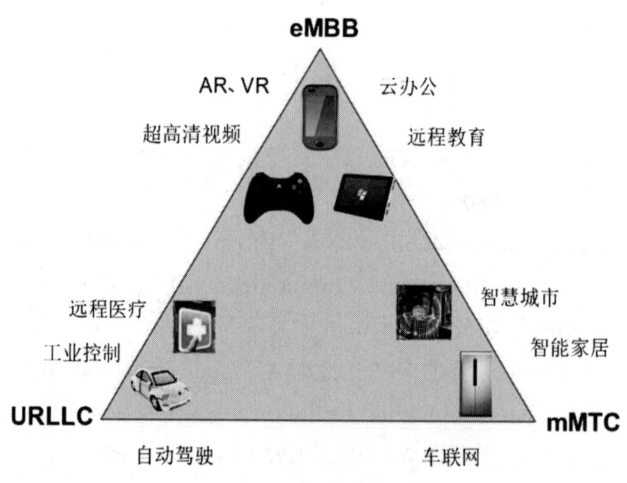

图 1-1 5G 三大应用场景

按照 3GPP 规划，5G 分为 NSA（Non-StandAlone，非独立组网）和 SA（StandAlone，独立组网）两种组网方式。5G 标准分为 R15、R16 和 R17 三个版本。

1）R15 版本：5G 第一阶段标准版本，按时间先后分为三部分，现已全部冻结。

- Early drop（早期交付）：NSA 组网，基于 4G 核心网的 LTE-NR 双连接架构。2017 年 12 月冻结规范，2018 年 1 季度冻结 ASN.1。
- Main drop（主交付）：SA 组网，基于 5G 核心网的独立组网架构。2018 年 6 月冻结规范，9 月冻结 ASN.1。

- Late drop（延迟交付）：基于 5G 核心网的 NR-LTE、LTE-NR 双连接架构。2019 年 3 月冻结规范，6 月冻结 ASN.1，比原计划推迟了 3 个月。

2）R16 版本：5G 第二阶段标准版本，主要针对垂直应用行业，包括提升多天线技术、终端节能、定位技术、URLLC 服务和 5G 终端能力等议题。受 R15 Late drop 版本推迟影响，R16 版本也推迟了 3 个月，2020 年 3 月冻结规范，2020 年 6 月冻结 ASN.1。

3）R17 版本：5G 第三阶段标准版本。2019 年 12 月的 RAN#86 会议最终确认批准 R17 的内容，主要包括小数据传输、NR Light、Sidelink 增强、52.6 ～ 71 GHz 频段研究、多 SIM 卡操作、节能增强、定位增强和卫星通信等。3GPP 计划 2022 年 6 月完成 ASN.1 冻结。

本书遵从 3GPP R15 2021 年 12 月协议版本。

1.3 5G 网络架构

5G 标准分为 NSA 和 SA 两种组网架构，二者的主要区别为：在 NSA 组网下，终端配置双连接（Dual Connectivity，DC），同时连接 LTE 和 NR（New Radio，新空口），主站即 MN（Master Node），辅站即 SN（Secondary Node），接入 EPC（Evolved Packet Core Network，演进的分组核心网，即 4G 核心网）或者 5GC（5G Core Network，5G 核心网）；而在 SA 组网下，终端只连接 LTE 或者 NR，接入 5GC，基站可以是 gNB 或者 ng-eNB。

双连接包括如下 4 种，双连接的协议栈和信令流程具体可以参见 11.3 节。

- EN-DC（E-UTRA NR Dual Connectivity，E-UTRA 和 NR 双连接）：MN 为 eNB，SN 为 en-gNB，接入 EPC。
- NGEN-DC（E-UTRA NR Dual Connectivity，E-UTRA 和 NR 双连接）：MN 为 ng-eNB，SN 为 gNB，接入 5GC。
- NE-DC（NR E-UTRA Dual Connectivity，NR 和 E-UTRA 双连接）：MN 为 gNB，SN 为 ng-eNB，接入 5GC。
- NR-DC（NR-NR Dual Connectivity，NR 小区间双连接）：MN 为 gNB，SN 为 gNB，接入 5GC。

其中，EN-DC 和 NGEN-DC 统称为 (NG)EN-DC。(NG)EN-DC、NE-DC 和 NR-DC 统称为 MR-DC（Multi-Radio Dual Connectivity）。双连接使用的 4 种基站 eNB、ng-eNB、gNB 和 en-gNB 说明如下。

- eNB：LTE 基站，连接到 EPC。
- ng-eNB：增强型 LTE 基站，连接到 5GC，作为 MN 或者 SN。
- gNB：NR 基站，连接到 5GC。
- en-gNB：NR 基站，连接到 EPC，在 EN-DC 中充当 SN。

在双连接中，主要会用到以下概念。

- ❑ MCG（Master Cell Group，主小区组）：双连接中，关联主站的服务小区组，包括主小区（PCell），0、1 或多个辅小区（SCell）。
- ❑ SCG（Secondary Cell Group，辅小区组）：双连接中，关联辅站的服务小区组，包括主小区（PSCell），0、1 或多个辅小区（SCell）。
- ❑ PCell（Primary Cell）：MCG 的主小区，UE 在该小区执行初始连接建立过程或者发起连接重建立过程。
- ❑ PSCell（Primary SCG Cell）：SCG 的主小区，对于双连接，当增加辅基站时，UE（用户终端）在该小区执行 RA 过程（可选）。
- ❑ SpCell（Special Cell）：对于双连接，指 MCG 的 PCell 或者 SCG 的 PSCell；否则，指 PCell。
- ❑ SCell（Secondary Cell）：对于一个 UE，当配置 CA 时，除 SpCell 外的其他服务小区都属于 SCell。
- ❑ Serving Cell（服务小区）：对于一个 RRC_CONNECTED 的 UE，如果没有配置 CA 和 DC，那么只存在一个服务小区，即 PCell；如果配置了 CA 或 DC，那么所有 SpCell 和 SCell 都属于服务小区。

下面按照接入网架构和系统架构来分别描述 5G 网络架构。

1.3.1 接入网架构

5G 系统的接入网架构包括两种，即 NG-RAN（Next Generation Radio Access Network，下一代无线接入网）和 E-UTRAN（Evolved Universal Terrestrial Radio Access Network，演进的通用陆地无线接入网），前者连接 5G 核心网，后者连接 4G 核心网，以下分别描述。

1. NG-RAN

NG-RAN 连接 5GC，其节点可以是 gNB 或 ng-eNB 类型。这两种基站都既可以独立提供服务（SA 组网），也可以作为 MN、SN 提供服务（NSA 组网）。

NG-RAN 的组网架构如图 1-2 所示，适用于 NSA 的 NGEN-DC、NE-DC 和 NR-DC，以及 SA 组网。gNB、ng-eNB 和 5GC 之间为 NG 接口，gNB 和 ng-eNB 之间为 Xn 接口。

图 1-2 中各个功能实体说明如下。

- ❑ AMF（Access and Mobility Management Function）：接入和移动性管理功能实体。
- ❑ UPF（User Plane Function）：用户面处理功能实体。

2. E-UTRAN

E-UTRAN 连接 EPC，其组网架构如图 1-3 所示，适用于 NSA 的 EN-DC。eNB、en-gNB 和 EPC 之间为 S1 接口，eNB 和 en-gNB 之间为 X2 接口。

图 1-3 中各个功能实体说明如下。

- ❑ MME（Mobility Management Entity）：移动性管理实体。

❑ S-GW（Serving Gateway）：服务网关。

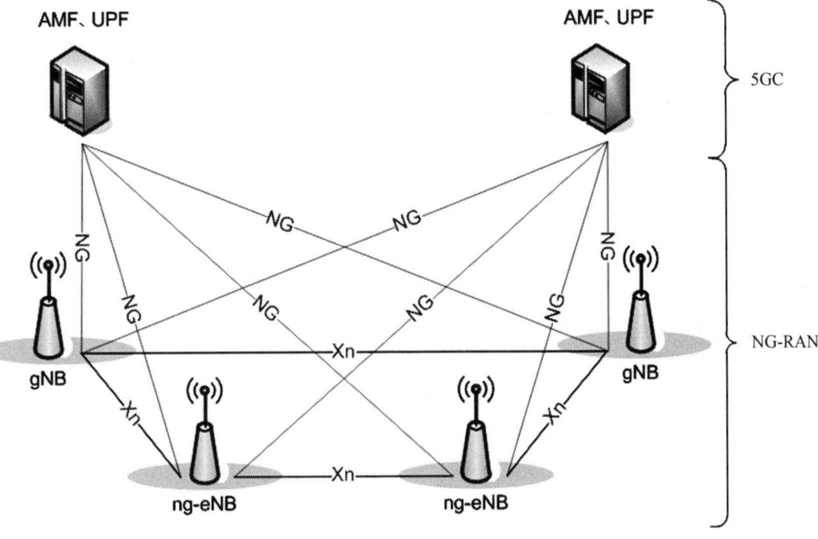

图 1-2　NG-RAN 组网架构

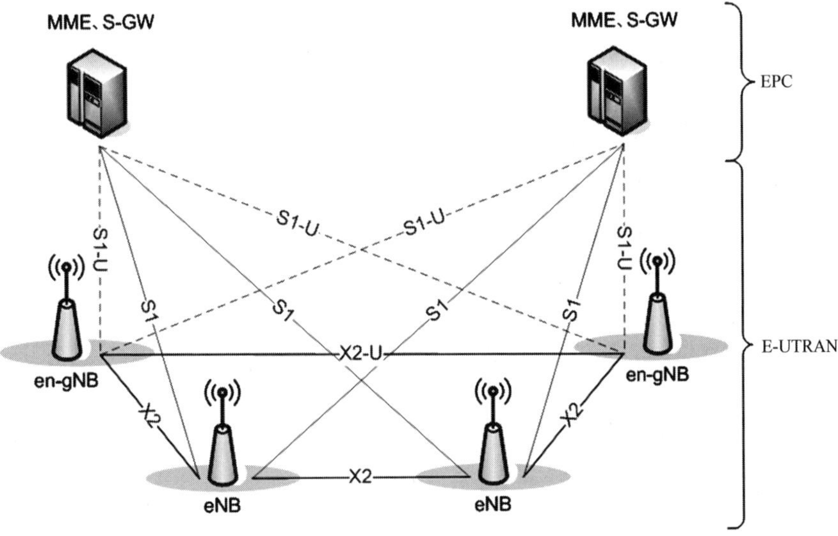

图 1-3　E-UTRAN 组网架构

1.3.2　系统架构

非漫游 5G 系统架构如图 1-4 所示，其中 UE 为用户终端，RAN 为无线接入网，DN 为数据网络（例如运营商服务、互联网接入或第三方服务），其他的为核心网网元。AMF 主要负责 UE 注册相关处理，SMF 负责 UE 的 PDU 会话相关处理，UPF 负责数据报文相关处理。UE 和 AMF 之间为 N1 接口，RAN 和 AMF 之间为 N2 接口，RAN 和 UPF 之间为 N3 接口。

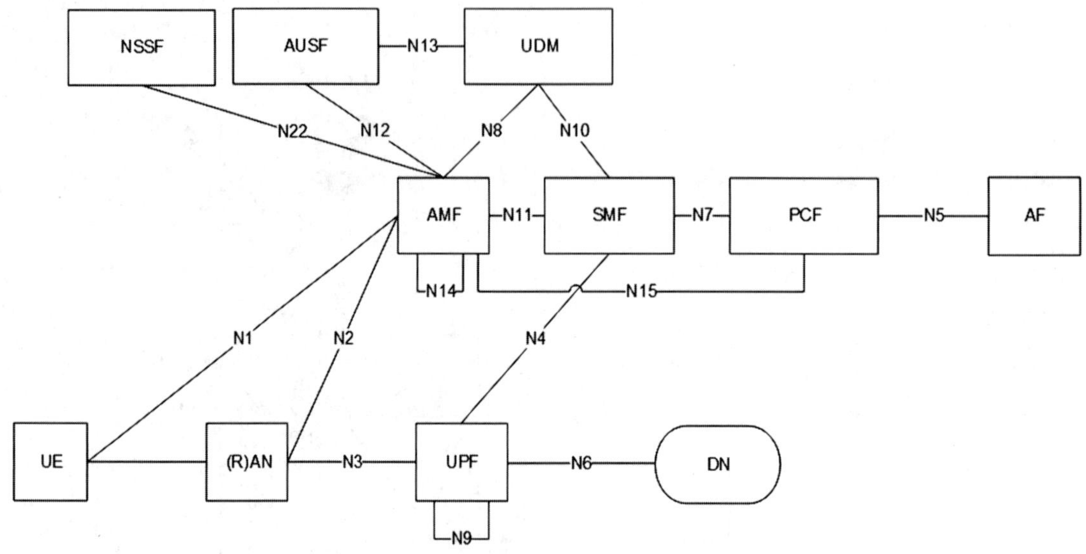

图 1-4 非漫游 5G 系统架构

图 1-4 中各个功能实体说明如下。

- UE（User Equipment）：用户终端。
- RAN（Radio Access Network）：无线接入网。
- AMF（Access and Mobility Management Function，接入和移动性管理功能实体）：主要负责 UE 的注册管理、连接管理、移动性管理、接入鉴权和认证，处理 RAN 发送的 N2 接口信令，选择 SMF 等。
- SMF（Session Management Function，会话管理功能实体）：主要负责 UE 的会话管理、UE IP 地址分配、下行数据到达通知、QoS 控制、UPF 配置等。
- UPF（User Plane Function，用户面处理功能实体）：主要负责 UE 的数据包路由、递交（上行数据递交给 DN，下行数据分类到某个 QoS 流，然后递交给 RAN），触发下行数据到达通知等。
- NSSF（Network Slice Selection Function，网络切片选择功能实体）：主要负责处理 UE 的网络切片相关信息。
- AUSF（Authentication Server Function，鉴权服务功能实体）：主要负责处理 UE 接入鉴权过程。
- UDM（Unified Data Management，统一数据管理功能实体）：主要负责处理 UE 的身份认证、接入认证，管理 UE 的签约信息，以及提供合法的监听功能等。
- PCF（Policy Control Function）：策略控制功能实体。
- AF（Application Function）：应用功能实体。
- DN（Data Network）：数据网络。

1.4 协议栈

在了解上述5G网络架构的基础上，我们来进一步看看5G的协议栈，了解各协议层的主要功能。本节分别介绍控制面协议栈和用户面协议栈。控制面协议栈主要处理信令相关流程，用户面协议栈主要处理数据报文。UE的各层协议栈的功能说明如下。

- NAS（Non-Access Stratum，非接入层）：主要处理UE注册、PDU会话等相关信令流程，NAS层是供UE和核心网交互的，分为NAS-SM（Session Management，会话管理）和NAS-MM（Mobility Management，移动性管理）两个子层。
- RRC（Radio Resource Control，无线资源控制）：主要负责UE无线资源管理。
- SDAP（Service Data Adaptation Protocol，服务数据适配协议）：主要进行用户面数据处理，完成QoS流到DRB的映射。
- PDCP（Packet Data Convergence Protocol，分组数据汇聚协议层）：主要进行用户面和控制面的数据传输、加密、解密、完整性保护、校验以及用户面数据ROHC（Robust Header Compression，健壮性头压缩）等。
- RLC（Radio Link Control，无线链路控制层）：主要进行用户面和控制面数据传输，完成ARQ（Automatic Repeat-reQuest，自动重传请求）功能等。
- MAC（Medium Access Control，媒体介入控制层）：主要进行调度相关处理，包括空口资源分配、逻辑信道优先级处理、完成HARQ（Hybrid Automatic Repeat-reQuest，混合自动重传请求）功能等。
- PHY（PHysical Layer，物理层）：分上行和下行，完成各种物理信道、物理信号处理。

1.4.1 控制面协议栈

UE、RAN、AMF和SMF之间的控制面协议栈如图1-5所示。UE的NAS层直接和核心网交互（NAS消息通过gNB透传给5GC），NAS-SM子层和SMF交互，NAS-MM子层和AMF交互。gNB和AMF之间为N2接口，传递NG-AP消息。

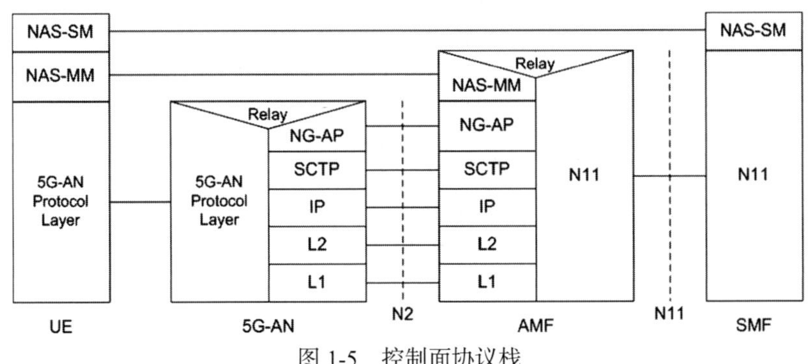

图1-5 控制面协议栈

图1-5中各协议层的说明如下。

- NAS-SM：主要处理 UE 的会话管理流程。
- NAS-MM：主要处理 UE 的注册、鉴权、认证、移动性管理流程等。
- 5G-AN Protocol Layer（5G 接入网协议层）：包括 RRC、PDCP、RLC、MAC 和 PHY 五个子层。
- NG-AP（NG Application Protocol，NG 应用协议）：负责处理 RAN 和 AMF 之间的信令。
- SCTP（Stream Control Transmission Protocol，流控制传输协议）：一种端到端的、基于数据流的传输层协议，非 3GPP 协议。

图 1-5 中 UE 和 gNB 之间的控制面空口协议栈见图 1-6。UE 的 NAS 层消息封装为 RRC 消息，再经过 PDCP、RLC、MAC、PHY 层处理后，通过空口发送给 gNB。

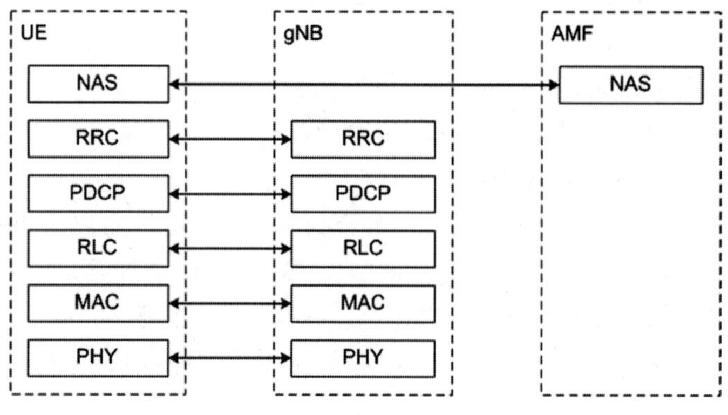

图 1-6 控制面空口协议栈

1.4.2 用户面协议栈

UE、RAN 和 UPF 之间的用户面协议栈如图 1-7 所示。gNB 和 UPF 之间为 N3 接口，传递 GTP-U 报文。

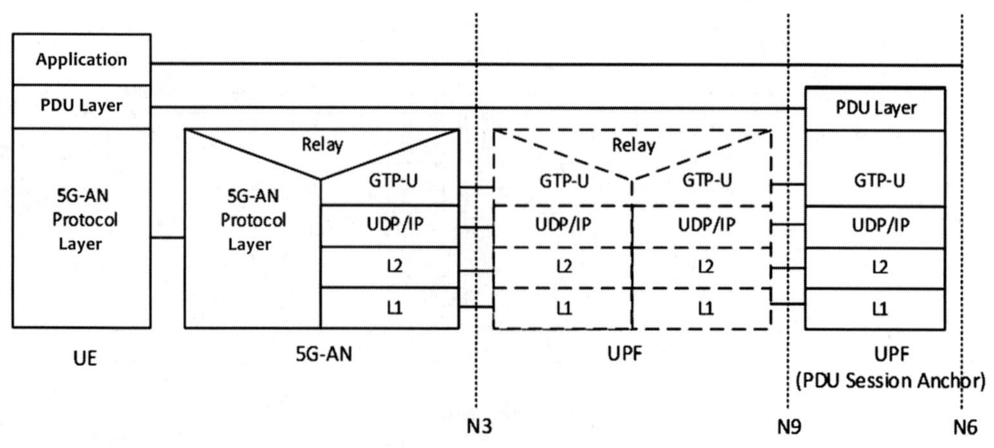

图 1-7 用户面协议栈

图 1-7 中各协议层说明如下。

- Application：应用层。
- PDU Layer（Protocol Data Unit Layer）：协议数据单元层。
- 5G-AN Protocol Layer：包括 SDAP、PDCP、RLC、MAC 和 PHY 五个子层。
- GTP-U（GPRS Tunnelling Protocol for User Plane，用户面 GPRS 隧道传输协议）：一种用于 RAN 和 UPF 之间、UPF 和 UPF 之间传输用户面数据的协议。

图 1-7 中 UE 和 gNB 之间的用户面空口协议栈见图 1-8。上行用户面数据处理流程为：UE 的应用层数据经过分类后，匹配到某个 QoS 流 ID；经过 SDAP 层处理，QoS 流映射到某个 DRB；经过 PDCP 和 RLC 层处理，映射到某个逻辑信道（Logical Channel）；再经过 MAC 层处理，映射到某个传输信道（Transport Channel）；最后送给物理层处理，通过空口发送给 gNB。

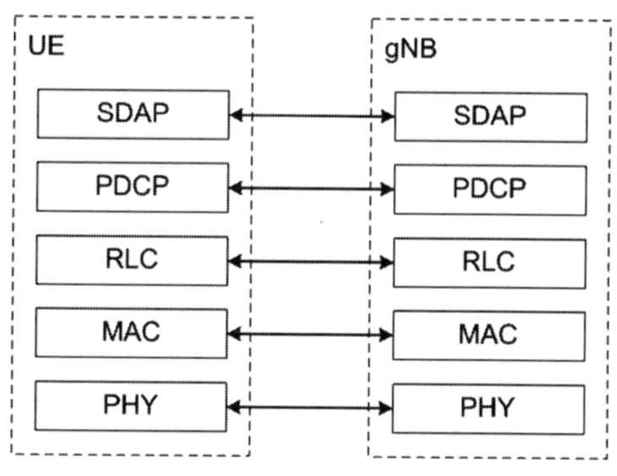

图 1-8　用户面空口协议栈

1.5　参考协议

[1]　TS 38.300-fd0. NR; NR and NG-RAN Overall Description

[2]　TS 23.501-fc0. System architecture for the 5G System (5GS)

Chapter 2 第2章

基础知识

本章主要介绍NR的基础知识，包括5G频谱、帧结构和物理资源，以及小区搜索、SSB和系统信息接收、部分带宽等。本章介绍的内容对于读者学习整个NR协议至关重要。

2.1 5G频谱

本节主要介绍5G频谱相关内容，包括频率范围、频带、信道带宽、信道栅格和同步栅格等。

2.1.1 频率范围

移动通信是基于电磁波传递的，每一代移动通信都有对应的频率范围（Frequency Range，FR）。频谱资源对于无线通信来说是稀缺资源。5G NR的频谱包含FR1和FR2两大频率范围，见表2-1。FR1为中低频段，重点解决覆盖问题；FR2为高频段，即毫米波，覆盖范围小，主要满足增强移动宽带等大容量业务需求。

表2-1 频率范围定义

FR	对应频率范围（MHz）
FR1	410 ～ 7125
FR2	24250 ～ 52600

2.1.2 频带

对于FR1和FR2，还需要细分频带（band）。表2-2和表2-3分别给出了FR1和FR2的NR工作频带。每个频带以“n+数字编号”表示，字母n取NR之意，上行频段对应基站接收/UE发送，下行频段对应基站发送/UE接收。对于FR1，双工模式除了我们熟悉的FDD和TDD外，还引入了SDL（Supplementary DownLink，辅助下行，即只提供下行服务）和

SUL（Supplementary UpLink，辅助上行，即只提供上行服务），以解决5G高频覆盖能力不足的问题。对于FR2，只有TDD模式。

表 2-2 FR1 的 NR 工作频带

频带	上行频段 （基站接收 / UE 发送） $F_{UL\_low} \sim F_{UL\_high}$（MHz）	下行频段 （基站发送 / UE 接收） $F_{DL\_low} \sim F_{DL\_high}$（MHz）	双工模式
n1	1920 ～ 1980	2110 ～ 2170	FDD
n2	1850 ～ 1910	1930 ～ 1990	FDD
n3	1710 ～ 1785	1805 ～ 1880	FDD
n5	824 ～ 849	869 ～ 894	FDD
n7	2500 ～ 2570	2620 ～ 2690	FDD
n8	880 ～ 915	925 ～ 960	FDD
n12	699 ～ 716	729 ～ 746	FDD
n20	832 ～ 862	791 ～ 821	FDD
n25	1850 ～ 1915	1930 ～ 1995	FDD
n28	703 ～ 748	758 ～ 803	FDD
n34	2010 ～ 2025	2010 ～ 2025	TDD
n38	2570 ～ 2620	2570 ～ 2620	TDD
n39	1880 ～ 1920	1880 ～ 1920	TDD
n40	2300 ～ 2400	2300 ～ 2400	TDD
n41	2496 ～ 2690	2496 ～ 2690	TDD
n50	1432 ～ 1517	1432 ～ 1517	TDD
n51	1427 ～ 1432	1427 ～ 1432	TDD
n66	1710 ～ 1780	2110 ～ 2200	FDD
n70	1695 ～ 1710	1995 ～ 2020	FDD
n71	663 ～ 698	617 ～ 652	FDD
n74	1427 ～ 1470	1475 ～ 1518	FDD
n75	N/A	1432 ～ 1517	SDL
n76	N/A	1427 ～ 1432	SDL
n77	3300 ～ 4200	3300 ～ 4200	TDD
n78	3300 ～ 3800	3300 ～ 3800	TDD
n79	4400 ～ 5000	4400 ～ 5000	TDD
n80	1710 ～ 1785	N/A	SUL
n81	880 ～ 915	N/A	SUL
n82	832 ～ 862	N/A	SUL
n83	703 ～ 748	N/A	SUL
n84	1920 ～ 1980	N/A	SUL
n86	1710 ～ 1780	N/A	SUL

表 2-3　FR2 的 NR 工作频带

频带	上行和下行频段 $F_{UL,low}\sim F_{UL,high}$（MHz）$F_{DL,low}\sim F_{DL,high}$（MHz）	双工模式	频带	上行和下行频段 $F_{UL,low}\sim F_{UL,high}$（MHz）$F_{DL,low}\sim F_{DL,high}$（MHz）	双工模式
n257	26500 ～ 29500	TDD	n260	37000 ～ 40000	TDD
n258	24250 ～ 27500	TDD	n261	27500 ～ 28350	TDD

2.1.3　信道带宽

UE 支持一个单独的上行或者下行 NR 载波。从基站的角度来看，在一个基站的同一个频谱内，不同 UE 可以支持不同的信道带宽。从 UE 的角度来看，一个 UE 可以配置一个或者多个 BWP/ 载波（BWP 的概念见 2.7 节），每个载波有自己的 UE 信道带宽。

信道带宽（Channel Bandwidth，单位为 MHz）、传输带宽配置（Transmission Bandwidth Configuration，单位为 RB）和保护频带（Guard Band）的关系如图 2-1 所示。

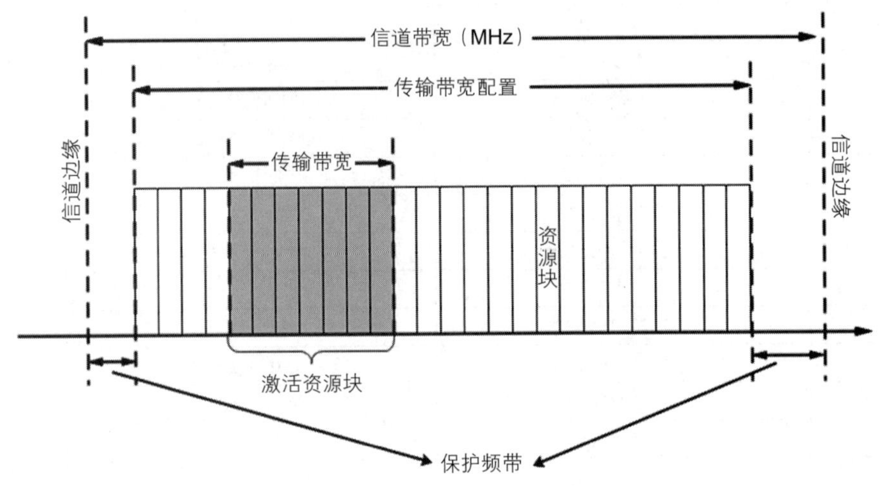

图 2-1　信道带宽和传输带宽定义

关于图 2-1，有两点说明：

1）两边的保护频带可以不对称；

2）信道带宽的中心频点，对应表 2-4 中 PRB 的子载波 k 的中心位置。（注：PRB、RE、子载波的概念见 2.3 节。）

表 2-4　信道栅格到 RE 的映射

	$N_{RB}\bmod 2=0$	$N_{RB}\bmod 2=1$
RE 索引 k	0	6
PRB 编号 n_{PRB}	$n_{PRB}=\left\lfloor\frac{N_{RB}}{2}\right\rfloor$	$n_{PRB}=\left\lfloor\frac{N_{RB}}{2}\right\rfloor$

基于以上两点说明，可以计算出 20 MHz 带宽、15 kHz SCS（Subcarrier Spacing，子载波间隔）的载波中心频点对应的 RE 位置和保护频带大小。

中心频点对应 RB53 的子载波 0 的中心位置，两边保护频带之和为 20000−106×15×12=920（kHz），低频保护频带为 920/2−7.5 = 452.5（kHz），高频保护频带为 920−452.5 = 467.5（kHz）。

1. 最大传输带宽配置

不同信道带宽和子载波间隔的最大传输带宽配置 RB 个数 N_{RB} 见表 2-5 和表 2-6，区分 FR1 和 FR2。

表 2-5 FR1 的最大传输带宽配置 RB 个数 N_{RB}

信道带宽（MHz） / SCS（kHz）	5	10	15	20	25	30	40	50	60	70	80	90	100
15	25	52	79	106	133	160	216	270	N/A	N/A	N/A	N/A	N/A
30	11	24	38	51	65	78	106	133	162	189	217	245	273
60	N/A	11	18	24	31	38	51	65	79	93	107	121	135

2. 最小保护频带

不同带宽和子载波间隔的最小保护频带见表 2-7～表 2-9，区分 FR1 和 FR2。任何带宽内配置的 RB 个数必须满足最小保护频带的要求。

注：最小保护频带的计算公式为（$BW_{Channel}$×1000（kHz）−N_{RB}×SCS×12）/2−SCS/2，N_{RB} 为该带宽可配置的最大 RB 个数。

表 2-6 FR2 的最大传输带宽配置 RB 个数 N_{RB}

信道带宽（MHz） / SCS（kHz）	50	100	200	400
60	66	132	264	N/A
120	32	66	132	264

表 2-7 FR1 的最小保护频带 （单位：kHz）

信道带宽（MHz） / SCS（kHz）	5	10	15	20	25	30	40	50	60	70	80	90	100
15	242.5	312.5	382.5	452.5	522.5	592.5	552.5	692.5	N/A	N/A	N/A	N/A	N/A
30	505	665	645	805	785	945	905	1045	825	965	925	885	845
60	N/A	1010	990	1330	1310	1290	1610	1570	1530	1490	1450	1410	1370

表 2-8 FR2 的最小保护频带 （单位：kHz）

信道带宽（MHz） / SCS（kHz）	50	100	200	400
60	1210	2450	4930	N/A
120	1900	2420	4900	9860

表 2-9 FR2 的 SCS 为 240kHz 的 SSB 的最小保护频带 （单位：kHz）

信道带宽（MHz） / SCS（kHz）	100	200	400
240	3800	7720	15560

注：SSB 的含义见 2.5 节。

3. 每个频带的信道带宽

FR1 支持的频带见表 2-2，FR2 支持的频带见表 2-3。每个频带支持的 SCS 和信道带宽的组合见 3GPP 38.104 协议。

2.1.4 信道栅格

1. ARFCN 和信道栅格

5G NR 的全局频率栅格（Global Frequency Raster）定义了 0 ～ 100 GHz 的频率范围，间隔为 $\Delta F_{\mathrm{Global}}$，见表 2-10。这里有下面两个概念。

- F_{REF}（RF Reference Frequency，RF 参考频率）：频率绝对值，单位为 MHz，用来定义 RF 信道、SSB 和其他 RE 的位置。
- N_{REF}（NR-ARFCN，NR Absolute Radio Frequency Channel Number，NR 绝对射频频率信道编号）：范围为 [0, 3279165]。

F_{REF} 通过 N_{REF} 指定，计算公式为：$F_{\mathrm{REF}} = F_{\mathrm{REF\text{-}Offs}} + \Delta F_{\mathrm{Global}}\,(N_{\mathrm{REF}} - N_{\mathrm{REF\text{-}Offs}})$。

表 2-10 NR-ARFCN 参数

F_{REF} 频率范围 /MHz	$\Delta F_{\mathrm{Global}}$ /kHz	$F_{\mathrm{REF\text{-}Offs}}$/MHz	$N_{\mathrm{REF\text{-}Offs}}$	N_{REF} 范围
0 ～ 3000	5	0	0	0 ～ 599999
3000 ～ 24250	15	3000	600000	600000 ～ 2016666
24250 ～ 100000	60	24250.08	2016667	2016667 ～ 3279165

由表 2-10 可以看出：在 0 ～ 3000 MHz 频率范围内，频率间隔为 5 kHz；在 3000 ～ 24250 MHz 频率范围内，频率间隔为 15 kHz；在 24250 ～ 100000 MHz 频率范围内，频率间隔为 60 kHz。

需要说明的是，小区实际可以使用的频点的取值是不连续的，3GPP 定义了信道栅格来规范频点的取值。信道栅格（Channel Raster）定义了 RF 参考频率的子集，可用来标示上行和下行 RF 信道的位置。对于每个频带，来自全局频率栅格的一部分频率适用于该频段，并形成一个信道栅格，其间隔为 $\Delta F_{\mathrm{Raster}}$，大于或者等于 $\Delta F_{\mathrm{Global}}$。

2. 信道栅格到 RE 的映射

信道栅格上的 RF 参考频率到对应 RE 的映射见表 2-11，即 F_{REF} 指定的频率位置为"编号为 n_{PRB} 的 PRB 的、索引为 k 的 RE 的中心频点位置"。映射取决于信道中分配的 RB 总数 N_{RB}，对 UL 和 DL 都适用。(PRB 和 RE 的定义见 2.3 节。)

表 2-11 信道栅格到 RE 的映射

	$N_{\mathrm{RB}} \bmod 2 = 0$	$N_{\mathrm{RB}} \bmod 2 = 1$
RE 索引 k	0	6
PRB 编号 n_{PRB}	$n_{\mathrm{PRB}} = \left\lfloor \frac{N_{\mathrm{RB}}}{2} \right\rfloor$	$n_{\mathrm{PRB}} = \left\lfloor \frac{N_{\mathrm{RB}}}{2} \right\rfloor$

3. 每个频带的 ARFCN

每个频带的射频信道位置通过 ARFCN 给出（即 N_{REF}），如表 2-12 和表 2-13 所示，区分 FR1 和 FR2，栅格间隔 $\Delta F_{\mathrm{Raster}}$ 是 $\Delta F_{\mathrm{Global}}$ 的倍数。比如 band n1 的 $\Delta F_{\mathrm{Raster}}$ 是 100 kHz，起点为 384000，对应频点为 384000 × 5 kHz=1920 MHz；下一个频率位置为 384020，对应频点为

384020 × 5 kHz=1920.1 MHz，即相邻两个可用频点间隔为 100 kHz，ARFCN 步进为 20。

表 2-12 FR1 每个频带的 NR-ARFCN

NR 频带	ΔF_{Raster}/kHz	N_{REF} 上行范围（开始 – < 步进 > – 结束）	N_{REF} 下行范围（开始 – < 步进 > – 结束）
n1	100	384000 – <20> – 396000	422000 – <20> – 434000
n2	100	370000 – <20> – 382000	386000 – <20> – 398000
n3	100	342000 – <20> – 357000	361000 – <20> – 376000
n5	100	164800 – <20> – 169800	173800 – <20> – 178800
n7	100	500000 – <20> – 514000	524000 – <20> – 538000
n8	100	176000 – <20> – 183000	185000 – <20> – 192000
n12	100	139800 – <20> – 143200	145800 – <20> – 149200
n20	100	166400 – <20> – 172400	158200 – <20> – 164200
n25	100	370000 – <20> – 383000	386000 – <20> – 399000
n28	100	140600 – <20> – 149600	151600 – <20> – 160600
n34	100	402000 – <20> – 405000	402000 – <20> – 405000
n38	100	514000 – <20> – 524000	514000 – <20> – 524000
n39	100	376000 – <20> – 384000	376000 – <20> – 384000
n40	100	460000 – <20> – 480000	460000 – <20> – 480000
n41	15	499200 – <3> – 537999	499200 – <3> – 537999
	30	499200 – <6> – 537996	499200 – <6> – 537996
n50	100	286400 – <20> – 303400	286400 – <20> – 303400
n51	100	285400 – <20> – 286400	285400 – <20> – 286400
n66	100	342000 – <20> – 356000	422000 – <20> – 440000
n70	100	339000 – <20> – 342000	399000 – <20> – 404000
n71	100	132600 – <20> – 139600	123400 – <20> – 130400
n74	100	285400 – <20> – 294000	295000 – <20> – 303600
n75	100	N/A	286400 – <20> – 303400
n76	100	N/A	285400 – <20> – 286400
n77	15	620000 – <1> – 680000	620000 – <1> – 680000
	30	620000 – <2> – 680000	620000 – <2> – 680000
n78	15	620000 – <1> – 653333	620000 – <1> – 653333
	30	620000 – <2> – 653332	620000 – <2> – 653332
n79	15	693334 – <1> – 733333	693334 – <1> – 733333
	30	693334 – <2> – 733332	693334 – <2> – 733332
n80	100	342000 – <20> – 357000	N/A
n81	100	176000 – <20> – 183000	N/A
n82	100	166400 – <20> – 172400	N/A
n83	100	140600 – <20> –149600	N/A
n84	100	384000 – <20> – 396000	N/A
n86	100	342000 – <20> – 356000	N/A

表 2-13　FR2 每个频带的 NR-ARFCN

NR 频带	ΔF_{Raster}/kHz	N_{REF} 上行和下行范围（开始 –< 步进 >– 结束）	NR 频带	ΔF_{Raster}/kHz	N_{REF} 上行和下行范围（开始 –< 步进 >– 结束）
n257	60	2054166 – <1> – 2104165	n260	60	2229166 – <1> – 2279165
	120	2054167 – <2> – 2104165		120	2229167 – <2> – 2279165
n258	60	2016667 – <1> – 2070832	n261	60	2070833 – <1> – 2084999
	120	2016667 – <2> – 2070831		120	2070833 – <2> – 2084999

2.1.5　同步栅格

1. GSCN 和同步栅格

同步信号的搜索栅格和频率有关（见表 2-14）：在频率范围 0 ～ 3000 MHz，同步栅格为 1200 kHz；在频率范围 3000 ～ 24250 MHz，同步栅格为 1440 kHz；在频率范围 24250 ～ 100000 MHz，同步栅格为 17.28 MHz。同步信号频率 SS_{REF} 通过 GSCN（Global Synchronization Channel Number，全局同步信道号）指定。

表 2-14　同步信号栅格

频率范围（MHz）	同步信号频率（SS_{REF}）	GSCN	GSCN 范围
0 ～ 3000	$N \times 1200$ kHz + $M \times 50$ kHz, N=1:2499, $M \in \{1,3,5\}$	$3N + (M-3)/2$	2 ～ 7498
3000 ～ 24250	3000 MHz + $N \times 1.44$ MHz N= 0:14756	7499 + N	7499 ～ 22255
24250 ～ 100000	24250.08 MHz + $N \times 17.28$ MHz N= 0:4383	22256 + N	22256 ～ 26639

注：M 的默认值为 3。

2. 每个频带的 GSCN

每个频带的同步信号的 SCS、同步信号图样[⊖]和 GSCN 见表 2-15 和表 2-16。终端查询表格根据自己支持的频带在 GSCN 指示的位置搜索同步信号，具体的小区搜索过程见 2.4 节。

表 2-15　FR1 每个频带的 GSCN

NR 频带	同步信号 SCS（MHz）	同步信号图样	GSCN 范围（开始 –< 步进 >– 结束）
n1	15	Case A	5279 – <1> – 5419
n2	15	Case A	4829 – <1> – 4969
n3	15	Case A	4517 – <1> – 4693
n5	15	Case A	2177 – <1> – 2230
	30	Case B	2183 – <1> – 2224
n7	15	Case A	6554 – <1> – 6718
n8	15	Case A	2318 – <1> – 2395

⊖ 同步信号图样的定义见 2.5.3 节。

（续）

NR 频带	同步信号 SCS（MHz）	同步信号图样	GSCN 范围 （开始 – < 步进 > – 结束）
n12	15	Case A	1828 – <1> – 1858
n20	15	Case A	1982 – <1> – 2047
n25	15	Case A	4829 – <1> – 4981
n28	15	Case A	1901 – <1> – 2002
n34	15	Case A	①
	30	Case C	5036 – <1> – 5050
n38	15	Case A	②
	30	Case C	6437 – <1> – 6538
n39	15	Case A	③
	30	Case C	4712 – <1> – 4789
n40	30	Case C	5762 – <1> – 5989
n41	15	Case A	6246 – <3> – 6717
	30	Case C	6252 – <3> – 6714
n50	30	Case C	3590 – <1> – 3781
n51	15	Case A	3572 – <1> – 3574
n66	15	Case A	5279 – <1> – 5494
	30	Case B	5285 – <1> – 5488
n70	15	Case A	4993 – <1> – 5044
n71	15	Case A	1547 – <1> – 1624
n74	15	Case A	3692 – <1> – 3790
n75	15	Case A	3584 – <1> – 3787
n76	15	Case A	3572 – <1> – 3574
n77	30	Case C	7711 – <1> – 8329
n78	30	Case C	7711 – <1> – 8051
n79	30	Case C	8480 – <16> – 8880

注：① GSGN = {5032, 5043, 5054}；② GSCN = {6432, 6443, 6457, 6468, 6479, 6493, 6507, 6518, 6532, 6543}；③ GSCN = {4707, 4715, 4718, 4729, 4732, 4743, 4747, 4754, 4761, 4768, 4772, 4782, 4786, 4793}。

表 2-16 FR2 每个频带的 GSCN

NR 频带	同步信号 SCS（MHz）	同步信号图样	GSCN 范围 （开始 – < 步进 > – 结束）
n257	120	Case D	22388 – <1> – 22558
	240	Case E	22390 – <2> – 22556
n258	120	Case D	22257 – <1> – 22443
	240	Case E	22258 – <2> – 22442
n260	120	Case D	22995 – <1> – 23166
	240	Case E	22996 – <2> – 23164
n261	120	Case D	22446 – <1> – 22492
	240	Case E	22446 – <2> – 22490

2.2 帧结构

本书所描述的时域都以 T_c 为单位，$T_c = 1/(\Delta f_{max} \cdot N_f)$，单位为 s，其中 $\Delta f_{max} = 480 \times 10^3$ Hz，$N_f = 4096$。常量 $\kappa = T_s / T_c = 64$，其中 $T_s = 1/(\Delta f_{ref} \cdot N_{f,ref})$，$\Delta f_{ref} = 15 \times 10^3$ Hz，$N_{f,ref} = 2048$。

2.2.1 参数集

参数集（Numerology）对应一个 SCS 和 CP（Cyclic Prefix，循环前缀）类型。UE 支持多个参数集，见表 2-17。对于每个 BWP，μ 和 CP 通过 RRC 参数配置。

表 2-17　参数集

μ	$\Delta f=2^\mu \times 15$(kHz)	CP 类型	μ	$\Delta f=2^\mu \times 15$(kHz)	CP 类型
0	15	正常 CP	3	120	正常 CP
1	30	正常 CP	4	240	正常 CP
2	60	正常 CP，扩展 CP			

2.2.2 帧和子帧

每帧（frame）时长 $T_f = (\Delta f_{max} N_f / 100) \cdot T_c = 10$ ms。每帧包含 10 个子帧（subframe)，每个子帧时长 $T_{sf} = (\Delta f_{max} N_f / 1000) \cdot T_c = 1$ ms。每帧分为两个半帧（half-frame)，半帧 0 包含子帧 0 ～ 4，半帧 1 包含子帧 5 ～ 9。

2.2.3 时隙和符号

每个子帧包含的时隙（slot）数目见表 2-18 和表 2-19。对于正常 CP，每个 slot 包含 14 个连续的 OFDM 符号（symbol)；对于扩展 CP，每个 slot 包含 12 个连续的 OFDM 符号。只有当 $\mu = 2$ 时区分正常 CP 和扩展 CP。对于某个 μ，slot 在一个子帧内按照 $n_s^\mu \in \{0, \cdots, N_{slot}^{subframe,\mu} - 1\}$ 递增编号，在一个帧内按照 $n_{s,f}^\mu \in \{0, \cdots, N_{slot}^{frame,\mu} - 1\}$ 递增编号。

表 2-18　OFDM symbol 和 slot 个数（正常 CP）

μ	N_{symb}^{slot}	$N_{slot}^{frame,\mu}$	$N_{slot}^{subframe,\mu}$
0	14	10	1
1	14	20	2
2	14	40	4
3	14	80	8
4	14	160	16

表 2-19　OFDM symbol 和 slot 个数（扩展 CP）

μ	N_{symb}^{slot}	$N_{slot}^{frame,\mu}$	$N_{slot}^{subframe,\mu}$
2	12	40	4

对于 TDD，每个 slot 的 symbol 是 'downlink'（D)、'flexible'（F）或者 'uplink'（U)。时隙格式通过 RRC 配置或者 SFI-RNTI 加扰的 DCI2_0 指示，具体过程可以参考 3GPP 38.213 协议。

2.3 物理资源

2.3.1 天线端口

如果两个信道有相同的天线端口（Antenna Port），那么其中一个传输符号的信道的特性可以从另一个传输符号的信道推知。也就是说，同一个天线端口的不同信道的特性是一样的，这样 UE 就可以通过参考信号来解调 PDSCH 等。

如果在一个天线端口上传输符号的信道的大尺度特性可以从另一个天线端口上传输符号的信道推知，则这两个天线端口就被称为准共站址（Quasi Co-located，QCL）。大尺度特性包括一个或多个时延扩展（Delay Spread）、多普勒扩展（Doppler Spread）、多普勒偏移（Doppler Shift）、平均增益（Average Gain）、平均时延（Average Delay）和空间接收参数（Spatial Rx Parameter）。

上、下行各物理信道或信号使用的天线端口如下。

（1）DL

- PDSCH使用编号以 1000 为起始的天线端口。
- PDCCH 使用编号以 2000 为起始的天线端口。
- CSI-RS 使用编号以 3000 为起始的天线端口。
- SSB 使用编号以 4000 为起始的天线端口。

（2）UL

- PUSCH 的 DMRS（Demodulation Reference Signal，解调参考信号）使用编号以 0 为起始的天线端口。
- SRS 和 PUSCH 使用编号以 1000 为起始的天线端口。
- PUCCH 使用编号以 2000 为起始的天线端口。
- PRACH使用天线端口 4000。

2.3.2 资源元素

资源网格中用于天线端口 p、SCS 配置 μ 的每个元素被称为资源元素（Resource Element，RE），唯一标记为 $(k,l)_{p,\mu}$，其中 k 为频域索引，l 为时域索引（对于正常 CP，取值范围为 0 ～ 13）。

2.3.3 资源块

一个资源块（Resource Block，RB）定义为频域上连续的 12 个子载波（subcarrier，从低频到高频为 subcarrier0 ～ subcarrier11），即 $N_{sc}^{RB}=12$。

1. Point A

Point A 是频域上的绝对位置，对于不同的子载波间隔，Point A 的位置是一样的。Point

A 的位置通过如下参数告知 UE。

❑ 对于 PCell，通过 SIB1（SIB 即 System Information Block，系统信息块）配置。
- DL：FrequencyInfoDL-SIB->offsetToPointA。
- UL（适用于 FDD 或者 SUL）：FrequencyInfoUL-SIB->absoluteFrequencyPointA。

❑ 对于其他服务小区，通过 RRC 信令配置。
- DL：FrequencyInfoDL->absoluteFrequencyPointA。
- UL（适用于 FDD 或者 SUL）：FrequencyInfoUL->absoluteFrequencyPointA。

2. 公共资源块

公共资源块（Common Resource Block，CRB）从 0 开始在频域上递增编号（针对不同的子载波配置 μ，都从 0 开始编号）。CRB0的 subcarrier 0 的中心位置为 Point A。CRB 编号 n_{CRB}^{μ} 和 $\text{RE}_{\mu}(k,l)$ 的关系如下：

$$n_{\text{CRB}}^{\mu} = \left\lfloor \frac{k}{N_{\text{sc}}^{\text{RB}}} \right\rfloor$$

其中，k 是相对于 Point A 的，$k=0$ 对应 Point A 所在的子载波。

3. 物理资源块

物理资源块（Physical Resource Block，PRB）定义在一个 BWP 内，编号从 0 到 $N_{\text{BWP},i}^{\text{size}}-1$，$N_{\text{BWP},i}^{\text{size}}$ 为 BWP i 的大小。PRB 编号 n_{PRB} 和 CRB 编号 n_{CRB} 的关系为：

$$n_{\text{CRB}} = n_{\text{PRB}} + N_{\text{BWP},i}^{\text{start}}$$

其中，$N_{\text{BWP},i}^{\text{start}}$ 是 BWP 的起始 RB 相对于 CRB0 的 CRB 端号。

4. 虚拟资源块

虚拟资源块（Virtual Resource Block，VRB）定义在一个 BWP 内，编号从 0 到 $N_{\text{BWP},i}^{\text{size}}-1$。gNB 按照 VRB 给 UE 分配 PDSCH/PUSCH 频域资源。VRB 到 PRB 的映射分交织和非交织，具体过程后续章节会讲到。

2.4 小区搜索

UE 开机后，首先进行小区选择。小区选择过程包括初始小区选择和先验信息小区选择，对于初始小区选择，需要执行小区搜索过程。

UE 的小区搜索过程包括主同步信号（Primary Synchronization Signal，PSS）搜索、辅同步信号（Secondary Synchronization Signal，SSS）检测和物理广播信道（Physical Broadcast Channel，PBCH）检测三部分。UE 通过小区搜索过程获取到该小区的物理小区标识（Physical Cell Identity，PCI）、频率同步和下行时间同步（包括无线帧定时、半帧定时、时隙定时和符号定时）。

一共有 1008 个 PCI，记为 $N_{\text{ID}}^{\text{cell}}$，取值为 0 ～ 1007，通过如下公式计算：

$$N_{\text{ID}}^{\text{cell}} = 3N_{\text{ID}}^{(1)} + N_{\text{ID}}^{(2)}$$

其中，$N_{\text{ID}}^{(1)} \in \{0,1,\cdots,335\}$，$N_{\text{ID}}^{(2)} \in \{0,1,2\}$。UE 通过检测 PSS 获取 $N_{\text{ID}}^{(2)}$，检测 SSS 获取 $N_{\text{ID}}^{(1)}$，从而获得该小区的 PCI。

2.4.1 PSS 搜索

PSS 序列 $d_{\text{PSS}}(n)$ 如下，$N_{\text{ID}}^{(2)}$ 作为入参：

$$d_{\text{PSS}}(n) = 1 - 2x(m)$$
$$m = (n + 43N_{\text{ID}}^{(2)}) \bmod 127$$
$$0 \leqslant n < 127$$

其中，

$$x(i+7) = (x(i+4) + x(i)) \bmod 2$$
$$[x(6) \quad x(5) \quad x(4) \quad x(3) \quad x(2) \quad x(1) \quad x(0)] = [1 \quad 1 \quad 1 \quad 0 \quad 1 \quad 1 \quad 0]$$

对于初始小区选择，UE 没有任何先验信息，需要在同步信号频率栅格的各个频点上检测 PSS。在每个频点上，UE 最多需要盲检测 3 次，检测成功后即可获得值 $N_{\text{ID}}^{(2)}$。

【说明】UE 知道自己的频带，通过频带查协议表格可以获知 SS block 的 SCS、SS block Pattern、GSCN。

2.4.2 检测 SSS

SSS 序列 $d_{\text{SSS}}(n)$ 如下，$N_{\text{ID}}^{(1)}$ 和 $N_{\text{ID}}^{(2)}$ 作为入参：

$$d_{\text{SSS}}(n) = [1 - 2x_0((n + m_0) \bmod 127)][1 - 2x_1((n + m_1) \bmod 127)]$$
$$m_0 = 15\left\lfloor \frac{N_{\text{ID}}^{(1)}}{112} \right\rfloor + 5N_{\text{ID}}^{(2)}$$
$$m_1 = N_{\text{ID}}^{(1)} \bmod 112$$
$$0 \leqslant n < 127$$

其中，

$$x_0(i+7) = (x_0(i+4) + x_0(i)) \bmod 2$$
$$x_1(i+7) = (x_1(i+1) + x_1(i)) \bmod 2$$
$$[x_0(6) \quad x_0(5) \quad x_0(4) \quad x_0(3) \quad x_0(2) \quad x_0(1) \quad x_0(0)] = [0 \quad 0 \quad 0 \quad 0 \quad 0 \quad 0 \quad 1]$$
$$[x_1(6) \quad x_1(5) \quad x_1(4) \quad x_1(3) \quad x_1(2) \quad x_1(1) \quad x_1(0)] = [0 \quad 0 \quad 0 \quad 0 \quad 0 \quad 0 \quad 1]$$

UE 搜索到 PSS 后，进一步检测 SSS，最多需要盲检测 336 次，检测成功后即可获得 $N_{\text{ID}}^{(1)}$ 值。至此，UE 可以获得该小区的 PCI。

2.4.3 检测 PBCH

在 UE 成功检测出 PSS 和 SSS 后，开始接收 PBCH。PBCH 共 32 bit，记为 $\bar{a}_0,\bar{a}_1,\bar{a}_2,\bar{a}_3,\cdots,\bar{a}_{\bar{A}-1},\bar{a}_{\bar{A}},\bar{a}_{\bar{A}+1},\bar{a}_{\bar{A}+2},\bar{a}_{\bar{A}+3},\cdots,\bar{a}_{\bar{A}+7}$，其中 $\bar{A}=24$，前 24 bit 为 MIB（Master Information Block，主系统信息块）码流。PBCHpayload 的内容如下。

```
PBCHpayload ={
    MIB ;           -- 24 bit，由 RRC 产生；
    LSB of SFN ;  -- 4 bit, SFN 的低 4 bit（4th, 3rd, 2nd, 1st）；
    half frame Indication ;  -- 1 bit, 0 表示前半帧，1 表示后半帧；
    ssb-IndexExplicit ;      -- 3 bit
}
```

1）MIB 消息如下，经 RRC 层编码后占 24 bit。

```
BCCH-BCH-Message ::=    SEQUENCE {
    message                 BCCH-BCH-MessageType
}
BCCH-BCH-MessageType ::=   CHOICE {
    mib                         MIB,
    messageClassExtension       SEQUENCE {}
}
MIB ::=          SEQUENCE {
    systemFrameNumber                   BIT STRING (SIZE (6)),
    subCarrierSpacingCommon             ENUMERATED {scs15or60, scs30or120},
    ssb-SubcarrierOffset                INTEGER (0..15),
    dmrs-TypeA-Position                 ENUMERATED {pos2, pos3},
    pdcch-ConfigSIB1                    PDCCH-ConfigSIB1,
    cellBarred                          ENUMERATED {barred, notBarred},
    intraFreqReselection                ENUMERATED {allowed, notAllowed},
    spare                               BIT STRING (SIZE (1))
}
```

参数解释如下。

- systemFrameNumber：SFN 的高 6 bit。
- subCarrierSpacingCommon：占 1 bit，SIB1、初始接入 Msg2/4、paging、OSI 的子载波间隔。如果获取 MIB 的载频为 FR1，那么 scs15or60 表示 15 kHz，scs30or120 表示 30 kHz；如果为 FR2，那么 scs15or60 表示 60 kHz，scs30or120 表示 120 kHz。
- ssb-SubcarrierOffset：k_{SSB} 的低 4 bit（k_{SSB} 的含义见 2.5.2 节）。该字段也可以用来指示本小区不广播 SIB1，即无 CORESET0 配置。
- dmrs-TypeA-Position：占 1 bit，PDSCH 和 PUSCH 的前置 DMRS 位置。
- pdcch-ConfigSIB1：占 8 bit，CORESET0 和 searchSpace0 配置。
- cellBarred：占 1 bit，小区禁止指示。
- intraFreqReselection：占 1 bit，同频小区选择 / 重选参数。
- spare：占 1 bit，没有实际意义。

注：SSB、OSI、DMRS、CORESET 和 searchSpace 的概念后续章节会讲到。

2）ssb-IndexExplicit 的含义为：如果 $L_{max}=64$，则 $\bar{a}_{\bar{A}+5},\bar{a}_{\bar{A}+6},\bar{a}_{\bar{A}+7}$ 为 SSB 索引的第 6、5、4 位；否则，$\bar{a}_{\bar{A}+5}$ 为 k_{SSB} 的最高位，$\bar{a}_{\bar{A}+6},\bar{a}_{\bar{A}+7}$ 保留。其中，L_{max} 为半帧内 SSB 的最大个数，详见 2.5.3 节。

UE 通过解析 PBCH 获取当前时间，具体步骤如下。

1）获取帧号：高 6 bit 来自 MIB 的 systemFrameNumber，低 4 bit 来自 PBCHpayload 的 LSB of SFN。

2）获取半帧指示：来自 PBCHpayload 的 half frame Indication。

3）获取 slot 和 symbol。

- 获取当前 SSB 的索引号：通过 PBCH DMRS 序列得出 SSB 索引的低 2 bit 或者低 3 bit（见 7.1.1 节），对于 $L_{SSB}=64$，再通过 PBCHpayload 的 ssb-IndexExplicit 得出 SSB 索引的高 3 bit。
- 根据当前SSB的索引号，就可以知道该SSB第一个符号所在的slot和symbol号（见2.5.3节）。

2.5 SSB 的时频位置说明

对于 SCell，如果不发送 SSB（不配置 SSB 的绝对位置，见 2.7.1 节），则该小区的时间和频率同步来自对应 SpCell 的 SSB。

2.5.1 SSB 内容

SSB，即 SS/PBCH block，包含 PSS、SSS、PBCH、PBCH 的 DMRS。时域占用 4 个连续符号，频域占用 240 个连续的子载波（编号从 subcarrier 0 到 subcarrier 239）。SSB 的内容见表 2-20。

表 2-20 SSB 内容

信道或信号	OFDM 符号编号 l（相对于 SSB 起始位置）	子载波编号 k（相对于 SSB 起始位置）
PSS	0	56, 57, ⋯, 182
SSS	2	56, 57, ⋯, 182
设置为 0	0	0, 1, ⋯, 55, 183, 184, ⋯, 239
	2	48, 49, ⋯, 55, 183, 184, ⋯, 191
PBCH	1, 3	0, 1, ⋯, 239
	2	0, 1, ⋯, 47, 192, 193, ⋯, 239
PBCH 的 DMRS	1, 3	$0+v,4+v,8+v,\cdots,236+v$
	2	$0+v,4+v,8+v,\cdots,44+v$ $192+v,196+v,\cdots,236+v$

如图 2-2 所示，PBCH 占用 20 个 RB，PSS 和 SSS 占用 12 个 RB，共 144 个 RE，有效数据是第 56 ～ 182，共 127 个 RE，低频的 48 ～ 55 这 8 个子载波和高频的 183 ～ 191 这 9 个子载波置为 0。PBCH 的 DMRS 占用 PBCH 每个 RB 位置的 3 个 RE：0+v、4+v、8+v，其中 $v = N_{\rm ID}^{\rm cell} \bmod 4$。

图 2-3 为 PBCH 占用的一个 RB 内的 DMRS 位置，v=3。

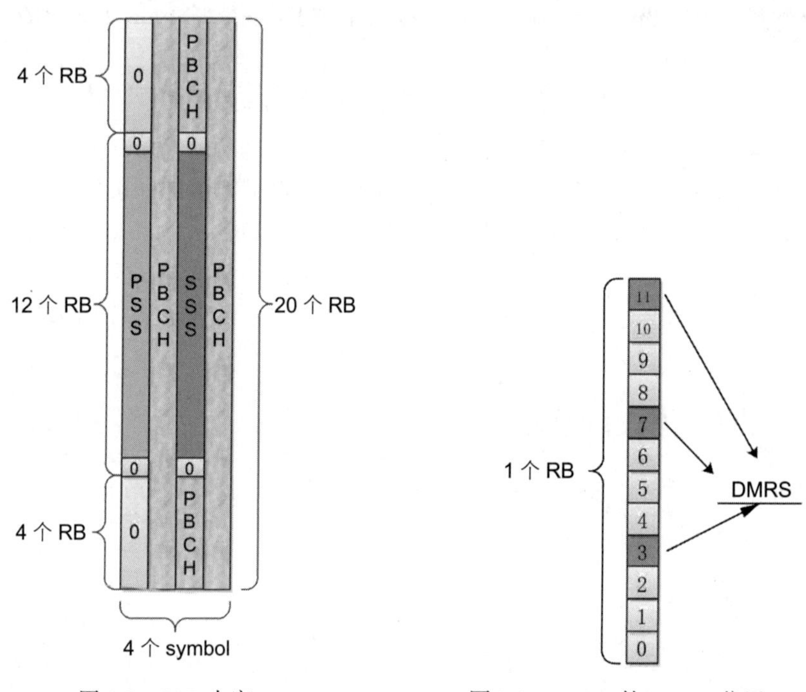

图 2-2　SSB 内容　　　　图 2-3　PBCH 的 DMRS 位置

2.5.2　频域位置

1. SSB 相对 CRB 的偏移

SSB 的 subcarrier0 相对于 CRB $N_{\rm CRB}^{\rm SSB}$（解释见下）的 subcarrier0 的偏移，即 $k_{\rm SSB}$（SSB 支持不和 RB 对齐，可能会错开一些 RE，该变量指示错开了几个 RE)，单位为 subcarrier。$k_{\rm SSB}$ 的低 4 bit 通过参数 MIB->ssb-SubcarrierOffset 下发，可以通过 PBCH 码流里的 ssb-IndexExplicit 扩展高位 1 bit，如下。

1）对于 FR1，即 SSB typeA，SSB 使用 15 kHz 或 30 kHz 的 SCS，$k_{\rm SSB} \in \{0, 1, 2, \cdots, 23\}$；需要 5 bit，低 4 bit 来自 MIB 的 ssb-SubcarrierOffset，最高 bit 来自 PBCH 的 ssb-IndexExplicit；单位为 15 kHz 的 subcarrier。

2）对于 FR2，即 SSB typeB，SSB 使用 120 kHz 或 240 kHz 的 SCS，$k_{\rm SSB} \in \{0, 1, 2, \cdots, 11\}$；需要 4 bit，来自 MIB 的 ssb-SubcarrierOffset；单位为 MIB->subCarrierSpacingCommon 指示

的 subcarrier。

FR1 和 FR2 的 k_{SSB} 的比特长度差异由以下原因引起：对于 FR1，SSB 的子载波间隔有可能小于初始 BWP 的子载波间隔（比如，SSB 的子载波间隔为 15 kHz，初始 BWP 的子载波间隔为 30 kHz），这样就需要在两个 SSB RB 范围内指示子载波偏移；对于 FR2，SSB 的子载波间隔一定大于或等于初始 BWP 的子载波间隔。

CRB N_{CRB}^{SSB} 的解释如下。

- 子载波间隔：FR1 为 15 kHz，FR2 为 60 kHz。
- CRB N_{CRB}^{SSB} 的 subcarrier0 的中心位置和子载波为 MIB->subCarrierSpacingCommon 的特定 CRB（与 SSB 最低 RB 的 subcarrier0 冲突的 CRB）的 subcarrier0 的中心位置相同，详见 2.8 节。

2. SSB 相对 pointA 的偏移

以下分别描述 SA 和 NSA 组网场景下，SSB 和 pointA 的位置关系。

（1）SA 组网

对于 SA 组网，gNB 通过 SIB1 广播 SSB 和 pointA 的位置偏移。UE 搜索得出 SSB 的绝对位置，再通过 SIB1 获取该偏移参数 offsetToPointA，从而得出 pointA 的绝对位置。

offsetToPointA 通过 SIB1 的如下参数配置：

```
FrequencyInfoDL-SIB ::=     SEQUENCE {
    frequencyBandList           MultiFrequencyBandListNR-SIB,
    offsetToPointA              INTEGER (0..2199),
    scs-SpecificCarrierList     SEQUENCE (SIZE (1..maxSCSs)) OF SCS-SpecificCarrier
}
```

offsetToPointA 指 pointA 与特定 CRB 的 subcarrier0 之间的频率偏移（特定 CRB 指：子载波间隔为 subCarrierSpacingCommon，并且和 UE 用于初始小区选择的 SSB 冲突的、最小编号的 CRB），单位为 RB。对于 FR1，按 15 kHz 计算；对于 FR2，按 60 kHz 计算（详见 2.8 节）。

（2）NSA 组网

对于 NSA 组网，比如 EN-DC 场景，在增加 SCG 的时候，gNB 通过 RRC 重配消息告知 UE，NR 小区的 SSB 和 pointA 的绝对位置，参数如下。

```
FrequencyInfoDL ::=     SEQUENCE {
    absoluteFrequencySSB        ARFCN-ValueNR           OPTIONAL,   -- Cond SpCellAdd
    frequencyBandList           MultiFrequencyBandListNR,
    absoluteFrequencyPointA     ARFCN-ValueNR,
    scs-SpecificCarrierList     SEQUENCE (SIZE (1..maxSCSs)) OF SCS-SpecificCarrier,
    ...
}
```

其中，absoluteFrequencySSB 为 SSB 的绝对位置，absoluteFrequencyPointA 为 pointA 的绝对位置。

2.5.3 时域位置

SSB 的发送周期通过 SIB1 配置（参数如下），在初始小区搜索过程中，UE 假定 SSB 周期为 20 ms。

```
ServingCellConfigCommonSIB-->
ssb-PeriodicityServingCell    ENUMERATED { ms5, ms10, ms20, ms40, ms80, ms160}
```

协议给出了一个 SSB 集合，在同一周期内，SSB 集合内的每个 SSB 都对应一个波束方向，一个集合内所有 SSB 的波束方向覆盖了整个小区。SSB 集合按周期 ssb-PeriodicityServingCell 发送。

一个 SSB 集合限制在一个 5 ms 的半帧内，从这个半帧内的第一个 slot 开始。根据 SSB 的 SCS 的不同，SSB 集合分下面 5 种图样，前三种适用于 FR1，后两种适用于 FR2。

1）Case A，15 kHz SCS：SSB 的第一个 symbol 索引为 $\{2,8\}+14\cdot n$。当载频小于或等于 3 GHz 时，$n=0,1$，共 4 个 SSB；当 FR1内载频大于 3 GHz 时，$n=0,1,2,3$，共 8 个 SSB。

如图 2-4 所示，15 kHz SCS，每个 slot 为 1ms，当载频小于或等于 3 GHz 时，前 2 个 slot 每个有 2 个 SSB。第 1 个 slot 的 SSB 位置见图 2-4，第 2 个 slot 的 SSB 位置与之相同。

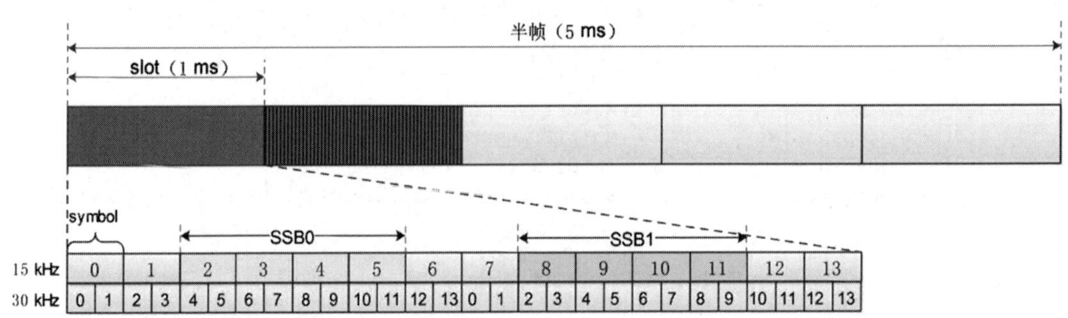

图 2-4 SSB 时域位置（15 kHz SCS）

2）Case B，30 kHz SCS：SSB 的第一个 symbol 索引为 $\{4,8,16,20\}+28\cdot n$。当载频小于或等于 3 GHz 时，$n=0$，共 4 个 SSB；当 FR1 内载频大于 3 GHz 时，$n=0,1$，共 8 个 SSB。

如图 2-5 所示，30 kHz SCS，对于 FR1 载频大于 3 GHz 时，SSB 占用半帧的前 4 个 slot。前 2 个 slot 的 SSB 位置见图 2-5，后 2 个 slot 的 SSB 位置与之相同。

SSB 这样设计的好处是，当 30 kHz 子载波的同步信号与 15 kHz 子载波的业务信道共存时：

- slot0 的 30 kHz 子载波的前 4 个符号对应 15 kHz 子载波的前 2 个符号，可以用来传输 PDCCH；
- slot1 的 30 kHz 子载波的后 4 个符号对应 15 kHz 子载波的后 2 个符号，可以用来传输上行控制信道（包括上下行信号的保护间隔）；
- 中间的 30 kHz 子载波，符号 12 和 13 可以用来传输 30 kHz 子载波的上行控制信道（包括上下行信号的保护间隔），符号 0 和 1 可以用来传输 30 kHz 子载波的下行控制信道。

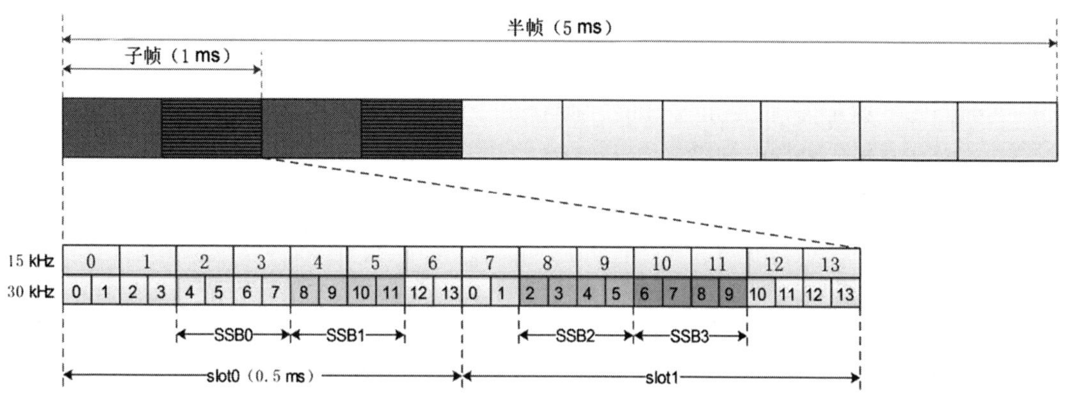

图 2-5 SSB 时域位置（30 kHz SCS）

3）Case C，30 kHz SCS：SSB 的第一个 symbol 索引为 $\{2,8\}+14\cdot n$。

- 对于 FDD（成对频谱，paired spectrum）：当载频小于或等于 3 GHz 时，$n=0,1$，共 4 个 SSB；当 FR1 内载频大于 3 GHz 时，$n=0,1,2,3$，共 8 个 SSB。
- 对于 TDD（非成对频谱，unpaired spectrum）：当载频小于 1.88 GHz 时，$n=0,1$，共 4 个 SSB；当 FR1 内载频大于或等于 1.88 GHz 时，$n=0,1,2,3$，共 8 个 SSB。

4）Case D，120 kHz SCS：SSB 的第一个 symbol 索引为 $\{4,8,16,20\}+28\cdot n$。对于 FR2 内的载频，$n=0,1,2,3,5,6,7,8,10,11,12,13,15,16,17,18$，共 64 个 SSB。

5）Case E，240 kHz SCS：SSB 的第一个 symbol 索引为 $\{8,12,16,20,32,36,40,44\}+56\cdot n$。对于 FR2 内的载频，$n=0,1,2,3,5,6,7,8$，共 64 个 SSB。

SSB 集合一共有 4、8 或 64 个 SSB，SSB 索引从 0 开始递增编号，每个 SSB 的 slot 和 symbol 位置固定。UE 根据当前支持的 SSB 集合图样类别以及获得的 SSB 索引编号，即可得出当前的 slot 和 symbol 号。

在 SIB1 里的 ServingCellConfigCommonSIB->ssb-PositionsInBurst 参数，指示基站会发送哪些 SSB 索引，定义如下：

```
ServingCellConfigCommonSIB ::=   SEQUENCE {
    ...
    ssb-PositionsInBurst  SEQUENCE {
        inOneGroup           BIT STRING (SIZE (8)),
        groupPresence        BIT STRING (SIZE (8))  OPTIONAL  -- Cond FR2-Only
    },
    ...
}
```

参数解释如下。

- inOneGroup：占 8 bit，该字段强制存在，含义如下。
    - 当每半帧最多有 4 个 SSB 时，仅高位（leftmost）4 bit 有效，UE 忽略低位（rightmost）4 bit，最高位对应 SSB0，第 2 位对应 SSB1，以此类推。

- 当每半帧最多有 8 个 SSB 时，所有 8 bit 有效，最高位对应 SSB0，第 2 位对应 SSB1，以此类推。
- 当每半帧最多有 64 个 SSB 时，所有 8 bit 有效，最高位对应 SSB group 的第 1 个 SSB 索引（SSB0、SSB8、SSB16 等），第 2 位对应 SSB group 的第 2 个 SSB 索引（SSB1、SSB9、SSB17 等），以此类推。

位图中的值 0 表示对应的 SSB 不发送，位图中的值 1 表示对应的 SSB 发送。

❑ groupPresence：占 8 bit，对于 FR2 载频，该字段强制存在，否则，不存在。最高位对应 SSB index0 ～ index7，第 2 位对应 SSB index8 ～ index15，第 3 位对应 SSB index16 ～ index23，以此类推。取值为 0，表示对应的 SSB 在 inOneGroup 中不存在；取值为 1，表示对应的 SSB 依据 inOneGroup 指示发送。

2.6 系统信息

系统信息（System Information，SI）包括 MIB、SIB1 和其他 SIB（Other SIBs，OSI），以下分别描述。

1）MIB：通过 BCCH → BCH → PBCH 信道发送，周期为 80 ms，80 ms 内重复发送（依据 SSB 周期重复发送）。MIB 包括调度 SIB1 需要的参数。MIB 在 SSB 集合的第 1 次发送时域位置见 2.5.3 节。

2）SIB1（也称为 Remaining Minimum SI，RMSI，剩余最小系统信息）：通过 BCCH → DL-SCH → PDSCH 信道发送，周期为 160 ms，160 ms 内重复发送。当 SSB 和 CORESET0 的复用图样为 Pattern1 时（见 2.6.4 节中的图 2-8），SIB1 重复周期为 20 ms ；当 SSB 和 CORESET 的复用图样为 Pattern2 或 Pattern3 时（见图 2-8），SIB1 重复周期与 SSB 周期相同。SIB1 包含其他 SIB 的有效性、调度信息（周期和发送时机），并且指示其他 SIB 是广播还是按需发送。如果是按需发送，则 UE 发起 SI request 请求 SI。SIB1 属于小区级参数。

3）OSI（除 SIB1 外的 SIB）：通过 BCCH → DL-SCH → PDSCH 信道发送，具有相同周期的 SIB 映射到同一个 SI 消息，每个 SI 消息在周期性的 SI-window 内发送。不同 SI 消息的 SI-window 不重叠，也就是说，在一个 SI-window 内只能发送一个 SI 消息。一个 SI 消息可以在 SI-window 内发送多次，不同 SI 消息的 SI-window 大小相同。通过 SIB1 指示，任何一个 SIB（除了 SIB1）都可以配置为小区级（cell specific）或者区域级（area specific）。区域级的 SIB 在 SI 区域（包含一个或多个小区，通过 systemInformationAreaID 配置）内都是有效的。一个 SIB 只能被包含在一个 SI 消息内，并且只能被包含一次。

对于 RRC_CONNECTED 的 UE，基站可以通过 RRC 重配消息为 UE 配置 SI，例如，UE 的激活 BWP 没有配置监测 SI 或 paging 的 CSS（Common Search Space，公共搜索空间，见 6.1.1 节）。

对于 PSCell 和 SCell，基站通过 RRC 重配信令提供所需的 SI。UE 通过获取 PSCell 的 MIB 来获得 SCG 的 SFN（可以和 MCG 不同）。SCell 的 SI 发生变化时，gNB 需要释放、重新增加 SCell。对于 PSCell，所需的 SI 仅能通过同步重配改变。

SIB1 或 SI 消息的最大长度为 2976 bit。

2.6.1 参数介绍

1. MIB

MIB 消息内容见 2.4.3 节。

2. SIB

SIB 消息内容如下，分 SIB1 和 SystemInformation（OSI）。

```
BCCH-DL-SCH-Message ::=    SEQUENCE {
    message                            BCCH-DL-SCH-MessageType
}
BCCH-DL-SCH-MessageType ::=  CHOICE {
    c1                                 CHOICE {
        systemInformation                  SystemInformation,
        systemInformationBlockType1        SIB1
    },
    messageClassExtension              SEQUENCE {}
}
```

（1）SIB1

SIB1 包含评估 UE 能否接入该小区的相关信息，定义了其他 SI 的调度信息，包含该小区公共的无线资源配置信息，以及小区禁止信息。

```
SIB1 ::=      SEQUENCE {
    cellSelectionInfo          SEQUENCE {
        q-RxLevMin               Q-RxLevMin,
        q-RxLevMinOffset         INTEGER (1..8)              OPTIONAL,    -- Need S
        q-RxLevMinSUL            Q-RxLevMin                  OPTIONAL,    -- Need R
        q-QualMin                Q-QualMin                   OPTIONAL,    -- Need S
        q-QualMinOffset          INTEGER (1..8)              OPTIONAL     -- Need S
    }                                                 OPTIONAL,    -- Cond Standalone
    cellAccessRelatedInfo      CellAccessRelatedInfo,
    connEstFailureControl      ConnEstFailureControl         OPTIONAL,    -- Need R
    si-SchedulingInfo          SI-SchedulingInfo             OPTIONAL,    -- Need R
    servingCellConfigCommon    ServingCellConfigCommonSIB    OPTIONAL,     -- Need R
    ims-EmergencySupport       ENUMERATED {true}             OPTIONAL,     -- Need R
    eCallOverIMS-Support       ENUMERATED {true}        OPTIONAL,    -- Cond Absent
    ue-TimersAndConstants      UE-TimersAndConstants          OPTIONAL,    -- Need R

    uac-BarringInfo          SEQUENCE {
        uac-BarringForCommon  UAC-BarringPerCatList           OPTIONAL,    -- Need S
        uac-BarringPerPLMN-List   UAC-BarringPerPLMN-List  OPTIONAL,    -- Need S
        uac-BarringInfoSetList        UAC-BarringInfoSetList,
        uac-AccessCategory1-SelectionAssistanceInfo CHOICE {
            plmnCommon     UAC-AccessCategory1-SelectionAssistanceInfo,
```

```
            individualPLMNList   SEQUENCE (SIZE (2..maxPLMN)) OF UAC-
                AccessCategory1-SelectionAssistanceInfo
        }           OPTIONAL    -- Need S
    }               OPTIONAL,   -- Need R

    useFullResumeID   ENUMERATED {true}    OPTIONAL,    -- Need R

    lateNonCriticalExtension     OCTET STRING                 OPTIONAL,
    nonCriticalExtension         SEQUENCE{}                   OPTIONAL
}
UAC-AccessCategory1-SelectionAssistanceInfo ::=    ENUMERATED {a, b, c}
```

参数解释如下。

- cellSelectionInfo：小区选择相关参数。如果该小区支持 SA 组网，则该字段必须配置，否则该字段不需要配置。
- cellAccessRelatedInfo：小区接入相关参数，指示该小区所属的 plmn-Identity 和 cellIdentity 等。
- connEstFailureControl：RRC 连接建立失败控制参数。
- si-SchedulingInfo：其他 SI 的调度信息。
- servingCellConfigCommon：小区公共配置参数。
- ims-EmergencySupport：指示对处于受限服务模式（limited service mode）的 UE，该小区是否支持 IMS 紧急承载服务（IMS emergency bearer service）。如果不配置，则该小区对处于受限服务模式的 UE，不支持 IMS 紧急呼叫。
- eCallOverIMS-Support：R15 版本不支持该字段，如果收到，UE 会忽略。
- ue-TimersAndConstants：定时器和常量，对于 PCell，该字段必带。
- uac-BarringInfo：小区 bar 相关信息。
- useFullResumeID：指示 UE 使用哪个恢复标识符和恢复请求消息。如果配置该字段，则 UE 使用 fullI-RNTI 和 RRCResumeRequest1；如果不配置，则 UE 使用 shortI-RNTI 和 RRCResumeRequest。

（2）OSI

SystemInformation 消息包含一个或多个 SIB（SIB2 ～ SIB9），包含的所有 SIB 都使用相同的发送周期。

```
SystemInformation ::=        SEQUENCE {
    criticalExtensions           CHOICE {
        systemInformation                  SystemInformation-IEs,
        criticalExtensionsFuture           SEQUENCE {}
    }
}
SystemInformation-IEs ::=    SEQUENCE {
    sib-TypeAndInfo              SEQUENCE (SIZE (1..maxSIB)) OF CHOICE {
        sib2                               SIB2,
```

```
        sib3                                    SIB3,
        sib4                                    SIB4,
        sib5                                    SIB5,
        sib6                                    SIB6,
        sib7                                    SIB7,
        sib8                                    SIB8,
        sib9                                    SIB9,
        ...
    },

    lateNonCriticalExtension            OCTET STRING                OPTIONAL,
    nonCriticalExtension                SEQUENCE {}                 OPTIONAL
}
```

3. SI-SchedulingInfo

OSI 通过 SIB1 里的 SI-SchedulingInfo 指示其内容和周期，参数如下。

```
SI-SchedulingInfo ::=    SEQUENCE {
    schedulingInfoList   SEQUENCE (SIZE (1..maxSI-Message)) OF SchedulingInfo,
    si-WindowLength   ENUMERATED {s5, s10, s20, s40, s80, s160, s320, s640,
                      s1280},
    si-RequestConfig     SI-RequestConfig            OPTIONAL,  -- Cond MSG-1
    si-RequestConfigSUL  SI-RequestConfig            OPTIONAL,  -- Cond SUL-MSG-1
    systemInformationAreaID    BIT STRING (SIZE (24))    OPTIONAL,   -- Need R
    ...
}
```

参数解释如下。

- schedulingInfoList：SI 调度信息，maxSI-Message 等于 32。
- si-WindowLength：SI-window 大小，所有 SI 的窗长相同。取值为 s5 表示 5 个 slot，取值为 s10 表示 10 个 slot，以此类推。si-WindowLength 必须小于或等于所有 SI 消息的 si-Periodicity 时长。
- si-RequestConfig：SI 请求配置参数，如果 SchedulingInfo 中的任何一个 SI 消息配置为 notBroadcasting，则该字段可选存在，否则不存在。
- si-RequestConfigSUL：如果该服务小区配置了 SUL，并且 SchedulingInfo 中的任何一个 SI 消息配置为 notBroadcasting，则该字段可选存在，否则不存在。
- systemInformationAreaID：指示小区的系统信息域 ID。SI 内任何配置了 areaScope 的 SIB 都属于该系统信息域。systemInformationAreaID 在一个 PLMN 内唯一。

```
SchedulingInfo ::=       SEQUENCE {
    si-BroadcastStatus     ENUMERATED {broadcasting, notBroadcasting},
    si-Periodicity         ENUMERATED {rf8, rf16, rf32, rf64, rf128, rf256, rf512},
    sib-MappingInfo        SIB-Mapping
}
SIB-Mapping ::=    SEQUENCE (SIZE (1..maxSIB)) OF SIB-TypeInfo
```

参数解释如下。

- si-BroadcastStatus：指示该 SI 消息广播或者不广播，修改该字段取值不会触发 SI 变化通知。当设置为 broadcasting 时，该字段在 BCCH 修改周期结束前是有效的。
- si-Periodicity：SI 消息的调度周期，单位为帧。取值为 rf8 表示 8 个无线帧，取值为 rf16 表示 16 个无线帧，以此类推。
- sib-MappingInfo：一个或多个 SIB 映射到一个 SI 消息，maxSIB 等于 32。

```
SIB-TypeInfo ::=     SEQUENCE {
    type  ENUMERATED {sibType2, sibType3, sibType4, sibType5, sibType6, sibType7,
        sibType8, sibType9,spare8, spare7, spare6, spare5, spare4, spare3, spare2,
        spare1,... },
    valueTag            INTEGER (0..31)                OPTIONAL, -- Cond SIB-TYPE
    areaScope           ENUMERATED {true}              OPTIONAL -- Need S
}
```

参数解释如下。

- type：SIB 类型。
- valueTag：对于 SIB6、SIB7、SIB8，该字段不存在；对于其他 SIB，该字段强制存在。
- areaScope：如果配置该字段，则对应 SIB 属于区域级，否则属于小区级。

2.6.2 SIB 有效性和 SI 变化指示

1. SIB 有效性

在发生以下情形时，UE 应用 SI 获取过程：小区选择、小区重选、重回覆盖区、完成同步重配过程、从其他 RAT 进入本小区、接收到 SI 变化指示、接收到 PWS（Public Warning System）通知，以及 UE 没有保存一个有效的 SIB 版本。

对于存储的 SIB 信息，UE 处理如下。

1）在获取该 SIB 3 小时后，删除存储的任何 SIB 版本。

2）对于每个存储的 SIB 版本：

①当该存储 SIB 是区域级，并且当前服务小区对应的 SIB 也是区域级时，如果当前服务小区对应 SIB 的第一个 PLMN-Identity、systemInformationAreaID、valueTag 分别与该存储 SIB 保存的 PLMN-Identity、systemInformationAreaID、valueTag 参数相同，则认为该存储 SIB 在当前服务小区是有效的。

②当该存储 SIB 是小区级，并且当前服务小区对应的 SIB 也是小区级时，如果当前服务小区对应 SIB 的第一个 PLMN-Identity、cellIdentity、valueTag 分别与该存储 SIB 保存的 PLMN-Identity、cellIdentity、valueTag 参数相同，则认为该存储 SIB 在当前服务小区是有效的。

2. SI 变化指示

当 SI 发生变化时，网络先发送 SI 变化指示，更新的 SI（除了 ETWS（Earthquake and Tsunami Warning System，地震和海啸预警系统）和 CMAS（Commercial Mobile Alert Service，

商业移动警报服务））在 SI 变化指示发送的下一个修改周期内发送。SI 变化指示可以在一个修改周期内发送多次。

SI 变化指示通过 P-RNTI 加扰的 DCI1_0 通知 UE。DCI1_0 的相关字段如下。

- Short Message Indicator（短消息指示）：占 2 bit，位取值的含义见表 2-21。
- Short Messages（短消息）：占 8 bit，每位的含义见表 2-22，位 1 是最高位。如果 DCI 中仅存在 paging 调度信息，则该字段保留。

表 2-21 短消息指示

位取值	Short Message Indicator
00	保留
01	DCI 中仅存在 paging 的调度信息
10	DCI 中仅存在短消息
11	DCI 中同时存在 paging 调度信息和短消息

表 2-22 短消息

位	Short Messages
1	systemInfoModification 置 1：BCCH 修改指示（除了 SIB6、SIB7 和 SIB8）
2	etwsAndCmasIndication 置 1：ETWS 主要通知、ETWS 辅助通知和 / 或 CMAS 通知
3 ～ 8	R15 不使用这些位，UE 忽略它们

对于 RRC_IDLE 或 RRC_INACTIVE 状态的 UE，UE 在每个 DRX cycle 的 paging occasion 都检测 P-RNTI 加扰的 DCI1_0（获取 systemInfoModification）；对于 RRC_CONNECTED 状态的 UE，如果 UE 的当前激活 BWP 配置了检测 paging 的 CSS，则 UE 在每个修改周期至少检测一次 P-RNTI 加扰的 DCI1_0（获取 systemInfoModification）。paging 和 BWP 将在后续章节详细介绍。

对于 RRC_IDLE 或 RRC_INACTIVE 状态的具备 ETWS 或 CMAS 能力的 UE，UE 在每个 DRX cycle 的 paging occasion 都检测 P-RNTI 加扰的 DCI1_0（获取 etwsAndCmasIndication）；对于 RRC_CONNECTED 状态的 UE，如果 UE 的当前激活 BWP 配置了检测 paging 的 CSS，则 UE 在每个 defaultPagingCycle 至少检测一次 P-RNTI 加扰的 DCI1_0（获取 etwsAndCmasIndication）。

修改周期通过 SIB1 参数 DownlinkConfigCommonSIB->BCCH-Config 和 PCCH-Config 配置，参数如下。修改周期等于 m 个无线帧，其中 m=modificationPeriodCoeff × defaultPagingCycle，从帧号 0 起始。例如，假定 modificationPeriodCoeff 配置为 n2，defaultPagingCycle 配置为 rf32，则修改周期为 2 × 32=64 个无线帧。

```
BCCH-Config ::=       SEQUENCE {
    modificationPeriodCoeff        ENUMERATED {n2, n4, n8, n16},
    ...
}
PCCH-Config ::=        SEQUENCE {
```

```
    defaultPagingCycle              PagingCycle,
    ...
}
PagingCycle ::=    ENUMERATED {rf32, rf64, rf128, rf256}
```

对于非 ETWS 和 CMAS 系统信息，当 UE 收到 BCCH 修改的 DCI1_0 时（在该 BCCH 修改周期内可能会收到多次），在紧接着的下一个 BCCH 修改周期内接收新的 SI。对于 ETWS 和 CMAS（SIB6、SIB7、SIB8），在收到 DCI1_0 指示的修改后，UE 要马上开始接收（当 UE 具备 ETWS 和 CMAS 能力时）。

2.6.3 如何获取系统信息

UE 在 RRC_IDLE 和 RRC_INACTIVE 状态，至少需要保存有效的 MIB、SIB1 ～ SIB4 和 SIB5（当 UE 支持 E-UTRA 时，才保存 SIB5）。

UE 在 RRC_CONNECTED 状态，仅当能够获取 SIB1 而不会中断单播数据的接收时（即广播和单播波束是 QCL 关系，QCL 的含义见 11.2 节），UE 才需要获取广播的 SIB1。

1. 获取 MIB 和 SIB1

MIB 的接收过程见 2.5 节，SIB1 的接收过程见 2.6.4 节。如果不能成功获取到 MIB 或者 SIB1，则认为当前小区被禁止接入；如果成功获取 MIB 和 SIB1，则进行处理，具体过程可以参看 3GPP 38.331 协议。

2. 获取 OSI

（1）OSI 调度周期和修改周期

通过 SIB1 参数 SI-SchedulingInfo 指示 OSI 的内容和周期。si-WindowLength 为 SI 调度窗大小。si-Periodicity 为 SI 的调度周期，SI 在 BCCH 修改周期内按照调度周期重复发送。处理如下：

1）不同 SI 消息的 SI-window 不重叠，每个 SI 消息的 SI-window 起始位置见 3GPP 38.331 协议 5.2.2 节；

2）si-WindowLength 小于或等于所有 SI 的调度周期；

3）UE 在 SI-window 内检测 SI，如果某个 SIB 不变（valueTag 不变，SIB6 ～ SIB8 除外），则 UE 可以不接收该 SIB；

4）UE 收到 SI 改变通知，在下一个 BCCH 修改周期内接收新的 SI。

【举例 1】假定对于非 ETWS 和 CMAS 系统信息，modificationPeriodCoeff 配置为 n2，defaultPagingCycle 配置为 rf32，那么 BCCH 修改周期为 2 × 32=64 个无线帧。

假定 si-WindowLength 配置为 20 ms，SI-1 的 si-Periodicity 配置为 80 ms，SI-2 的 si-Periodicity 配置为 160 ms，UE 在帧 #4 收到 SI 变化通知，那么 UE 在下一个 BCCH 修改周期才开始接收新的 SI，SI-1 和 SI-2 的调度如图 2-6 所示。

（2）OSI 发送的时域位置

UE 获取 OSI 的 PDCCH 检测时机来自 searchSpaceOtherSystemInformation 配置：searchSpaceOtherSystemInformation 如果为 0，则 SI-window 内的 PDCCH 检测时机同 SIB1；如果不为 0，则 PDCCH 的检测时机通过它指示。

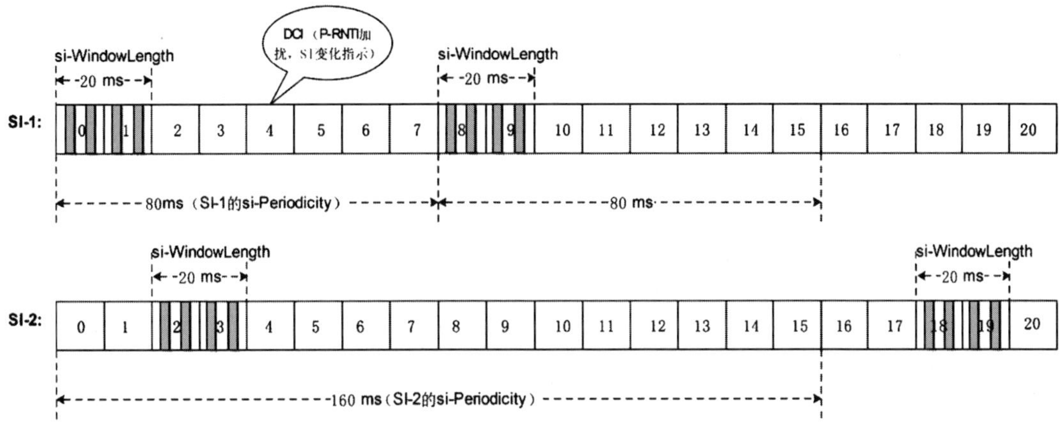

图 2-6 SI 调度窗和调度周期图示

OSI 对应 DCI 的发送时机满足如下规则：SI-window 内的第（$x \times N+K$）个 PDCCH 的检测时机对应第 K 个发送的 SSB，其中 $x = 0, 1, \cdots, X-1$，$K = 1, 2, \cdots, N$，N 为实际的 SSB 发送个数，由 SIB1 里的 ssb-PositionsInBurst 决定，X 等于 CEIL（SI-window 内配置的 PDCCH 检测时机 /N）。

UE 不要求监测 SI-window 内每个 SSB 对应的 PDCCH occasion。

【举例 2】假定 si-WindowLength 配置为 20 ms，SI-1 的 si-Periodicity 配置为 80 ms，在 SI-window 内配置了 4 个检测时机，且在一个 SSB 集合内，SSB 实际发送了 2 次，记录为 SSB1 和 SSB2，那么 SI-window 内发送的 4 次 SI 和 SSB 的对应关系如图 2-7 所示。

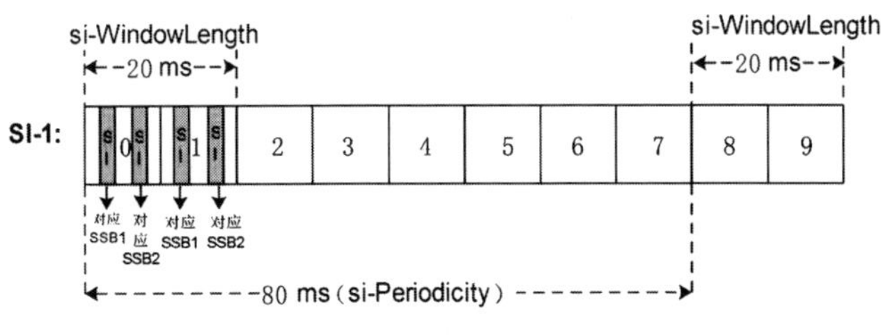

图 2-7 SI 和 SSB 的对应关系

2.6.4 SIB1 接收过程

对于 SA 和 NSA 组网，SIB1 的发送过程不同。对于 SA 组网，SIB1 通过 PBCH 信道发送；对于 NSA 组网，比如 EN-DC 场景，如果作为 PSCell 的 NR 小区只提供 NSA 服务，那么该小区可以不广播 SIB1，基站通过增加 SCG 的 RRC 重配消息给 UE 配置 SIB1。本节主要描述 SA 场景下 UE 的 SIB1 接收过程。

1. SIB1 发送的时频域位置

检测到 SSB 后，UE 根据 PBCH 中的 k_{SSB} 来决定是否存在和 Type0-PDCCH 公共搜索空间关联的 CORESET0，如果 $k_{SSB} \leqslant 23$（FR1）或 $k_{SSB} \leqslant 11$（FR2），则 UE 认为存在 CORESET0，否则不存在 CORESET0。

首先，UE 通过 MIB 参数 pdcch-ConfigSIB1 获得 CORESET0 的时频域位置，并在此空间搜索 SIB1 的 DCI1_0（SI-RNTI 加扰）；然后，根据 DCI1_0 中的字段得出 SIB1 发送的时频域位置。

（1）CORESET0 时频域确定

如果 UE 认为存在 CORESET0，则 UE 通过参数 pdcch-ConfigSIB1->controlResourceSetZero 查表 2-23[㊀]（表中的第一列“索引”即该参数值），来决定 CORESET0 的频域位置（表 2-23 中的 Offset[㊁]）、连续 RB 数和连续 symbol 数；通过参数 pdcch-ConfigSIB1->searchSpaceZero 查表 2-24 ～表 2-28（表中的第一列“索引”即该参数值），来决定 CORESET0 的时域位置。

表 2-23　CORESET0

（{SSB, PDCCH} 的 SCS 是 {15, 15} kHz，最小带宽为 5 MHz 或 10 MHz）

索引	SSB 和 CORESET 复用图样	RB 数目 $N_{RB}^{CORESET}$	symbol 数目 $N_{symb}^{CORESET}$	Offset/RB
0	1	24	2	0
1	1	24	2	2
2	1	24	2	4
3	1	24	3	0
4	1	24	3	2
5	1	24	3	4
6	1	48	1	12
7	1	48	1	16
8	1	48	2	12
9	1	48	2	16
10	1	48	3	12
11	1	48	3	16
12	1	96	1	38
13	1	96	2	38
14	1	96	3	38
15	保留			

表 2-24　Type0-PDCCH CSS（SSB 和 CORESET 为图样 1（FR1））

索引	O	每个 slot 的搜索空间集数目	M	第 1 个 symbol 索引
0	0	1	1	0
1	0	2	1/2	{如果 i 是偶数，为 0}，{如果 i 是奇数，为 $N_{symb}^{CORESET}$}

㊀ SCS 组合和最小带宽取值不同，表格不同，此处只给出了一种情况，其他情况请参见 38.213 协议的第 13 章。

㊁ 指从 CORESET0 下限到 SSB 下限的 RB 偏移，对应子载波间隔为 MIB->subCarrierSpacingCommon。

（续）

索引	*O*	每个 slot 的搜索空间集数目	*M*	第 1 个 symbol 索引
2	2	1	1	0
3	2	2	1/2	{如果 i 是偶数，为 0}，{如果 i 是奇数，为 $N_{\text{symb}}^{\text{CORESET}}$}
4	5	1	1	0
5	5	2	1/2	{如果 i 是偶数，为 0}，{如果 i 是奇数，为 $N_{\text{symb}}^{\text{CORESET}}$}
6	7	1	1	0
7	7	2	1/2	{如果 i 是偶数，为 0}，{如果 i 是奇数，为 $N_{\text{symb}}^{\text{CORESET}}$}
8	0	1	2	0
9	5	1	2	0
10	0	1	1	1
11	0	1	1	2
12	2	1	1	1
13	2	1	1	2
14	5	1	1	1
15	5	1	1	2

表 2-25 Type0-PDCCH CSS（SSB 和 CORESET 为图样 1（FR2））

索引	*O*	每个 slot 的搜索空间集数目	*M*	第 1 个 symbol 索引
0	0	1	1	0
1	0	2	1/2	{如果 i 是偶数，为 0}，{如果 i 是奇数，为 7}
2	2.5	1	1	0
3	2.5	2	1/2	{如果 i 是偶数，为 0}，{如果 i 是奇数，为 7}
4	5	1	1	0
5	5	2	1/2	{如果 i 是偶数，为 0}，{如果 i 是奇数，为 7}
6	0	2	1/2	{如果 i 是偶数，为 0}，{如果 i 是奇数，为 $N_{\text{symb}}^{\text{CORESET}}$}
7	2.5	2	1/2	{如果 i 是偶数，为 0}，{如果 i 是奇数，为 $N_{\text{symb}}^{\text{CORESET}}$}
8	5	2	1/2	{如果 i 是偶数，为 0}，{如果 i 是奇数，为 $N_{\text{symb}}^{\text{CORESET}}$}
9	7.5	1	1	0
10	7.5	2	1/2	{如果 i 是偶数，为 0}，{如果 i 是奇数，为 7}
11	7.5	2	1/2	{如果 i 是偶数，为 0}，{如果 i 是奇数，为 $N_{\text{symb}}^{\text{CORESET}}$}
12	0	1	2	0
13	5	1	2	0
14	保留			
15	保留			

表 2-26 Type0-PDCCH CSS

（SSB 和 CORESET 为图样 2，{SSB, PDCCH} 的 SCS 是 {120, 60} kHz）

索引	PDCCH 检测时机（SFN 和 slot 编号）	第 1 个 symbol 索引（$k = 0, 1, \cdots 15$）
0	$\text{SFN}_{\text{C}} = \text{SFN}_{\text{SSB},i}$ $n_{\text{C}} = n_{\text{SSB},i}$	对于 $i = 4k$，$i = 4k+1$，$i = 4k+2$，$i = 4k+3$，分别为 0, 1, 6, 7

（续）

索引	PDCCH 检测时机（SFN 和 slot 编号）	第 1 个 symbol 索引（$k=0, 1, \cdots 15$）
1	保留	
2	保留	
3	保留	
4	保留	
5	保留	
6	保留	
7	保留	
8	保留	
9	保留	
10	保留	
11	保留	
12	保留	
13	保留	
14	保留	
15	保留	

表 2-27 Type0-PDCCH CSS

（SSB 和 CORESET 为图样 2，{SSB, PDCCH} 的 SCS 是 {240, 120} kHz）

索引	PDCCH 检测时机（SFN 和 slot 编号）	第 1 个 symbol 索引（$k=0, 1, \cdots, 7$）
0	$\mathrm{SFN_C}=\mathrm{SFN}_{\mathrm{SSB},i}$ $n_\mathrm{C}=n_{\mathrm{SSB},i}$ 或 $n_\mathrm{C}=n_{\mathrm{SSB},i}-1$	对于 $i=8k$，$i=8k+1$，$i=8k+2$，$i=8k+3$，$i=8k+6$，$i=8k+7$，分别为 0, 1, 2, 3, 0, 1（$n_\mathrm{C}=n_{\mathrm{SSB},i}$） 对于 $i=8k+4$，$i=8k+5$，分别为 12, 13（$n_\mathrm{C}=n_{\mathrm{SSB},i}-1$）
1	保留	
2	保留	
3	保留	
4	保留	
5	保留	
6	保留	
7	保留	
8	保留	
9	保留	
10	保留	
11	保留	
12	保留	
13	保留	
14	保留	
15	保留	

表 2-28 Type0-PDCCH CSS

（SSB 和 CORESET 为图样 3，{SSB, PDCCH} 的 SCS 是 {120, 120} kHz）

索引	PDCCH 检测时机（SFN 和 slot 编号）	第 1 个 symbol 索引（$k=0, 1, \cdots 15$）
0	$\mathrm{SFN_C}=\mathrm{SFN}_{\mathrm{SSB},i}$ $n_\mathrm{C}=n_{\mathrm{SSB},i}$	对于 $i=4k$，$i=4k+1$，$i=4k+2$，$i=4k+3$，分别为 4, 8, 2, 6
1	保留	
2	保留	
3	保留	
4	保留	
5	保留	
6	保留	
7	保留	
8	保留	
9	保留	
10	保留	
11	保留	
12	保留	
13	保留	
14	保留	
15	保留	

SSB 和 CORESET0 有 3 种 Pattern（图样），如图 2-8 所示。

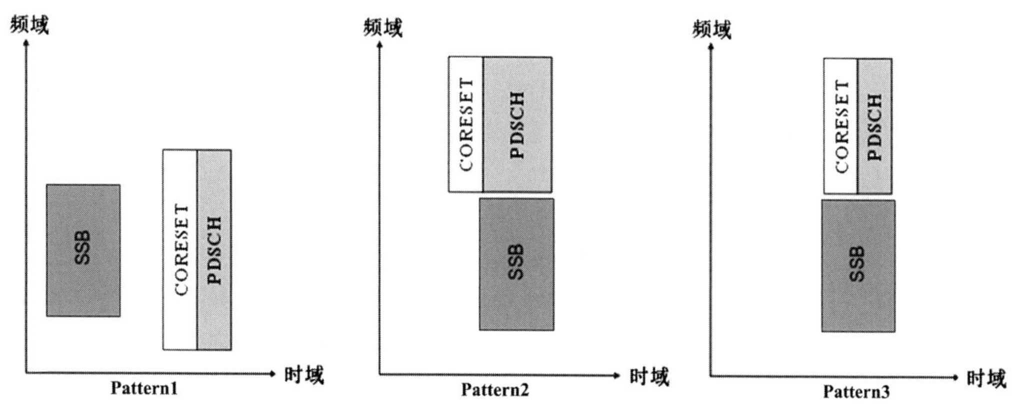

图 2-8 SSB 和 CORESET0 的 3 种图样

对于 Pattern1，UE 需要在两个连续的 slot n_0 和 n_0+1 上检测 SIB1 的 DCI1_0，slot $n_0=(O\cdot 2^{\mu}+\lfloor i\cdot M\rfloor)\bmod N_{\mathrm{slot}}^{\mathrm{frame},\mu}$，其中 i 为 SSB 索引，O 和 M 可通过查表 2-24 和表 2-25 得出（FR1 和 FR2 表格不同），$\mu\in\{0, 1, 2, 3\}$ 由 MIB 参数 subCarrierSpacingCommon 获得。帧号 $\mathrm{SFN_C}$ 满足如下规则：

- 如果 $\lfloor(O\cdot 2^{\mu}+\lfloor i\cdot M\rfloor)/N_{\mathrm{slot}}^{\mathrm{frame},\mu}\rfloor\bmod 2=0$，则 $\mathrm{SFN_C}\bmod 2=0$；

❑ 如果$\lfloor (O\cdot 2^{\mu}+\lfloor i\cdot M\rfloor)/N_{\text{slot}}^{\text{frame},\mu}\rfloor \bmod 2=1$，则$\text{SFN}_{\text{C}} \bmod 2=1$。

由此可知 Pattern1 的 SSB 周期为 20 ms。

CORESET0 在 slot n_0 和 n_0+1 内的第一个 symbol 索引为表 2-24 ～表 2-25 中的“第 1 个 symbol 索引”。由表格可知，Pattern1 适用于 FR1 和 FR2。

对于 Pattern2 和 Pattern3，UE 只在周期内一个 slot 检测 SIB1 的 DCI1_0，周期等于 SSB 周期。对于 SSB 索引 i，UE 通过表 2-26 ～表 2-28 来决定 slot 索引 n_{C}、帧号 SFN_{C} 及起始 symbol。由表格可知，Pattern2 和 Pattern3 只适用于 FR2。

假定 SSB 和 PDCCH 的 SCS 都为 15 kHz，小区带宽为 20 MHz，pdcch-ConfigSIB1 配置为 01100000：查表 2-23，可知 CORESET0占 1 个 symbol、48 个 RB，SSB 的偏移为 12 个 RB；查表 2-24，得出 $O=0$，$M=1$，起始 symbol 索引为 0。对于 SSB 索引 i=1，计算得出 slot $n_0=1$，帧号满足 $\text{SFN}_{\text{C}} \bmod 2=0$，即对于 SSB#1，UE 在偶数帧的 slot1 和 slot2 的 symbol0 检测 SIB1 的 DCI1_0。

（2）SIB1 时频域确定

SIB1 映射在 PDSCH 上，通过 SI-RNTI 加扰的 DCI1_0 指示，UE 解析出 DCI1_0 后，通过相关字段即可获知 PDSCH 的时域和频域位置，具体过程见 8.1 节。

2. SIB1 接收的全流程

UE 先在初始 CORESET 上解析到 DCI1_0，再通过 DCI1_0 解析到 PDSCH，这个过程包括以下知识点。

1）通过 MIB 里的 pdcch-ConfigSIB1 获取初始 CORESET 的时频域位置。

2）SIB1 的初始 CORESET。

❑ CCE 聚合度和候选位置，协议默认给出，详见 6.1.4 节。

❑ CCE 默认使用交织，L=6，R=2，详见 6.1.3 节。

❑ PDCCH 的 DMRS，详见 7.1.2 节。

3）SIB1 的 PDSCH。

❑ 初始下行 BWP 的大小等于初始 CORESET，详见 2.7.1 节。

❑ PDSCH 的 DMRS 相关参数，协议默认给出，详见 7.1.3 节。

❑ PDSCH 可以交织也可以不交织（通过 DCI1_0 的 VRB-to-PRB mapping 字段指示），详见 8.1.3 节。

❑ DCI1_0 里指示的 PDSCH 时域位置，协议默认给出，详见 8.1.5 节。

❑ PDSCH 的预编码 PRB bundleSize 默认取值为 2，详见 8.1.5 节。

2.7 部分带宽

部分带宽（Bandwidth Part，BWP）即带宽的一部分，是 5G 新引入的概念。

对于每个服务小区，至少配置一个初始下行BWP，一个（服务小区只配置了一个UL）或者两个（配置了Supplementary Uplink，即SUL）初始上行BWP，初始BWP-Id为0。此外，还可以配置额外的上下行专用BWP，专用BWP-Id为1～4。

对于每个服务小区，一个UE最多配置4个下行BWP和4个上行BWP（初始BWP或者专用BWP）。在同一时间内，只有1个下行BWP和1个上行BWP处于激活状态（包括初始BWP和专用BWP），UE不应在BWP之外接收和发送数据。

BWP参数配置约束如下。

1）对于TDD，上下行BWP-Id相同的BWP称为BWP对，BWP对的中心频点必须一样。

2）基站配置BWP-Id，必须从1开始，连续配置，取值1、2、3、4。

3）PCell和PSCell的激活下行BWP，UE至少配置一个CSS。

4）专用BWP可以关联CORESET0和searchSpace0，要求CORESET0带宽在该激活下行BWP内，并且该激活下行BWP的SCS和CP类型与初始下行BWP一样。

BWP分上行和下行，初始和专用。每个BWP包含公共（common）参数和专用（dedicated）参数，所有BWP的公共参数都属于小区级（cell specific），所有BWP的专用参数都属于UE级（UE specific）。PCell的下行初始BWP频域范围通过初始CORESET指定（还可以进一步通过SIB1修改），上行初始BWP公共参数通过SIB1配置，还可以通过RRC配置上下行初始BWP的专用参数；除PCell外的其他所有服务小区，都通过RRC重配信令配置初始BWP，即增加PSCell和SCell的时候发送RRC重配消息。所有服务小区的专用BWP都是通过RRC配置下发的。

2.7.1 参数介绍

1. 初始BWP

初始BWP参数用PCell、PSCell和SCell分别描述，PCell通过SIB1和RRC信令配置，PSCell和SCell通过RRC重配消息配置。

如果UE没有配置initialDownlinkBWP，那么初始下行BWP的频域范围同CORESET0的大小，SCS、CP类型同CORESET0（说明：CORESET0的SCS即MIB参数subCarrierSpacingCommon；协议约定CORESET0为正常CP）。

（1）PCell

对于PCell，初始BWP的公共参数通过SIB1下发，ServingCellConfigCommonSIB包含DownlinkConfigCommonSIB和UplinkConfigCommonSIB；初始BWP的专用参数可以配置，也可以不配置，取决于厂商策略。

1）初始下行BWP的公共参数（小区级参数）：通过初始CORESET0指定频域范围，通过MIB参数pdcch-ConfigSIB1告知UE。UE收到SIB1后，继续配置其他初始下行BWP公共参数，用来调度OSI、paging、Msg2/Msg4等。

```
SIB1->ServingCellConfigCommonSIB->DownlinkConfigCommonSIB
```

```
DownlinkConfigCommonSIB ::=  SEQUENCE {
    frequencyInfoDL                  FrequencyInfoDL-SIB,
    initialDownlinkBWP               BWP-DownlinkCommon,
    bcch-Config                      BCCH-Config,
    pcch-Config                      PCCH-Config,
    ...
}
```

2）初始上行 BWP 的公共参数（小区级参数）：通过 SIB1 配置。

```
SIB1->ServingCellConfigCommonSIB->UplinkConfigCommonSIB
UplinkConfigCommonSIB ::=   SEQUENCE  {
    frequencyInfoUL                     FrequencyInfoUL-SIB,
    initialUplinkBWP                    BWP-UplinkCommon,
    timeAlignmentTimerCommon            TimeAlignmentTimer
}
```

3）初始 BWP 的专用参数（UE 级参数，包括上下行）：通过 RRCSetup 或 RRCReconfiguration 配置。

❑ 通过 RRCSetup 配置。

下行：

```
RRCSetup->RRCSetup-IEs->masterCellGroup->SpCellConfig->ServingCellConfig->BWP-
    DownlinkDedicated（即 initialDownlinkBWP）
```

上行：

```
RRCSetup->RRCSetup-IEs->masterCellGroup->SpCellConfig->ServingCellConfig->
    UplinkConfig->BWP-UplinkDedicated（即 initialUplinkBWP）
```

❑ 通过 RRCReconfiguration 配置。

下行：

```
RRCReconfiguration->RRCReconfiguration-IEs->RRCReconfiguration-v1530-IEs->
    masterCellGroup->SpCellConfig->ServingCellConfig->BWP-DownlinkDedicated（即
    initialDownlinkBWP）
```

上行：

```
RRCReconfiguration->RRCReconfiguration-IEs->RRCReconfiguration-v1530-IEs->
    masterCellGroup->SpCellConfig->ServingCellConfig->UplinkConfig->BWP-
    UplinkDedicated（即 initialUplinkBWP）
```

初始 BWP 的公共参数详细说明如下。

1）下行。

```
DownlinkConfigCommonSIB ::=    SEQUENCE {
    frequencyInfoDL                  FrequencyInfoDL-SIB,
    initialDownlinkBWP               BWP-DownlinkCommon,
    bcch-Config                      BCCH-Config,
```

```
    pcch-Config                       PCCH-Config,
    ...
}
```

参数解释如下。

- frequencyInfoDL：下行载波相关参数。
- initialDownlinkBWP：初始下行 BWP 的公共参数，是为 PCell 配置的。必须保证配置的 locationAndBandwidth 能完整包含当前小区的 CORESET0 的频域范围。
- bcch-Config：BCCH 配置。
- pcch-Config：PCCH 配置。

信元 FrequencyInfoDL-SIB 和 BWP-DownlinkCommon 说明如下。

```
FrequencyInfoDL-SIB ::=        SEQUENCE {
    frequencyBandList          MultiFrequencyBandListNR-SIB,
    offsetToPointA             INTEGER (0..2199),
    scs-SpecificCarrierList    SEQUENCE (SIZE (1..maxSCSs)) OF SCS-SpecificCarrier
}
```

参数解释如下。

- frequencyBandList：指示当前载波所属的 NR 频带。
- offsetToPointA：SSB 到 pointA 的偏移。
- scs-SpecificCarrierList：不同 SCS 的载波列表。当前小区配置的所有下行 BWP 所属的 SCS 在这里都需要配置。maxSCSs 为 5。

```
SCS-SpecificCarrier ::=      SEQUENCE {
    offsetToCarrier            INTEGER (0..2199),
    subcarrierSpacing          SubcarrierSpacing,
    carrierBandwidth           INTEGER (1..maxNrofPhysicalResourceBlocks),
    ...,
    [[
    txDirectCurrentLocation    INTEGER (0..4095)          OPTIONAL        -- Need S
    ]]
}
```

参数解释如下。

- offsetToCarrier：当前载波的最低可用子载波相对 PointA 的偏移，单位 PRB，使用本载波的 SCS 计算，最大值为 $275 \times 8-1$。
- subcarrierSpacing：当前载波的子载波间隔。
- carrierBandwidth：当前载波的带宽，单位 PRB，使用本载波的 SCS 计算。
- txDirectCurrentLocation：指示当前载波的 downlink Tx Direct Current location（下行 DC 位置）。取值 0～3299，指本载波内的子载波索引；取值 3301～4095，保留，UE忽略这些值。对于下行，如果 ServingCellConfigCommon 和 ServingCellConfigCommonSIB 参数不配置该字段，则 UE 假定默认为 3300，即下行 DC 在本载波之外。ServingCellConfig

或者上行载波不配置该字段。

SCS-SpecificCarrier 参数说明如下。

①通过 offsetToCarrier 可以知道该载波的频域位置。

②通过 subcarrierSpacing 可以知道该载波的子载波间隔。注意：同一个子载波间隔在 scs-SpecificCarrierList 里最多出现 1 次；BWP 里配置的子载波间隔这里都必须配置。

③通过 carrierBandwidth 可以知道该载波的带宽。

```
BWP-DownlinkCommon ::=     SEQUENCE {
    genericParameters            BWP,
    pdcch-ConfigCommon  SetupRelease { PDCCH-ConfigCommon }   OPTIONAL, -- Need M
    pdsch-ConfigCommon  SetupRelease  { PDSCH-ConfigCommon }  OPTIONAL, -- Need M
    ...
}
BWP ::=        SEQUENCE {
    locationAndBandwidth         INTEGER (0..37949),
    subcarrierSpacing            SubcarrierSpacing,
    cyclicPrefix                 ENUMERATED { extended }   OPTIONAL    -- Need R
}
```

参数解释如下。

- BWP。
  - locationAndBandwidth：配置当前 BWP 的起始位置和大小。
  - subcarrierSpacing：当前 BWP 的 SCS。在一个服务小区内，除了 SUL，UE 的激活下行 BWP 和激活上行 BWP 的 subcarrierSpacing 取值要相同。
  - cyclicPrefix：如果配置，则当前 BWP 使用扩展 CP；如果不配置，则使用正常 CP。只有 60 kHz 的 SCS 支持扩展 CP，所有 SCS 都支持正常 CP。在一个服务小区内，除了 SUL，UE 的激活下行 BWP 和激活上行 BWP 的 CP 类型要相同。
- pdcch-ConfigCommon：当前 BWP 的小区级 PDCCH 参数。
- pdsch-ConfigCommon：当前 BWP 的小区级 PDSCH 参数。

BWP 参数说明如下。

①通过 BWP 的 subcarrierSpacing 取值可以知道该 BWP 关联到哪个 SCS-SpecificCarrier，也就是该 BWP 是在该载波内分配 RB。对于初始下行 BWP，subcarrierSpacing 等于当前小区的 MIB 参数 subCarrierSpacingCommon。

②通过 locationAndBandwidth可以知道该 BWP 的频域起始位置和大小，通过 RIV 表述（RIV 含义见 8.1.5 节），其中 $N_{\text{BWP}}^{\text{size}}$ =275。注意：BWP 的频域起始位置是相对于其所属载波的最低 RB 的偏移；对于 TDD，一对 BWP（BWP-Id 相同的上行 BWP 和下行 BWP）必须有相同的中心频点，即 locationAndBandwidth 值必须相同。

2）上行。

```
UplinkConfigCommonSIB ::=          SEQUENCE {
```

```
    frequencyInfoUL                       FrequencyInfoUL-SIB,
    initialUplinkBWP                      BWP-UplinkCommon,
    timeAlignmentTimerCommon              TimeAlignmentTimer
}
```

参数解释如下。

- frequencyInfoUL：上行载波相关参数。
- initialUplinkBWP：初始上行 BWP 的公共参数，是为 PCell 配置的。
- timeAlignmentTimerCommon：TA 定时器参数。

信元 FrequencyInfoUL-SIB 和 BWP-UplinkCommon 说明如下。

```
FrequencyInfoUL-SIB ::=   SEQUENCE {
    frequencyBandList  MultiFrequencyBandListNR-SIB  OPTIONAL, -- Cond FDD-OrSUL
    absoluteFrequencyPointA    ARFCN-ValueNR    OPTIONAL, -- Cond FDD-OrSUL
    scs-SpecificCarrierList  SEQUENCE (SIZE (1..maxSCSs)) OF SCS-SpecificCarrier,
    p-Max               P-Max               OPTIONAL,               -- Need S
    frequencyShift7p5khz ENUMERATED {true} OPTIONAL,-- Cond FDD-TDD-OrSUL-Optional
    ...
}
```

参数解释如下。

- frequencyBandList：指示当前载波所属的 NR 频带。仅在 FDD 或者 SUL 时才会配置该参数，TDD 不配置。
- absoluteFrequencyPointA：pointA 的绝对频域位置。仅在 FDD 或者 SUL 时才会配置该参数，TDD 不配置。
- scs-SpecificCarrierList：不同 SCS 的载波列表。当前小区配置的所有上行 BWP 所属的 SCS 在这里都需要配置。maxSCSs 为 5。
- p-Max：UE 在当前小区允许的最大发射功率。对于 R15 版本，FR2 的小区，UE 忽略该字段，UE 的最大发射功率参考 38.101-2 协议。
- frequencyShift7p5khz：如果配置，则 NR 的 UL 发送相对 LTE 栅格存在一个 7.5 kHz 的频率偏移；否则，禁用频率偏移。

```
BWP-UplinkCommon ::=    SEQUENCE {
    genericParameters  BWP,
    rach-ConfigCommon   SetupRelease { RACH-ConfigCommon }   OPTIONAL,   -- Need M
    pusch-ConfigCommon  SetupRelease { PUSCH-ConfigCommon }  OPTIONAL,   -- Need M
    pucch-ConfigCommon  SetupRelease { PUCCH-ConfigCommon }  OPTIONAL,   -- Need M
    ...
}
```

参数解释如下。

- BWP：描述见前。
- rach-ConfigCommon：当前 BWP 的小区级 RA 参数，用于竞争 RA、非竞争 RA、基于竞争的波束失败恢复。

❑ pusch-ConfigCommon：当前 BWP 的小区级 PUSCH 参数。

❑ pucch-ConfigCommon：当前 BWP 的小区级 PUCCH 参数。

（2）PSCell 和 SCell

对于 PSCell 和 SCell，初始 BWP 的公共参数都通过 RRC 重配下发，ServingCellConfigCommon 包含 DownlinkConfigCommon 和 UplinkConfigCommon；初始 BWP 的专用参数可以配置，也可以不配置，取决于厂商策略。

对于 NSA 组网（SN 为 5G 小区的场景），PSCell 和 SCG 的 SCell 小区的相关参数在 SN 生成（SN 生成 RRCReconfiguration 码流），通过 Xn/X2 接口发给 MN，由 MN 通过 RRCReconfiguration（MN 为 5G 小区）或者 RRCConnectionReconfiguration（MN 为 4G 小区）消息把 SN 生成的 RRCReconfiguration 码流发给 UE。

【举例 3】对于 NR-DC 双连接的 PSCell，SN 先生成 RRCReconfiguration 消息：

```
RRCReconfiguration->RRCReconfiguration-IEs->secondaryCellGroup
```

SN 再把 RRCReconfiguration 码流发给 MN，MN 再生成 RRCReconfiguration 消息：

```
RRCReconfiguration->RRCReconfiguration-IEs->RRCReconfiguration-v1530-IEs->
    RRCReconfiguration-v1540-IEs->RRCReconfiguration-v1560-IEs->MRDC-
    SecondaryCellGroupConfig->mrdc-SecondaryCellGroup->CONTAINING
    RRCReconfiguration
```

即 MN 把 SN 的 RRCReconfiguration 消息封装为码流直接发送给 UE。

对于 MCG 的 SCell 小区（MN 为 5G 小区的场景），参数由 MN 生成，通过 RRCReconfiguration 消息发给 UE。

```
RRCReconfiguration->RRCReconfiguration-IEs->RRCReconfiguration-v1530-IEs
    ->masterCellGroup
```

对于 PSCell：

1）初始 BWP 的公共参数（小区级参数，包括上下行）。

```
CellGroupConfig->SpCellConfig->ReconfigurationWithSync->ServingCellConfigCommon
    ->DownlinkConfigCommon/UplinkConfigCommon
```

2）初始 BWP 的专用参数（UE 级参数，包括上下行）。

```
CellGroupConfig->SpCellConfig->ServingCellConfig->BWP-DownlinkDedicated(initial
    DownlinkBWP)/UplinkConfig->BWP-UplinkDedicated(initialUplinkBWP)
```

对于 SCell：

1）初始 BWP 的公共参数（小区级参数，包括上下行）。

```
CellGroupConfig->SCellConfig->ServingCellConfigCommon->DownlinkConfigCommon/
    UplinkConfigCommon
```

2）初始 BWP 的专用参数（UE 级参数，包括上下行）。

```
CellGroupConfig->SCellConfig->ServingCellConfig->BWP-DownlinkDedicated(initial
    DownlinkBWP)/UplinkConfig->BWP-UplinkDedicated(initialUplinkBWP)
```

初始 BWP 的公共参数详细说明如下。

1）下行。

```
DownlinkConfigCommon ::=  SEQUENCE {
    frequencyInfoDL  FrequencyInfoDL  OPTIONAL, -- Cond InterFreqHOAndServCellAdd
    initialDownlinkBWP    BWP-DownlinkCommon      OPTIONAL, -- Cond ServCellAdd
    ...
}
```

参数解释如下。

- frequencyInfoDL：下行载波相关参数。在频间切换以及 PSCell/SCell 增加时，该字段强制存在，否则可选存在。
- initialDownlinkBWP：初始下行 BWP 的公共参数，必须保证配置的 locationAndBandwidth 能完整包含当前小区的 CORESET0 的频域范围。在 PSCell/SCell 增加以及从 E-UTRA 小区切换到 NR 时，该字段强制存在，否则可选存在。

具体信元如下：

```
FrequencyInfoDL ::=   SEQUENCE {
    absoluteFrequencySSB       ARFCN-ValueNR   OPTIONAL,   -- Cond SpCellAdd
    frequencyBandList          MultiFrequencyBandListNR,
    absoluteFrequencyPointA    ARFCN-ValueNR,
    scs-SpecificCarrierList    SEQUENCE (SIZE (1..maxSCSs)) OF SCS-SpecificCarrier,
    ...
}
```

参数解释如下。

- absoluteFrequencySSB：SSB 绝对位置，在 SpCell 内该参数强制存在，否则可选存在。对于 SCell，如果不配置，则从对应的 SpCell 获取时间参考（只适用于 SCell 和 SpCell 在同一个频带内的情形）。
- frequencyBandList：只能配置 scs-SpecificCarrierList 所属的频带，不支持配置多个频带。
- absoluteFrequencyPointA：pointA 的绝对频域位置。
- scs-SpecificCarrierList：不同 SCS 的载波列表。当前小区配置的所有下行 BWP 所属的 SCS 在这里都需要配置。maxSCSs 为 5。

2）上行。

```
UplinkConfigCommon ::=    SEQUENCE {
    frequencyInfoUL  FrequencyInfoUL  OPTIONAL, -- Cond InterFreqHOAndServCellAdd
    initialUplinkBWP BWP-UplinkCommon      OPTIONAL,    -- Cond ServCellAdd
    dummy            TimeAlignmentTimer
}
```

参数解释如下。

- frequencyInfoUL：上行载波相关参数。在频间切换，以及 PSCell/SCell 增加时，该字段强制存在，否则可选存在。
- initialUplinkBWP：初始上行 BWP 的公共参数。在 PSCell/SCell 增加，以及从 E-UTRA 小区切换到 NR 时，该字段强制存在，否则可选存在。

具体信元如下：

```
FrequencyInfoUL ::=     SEQUENCE {
    frequencyBandList      MultiFrequencyBandListNR     OPTIONAL, -- Cond FDD-OrSUL
    absoluteFrequencyPointA    ARFCN-ValueNR    OPTIONAL, -- Cond FDD-OrSUL
    scs-SpecificCarrierList    SEQUENCE (SIZE (1..maxSCSs)) OF SCS-SpecificCarrier,
    additionalSpectrumEmission  AdditionalSpectrumEmission  OPTIONAL,    -- Need S
    p-Max                       P-Max                       OPTIONAL,    -- Need S
    frequencyShift7p5khz ENUMERATED {true} OPTIONAL, -- Cond FDD-TDD-OrSUL-Optional
    ...
}
```

参数解释如下。

- frequencyBandList：只能配置 scs-SpecificCarrierList 所属的频带，不支持配置多个频带。仅在 FDD 或者 SUL 时才会配置该参数，TDD 不配置。
- absoluteFrequencyPointA：pointA 的绝对频域位置。仅在 FDD 或者 SUL 时才会配置该参数，TDD 不配置。
- scs-SpecificCarrierList：不同 SCS 的载波列表。当前小区配置的所有上行 BWP 所属的 SCS 在这里都需要配置。maxSCSs 为 5。
- additionalSpectrumEmission：附加频谱散射参数，如果不配置，则 UE 使用 0。
- p-Max：UE 在当前小区允许的最大发射功率。
- frequencyShift7p5khz：如果配置，则 NR 的 UL 发送相对 LTE 栅格存在一个 7.5 kHz 的频率偏移；否则，禁用频率偏移。

2. 专用 BWP

SA 和 NSA 组网一样，专用 BWP 参数都是通过 RRC 信令配置，ServingCellConfig 包含 BWP-Downlink 和 BWP-Uplink。对于一个 UE，在每个服务小区最多可以配置 4 个专用 BWP，每个专用 BWP 可以配置专用参数（属于 UE 级）和公共参数（属于小区级）。

对于 PCell，通过 RRC 重配：

```
RRCReconfiguration->RRCReconfiguration-IEs->RRCReconfiguration-v1530-IEs
    ->masterCellGroup->SpCellConfig->ServingCellConfig->BWP-Downlink/
    UplinkConfig->BWP-Uplink
```

对于 MCG 的 SCell，通过 RRC 重配：

```
RRCReconfiguration->RRCReconfiguration-IEs->RRCReconfiguration-v1530-IEs
    ->masterCellGroup->SCellConfig->ServingCellConfig->BWP-Downlink/UplinkConfig
    ->BWP-Uplink
```

对于 PSCell，通过 RRC 重配：

```
RRCReconfiguration->RRCReconfiguration-IEs->secondaryCellGroup->SpCellConfig
    ->ServingCellConfig->BWP-Downlink/UplinkConfig->BWP-Uplink
```

对于 SCG 的 SCell，通过 RRC 重配：

```
RRCReconfiguration->RRCReconfiguration-IEs->secondaryCellGroup->SCellConfig
    ->ServingCellConfig->BWP-Downlink/UplinkConfig->BWP-Uplink
```

专用 BWP 的参数详细说明如下。

1）下行。

```
BWP-Downlink ::=   SEQUENCE {
    bwp-Id           BWP-Id,
    bwp-Common       BWP-DownlinkCommon      OPTIONAL,      -- Cond SetupOtherBWP
    bwp-Dedicated    BWP-DownlinkDedicated   OPTIONAL,      -- Cond SetupOtherBWP
    ...
}
BWP-Id ::=     INTEGER (0..maxNrofBWPs)
```

参数解释如下。

- bwp-Id：BWP-Id，网络可以配置 1 ～ 4，从 1 开始连续配置，不能配置为 0。初始 BWP 的 BWP-Id 为 0。maxNrofBWPs 为 4。
- bwp-Common：小区级参数，当配置一个新的下行 BWP 时，强制存在，否则可选存在。
- bwp-Dedicated：UE 级参数，当配置一个新的下行 BWP 时，强制存在，否则可选存在。

```
BWP-DownlinkDedicated ::=   SEQUENCE {
    pdcch-Config      SetupRelease { PDCCH-Config }      OPTIONAL,    -- Need M
    pdsch-Config      SetupRelease { PDSCH-Config }      OPTIONAL,    -- Need M
    sps-Config        SetupRelease { SPS-Config }        OPTIONAL,    -- Need M
    radioLinkMonitoringConfig      SetupRelease { RadioLinkMonitoringConfig }
OPTIONAL,    -- Need M
    ...
}
```

参数解释如下。

- pdcch-Config：当前 BWP 的 UE 级 PDCCH 参数。
- pdsch-Config：当前 BWP 的 UE 级 PDSCH 参数。
- sps-Config：当前 BWP 的 UE 级 SPS（Semi-Persistent Scheduling，半静态调度）参数。当 DLSPS 被激活时，只有带 reconfigurationWithSync 信元的 RRCReconfiguration 消息才能重配 sps-Config。任何时候都可以释放 sps-Config。
- radioLinkMonitoringConfig：当前 BWP 的 UE 级无线链路检测配置参数，用于探测小区和波束的无线链路失败时机。

2）上行。

```
BWP-Uplink ::=      SEQUENCE {
    bwp-Id              BWP-Id,
    bwp-Common          BWP-UplinkCommon        OPTIONAL,   -- Cond SetupOtherBWP
    bwp-Dedicated       BWP-UplinkDedicated     OPTIONAL,   -- Cond SetupOtherBWP
    ...
}
```

参数解释如下。

- ❑ bwp-Id：同上。
- ❑ bwp-Common：小区级参数，当配置一个新的上行 BWP 时，强制存在，否则可选存在。
- ❑ bwp-Dedicated：UE 级参数，当配置一个新的上行 BWP 时，强制存在，否则可选存在。

```
BWP-UplinkDedicated ::=   SEQUENCE {
    pucch-Config              SetupRelease { PUCCH-Config }         OPTIONAL,   -- Need M
    pusch-Config              SetupRelease { PUSCH-Config }         OPTIONAL,   -- Need M
    configuredGrantConfig SetupRelease { ConfiguredGrantConfig } OPTIONAL,  -- Need M
    srs-Config                SetupRelease { SRS-Config }           OPTIONAL,   -- Need M
    beamFailureRecoveryConfig   SetupRelease { BeamFailureRecoveryConfig }  OPTIONAL,
        -- Cond SpCellOnly
    ...
}
```

参数解释如下。

- ❑ pucch-Config：当前 BWP 的 UE 级 PUCCH 参数。如果 UE 在当前小区配置了 SUL，则该参数只能在一个上行载波上配置，UL 或者 SUL。
- ❑ pusch-Config：当前 BWP 的 UE 级 PUSCH 参数。如果 UE 在当前小区配置了 SUL，则该参数可以在 UL 和 / 或 SUL 上配置。如果在 UL 和 SUL 上都配置了，则通过 DCI0 的 UL/SUL indicator 字段指示使用哪一个载波。
- ❑ configuredGrantConfig：Configured Grant type1 和 type2 参数。
- ❑ srs-Config：当前 BWP 的 SRS 配置参数。
- ❑ beamFailureRecoveryConfig：波束失败恢复参数。如果 UE 在当前小区配置了 SUL，则该参数只能在一个上行载波上配置，UL 或者 SUL。

2.7.2 BWP 配置选择

UE 可以按如下两种方式配置 BWP。

1）BWP0 没有专用配置，如果 UE 只支持一个 BWP，那么除了 BWP0，还可以配置 BWP1。如果 UE 支持多个 BWP，那么最多还可以配置 4 个专用 BWP，UE 不能通过 DCI 切回到 BWP0，如图 2-9 所示。

2）BWP0 有专用配置，如果 UE 只支持一个 BWP，那么只能配置为 BWP0。如果 UE 支持多个 BWP，那么最多还可以配置 3 个专用 BWP，UE 可以在这些 BWP 之间通过 DCI 来回切换，如图 2-10 所示。

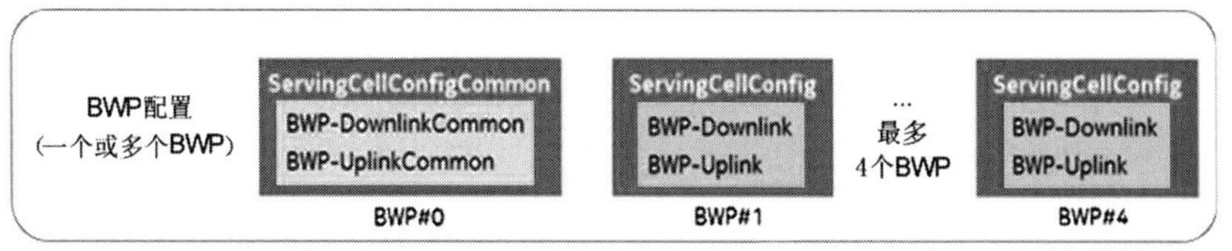

图 2-9 BWP0 没有专用配置

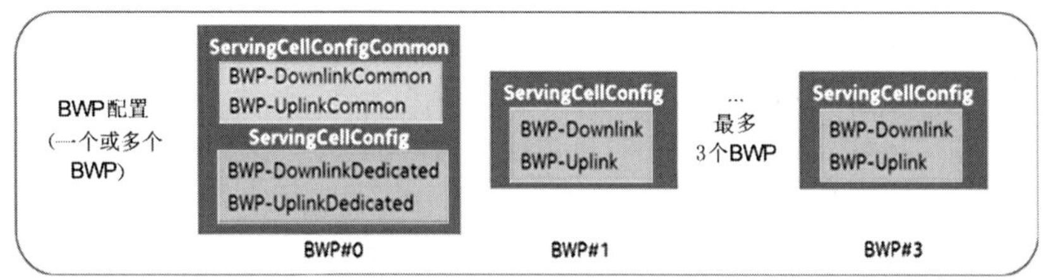

图 2-10 BWP0 有专用配置

2.7.3 默认 BWP

对于一个服务小区，UE 可以通过参数 ServingCellConfig->defaultDownlinkBWP-Id，在所有配置的下行 BWP 内配置一个默认下行 BWP。如果没有配置 defaultDownlinkBWP-Id，则初始下行 BWP 为默认下行 BWP。

如果 UE 配置了 ServingCellConfig->bwp-InactivityTimer，则该定时器超时，UE 回落到默认下行 BWP；如果收到 RRC 消息，但是没有配置 bwp-InactivityTimer，且此时存在运行的 bwp-InactivityTimer，则停止该定时器。

defaultDownlinkBWP-Id 和 bwp-InactivityTimer 都属于 UE 的服务小区级参数，不属于 BWP 级参数。

bwp-InactivityTimer 的启动或重启时机（配置了 bwp-InactivityTimer）包括下面两种情况。

- 如果以下 3 个条件同时成立，则启动或者重启 bwp-InactivityTimer 定时器：1）当前激活的下行 BWP 不是默认下行 BWP（配置了 defaultDownlinkBWP-Id）或者不是初始下行 BWP（没有配置 defaultDownlinkBWP-Id）；2）当前激活 BWP 收到了 C-RNTI/CS-RNTI 加扰的 DCI0 或 DCI1（包括 CA 的跨载波调度），或者在配置的授权上发送或收到了 MAC PDU；3）没有正在进行的 RA 过程（SCell 发生的 RA 过程，对 SpCell 也认为存在 RA 过程）。
- 如果收到了指示下行 BWP 切换的 DCI，并且指示切换到的 BWP 不是默认下行 BWP（配置了 defaultDownlinkBWP-Id）或者不是初始下行 BWP（没有配置 defaultDownlinkBWP-Id），则启动或者重启 bwp-InactivityTimer 定时器。

综上，当配置了 bwp-InactivityTimer 时，收到 DCI 后先判断该 DCI 是否指示了 BWP 切换，处理如下。

1）如果没有指示 BWP 切换，那么看当前激活 BWP 是否为默认 BWP（配置了 defaultDownlinkBWP-Id）或者初始 BWP（没有配置 defaultDownlinkBWP-Id），如果是，则不理会（不启动或者重启 bwp-InactivityTimer 定时器）；如果不是，再判断当前是否有正在进行的 RA 过程。如果有 RA 过程，则不理会；如果没有 RA 过程，则启动或者重启 bwp-InactivityTimer 定时器。

2）如果指示了 BWP 切换，那么看指示切换目的 BWP 是否为默认 BWP（配置了 defaultDownlinkBWP-Id）或者初始 BWP（没有配置 defaultDownlinkBWP-Id），如果是，则不理会；如果不是，则启动或者重启 bwp-InactivityTimer 定时器。收到指示 BWP 切换的 DCI 时，如果有 RA 过程正在运行，那么处理策略见 2.7.4 节。

bwp-InactivityTimer 定时器的停止时机包括三种情况：在 SpCell 发起 RA 过程时，停止该小区的 bwp-InactivityTimer 定时器；在 SCell 发起 RA 过程时，停止该小区关联的 SpCell 的 bwp-InactivityTimer 定时器；收到 RRC 消息，但是没有配置 bwp-InactivityTimer 时，停止该小区的 bwp-Inactivity Timer 定时器。

2.7.4 BWP 切换

BWP 切换（BWP switch）指的是激活一个非激活态的 BWP，同时去激活一个激活态的 BWP。BWP 切换有 4 种方式：DCI1_1 或 DCI0_1 指示（DCI-based BWP switch）、bwp-InactivityTimer 定时器超时（timer-based BWP switch）、RRC 信令（RRC-based BWP switch）、RA 过程。 对于 TDD，下行 BWP 和上行 BWP 成对（BWP-Id 相同），BWP 切换指上下行 BWP 同时切换；对于 FDD，上下行 BWP 独立切换。

对于 FDD，如果 UE 在接收 DCI1_0 或者 DCI1_1 到 PUCCH AN 反馈之间，发生了上行 BWP 切换，那么 UE 不发送 AN。

1. 通过 DCI 切换

（1）BWP 切换时机及 DCI 相关字段说明

可以通过 DCI1_1 和 DCI0_1 的 Bandwidth part indicator 字段指示来切换 BWP，如果 UE 不支持通过 DCI 切换 BWP，则 UE 忽略该字段。不能通过 DCI1_0 和 DCI0_0 来切换 BWP。

1）当 UE 接收到 DCI1_1，其包含 Bandwidth part indicator 字段，并且字段指示的 BWP 不是当前激活的下行 BWP 时，则 UE 切换到指示的下行 BWP。

Bandwidth part indicator 字段占 0、1 或 2 bit，由 RRC 配置的专用下行 BWP 个数 $n_{\mathrm{BWP,RRC}}$ 决定，bit 大小为 $\lceil \log_2(n_{\mathrm{BWP}}) \rceil$，其中，如果 $n_{\mathrm{BWP,RRC}} \leqslant 3$，则 $n_{\mathrm{BWP}} = n_{\mathrm{BWP,RRC}} + 1$，Bandwidth part indicator 等于 BWP-Id；否则 $n_{\mathrm{BWP}} = n_{\mathrm{BWP,RRC}}$（对应的 Bandwidth part indicator 的定义见表 2-29）。如果 UE 配置了 4 个专用下行 BWP，那么 UE 切换到专用下行 BWP 后，无法再通过 DCI 切回到初始行 BWP。

表 2-29 Bandwidth part indicator 的定义

字段取值（2 bit）	BWP
00	BWP-Id = 1
01	BWP-Id = 2
10	BWP-Id = 3
11	BWP-Id = 4

2）当 UE 接收到 DCI0_1，其包含 Bandwidth part indicator 字段，并且字段指示的 BWP 不是当前激活的上行 BWP 时，则 UE 切换到指示的上行 BWP。

Bandwidth part indicator 字段占 0、1 或 2 bit，由 RRC 配置的专用上行 BWP 个数 $n_{\text{BWP,RRC}}$ 决定，bit 大小为$\lceil \log_2(n_{\text{BWP}}) \rceil$，其中，如果 $n_{\text{BWP,RRC}} \leqslant 3$，则 $n_{\text{BWP}} = n_{\text{BWP,RRC}} + 1$，Bandwidth part indicator 等于 BWP-Id；否则 $n_{\text{BWP}} = n_{\text{BWP,RRC}}$（对应的 Bandwidth part indicator 的定义见表 2-29）。如果 UE 配置了 4 个专用上行 BWP，那么 UE 切换到专用上行 BWP 后，无法再通过 DCI0_1 切回到初始上行 BWP。

在 RA 过程中，当收到指示 BWP 切换的 DCI 时：如果收到该 DCI，UE 就完成了 RA 过程，那么 UE 执行 BWP 切换过程；否则，取决于 UE 行为，要么停止 RA 过程，完成 BWP 切换后继续 RA 过程，要么忽略 BWP 切换，继续 RA 过程。

（2）BWP 切换时延

BWP 切换时延（BWP switch delay）和 UE 能力、SCS 有关，如表 2-30 所示，即 $T_{\text{BWPswitchDelay}}$。从 UE 空口收到指示 BWP 切换的 DCI 的 slot 起始算起，$T_{\text{BWPswitchDelay}}$ 之后新 BWP 的第一个下行 slot 可以开始接收（下行 BWP 切换），或者 $T_{\text{BWPswitchDelay}}$ 之后新 BWP 的第一个上行 slot 可以开始发送（上行 BWP 切换）。

表 2-30 BWP 切换时延

μ	slot 长度 / ms	BWP 切换时延 $T_{\text{BWPswitchDelay}}$ /slot	
		type1	type2
0	1	1	3
1	0.5	2	5
2	0.25	3	9
3	0.125	6	18

① 根据 UE 能力决定使用 type1 还是 type2；

② 如果 BWP 切换涉及 SCS 改变，那么 BWP 切换时延取较大值（切换前后的 SCS 得出的时延）。

（3）通过 DCI 切换 BWP 的协议约束

1）对于 DCI0_1 和 DCI1_1 的每个字段，如果当前激活 BWP 的某个字段比 DCI 指示切换的 BWP（Bandwidth part indicator 字段指示的 BWP）的小，则 UE 先按照 DCI 指示的 BWP 的该字段大小，在高位补 0，再解析该字段；如果当前激活 BWP 的某个字段比 DCI 指示切换的 BWP 的大，则 UE 按照 DCI 指示的 BWP 的该字段大小，使用最低有效位。也就是说，对于 DCI-based BWP 切换而言，DCI 的字段大小是按照原 BWP 来计算的，字段解析是按照新 BWP 来处理的。

2）指示 BWP 切换的 DCI 只能在前 3 个符号接收。

3）UE 不期望接收一个指示 BWP 切换的 DCI1_1 或 DCI0_1，DCI 里指示的 PDSCH 接收或者 PUSCH 发送的 slot 偏移小于 BWP 切换时延。

4）如果 UE 收到一个指示下行 BWP 切换的 DCI1_1，那么从 UE 收到该 DCI1_1 的 slot 的第 4 个符号开始，到该 DCI1_1 指示的 PDSCH 时域 slot 的起始为止，UE 不接收和发送其他数据。

5）如果 UE 收到一个指示上行 BWP 切换的 DCI0_1，那么从 UE 收到该 DCI0_1 的 slot 的第 4 个符号开始，到该 DCI0_1 指示的 PUSCH 时域 slot 的起始为止，UE 不接收和发送其他数据。

6）R15 版本协议不支持跨载波调度场景下的 DCI 切换 BWP。

【举例 4】DCI1_1 切换下行 BWP 和 DCI0_1 切换上行 BWP 分别如图 2-11 和图 2-12 所示。

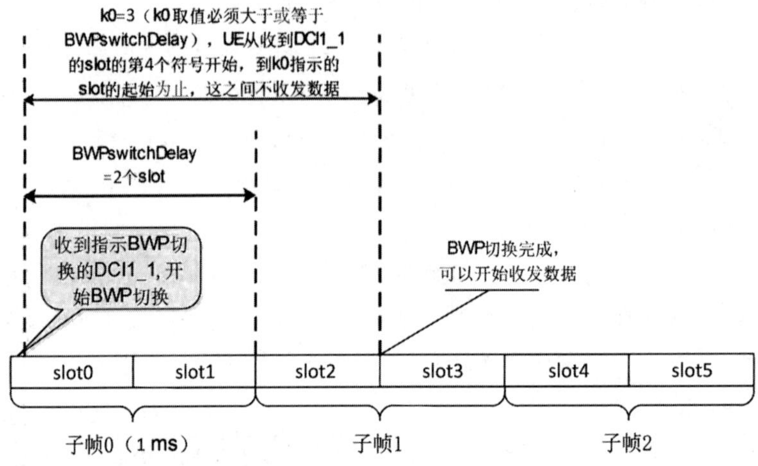

图 2-11　DCI1_1 切换下行 BWP 图示

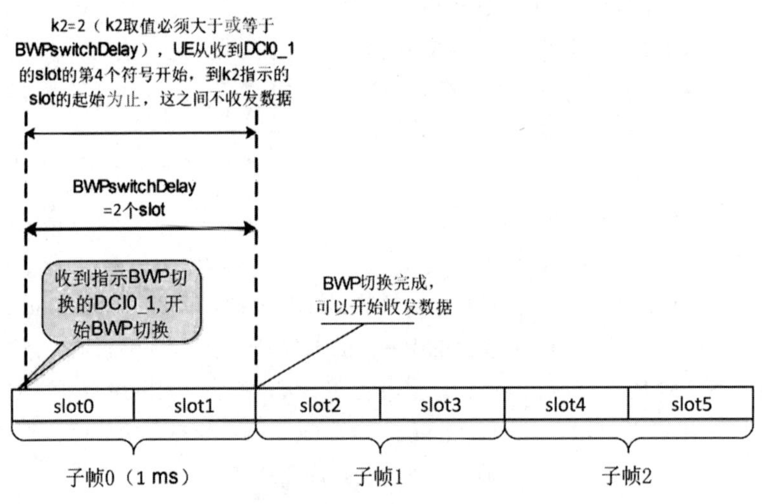

图 2-12　DCI0_1 切换上行 BWP 图示

2. bwp-InactivityTimer 超时

UE 的定时器 bwp-InactivityTimer（RRC 配置，单位为 ms）超时后，UE 回落到默认下行 BWP。如果 bwp-InactivityTimer 在运行，那么 FR1 每个子帧定时器减 1 ms，FR2 每半个子帧定时器减 0.5 ms。

（1）BWP 切换时机

bwp-InactivityTimer 定时器超时触发 UE 切换到默认下行 BWP。当 bwp-InactivityTimer 超时时，UE 正处于 BWP 切换处理的过程中（本小区或者 CA 辅小区），则延迟处理该超时消息，直到正在进行的 BWP 切换完成之后的子帧（FR1）或者半子帧（FR2）。

（2）BWP 切换时延

bwp-InactivityTimer 定时器超时触发的 BWP 切换时延和 DCI 触发的 BWP 切换时延相同，即 $T_{BWPswitchDelay}$。从 bwp-InactivityTimer 定时器超时后的子帧（FR1）或者半子帧（FR2）的第一个 slot 起始算起，在 $T_{BWPswitchDelay}$ 之后的第一个 slot，UE 可以开始发送和接收数据；在此 $T_{BWPswitchDelay}$ 时长内，UE 不发送和接收数据。

【举例 5】当频率范围为 FR1，子载波间隔为 30 kHz 时，bwp-InactivityTimer 超时的 BWP 切换图示见图 2-13。

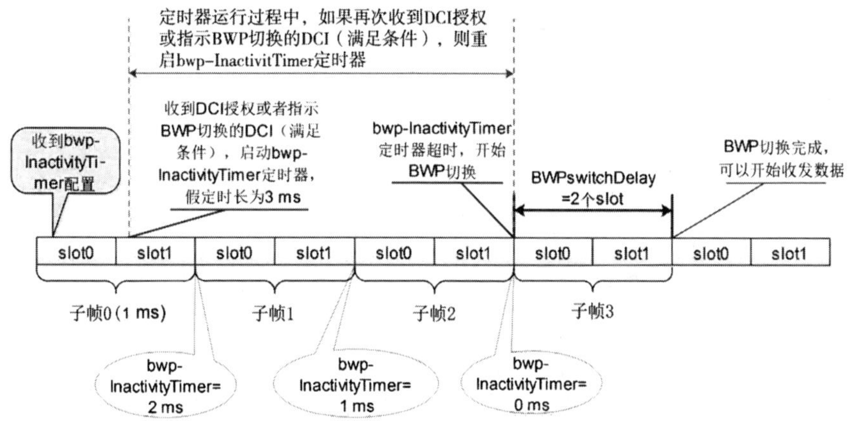

图 2-13 bwp-InactivityTimer 超时 BWP 切换图示（FR1、30 kHz SCS）

【举例 6】当频率范围为 FR2，子载波间隔为 120 kHz 时，bwp-InactivityTimer 超时的 BWP 切换图示见图 2-14。

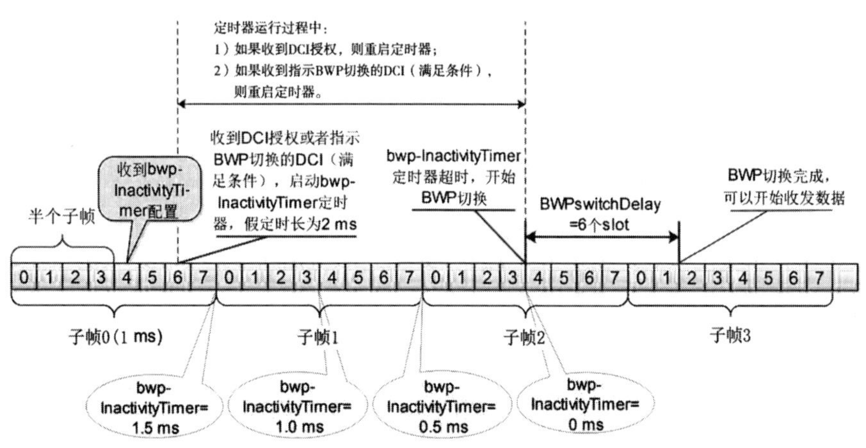

图 2-14 bwp-InactivityTimer 超时 BWP 切换图示（FR2, 120 kHz SCS）

3. 通过 RRC 信令切换

（1）参数

通过 RRC 信令切换 BWP 时使用如下的参数：

```
ServingCellConfig->firstActiveDownlinkBWP-Id              OPTIONAL, -- Cond
    SyncAndCellAdd
ServingCellConfig->uplinkConfig->firstActiveUplinkBWP-Id  OPTIONAL, -- Cond
    SyncAndCellAdd
```

以上是可选参数，firstActiveDownlinkBWP-Id 和 firstActiveUplinkBWP-Id 字段的存在条件为“-- Cond SyncAndCellAdd”，说明如下。

1）以下消息中这两个字段强制存在：

- 对于 SpCell，RRCSetup/RRCResume 消息；
- 对于 SpCell，带 reconfigurationWithSync 信元的 RRCReconfiguration 消息；
- 对于 SCell，SCell 增加的 RRCReconfiguration 消息。

2）以下消息中这两个字段可选存在：对于 SpCell，不带 reconfigurationWithSync 信元的 RRCReconfiguration 消息。

3）除此之外，这两个字段都不存在。

（2）BWP 切换时机

对于 SpCell，收到 RRCSetup、RRCResume 或 RRCReconfiguration 消息时，如果带了参数 firstActiveDownlinkBWP-Id 和 / 或 firstActiveUplinkBWP-Id，并且其指示的下行 BWP 和 / 或上行 BWP 与 UE 在当前服务小区的激活下行 BWP 和 / 或上行 BWP 不同，则触发下行 BWP 切换和 / 或上行 BWP 切换。在 RA 过程中，如果收到指示 BWP 切换的 RRC 消息，则先停止 RA 过程，待完成 BWP 切换后，再进行 RA 过程。

对于 SCell，收到激活 SCell 的 MACCE 时，激活由增加该 SCell 时配置的 firstActive-DownlinkBWP-Id 和 firstActiveUplinkBWP-Id 指示的下行 BWP 和上行 BWP。

（3）BWP 切换时延

假定在空口 slot n 收到指示 BWP 切换的 RRC 信令，那么从 slot n 的起始算起，UE 在 $\frac{T_{\text{RRCprocessingDelay}}+T_{\text{BWPswitchDelayRRC}}}{\text{NR Slot length}}$ 个 slot 之后新 BWP 的第一个下行 slot 可以接收 PDSCH/PDCCH（对于下行 BWP 切换），第一个上行 slot 可以发送 PUSCH（对于上行 BWP 切换）。UE 在 $T_{\text{RRCprocessingDelay}}+T_{\text{BWPswitchDelayRRC}}$ 时长内，不要求发送和接收数据。

如果 BWP 切换涉及 SCS 改变，则 NR Slot length 由 BWP 切换前和 BWP 切换后的较小的 SCS 决定。

其中，$T_{\text{RRCprocessingDelay}}$ 为 RRC 消息处理时长（单位为 ms，不同 RRC 消息的处理时长参见 3GPP 38.331 协议第 12 章），$T_{\text{BWPswitchDelayRRC}}=6\text{ ms}$，为 BWP 切换时长。

【举例 7】15 kHz SCS 的 RRC-based BWP 切换图示见图 2-15。对于其他 SCS，可以开始调度的时间需要换算成 slot 号。

4. 通过 RA 过程切换

某些 RA 过程也会触发 BWP 切换。当在一个服务小区的载波上发起 RA 过程时，处理如下。

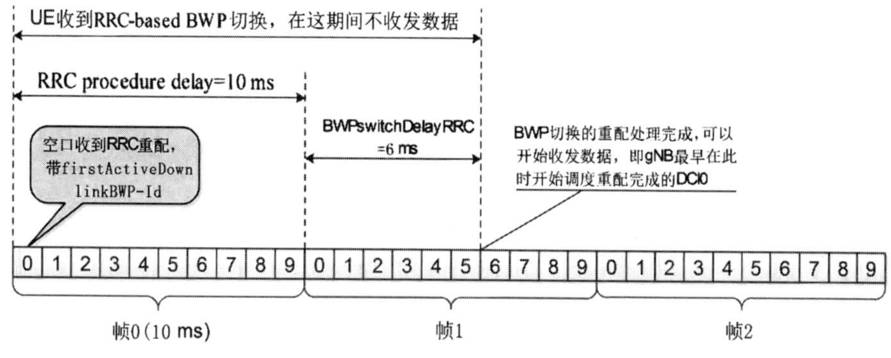

图 2-15 RRC-based BWP 切换图示（15 kHz SCS）

如果当前激活的上行 BWP 没有配置 PRACH 时机，则将其切换到 initialUplinkBWP；如果此时服务小区是 SpCell，则将下行 BWP 切换到 initialDownlinkBWP。如果当前激活的上行 BWP 配置了 PRACH 时机，服务小区是 SpCell，且当前激活的下行 BWP 的 BWP-Id 与当前激活的上行 BWP 不同，则将下行 BWP 切换到与上行 BWP 的 BWP-Id 相同的下行 BWP 上。

如果当前激活下行 BWP 关联的 bwp-InactivityTimer 定时器在运行，则停止该定时器。如果服务小区是 SCell，并且对应 SpCell 的当前激活下行 BWP 关联的 bwp-InactivityTimer 定时器在运行，则停止该定时器。

在 SpCell 激活的下行 BWP 和本服务小区激活的上行 BWP 上，执行 RA 过程。

对于 RA 过程触发的 BWP 切换，协议没有定义 BWP 切换时延，有 RA 过程可以保证 UE 和 gNB 收发对齐。UE 切换到初始 BWP 进行 RA 后，不再主动切回原 BWP。

【总结】

1）当发起 RA 过程的是 SCell 时，如果当前激活的上行 BWP 没有配置 PRACH 资源，则将上行 BWP 切换到初始上行 BWP；否则，不用切换上行 BWP。

【说明】由于 UE 在 SCell 对应的 SpCell 接收 Msg2，此时需要保证该 SpCell 的当前激活下行 BWP 配置了 ra-SearchSpace，如果没有配置，则 gNB 需要先将 SpCell 的激活下行 BWP 切换到配置了 ra-SearchSpace 的下行 BWP（如初始下行 BWP）。

2）当发起 RA 过程的是 SpCell 时，如果当前激活的上行 BWP 没有配置 PRACH 资源，则将上行 BWP 切换到初始上行 BWP，将下行 BWP 切换到初始下行 BWP；否则（配置了 PRACH 资源），如果是 FDD，并且当前激活的下行 BWP 的 BWP-Id 和当前激活的上行 BWP 不同，则将下行 BWP 切换到与上行 BWP 的 BWP-Id 相同的下行 BWP 上。

2.7.5 BWP 激活和去激活的动作

如果一个 BWP 被激活，那么在这个 BWP 上的处理如下：发送 UL-SCH；如果配置了 PRACH 资源，则发送 RACH；如果配置了 PUCCH，则发送 PUCCH；如果配置了 SRS，则发送 SRS；上报该 BWP 的 CSI；监听 PDCCH、接收 DL-SCH；初始化该 BWP 挂起的

Configured Grant type1 配置并启动。

如果一个 BWP 被去激活，那么在这个 BWP 上的处理如下：不发送 UL-SCH、RACH、PUCCH、SRS；不上报该 BWP 的 CSI；不监听 PDCCH，不接收 DL-SCH；清空该 BWP 的 DLSPS 和 Configured Grant type2 配置；挂起该 BWP 的 Configured Grant type1 配置。

2.8 各种频域位置关系图

SSB、载波和 BWP 的频域位置关系如下：

1）UE 盲检测得出 SSB 位置；

2）通过 MIB 参数 pdcch-ConfigSIB1，可获得 CORESET0 相对于特定 CRB（覆盖 SSB 的最低 RB）的偏移 offset，得出 CORESET0 的位置；

3）在 CORESET0 上盲检调度 SIB1 的 DCI1_0，检测到 DCI1_0 后进一步解析出 SIB1；

4）通过 PBCH 参数 Kssb 和 SIB1 参数 offsetToPointA，得出 pointA 的位置；

5）通过 SIB1 参数 scs-SpecificCarrierList（offsetToCarrier 和 carrierBandwidth）得出上行和下行载波的起始位置和带宽；

6）通过 SIB1 参数，可获得 BWP0 的频域范围；

7）通过 BWP 参数 locationAndBandwidth 得出 BWP 的起始位置和大小。

对于 FR1，示意图见图 2-16。

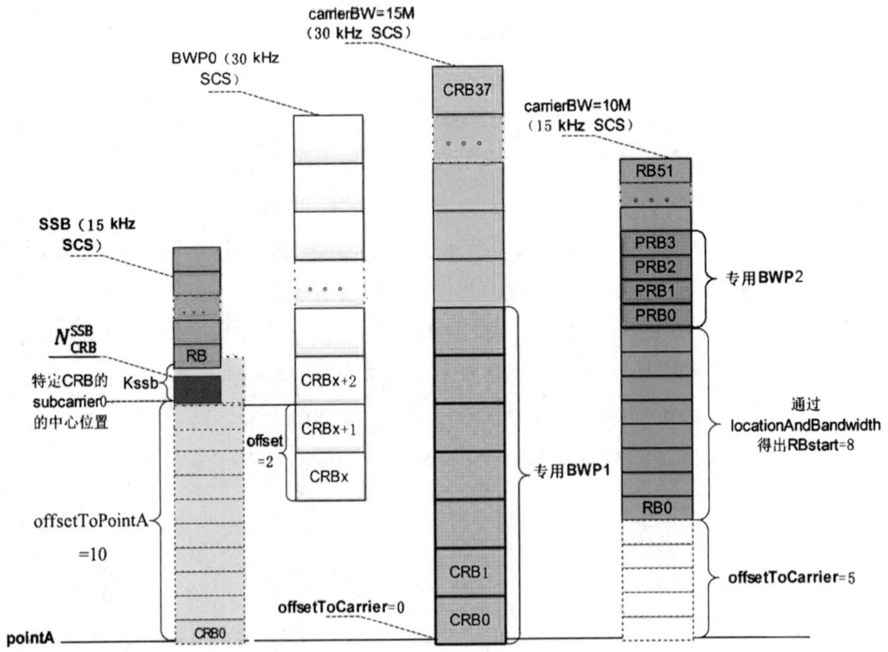

图 2-16 频域位置关系示意图

【说明】

1）图 2-16 中的 pointA 是不同 μ 下 CRB0 的子载波 0 的中心位置。

2）offset 指 CORESET0 的最低 RB 到特定 CRB（子载波间隔为 subCarrierSpacingCommon，并且覆盖 SSB 的起始 RB）的偏移，单位为 RB，使用 subCarrierSpacingCommon 子载波间隔计算。

3）offsetToPointA 指 pointA 到特定 CRB（子载波间隔为 subCarrierSpacingCommon，并且覆盖 SSB 的起始 RB）的 subcarrier0 的偏移，单位为 RB。对于 FR1，按 15 kHz 计算；对于 FR2，按 60 kHz 计算。

4）offsetToCarrier 指 pointA 到该载波的最低子载波的偏移，单位为 RB，使用该载波的子载波间隔计算。

5）子载波位置都指该子载波的中心位置。

2.9 参考协议

[1] TS 38.331-fg0. NR; Radio Resource Control (RRC); Protocol specification

[2] TS 38.321-fc0. NR; Medium Access Control (MAC) protocol specification

[3] TS 38.211-fa0. NR; Physical channels and modulation

[4] TS 38.212-fd0. NR; Multiplexing and channel coding

[5] TS 38.213-fe0. NR; Physical layer procedures for control

[6] TS 38.304-f80. NR; User Equipment (UE) procedures in idle mode and in RRC Inactive state

[7] TS 38.101-1-fg0. NR; User Equipment (UE) radio transmission and reception; Part 1: Range 1 Standalone

[8] TS 38.104-fg0. NR; Base Station (BS) radio transmission and reception

[9] TS 38.133-fg0. NR; Requirements for support of radio resource management

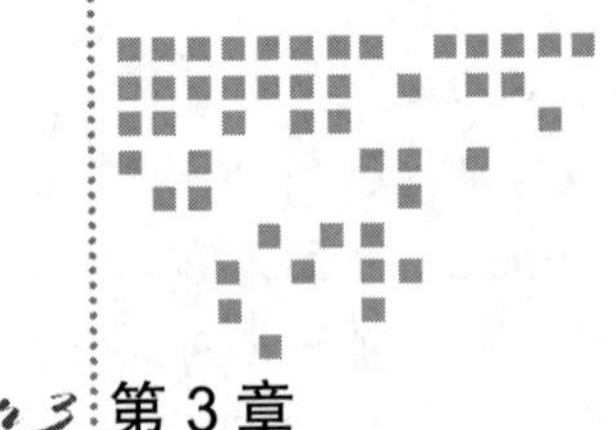

Chapter 3 第 3 章

随机接入过程

本章主要介绍随机接入（Random Access，RA）过程。RA 过程主要用于获取 UE 和基站之间的上行同步，申请上行授权，获取 C-RNTI 等。NR 协议一共定义了 10 种触发 RA 过程的场景。根据这些 RA 过程的特点，本章将它们归纳为五大类来描述，即 UE 发起的竞争 RA（包括 UE 的 RRC 层和 MAC 层发起的 RA）、gNB 发起的 RA、reconfigurationWithSync 触发的 RA、OSI 请求触发的 RA、波束失败恢复触发的 RA，后 4 种都包括竞争和非竞争 RA。

3.1 RA 的分类

RA 过程分为两类：竞争 RA（Contention-based Random Access，CBRA）和非竞争 RA（Contention-free Random Access，CFRA），分别如图 3-1 和图 3-2 所示，这两类 RA 过程的区别在于，非竞争 RA 过程 gNB 需要提前为 UE 分配专用 RA 前导，而竞争 RA 过程 gNB 不需要。

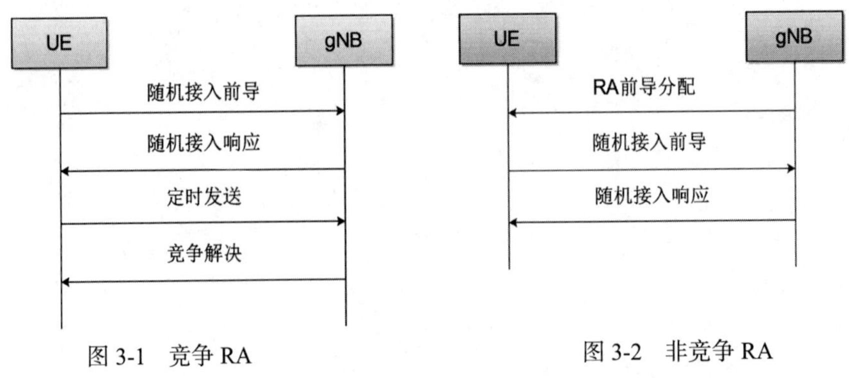

图 3-1　竞争 RA　　　　图 3-2　非竞争 RA

RA 过程可以由如下 10 种场景触发：

- 从 RRC_IDLE 下初始接入；
- RRC 连接重建立过程；
- 在 RRC_CONNECTED 下，上行失步，下行或者上行数据到达时；
- 在 RRC_CONNECTED 下，没有 SR（Scheduling Request，调度请求）的 PUCCH 资源，上行数据到达时；
- SR 失败；
- 收到 RRC 的同步重配（synchronous reconfiguration）；
- 离开 RRC_INACTIVE 状态；
- 为 STAG（Secondary Timing Advance Group，辅 TAG）获取 TA；
- 请求 OSI；
- 波束失败恢复。

竞争 RA 和非竞争 RA 按照触发场景区分如下。

（1）竞争 RA

竞争 RA 过程包括：

1）在 RRC_IDLE 下初始接入；

2）RRC 连接重建立过程；

3）在 RRC_CONNECTED 下，当上行失步时，下行或者上行数据到达（其中下行数据到达时，gNB 发起 PDCCH order，指示为竞争 RA）；

4）在 RRC_CONNECTED 下，当没有可用的 SR PUCCH 资源时，上行数据到达；

5）SR 失败（SR 发送达到最大次数）；

6）收到 RRC 的同步重配（当 gNB 没有配置专用 RA 资源时）；

7）离开 RRC_INACTIVE 状态；

8）请求 OSI（当 gNB 没有配置专用 RA 资源时）；

9）波束失败恢复（当 gNB 没有配置专用 RA 资源时）。

（2）非竞争 RA

非竞争 RA 过程包括：

1）在 RRC_CONNECTED 下，当上行失步时，下行数据到达（gNB 发起 PDCCH order，指示为非竞争 RA）；

2）收到 RRC 的同步重配（当 gNB 配置专用 RA 资源时）；

3）为 STAG 获取 TA（gNB 发起 PDCCH order，此时只能是非竞争 RA）；

4）请求 OSI（当 gNB 配置专用 RA 资源时）；

5）波束失败恢复（当 gNB 配置专用 RA 资源时）。

特别说明，SCell 发起的 RA 过程只有一种场景，就是 gNB 发起的 PDCCH order 指示的非竞争 RA，用于 STAG 建立 TA。

3.2 RA preamble的产生

和LTE一样，NR的随机接入前导（RA preamble）由ZC（Zadoff-Chu）序列的循环移位产生。一个随机接入时机（RACH occasion，RO）包含64个前导。随机接入前导序列的生成公式为：

$$x_{u,v}(n)=x_u((n+C_v)\bmod L_{\mathrm{RA}})$$

$$x_u(i)=\mathrm{e}^{-j\frac{\pi u i(i+1)}{L_{\mathrm{RA}}}},i=0,1,\cdots,L_{\mathrm{RA}}-1$$

其中，L_{RA} 等于839或139，为前导序列长度；u 为ZC序列的根序列的物理索引值，对于 L_{RA} 等于139，通过查表3-1，可以从根序列的逻辑索引 i（参数prach-RootSequenceIndex或rootSequenceIndex-BFR）得出物理索引 u（对于 L_{RA} 等于839，查询的表格不同，具体可以参看38.211协议）；v 为preamble序号；C_v 为前导 v 的循环移位，计算公式如下：

$$C_v=\begin{cases} vN_{\mathrm{CS}} & v=0,1,\cdots,\lfloor L_{\mathrm{RA}}/N_{\mathrm{CS}}\rfloor-1,N_{\mathrm{CS}}\neq 0 \quad \text{，非限制集} \\ 0 & N_{\mathrm{CS}}=0 \quad \text{，非限制集} \\ d_{\mathrm{start}}\lfloor v/n_{\mathrm{shift}}^{\mathrm{RA}}\rfloor+(v\bmod n_{\mathrm{shift}}^{\mathrm{RA}})N_{\mathrm{CS}} & v=0,1,\cdots,w-1 \quad \text{，限制集类型A和B} \\ \bar{\bar{d}}_{\mathrm{start}}+(v-w)N_{\mathrm{CS}} & v=w,\cdots,w+\bar{\bar{n}}_{\mathrm{shift}}^{\mathrm{RA}}-1 \quad \text{，限制集类型B} \\ \bar{\bar{\bar{d}}}_{\mathrm{start}}+(v-w-\bar{\bar{n}}_{\mathrm{shift}}^{\mathrm{RA}})N_{\mathrm{CS}} & v=w+\bar{\bar{n}}_{\mathrm{shift}}^{\mathrm{RA}},\cdots,w+\bar{\bar{n}}_{\mathrm{shift}}^{\mathrm{RA}}+\bar{\bar{\bar{n}}}_{\mathrm{shift}}^{\mathrm{RA}}-1 \quad \text{，限制集类型B} \end{cases}$$

$$w=n_{\mathrm{shift}}^{\mathrm{RA}}n_{\mathrm{group}}^{\mathrm{RA}}+\bar{n}_{\mathrm{shift}}^{\mathrm{RA}}$$

其中，N_{CS} 通过参数zeroCorrelationZoneConfig配置，对于preamble子载波间隔为15 kHz、30 kHz、60 kHz、120 kHz，查表3-2可由zeroCorrelationZoneConfig得出 N_{CS}。对于preamble子载波间隔为1.25 kHz和5 kHz，查询的表格不同，具体可以参看38.211协议。

表3-1 根序列的逻辑索引 i 到物理索引 u 的映射（L_{RA}=139）

i	物理索引 u（按 i 取值递增排序）																			
0～19	1	138	2	137	3	136	4	135	5	134	6	133	7	132	8	131	9	130	10	129
20～39	11	128	12	127	13	126	14	125	15	124	16	123	17	122	18	121	19	120	20	119
40～59	21	118	22	117	23	116	24	115	25	114	26	113	27	112	28	111	29	110	30	109
60～79	31	108	32	107	33	106	34	105	35	104	36	103	37	102	38	101	39	100	40	99
80～99	41	98	42	97	43	96	44	95	45	94	46	93	47	92	48	91	49	90	50	89
100～119	51	88	52	87	53	86	54	85	55	84	56	83	57	82	58	81	59	80	60	79
120～137	61	78	62	77	63	76	64	75	65	74	66	73	67	72	68	71	69	70	—	—
138～837	N/A																			

表3-2 N_{CS} 取值（$\Delta f^{\mathrm{RA}}=15\cdot 2^{\mu}$ kHz，$\mu\in\{0,1,2,3\}$）

参数 zeroCorrelationZoneConfig	N_{CS} 取值（无循环移位限制）	参数 zeroCorrelationZoneConfig	N_{CS} 取值（无循环移位限制）
0	0	1	2

（续）

参数 zeroCorrelationZoneConfig	N_{CS} 取值（无循环移位限制）	参数 zeroCorrelationZoneConfig	N_{CS} 取值（无循环移位限制）
2	4	9	17
3	6	10	19
4	8	11	23
5	10	12	27
6	12	13	34
7	13	14	46
8	15	15	69

每个 RACH 时机有 64 个 preamble，按如下顺序从 0 ～ 63 递增排序：先按一个逻辑根序列循环移位，再处理下一个逻辑根序列（即加 1 递增），从逻辑根序列 prach-RootSequenceIndex 开始，直到产生 64 个 preamble 为止。

【举例 1】 prach-RootSequenceIndex 配置为短格式的 100，RA 子载波间隔配置为 15 kHz，zeroCorrelationZoneConfig 配置为 3。产生 preamble 的过程如下：

1）zeroCorrelationZoneConfig 配置为 3，查表 3-2 得出 N_{CS} =6，可知每条根序列可以产生$\lfloor L_{RA}/N_{CS}\rfloor = \lfloor 139/6 \rfloor = 23$个 preamble，因此只需要 3 条根序列即可产生 64 个 preamble；

2）prach-RootSequenceIndex 配置为 100，查表 3-1 得出第一条根序列物理索引为 51，即 u=51，产生 preamble 为 0 ～ 22，对应的 C_v 为 v* N_{CS}（v的取值范围为 0 ～ 22）；

3）第二条根序列，逻辑索引加 1，为 101，查表 3-1 得出根序列物理索引为 88，即 u=88，产生 preamble 为 23 ～ 45，对应的 C_v 为 v* N_{CS}（v 的取值范围为 0 ～ 22）；

4）第三条根序列，逻辑索引加 1，为 102，查表 3-1 得出根序列物理索引为 52，即 u=52，产生 preamble 为 46 ～ 63，对应的 C_v 为 v* N_{CS}（v 的取值范围为 0 ～ 17），产生 18 个 preamble 即可，一共产生了 64 个 preamble。

3.3 RA 参数说明

3.3.1 参数解释

竞争的 RA 参数来源为 RACH-ConfigCommon，非竞争 RA 参数来源为 RACH-ConfigDedicated、SI-SchedulingInfo 和 BeamFailureRecoveryConfig。

1. RACH-ConfigCommon

该参数为 RACH 公共配置参数，UE 的上行 BWP 参数，属于小区级参数。通过 BWP-UplinkCommon-> SetupRelease {RACH-ConfigCommon} 配置，用于该 BWP 的竞争和非竞争 RA 过程，以及竞争波束失败恢复过程。配置约束如下：

1）只有当上行 BWP 关联的下行 BWP（和上行 BWP 具有相同 BWP-Id 的下行 BWP），

为初始下行BWP或者包含SSB（关联到初始下行BWP的SSB）的下行BWP时，该上行BWP才可以配置基于SSB的RA参数（RACH-ConfigCommon）；

2）对于UE的某个上行BWP，只要配置了非竞争RA参数（用于同步重配或者波束失败恢复），就必须配置RACH-ConfigCommon（因为有可能非竞争RA过程的非竞争RA资源选择失败，此时，需要回退到竞争RA过程）。

```
RACH-ConfigCommon ::=        SEQUENCE {
    rach-ConfigGeneric              RACH-ConfigGeneric,
    totalNumberOfRA-Preambles      INTEGER (1..63)  OPTIONAL,    -- Need S
    ssb-perRACH-OccasionAndCB-PreamblesPerSSB   CHOICE {
        oneEighth                                ENUMERATED {n4,n8,n12,n16,n20
            ,n24,n28,n32,n36,n40,n44,n48,n52,n56,n60,n64},
        oneFourth                                ENUMERATED {n4,n8,n12,n16,n20
            ,n24,n28,n32,n36,n40,n44,n48,n52,n56,n60,n64},
        oneHalf                                  ENUMERATED {n4,n8,n12,n16,n20
            ,n24,n28,n32,n36,n40,n44,n48,n52,n56,n60,n64},
        one                                      ENUMERATED {n4,n8,n12,n16,n20
            ,n24,n28,n32,n36,n40,n44,n48,n52,n56,n60,n64},
        two                                      ENUMERATED {n4,n8,n12,n16,n20
            ,n24,n28,n32},
        four                                    INTEGER (1..16),
        eight                                   INTEGER (1..8),
        sixteen                                 INTEGER (1..4)
    }          OPTIONAL,   -- Need M

    groupBconfigured                      SEQUENCE {
        ra-Msg3SizeGroupA                     ENUMERATED {b56, b144, b208, b256,
            b282, b480, b640,b800, b1000, b72, spare6, spare5,spare4, spare3,
            spare2, spare1},
        messagePowerOffsetGroupB             ENUMERATED { minusinfinity, dB0, dB5,
            dB8, dB10, dB12, dB15, dB18},
        numberOfRA-PreamblesGroupA          INTEGER (1..64)
    }      OPTIONAL,   -- Need R
    ra-ContentionResolutionTimer              ENUMERATED { sf8, sf16, sf24, sf32,
        sf40, sf48, sf56, sf64},
    rsrp-ThresholdSSB              RSRP-Range              OPTIONAL,    -- Need R
    rsrp-ThresholdSSB-SUL         RSRP-Range              OPTIONAL,    -- Cond SUL
    prach-RootSequenceIndex                  CHOICE {
        l839        INTEGER (0..837),
        l139        INTEGER (0..137)
    },
    msg1-SubcarrierSpacing       SubcarrierSpacing              OPTIONAL,    -- Cond
        L139
    restrictedSetConfig          ENUMERATED {unrestrictedSet, restrictedSetTypeA,
        restrictedSetTypeB},
    msg3-transformPrecoder      ENUMERATED {enabled}        OPTIONAL,    -- Need R
    ...
}
```

参数解释如下。

- ssb-perRACH-OccasionAndCB-PreamblesPerSSB：有两个含义，一是指示每个RO（RACH Occasion，指一个RACH发送的时频域位置）对应几个SSB（记为N个，即CHOICE取值，oneEighth表示1/8、oneFourth表示1/4、oneHalf表示1/2、one表示1、two表示2，以此类推）；二是指示每个RO的每个SSB对应几个竞争preamble（记为R个，即ENUMERATED或者INTEGER取值，n4表示4、n8表示8、n12表示12，以此类推）。
  - 如果$N<1$，则一个SSB映射到$1/N$个连续的RO，每个RO的每个SSB关联R个连续的竞争preambleID，从preambleID 0开始。
  - 如果$N\geqslant 1$，则N个SSB（编号记为n，$0\leqslant n\leqslant N-1$）映射到一个RO，每个SSB关联$R$个连续的竞争preambleID，第$n$个SSB的preambleID起始为$n \cdot N_{\text{preamble}}^{\text{total}} / N$，$N_{\text{preamble}}^{\text{total}}$等于totalNumberOfRA-Preambles，是N的整数倍。
- groupBconfigured：配置组B，如果不带该参数，则说明没有配置组B。每个SSB配置的R个竞争preamble中，前numberOfRA-PreamblesGroupA个属于组A，剩下的属于组B；在选择竞争preamble时，以下情况选择组B。
  - 当Msg3包含CCCH时，只要Msg3大于ra-Msg3SizeGroupA，就使用组B；
  - 对于其他Msg3（即不包含CCCH），当Msg3大于ra-Msg3SizeGroupA，并且PL小于门限（门限为执行RA过程的服务小区的PCMAX-preambleReceivedTargetPower-msg3DeltaPreamble – messagePowerOffsetGroupB）时，使用组B。
- ra-ContentionResolutionTimer：竞争解决定时器，单位子帧，只在SpCell运行。Msg3发送之后的第一个符号就启动ra-ContentionResolutionTimer。
- rsrp-ThresholdSSB：UE发起RA时，选择SSB的门限，即UE测量SSB的RSRP。UE选择大于此门限的SSB对应的RACH资源发起RA。注：UE使用最后一次非滤波的L1-RSRP测量值来选择SSB或者CSI-RS。
- rsrp-ThresholdSSB-SUL：如果服务小区配置了SUL（Supplementary Uplink，辅助上行），并且当前UE的RSRP（即下行PL参考）小于这个门限，则选择SUL发起RA；否则，选择NUL（Normal Uplink，正常上行）发起RA。该参数对所有BWP适用。该参数在supplementaryUplink/supplementaryUplinkConfig->initialUplinkBWP->rach-ConfigCommon里强制存在，其他情况该参数不存在。
- prach-RootSequenceIndex：配置长格式或者短格式PRACH，以及PRACH逻辑根序列起始编号，这里配置的是索引值，通过查表3-1，可从索引值得出实际的PRACH根序列编号。如果配置了RACH-ConfigDedicated参数prach-ConfigurationIndex，则长短preamble格式必须与其指示的一致。
  - l839：长格式preamble，子载波间隔协议给定，format0～3。
  - l139：短格式preamble，子载波间隔通过msg1-SubcarrierSpacing得出，formatA～C。
- msg1-SubcarrierSpacing：指定短格式的PRACH子载波间隔。FR1支持15 kHz和30

kHz，FR2 支持 60 kHz 和 120 kHz。这个字段适用于 CBRA（竞争 RA）、CFRA（非竞争 RA）、SI-request、CB-BFR（Contention-based Beam Failure Recovery，竞争波束失败恢复），不适用于 CF-BFR（Contention-free Beam Failure Recovery，非竞争波束失败恢复）。

❑ restrictedSetConfig：限制集配置。

RACH-ConfigCommon 中的参数 RSRP-Range 和 RACH-ConfigGeneric 说明如下。

```
RSRP-Range ::=              INTEGER(0..127)
```

RSRP 说明：取值范围为 0 ～ 127，取值为 127 表示实际值无限大；取值为 0 ～ 126 时，实际值等于字段取值减去 156，单位为 dbm，也就是实际值范围为 −156 ～ −30 dbm。

```
RACH-ConfigGeneric ::=                     SEQUENCE {
    prach-ConfigurationIndex               INTEGER (0..255),
    msg1-FDM                                ENUMERATED {one, two, four, eight},
    msg1-FrequencyStart                 INTEGER (0..maxNrofPhysicalResourceBlocks-1),
    zeroCorrelationZoneConfig               INTEGER(0..15),
    preambleReceivedTargetPower             INTEGER (-202..-60),
    preambleTransMax  ENUMERATED {n3, n4, n5, n6, n7, n8, n10, n20, n50, n100, n200},
    powerRampingStep      ENUMERATED {dB0, dB2, dB4, dB6},
    ra-ResponseWindow     ENUMERATED {sl1, sl2, sl4, sl8, sl10, sl20, sl40, sl80},
    ...
}
```

参数解释如下。

❑ prach-ConfigurationIndex：PRACH 配置索引，通过查表 3-7（FR1 的 FDD）、表 3-8（FR1 的 TDD）、表 3-9（FR2，只有 TDD）可以得出 Preamble format、PRACH 资源的时域位置（即周期、帧号、子帧号、slot 号、符号起始、符号持续长度）。波束失败恢复配置的 prach-ConfigurationIndex 只能是短格式的 PRACH。

❑ msg1-FDM：在一个时域位置上，PRACH 频域资源的个数。

❑ msg1-FrequencyStart：在上行 BWP 内，PRACH 频域资源的最低 RB，相对于 PRB0 的 RB 偏移。

❑ zeroCorrelationZoneConfig：N-CS 配置。

❑ preambleReceivedTargetPower：preamble 目标功率。

❑ preambleTransMax：preamble 的最大发送次数。

❑ powerRampingStep：PRACH 功率调整步长。

❑ ra-ResponseWindow：Msg2 检测窗，单位 slot（以 Type1-PDCCH CSS 的 SCS 计算），只在 SpCell 运行，配置必须小于或等于 10 ms。Msg1 发送之后的第一个 PDCCH 检测时机，启动 ra-ResponseWindow。

2. RACH-ConfigDedicated

RACH 专用配置参数，属于 UE 级参数。通过 ReconfigurationWithSync->rach-ConfigDedicated

配置，用于 reconfigurationWithSync 的非竞争 RA，此种情况，UE 还需要使用 firstActiveUplinkBWP 的 RACH 公共参数进行随机获取。

```
RACH-ConfigDedicated ::=   SEQUENCE {
    cfra                   CFRA                    OPTIONAL, -- Need S
    ra-Prioritization      RA-Prioritization       OPTIONAL, -- Need N
    ...
}
CFRA ::=                    SEQUENCE {
    occasions                       SEQUENCE {
        rach-ConfigGeneric              RACH-ConfigGeneric,
        ssb-perRACH-Occasion            ENUMERATED {oneEighth, oneFourth, oneHalf,
            one, two, four, eight, sixteen}         OPTIONAL   -- Cond Mandatory
    }               OPTIONAL, -- Need S
    resources                       CHOICE {
        ssb                             SEQUENCE {
            ssb-ResourceList                SEQUENCE (SIZE(1..maxRA-SSB-
                Resources)) OF CFRA-SSB-Resource,
            ra-ssb-OccasionMaskIndex        INTEGER (0..15)
        },
        csirs                           SEQUENCE {
            csirs-ResourceList              SEQUENCE (SIZE(1..maxRA-CSIRS-
                Resources)) OF CFRA-CSIRS-Resource,
            rsrp-ThresholdCSI-RS            RSRP-Range
        }
    },
    ...,
    [[
    totalNumberOfRA-Preambles-v1530 INTEGER (1..63)     OPTIONAL -- Cond Occasions
    ]]
}

CFRA-SSB-Resource ::=          SEQUENCE {
    ssb                            SSB-Index,
    ra-PreambleIndex              INTEGER (0..63),
    ...
}

CFRA-CSIRS-Resource ::=        SEQUENCE {
    csi-RS                         CSI-RS-Index,
    ra-OccasionList                SEQUENCE (SIZE(1..maxRA-OccasionsPerCSIRS))
        OF INTEGER (0..maxRA-Occasions-1),
    ra-PreambleIndex               INTEGER (0..63),
    ...
}
```

参数解释如下。

1）CFRA：如果不配置 CFRA 参数，则 UE 执行竞争 RA。它包括以下参数。

❑ occasions：配置非竞争的 RACH occasion，如果不带该参数，则使用 firstActiveUplinkBWP-

Id 指示的 BWP 的公共参数 RACH-ConfigCommon。

- rach-ConfigGeneric：配置非竞争RA的occasion。不使用该参数里面配置的preamble-ReceivedTargetPower、preambleTransMax、powerRampingStep 和 ra-ResponseWindow，而使用 RACH-ConfigCommon 配置的对应参数值。
- ssb-perRACH-Occasion：每个 RACH occasion 对应的 SSB 个数，该字段强制存在。

❑ resources：配置非竞争 RA 的资源是 SSB（最多配置 64 个）或者 CSI-RS（最多配置 96 个）。

❑ ra-ssb-OccasionMaskIndex：SSB 选择 PRACH occasion 的 PRACH Mask Index（PRACH 掩码索引），具体查表 3-3。一个 SSB 最多对应 8 个 PRACH occasion，如果 PRACH Mask Index 取值为 1，则表示选第 1 个 PRACH occasion，以此类推；有多个 PRACH occasion 可选时，UE 随机选择一个。

表 3-3 PRACH Mask Index 取值

PRACH Mask Index	SSB 允许的 PRACH occasion	PRACH Mask Index	SSB 允许的 PRACH occasion
0	所有 PRACH occasion	8	PRACH occasion 索引 8
1	PRACH occasion 索引 1	9	每个偶数 PRACH occasion
2	PRACH occasion 索引 2	10	每个奇数 PRACH occasion
3	PRACH occasion 索引 3	11	预留
4	PRACH occasion 索引 4	12	预留
5	PRACH occasion 索引 5	13	预留
6	PRACH occasion 索引 6	14	预留
7	PRACH occasion 索引 7	15	预留

❑ rsrp-ThresholdCSI-RS：选择 CSI-RS 的 RSRP 门限（选择 SSB 的门限还是使用 RACH-ConfigCommon 里面的门限参数）。

2）CFRA-SSB-Resource：配置非竞争 RA 使用的 SSB 以及对应的专用 preamble。

3）CFRA-CSIRS-Resource：包括以下参数。

❑ CSI-RS-Index：配置非竞争 RA 使用的 csi-RS。

❑ ra-PreambleIndex：配置 csi-RS 对应的专用 preamble。

❑ ra-OccasionList：配置 csi-RS 对应的 RACH occasion 的索引，每个 csi-RS 最大配置 64 个，有多个 RACH occasion 可选时，UE 随机选择一个。

4）ra-Prioritization：用于非竞争 RA 和竞争 RA。

3. SI-SchedulingInfo

SI-SchedulingInfo 即 SI 调度信息，属于小区级参数。它通过 SIB1->SI-SchedulingInfo 广播下发，处于 IDLE 和 INACTIVE 状态的 UE 通过该参数发起请求 OSI 的 RA，此种情况，UE 还需要使用初始上行 BWP 的 RACH 公共参数进行随机接入。

```
SI-SchedulingInfo ::=     SEQUENCE {
```

```
    schedulingInfoList    SEQUENCE (SIZE (1..maxSI-Message)) OF SchedulingInfo,
    si-WindowLength  ENUMERATED {s5, s10, s20, s40, s80, s160, s320, s640, s1280},
    si-RequestConfig        SI-RequestConfig      OPTIONAL,  -- Cond MSG-1
    si-RequestConfigSUL     SI-RequestConfig      OPTIONAL,  -- Cond SUL-MSG-1
    systemInformationAreaID BIT  STRING (SIZE (24))  OPTIONAL,   -- Need R
    ...
}
SchedulingInfo ::=           SEQUENCE {
    si-BroadcastStatus         ENUMERATED {broadcasting, notBroadcasting},
    si-Periodicity       ENUMERATED {rf8, rf16, rf32, rf64, rf128, rf256, rf512},
    sib-MappingInfo              SIB-Mapping
}
SIB-Mapping ::=     SEQUENCE (SIZE (1..maxSIB)) OF SIB-TypeInfo
SIB-TypeInfo ::=          SEQUENCE {
    type       ENUMERATED {sibType2, sibType3, sibType4, sibType5, sibType6,
        sibType7, sibType8, sibType9,spare8, spare7, spare6, spare5, spare4,
        spare3, spare2, spare1,... },
    valueTag            INTEGER (0..31)            OPTIONAL, -- Cond SIB-TYPE
    areaScope           ENUMERATED {true}          OPTIONAL -- Need S
}

-- Configuration for Msg1 based SI Request
SI-RequestConfig::=                    SEQUENCE {
    rach-OccasionsSI                        SEQUENCE {
        rach-ConfigSI                           RACH-ConfigGeneric,
        ssb-perRACH-Occasion      ENUMERATED {oneEighth, oneFourth, oneHalf, one,
            two, four, eight, sixteen}
    }       OPTIONAL,    -- Need R
    si-RequestPeriod         ENUMERATED {one, two, four, six, eight, ten, twelve,
        sixteen}       OPTIONAL,    -- Need R
    si-RequestResources  SEQUENCE (SIZE (1..maxSI-Message)) OF SI-RequestResources
}
SI-RequestResources ::=      SEQUENCE {
    ra-PreambleStartIndex          INTEGER (0..63),
    ra-AssociationPeriodIndex      INTEGER (0..15)     OPTIONAL,    -- Need R
    ra-ssb-OccasionMaskIndex       INTEGER (0..15)     OPTIONAL     -- Need R
}
```

参数解释如下。

1）si-RequestConfig：基于 Msg1 的 SI 请求参数。存在条件“Cond MSG-1”表示，如果 SchedulingInfo 里面的配置至少有一个 SI 是 notBroadcasting，那么该字段可选配置，否则该字段不配置。如果收到消息，该字段没有配置，则 UE 需要释放已经保存的该参数。

- rach-OccasionsSI：配置 SI 使用的专用 RACH occasion，如果没有配置，则使用初始上行 BWP 的 rach-ConfigCommon 中的参数。
- si-RequestPeriod：配置 RO association period 的个数，比如配置为 four，表示有 4 个 RO association period，对应的索引为 0、1、2、3。其中“RO association period 索引 0”从帧号 0 开始，依次为下一个 RO association period。

- si-RequestResources：如果只配置了一个，那么该参数适用于所有 notBroadcasting 的 SI；否则，列表中的第 1 个参数对应于 schedulingInfoList 中的第 1 个 notBroadcasting 的 SI，列表中的第 2 个参数对应于 schedulingInfoList 中的第 2 个 notBroadcasting 的 SI，以此类推。修改该参数不会引起系统信息改变通知。
  - ra-PreambleStartIndex：如果 N 个 SSB（$N \geqslant 1$）映射到一个 RACH occasion，则第 i 个 SSB 对应的 preamble 为 ra-PreambleStartIndex + i，其中 i=0, …, N−1。
  - ra-AssociationPeriodIndex：指示 si-RequestPeriod 中配置的 RO association period 的索引。取值为 0 表示 RO association period 索引 0，即第 1 个 RO association period；取值为 1 表示 RO association period 索引 1，即第 2 个 RO association period；以此类推。
  - ra-ssb-OccasionMaskIndex：SSB 的 RO Mask 索引。

2）si-RequestConfigSUL：基于 Msg1 的 SI 请求参数。存在条件“Cond SUL-MSG-1”表示，如果当前服务小区配置了 ServingCellConfigCommonSIB->supplementaryUplink，并且 SchedulingInfo 里面的配置至少有一个 SI 是 notBroadcasting，那么该字段可选配置，否则该字段不配置。如果收到消息，该字段没有配置，则 UE 需要释放已经保存的该参数。

4. BeamFailureRecoveryConfig

该参数为 BFR 配置参数，UE 的上行 BWP 参数，属于 UE 级参数。它通过 BWP-Uplink-Dedicated-> SetupRelease { BeamFailureRecoveryConfig } 配置，用于波束失败恢复的非竞争 RA，此种情况，UE 不需要使用当前上行 BWP 的 RACH 公共参数进行非竞争 RA（只有当非竞争 RA 资源选择失败，需要回退到竞争 RA 时，才需要使用当前上行 BWP 的 RACH 公共参数）。BeamFailureRecoveryConfig 配置约束如下。

1）对于 SpCell 小区，可选配置，否则不能配置。该参数为“Need M”，即如果之前配置过，而收到新的 RRC 消息没有配置该参数，那么保留之前的配置，继续使用。

2）如果配置了 supplementaryUplink，那么该参数只能在 UL 或 SUL 的上行载波配置。

```
BeamFailureRecoveryConfig ::=   SEQUENCE {
    rootSequenceIndex-BFR        INTEGER (0..137)         OPTIONAL, -- Need M
    rach-ConfigBFR               RACH-ConfigGeneric       OPTIONAL, -- Need M
    rsrp-ThresholdSSB            RSRP-Range                OPTIONAL, -- Need M
    candidateBeamRSList          SEQUENCE (SIZE(1..maxNrofCandidateBeams)) OF
        PRACH-ResourceDedicatedBFR    OPTIONAL, -- Need M
    ssb-perRACH-Occasion      ENUMERATED {oneEighth, oneFourth, oneHalf, one, two,
                                  four, eight, sixteen}  OPTIONAL, -- Need M
    ra-ssb-OccasionMaskIndex     INTEGER (0..15)     OPTIONAL, -- Need M
    recoverySearchSpaceId        SearchSpaceId       OPTIONAL, -- Need R
    ra-Prioritization            RA-Prioritization   OPTIONAL, -- Need R
    beamFailureRecoveryTimer     ENUMERATED {ms10, ms20, ms40, ms60, ms80, ms100,
        ms150, ms200}            OPTIONAL, -- Need M
    ...,
```

```
    [[
    msg1-SubcarrierSpacing-v1530    SubcarrierSpacing      OPTIONAL   -- Need M
    ]]
}
PRACH-ResourceDedicatedBFR ::=      CHOICE {
    ssb                                 BFR-SSB-Resource,
    csi-RS                              BFR-CSIRS-Resource
}
BFR-SSB-Resource ::=         SEQUENCE {
    ssb                                 SSB-Index,
    ra-PreambleIndex                  INTEGER (0..63),
    ...
}
BFR-CSIRS-Resource ::=      SEQUENCE {
    csi-RS                                NZP-CSI-RS-ResourceId,
    ra-OccasionList     SEQUENCE (SIZE(1..maxRA-OccasionsPerCSIRS)) OF INTEGER (0..
        maxRA-Occasions-1)              OPTIONAL,    -- Need R
    ra-PreambleIndex                    INTEGER (0..63)     OPTIONAL,    -- Need R
    ...
}
```

参数解释如下。

- rootSequenceIndex-BFR：CF-BFR 的逻辑根序列索引，只能是短格式。
- rach-ConfigBFR：BFR的RA参数。rach-ConfigBFR配置的所有参数，CF-BFR都要使用；rach-ConfigBFR 配置的 powerRampingStep、preambleReceivedTargetPower 和 preamble-TransMax 参数，CB-BFR 也要使用。
- rsrp-ThresholdSSB：CF-BFR 的 L1-RSRP 门限，适用于 SSB 和 CSI-RS。
- PRACH-ResourceDedicatedBFR：CF-BFR 的参考信号以及专用 RA 参数，最多配置 16 个。参考信号可以是 SSB 或者 CSI-RS，在关联的下行 BWP 内（也就是 BWP-Id 和配置 BeamFailureRecoveryConfig 的上行 BWP 相同的下行 BWP）。
    - BFR-SSB-Resource 包括两个参数：SSB-Index 和对应的 preamble。
    - BFR-CSIRS-Resource 包括三个参数：
      csi-RS，服务小区配置的 NZP-CSI-RS-Resource；
      ra-OccasionList，每个 CSI-RS 最多关联 64 个 RO（如果有多个 RO，则 UE 随机选择一个），如果没有配置该参数，则 UE 使用和该 CSI-RS 有 QCL 关系的 SSB 的 RO 资源，并且释放已经保存的参数（如 UE 之前保存有该参数）；
      ra-PreambleIndex，该 CSI-RS 使用的 preamble，如果没有配置该参数，则 UE 使用和该 CSI-RS 有 QCL 关系的 SSB 的 preamble。
- ssb-perRACH-Occasion：指示一个 RO 关联几个 SSB，只供 CF-BFR 使用。
- ra-ssb-OccasionMaskIndex：当一个 SSB 关联多个 RO 时，指示 RO Mask 索引，对所有 SSB 适用，供 CF-BFR 使用。

- recoverySearchSpaceId：CF-BFR RAR（Random Access Response，随机接入响应）的SearchSpaceId，在关联的下行BWP内配置这个搜索空间（也就是BWP-Id和配置BeamFailureRecoveryConfig的上行BWP相同的下行BWP），关联这个搜索空间的CORESET不能再关联其他的搜索空间。如果为BFR配置了非竞争的RA资源，那么这个参数就必须配置。
- ra-Prioritization：CF-BFR和CB-BFR使用的RA参数。
- beamFailureRecoveryTimer：BFR定时器，定时器超时，UE不再使用BFR的CFRA资源。
- msg1-SubcarrierSpacing-v1530：CF-BFR的Msg1子载波间隔。

3.3.2 preamble

preamble格式分如下两种。

1）长格式，子载波间隔为1.25 kHz和5 kHz，见表3-4。

表3-4 preamble格式（L_{RA}=839，$\Delta f^{RA} \in \{1.25, 5\}$ kHz）

格式	L_{RA}	Δf^{RA}	N_u	N_{CP}^{RA}	支持的限制集
0	839	1.25 kHz	24576κ	3168κ	Type A, Type B
1	839	1.25 kHz	$2\cdot 24576\kappa$	21024κ	Type A, Type B
2	839	1.25 kHz	$4\cdot 24576\kappa$	4688κ	Type A, Type B
3	839	5 kHz	$4\cdot 6144\kappa$	3168κ	Type A, Type B

2）短格式，子载波间隔为15 kHz、30 kHz、60 kHz、120 kHz，见表3-5。

表3-5 preamble格式（L_{RA}=139，$\Delta f^{RA}=15\cdot 2^{\mu}$ kHz，其中$\mu \in \{0,1,2,3\}$）

格式	L_{RA}	Δf^{RA}	N_u	N_{CP}^{RA}	支持的限制集
A1	139	$15\cdot 2^{\mu}$ kHz	$2\cdot 2048\kappa\cdot 2^{-\mu}$	$288\kappa\cdot 2^{-\mu}$	—
A2	139	$15\cdot 2^{\mu}$ kHz	$4\cdot 2048\kappa\cdot 2^{-\mu}$	$576\kappa\cdot 2^{-\mu}$	—
A3	139	$15\cdot 2^{\mu}$ kHz	$6\cdot 2048\kappa\cdot 2^{-\mu}$	$864\kappa\cdot 2^{-\mu}$	—
B1	139	$15\cdot 2^{\mu}$ kHz	$2\cdot 2048\kappa\cdot 2^{-\mu}$	$216\kappa\cdot 2^{-\mu}$	—
B2	139	$15\cdot 2^{\mu}$ kHz	$4\cdot 2048\kappa\cdot 2^{-\mu}$	$360\kappa\cdot 2^{-\mu}$	—
B3	139	$15\cdot 2^{\mu}$ kHz	$6\cdot 2048\kappa\cdot 2^{-\mu}$	$504\kappa\cdot 2^{-\mu}$	—
B4	139	$15\cdot 2^{\mu}$ kHz	$12\cdot 2048\kappa\cdot 2^{-\mu}$	$936\kappa\cdot 2^{-\mu}$	—
C0	139	$15\cdot 2^{\mu}$ kHz	$2048\kappa\cdot 2^{-\mu}$	$1240\kappa\cdot 2^{-\mu}$	—
C2	139	$15\cdot 2^{\mu}$ kHz	$4\cdot 2048\kappa\cdot 2^{-\mu}$	$2048\kappa\cdot 2^{-\mu}$	

RACH-ConfigCommon->totalNumberOfRA-Preambles，本小区UE使用CBRA和CFRA的preamble总数，不包括SI request的preamble。如果没有配置该参数，则64个preamble都可以使用。

RACH-ConfigDedicated->totalNumberOfRA-Preambles-v1530，本小区UE使用CFRA的preamble总数，不包括SI request的preamble。如果没有配置该参数，则64个preamble都可以使用。

RACH-ConfigCommon->ssb-perRACH-OccasionAndCB-PreamblesPerSSB，得出每个 SSB 对应的竞争 preamble 个数。

RACH-ConfigCommon->groupBconfigured->numberOfRA-PreamblesGroupA，每个 SSB 的竞争 RA 资源中属于组 A 的 preamble 个数。

每个 RO 最多有 64 个 preamble，preamble 的划分说明如下：

- 通过配置参数可以得出每个 SSB 的竞争 preamble 个数和 ID 范围；
- SI 的专用 preamble 从最后面分配，SIB1 参数告知了具体每个 SI 对应的 preambleID；
- 非竞争 preamble（除了 SI）从 totalNumberOfRA-Preambles 剩下的 preamble 里面分配。

【举例 2】一个 SSB 映射到多个（大于或等于一个）RACH occasion 时，每个 RACH ocassion 的 preamble 划分如图 3-3 所示。

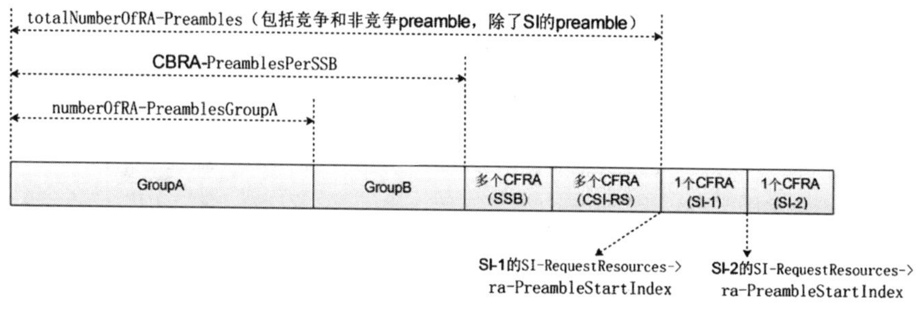

图 3-3　示例 1

【举例 3】*N* 个 SSB 映射到一个 RACH occasion 时，每个 RACH ocassion 的 preamble 划分如图 3-4 所示。

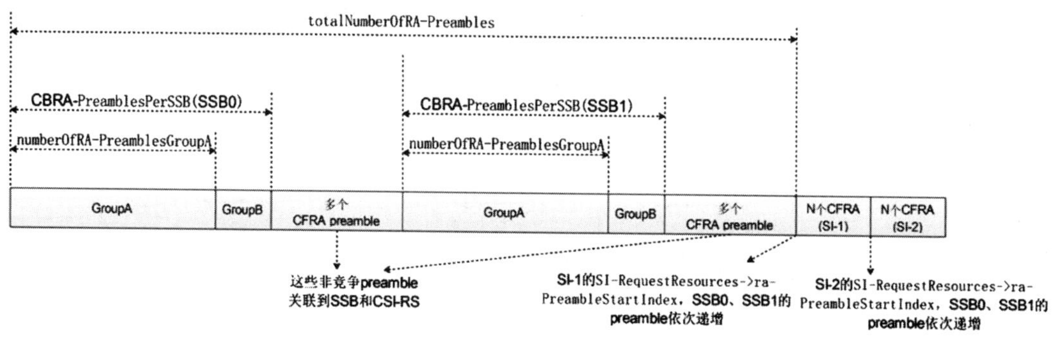

图 3-4　示例 2

3.3.3　RACH occasion

RACH occasion 指某个 PRACH 发送的频域、时域位置。

1. 频域位置

频域位置通过 RACH-ConfigGeneric->msg1-FDM、msg1-FrequencyStart 指定。

- msg1-FDM：在一个时域位置上，PRACH 频域资源的个数。
- msg1-FrequencyStart：在上行 BWP 内，PRACH 频域资源的最低 RB 相对于 PRB0 的 RB 偏移。

每个 PRACH 频域资源占用的 RB 见表 3-6，是以 PUSCH 的 RB 计算的（基于 RA 配置所在的上行 BWP 的 SCS）。

表 3-6 支持的 Δf^{RA} 和 Δf 组合

L_{RA}	PRACH 的 Δf^{RA}	PUSCH 的 Δf	N_{RB}^{RA}（以 PUSCH 的 RB 为单位）	$\bar{k}$
839	1.25	15	6	7
839	1.25	30	3	1
839	1.25	60	2	133
839	5	15	24	12
839	5	30	12	10
839	5	60	6	7
139	15	15	12	2
139	15	30	6	2
139	15	60	3	2
139	30	15	24	2
139	30	30	12	2
139	30	60	6	2
139	60	60	12	2
139	60	120	6	2
139	120	60	24	2
139	120	120	12	2

2. 时域位置

时域位置通过 RACH-ConfigGeneric->prach-ConfigurationIndex 指定，共 256 个取值，表 3-7～表 3-9 只列出了部分取值，具体见 3GPP 38.211 协议。

表 3-7 PRACH 配置（FR1 下 FDD，或者 SUL）

PRACH Configuration Index	preamble 格式	n_{SFN} mod $x=y$		子帧编号	起始符号	一个子帧中 PRACH slot 个数	$N_t^{RA,slot}$，一个 PRACH slot 中 PRACH occasion 时域个数	N_{dur}^{RA}，PRACH duration/符号
		x	y					
0	0	16	1	1	0	—	—	0
1	0	16	1	4	0	—	—	0
2	0	16	1	7	0	—	—	0
3	0	16	1	9	0	—	—	0
4	0	8	1	1	0	—	—	0
5	0	8	1	4	0	—	—	0
6	0	8	1	7	0	—	—	0
7	0	8	1	9	0	—	—	0

（续）

PRACH Configuration Index	preamble 格式	n_{SFN} mod x=y		子帧编号	起始符号	一个子帧中 PRACH slot 个数	$N_t^{RA,slot}$，一个 PRACH slot 中 PRACH occasion 时域个数	N_{dur}^{RA}，PRACH duration/符号
		x	y					
8	0	4	1	1	0	—	—	0
9	0	4	1	4	0	—	—	0
10	0	4	1	7	0	—	—	0
11	0	4	1	9	0	—	—	0
12	0	2	1	1	0	—	—	0
13	0	2	1	4	0	—	—	0
14	0	2	1	7	0	—	—	0
15	0	2	1	9	0	—	—	0
16	0	1	0	1	0	—	—	0

表 3-8 PRACH 配置（FR1 下 TDD）

PRACH Configuration Index	Preamble 格式	n_{SFN} mod x=y		子帧编号	起始符号	一个子帧中 PRACH slot 个数	$N_t^{RA,slot}$，一个 PRACH slot 中 PRACH occasion 时域个数	N_{dur}^{RA}，PRACH duration/符号
		x	y					
60	3	1	0	8,9	0	—	—	0
61	3	1	0	4,8,9	0	—	—	0
62	3	1	0	3,4,9	0	—	—	0
63	3	1	0	7,8,9	0	—	—	0
64	3	1	0	3,4,8,9	0	—	—	0
65	3	1	0	1,4,6,9	0	—	—	0
66	3	1	0	1,3,5,7,9	0	—	—	0
67	A1	16	1	9	0	2	6	2
68	A1	8	1	9	0	2	6	2
69	A1	4	1	9	0	1	6	2
70	A1	2	1	9	0	1	6	2
71	A1	2	1	4,9	7	1	3	2
72	A1	2	1	7,9	7	1	3	2
73	A1	2	1	7,9	0	1	6	2
74	A1	2	1	8,9	0	2	6	2
75	A1	2	1	4,9	0	2	6	2

表 3-9 PRACH 配置（FR2 下 TDD）

PRACH Configuration Index	Preamble 格式	n_{SFN} mod x=y		slot 编号	起始符号	一个 60 kHz slot 中 PRACH slot 个数	$N_t^{RA,slot}$，一个 PRACH slot 中 PRACH occasion 时域个数	N_{dur}^{RA}，PRACH duration/符号
		x	y					
0	A1	16	1	4,9,14,19,24,29,34,39	0	2	6	2
1	A1	16	1	3,7,11,15,19,23,27,31,35,39	0	1	6	2

（续）

PRACH Configuration Index	Preamble 格式	n_{SFN} mod x=y		slot 编号	起始符号	一个 60 kHz slot 中 PRACH slot 个数	$N_t^{RA,slot}$，一个 PRACH slot 中 PRACH occasion 时域个数	N_{dur}^{RA}，PRACH duration/符号
		x	y					
2	A1	8	1,2	9,19,29,39	0	2	6	2
3	A1	8	1	4,9,14,19,24,29,34,39	0	2	6	2
4	A1	8	1	3,7,11,15,19,23,27,31,35,39	0	1	6	2
5	A1	4	1	4,9,14,19,24,29,34,39	0	1	6	2
6	A1	4	1	4,9,14,19,24,29,34,39	0	2	6	2
7	A1	4	1	3,7,11,15,19,23,27,31,35,39	0	1	6	2
8	A1	2	1	7,15,23,31,39	0	2	6	2
9	A1	2	1	4,9,14,19,24,29,34,39	0	1	6	2
10	A1	2	1	4,9,14,19,24,29,34,39	0	2	6	2
11	A1	2	1	3,7,11,15,19,23,27,31,35,39	0	1	6	2
12	A1	1	0	19,39	7	1	3	2
13	A1	1	0	3,5,7	0	1	6	2
14	A1	1	0	24,29,34,39	7	1	3	2
15	A1	1	0	9,19,29,39	7	2	3	2
16	A1	1	0	17,19,37,39	0	1	6	2

计算 PRACH 的周期和帧号，满足公式 $n_{SFN} \bmod x = y$ 即可。计算 slot 和 symbol 时分 FR1 和 FR2 两种情况。

1）对于 FR1，preamble 既可以为长格式（$L_{RA}=839$，preamble 格式为 0 ～ 3，PRACH 子载波间隔为 1.25 kHz 或 5 kHz），也可以为短格式（$L_{RA}=139$，preamble 格式为 A ～ C，PRACH 子载波间隔为 15 kHz 或 30 kHz），对应表 3-7 和表 3-8。

- ❑ 子帧：表格直接给出了子帧编号，取值范围为 0 ～ 9。
- ❑ PRACH slot 编号。
  - 对于 preamble 格式为 0 ～ 3，一个子帧内只有 1 个 PRACH slot，slot 编号为 0。
  - 对于 preamble 格式为 A ～ C：如果 PRACH 子载波间隔为 15 kHz，那么一个子帧内只有 1 个 PRACH slot，slot 编号为 0；如果 PRACH 子载波间隔为 30 kHz，那么一个子帧内有 1 个或者 2 个 PRACH slot（如果只有 1 个 PRACH slot，则 slot 编号为 1；如果有 2 个 PRACH slot，则 slot 编号为 0、1）。
- ❑ 起始符号：表格给出了一个 slot 内的 PRACH occasion 的个数，以及每个 PRACH occasion 的时域长度（PRACH duration，单位为符号）。表格中的“起始符号”指一个 slot 内的第 1 个 PRACH occasion 的起始符号，第 1 个 PRACH occasion 结束后紧接着开始第 2 个 PRACH occasion，依次排序。如果一个子帧内有两个 PRACH slot，那么这两个 slot 内 PRACH occasion 出现的符号位置相同。

2）对于 FR2，preamble 只能为短格式（$L_{RA}=139$，preamble 格式为 A ～ C，PRACH 子载波间隔为 60 kHz 或 120 kHz）。对应表 3-9。

- slot 编号：表格中直接给出了 slot 编号，取值范围为 0 ～ 39；slot 编号是按 60 kHz 子载波间隔来计算的。
- PRACH slot 编号：preamble 格式只能是 A ～ C。如果 PRACH 子载波间隔为 60 kHz，那么一个子帧内只有 1 个 PRACH slot，slot 编号为 0；如果 PRACH 子载波间隔为 120 kHz，那么一个子帧内有 1 个或者 2 个 PRACH slot（如果只有 1 个 PRACH slot，则 slot 编号为 1；如果有 2 个 PRACH slot，则 slot 编号为 0、1）。
- 起始符号：同 FR1。

RACH occasion 从 0 开始，按照下面的顺序依次递增编号：

- 第一个 slot 内的第一个时域位置，频域从低频到高频依次进行；
- slot 内的下一个时域位置；
- 下一个 slot。

对于 FDD 或 SUL 频带，所有的 RO 都是有效的。对于 TDD，一个 PRACH slot 内的 RO 满足如下条件才是有效的。

1）如果 UE没有配置 TDD-UL-DL-ConfigurationCommon，那么 RO 不在该 PRACH slot 内的 SSB 之前，并且在最后一个 SSB 符号之后的至少 N_{gap} 个符号开始。N_{gap} 取值见表 3-10。

表 3-10　不同 preamble SCS 的 N_{gap} 取值

preamble SCS	N_{gap}
1.25 kHz 或 5 kHz	0
15 kHz、30 kHz、60 kHz 或 120 kHz	2

2）如果 UE 配置了 TDD-UL-DL-Configuration-Common，那么 RO 在上行符号内；或者 RO 不在该 PRACH slot 内的 SSB 之前，并且在最后一个下行符号之后的至少 N_{gap} 个符号开始，以及在最后一个 SSB 符号之后的至少 N_{gap} 个符号开始。

【举例 4】当频率范围为 FR1 时，如果 PRACH Configuration Index=16，公共 PUSCH 子载波间隔为 15 kHz，msg1-FDM = 2，msg1-FrequencyStart = 3，则得出一个 RA 资源的 RB 个数为 6，每个时域位置有 2 个 RA 资源，PRACH 配置周期为 10 ms，每帧的子帧 1 为 RACH ocassion。因此，每个 PRACH 配置周期内有 2 个 RACH occasion，如图 3-5 所示。

【举例 5】当频率范围为 FR2 时，如果 PRACH Configuration Index=9，PRACH 的子载波和公共 PUSCH 子载波间隔都为 120 kHz，msg1-FDM = 2，msg1-FrequencyStart = 12，则得出一个 RA 资源的 RB 个数为 12，每个时域位置有 2 个 RA 资源，PRACH 配置周期为 20 ms，奇数帧出现，奇数帧的 slot 4,9,14,19,24,29,34,39（以 60 kHz 子载波间隔计算）为 RACH 时机，每个 60 kHz slot 的第 2 个 120 kHz slot 为 PRACH slot（PRACH slot 为 120 kHz 子载波间隔，所以一个 60 kHz slot 有两个 120 kHz slot），每个 PRACH slot 有 6 个 RACH occasion 时域个数，每个时域位置有 2 个 RA 频域资源。因此，每个 PRACH 配置周期内有 8 × 6 × 2=96 个 RACH occasion，如图 3-6 所示。

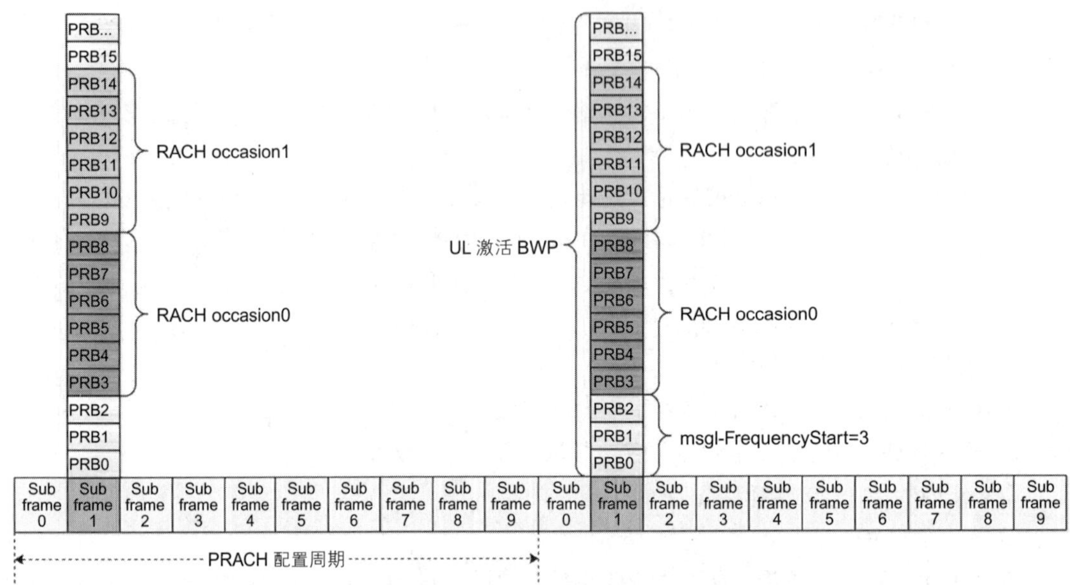

图 3-5 示例 1

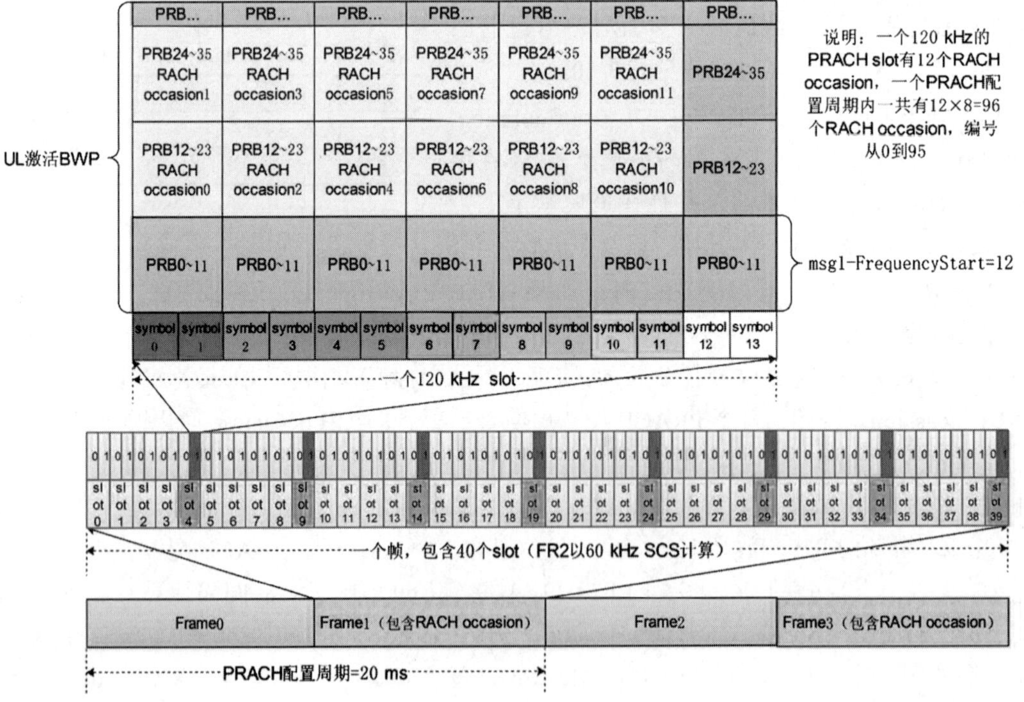

图 3-6 示例 2

3.3.4 PRACH occasion 关联周期

PRACH occasion 关联周期的定义：等于 PRACH configuration period（PRACH 配置周期）的最小整数倍，保证 gNB 实际发送的 SSB（由 ssb-PositionsInBurst 得出）至少能映射一次到 RACH occasion。PRACH occasion 关联周期从帧号 0 开始。

SSB 映射到 RACH occasion 的方法是：从 RACH occasion 0 开始依次映射，如果一个 RACH occasion 对应多个 SSB，那么每个 RACH occasion 再按 preamble 对应到 SSB。

【注意】没有映射到 SSB 的 RACH occasion 不用来发送 PRACH。

ssb-perRACH-OccasionAndCB-PreamblesPerSSB 有两个含义：一是指示每个 RACH occasion 对应几个 SSB（记为 N 个）；二是指示每个 RACH occasion 的每个 SSB 对应几个竞争 preamble（记为 R 个）。

1）如果 N<1，则一个 SSB 映射到 $1/N$ 个连续的 RACH occasion（对于非竞争 RA，会配置 ra-ssb-OccasionMaskIndex，指示选择哪个或者哪些 RACH ocassion。当有多个 RACH ocassion 可选时，UE 随机选择一个 RACH ocassion，选择 RACH ocassion 时，要考虑可能出现的测量 GAP（间隙）），每个 RACH occasion 对应 R 个连续的竞争 preambleID，从 preambleID 0 开始。

2）如果 $N \geqslant 1$，则 N 个 SSB（编号记为 n，$0 \leqslant n \leqslant N-1$）映射到一个 RACH occasion，每个 SSB 对应 R 个连续的竞争 preambleID，第 n 个 SSB 的 preambleID 起始为 $n \cdot N_{\text{preamble}}^{\text{total}} / N$，$N_{\text{preamble}}^{\text{total}}$ 等于 totalNumberOfRA-Preambles，是 N 的整数倍。

【注意】对于非竞争 RA，N 的取值来自 RACH-ConfigDedicated->cfra->occasions->ssb-perRACH-Occasion。

【举例 6】假定一个 PRACH 配置周期内有 3 个 RACH occasion，ssb-PositionsInBurst 指示 gNB 发送 4 个 SSB，N=1/2（1 个 SSB 映射到 2 个 RACH occasion），则映射关系如图 3-7 所示。

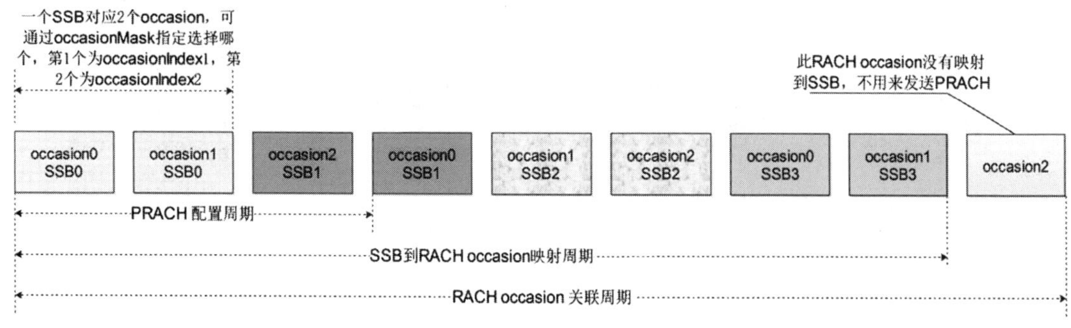

图 3-7 示例 1

【说明】一个 SSB 对应到 2 个 RO，可通过配置 ra-ssb-OccasionMaskIndex 或者 PDCCH order（非竞争 RA）指示如何选择；有多个可选时，随机选择一个。

【举例 7】假定一个 PRACH 配置周期内有 4 个 RACH occasion，ssb-PositionsInBurst 指示 gNB 发送 16 个 SSB，N=2（2 个 SSB 映射到 1 个 RACH occasion），每个 SSB 对应的连续竞争 preamble 个数 R=4，totalNumberOfRA-Preambles=50，则映射到每个 RACH occasion 的第 1 个 SSB 的 preamble 为 0、1、2、3，第 2 个 SSB 的 preamble 为 25、26、27、28，如图 3-8 所示。

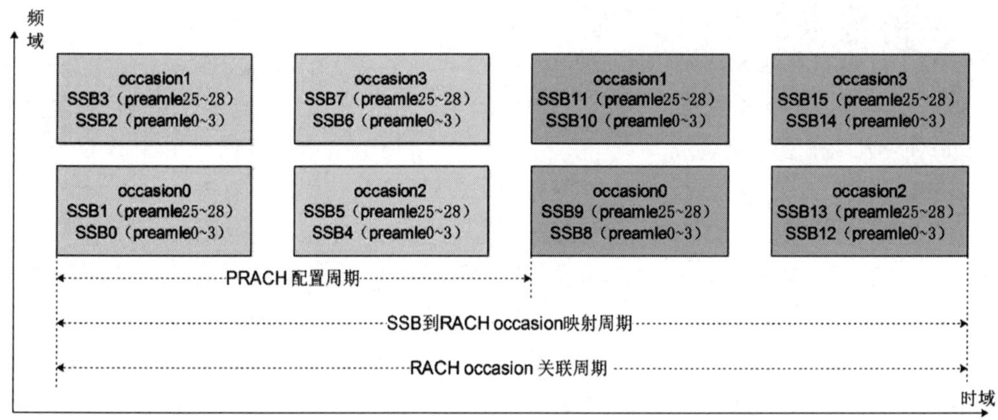

图 3-8 示例 2

【举例 8】假定一个 PRACH 配置周期内有 4 个 RACH occasion，ssb-PositionsInBurst 指示 gNB 发送 5 个 SSB，N=4（4 个 SSB 映射到 1 个 RACH occasion），每个 SSB 对应的连续竞争 preamble 个数 R=8，totalNumberOfRA-Preambles=60，则映射到每个 RACH occasion 的第 1 个 SSB 的 preamble 为 0 ～ 7，第 2 个 SSB 的 preamble 为 15 ～ 22，第 3 个 SSB 的 preamble 为 30 ～ 37，第 4 个 SSB 的 preamble 为 45 ～ 52，如图 3-9 所示。

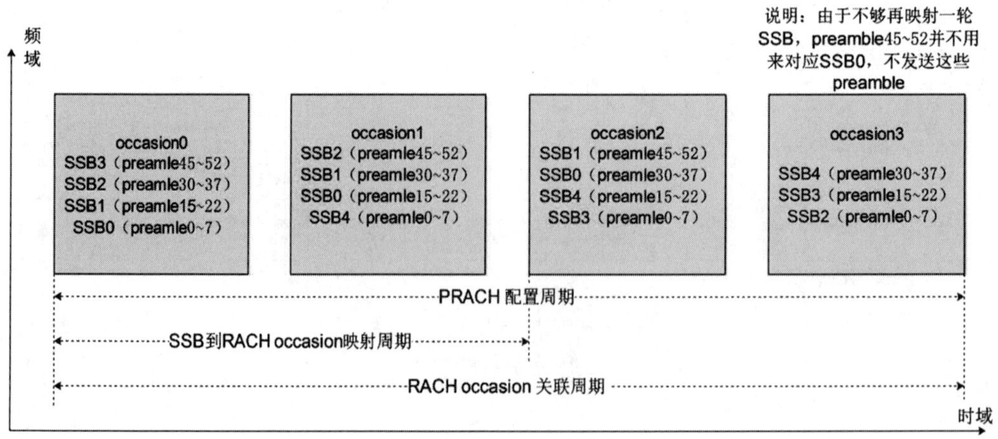

图 3-9 示例 3

【说明】在一个 RACH occasion 关联周期内，如果有多个映射周期（SSB 到 RO 的映射周期），则选择第一个可用的映射周期。

3.3.5　RA 参数总结

RA 参数分四大部分，具体如下。

1）BWP-UplinkCommon->RACH-ConfigCommon，上行 BWP 的公共参数，属于小区级参数，配置了 RO 和每个 SSB 关联的竞争 preamble。

2）ReconfigurationWithSync->RACH-ConfigDedicated，在 reconfigurationWithSync 时使用，UE 级参数，可以配置 RO，也可以不配置 RO（如果不配置 RO，则使用本次重配带的 firstActiveUplinkBWP 的 RACH-ConfigCommon 配置的 RO）；配置 1 个或者多个非竞争 preamble（要么关联 SSB，要么关联 CSI-RS）。

3）SIB1->SI-SchedulingInfo，在 UE 请求 notBroadcasting 的 SI 时使用，小区级参数，可以配置 RO，也可以不配置 RO（如果不配置 RO，则使用初始上行 BWP 的 RACH-ConfigCommon 配置的 RO）；给每个 notBroadcasting 的 SI 配置非竞争 preamble 以及关联的 RO association period。

4）BWP-UplinkDedicated->BeamFailureRecoveryConfig，用于 UE 的波束失败恢复，上行 BWP 的专用参数，属于 UE 级参数，需要配置 RO，配置一个或者多个候选波束（非竞争 preamble，关联 SSB 或者 CSI-RS）。

3.4　Msg0 ～ Msg4 说明

1. Msg0 说明

Msg0 指 gNB 发起的 PDCCH order，通过 C-RNTI 加扰的 DCI1_0 格式发送，内容见表 3-11。

表 3-11　PDCCH order 内容

字段	占用位
Identifier for DCI formats	1
Frequency domain resource assignment	可变
Random Access Preamble index	6
UL/SUL indicator	1
SS/PBCH index	6
PRACH Mask index	4
Reserved bits	10

字段解释如下。

- ❑ Identifier for DCI formats：DCI 格式指示，固定填写 1。
- ❑ Frequency domain resource assignment：频域资源指示，长度为 $\lceil \log_2(N_{RB}^{DL,BWP}(N_{RB}^{DL,BWP}+1)/2) \rceil$，全部比特置 1。
- ❑ Random Access Preamble index：preamble，取值为 0 表示竞争 RA，取值为非 0 表示非竞争 RA。
- ❑ UL/SUL indicator：如果 Random Access Preamble index 为非 0，并且 UE 配置了 SUL，则该字段指示 UE 在哪个载波上发送 PRACH，取值为 0 表示 NUL，取值为 1 表示 SUL；否则，该字段保留。

- ❑ SS/PBCH index：如果 Random Access Preamble index 为非 0，则该字段指示 SSB 索引，用来决定 PRACH 发送的 RO；否则，该字段保留。
- ❑ PRACH Mask index：如果 Random Access Preamble index 为非 0，则该字段指示 SSB（“SS/PBCH index”指示的 SSB）的 RO；否则，该字段保留。

2. Msg1 说明

具体参见 3.3.2 节。

3. Msg2 说明

Msg2 即随机接入响应（Random Access Response，RAR）。UE 只在 SpCell 接收 Msg2，分两种情况：一种是 CF-BFR 的 RA，Msg2 指在 recoverySearchSpaceId 指示的搜索空间内发送，并且通过 C-RNTI 加扰的 PDCCH（Msg2 指 C-RNTI 加扰的 DCI）；另一种是其他所有的 RA，Msg2 指使用 RA-RNTI 加扰，在 Type1-PDCCH CSS 发送的 DCI1_0，并且解析对应的 MAC PDU（RA-RNTI 加扰的 PDSCH）。

（1）RA-RNTI 加扰的 DCI1_0

对于第二种 Msg2，先要解析 RA-RNTI 加扰的 DCI1_0，内容见表 3-12。

字段解释如下。

- ❑ Frequency domain resource assignment：频域资源分配指示，占用$\lceil \log_2(N_{RB}^{DL,BWP}(N_{RB}^{DL,BWP}+1)/2)\rceil$ bit。如果配置了 CORESET0，则 $N_{RB}^{DL,BWP}$ 为 CORESET0 大小；如果没有配置 CORESET0，则 $N_{RB}^{DL,BWP}$ 为初始下行 BWP 的大小。（说明：对于双连接的 SCG，可以不广播 SIB，即不配置 CORESET0。）
- ❑ Time domain resource assignment：时域资源分配指示。
- ❑ VRB-to-PRB mapping：1 bit，取值说明见表 3-13，0 表示不交织，1 表示交织。
- ❑ Modulation and coding scheme：MCS，RA-RNTI 加扰的 PDSCH 最大 MCS 到 9，Q_m=2。
- ❑ TB scaling：计算 TBS 需要的变量。

表 3-12　RA-RNTI 加扰的 DCI1_0 内容

字段	占用位
Frequency domain resource assignment	可变
Time domain resource assignment	4
VRB-to-PRB mapping	1
Modulation and coding scheme	5
TB scaling	2
Reserved bits	16

表 3-13　VRB-to-PRB mapping

取值	VRB-to-PRB mapping
0	不交织
1	交织

（2）MAC PDU 内容说明

RAR 也是一种 MAC PDU，包含一个或多个 MAC subPDU，可能包含 Padding。MAC subPDU 有下面 3 种：

- ❑ 只包含 BI（Backoff Indicator，退避指示）的 MAC 子头；
- ❑ 只包含 RAPID 的 MAC 子头（只用于 SI request 确认）；
- ❑ 包含 RAPID 的 MAC子头 + MAC RAR。

如果存在只包含 BI 的 MAC subPDU，那么该 MAC subPDU 只能放在 MAC PDU 的最前

面。如果存在 Padding，那么 Padding 只能放在 MAC PDU 的最后面。是否存在 Padding 以及 Padding 的长度取决于 TB 大小和所有 MAC subPDU 的大小。只包含 RAPID 的 MAC subPDU 与包含 RAPID 和 MAC RAR 的 MAC subPDU 可以放在中间任何位置。

只包含 BI 的 MAC 子头包含 E、T、R、R、BI 五个字段，如图 3-10 所示。

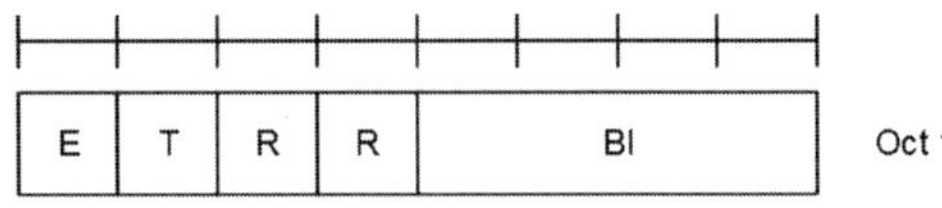

图 3-10　E/T/R/R/BI MAC 子头

只包含 RAPID 的 MAC 子头包含 E、T、RAPID 三个字段，如图 3-11 所示。

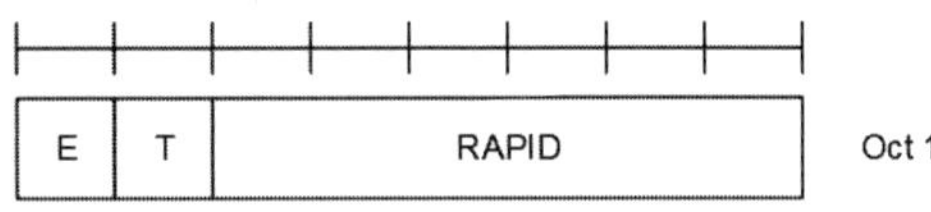

图 3-11　E/T/RAPID MAC 子头

包含 RAR 的 MAC PDU 示例如图 3-12 所示。

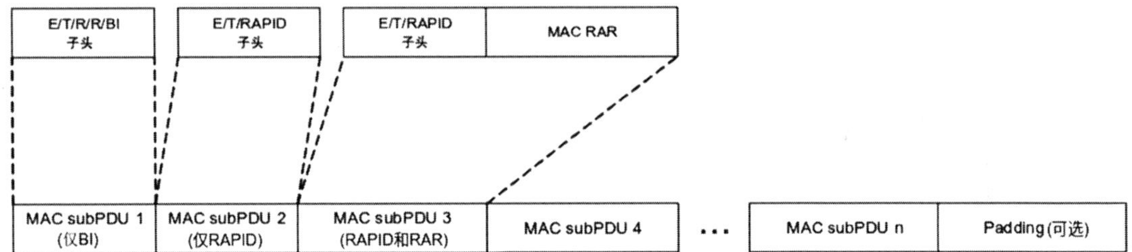

图 3-12　包含 RAR 的 MAC PDU 示例图

字段解释如下。

- E：取值为 0，表示本 MAC subPDU 是最后一个 subPDU；取值为 1，表示后面还有 subPDU。
- T：取值为 0，表示 MAC 子头包含 BI 域；取值为 1，表示 MAC 子头包含 RAPID 域。
- R：保留位，置 0。
- BI：Backoff Indicator（退避指示）字段，表明小区负荷情况，占 4 bit，取值范围为 0 ～ 15，具体取值和退避参数值的对应关系见表 3-14。

表 3-14　Backoff Indicator

取值	退避参数值（ms）	取值	退避参数值（ms）
0	5	4	40
1	10	5	60
2	20	6	80
3	30	7	120

（续）

取值	退避参数值（ms）	取值	退避参数值（ms）
8	160	12	960
9	240	13	1920
10	320	14	保留
11	480	15	保留

- RAPID：Random Access Preamble ID 字段，占 6 bit，即 UE 发送的 preamble。
- MAC RAR，大小固定，占 7 byte，见图 3-13，包含下面的字段。
  - R：保留位，置 0。
  - Timing Advance Command：TA 命令字段，12 bit，指示 TA 索引值 T_A。
  - UL Grant：上行资源分配指示，27 bit。
  - Temporary C-RNTI：RA 过程中使用的临时 C-RNTI，16 bit。

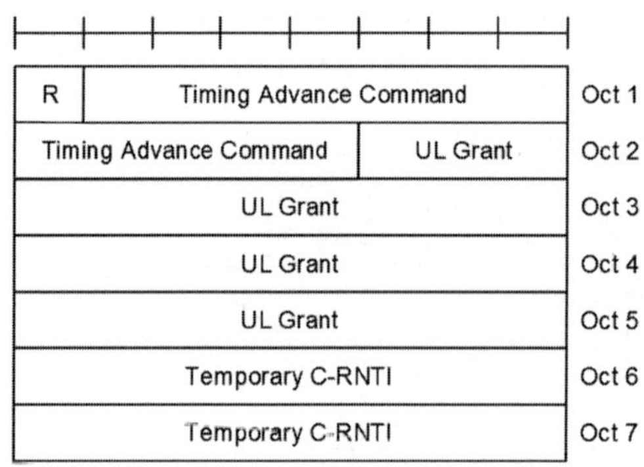

图 3-13　MAC RAR 内容

（3）RAR UL Grant 说明

MAC RAR 中的 UL Grant 占 27 bit，内容见表 3-15。

表 3-15　RAR Grant

RAR Grant 字段	占用位	RAR Grant 字段	占用位
Frequency hopping flag	1	MCS	4
PUSCH frequency resource allocation	14	TPC command for PUSCH	3
PUSCH time resource allocation	4	CSI request	1

其中，TPC command for PUSCH 的含义见表 3-16。

表 3-16　TPC command for PUSCH

TPC Command	取值（dB）	TPC Command	取值（dB）
0	−6	4	2
1	−4	5	4
2	−2	6	6
3	0	7	8

RAR UL Grant 中 PUSCH frequency resource allocation 字段的说明如下：如果激活上行 BWP 和初始上行 BWP 有同样的 SCS、CP 长度，并且激活上行 BWP 包括初始上行 BWP 的所有 RB，或者激活上行 BWP 就是初始上行 BWP，则在初始上行 BWP 内分配 RB；否则，RB 从激活上行 BWP 的第一个 RB 开始分配，最大分配初始上行 BWP 大小个 RB。

RAR UL Grant 使用上行资源分配 type1（type1 的概念见 8.2.5 节），对于大小为 $N_{\mathrm{BWP}}^{\mathrm{size}}$ 的初始上行 BWP，UE 分以下情况解析 PUSCH frequency resource allocation 字段。

- 如果 $N_{\mathrm{BWP}}^{\mathrm{size}} \leqslant 180$（注：14 bit，最大只能分配 180 个 RB），则截断 PUSCH frequency resource allocation 字段的最低 $\lceil \log_2(N_{\mathrm{BWP}}^{\mathrm{size}} \cdot (N_{\mathrm{BWP}}^{\mathrm{size}}+1)/2) \rceil$ bit，解析截断后的比特，解析过程同 8.2.5 节中 TC-RNTI 加扰的 DCI0_0 的 Frequency domain resource assignment 字段处理。
- 如果 $N_{\mathrm{BWP}}^{\mathrm{size}} > 180$，则在最高位 $N_{\mathrm{UL,hop}}$ bit 后，插入 $\lceil \log_2(N_{\mathrm{BWP}}^{\mathrm{size}} \cdot (N_{\mathrm{BWP}}^{\mathrm{size}}+1)/2) \rceil - 14$ bit 的“0”。如果 Frequency hopping flag 为 0，则 $N_{\mathrm{UL,hop}} = 0$；如果 Frequency hopping flag 为 1，则 $N_{\mathrm{UL,hop}}$ 由表 3-17 得出（初始上行BWP小于 50 RB时，$N_{\mathrm{UL,hop}}$ =1；否则，$N_{\mathrm{UL,hop}}$ =2）。解析扩展后的比特，解析过程同 8.2.5 节中 TC-RNTI 加扰的 DCI0_0 的 Frequency domain resource assignment 字段处理。

表 3-17 RAR UL Grant 和 Msg3 PUSCH 重传的第二个跳频单元频率偏移

初始上行 BWP 大小	$N_{\mathrm{UL,hop}}$ 跳频位取值	第 2 个 hop 的频率偏移
$N_{\mathrm{BWP}}^{\mathrm{size}} < 50$	0	$\lfloor N_{\mathrm{BWP}}^{\mathrm{size}}/2 \rfloor$
	1	$\lfloor N_{\mathrm{BWP}}^{\mathrm{size}}/4 \rfloor$
$N_{\mathrm{BWP}}^{\mathrm{size}} \geqslant 50$	00	$\lfloor N_{\mathrm{BWP}}^{\mathrm{size}}/2 \rfloor$
	01	$\lfloor N_{\mathrm{BWP}}^{\mathrm{size}}/4 \rfloor$
	10	$-\lfloor N_{\mathrm{BWP}}^{\mathrm{size}}/4 \rfloor$
	11	保留

4. Msg3 说明

Msg3 分两种：一种是带 CCCH 的 RRC 消息的 MAC PDU，另一种是带 C-RNTI MAC CE（可能带 DCCH 的 RRC 消息，也可能不带）的 MAC PDU。这两种都通过 Msg2 里面带的 TC-RNTI 加扰，新传授权来自 Msg2 带的 RAR UL Grant，重传授权来自 TC-RNTI 加扰的 DCI0_0。Msg3 支持 HARQ。

C-RNTI MAC CE 固定占 16 bit，对应的 MAC 子头固定占 8 bit，LCID 为 58，分别见图 3-14 和图 3-15。

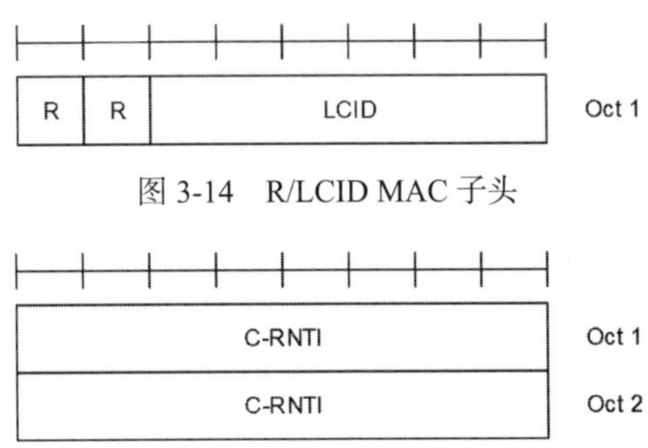

图 3-14 R/LCID MAC 子头

图 3-15 C-RNTI MAC CE

5. Msg4 说明

与 Msg3 对应，Msg4 也分两种：一种是带 UE Contention Resolution Identity MAC CE 的 MAC PDU（可能带 CCCH 或 DCCH 的 RRC 消息，也可能不带），通过 TC-RNTI 加扰，DCI1_0 调度；另一种是只发送 DCI，通过 C-RNTI 加扰，它又分两小类。

- BFR 和 PDCCH order 的 RA，只要求收到 C-RNTI 加扰的 DCI（无论是 DCI0 还是 DCI1，无论是新传还是重传）；
- 其他的 RA，要求收到 C-RNTI 加扰的新传 DCI0。

Msg4 支持 HARQ。

UE Contention Resolution Identity MAC CE 固定占 48 bit，见图 3-16，UE Contention Resolution Identity 字段包含 UL CCCH SDU，如果 UL CCCH SDU 大于 48 bit，则取前 48 bit。其对应的 MAC 子头固定占 8 bit，LCID 为 62。

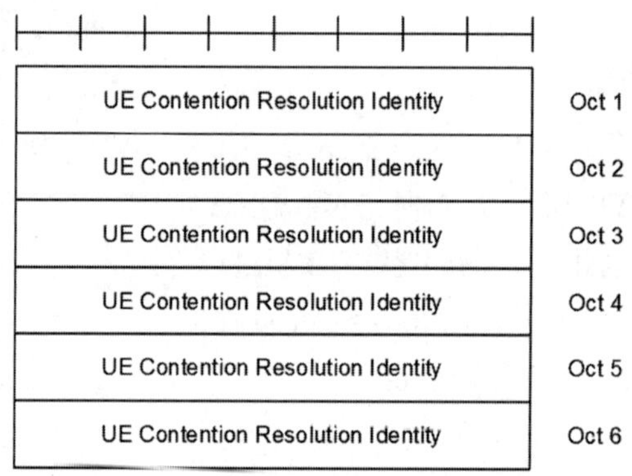

图 3-16 UE Contention Resolution Identity MAC CE

3.5 UE 发起的 RA

本节不包括切换、OSI 请求、波束失败恢复的 RA 过程。

3.5.1 UE RRC 层发起的竞争 RA

UE RRC 层发起的竞争 RA 过程，包括 IDLE 下初始接入、RRC 连接重建立、离开 RRC_INACTIVE 态。只能在 MCG 的 PCell 下发起。

以上类型的 RA 过程相同，包括如下步骤。

步骤 1，初始化 RA 过程。

1）初始化参数。

- 清空 Msg3 buffer；
- PREAMBLE_TRANSMISSION_COUNTER=1，preamble 发送次数，置为 1；
- PREAMBLE_POWER_RAMPING_COUNTER=1，preamble 功率增长次数，置为 1；

- PREAMBLE_BACKOFF=0，退避时长，单位为 ms，置为 0；
- SCALING_FACTOR_BI =1，退避因子，置为 1。

2）选择 UL 载波。如果发送 RA 过程的 UL 载波被明确指示，则 UE 选择指示的载波执行 RA 过程；如果发送 RA 过程的 UL 载波没有被明确指示，那么当服务小区配置了 SUL（可以在 SIB1 和 UE RRC 信令里面配置），并且当前 UE 的 RSRP（下行 PL 参考）小于门限 rsrp-ThresholdSSB-SUL 时，选择 SUL 发起 RA（远点超过门限时，使用 SUL），否则选择 NUL 发起 RA。

3）执行 BWP 切换操作，见 2.7.4 节中“通过 RA 过程切换”。（注：IDLE 下的初始接入不涉及 BWP 切换操作，因为 IDLE 下的初始接入是在 BWP0 中发起的。）

4）设置参数：PREAMBLE_POWER_RAMPING_STEP = powerRampingStep，preamble 功率增长步长，属于 BWP 级参数。

步骤 2，选择 RA 资源。

1）选择 SSB。UE 测量 SSB 的 SS-RSRP，如果超过门限 RACH-ConfigCommon-> rsrp-ThresholdSSB/rsrp-ThresholdSSB-SUL，则选中该 SSB；如果所有 SSB 都没有超过门限，则 UE 选择任何一个 SSB。

2）选择 preambleGroup。

①如果 Msg3 未发送过，且没有配置 preambleGroupB，则选择 preambleGroupA。

②如果 Msg3 未发送过，且配置了 preambleGroupB，那么仅当出现以下两种情况中的任意一种时选择 preambleGroupB，其他情况都选择 preambleGroupA。

- Msg3 的大小大于 ra-Msg3SizeGroupA，并且 PL 小于 PCMAX（执行 RA 过程的服务小区）– preambleReceivedTargetPower – msg3-DeltaPreamble – messagePowerOffsetGroupB。
- Msg3 包含 CCCH SDU，并且“CCCH SDU + MAC 子头”的大小大于 ra-Msg3SizeGroupA。

③如果 Msg3 已经发送过，则选择第一次 Msg3 发送对应的 preambleGroup。

3）选择 preamble。从选择的 SSB 和选择的 preambleGroup 关联的 preamble 中，随机选择一个 preamble。

4）选择该 SSB 对应的 RACH occasion。选择策略如下：

- 如果一个 SSB 对应多个 RO，则随机选择一个（需要考虑可能出现的测量 GAP）；
- 如果一个 RACH occasion 关联周期内有多个映射周期（SSB 到 RO 的映射周期），则选择第一个可用的映射周期。

步骤 3，发送 Msg1。

1）如果 PREAMBLE_TRANSMISSION_COUNTER 大于 1（不是首次发送 Msg1），没有挂起功率增长计数器 PREAMBLE_POWER_RAMPING_COUNTER，并且本次发起 RA 和上次 RA 选择的 SSB 或者 CSI-RS 一样（如果前后两次发起 RA 的 SSB/CSI-RS 不同，则不需要增加功率），则 PREAMBLE_POWER_RAMPING_COUNTER 加 1，即需要增加功率。

2）设置 Msg1 的目标功率。

PREAMBLE_RECEIVED_TARGET_POWER = preambleReceivedTargetPower + DELTA_PREAMBLE + (PREAMBLE_POWER_RAMPING_COUNTER – 1) × PREAMBLE_POWER_RAMPING_STEP

3）计算 RA-RNTI。

RA-RNTI = 1 + s_id + 14 × t_id + 14 × 80 × f_id + 14 × 80 × 8 × ul_carrier_id

其中，s_id 为 PRACH occasion 的第一个符号索引（0 ≤ s_id < 14），t_id 为 PRACH occasion 的第一个 slot 在一个帧中的索引（0 ≤ t_id < 80，参考 PRACH 的子载波间隔），f_id 为 PRACH occasion 在频域上的索引（0 ≤ f_id < 8），ul_carrier_id 为上行载波指示（0 为 NUL，1 为 SUL）。

4）通知 PHY 发送 RA。

步骤 4，接收 Msg2。

1）在 SpCell 中启动 ra-ResponseWindow（在 RACH-ConfigCommon 中配置），在 RA 发送之后的第一个 PDCCH occasion 启动。

2）在 ra-ResponseWindow 运行期间，使用 RA-RNTI 检测 RAR 的 PDCCH。

3）如果通过 RA-RNTI 收到了 DCI，并且成功解码 Msg2，那么处理如下。

①如果 Msg2 包含一个带 BI 的 MAC subPDU，则设置 PREAMBLE_BACKOFF=BI 值 × SCALING_FACTOR_BI（BI 值查表 3-14 得出）；否则，设置 PREAMBLE_BACKOFF=0。

【说明】 UE 一旦成功解码 Msg2，不管是不是自己的 Msg2，只要它包含了 BI 子头，都需要应用，因为这说明 gNB 负荷比较高了，需要退避一段时间后再发起 RA。

②如果 Msg2 包含一个带 RAPID 的 MAC subPDU，其 RAPID 和 UE 发送的 preambleID 相等，则认为成功接收了 Msg2，UE 可以停止 ra-ResponseWindow。

③如果 Msg2 被成功接收，那么处理为：当 Msg2 包含一个只有 RAPID 子头的 MAC subPDU 时，认为 RA 过程成功完成，给高层指示接收到 SI request 的确认消息（说明：只有 SI 请求的非竞争 RA 的 Msg2 才包含一个只有 RAPID 子头的 MAC subPDU）；除此之外，处理如下。

- ❑ 对发送 RA preamble 的服务小区应用下面的过程：处理接收到的 TA 命令；挂起功率增长计数器 PREAMBLE_POWER_RAMPING_COUNTER（因为本次已经成功接收了 Msg2，所以下一次发送 Msg1 的时候不需要增加功率）；如果 RA 过程是在 SCell 的未配置 pusch-Config 的 UL 载波上进行的，则忽略收到的 UL Grant，否则，处理接收到的 UL Grant。
- ❑ 如果是非竞争 RA，则认为 RA 过程成功完成，结束处理。
- ❑ 如果是竞争 RA，则保存 Msg2 里面的 Temporary C-RNTI，如果此时是 UE 第一次成功接收 Msg2，则发送 Msg3，到步骤 5。

4）如果 ra-ResponseWindow 超时，并且没有收到匹配发送 preamble 的 Msg2，那么处理如下。

①认为 Msg2 没有成功接收。

② PREAMBLE_TRANSMISSION_COUNTER 加 1。

③当 PREAMBLE_TRANSMISSION_COUNTER = preambleTransMax + 1，即达到 RA 最大次数时，处理如下。

- 如果RA过程在SpCell发起，则通知上层RA问题，如果此RA过程是SI请求的RA过程，则认为 RA 过程失败，结束处理。
- 如果 RA 过程在 SCell 发起，则认为 RA 过程失败，结束处理。

④如果 RA 过程没有完成，则在 0 ～ PREAMBLE_BACKOFF 之间随机选择一个退避时间。当在退避时间内选择了非竞争 RA 资源时，或者在退避时间超时后（在退避时间内未选择到非竞争 RA 资源），转到步骤 2 继续执行 RA。

【说明】步骤 4 包括各种类型 RA 的处理，对于不同类型的 RA 进行不同的分支处理即可。

步骤 5，发送 Msg3。

此种类型的 RA，Msg3 包含 CCCH SDU（RRC 层组好的 ASN 码流，共 48 bit)，通过 CCCH 逻辑信道，RLC TM 模式发送，有 MAC 子头；如果 Msg2 给的授权够大，那么还可能包含 Padding，格式如图 3-17 所示。

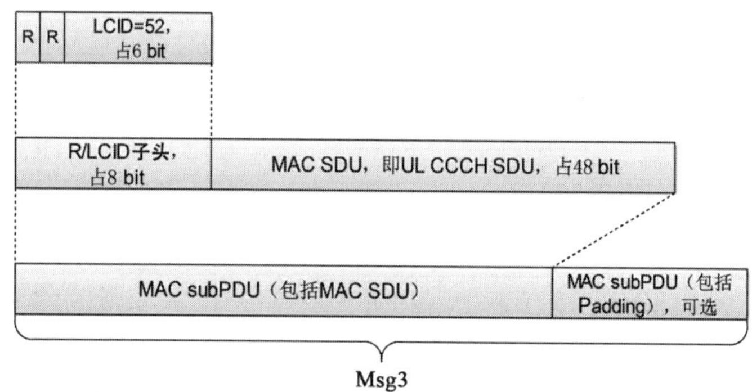

图 3-17 Msg3 MAC PDU

步骤 6，竞争解决（在 Msg3 成功发送后，接收 Msg4）。

1）Msg3 发送后，在 SpCell 启动或者重启 ra-ContentionResolutionTimer（Msg3 重传）。在 ra-ContentionResolutionTimer 运行期间，使用 Temporary C-RNTI 检测 PDCCH，忽略可能出现的测量 GAP。

2）如果使用 Temporary C-RNTI 成功接收到 PDCCH，并且成功解码 Msg4 MAC PDU（CRC OK），则停止 ra-ContentionResolutionTimer，处理如下。

①当 Msg4 带的竞争解决 MAC CE 和 CCCH SDU 匹配时：认为竞争解决成功，完成 Msg4 MAC PDU 的解析，UE 在 PUCCH 上发送 AN；如果 RA 过程是 SI 请求发起，则通知高层 SI 请求成功接收，否则将 C-RNTI 设置为 Temporary C-RNTI；认为 RA 过程成功完成。

②当 Msg4 带的竞争解决 MAC CE 和 CCCH SDU 不匹配时，丢弃 Temporary C-RNTI，

丢弃 Msg4 MAC PDU，认为竞争解决失败。

3）如果 ra-ContentionResolutionTimer 超时，则丢弃 Temporary C-RNTI，认为竞争解决失败。

4）如果竞争解决失败，那么处理如下。

①清空 Msg3 buffer。

② PREAMBLE_TRANSMISSION_COUNTER 加 1。

③如果 PREAMBLE_TRANSMISSION_COUNTER = preambleTransMax + 1，即达到了 RA 最大次数，则通知上层 RA 问题。

④如果 RA 过程没有完成，则在 0 ～ PREAMBLE_BACKOFF 之间随机选择一个退避时间，当在退避时间内选择了非竞争 RA 资源时，或者在退避时间超时后（在退避时间内未选择到非竞争 RA 资源），转到步骤 2 继续执行 RA。

3.5.2 UE MAC 层发起的竞争 RA

UE MAC 层发起的竞争 RA 过程，包括在 RRC_CONNECTED 态上行失步时上行数据到达、在 RRC_CONNECTED 态没有 SR 资源时上行数据到达、SR 失败。可以在 MCG 的 PCell 和 SCG 的 PSCell 发起竞争 RA。

以上类型的 RA 过程相同，包括如下步骤。

步骤 1，初始化 RA 过程，同 3.5.1 节。

步骤 2，选择 RA 资源，同 3.5.1 节。

步骤 3，发送 Msg1，同 3.5.1 节。

步骤 4，接收 Msg2，同 3.5.1 节。

步骤 5，发送 Msg3，此种类型 RA，Msg3 带 C-RNTI MAC CE，还可能带 BSR MAC CE。

步骤 6，竞争解决。

1）Msg3 发送后，在 SpCell 启动或者重启 ra-ContentionResolutionTimer（Msg3 重传）；在 ra-ContentionResolutionTimer 运行期间，使用 C-RNTI 检测 PDCCH，忽略可能出现的测量 GAP。

2）如果使用 C-RNTI 成功接收 PDCCH（包含一个新传上行授权），则认为竞争解决成功，停止 ra-ContentionResolutionTimer，丢弃 Temporary C-RNTI，认为 RA过程成功完成。

3）如果 ra-ContentionResolutionTimer 超时，则丢弃 Temporary C-RNTI，认为竞争解决失败。竞争解决失败后的处理同 3.5.1 节。

3.6 gNB 发起的 RA

gNB 发起的 RA 过程只能是在 RRC_CONNECTED 态，通过 PDCCH order 触发，分为竞争和非竞争 RA，应用场景包括上行失步时下行数据到达、为 STAG 获取 TA。gNB 在 SpCell 可以发起竞争 RA 和非竞争 RA，但在 SCell 只能发起非竞争 RA。

通过 DCI1_0 里面的 Random Access Preamble index 字段指示是竞争 RA 还是非竞争 RA：取值为 0，表示竞争 RA；取值为非 0，表示非竞争 RA。

3.6.1 gNB 发起的竞争 RA

gNB 发起的竞争 RA 过程包括步骤 1 ～ 6，除了步骤 6 有以下差别，其他步骤和 3.5.2 节对应的步骤完全相同。

步骤 6，竞争解决。

gNB 和 BFR 发起的竞争 RA，UE 只要收到 C-RNTI 加扰的 PDCCH，即可认为 RA 过程成功。不要求 PDCCH 是新传上行授权。

3.6.2 gNB 发起的非竞争 RA

gNB 发起的非竞争 RA 过程包括如下步骤。

步骤 1，除了 UL 载波选择过程不同，其他处理全部同 3.5.1 节的步骤 1。选择 UL 载波，如果 UE 配置了 SUL，则在 UL/SUL indicator 字段指示的 UL 载波上发送 PRACH；否则，选择 NUL 发起 RA。

步骤 2，选择非竞争 RA 资源。

1）选择专用 preamble 为 DCI1_0 里面的 Random Access Preamble index；

2）选择 SSB 为 DCI1_0 里面的 SS/PBCH index；

3）选择 PRACH Mask 为 DCI1_0 里面的 PRACH Mask index，当一个 SSB 对应多个 RO 时，使用 PRACH Mask 选择 RO。当有多个 RO 可用时，随机选择一个 RO（需要考虑可能出现的测量 GAP）。另外，如果一个 RACH occasion 关联周期内有多个映射周期，则选择第一个可用的映射周期。

步骤 3，发送 Msg1，同 3.5.1 节的步骤 3。

步骤 4，接收 Msg2，同 3.5.1 节的步骤 4。

需要注意，gNB 既可以在 SpCell 也可以在 SCell 发起 PDCCH order 指示的非竞争 RA，但是有如下区别。

1）当 Msg1 失败，RA 达到最大次数时，两者的处理不同（具体见 3.5.1 节步骤 4）：对于 SpCell，通知上层 RA 问题后继续 RA 过程；对于 SCell，认为 RA 过程失败，直接结束 RA 过程。

2）在 SCell 发起的 RA 过程，ra-ResponseWindow 定时器在 SCell 对应的 SpCell 启动，即 Msg2 在 SpCell 接收。

3.7 reconfigurationWithSync 的 RA

UE 在 CONNECTED 状态下收到了 reconfigurationWithSync 信元，会发起 RA 过程，该过程只能在 SpCell 发起。在以下情况下 RRC 重配消息可以带该信元：

1）当 SCG 建立了至少一个 RLC bearer 时，secondaryCellGroup 带 reconfigurationWithSync；

2）当 AS 安全已经激活，SRB2 和至少一个 DRB 已建立，并且没有挂起（suspend）时，masterCellGroup 带 reconfigurationWithSync。

RRC 重配消息必须带 reconfigurationWithSync 信元的场景有：SpCell 变化（PCell 或者 PSCell 切换）、PSCell 增加（增加 SCG 时）、更新 PSCell 需要的 SI，以及 AS security key 修改。

相关说明如下。

- UE 在增加 SCG 时（比如 MCG 是 E-UTRA，SCG 是 NR），发起 RA 过程，UE 在 MCG 回复 RRCReconfigurationComplete，在 SCG 发起 RA 过程，两者的先后顺序取决于 UE。
- 带 reconfigurationWithSync 信元的 RRC 重配消息，必须带 firstActiveUplinkBWP-Id 和 firstActiveDownlinkBWP-Id，并保证这两个 BWP-Id 相等。对于这种类型的 RA，UE 在执行 RA 的过程中要用到 firstActiveUplinkBWP-Id 指示的上行 BWP 的公共 RA 参数 RACH-ConfigCommon，以及 firstActiveDownlinkBWP-Id 指示的下行 BWP 的参数 ra-SearchSpace。

以上 RA 过程分为竞争 RA 和非竞争 RA。当 reconfigurationWithSync 没有配置 RACH-ConfigDedicated 时，为竞争 RA；当其配置了 RACH-ConfigDedicated->cfra 时，为非竞争 RA。

3.7.1 竞争 RA

reconfigurationWithSync 信元触发的竞争 RA 包括步骤 1 ～ 6，处理过程完全同 3.5.2 节中的对应步骤。说明：在这种情况下，Msg3 可能带 RRC 重配完成消息（比如 PCell 切换），也可能不带 RRC 重配完成消息（比如，MCG 在增加 SCG 时，RRC 重配完成消息在 MCG 发送）。

3.7.2 非竞争 RA

reconfigurationWithSync 信元触发的非竞争 RA 包括如下步骤。

步骤 1，除了如下两个参数设置不同外，其他处理全部同 3.5.1 节中的步骤 1。

将 PREAMBLE_POWER_RAMPING_STEP 设置为 rach-ConfigDedicated->ra-Prioritization->powerRampingStepHighPriority（当配置了该参数时），将 SCALING_FACTOR_BI 设置为 rach-ConfigDedicated->ra-Prioritization->scalingFactorBI（当配置了该参数时）。

【注意】即使后续步骤 2 从非竞争 RA 回退到竞争 RA，步骤 1 初始化的这些参数仍然继续使用。

步骤 2，选择非竞争 RA 资源（如果选择失败，则需要回退到竞争 RA）。

1）如果 RACH-ConfigDedicated->cfra 配置的资源是 SSB（最大可以配置 64 个 SSB 资源），并且至少有一个 SSB 的 SS-RSRP 大于门限 rsrp-ThresholdSSB（在 RACH-ConfigCommon 中配置），那么处理如下。

①在配置的 SSB 资源中，选择大于门限 rsrp-ThresholdSSB 的 SSB，并选择该 SSB 对应

的 preamble。

②当一个 SSB 对应多个 RO 时，使用参数 ra-ssb-OccasionMaskIndex（在 RACH-ConfigDedicated 中配置）选择 RO。当有多个 RO 可用时，随机选择一个 RO（需要考虑可能出现的测量 GAP）。另外，如果在一个 RACH occasion 关联周期内有多个映射周期，则选择第一个可用的映射周期。

2）如果 RACH-ConfigDedicated->cfra 配置的资源是 CSI-RS（最多可以配置 96 个 CSI-RS 资源），并且至少有一个 CSI-RS 的 CSI-RSRP 大于门限 rsrp-ThresholdCSI-RS（在 RACH-ConfigDedicated 中配置），那么处理如下。

①在配置的 CSI-RS 资源中，选择大于门限 rsrp-ThresholdCSI-RS 的 CSI-RS，并选择该 CSI-RS 对应的 preamble。

②当一个 CSI-RS 对应多个 RO 时，随机选择一个 RO（需要考虑可能出现的测量 GAP）。

3）如果参数 cfra 配置的所有 SSB 或 CSI-RS 的 RSRP 都没有超过门限，那么非竞争 RA 资源选择失败，回退到竞争 RA，选择 firstActiveUplinkBWP-Id 指示的上行 BWP 的竞争 RA 资源，转到 3.7.1 节中的步骤 2 ～ 6。

步骤 3，发送 Msg1，同 3.5.1 节中的步骤 3。

步骤 4，接收 Msg2，同 3.5.1 节中的步骤 4。

3.8 OSI 请求

对于配置为 notBroadcasting 的 SI，gNB 在收到 UE 的 SI 请求后（如果 UE 需要该 SI，则会发起 SI 请求），才会发送该 SI。发送时，置该 SI 状态为 broadcasting；发送一段时间后，再置为 notBroadcasting，不再发送。

UE 发送 SI 请求，需要发起 RA 过程，包括两种方式：一是直接通过 Msg1 获取，属于非竞争 RA；二是通过 RRC 信令 RRCSystemInfoRequest 获取，属于竞争 RA。该过程只能在 MCG 的 PCell 下发起，R15 协议限定 UE 只能在 IDLE 和 INACTIVE 状态下发起。

如果 SIB1 的 si-SchedulingInfo 配置了 si-RequestConfig 或者 si-RequestConfigSUL，则 UE 通过 Msg1 获取 OSI，否则通过 RRCSystemInfoRequest 获取 OSI。

3.8.1 基于 Msg1 获取 OSI

基于 Msg1 获取 OSI 的过程包括如下步骤。

步骤 1，初始化 RA 过程，同 3.5.1 节中的步骤 1。

步骤 2，选择 RA 资源。

从 RACH-ConfigCommon 参数可以得出 SSB 的门限 rsrp-ThresholdSSB。

1）UE测量SSB，如果某个SSB超过门限，则选中该SSB；如果所有SSB都没有超过门限，则 UE 可以选择任何一个 SSB。

2）选该 SSB 对应的 preamble，参考 ra-PreambleStartIndex（在 si-SchedulingInfo 中配置）。

3）选该 SSB 对应的 RO。选择策略如下：首先，通过该 SI 的 ra-AssociationPeriodIndex 选该 SI 对应的 RO 关联周期；然后，在 RO 关联周期内，选该 SSB 的 RO（如果配置了参数 ra-ssb-OccasionMaskIndex，则根据该参数选择 RO）。如果一个 SSB 对应多个 RO，则随机选择一个。如果一个 RO 关联周期内有多个映射周期（SSB 到 RO 的映射周期），则选择第一个可用的映射周期。

步骤 3，发送 Msg1，同 3.5.1 节中的步骤 3。

步骤 4，接收 Msg2，同 3.5.1 节中的步骤 4。

OSI 请求的非竞争 RA 的 Msg2 的特点如下：

1）这种 Msg2 包含一个只有 RAPID 子头的 MAC subPDU，也就是没有 MAC RAR，即没有 TA 和 UL Grant；

2）如果 RA 达到最大次数，则认为 RA 过程失败，UE 何时再发起 OSI 请求取决于 UE 的行为。

关于 RA 资源选择举例如下。

【举例 9】假定 si-SchedulingInfo 参数配置为：si-SchedulingInfo 中没有配置 rach-OccasionsSI，使用初始上行 BWP 的 rach-ConfigCommon 中的参数，得出一个 SSB 映射到 1 个 RO；si-SchedulingInfo 中配置了 2 个 SI（SI-1 和 SI-2），都配置为 notBroadcasting；SI-RequestConfig 中配置了 2 个 SI-RequestResources，对应到 SI-1 和 SI-2。

第 1 个 SI-RequestResources 配置如下：

- ra-PreambleStartIndex=63；
- ra-AssociationPeriodIndex=0；
- ra-ssb-OccasionMaskIndex 没有配置。

第 2 个 SI-RequestResources 配置如下：

- ra-PreambleStartIndex=63；
- ra-AssociationPeriodIndex=1；
- ra-ssb-OccasionMaskIndex 没有配置。

SI-RequestConfig 中配置 si-RequestPeriod 为 2。

由此可见，虽然 SI-1 和 SI-2 的 preamble 相同，但是它们关联的 RO association period index 不同，可以通过时域位置来区分它们，如图 3-18 所示。

【举例 10】假定 si-SchedulingInfo 参数配置为：si-SchedulingInfo 中没有配置 rach-OccasionsSI，使用初始上行 BWP 的 rach-ConfigCommon 中的参数，得出一个 SSB 映射到 1 个 RO；si-SchedulingInfo 中配置了 2 个 SI（SI-1 和 SI-2），都配置为 notBroadcasting；SI-RequestConfig 中配置了 2 个 SI-RequestResources，对应到 SI-1 和 SI-2。

第 1 个 SI-RequestResources 配置如下：

- ra-PreambleStartIndex=62；

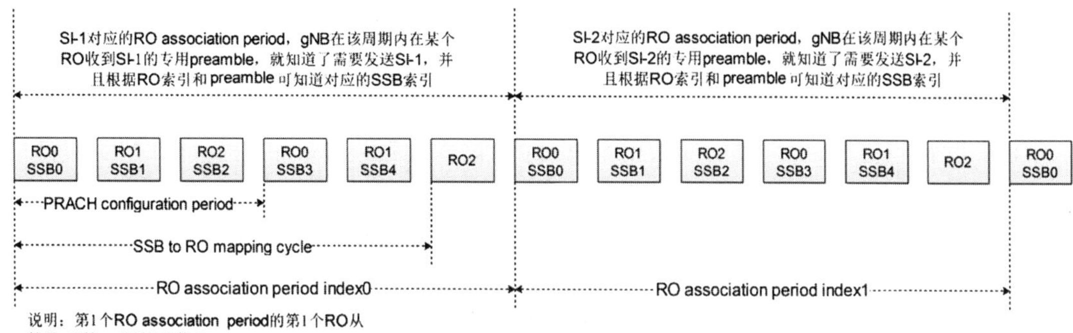

图 3-18 SI 请求的 RA 参数配置示例图 1

- ❑ ra-AssociationPeriodIndex 没有配置；
- ❑ ra-ssb-OccasionMaskIndex 没有配置。

第 2 个 SI-RequestResources 配置如下：

- ❑ ra-PreambleStartIndex=63；
- ❑ ra-AssociationPeriodIndex 没有配置；
- ❑ ra-ssb-OccasionMaskIndex 没有配置。

SI-RequestConfig 中没有配置 si-RequestPeriod。

由此可见，虽然 SI-1 和 SI-2 关联到相同的 RO association period（以上 si-RequestPeriod 和 ra-AssociationPeriodIndex 都没有配置，因此所有的 SI 都关联到每个 RO association period），但是二者的 preamble 不同，可以通过 preamble 来区分它们，如图 3-19 所示。

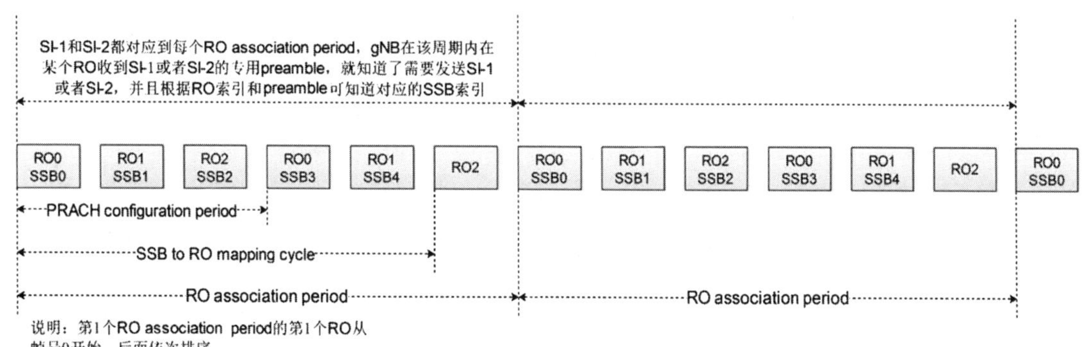

图 3-19 SI 请求的 RA 参数配置示例图 2

3.8.2 基于 RRC 信令获取 OSI

基于 RRC 信令获取 OSI 的过程包括步骤 1 ～ 6，处理过程完全同 3.5.1 节中的对应步骤，只是这种 RA 在竞争解决成功的时候，要通知高层 SI 请求成功接收，并且 Msg4 不带 RRC 消息。

3.9 波束失败恢复

3.9.1 发起过程

波束失败恢复包括CB-BFR（基于竞争RA的波束失败恢复）和CF-BFR（基于非竞争RA的波束失败恢复），只能在SpCell发起。

如果配置了BeamFailureRecoveryConfig参数，并且没有配置定时器beamFailureRecoveryTimer或者配置了定时器beamFailureRecoveryTimer且该定时器在运行中，则UE发起CF-BFR；否则，UE发起CB-BFR。如果在BFR的RA过程的进行中，收到了BeamFailureRecoveryConfig重配参数，则MAC会停止正在进行的RA，使用新参数重新发起RA过程。

UE发起BFR的过程如下。

1）如果UE收到底层上报的波束失败指示，启动或者重启beamFailureDetectionTimer，BFI_COUNTER加1；当BFI_COUNTER ≥ beamFailureInstanceMaxCount时，在SpCell发起RA过程。

2）如果beamFailureDetectionTimer超时，或者参数beamFailureDetectionTimer、beamFailureInstanceMaxCount或BFR的参考信号发生了重配，则置BFI_COUNTER为0。

3）如果RA过程成功完成，那么置BFI_COUNTER为0，停止beamFailureRecoveryTimer定时器（如果配置了该定时器），认为波束失败恢复过程成功完成。

3.9.2 CB-BFR（竞争RA）

CB-BFR包括步骤1～6，处理过程完全同3.6.1节中的对应步骤。

3.9.3 CF-BFR（非竞争RA）

CF-BFR包括如下步骤。

步骤1，除了如下处理不同，其他处理全部同3.5.1节中的步骤1。

1）如果配置了定时器beamFailureRecoveryTimer，则启动它。

2）使用BeamFailureRecoveryConfig配置的preambleReceivedTargetPower、preambleTransMax、powerRampingStep参数。

3）将PREAMBLE_POWER_RAMPING_STEP设置为BeamFailureRecoveryConfig->ra-Prioritization->powerRampingStepHighPriority（如果配置了该参数，则替换BeamFailureRecoveryConfig配置的powerRampingStep）。

4）将SCALING_FACTOR_BI设置为BeamFailureRecoveryConfig->ra-Prioritization->scalingFactorBI（如果配置了该参数）。

【注意】 即使后续步骤2从非竞争BFR回退到竞争BFR，步骤1初始化的这些参数仍然继续使用。

步骤2，选择非竞争RA资源（如果选择失败，则需要回退到竞争RA）。

1）如果 beamFailureRecoveryTimer 定时器在运行或者没有配置，并且配置了 candidateBeamRSList，而 candidateBeamRSList 配置的任何一个 SSB 或者 CSI-RS 的 RSRP 超过了门限 rsrp-ThresholdSSB（在 BeamFailureRecoveryConfig 中配置），则选择该 SSB 或者 CSI-RS，选对应配置的专用 preamble。

①当 SSB 被选中时，如果一个 SSB 对应多个 RO，则使用参数 ra-ssb-OccasionMaskIndex（如果在 BeamFailureRecoveryConfig 中配置了）来选择 RO。当有多个 RO 可用时，随机选择一个 RO（需要考虑可能出现的测量 GAP）。另外，如果一个 RACH occasion 关联周期内有多个映射周期，则选择第一个可用的映射周期。

②当 CSI-RS 被选中时，如果没有配置 ra-OccasionList，则选择和该 CSI-RS 有 QCL 关系的 SSB，选择该 SSB 的 RO 的方法同上一步；如果配置了 ra-OccasionList，则随机选择一个 RO（需要考虑可能出现的测量 GAP）。

2）如果 beamFailureRecoveryTimer 定时器超时，或者 candidateBeamRSList 配置的所有 SSB 和 CSI-RS 的 RSRP 都没有超过门限 rsrp-ThresholdSSB，则非竞争 RA 资源选择失败，回退到竞争 RA，选择当前上行 BWP 的竞争 RA 资源，转到 3.9.2 节中的步骤 2 ～ 6 开始执行。

步骤 3，发送 Msg1，除了不用计算 RA-RNTI，其他处理同 3.5.1 节中的步骤 3。

步骤 4，接收 Msg2。

1）在 SpCell 启动 ra-ResponseWindow（在 BeamFailureRecoveryConfig 中配置），在 RA 发送之后的第一个 PDCCH occasion 启动。

2）在 ra-ResponseWindow 运行期间，使用 C-RNTI 检测在 recoverySearchSpaceId（在 BeamFailureRecoveryConfig 中配置）指示的搜索空间内发送的 PDCCH。

3）如果通过 C-RNTI 在 recoverySearchSpaceId 指示的搜索空间内收到了 PDCCH，则认为 RA 过程成功完成。

4）如果 ra-ResponseWindow 超时，并且在 recoverySearchSpaceId 指示的搜索空间内没有收到 C-RNTI 加扰的 PDCCH，那么处理如下：

①认为 Msg2 没有成功接收；

② PREAMBLE_TRANSMISSION_COUNTER 加 1；

③如果 PREAMBLE_TRANSMISSION_COUNTER = preambleTransMax + 1，即达到了 RA 最大次数，则通知上层 RA 问题；

④如果 RA 过程没有完成，则转到步骤 2 继续执行 RA。

需要注意，对于 CF-BFR 的 RA 过程，Msg2 指在 recoverySearchSpaceId 指示的搜索空间内发送，并且通过 C-RNTI 加扰的 PDCCH。

3.10 RA 过程中的时间要求

RA 过程中的时间要求如下。

1）对于同一个小区，或者频带内 CA 的多个服务小区之间，发起 RA 要满足如下约束。

- 同一个 slot，不能同时发送 PRACH 和 PUSCH/PUCCH/SRS。
- 不同 slot，前一个 slot 发送 PRACH（PUSCH/PUCCH/SRS），后一个 slot 发送 PUSCH/PUCCH/SRS（PRACH），间隔（指前一个信道 / 信号的结束 symbol 到后一个信道 / 信号的开始 symbol）不能小于 N 个符号：

①当 $\mu=0$ 或 $\mu=1$ 时，N=2；

②当 $\mu=2$ 或 $\mu=3$ 时，N=4。

注：μ 为当前激活上行 BWP 的 SCS 配置。

2）对于 PDCCH order 发起的 RA，UE 从收到 DCI1_0 的最后一个符号，到发起 PRACH 的第一个符号的间隔必须大于或等于 $N_{T,2}+\Delta_{BWPSwitching}+\Delta_{Delay}$ ms。

- $N_{T,2}$ 为 N_2 个符号的时长，N_2 为能力级 1 的 PUSCH 准备时间，取值如表 3-18 所示。
- 如果激活上行 BWP 没有变化，则 $\Delta_{BWPSwitching}=0$；否则 $\Delta_{BWPSwitching}$ 为 BWP 切换时延。
- 对于 FR1，$\Delta_{Delay}=0.5$ ms；对于 FR2，$\Delta_{Delay}=0.25$ ms。

表 3-18　PUSCH 准备时间（PUSCH timing capability 1）

μ	PUSCH 准备时间 N_2/ 符号
0	10
1	12
2	23
3	36

注：对于 1.25 kHz 或者 5 kHz SCS 的 PRACH，μ=0。对于短格式 PRACH，取 PDCCH order 和对应 PRACH 的 μ 值中的较小值。

3）UE 如果没有成功接收到 Msg2，那么再次发起 PRACH 的时间必须在前一个 ra-ResponseWindow 窗的最后一个符号或者 PDSCH 接收的最后一个符号之后的 $N_{T,1}+0.75$ ms。$N_{T,1}$ 为 N_1 个符号的时长，N_1 为能力级 1 的 PDSCH 处理时间（假定配置了附加 PDSCH DMRS），取值见表 3-19 最后一列。

表 3-19　PDSCH 处理时间（PDSCH processing capability 1）

μ	PDSCH 处理时间 N_1/ 符号	
	dmrs-DownlinkForPDSCH-MappingTypeA 和 dmrs-DownlinkForPDSCH-MappingTypeB 的 dmrs-AdditionalPosition 都等于 pos0	dmrs-DownlinkForPDSCH-MappingTypeA 或 dmrs-DownlinkForPDSCH-MappingTypeB 的 dmrs-AdditionalPosition 不等于 pos0，或者没有配置参数 dmrs-AdditionalPosition
0	8	$N_{1,0}$
1	10	13
2	17	20
3	20	24

注：对于 μ=0，取 $N_{1,0}$=14。对于 1.25 kHz 或者 5 kHz SCS 的 PRACH，μ=0。对于短格式 PRACH，取 PDCCH（调度 Msg2 的 DCI1_0）、对应 PDSCH（Msg2）和 PRACH 的 μ 值中的最小值。

4）UE 收到 Msg2（包含 RAR UL Grant）的最后一个符号到发送 Msg3（通过 RAR UL Grant 授权的）的第一个符号的最小时间间隔为 $N_{T,1}+N_{T,2}+0.5$ ms。

- $N_{T,1}$ 为 N_1 个符号的时长，N_1 为能力级 1 的 PDSCH 处理时间（假定配置了 PDSCH 附加 DMRS）。对于 $\mu=0$，取 $N_{1,0}=14$；取 Msg2 PDSCH 的 SCS。

- $N_{T,2}$ 为 N_2 个符号的时长，N_2 为能力级 1 的 PUSCH 准备时间，取 Msg3 PUSCH 的 SCS。

【注意】如果 PDSCH 和 PUSCH 的 SCS 不同，则取较小值应用到 N_1 和 N_2。

5）对于 Msg3 没有包含 C-RNTI 的情况，UE 收到 Msg4 的最后一个符号到 Msg4 AN 反馈的第一个符号的最小时间间隔为 $N_{T,1}+0.5$ ms，$N_{T,1}$ 为 N_1 个符号的时长，N_1 为能力级 1 的 PDSCH 处理时间（假定配置了 PDSCH 附加 DMRS）。对于 $\mu=0$，取 $N_{1,0}=14$；取 Msg4 PDSCH 的 SCS。

3.11 RA 过程中的 QCL 要求

RA 过程中的 QCL 要求如下。

1）对于 Msg2，UE 假定对应 PDCCH/PDSCH 的 DMRS 天线端口和发起 RA 关联的 SSB 或者 CSI-RS 资源的天线端口是 QCL 的，忽略接收 Msg2 的 DCI1_0 的 CORESET 是否配置了 TCI-State（Transmission Configuration Indicator（TCI）的概念见 6.1.2 节）。

2）对于 SpCell，PDCCH order 指示的非竞争 RA，UE 假定检测 DCI1_0（指 RA-RNTI 加扰的，用于回复该 PRACH 的 DCI1_0）的 PDCCH 和该 PDCCH order 的 DMRS 天线端口是 QCL 的。

3）对于 Msg4 的 DCI1_0（用来回复 RAR UL Grant 的 Msg3 或者 TC-RNTI 加扰的 DCI0_0 指示的 Msg3 重传），UE 假定对应 PDCCH 的 DMRS 天线端口和发起 RA 关联的 SSB 的天线端口是 QCL 的，忽略接收 Msg4 的 DCI1_0 的 CORESET 是否配置了 TCI-State。

3.12 参考协议

[1] TS 38.300-fd0. NR; NR and NG-RAN Overall Description
[2] TS 38.331-fg0. NR; Radio Resource Control (RRC); Protocol specification
[3] TS 38.321-fc0. NR; Medium Access Control (MAC) protocol specification
[4] TS 38.211-fa0. NR; Physical channels and modulation
[5] TS 38.212-fd0. NR; Multiplexing and channel coding
[6] TS 38.213-fe0. NR; Physical layer procedures for control
[7] TS 38.214-ff0. NR; Physical layer procedures for data

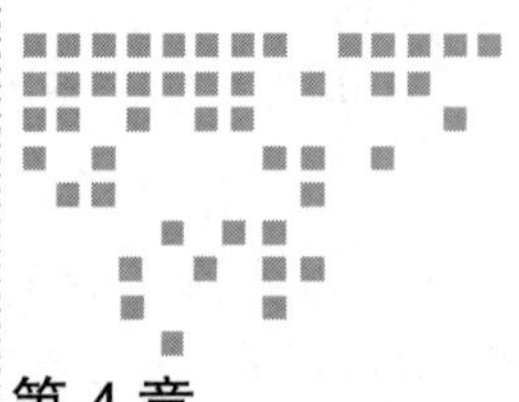

Chapter 4 第4章

RRC 连接过程

本章主要介绍RRC连接过程，包括寻呼、RRC连接建立、RRC连接重配、RRC连接重建立、RRC连接释放、RRC连接恢复、SCG失败过程、失败通知过程以及无线链路失败处理过程。RRC消息和NAS消息通过如下四种SRB（Signalling Radio Bearer，信令无线承载）传输。

- ❑ SRB0：用于传输CCCH逻辑信道的RRC消息。
- ❑ SRB1：用于传输DCCH逻辑信道的RRC消息和NAS消息（SRB2建立前）。
- ❑ SRB2：用于传输DCCH逻辑信道的NAS消息，AS安全激活后才能配置。
- ❑ SRB3：UE在(NG)EN-DC或者NR-DC时，SCG发送的DCCH的RRC消息使用SRB3。

4.1 UE 状态

UE包括下面三种RRC状态，当RRC连接建立后，UE处于RRC_CONNECTED或RRC_INACTIVE状态，否则，UE处于RRC_IDLE状态。UE在这三种RRC状态下分别处理如下。

1）RRC_IDLE状态。

- ❑ NAS层配置DRX参数；
- ❑ UE控制移动性；
- ❑ UE行为包括监听P-RNTI加扰的DCI传输的短消息，监听CN寻呼（使用5G-S-TMSI），执行邻区测量和小区选择/重选，获取系统信息和发送SI请求。

2）RRC_INACTIVE 状态。

- NAS 层或者 RRC 层配置 DRX 参数；
- UE 控制移动性；
- NG-RAN 和 UE 存储 UE 的 Inactive AS 上下文；
- RRC 层配置基于 RAN 的通知域（RAN-based Notification Area，RNA）；
- UE 行为包括监听 P-RNTI 加扰的 DCI 传输的短消息，监听 CN 寻呼（使用 5G-S-TMSI）和 RAN 寻呼（使用 fullI-RNTI），执行邻区测量和小区选择 / 重选，获取系统信息和发送 SI 请求，执行 RNA 更新（包括周期性 RNA 更新和离开配置的 RNA 触发的 RNA 更新）。

3）RRC_CONNECTED 状态。

- NG-RAN 和 UE 存储 UE 的 AS 上下文；
- 网络和 UE 之间进行单播数据收发；
- 可以配置 UE specific DRX 参数；
- 支持 CA 的 UE，可以配置一个或多个 SCell；
- 支持 DC 的 UE，可以配置 SCG；
- 网络控制 UE 移动性；
- UE 行为包括监听 P-RNTI 加扰的 DCI 传输的短消息（配置了寻呼搜索空间才监听），监听控制信道，提供信道质量和反馈信息，执行邻区测量和测量上报，获取系统信息。

NR 内的三种 UE 状态跃迁图如图 4-1 所示，在某一时刻，UE 只能处于某一个状态。

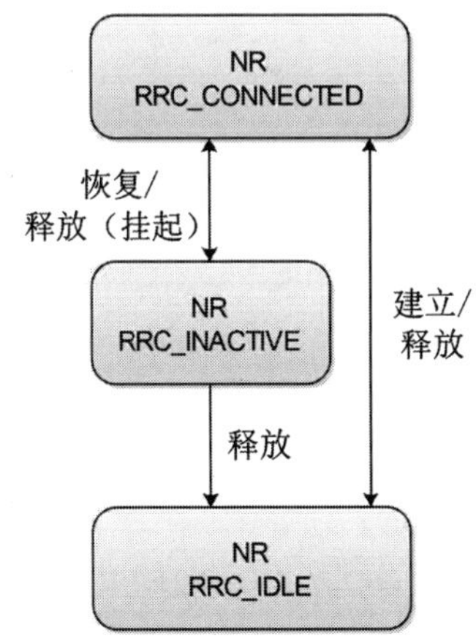

图 4-1 UE 状态和状态跃迁（NR 内）

UE支持在 NR/5GC、E-UTRA/EPC 和 E-UTRA/5GC 之间移动时，UE 状态和状态跃迁图如图 4-2 所示。

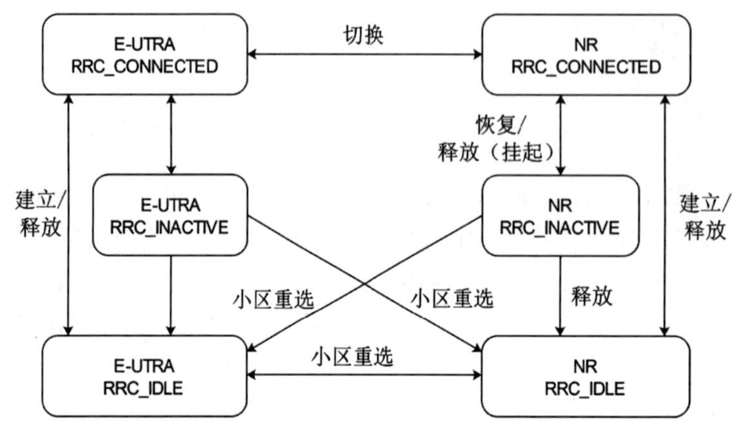

图 4-2 UE 状态和状态跃迁（NR/5GC、E-UTRA/EPC 和 E-UTRA/5GC 之间）

4.2 寻呼

寻呼（Paging）只能在 IDLE 和 INACTIVE 状态下发起，只能在 MCG 的 PCell 中发起，即参数 pagingSearchSpace（寻呼搜索空间）只能在 MCG 的 PCell 中配置。UE 首先在寻呼时机检测 P-RNTI 加扰的 DCI1_0，然后根据 DCI1_0 解析对应的 PDSCH。

一个寻呼消息可以同时寻呼多个 UE，通过 PagingRecord 区分，包括 NG-5G-S-TMSI 和 I-RNTI-Value 寻呼，前者是 5GC 发起的（在 IDLE 下发起），后者是 RAN 发起的（只能在 INACTIVE 下发起）。

4.2.1 寻呼时机

不论是 5GC 还是 RAN 发起的寻呼，都由 gNB 通过空口发给 UE，都只能在寻呼时机发送 P-RNTI 加扰的 DCI1_0，这里有下面 3 个主要概念。

1）PDCCH Monitoring Occasion（监测时机，PDCCH MO）：通过 pagingSearchSpace 和关联的 CORESET 配置（见 6.1.2 节），每个定义的 duration 为 1 个可能的 PDCCH 监测时机。

2）Paging Occasion（寻呼时机，PO）：PO 由 PDCCH MO 组成，1 个 PO 可以跨越多个无线帧。UE 在每个 DRX 周期监测一个 PO。

每个 PO 的 PDCCH MO 说明如下。

- 如果 pagingSearchSpace=0，则 PO 的 PDCCH MO 同 RMSI。此时如果配置参数 ns=1，则 PF 内只有 1 个 PO，从 PF 内的第 1 个 PDCCH MO 起始；如果配置参数 ns=2，则当 i_s=0 时，PO 在 PF 的前半帧，当 i_s=1 时，PO 在 PF 的后半帧（i_s 的计算见下文）。
- 如果 pagingSearchSpace 不等于 0，则 UE 监测第 (i_s + 1) 个 PO，每个 PO 包括 S 个连续的 PDCCH MO，S 为实际发送的 SSB 个数（通过 SIB1 里面的 ssb-PositionsInBurst 配置）。此时如果配置了 firstPDCCH-MonitoringOccasionOfPO，则第 (i_s + 1) 个 PO 的第

1 个 PDCCH MO 的起始符号通过第 (i_s + 1) 个 firstPDCCH-MonitoringOccasionOfPO 指示；如果没有配置 firstPDCCH-MonitoringOccasionOfPO，则第 (i_s + 1) 个 PO 的第 1 个 PDCCH MO 的起始符号为 $i\_s \times S$。

3）Paging Frame（寻呼帧，PF）：1 个 PF 包含 1 个或多个 PO（最多 4 个）或者 1 个 PO 的起始。

PF 所在的 SFN 由如下公式给出：

$$(\mathrm{SFN}+\mathrm{PF\_offset}) \bmod T=(T \operatorname{div} N)\times(\mathrm{UE\_ID} \bmod N)$$

PO 由如下公式给出（i_s 指示 PO 的索引）：

$$\mathrm{i\_s}=\mathrm{floor}(\mathrm{UE\_ID}/N) \bmod Ns$$

以上两个公式中的参数说明如下。

1）T：UE 的 DRX 周期，也就是寻呼周期，取值如下。

①如果给 UE 配置了 UE specific DRX 参数（即 NAS 层配置的 DRX，Registration accept->5GS DRX parameters，可选参数；RRC 层配置的 DRX，RRCRelease->suspendConfig->ran-PagingCycle，必选参数），则 UE 取 UE specific DRX 和 defaultPagingCycle（即 SIB1 广播的默认 DRX 参数 DownlinkConfigCommonSIB->pcch-Config->defaultPagingCycle）的最小值使用。

②如果没有配置 UE specific DRX 参数，则 UE 使用 defaultPagingCycle。

2）N：每个 T 时间内的 PF 个数。

3）Ns：每个 PF 对应的 PO 个数（通过参数 ns 配置），PO 的起始可以在 PF 内，也可以在 PF 之后。

4）PF_offset：PF 的偏移，决定 PF 的位置。

5）UE_ID：5G-S-TMSI mod 1024，如果没有 5G-S-TMSI（即 UE 还未在网络中注册），取 UE_ID=0。

【举例 1】假定 UE 在 IDLE 下，初始 BWP 的 SCS 为 15kHz，配置 T 等于 rf32（没有配置 UE specific DRX），nAndPagingFrameOffset 等于 halfT（取值为 0），ns=2，firstPDCCH-MonitoringOccasionOfPO 等于 sCS30KHZoneT-SCS15KHZhalfT（配置第 1 个 PO 取值为 0，第 2 个 PO 取值为 15），初始 BWP 的 pagingSearchSpace 配置为每 slot 的前 3 个符号存在 PDCCH MO，CORESET 长度为 1 个符号，ssb-PositionsInBurst 指示 gNB 发送了 4 个 SSB，则得出：寻呼周期为 T=32，即 320ms，每 320ms 有 N=T/2=16 个 PF，偏移为 0，即图 4-3 中的深色位置为 PF。每个 PF 对应 2 个 PO，每个 PO 包含 4 个连续的 PDCCH MO（每个 PDCCH MO 占用 1 个符号，4 个 PDCCH MO 和实际发送的 4 个 SSB 一一对应）。第 1 个 PO 的第 1 个 PDCCH MO 的起始符号为 0，第 2 个 PO 的第 1 个 PDCCH MO 的起始符号为 15。如图 4-3 所示。

对于不同的 UE，UE_ID 不同，可分别计算得出该 UE 的 PF 和 PO，举例如下：

- 对于 UE1，假定 UE_ID=3，得出该 UE 的 PF 为 SFN=2 × (UE_ID mod N)=6，i_s = floor (UE_ID/N) mod Ns= floor(3/16)mod 2=0，即该 PF 的第 1 个 PO；

- 对于 UE2，假定 UE_ID=26，得出该 UE 的 PF 为 SFN=2×(UE_ID mod N)=20，i_s = floor (UE_ID/N) mod Ns= floor（26/16）mod 2=1，即该 PF 的第 2 个 PO。

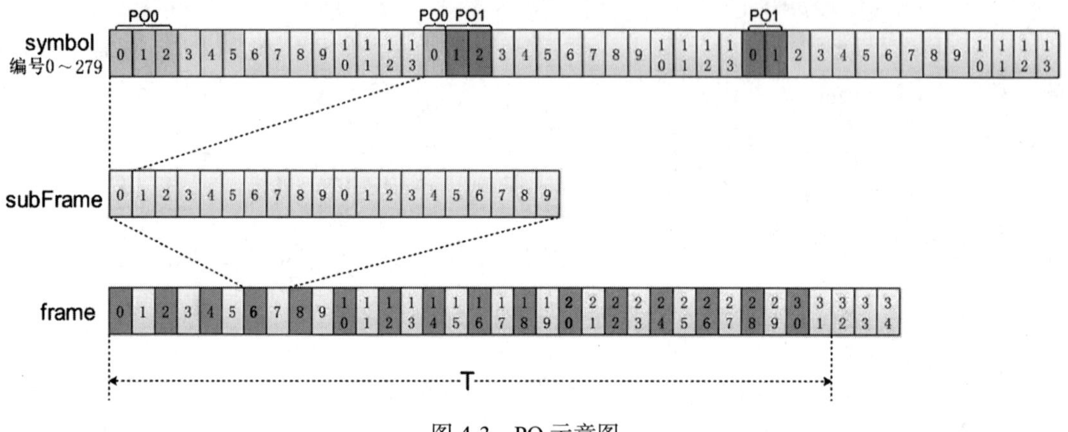

图 4-3 PO 示意图

4.2.2 参数说明

1. PCCH-Config

PCCH-Config 在 SIB1 参数 DownlinkConfigCommonSIB 中配置，小区级参数，属于必选参数，定义了寻呼周期、PF 和 PO，配置如下：

```
DownlinkConfigCommonSIB ::=      SEQUENCE {
    frequencyInfoDL                  FrequencyInfoDL-SIB,
    initialDownlinkBWP               BWP-DownlinkCommon,
    bcch-Config                      BCCH-Config,
    pcch-Config                      PCCH-Config,
    ...
}
PCCH-Config ::=              SEQUENCE {
    defaultPagingCycle                   PagingCycle,
    nAndPagingFrameOffset                CHOICE {
        oneT                                 NULL,
        halfT                                INTEGER (0..1),
        quarterT                             INTEGER (0..3),
        oneEighthT                           INTEGER (0..7),
        oneSixteenthT                        INTEGER (0..15)
    },
    ns                                   ENUMERATED {four, two, one},
    firstPDCCH-MonitoringOccasionOfPO    CHOICE {
        sCS15KHZoneT                 SEQUENCE (SIZE (1..maxPO-perPF)) OF INTEGER
            (0..139),
        sCS30KHZoneT-SCS15KHZhalfT     SEQUENCE (SIZE (1..maxPO-perPF)) OF INTEGER
            (0..279),
        sCS60KHZoneT-SCS30KHZhalfT-SCS15KHZquarterT
                    SEQUENCE (SIZE (1..maxPO-perPF)) OF INTEGER (0..559),
```

```
        sCS120KHZoneT-SCS60KHZhalfT-SCS30KHZquarterT-SCS15KHZoneEighthT
                    SEQUENCE (SIZE (1..maxPO-perPF)) OF INTEGER (0..1119),
        sCS120KHZhalfT-SCS60KHZquarterT-SCS30KHZoneEighthT-SCS15KHZoneSixteenthT
                    SEQUENCE (SIZE (1..maxPO-perPF)) OF INTEGER (0..2239),
        sCS120KHZquarterT-SCS60KHZoneEighthT-SCS30KHZoneSixteenthT
                    SEQUENCE (SIZE (1..maxPO-perPF)) OF INTEGER (0..4479),
        sCS120KHZoneEighthT-SCS60KHZoneSixteenthT
                    SEQUENCE (SIZE (1..maxPO-perPF)) OF INTEGER (0..8959),
        sCS120KHZoneSixteenthT       SEQUENCE (SIZE (1..maxPO-perPF)) OF INTEGER
            (0..17919)
    }                                               OPTIONAL,           -- Need R
    ...
}
PagingCycle ::=         ENUMERATED {rf32, rf64, rf128, rf256}
```

参数解释如下。

- defaultPagingCycle：默认寻呼周期，取值为 rf32 表示 32 帧，为 rf64 表示 64 帧，以此类推；
- nAndPagingFrameOffset：表示 N 和 PF_offset，halfT 表示 $N=T/2$（即每 2 帧有一个 PF），quarterT 表示 $N=T/4$（即每 4 帧有一个 PF），oneEighthT 表示 $N=T/8$（即每 8 帧有一个 PF），oneSixteenthT 表示 $N=T/16$（即每 16 帧有一个 PF，当取值为 15 时，表示偏移为 15）；
- ns：取值为 1、2、4，表示一个 PF 对应的 PO 个数；
- firstPDCCH-MonitoringOccasionOfPO：定义 PF 对应的每个 PO 的第 1 个 PDCCH MO 的起始符号。个数等于 ns，并且一一对应。

RRC 释放时，如果进入 INACTIVE，则必选配置寻呼周期（UE 级参数），用于 RAN 发起的寻呼，参数配置如下：RRCRelease->suspendConfig->ran-PagingCycle

2. pagingSearchSpace

寻呼搜索空间和 firstPDCCH-MonitoringOccasion 配置如下，属于 BWP 级参数。PDCCH-ConfigCommon 通过 BWP-DownlinkCommon 配置，是下行 BWP 的公共参数，属于小区级参数，通过 SIB1 或者专用信令配置。

```
PDCCH-ConfigCommon ::=       SEQUENCE {
    ...
    pagingSearchSpace        SearchSpaceId                  OPTIONAL,   -- Need S
    ...,
    [[
    firstPDCCH-MonitoringOccasionOfPO   CHOICE {
        sCS15KHZoneT          SEQUENCE (SIZE (1..maxPO-perPF)) OF INTEGER (0..139),
        sCS30KHZoneT-SCS15KHZhalfT          SEQUENCE (SIZE (1..maxPO-perPF)) OF
            INTEGER (0..279),
        sCS60KHZoneT-SCS30KHZhalfT-SCS15KHZquarterT          SEQUENCE (SIZE (1..
            maxPO-perPF)) OF INTEGER (0..559),
```

```
        sCS120KHZoneT-SCS60KHZhalfT-SCS30KHZquarterT-SCS15KHZoneEighthT    SEQUENCE
            (SIZE (1..maxPO-perPF)) OF INTEGER (0..1119),
        sCS120KHZhalfT-SCS60KHZquarterT-SCS30KHZoneEighthT-SCS15KHZoneSixteenthT
            SEQUENCE (SIZE (1..maxPO-perPF)) OF INTEGER (0..2239),
        sCS120KHZquarterT-SCS60KHZoneEighthT-SCS30KHZoneSixteenthT         SEQUENCE
            (SIZE (1..maxPO-perPF)) OF INTEGER (0..4479),
        sCS120KHZoneEighthT-SCS60KHZoneSixteenthT                          SEQUENCE
            (SIZE (1..maxPO-perPF)) OF INTEGER (0..8959),
        sCS120KHZoneSixteenthT                                       SEQUENCE (SIZE
            (1..maxPO-perPF)) OF INTEGER (0..17919)
    }                                              OPTIONAL        -- Cond OtherBWP
    ]]
}
```

参数解释如下。

- pagingSearchSpace：寻呼的搜索空间配置，如果不配置，则UE在该BWP不接收寻呼。该参数只在MCG的PCell中配置。
- firstPDCCH-MonitoringOccasionOfPO：指示当前BWP下，PF内每个PO的第一个PDCCH MO。如果当前BWP不是初始BWP，并且配置了pagingSearchSpace，则该参数为可选配置，属于Need R（即如果收到新的消息，没有配置该参数，则需要释放之前配置的该参数）。在其他情况下，该参数不能配置。

3. paging

寻呼消息通过PCCH逻辑信道->PCH传输信道->PDSCH物理信道传输，内容如下：

```
Paging ::=                          SEQUENCE {
    pagingRecordList                PagingRecordList        OPTIONAL, -- Need N
    lateNonCriticalExtension        OCTET STRING            OPTIONAL,
    nonCriticalExtension            SEQUENCE{}              OPTIONAL
}
PagingRecordList ::=            SEQUENCE (SIZE(1..maxNrofPageRec)) OF PagingRecord
PagingRecord ::=                SEQUENCE {
    ue-Identity                         PagingUE-Identity,
    accessType                     ENUMERATED {non3GPP}    OPTIONAL,   -- Need N
    ...
}
PagingUE-Identity ::=              CHOICE {
    ng-5G-S-TMSI                        NG-5G-S-TMSI,
    fullI-RNTI                          I-RNTI-Value,
    ...
}
```

参数解释如下。

- ng-5G-S-TMSI：UE注册时核心网给UE分配5G-GUTI（Globally Unique Temporary Identity，全球唯一临时标识），后6字节即为5G-S-TMSI（5G S-Temporary Mobile Subscription Identifier，临时移动用户标识），48 bit。

- fullI-RNTI：gNB 在释放 UE 进入 INACTIVE 时，给 UE 分配的 UE ID，40 bit。

4.2.3 P-RNTI 加扰的 DCI1_0

P-RNTI 加扰的 DCI1_0 有两个用途：一是通知 UE 系统信息改变，或者发布地震海啸等通知；二是核心网或者 gNB 需要寻呼 UE。对于前者，gNB 只发送 P-RNTI 加扰的 DCI1_0，通过 DCI1_0 的 Short Messages 字段通知 UE，不需要发送寻呼消息；对于后者，gNB 需要发送 P-RNTI 加扰的 DCI1_0 以及对应的 PDSCH（paging）。P-RNTI 加扰的 DCI1_0 格式如表 4-1 所示。

字段解释如下。

- Short Messages Indicator：2 bit，取值含义如表 4-2 所示。

表 4-1 P-RNTI 加扰的 DCI1_0 格式

字段	长度
Short Messages Indicator	2
Short Messages	8
Frequency domain resource assignment	可变
Time domain resource assignment	4
VRB-to-PRB mapping	1
Modulation and coding scheme	5
TB scaling	2
Reserved bits	6

表 4-2 Short Messages Indicator 取值

比特取值	Short Messages Indicator
00	保留
01	仅存在寻呼的调度信息
10	仅存在 Short Messages（短消息）
11	寻呼调度信息和短消息都存在

- Short Messages：8 bit，比特 1 指最高位。如果仅存在寻呼的调度信息，则该字段保留。取值含义如表 4-3 所示。

表 4-3 Short Messages 取值

比特	Short Messages
1	systemInfoModification 如果置 1，则指示 BCCH 修改，不包括 SIB6、SIB7 和 SIB8
2	etwsAndCmasIndication 如果置 1，则指示 ETWS 主通知 / ETWS 辅通知 / CMAS 通知
3 ～ 8	R15 不使用这些位，UE 忽略

- Frequency domain resource assignment 等剩余字段，指示寻呼消息的调度信息，当只存在短消息时，这些字段保留。Frequency domain resource assignment 占$\lceil \log_2(N_{RB}^{DL,BWP}(N_{RB}^{DL,BWP}+1)/2) \rceil$bit，$N_{RB}^{DL,BWP}$为CORESET0的大小，即寻呼的PDSCH只能在CORESET0内分配。

4.2.4 寻呼接收

1. 5GC 发起的寻呼

核心网发起的寻呼只适用于 UE 在 IDLE 状态（指核心网保存的 UE 状态），当核心网需要给 IDLE 状态的 UE 发送 NAS 信令或者用户数据时，发起寻呼（PagingRecord 为 NG-5G-S-TMSI），UE 收到寻呼并且 PagingRecord 匹配后，UE 在不同状态的处理如下：

- 当 UE 在 IDLE 状态时，UE 的 NAS 层触发 service request 或者 registration request，通知 RRC 层建立 RRC 连接，Msg5 携带 NAS 消息发给网络，如图 4-4 所示。

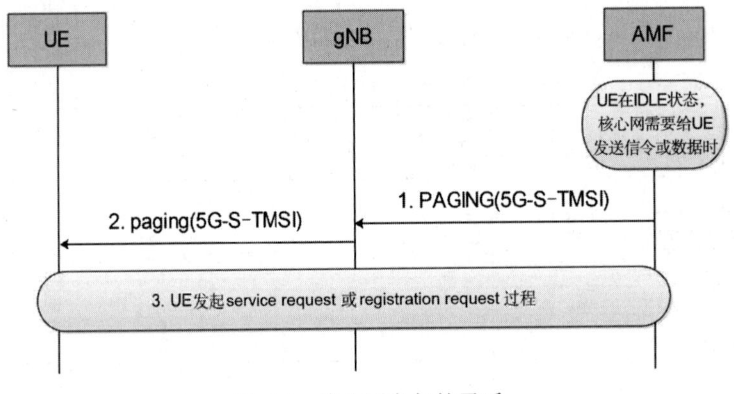

图 4-4 核心网发起的寻呼

- 当 UE 在 INACTIVE 状态（有可能 UE 和核心网状态不对齐）时，UE 直接进入 IDLE 状态，原因值为 other。

2. RAN 发起的寻呼

RAN发起的寻呼只适用于 UE 在 INACTIVE 状态，当 RAN 需要给 INACTIVE 状态的 UE 发送数据时，发起寻呼（PagingRecord 为 I-RNTI-Value），UE 收到寻呼并且 PagingRecord 匹配后，发起 RRC 连接恢复过程，在不同的接入等级下 resumeCause（恢复原因）不同，如图 4-5 所示。

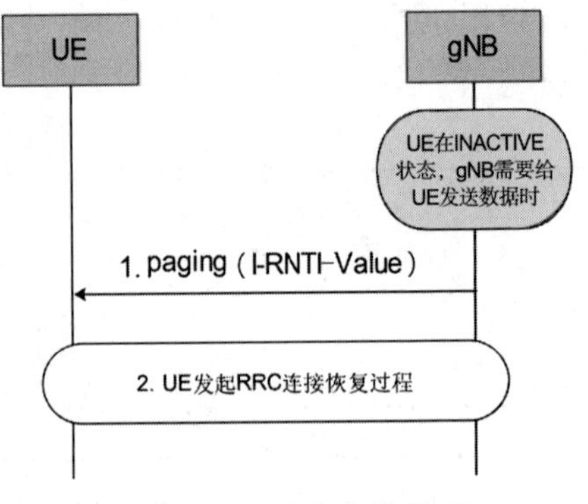

图 4-5 RAN 发起的寻呼

当 UE 的接入等级为 Access Identity 1 时，resumeCause 设置为 mps-PriorityAccess；当 UE 的接入等级为 Access Identity 2 时，resumeCause 设置为 mcs-PriorityAccess；当 UE 的接入等级为 Access Identity 11 ～ 15 时，resumeCause 设置为 highPriorityAccess；其他情况下，resumeCause 设置为 mt-Access。

4.3 RRC 连接建立

UE 在 IDLE 状态下，当需要发送上行信令或者上行数据时，需要先建立 RRC 连接，触发底层发起竞争 RA 过程。如果 UE 在当前小区成功建立 RRC 连接，则认为当前小区为 PCell。

RRC 连接建立成功过程如图 4-6 所示，RRC 连接建立失败过程如图 4-7 所示。

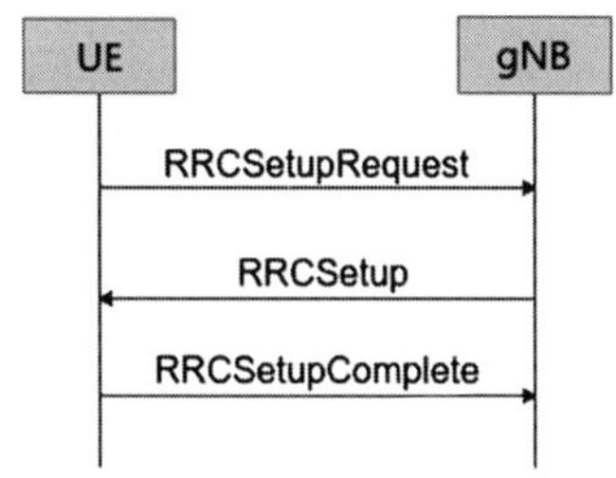

图 4-6 RRC 连接建立成功过程

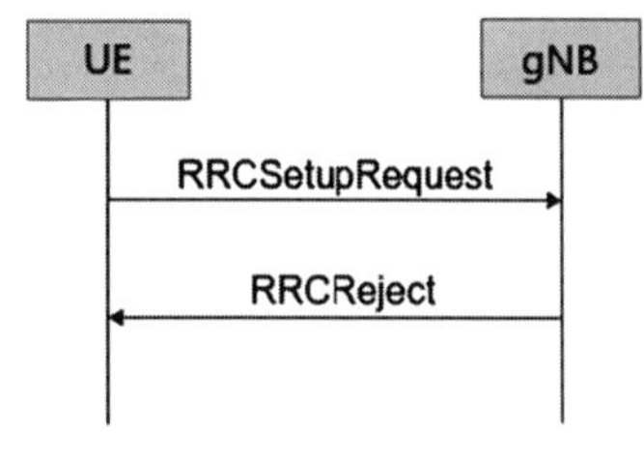

图 4-7 RRC 连接建立失败过程

RRCSetupRequest 消息内容如下：

```
RRCSetupRequest ::=                    SEQUENCE {
    rrcSetupRequest                        RRCSetupRequest-IEs
}

RRCSetupRequest-IEs ::=                SEQUENCE {
    ue-Identity                          InitialUE-Identity,
    establishmentCause                  EstablishmentCause,
    spare                                  BIT STRING (SIZE (1))
}
InitialUE-Identity ::=          CHOICE {
    ng-5G-S-TMSI-Part1                    BIT STRING (SIZE (39)),
    randomValue                            BIT STRING (SIZE (39))
}
EstablishmentCause ::=                 ENUMERATED {
       emergency, highPriorityAccess, mt-Access, mo-Signalling,
       mo-Data, mo-VoiceCall, mo-VideoCall, mo-SMS, mps-PriorityAccess, mcs-
           PriorityAccess, spare6, spare5, spare4, spare3, spare2, spare1}
```

参数解释如下。

- ❑ InitialUE-Identity：UE 已经注册到网络时，核心网给 UE 分配了 5G-S-TMSI，低 39 bit 即为 ng-5G-S-TMSI-Part1；如果属于开机的初始接入，则使用 39 bit 的随机值。
- ❑ EstablishmentCause：回复寻呼应答时，填写 mt-Access；UE 由于有上行信令需要发送而发起 RRC 连接建立时，填写 mo-Signalling；有上行数据时，填写 mo-Data。

4.4 RRC 连接重配

RRC 连接重配（RRCReconfiguration）过程的目的是建立、修改、释放 RB，执行同步重配，建立、修改、释放测量，增加、修改、释放 SCell 和小区组等。该过程可以在 MCG 的 PCell（使用 SRB1）和 SCG 的 PSCell 发起（使用 SRB3）。

RRC 连接重配成功过程如图 4-8 所示，RRC 连接重配失败过程如图 4-9 所示。

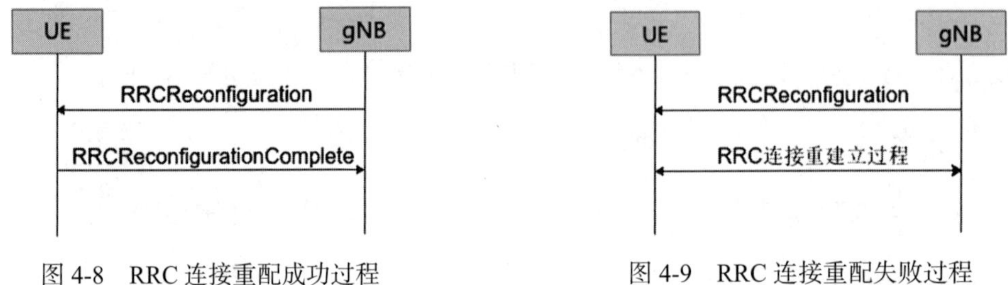

图 4-8 RRC 连接重配成功过程

图 4-9 RRC 连接重配失败过程

4.4.1 RRC 重配发送方式

在不同的场景下，NR 小区的 RRCReconfiguration 消息有不同的发送方式，以下分别描述。

1. NR SA 场景

NR 小区直接发送 RRCReconfiguration 消息，其中 CellGroupConfig 字段配置为 RRC-Reconfiguration-v1530-IEs->masterCellGroup。

```
RRCReconfiguration ::=     SEQUENCE {
    rrc-TransactionIdentifier       RRC-TransactionIdentifier,
    criticalExtensions             CHOICE {
        rrcReconfiguration                  RRCReconfiguration-IEs,
        criticalExtensionsFuture            SEQUENCE {}
    }
}
RRCReconfiguration-IEs ::=          SEQUENCE {
    radioBearerConfig       RadioBearerConfig              OPTIONAL, -- Need M
    secondaryCellGroup      OCTET STRING (CONTAINING CellGroupConfig)
                                                           OPTIONAL, -- Need M
    measConfig                 MeasConfig                  OPTIONAL, -- Need M
    lateNonCriticalExtension      OCTET STRING             OPTIONAL,
    nonCriticalExtension       RRCReconfiguration-v1530-IEs      OPTIONAL
}
RRCReconfiguration-v1530-IEs ::=   SEQUENCE {
    masterCellGroup         OCTET STRING (CONTAINING CellGroupConfig)    OPTIONAL,
        -- Need M
    ...
}
```

2. (NG)EN-DC 场景

在 (NG)EN-DC 场景下，NR 小区的 RRCReconfiguration 消息有以下两种发送方式。

方式一，通过 LTE 小区（PCell）发送。

NR 小区（PSCell）组好 RRCReconfiguration 码流，发送给 LTE 小区（PCell），LTE 小区

再封装为 LTE 的 RRCConnectionReconfiguration 消息，发给 UE。

- NR 的 RRCReconfiguration 消息填写如下，其中 CellGroupConfig 字段配置为 RRC-Reconfiguration-IEs-> secondaryCellGroup。

```
RRCReconfiguration-IEs ::=          SEQUENCE {
    ...
    secondaryCellGroup      OCTET STRING (CONTAINING CellGroupConfig)
                                                        OPTIONAL, -- Need M
    measConfig                 MeasConfig               OPTIONAL, -- Need M
    ...
}
```

- LTE 的 RRCConnectionReconfiguration 消息内 NR 的重配填写如下，即 RRCConnection-Reconfiguration->...->RRCConnectionReconfiguration-v1510-IEs->nr-Config-r15->setup->nr-SecondaryCellGroupConfig-r15。OCTET STRING 为 NR 的 RRCReconfiguration 消息码流，当前协议版本中，此种情况 NR 的 RRCReconfiguration 消息仅仅可以包含 secondaryCellGroup 和 measConfig 字段。

```
RRCConnectionReconfiguration ::= SEQUENCE {
    rrc-TransactionIdentifier             RRC-TransactionIdentifier,
    criticalExtensions                     CHOICE {
        c1                                     CHOICE{
            rrcConnectionReconfiguration-r8         RRCConnectionReconfiguration-
                r8-IEs,
            spare7 NULL,
            spare6 NULL, spare5 NULL, spare4 NULL,
            spare3 NULL, spare2 NULL, spare1 NULL
        },
        criticalExtensionsFuture            SEQUENCE {}
    }
}
RRCConnectionReconfiguration-r8-IEs ::= SEQUENCE {
    ...
    nonCriticalExtension    RRCConnectionReconfiguration-v890-IEs     OPTIONAL
}
RRCConnectionReconfiguration-v890-IEs ::= SEQUENCE {
    ...
    nonCriticalExtension    RRCConnectionReconfiguration-v920-IEs     OPTIONAL
}
...
-- Regular non-critical extensions:
RRCConnectionReconfiguration-v920-IEs ::= SEQUENCE {
    ...
    nonCriticalExtension  RRCConnectionReconfiguration-v1020-IEs      OPTIONAL
}
RRCConnectionReconfiguration-v1020-IEs ::= SEQUENCE {
    ...
    nonCriticalExtension  RRCConnectionReconfiguration-v1130-IEs      OPTIONAL
```

```
}
RRCConnectionReconfiguration-v1130-IEs ::= SEQUENCE {
    ...
    nonCriticalExtension    RRCConnectionReconfiguration-v1250-IEs    OPTIONAL
}
RRCConnectionReconfiguration-v1250-IEs ::= SEQUENCE {
    ...
    nonCriticalExtension    RRCConnectionReconfiguration-v1310-IEs    OPTIONAL
}
RRCConnectionReconfiguration-v1310-IEs ::= SEQUENCE {
    ...
    nonCriticalExtension    RRCConnectionReconfiguration-v1430-IEs    OPTIONAL
}
RRCConnectionReconfiguration-v1430-IEs ::= SEQUENCE {
    ...
    nonCriticalExtension    RRCConnectionReconfiguration-v1510-IEs    OPTIONAL
}
RRCConnectionReconfiguration-v1510-IEs ::= SEQUENCE {
    nr-Config-r15 CHOICE {
        release                 NULL,
        setup                   SEQUENCE {
            endc-ReleaseAndAdd-r15    BOOLEAN,
            nr-SecondaryCellGroupConfig-r15     OCTET STRING     OPTIONAL,     --
                Need ON
            p-MaxEUTRA-r15                     P-Max      OPTIONAL     -- Need ON
        }
    }                                                     OPTIONAL,     -- Need ON
    ...
}
```

方式二，通过 NR 小区（PSCell）发送。

当给 UE 配置了 SRB3 时，可以直接在 NR 小区（PSCell）发送 RRCReconfiguration 消息（使用 SRB3），CellGroupConfig 字段配置为 RRCReconfiguration-IEs->secondaryCellGroup。

【注意】直接通过 PSCell 发送时，所有的 RRC 重配字段都可选配置，但是如果把 NR 的 RRCReconfiguration 消息封装为码流，通过 PCell 的 LTE 小区发送，则 NR 的 RRCReconfiguration 消息当前版本只能配置 secondaryCellGroup 和 measConfig 字段。

```
RRCReconfiguration-IEs ::=          SEQUENCE {
    radioBearerConfig        RadioBearerConfig             OPTIONAL, -- Need M
    secondaryCellGroup       OCTET STRING (CONTAINING CellGroupConfig)
                                                           OPTIONAL, -- Need M
    measConfig                  MeasConfig                 OPTIONAL, -- Need M
    lateNonCriticalExtension       OCTET STRING            OPTIONAL,
    nonCriticalExtension     RRCReconfiguration-v1530-IEs        OPTIONAL
}
```

3. NE-DC 场景

NR 小区的 RRCReconfiguration 消息通过 NR 小区直接发送，同“NR SA 场景”。

4. NR-DC 场景

在 NR-DC 场景下，PCell 的 RRCReconfiguration 消息通过 PCell 直接发送，同“NR SA 场景”。PSCell 的 RRCReconfiguration 消息有以下两种发送方式。

方式一，通过 PCell 发送。

PSCell 组好 RRCReconfiguration 码流，发送给 PCell，PCell 再封装为 RRCReconfiguration 消息，发给 UE。

- PSCell 的 RRCReconfiguration 消息填写如下，其中 CellGroupConfig 字段配置为 RRCReconfiguration-IEs-> secondaryCellGroup：

```
RRCReconfiguration-IEs ::=    SEQUENCE {
    ...
    secondaryCellGroup         OCTET STRING (CONTAINING CellGroupConfig)
                                                             OPTIONAL, -- Need M
    measConfig                 MeasConfig                    OPTIONAL, -- Need M
    ...
}
```

- PCell的RRCReconfiguration消息内PSCell的重配填写如下，即RRCReconfiguration->...->RRCReconfiguration-v1560-IEs->MRDC-SecondaryCell-GroupConfig->mrdc-SecondaryCellGroup->nr-SCG 为 PSCell 的 RRCReconfiguration 消息码流，当前协议版本中，此种情况 PSCell 的 RRCReconfiguration 消息仅仅可以包含 secondaryCellGroup 和 measConfig 字段。

```
RRCReconfiguration ::=   SEQUENCE {
    rrc-TransactionIdentifier          RRC-TransactionIdentifier,
    criticalExtensions                 CHOICE {
        rrcReconfiguration                   RRCReconfiguration-IEs,
        criticalExtensionsFuture             SEQUENCE {}
    }
}
RRCReconfiguration-IEs ::=    SEQUENCE {
    radioBearerConfig          RadioBearerConfig             OPTIONAL, -- Need M
    secondaryCellGroup         OCTET STRING (CONTAINING CellGroupConfig)
                                                             OPTIONAL, -- Need M
    measConfig                 MeasConfig                    OPTIONAL, -- Need M
    lateNonCriticalExtension   OCTET STRING                  OPTIONAL,
    nonCriticalExtension     RRCReconfiguration-v1530-IEs    OPTIONAL
}
RRCReconfiguration-v1530-IEs ::=   SEQUENCE {
    masterCellGroup          OCTET STRING (CONTAINING CellGroupConfig)
                                                         OPTIONAL, -- Need M
    ...
    nonCriticalExtension        RRCReconfiguration-v1540-IEs  OPTIONAL
}
RRCReconfiguration-v1540-IEs ::=        SEQUENCE {
    otherConfig-v1540        OtherConfig-v1540                 OPTIONAL, -- Need M
```

```
    nonCriticalExtension      RRCReconfiguration-v1560-IEs     OPTIONAL
}
RRCReconfiguration-v1560-IEs ::=   SEQUENCE {
    mrdc-SecondaryCellGroupConfig     SetupRelease { MRDC-SecondaryCellGroupConfig
        }                                                  OPTIONAL,    -- Need M
    radioBearerConfig2            OCTET STRING (CONTAINING RadioBearerConfig)
                                                           OPTIONAL,    -- Need M
    sk-Counter                SK-Counter                   OPTIONAL,    -- Need N
    nonCriticalExtension       SEQUENCE {}                 OPTIONAL
}
MRDC-SecondaryCellGroupConfig ::=      SEQUENCE {
    mrdc-ReleaseAndAdd          ENUMERATED {true}   OPTIONAL,    -- Need N
    mrdc-SecondaryCellGroup     CHOICE {
        nr-SCG                      OCTET STRING  (CONTAINING RRCReconfiguration),
        eutra-SCG                   OCTET STRING
    }
}
```

方式二，通过 PSCell 直接发送，只有配置了 SRB3 才可以采用这种方式，同“(NG)EN-DC 场景”的方式二。

5. 其他 RAT 切换到 NR 小区场景

当从 LTE 切换到 5G 时，通过源侧 LTE 小区的 MobilityFromEUTRACommand 消息带 5G 的 RRCReconfiguration 消息，即 MobilityFromEUTRACommand->criticalExtensions->c1->mobilityFromEUTRACommand-r9->purpose->handover->targetRAT-Typetarget/RAT-MessageContainer，targetRAT-Type 填写 nr，RAT-MessageContainer 填写目标 NR 小区的 RRC Reconfiguration 消息码流。

```
MobilityFromEUTRACommand ::=     SEQUENCE {
    rrc-TransactionIdentifier         RRC-TransactionIdentifier,
    criticalExtensions                CHOICE {
        c1                                 CHOICE{
            mobilityFromEUTRACommand-r8          MobilityFromEUTRACommand-r8-IEs,
            mobilityFromEUTRACommand-r9          MobilityFromEUTRACommand-r9-IEs,
            spare2 NULL, spare1                  NULL
        },
        criticalExtensionsFuture              SEQUENCE {}
    }
}
MobilityFromEUTRACommand-r9-IEs ::= SEQUENCE {
    cs-FallbackIndicator                  BOOLEAN,
    purpose                               CHOICE{
        handover                              Handover,
        cellChangeOrder                       CellChangeOrder,
        e-CSFB-r9                             E-CSFB-r9,
        ...
    },
    nonCriticalExtension              MobilityFromEUTRACommand-v930-IEs     OPTIONAL
```

```
}

Handover ::=              SEQUENCE {
    targetRAT-Type          ENUMERATED {utra, geran, cdma2000-1XRTT, cdma2000-HRPD,
                                            nr, eutra, spare2, spare1, ...},
    targetRAT-MessageContainer          OCTET STRING,
    nas-SecurityParamFromEUTRA          OCTET STRING (SIZE (1))     OPTIONAL,     --
        Cond UTRAGERANEPC
    systemInformation           SI-OrPSI-GERAN              OPTIONAL    -- Cond PSHO
}
```

4.4.2 RRC 重配失败处理

RRC 重配不支持部分参数重配成功，如果有参数不适用于 UE，则认为重配失败；对于同步重配，如果 T304 超时，则认为重配失败。处理过程如下。

1）对于参数不适用导致的重配失败。

❑ 在 (NG)EN-DC 场景下：如果是经过 SRB3 重配，则继续使用接收 RRCReconfiguration 消息前使用的配置，发起 SCG 失败过程；如果是经过 SRB1 重配，则继续使用接收 RRCReconfiguration 消息前使用的配置，发起 LTE 的 RRC 连接重建立过程。

❑ 经由NR小区接收的重配（NR SA场景，NE-DC或者NR-DC）：如果是经过SRB3重配，则继续使用接收 RRCReconfiguration 消息前使用的配置，发起 SCG 失败过程；如果是经过 SRB1 重配，则继续使用接收 RRCReconfiguration 消息前使用的配置，此时分如下三种情况处理。

  - 如果 AS 安全未激活，则进入 IDLE 状态，原因值为 other；
  - 如果 AS 安全已激活，但是 SBR2 和至少 1 个 DRB 没有建立，则进入 IDLE 状态，原因值为 RRC connection failure；
  - 除以上情况外，发起 NR 的 RRC 连接重建立过程。

❑ 如果是经由其他 RAT 接收的重配（切换到 NR 失败），那么请参考相关 RAT 协议处理。

2）对于 T304 超时的重配失败。

❑ 如果是 MCG 的 T304 超时，则释放专用 RACH 资源，恢复在源 PCell 使用的 UE 配置，发起 RRC 连接重建立过程；

❑ 如果是 SCG 的 T304 超时，则释放专用 RACH 资源，发起 SCG 失败过程；

❑ 如果是其他RAT切换到NR的T304超时，则复位MAC，失败处理请参考相关RAT协议。

4.5 RRC 连接重建立

UE 在 CONNECTED 状态下，当发生下面任何一种情况时，发起 RRC 连接重建立过程，触发底层发起竞争 RA 过程，该过程只能在 MCG 的 PCell 发起：

1）MCG 探测到 RLF（Radio Link Failure，无线链路失败）；

2）MCG 的同步重配失败；

3）从 NR 切换到其他 RAT 失败；

4）SRB1 或者 SRB2 消息的完保失败（不包括 RRCReestablishment 消息）；

5）RRC 连接重配失败。

当 UE 发起 RRC 连接重建立过程时，如果安全未激活，则直接进入 IDLE 状态，原因为 other；如果安全已激活，但是 SRB2 和至少 1 个 DRB 未成功建立，则直接进入 IDLE 状态，原因为 RRC connection failure；否则，可以发起 RRC 连接重建立（通知 MAC 层触发 RA 过程）。如果基站可以获取到该 UE 的有效上下文信息，则回复 RRCReestablishment 消息，否则回复 RRCSetup 消息，处理过程如下。

- 获取到 UE 上下文消息，则重新激活 AS 安全，不修改安全算法，重建和恢复 SRB1，RRC 连接重建立成功，如图 4-10 所示。
- 获取不到 UE 上下文消息，则丢弃存储的 AS 上下文，释放所有的 RB，回退到 RRC 连接建立过程，如图 4-11 所示。

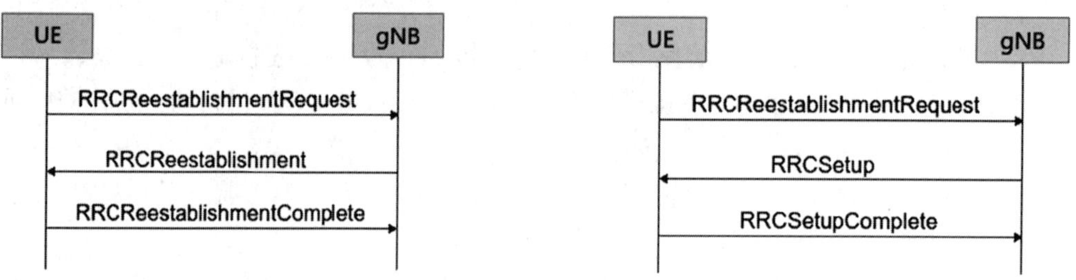

图 4-10 RRC 连接重建立成功过程　　图 4-11 RRC 重建回退到 RRC 连接建立成功过程

可以获取到 UE 上下文时，完整的 RRC 连接重建立过程如图 4-12 所示。

流程说明如下。

1：UE 发起 RRCReestablishmentRequest 消息（触发 RA 过程，Msg3 带 RRCReestablishmentRequest），带 UE 标识 ReestabUE-Identity(c-RNTI+physCellId+shortMAC-I) 和重建立原因 ReestablishmentCause(reconfigurationFailure/handoverFailure/otherFailure)；

2 ～ 3：如果当前 gNB 本地未保存该 UE 的上下文，则从 last serving gNB（上次服务 gNB）获取 UE 上下文；

4 ～ 4a：重建 RRC 连接；

5 ～ 5a：重建过程进行中，gNB 可以执行重配，来重建 SRB2 和 DRB；

6 ～ 7：为了防止用户数据丢失，当前 gNB 提供 forwarding address，last serving gNB 回复 SN status；

8 ～ 9：执行路径切换，告知核心网，更新 UE 用户数据通道地址；

10：当前 gNB 通知 last serving gNB 释放该 UE 上下文。

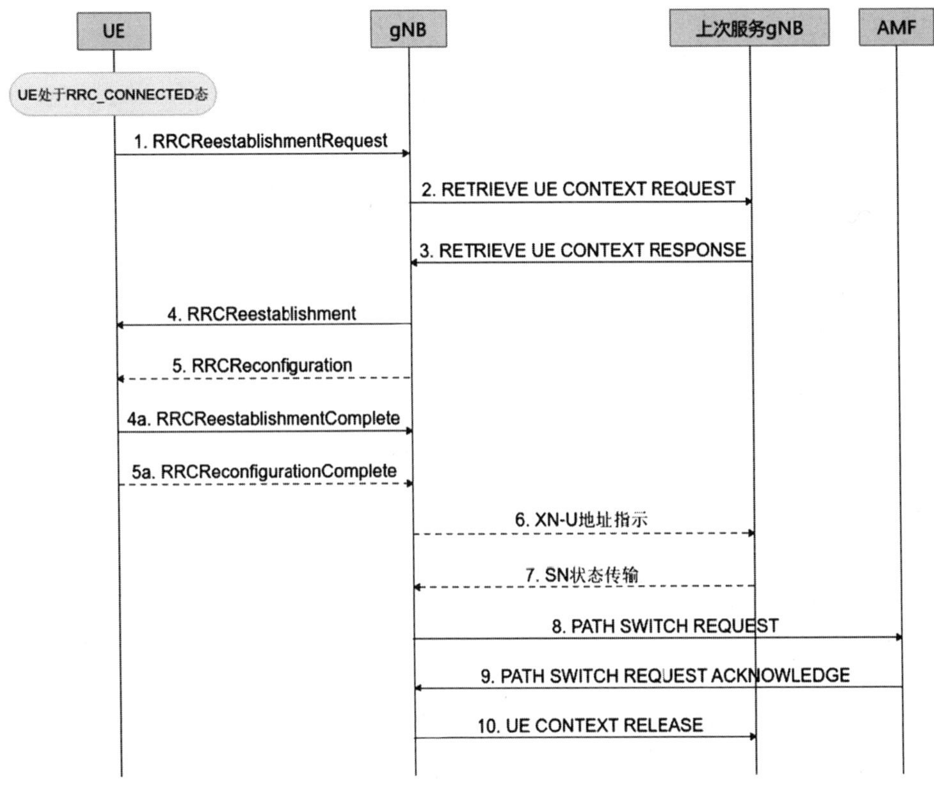

图 4-12　RRC 重建立过程

4.6　RRC 连接释放

RRC 连接释放只能在 MCG 的 PCell 发起，网络发起 RRC 连接释放的目的为释放 RRC 连接，包括释放已建立的 RB 和所有无线资源；或者挂起 RRC 连接（当 SRB2 和至少 1 个 DRB 建立时），包括挂起已建立的所有 RB。

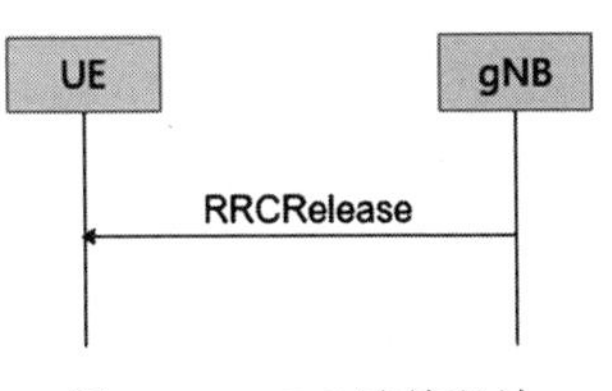

图 4-13　RRC 连接释放

RRC 连接释放过程如图 4-13 所示。

UE 收到 RRC 连接释放消息的处理如下。

当 UE 在 CONNECTED 状态下时，如果 AS 安全没有激活，则进入 IDLE 状态，原因值为 other；如果 AS 安全已激活且 RRC 连接释放消息没有带 SuspendConfig，则进入 IDLE 状态，原因值为 other；如果 AS 安全已激活且 RRC 连接释放消息带了 SuspendConfig，则进入 INACTIVE 状态（SRB2 和至少 1 个 DRB 已建立时）。

当 UE 在 INACTIVE 状态下时，如果 RRC 连接释放消息没有带 SuspendConfig，则进入 IDLE 状态，原因值为 other；如果 RRC 连接释放消息带了 SuspendConfig，则保持 INACTIVE 状态。

SuspendConfig 参数内容如下：

```
SuspendConfig ::=                    SEQUENCE {
    fullI-RNTI                         I-RNTI-Value,
    shortI-RNTI                        ShortI-RNTI-Value,
    ran-PagingCycle                    PagingCycle,
    ran-NotificationAreaInfo         RAN-NotificationAreaInfo     OPTIONAL,    -- Need M
    t380                             PeriodicRNAU-TimerValue      OPTIONAL,    -- Need R
    nextHopChainingCount             NextHopChainingCount,
    ...
}
PeriodicRNAU-TimerValue ::=  ENUMERATED { min5, min10, min20, min30, min60,
    min120, min360, min720}
RAN-NotificationAreaInfo ::=           CHOICE {
    cellList                           PLMN-RAN-AreaCellList,
    ran-AreaConfigList                 PLMN-RAN-AreaConfigList,
    ...
}
PLMN-RAN-AreaCellList ::= SEQUENCE (SIZE (1.. maxPLMNIdentities)) OF PLMN-RAN-
    AreaCell
PLMN-RAN-AreaCell ::=                SEQUENCE {
    plmn-Identity             PLMN-Identity                     OPTIONAL,    -- Need S
    ran-AreaCells             SEQUENCE (SIZE (1..32)) OF  CellIdentity
}
PLMN-RAN-AreaConfigList ::= SEQUENCE (SIZE (1..maxPLMNIdentities)) OF PLMN-RAN-
    AreaConfig
PLMN-RAN-AreaConfig ::=              SEQUENCE {
    plmn-Identity                PLMN-Identity                  OPTIONAL,    -- Need S
    ran-Area                     SEQUENCE (SIZE (1..16)) OF  RAN-AreaConfig
}
RAN-AreaConfig ::=                   SEQUENCE {
    trackingAreaCode        TrackingAreaCode,
    ran-AreaCodeList        SEQUENCE (SIZE (1..32)) OF  RAN-AreaCode    OPTIONAL  --
        Need R
}
RAN-AreaCode ::=    INTEGER (0..255)
```

参数解释如下。

- fullI-RNTI：给 UE 分配的 UE ID，40 bit，在 RAN 寻呼的时候使用；
- shortI-RNTI：给 UE 分配的 UE ID，24 bit，UE 发起 RRC 连接恢复的时候使用；
- ran-PagingCycle：RAN 发起的寻呼周期；
- ran-NotificationAreaInfo：告知 UE RNA 信息；
- t380：周期性 RNA 更新定时器，min5 表示取值为 5 分钟。

4.7 RRC 连接恢复

UE 在 INACTIVE 状态下，需要发送上行信令或者数据，或者回复 RAN 寻呼，或者执行

RNA 更新（包括周期性 RNA 更新和离开配置的 RNA 触发的 RNA 更新），需要发起 RRC 连接恢复过程，触发底层发起竞争 RA 过程。该过程只能在 MCG 的 PCell 发起。

UE 发起 RRCResumeRequest/RRCResumeRequest1 后，启动 T319，包括下面几个过程。

1）成功恢复 RRC 连接，UE 进入 CONNECTED 状态，如图 4-14 所示。

2）收到恢复请求后，重新建立 RRC 连接，UE 进入 CONNECTED 状态，如图 4-15 所示。

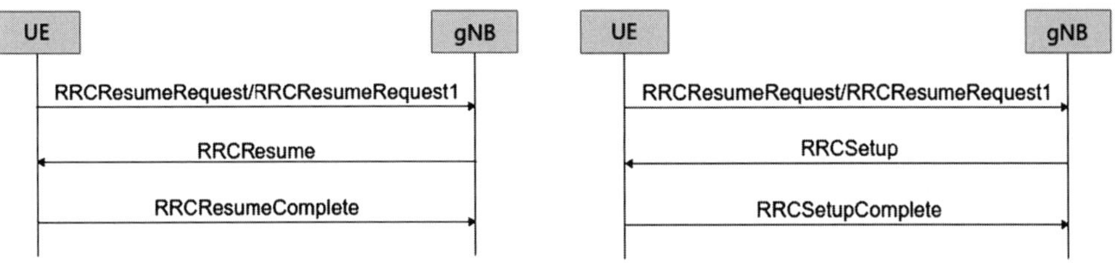

图 4-14　RRC 连接恢复（成功）　　图 4-15　RRC 连接恢复回退到 RRC 连接建立（成功）

3）收到恢复请求后，网络发起释放，UE 进入 IDLE 状态，如图 4-16 所示。

4）收到恢复请求后，网络发起释放，通知 UE 继续挂起 RRC 连接，UE 继续保持在 INACTIVE 状态，如图 4-17 所示。

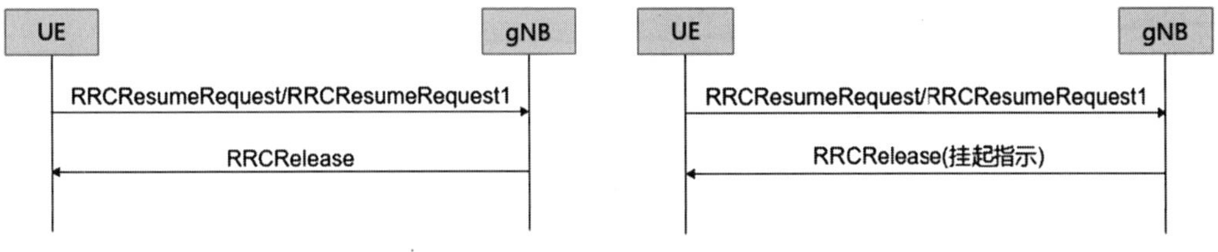

图 4-16　RRC 连接恢复收到网络释放　　图 4-17　RRC 连接恢复收到网络挂起指示

5）收到恢复请求后，网络拒绝，UE 继续保持在 INACTIVE 状态，如图 4-18 所示。

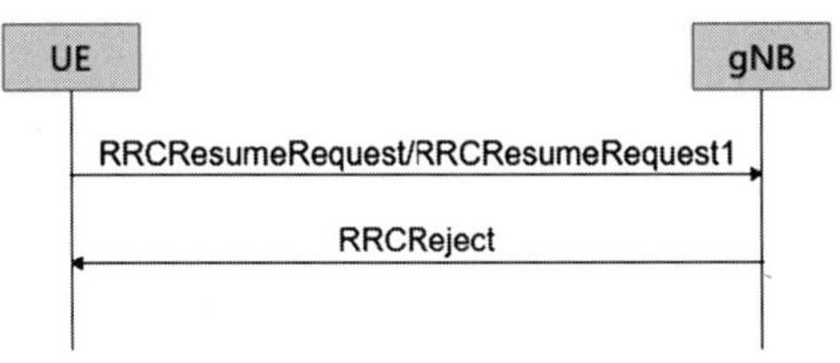

图 4-18　RRC 连接恢复收到网络拒绝

其他异常流程包括：如果 T319 超时，或者 T319 运行期间收到底层的完保失败，或者 T319 运行期间发生了小区重选，或者 UE 不能应用 RRCResume 消息的部分参数，则 UE 进入 IDLE 状态，原因值为 RRC Resume failure。如果 UE 在 INACTIVE 状态，未找到 suitable cell 或者 acceptable cell（概念见第 5 章），或者重选到了其他 RAT 小区，则 UE 进入 IDLE 状态，原因值为 other。

4.8 SCG 失败过程

UE 在 CONNECTED 状态下，当 SCG 发送没有被挂起，并且下面任何一种情况满足时，发起 SCG 失败过程（SCG Failure Information，SCG 失败通知），该过程只能在 MCG 的 PCell 发起：

1）SCG 探测到 RLF（有 3 种原因导致 RLF，具体见 4.10 节）；

2）SCG 的同步重配失败；

3）SCG 的重配失败；

4）SCG 收到底层的 SRB3 消息的完保失败。

NR-DC 的 SCG 失败过程如图 4-19 所示。

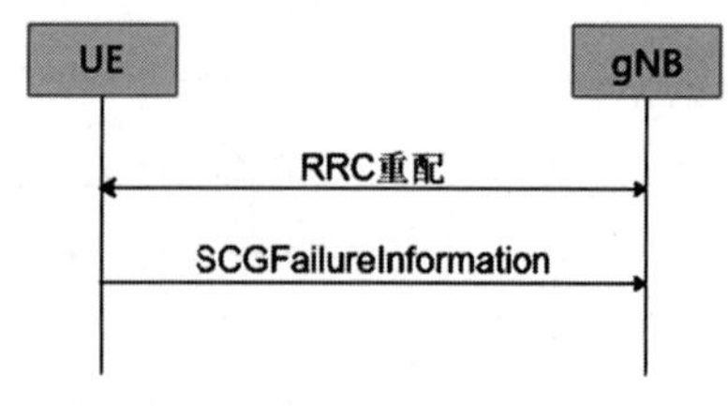

图 4-19 SCG 失败过程

当 UE 发起 SCG 失败过程时，挂起 SCG 的所有 SRB 和 DRB 发送；复位 SCG MAC；如果 T304 在运行，则将其停止。如果是 (NG)EN-DC，则发起 SCGFailureInformationNR 消息（在 E-UTRA 小区发起）；如果是 NE-DC，则发起 SCGFailureInformationEUTRA 消息（在 NR 小区发起），失败原因按情况填写 t313-Expiry、randomAccessProblem、rlc-MaxNumRetx、scg-ChangeFailure；如果是 NR-DC，则发起 SCGFailureInformation 消息（在 NR 小区发起），失败原因按情况填写 t310-Expiry、randomAccessProblem、rlc-MaxNumRetx、synchReconfigFailureSCG、scg-ReconfigFailure、srb3-IntegrityFailure。

4.9 失败通知过程

当 UE 发生了某些失败，需要告知网络时，发起失败通知过程（Failure Information Procedure），可以在 MCG 的 PCell 和 SCG 的 PSCell 发起。失败通知过程如图 4-20 所示。

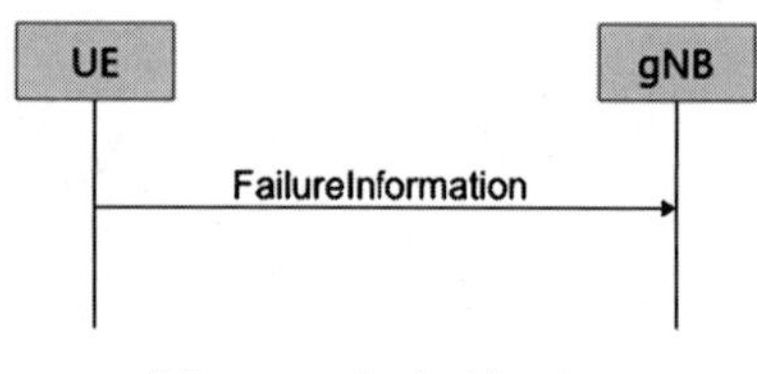

图 4-20 失败通知过程

如果是 MCG RLC 承载失败，那么在 PCell 小区使用 SRB1 发送 FailureInformation 消息。如果是 SCG RLC 承载失败：当配置了 SRB3 时，在 PSCell 小区使用 SRB3 发送 FailureInformation 消息；当没有配置 SRB3 时，需要在 PCell 小区发送，分下面两种情况处理。

- 如果是 (NG)EN-DC，则发送 ULInformationTransferMRDC 消息（携带 FailureInformation 内容，在 E-UTRA 小区发送）；
- 如果是 NR-DC，则发送 ULInformationTransferMRDC 消息（携带 FailureInformation 内容，在 NR 小区发送）。

4.10 无线链路失败

UE 在 CONNECTED 状态下，SpCell 会进行物理层问题检测，过程如下：

1）如果 SpCell 收到底层上报的 N310 个连续的失步指示，并且定时器 T300、T301、T304、T311 和 T319 没有运行，则启动该 SpCell 的 T310；

2）如果在 T310 运行期间，收到底层上报的 N311 个连续的同步指示，则停止 T310，继续保持在 CONNECTED 状态。如果 T310 超时，则触发无线链路失败过程。

【说明】N310 和 N311 通过 SIB1 或者 RRC 信令配置给 UE。

无线链路失败过程如下。

对于 MCG，当 PCell 的 T310 超时，或者收到 MCG MAC 层通知的 RA problem，并且 T300、T301、T304、T311 和 T319 没有运行，或者收到 MCG RLC 层通知 RLC 达到最大次数时：如果是 MCG RLC 达到最大次数，并且配置和激活了 CA duplication，并且该逻辑信道配置的 allowedServingCells 只包括 SCell，那么发起失败通知过程，告知网络 RLC 失败；除此之外，认为 MCG 发生了 RLF，如果 AS 安全没有激活，则进入 IDLE，原因值为 other，如果 AS 安全已激活，但是 SRB2 和至少 1 个 DRB 没有建立，则进入 IDLE，原因值为 RRC connection failure，否则，发起 RRC 连接重建立过程。

对于 SCG，当 PSCell 的 T310 超时，或者收到 SCG MAC 层通知的 RA problem，或者收到 SCG RLC 层通知 RLC 达到最大次数时：如果是 SCG RLC 达到最大次数，并且配置和激活了 CA duplication，并且该逻辑信道配置的 allowedServingCells 只包括 SCell，那么发起失败通知过程，告知网络 RLC 失败；否则，认为 SCG 发生了 RLF，发起 SCG 失败过程，告知网络 SCG RLF。

4.11 参考协议

[1] TS 38.300-fd0. NR; NR and NG-RAN Overall Description

[2] TS 38.331-fg0. NR; Radio Resource Control (RRC); Protocol specification

[3] TS 38.212-fd0. NR; Multiplexing and channel coding

[4] TS 38.213-fe0. NR; Physical layer procedures for control

[5] TS 38.304-f80. NR; User Equipment (UE) procedures in idle mode and in RRC Inactive state

[6] TS 24.501-f60. NR; Non-Access-Stratum (NAS) protocol for 5G System

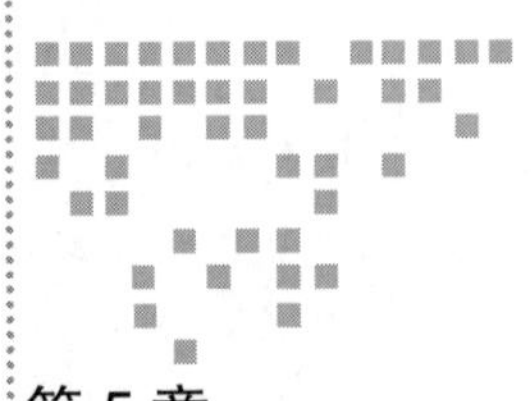

Chapter 5 第 5 章

UE 移动性

本章主要介绍 NR 系统内的 UE 移动性，包括 UE 在 RRC_IDLE、RRC_INACTIVE 和 RRC_CONNECTED 状态下的移动性。

在介绍 UE 在不同状态下的移动性之前，需要先介绍小区类型。根据提供的服务不同，小区分为下面四类。

（1）acceptable cell（可接受的小区）

满足下面要求的小区为 acceptable cell：小区没有被禁止；满足小区选择标准。UE 可以驻留 acceptable cell 获取受限服务（发起紧急呼叫、接收 ETWS 和 CMAS 通知）。

（2）suitable cell（合适的小区）

满足下面要求的小区为 suitable cell：小区没有被禁止；满足小区选择标准；小区属于 selected PLMN 或 registered PLMN 或 Equivalent PLMN list；小区属于至少一个 TA，该 TA 不属于禁止 TA 列表，并且属于前述 PLMN。UE 驻留 suitable cell 获取正常服务。

（3）barred cell（禁止小区）

系统信息指示小区被禁止。

（4）reserved cell（预留小区）

系统信息指示小区被预留。

5.1 RRC_IDLE 状态下的移动性

UE 在 RRC_IDLE 状态下，主要进行如下操作：PLMN 选择，小区选择和小区重选，注册域更新（Location Registration Update）。

1. PLMN 选择

（1）AS 层处理

AS 应根据 NAS 的要求或自主地向 NAS 报告可用的 PLMN。

UE 在支持的频点进行测量，对于每个载频，寻找信号最强的小区，读取该小区的系统信息，如果 UE 能够读取该最强小区的一个或多个 PLMN 标识，则每个找到的 PLMN 应作为高质量 PLMN 报告给 NAS，前提是满足以下高质量标准：对于该小区，测量的 RSRP 值大于或等于 −110 dbm。当发现不满足高质量标准但 UE 能够读取 PLMN 标识的 PLMN 时，连同其相应的 RSRP 值一起报告给 NAS。

（2）NAS 层处理

NAS 层按优先顺序维护 PLMN 列表，使用自动或手动模式选择一个 PLMN（具体过程可参考 3GPP 23.122 协议），并请求 AS 层选择一个属于该 PLMN 的小区。

2. 小区选择

在以下情况下，UE 需要进行小区选择：刚开机时；发起 RRC 连接重建立过程时；收到 RRCRelease 消息，进入 RRC_INACTIVE 状态时；进入 RRC_IDLE 状态时；从覆盖区外恢复。

小区选择包括下面两类：

1）利用存储的先验信息进行小区选择。需要存储频点信息和其他可选的来自先前小区的测量等信息；一旦找到一个 suitable cell，就选择这个小区；如果没有找到一个 suitable cell，再执行初始小区选择。

2）初始小区选择（没有频点等先验信息）。UE 扫描它支持的 band 内的所有频点，找到一个 suitable cell；在每一个频点，UE 搜索信号最强的小区；一旦找到一个 suitable cell，就选择这个小区。如果没有找到 suitable cell，则选择 acceptable cell。

选择到 suitable cell 或 acceptable cell 后（具体过程可参考 3GPP 38.304 协议），驻留到该小区，并开始小区重选。

3. 小区重选

UE 在 RRC_IDLE 和 RRC_INACTIVE 状态下，驻留到某个小区后，会开始小区重选过程。小区重选相关参数来自系统消息或者 RRCRelease，其中，参数 cellReselectionPriorities 如下。

```
CellReselectionPriorities ::=        SEQUENCE {
    freqPriorityListEUTRA     FreqPriorityListEUTRA     OPTIONAL,        -- Need M
    freqPriorityListNR        FreqPriorityListNR        OPTIONAL,        -- Need M
    t320      ENUMERATED {min5, min10, min20, min30, min60, min120, min180, spare1}
        OPTIONAL,        -- Need R
    ...
}
```

收到 RRCSetup、RRCResume，或 T320 超时，或 RRC_INACTIVE 进入 RRC_IDLE（不是由于收到 RRCRelease 而进入 RRC_IDLE）时，如果存储了 cellReselectionPriorities，则丢

弃。小区重选的判断准则请参考 3GPP 38.304 协议。

4. 注册域更新

UE 在注册完成后，通过 Registration Accept 消息收到 TAI list，后续可通过 Configuration Update Command（配置更新命令）消息更新 TAI list。当 UE 移动到新的小区（即切换或者重选到新的小区），而该小区所属 TA 不在 TAI list 内时，UE 需要发起注册域更新过程，即再次发起 Registration Request 过程，其 5GS registration type 为 mobility registration updating（移动性注册更新），见 10.1 节。UE 去注册后，保存的 TAI list 被认为无效。

在 RRC_IDLE 下，当 T3512 超时并且当前不是紧急服务注册时，UE 也发起注册域更新过程，5GS registration type 为 periodic registration updating（周期性注册更新）。

注：核心网通过 Registration Accept 消息将 T3512 时长参数带给 UE。

5.2 RRC_INACTIVE 状态下的移动性

UE 在 RRC_INACTIVE 状态下，主要进行如下操作：PLMN 选择；小区选择和小区重选；注册域更新和 RNA 更新（RNA update）。其中，PLMN 选择、小区重选和注册域更新过程与 RRC_IDLE 下的处理相同。本节仅描述 RRC_INACTIVE 状态下的小区选择和 RNA 更新。

1. 小区选择

UE 在 RRC_INACTIVE 状态下只能选择 suitable cell，不能选择 acceptable cell。

当 UE 选择到一个新的 PLMN（不是等效 PLMN 和注册 PLMN）时，UE 从 RRC_INACTIVE 迁移到 RRC_IDLE。如果 UE 在 RRC_INACTIVE 状态下只能发现 acceptable cell，则迁移到 RRC_IDLE。

2. RNA 更新

RRCRelease 消息的 SuspendConfig 参数给出了 UE 的 RNA 域。UE 移动到新的小区（即重选到新的小区），而该小区不在 RNA 域，或者 T380 超时，UE 需要发起 RNA 更新过程，即发起 RRC 连接恢复过程，此时，将 resumeCause 设置为 rna-Update，见 4.7 节。

RNA 更新过程只适用于 RRC_INACTIVE 状态，分下面 3 种情况。

情况 1：适用于 last serving gNB（上次服务 gNB）决定重定位 UE 上下文，并且 UE 保持在 RRC_INACTIVE 状态，如图 5-1 所示。

步骤说明如下。

1：UE 发起 RRCResumeRequest，提供 I-RNTI 和 resumeCause（比如为 rna-Update）；

2：gNB 向 last serving gNB 请求 UE 上下文；

3：last serving gNB 可以提供 UE 上下文（见图 5-1），或者把 UE 迁移到 RRC_IDLE（见图 5-3），或者如果 UE 仍然在之前配置的 RNA，那么保持 UE 上下文在 last serving gNB，保持

UE 在 RRC_INACTIVE（见图 5-2）；

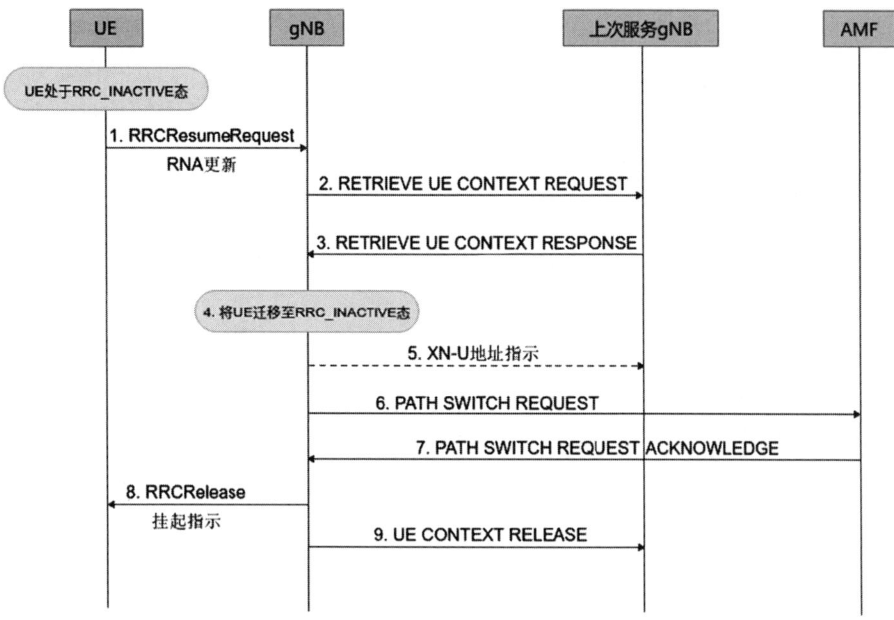

图 5-1 RNA 更新（重定位 UE 上下文）

4：UE 保持 RRC_INACTIVE；

5：为了防止下行数据丢失，gNB 提供 forwarding address 给 last serving gNB；

6 ～ 7：gNB 执行路径切换；

8：gNB 发送 RRCRelease，UE 保持在 RRC_INACTIVE；

9：gNB 通知 last serving gNB 释放 UE 资源。

情况 2：适用于 UE 仍处于配置的 RNA 内，并且 last serving gNB 决定不重定位 UE 上下文，UE 保持在 RRC_INACTIVE 状态，如图 5-2 所示。

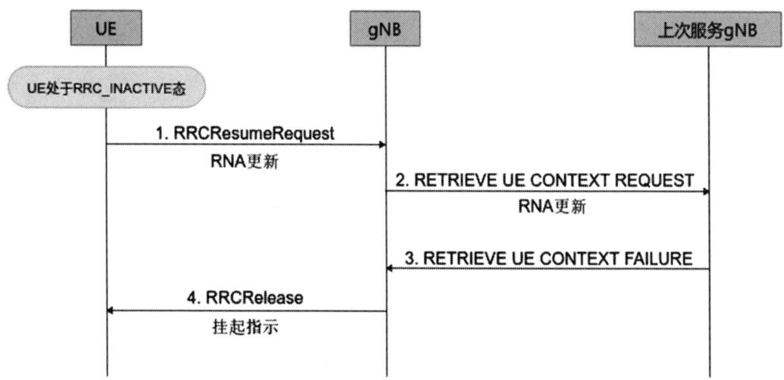

图 5-2 RNA 更新（不重定位 UE 上下文）

情况 3：适用于 last serving gNB 决定把 UE 迁移到 RRC_IDLE 的情况，如图 5-3 所示。

UE
gNB
上次服务gNB
UE处于RRC_INACTIVE态
1. RRCResumeRequest
RNA更新
2. RETRIEVE UE CONTEXT REQUEST
3. RETRIEVE UE CONTEXT FAILURE
RRC释放
4. 释放UE上下文
5. RRCRelease
UE处于RRC_IDLE态

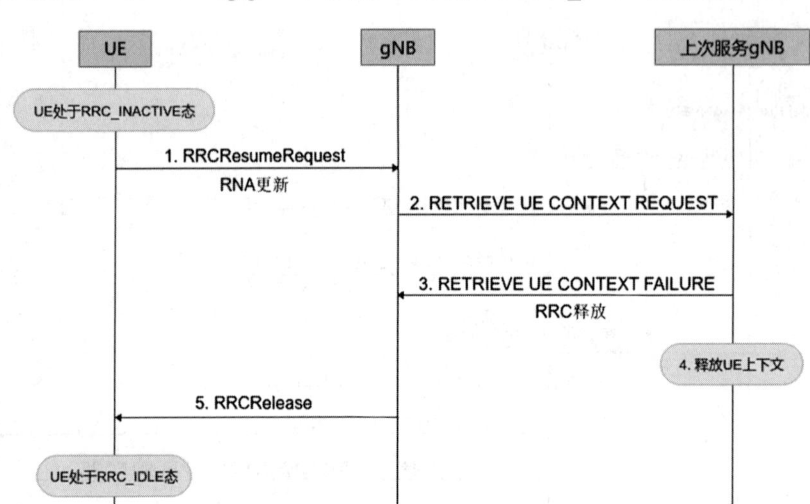

图 5-3 RNA 更新（迁移到 RRC_IDLE）

5.3 RRC_CONNECTED 状态下的移动性

网络控制 UE 在 RRC_CONNECTED 状态下的移动性，包括小区级移动性和波束级移动性。小区级移动性即 handover（切换），需要 RRC 信令通知 UE，双连接下的切换过程参见 11.3.6 节。波束级移动性即网络调整 UE 的波束，波束变化不需要 RRC 信令通知 UE，使用 PHY 和 MAC 层的控制信令通知 UE（即 DCI 和 MAC CE），后文会详细介绍。

5.4 总结

UE 注册成功后，即可从核心网获得 TAI list；UE 进入 RRC_INACTIVE 状态后，即可从 gNB 获得 RNA。

（1）TAI list 说明

TAI list 由多个 TAI（Tracking Area Identity，跟踪区标识）组成，最多包含 16 个 TAI。TAI 由 Mobile Country Code（MCC，移动国家码）、Mobile Network Code（MNC，移动网络码）和 Tracking Area Code（TAC，跟踪区域码）组成，如图 5-4 所示。

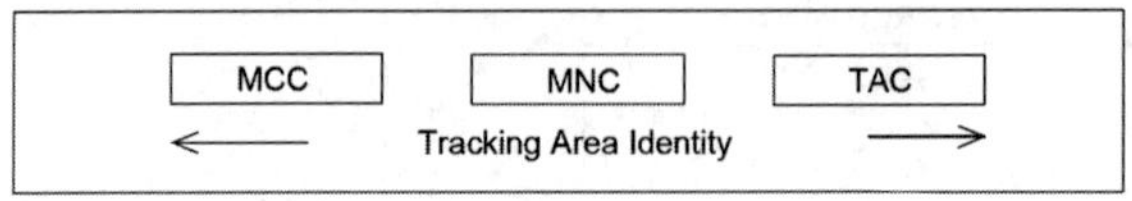

图 5-4 TAI

（2）RNA 说明

RNA 有以下三种配置方式，网络只能选择其中一种方式给 UE 配置，具体参数可以查看 4.6 节。

- cell list：即 RNA 由小区列表组成，所有 PLMN 的小区数加起来不超过 32。
- TA list：即 RNA 由 TA 列表组成，所有 PLMN 的 TAC 数加起来不超过 16。
- RAN Area list：即 RNA 由 RAN Area 列表组成，所有 PLMN 的 RAN-AreaCode 加起来不超过 32。

UE 注册成功后的状态以及信令连接情况见表 5-1。

表 5-1　UE 注册成功后的状态

UE 状态	空口	NG 口	备注
RRC_IDLE/ 5GMM-IDLE	不存在信令连接	不存在信令连接	gNB 不知道 UE 位置，AMF 知道 UE 处于哪个 TAI list
RRC_INACTIVE/ 5GMM-CONNECTED	信令连接 suspend	存在信令连接	gNB 知道 UE 处于哪个 RNA，不知道处于哪个 cell
RRC_CONNECTED/ 5GMM-CONNECTED	存在信令连接	存在信令连接	gNB 知道 UE 处于哪个 cell

UE 的移动性总结如下。

1）当 UE 在 RRC_IDLE 状态下时：

- 如果重选到新的小区，并且新小区不属于 TAI list，则 UE 发起注册更新过程。
- 如果 T3512 超时，并且当前不是紧急服务注册，则 UE 发起注册更新过程。

【说明】在 5GMM-REGISTERED 态，并且离开 5GMM-CONNECTED 时，启动 T3512；在进入 5GMM-DEREGISTERED 或者 5GMM-CONNECTED 时，停止 T3512。

- 如果需要给 UE 发送数据，则核心网在 TAI list 内发送寻呼消息。

2）当 UE 在 RRC_INACTIVE 状态下时：

- 如果重选到新的小区，①当新小区不属于 RNA 时，UE 发起 RNA 更新过程；②当新小区不属于 TAI list 时，UE 发起注册更新过程。

【说明】如果①和②都满足，则都要发起更新过程。

- 如果 T380 超时，则 UE 发起 RNA 更新过程。

【说明】在收到 RRCRelease 消息配置参数 t380 时，启动 T380；在收到 RRCResume、RRCSetup 或 RRCRelease 时，如果 T380 在运行，则停止 T380。

- 如果需要给 UE 发送数据，则 gNB 在 RNA 内发送寻呼消息。

3）当 UE 在 RRC_CONNECTED 状态下时，如果切换到新的小区，并且新小区不属于 TAI list，则 UE 发起注册更新过程。

【举例】假定针对某个 UE，在某个 PLMN 内，TAI list 和 RNA 的配置如下：TAI list 为 TAC1、TAC2 和 TAC3；RNA 按 RAN Area 配置，为 TAC1 的 RAN-AreaCode2 和 TAC2 的 RAN-AreaCode1，如图 5-5 所示。

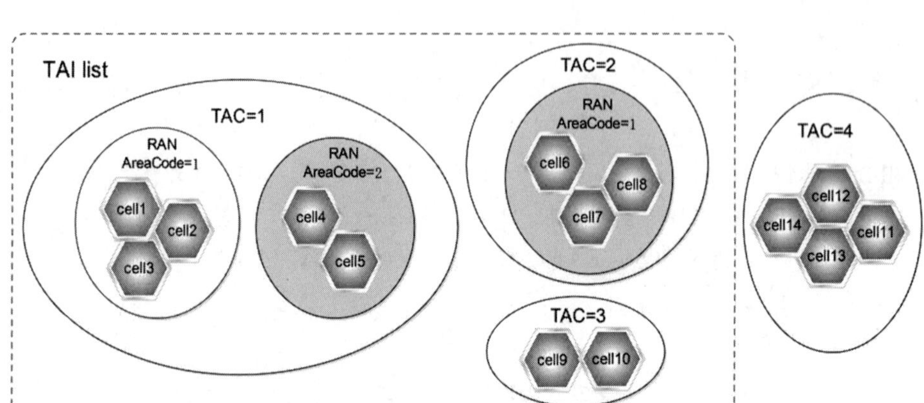

图 5-5 TAI list 和 RNA 配置示例

那么当 UE 从 cell1 移动到 cell12 时，需要发起注册更新过程（因为 UE 离开了 TAI list）；当 UE 在 RRC_INACTIVE 状态下，从 cell5 移动到 cell9 时，需要发起 RNA 更新过程（因为 UE 离开了 RNA）。

配置说明：

1）RNA 内的小区，必须是在 TAI list 内的，并且小区间的 Xn 口可用；

2）RAN Area 是在一个 TA 内定义的，大小可以等于 TA（比如 TAC2），也可以是 TA 的子集（比如 TAC1）。

5.5 参考协议

[1] TS 38.300-fd0. NR; NR and NG-RAN Overall Description

[2] TS 38.331-fg0. NR; Radio Resource Control (RRC); Protocol specification

[3] TS 38.304-f80. NR; User Equipment (UE) procedures in idle mode and in RRC Inactive state

[4] TS 23.122-f70. Non-Access-Stratum (NAS) functions related to Mobile Station (MS) in idle mode

[5] TS 24.501-f60. Non-Access-Stratum (NAS) protocol for 5G System (5GS); Stage 3

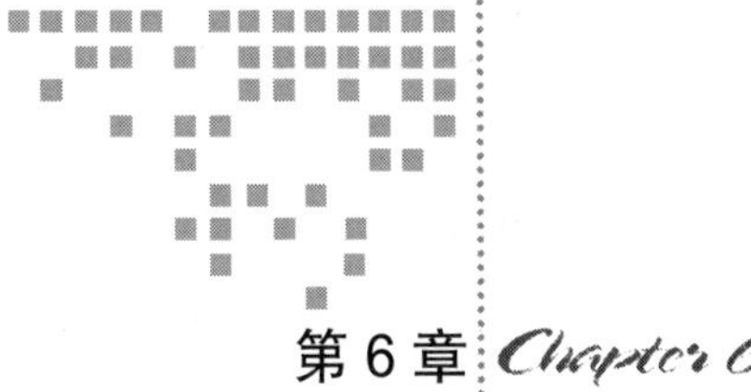

第 6 章 Chapter 6

控制信道处理过程

本章主要介绍控制信道处理过程，包括 PDCCH（Physical Downlink Control CHannel，物理下行控制信道）、PUCCH（Physical Uplink Control CHannel，物理上行控制信道）格式的处理过程、UCI（Uplink Control Information，上行控制信息）的处理过程等。其中，UCI 的处理过程详细讲解了 HARQ-ACK、SR 和 CSI（Channel State Information，信道状态信息）上报的比特序列产生过程、上报资源选择过程等，并对通过 PUCCH 和 PUSCH 上报分别进行了描述。

6.1 PDCCH

6.1.1 基本概念

PDCCH 用于给 UE 发送上下行授权、通知时隙格式、发送 PUCCH/PUSCH/SRS 功控命令等。在详细介绍 PDCCH 之前，本节先对 PDCCH 相关的基本概念做如下介绍。

- CCE（Control Channel Element，控制信道元素）：是 PDCCH 的基本组成单位，1 个 CCE 包含 6 个 REG。
- REG（Resource Element Group，资源元素组）：每个 REG 等于 1 个符号上的 1 个 RB；REG 以时域优先的方式按升序编号，从该 CORESET 内第 1 个符号的最小 RB，以 0 开始编号。
- CORESET（COntrol REsource SET，控制资源集）：在频域上包含 $N_{\mathrm{RB}}^{\mathrm{CORESET}}$ 个 RB，在时域上包含 $N_{\mathrm{symb}}^{\mathrm{CORESET}} \in \{1,2,3\}$ 个符号。
- CCE Aggregation Level（CCE 聚合等级或 CCE 聚合度）：指组成一个 PDCCH 信道的

连续 CCE 个数。注意：这个连续是逻辑上的概念，由于每个 CCE 都映射到 REG，因此 CCE 在物理资源上可能是不连续的。UE 支持的 CCE 聚合度如表 6-1 所示。

- ❑ PDCCH candidate（PDCCH 候选位置）：每个候选位置的 CCE 起始位置通过公式计算得出。
- ❑ Search Space（搜索空间）：即 CCE 的搜索空间，包括 CSS（Common Search Space，公共搜索空间）和 USS（UE-specific Search Space，UE 专用搜索空间）。

表 6-1 UE 支持的 CCE 聚合度

CCE 聚合度	CCE 数目
1	1
2	2
4	4
8	8
16	16

6.1.2 参数介绍

1. PDCCH-ConfigSIB1

PDCCH-ConfigSIB1 在 MIB 里面携带，配置初始 BWP 的 CORESET0 和 searchSpace0，各占 4 bit。

```
PDCCH-ConfigSIB1 ::=                SEQUENCE {
    controlResourceSetZero              ControlResourceSetZero,
    searchSpaceZero                     SearchSpaceZero
}
ControlResourceSetZero ::=          INTEGER (0..15)
SearchSpaceZero ::=                 INTEGER (0..15)
```

参数解释如下。

- ❑ controlResourceSetZero：初始 BWP 的 CORESET0 配置。
- ❑ searchSpaceZero：初始 BWP 的 searchSpace0 配置。

2. PDCCH-ConfigCommon

这是 UE 的下行 BWP（初始 BWP 或专用 BWP）的公共参数，属于小区级参数，通过 SIB 下发或者专用信令配置。

1）SIB1 配置如下，为初始 BWP0 的小区级参数：

SIB1->ServingCellConfigCommonSIB->DownlinkConfigCommonSIB->BWP-DownlinkCommon->PDCCH-ConfigCommon

2）RRC 专用信令配置如下，为专用 BWP 的小区级参数：

ServingCellConfig->BWP-Downlink->BWP-DownlinkCommon->PDCCH-ConfigCommon

```
PDCCH-ConfigCommon ::=                        SEQUENCE {
    controlResourceSetZero     ControlResourceSetZero     OPTIONAL, -- Cond
        InitialBWP-Only
    commonControlResourceSet   ControlResourceSet         OPTIONAL,   -- Need R
    searchSpaceZero            SearchSpaceZero            OPTIONAL, -- Cond
        InitialBWP-Only
```

```
    commonSearchSpaceList SEQUENCE (SIZE(1..4)) OF SearchSpace  OPTIONAL,   -- Need R
    searchSpaceSIB1                       SearchSpaceId       OPTIONAL,   -- Need S
    searchSpaceOtherSystemInformation     SearchSpaceId       OPTIONAL,   -- Need S
    pagingSearchSpace                     SearchSpaceId       OPTIONAL,   -- Need S
    ra-SearchSpace                        SearchSpaceId       OPTIONAL,   -- Need S
    ...,
    [[
    firstPDCCH-MonitoringOccasionOfPO   CHOICE {
        sCS15KHZoneT       SEQUENCE (SIZE (1..maxPO-perPF)) OF INTEGER (0..139),
        sCS30KHZoneT-SCS15KHZhalfT     SEQUENCE (SIZE (1..maxPO-perPF)) OF INTEGER
            (0..279),
        sCS60KHZoneT-SCS30KHZhalfT-SCS15KHZquarterT   SEQUENCE (SIZE (1..maxPO-
            perPF)) OF INTEGER (0..559),
        sCS120KHZoneT-SCS60KHZhalfT-SCS30KHZquarterT-SCS15KHZoneEighthT
            SEQUENCE (SIZE (1..maxPO-perPF)) OF INTEGER (0..1119),
        sCS120KHZhalfT-SCS60KHZquarterT-SCS30KHZoneEighthT-SCS15KHZoneSixteenthT
            SEQUENCE (SIZE (1..maxPO-perPF)) OF INTEGER (0..2239),
        sCS120KHZquarterT-SCS60KHZoneEighthT-SCS30KHZoneSixteenthT       SEQUENCE
            (SIZE (1..maxPO-perPF)) OF INTEGER (0..4479),
        sCS120KHZoneEighthT-SCS60KHZoneSixteenthT       SEQUENCE (SIZE (1..maxPO-
            perPF)) OF INTEGER (0..8959),
        sCS120KHZoneSixteenthT       SEQUENCE (SIZE (1..maxPO-perPF)) OF INTEGER
            (0..17919)
    }                                      OPTIONAL       -- Cond OtherBWP
    ]]
}
```

参数解释如下。

- controlResourceSetZero：只在初始 BWP 配置，可以在其他 BWP 的 searchSpace 使用，可以关联到 CSS 或者 USS。
- commonControlResourceSet：公共CORESET，可以关联到CSS或者USS。如果配置了，则使用最新的参数，如果不配置，则释放已有的参数。SIB1 中如果配置该参数，则要保证配置的 CORESET 在 CORESET0 的带宽内。
- searchSpaceZero：只在初始 BWP 配置，可以在其他 BWP 使用。
- commonSearchSpaceList：公共 searchSpace 列表。如果配置了，则使用最新的列表；如果不配置，则释放已有的列表。
- searchSpaceSIB1：SIB1 的 searchSpaceID。PCell 的初始下行 BWP，该值配置为 0。如果不配置，则 UE 在该 BWP 不接收 SIB1。
- searchSpaceOtherSystemInformation：OSI 的 searchSpaceID。如果不配置，则 UE 在该 BWP 不接收 OSI。
- pagingSearchSpace：paging 的 searchSpaceID。如果不配置，则 UE 在该 BWP 不接收 paging。
- ra-SearchSpace：RA 的 searchSpaceID。如果不配置，则 UE 在该 BWP 不接收 RAR。

对于 2.7.4 节“通过 RA 过程切换”提到的下行 BWP，必须配置 ra-SearchSpace。

- firstPDCCH-MonitoringOccasionOfPO：如果当前 BWP 不是初始 BWP，并且配置了 pagingSearchSpace，则该字段可选配置；否则，不配置。

3. PDCCH-Config

这是 UE 的下行 BWP（初始 BWP 或者专用 BWP）的专用参数，属于 UE 的 BWP 级参数，通过 BWP-DownlinkDedicated->PDCCH-Config 配置，用来配置 BWP 的 CORESET 和 searchSpace。对于跨载波调度的被调度小区，PDCCH-Config 只配置 searchSpacesToAddModList 和 searchSpacesToReleaseList，其他不配置（其他参数在调度小区配置）。

```
PDCCH-Config ::=                        SEQUENCE {
    controlResourceSetToAddModList      SEQUENCE(SIZE (1..3)) OF ControlResourceSet
        OPTIONAL,   -- Need N
    controlResourceSetToReleaseList    SEQUENCE(SIZE (1..3)) OF ControlResourceSetId
        OPTIONAL,   -- Need N
    searchSpacesToAddModList            SEQUENCE(SIZE (1..10)) OF SearchSpace
        OPTIONAL,   -- Need N
    searchSpacesToReleaseList           SEQUENCE(SIZE (1..10)) OF SearchSpaceId
        OPTIONAL,   -- Need N
    downlinkPreemption  SetupRelease { DownlinkPreemption }    OPTIONAL,   --
        Need M
    tpc-PUSCH           SetupRelease { PUSCH-TPC-CommandConfig }   OPTIONAL,   --
        Need M
    tpc-PUCCH           SetupRelease { PUCCH-TPC-CommandConfig }   OPTIONAL,   --
        Need M
    tpc-SRS             SetupRelease { SRS-TPC-CommandConfig}       OPTIONAL,   --
        Need M
    ...
}
```

参数解释如下。

- controlResourceSetToAddModList：网络给每个小区每个 BWP 最多配置 3 个 CORESET（包括 UE 级和公共 CORESET）。如果网络配置了一个 UE 级 CORESET，其 ID 和 PDCCH-ConfigCommon 配置的 commonControlResourceSet ID 相同，则 UE 使用 UE 级 CORESET。
- searchSpacesToAddModList：网络给每个小区每个 BWP 最多配置 10 个 searchSpace（包括 USS 和 CSS）。

4. ControlResourceSet

ControlResourceSet 用来配置一个 CORESET 的时频域资源等参数。

```
ControlResourceSet ::=              SEQUENCE {
    controlResourceSetId                ControlResourceSetId,

    frequencyDomainResources            BIT STRING (SIZE (45)),
```

```
    duration                              INTEGER (1..maxCoReSetDuration),
    cce-REG-MappingType                   CHOICE {
        interleaved                           SEQUENCE {
            reg-BundleSize                        ENUMERATED {n2, n3, n6},
            interleaverSize                       ENUMERATED {n2, n3, n6},
            shiftIndex    INTEGER(0..maxNrofPhysicalResourceBlocks-1)  OPTIONAL --
                Need S
        },
        nonInterleaved                        NULL
    },
    precoderGranularity                          ENUMERATED  {sameAsREG-bundle,
        allContiguousRBs},
    tci-StatesPDCCH-ToAddList             SEQUENCE(SIZE (1..maxNrofTCI-StatesPDCCH))
        OF TCI-StateId OPTIONAL, -- Cond NotSIB1-initialBWP
    tci-StatesPDCCH-ToReleaseList         SEQUENCE(SIZE (1..maxNrofTCI-StatesPDCCH))
        OF TCI-StateId OPTIONAL, -- Cond NotSIB1-initialBWP
    tci-PresentInDCI               ENUMERATED {enabled}       OPTIONAL, -- Need S
    pdcch-DMRS-ScramblingID        INTEGER (0..65535)         OPTIONAL, -- Need S
    ...
}
```

参数解释如下。

❑ ControlResourceSetId：一个服务小区的所有 BWP 的 CORESET ID 都是唯一的，取值范围为 0 ～ 11。取值为 0，即 CORESET0，只能在 MIB 和 ServingCellConfigCommon（controlResourceSetZero）中配置。

❑ frequencyDomainResources：CORESET 的频域资源，通过 bitmap 指示，每位对应 6 个连续 RB，第 1 位（最左位，也是最高位）对应 CORESET 所属的 BWP 内的第 1 个 RB 组（即最低频位置，第 1 个 RB 组的第 1 个 RB 的 CRB 编号为 $6\cdot\lceil N_{\text{BWP}}^{\text{start}}/6\rceil$，$N_{\text{BWP}}^{\text{start}}$ 为该 BWP 的起始 CRB 编号），依次对应。置 1 表示该 RB 组属于 CORESET，如果一个 RB 组的所有 RB 没有完全包含在 CORESET 所属的 BWP 内，则置 0。

❑ duration：CORESET 的时域资源，指示 CORESET 的连续符号数目，取值范围为 1 ～ 3，只有当 dmrs-TypeA-Position 等于 3 时，才支持 $N_{\text{symb}}^{\text{CORESET}}=3$。

❑ cce-REG-MappingType：CCE 到 REG 的映射类型，分为交织和非交织。

❑ precoderGranularity：预编码粒度，sameAsREG-bundle 表示预编码粒度为 REG bundle，allContiguousRBs 表示预编码粒度为 CORESET 内包括 DCI 的连续的 RB。对于配置为 allContiguousRBs，UE 不期望 CORESET 配置了超过 4 个不连续的 RB 子集，且不期望 CORESET 的任何 RE 和 lte-CRS-ToMatchAround 的 RE 或者 SSB 的 RE 重叠。

【说明】lte-CRS-ToMatchAround 通过 RateMatchPatternLTE-CRS 配置，具体见 8.1.7 节。

❑ tci-StatesPDCCH-ToAddList、tci-StatesPDCCH-ToReleaseList：配置当前 CORESET 的 TCI 状态，如果配置的 TCI-StateId 大于 1 个，则需要通过 MAC CE 激活。如果广播 SIB1，则在 SIB1 和初始 BWP 的 ServingCellConfigCommon->PDCCH-ConfigCommon 中不能配置该字段；否则，可选配置该字段。

- tci-PresentInDCI：指示 DCI1_1 是否带 TCI 字段。如果不配置该参数，则 DCI1_1 无 TCI 字段，否则，DCI1_1 有 TCI 字段。对于跨载波调度，用于调度小区的 CORESET，该字段必须使能。
- pdcch-DMRS-ScramblingID：PDCCH DMRS 的加扰 ID。如果不配置该参数，则使用本服务小区的 PCI。

5. SearchSpace

SearchSpace 用来配置搜索空间。对于跨载波调度的被调度小区，除了 nrofCandidates，其他所有的可选字段都不能配置。

```
SearchSpace ::=                           SEQUENCE {
    searchSpaceId                     SearchSpaceId,
    controlResourceSetId       ControlResourceSetId  OPTIONAL,    -- Cond SetupOnly
    monitoringSlotPeriodicityAndOffset        CHOICE {
        sl1                                 NULL,
        sl2                                 INTEGER (0..1),
        sl4                                 INTEGER (0..3),
        sl5                                 INTEGER (0..4),
        sl8                                 INTEGER (0..7),
        sl10                                INTEGER (0..9),
        sl16                                INTEGER (0..15),
        sl20                                INTEGER (0..19),
        sl40                                INTEGER (0..39),
        sl80                                INTEGER (0..79),
        sl160                               INTEGER (0..159),
        sl320                               INTEGER (0..319),
        sl640                               INTEGER (0..639),
        sl1280                              INTEGER (0..1279),
        sl2560                              INTEGER (0..2559)
    }                                  OPTIONAL,    -- Cond Setup
    duration                INTEGER (2..2559)           OPTIONAL,    -- Need R
    monitoringSymbolsWithinSlot    BIT STRING (SIZE (14))  OPTIONAL,    -- Cond Setup
    nrofCandidates                              SEQUENCE {
        aggregationLevel1           ENUMERATED {n0, n1, n2, n3, n4, n5, n6, n8},
        aggregationLevel2           ENUMERATED {n0, n1, n2, n3, n4, n5, n6, n8},
        aggregationLevel4           ENUMERATED {n0, n1, n2, n3, n4, n5, n6, n8},
        aggregationLevel8           ENUMERATED {n0, n1, n2, n3, n4, n5, n6, n8},
        aggregationLevel16          ENUMERATED {n0, n1, n2, n3, n4, n5, n6, n8}
    }                           OPTIONAL,    -- Cond Setup
    searchSpaceType                    CHOICE {
        common                         SEQUENCE {
            dci-Format0-0-AndFormat1-0                SEQUENCE {
                ...
            }                              OPTIONAL,    -- Need R
            dci-Format2-0                  SEQUENCE {
                nrofCandidates-SFI         SEQUENCE {
                    aggregationLevel1   ENUMERATED {n1, n2}  OPTIONAL,   -- Need R
                    aggregationLevel2   ENUMERATED {n1, n2}  OPTIONAL,   -- Need R
                    aggregationLevel4   ENUMERATED {n1, n2}  OPTIONAL,   -- Need R
```

```
                aggregationLevel8   ENUMERATED {n1, n2}  OPTIONAL,   -- Need R
                aggregationLevel16  ENUMERATED {n1, n2}  OPTIONAL    -- Need R
            },
            ...
        }                             OPTIONAL,   -- Need R
        dci-Format2-1                             SEQUENCE {
            ...
        }                             OPTIONAL,   -- Need R
        dci-Format2-2                             SEQUENCE {
            ...
        }                             OPTIONAL,   -- Need R
        dci-Format2-3                             SEQUENCE {
            dummy1      ENUMERATED {sl1, sl2, sl4, sl5, sl8, sl10, sl16,
                sl20} OPTIONAL,    -- Cond Setup
            dummy2      ENUMERATED {n1, n2},
            ...
        }                             OPTIONAL    -- Need R
    },
    ue-Specific             SEQUENCE {
        dci-Formats         ENUMERATED {formats0-0-And-1-0, formats0-1-And-1-1},
        ...
    }
  }                                   OPTIONAL    -- Cond Setup
}
```

参数解释如下。

- searchSpaceId：一个服务小区的所有BWP的searchSpaceId都是唯一的，取值范围为0～39。取值为0，即searchSpace0，只能在MIB和ServingCellConfigCommon（searchSpaceZero）配置。对于跨载波调度，被调度小区和调度小区的相同的searchSpaceId是彼此关联的。对于跨载波调度，只有当被调度小区和调度小区的searchSpaceId关联的BWP都激活时，该searchSpaceId在被调度小区才可以使用。
- controlResourceSetId：该searchSpace关联的CORESET ID。对于关联非0的CORESET ID，只能关联该searchSpace所属的BWP内配置的CORESET。在新建一个searchSpace时，该字段必须存在；否则，不存在。
- monitoringSlotPeriodicityAndOffset：定义searchSpace的周期和偏移。在新建一个searchSpace时，该字段必须存在；否则，可选存在。
- duration：定义searchSpace每个周期持续的连续slot数目，如果不配置该字段，则UE认为是1 slot。对于DCI2_0，UE忽略该字段。
- monitoringSymbolsWithinSlot：定义在一个slot内PDCCH检测的CORESET的第1个符号的位置，通过bitmap指示。最高位对应slot内的第1个符号，第2位对应slot内的第2个符号，以此类推。如果当前BWP的CP是扩展CP，UE忽略最后两位。置1的比特表示slot内CORESET的第1个符号的位置。对于DCI2_0，如果CORESET duration（CORESET时长）为3，UE只应用第1个符号；如果CORESET duration为

2，UE 只应用前 2 个符号；如果 CORESET duration 为 1，UE 只应用前 3 个符号。在新建一个 searchSpace 时，该字段必须存在；否则，可选存在。

- nrofCandidates：定义每种 CCE 聚合度的候选位置个数；除了 DCI2_0 或者特别指定，适用于所有 DCI 格式。对于跨载波调度的被调度小区，该值供相关的调度小区使用。在新建一个 searchSpace 时，该字段必须存在；否则，可选存在。
- searchSpaceType：定义是CSS还是USS，以及对应的DCI格式。在新建一个searchSpace时，该字段必须存在；否则，可选存在。

6. CrossCarrierSchedulingConfig

可以在 ServingCellConfig 配置跨载波调度参数 CrossCarrierSchedulingConfig，可选配置。指示该小区是跨载波调度小区还是被调度小区。

```
CrossCarrierSchedulingConfig ::=   SEQUENCE {
    schedulingCellInfo               CHOICE {
        own              SEQUENCE {     -- Cross carrier scheduling: scheduling cell
            cif-Presence                  BOOLEAN
        },
        other            SEQUENCE {     -- Cross carrier scheduling: scheduled cell
            schedulingCellId                ServCellIndex,
            cif-InSchedulingCell            INTEGER (1..7)
        }
    },
    ...
}
```

参数解释如下。

- own：指示该小区是跨载波调度小区。
  - cif-Presence：指示 DCI0_1 和 DCI1_1 里面的 carrier indicator 字段是否存在，true 表示存在，false 表示不存在。如果为 true，对于给本小区调度的 DCI，carrier indicator 字段填写 0。
- other：指示该小区是跨载波被调度小区。只有 SCell 才能配置为被调度小区（跨载波被调度小区不检测 PDCCH）。
  - schedulingCellId：调度小区 ID。对于 DC，调度小区和被调度小区只能在同一个小区组（MCG 或者 SCG）。如果配置了两个 PUCCH 组，调度小区和被调度小区只能在同一个 PUCCH 组。
  - cif-InSchedulingCell：如果跨载波调度本小区，则调度小区的 DCI0_1 和 DCI1_1 里面的 carrier indicator 字段填写该值。

6.1.3 物理层过程

1. 处理流程

PDCCH 信道处理过程如图 6-1 所示。

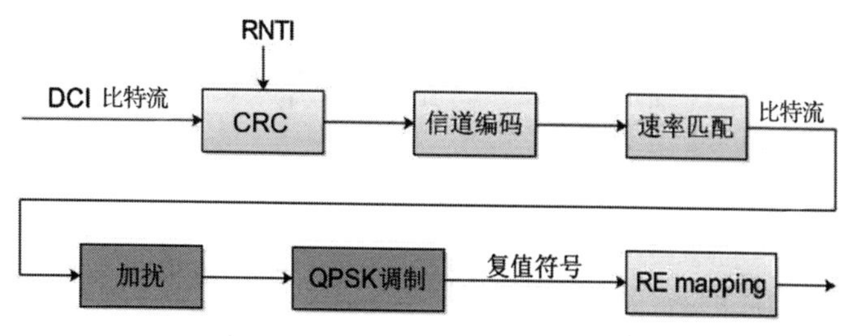

图 6-1 PDCCH 信道处理过程

说明如下。

1）按协议格式及顺序生成 DCI 比特流，每个字段的最高位映射到这个字段的最低顺序信息位（比如，第一个字段的最高位映射到 a_0），生成的比特流记为 $a_0,a_1,a_2,a_3,\cdots,a_{A-1}$，$A$ 为比特长度。

2）在尾部增加 24 bit 的 CRC（CRC 长度记为 L，CRC 比特流生成公式具体参看 38.212 协议），记为 $b_0,b_1,b_2,b_3,\cdots,b_{K-1}$，具体如下：

$b_k = a_k$，$k = 0,1,2,\cdots,A-1$

$b_k = p_{k-A}$，$k = A,A+1,A+2,\cdots,A+L-1$（为 CRC 比特）

其中，$K = A+L$。

再对后 16 bit 加扰 RNTI，记为 $c_0,c_1,c_2,c_3,\cdots,c_{K-1}$：

$c_k = b_k$，$k = 0, 1, 2, \cdots, A+7$

$c_k = (b_k + x_{\text{rnti},k-A-8}) \bmod 2$，$k = A+8$，$A+9$，$A+10$，$\cdots$，$A+23$

其中，UE 的 RNTI 记为 $x_{\text{rnti},0},x_{\text{rnti},1},\cdots,x_{\text{rnti},15}$，RNTI 的最高位为 $x_{\text{rnti},0}$。不同的 DCI 类型使用不同的 RNTI。

3）PDCCH 使用 polar 编码，编码后记为 $d_0,d_1,d_2,d_3,\cdots,d_{N-1}$，$N$ 为位长度。

4）速率匹配后生成的比特记为 $f_0,f_1,f_2,\cdots,f_{E-1}$，$E$ 为比特长度，速率匹配输出的比特序列长度和 PDCCH 占用的资源相匹配。

5）加扰：输入比特记为 $b(0),\cdots,b(M_{\text{bit}}-1)$，输出比特为 $\tilde{b}(0),\cdots,\tilde{b}(M_{\text{bit}}-1)$；

$$\tilde{b}(i) = (b(i)+c(i)) \bmod 2$$

其中，加扰序列 $c(i)$ 见 38.211 协议，初始化如下：

$$c_{\text{init}} = (n_{\text{RNTI}} \cdot 2^{16} + n_{\text{ID}}) \bmod 2^{31}$$

如果是 USS，并且配置了参数 pdcch-DMRS-ScramblingID，则 $n_{\text{ID}} \in \{0,1,\cdots,65535\}, n_{\text{ID}}$ 等于 pdcch-DMRS-ScramblingID，n_{RNTT} 等于 UE 的 C-RNTI；否则 $n_{\text{ID}} = N_{\text{ID}}^{\text{cell}}$，$n_{\text{RNTT}} = 0$。

6）QPSK 调制：QPSK 调制后生成的复值符号记为 $d(0),\cdots,d(M_{\text{symb}}-1)$，两位生成一个复值：

$$d(i) = \frac{1}{\sqrt{2}}[(1-2b(2i)) + \text{j}(1-2b(2i+1))]$$

7）资源映射：$d(0),\cdots,d(M_{\text{symb}}-1)$ 序列乘以 β_{PDCCH} 后映射到 $(k,l)_{p,\mu}$，在 DCI 所在的 RE 上映射（不能映射到 PDCCH DMRS 的 RE），先从第 1 个符号的最低频到高频映射，再映射第 2 个符号，天线端口 $p=2000$。

2. CCE 到 REG 的映射

REG 以时域优先，从低频开始以 0 为初始值依次编号。一个 CCE 占用 6 个 REG，被称为 CCE 到 REG 的映射。

CCE 到 REG 的映射分为交织和非交织，通过高层参数 cce-REG-MappingType 配置，由 REG bundle 描述。REG bundle i 定义为 REGs $\{iL,iL+1,\cdots,iL+L-1\}$，$L$ 是 REG bundle 大小，$i=0,1,\cdots,N_{\text{REG}}^{\text{CORESET}}/L-1$，$N_{\text{REG}}^{\text{CORESET}}=N_{\text{RB}}^{\text{CORESET}}N_{\text{symb}}^{\text{CORESET}}$ 为 CORESET 内 REG 的总数。CCE j 包含 REG bundle $\{f(6j/L),f(6j/L+1),\cdots,f(6j/L+6/L-1)\}$，$f(\cdot)$ 是交织公式。

对于 CCE 到 REG 的非交织映射，$L=6$，$f(j)=j$。

对于 CCE 到 REG 的交织映射，如果 $N_{\text{symb}}^{\text{CORESET}}=1$，则 $L\in\{2,6\}$；如果 $N_{\text{symb}}^{\text{CORESET}}\in\{2,3\}$，则 $L\in\{N_{\text{symb}}^{\text{CORESET}},6\}$，$L$ 由高层参数 reg-BundleSize 配置。交织公式如下：

$$f(x)=(rC+c+n_{\text{shift}})\bmod(N_{\text{REG}}^{\text{CORESET}}/L)$$

$$x=cR+r$$

$$r=0,1,\cdots,R-1$$

$$c=0,1,\cdots,C-1$$

$$C=N_{\text{REG}}^{\text{CORESET}}/(LR)$$

其中，$R\in\{2,3,6\}$，由高层参数 interleaverSize 配置；$n_{\text{shift}}\in\{0,1,\cdots,274\}$ 由高层参数 shiftIndex 配置，如果没有配置，则 $n_{\text{shift}}=N_{\text{ID}}^{\text{cell}}$。UE 不期望处理 C 不是整数的配置。

对于 CORESET0，采用交织，L=6，R=2；$n_{\text{shift}}=N_{\text{ID}}^{\text{cell}}$；预编码粒度为 REG bundle。

【总结】REG bundle 包含 L 个 REG，以时域优先，从低频开始以 0 为初始值按顺序编号。

1）对于非交织来说，CCE 从 REG bundle0 开始映射，CCE0 ～ CCEn 在物理资源上也是按顺序排列的：L 固定为 6，CCE0 映射到 REG bundle0，CCE1 映射到 REG bundle1，以此类推。

2）对于交织来说，CCE 具体映射到哪几个 REG bundle，由交织公式 $f(\cdot)$ 计算得出，CCE0 ～ CCEn 在物理资源上不连续：

- 若 L=6，则 CCE0 映射到 REG bundle $f(0)$，CCE1 映射到 REG bundle $f(1)$，以此类推；
- 若 L=3，则 CCE0 映射到 REG bundle$\{f(0), f(1)\}$，CCE1 映射到 REG bundle$\{f(2), f(3)\}$，以此类推；
- 若 L=2，则 CCE0 映射到 REG bundle$\{f(0), f(1), f(2)\}$，CCE1 映射到 REG bundle$\{f(3), f(4), f(5)\}$，以此类推。

6.1.4 下行控制信道检测

1. 搜索空间

每个 BWP 最多配置 10 个 searchSpace，每个小区最多配置 40 个 searchSpace，小区内的 searchSpaceId 唯一，每个 searchSpace 都关联一个 CORESET。每个 BWP 最多配置 3 个 CORESET，每个小区最多配置 12 个 CORESET，小区内的 ControlResourceSetId 唯一。

searchSpace 分为 CSS 和 USS，包括以下几种。

1）Type0-PDCCH CSS，通过 pdcch-ConfigSIB1（MIB）或者 searchSpaceSIB1（PDCCH-ConfigCommon）或者 searchSpaceZero（PDCCH-ConfigCommon）配置，用于 SI-RNTI 加扰的 DCI1_0，只能在 MCG 的 PCell 中配置。

2）Type0A-PDCCH CSS，通过 searchSpaceOtherSystemInformation（PDCCH-ConfigCommon）配置，用于 SI-RNTI 加扰的 DCI1_0，只能在 MCG 的 PCell 中配置。

3）Type1-PDCCH CSS，通过 ra-SearchSpace（PDCCH-ConfigCommon）配置，用于 RA-RNTI 加扰的 DCI1_0，或者 TC-RNTI 加扰的 DCI0_0/DCI1_0，只能在 SpCell 中配置。

4）Type2-PDCCH CSS，通过 pagingSearchSpace（PDCCH-ConfigCommon）配置，用于 P-RNTI 加扰的 DCI1_0，只能在 MCG 的 PCell 中配置。

5）Type3-PDCCH CSS，通过 SearchSpace（PDCCH-Config）、searchSpaceType = common 配置，用于 INT-RNTI 加扰的 DCI2_1、SFI-RNTI 加扰的 DCI2_0、TPC-PUSCH-RNTI 和 TPC-PUCCH-RNTI 加扰的 DCI2_2、TPC-SRS-RNTI 加扰的 DCI2_3（这些 DCI 格式在所有服务小区都可以配置），以及只能在 SpCell 配置的 C-RNTI、MCS-C-RNTI 或 CS-RNTI 加扰的 DCI0_0/DCI1_0。

6）USS，通过 SearchSpace（PDCCH-Config）、searchSpaceType = ue-Specific 配置，用于 C-RNTI、MCS-C-RNTI、SP-CSI-RNTI 或 CS-RNTI 加扰的 DCI0_0/DCI1_0 和 DCI0_1/DCI1_1，可以在所有服务小区中配置。

对于一个下行 BWP，如果 UE 没有配置 searchSpaceSIB1、searchSpaceOtherSystemInformation 或 pagingSearchSpace，则 UE 在该 BWP 上不检测对应的 CSS，即不接收 SIB1、OSI 或 paging。Type0A-PDCCH CSS、Type2-PDCCH CSS 的 CCE 聚合度和每个 CCE 聚合度的 PDCCH candidate 个数同 Type0-PDCCH CSS，具体见表 6-2。

表 6-2 Type0-PDCCH CSS 的 CCE 聚合度和 PDCCH candidate 个数

CCE 聚合度	PDCCH candidate 个数
4	4
8	2
16	1

如果激活下行 BWP 和初始下行 BWP 有同样的 SCS 和 CP 长度，并且激活下行 BWP 包括 CORESET0 的所有 RB，或者激活下行 BWP 就是初始下行 BWP，那么 Type0-PDCCH CSS 的 CORESET 就是 CORESET0，searchSpace 就是 searchSpace0。

对于一个下行 BWP，如果 UE 没有配置 ra-SearchSpace（即 Type1-PDCCH CSS），则 UE

在该BWP上不检测对应的CSS，即不接收Msg2。如果UE没有配置Type3-PDCCH CSS或者USS，并且配置了一个C-RNTI和Type1-PDCCH CSS，则UE在Type1-PDCCH CSS中检测C-RNTI加扰的DCI0_0/DCI1_0。

如果UE配置了searchSpace0（用于Type0/0A/2-PDCCH CSS），并且配置了一个C-RNTI，则UE仅检测关联到一个SSB的检测时机（Monitoring Occasion，MO）的PDCCH candidate，SSB由最近的TCI State Indication for UE-specific PDCCH MAC CE（指示当前激活BWP，并且CORESET ID为0）指示的CSI-RS存在QCL关系的SSB，或者由一个最近的RA过程（不是由PDCCH order触发的非竞争RA过程）决定。searchSpace0由协议给出了具体的MO，每个MO关联到一个SSB索引，UE接入后分配了C-RNTI，这时UE的位置对于gNB来说是知道的，所以gNB只在特定的SSB关联的MO给UE发送单播数据。同时，当UE处于RRC_CONNECTED时，UE只接收该SSB对应的SIB1和SI。

如果UE在PDCCH-ConfigCommon配置了非0的searchSpaceID（用于Type0/0A/2-PDCCH CSS），则UE在该searchSpace的PDCCH候选位置检测C-RNTI加扰的DCI，UE依据该searchSpaceID决定PDCCH候选位置的MO。

对于单小区或者band内CA，UE不期望检测一个Type0/0A/2/3-PDCCH CSS或者USS的PDCCH，如果UE检测的Type1-PDCCH CSS和Type0/0A/2/3-PDCCH CSS/USS的PDCCH DMRS没有相同的QCL-TypeD属性，并且Type0/0A/2/3-PDCCH CSS/USS的PDCCH或关联的PDSCH与Type1-PDCCH CSS的PDCCH或关联的PDSCH至少有一个符号重叠。比如，UE在连接态发生了竞争RA过程，此时Type1-PDCCH CSS发送的Msg2和Msg4的DCI和RA过程的preamble关联的SSB是QCL的，如果这个SSB和UE配置的Type0/0A/2/3-PDCCH CSS/USS的QCL-TypeD属性不同（即波束不同），并且存在符号重叠，则UE不检测Type0/0A/2/3-PDCCH CSS/USS。

如果给UE同时配置了一个或多个CSS（即searchSpaceZero、searchSpaceSIB1、searchSpaceOtherSystemInformation、pagingSearchSpace、ra-SearchSpace），以及C-RNTI、MCS-C-RNTI或者CS-RNTI，并且UE在这些searchSpace的某个slot的PDCCH候选位置检测至少一个SI-RNTI、RA-RNTI或者P-RNTI加扰的DCI0_0或者DCI1_0，那么在这个slot也需要检测C-RNTI、MCS-C-RNTI或者CS-RNTI加扰的DCI0_0和DCI1_0。

如果给UE同时配置了一个或多个CSS（即searchSpaceZero、searchSpaceSIB1、searchSpaceOtherSystemInformation、pagingSearchSpace、ra-SearchSpace）或一个CSS集（PDCCH-Config配置），以及SI-RNTI、P-RNTI、RA-RNTI、SFI-RNTI、INT-RNTI、TPC-PUSCH-RNTI、TPC-PUCCH-RNTI或者TPC-SRS-RNTI，那么UE不期望在这些searchSpace的每个slot检测的这些RNTI加扰的DCI格式超过一种。

searchSpace的参数monitoringSymbolsWithinSlot和CORESET的参数duration配置约束如下：

1）如果UE配置的所有searchSpace的monitoringSymbolsWithinSlot都指示UE在最

多3个连续的符号内检测PDCCH，并且至少有一个符号在前3个符号之后，则UE不期望PDCCH SCS不是15 kHz（也就是在这种情况下，PDCCH SCS只能为15 kHz。即对于非15 kHz的PDCCH SCS，如果所有searchSpace都配置最多检测3个符号，那么只能配置在前3个符号）。

2）UE不期望monitoringSymbolsWithinSlot配置的检测符号和CORESET duration，导致对应的CORESET跨越了slot（比如配置monitoringSymbolsWithinSlot检测最后一个符号，但是对应的CORESET duration为2个符号，这样PDCCH candidate就跨越了slot）。

3）对于一个或多个searchSpace关联到某个CORESET的情况，UE不期望这些searchSpace配置的monitoringSymbolsWithinSlot指示的检测符号间隔小于该CORESET duration。

【举例1】如果CORESET duration等于3，那么关联该CORESET的searchSpace（非DCI2_0）的monitoringSymbolsWithinSlot指示的PDCCH MO的符号间隔必须大于或等于3，比如：10010010010010是不期望的，因为最后一个MO会导致CORESET跨越slot；10010010010100是不期望的，因为最后一个MO与前一个MO的间隔为2，小于3；10010010000100是允许的，因为MO不会导致CORESET跨越slot，并且每个MO的间隔都不小于3。

【举例2】配置CORESET ID 1的duration等于3，searchSpaceId 1和searchSpaceId 2（非DCI2_0）都关联到CORESET ID 1。

1）假定searchSpaceId 1的monitoringSymbolsWithinSlot配置为10010010000100，searchSpaceId 2的monitoringSymbolsWithinSlot配置为01000000000000，那么以上配置是不允许的，因为第1个符号和第2个符号都存在CORESET ID 1的MO，间隔小于3（CORESET duration）。

2）假定searchSpaceId 1的monitoringSymbolsWithinSlot配置为10010010000000，searchSpaceId 2的monitoringSymbolsWithinSlot配置为00000000010000，那么以上配置是允许的，因为关联到CORESET ID 1的所有searchSpace指示的MO，间隔都不小于3。

2. PDCCH候选位置

根据配置参数和协议给定的公式，可以计算出PDCCH候选位置（PDCCH candidate），gNB只能在候选位置发送DCI，UE在这些候选位置盲检DCI。

RE冲突的处理规则如下。

1）如果UE检测Type0-PDCCH CSS的PDCCH candidate，则UE假定该PDCCH candidate的RE不存在SSB（即假定不会和SSB的RE冲突）。

2）如果UE接收到参数ssb-PositionsInBurst（通过SIB1或者ServingCellConfigCommon配置），且UE当前不检测Type0-PDCCH CSS的PDCCH candidate，某个PDCCH candidate的至少一个RE和ssb-PositionsInBurst指示的SSB的RE冲突，则UE不需要检测该PDCCH candidate。

3）如果 PDCCH 候选位置的至少一个 RE 和 lte-CRS-ToMatchAround 的 RE 或者速率匹配 RateMatchPattern 的 RE 冲突，则 UE 不需要检测该 PDCCH 候选位置。

4）当 CORESET 的 precoderGranularity 配置为 allContiguousRBs 时，UE 不期望该 CORESET 的任何 RE 和 lte-CRS-ToMatchAround 的 RE 或者 SSB 的 RE 冲突。

每个 slot 的 PDCCH 候选位置的 CCE 编号通过如下公式计算：

$$\text{CCE 编号} = L \cdot \left\{ \left(Y_{p,n_{s,f}^{\mu}} + \left\lfloor \frac{m_{s,n_{CI}} \cdot N_{\text{CCE},p}}{L \cdot M_{s,\max}^{(L)}} \right\rfloor + n_{CI} \right) \bmod \lfloor N_{\text{CCE},p} / L \rfloor \right\} + i$$

其中，各参数解释如下。

- L：为 CCE 聚合度。
- Y：对于 CSS，$Y_{p,n_{s,f}^{\mu}} = 0$。对于 USS，$Y_{p,n_{s,f}^{\mu}} = (A_p \cdot Y_{p,n_{s,f}^{\mu}-1}) \bmod D$，其中 $Y_{p,-1} = n_{\text{RNTI}} \neq 0$，$p \bmod 3 = 0$ 时，$A_p = 39827$；$p \bmod 3 = 1$ 时，$A_p = 39829$；$p \bmod 3 = 2$ 时，$A_p = 39839$，$D = 65537$；p 为 CORESET ID，$n_{s,f}^{\mu}$ 为 searchSpace s 当前的 slot 编号，n_{RNTI} 为 UE 的 C-RNTI。
- $N_{\text{CCE},p}$：该 CORESET 的 CCE 总数。
- $M_{s,\max}^{(L)}$：PDCCH 候选位置个数最大值。对于 CSS，$M_{s,\max}^{(L)} = M_{s,0}^{(L)}$。对于 USS，如果是非跨载波调度，则 $M_{s,\max}^{(L)}$ 为本小区的 CCE 聚合度 L 的候选位置个数；如果是跨载波调度，则 $M_{s,\max}^{(L)}$ 为所有小区的 $M_{s,n_{CI}}^{(L)}$ 最大值，n_{CI} 为配置了 searchSpace s 和 CCE 聚合度 L 的跨载波调度相关小区。
- m：为 PDCCH 候选位置编号，$m_{s,n_{CI}} = 0,\cdots,M_{s,n_{CI}}^{(L)} - 1$，$M_{s,n_{CI}}^{(L)}$ 为小区 n_{CI} 的 searchSpace s 的 CCE 聚合度 L 的候选位置个数。
- n_{CI}：对于 CSS 和非跨载波调度来说，取值为 0；对于跨载波调度来说，取值为 CrossCarrierSchedulingConfig 配置的 CIF 值。
- i：$i = 0,\cdots,L-1$。

由以上可知，PDCCH candidate 和 CCE 聚合度、CCE 候选位置总数、CCE 总个数、UE 的 C-RNTI、CORESET ID、slot 编号、搜索空间类型、是否跨载波调度等都有关系。

如果 UE 配置了跨载波调度，并且支持 searchSpaceSharingCA-UL 或 searchSpaceSharingCA-DL（UE 能力参数），$n_{CI,2}$ 小区的 CORESET P 的 CCE 聚合度 L 的 PDCCH 候选位置上检测的 DCI0_1 或 DCI1_1 的长度和 $n_{CI,1}$ 小区的 CORESET P 的 CCE 聚合度 L 的 PDCCH 候选位置上检测的 DCI0_1 或 DCI1_1 的长度相等，则两个小区之间的 PDCCH 候选位置可以共享。

对于当前激活下行 BWP 配置的所有 searchSpace 关联的 PDCCH 候选集，UE 期望最多监测 4 个不同长度的 DCI 格式，包括最大 3 个不同长度的 C-RNTI 加扰的 DCI。

对于某个服务小区的激活下行 BWP，如果关联到某个 searchSpace s_j 和 CORESET P 的 PDCCH 候选位置 $m_{s_j,n_{CI}}$ 和另外一个 PDCCH 候选位置 $m_{s_i,n_{CI}}$ 或者 $n_{s_j,n_{CI}}$，都使用 CORESET P，

并且 CCE 集合相同（也就是两个 PDCCH 候选位置的 CCE 编号完全一样），加扰方式、DCI 长度一样，并且满足下列条件，则该 PDCCH 候选位置 $m_{s_j,n_{CI}}$ 不计数：

1）对于 $m_{s_i,n_{CI}}$，searchSpace $s_i < s_j$；

2）对于 $n_{s_j,n_{CI}}$（即同一个 searchSpace），$n_{s_j,n_{CI}} < m_{s_j,n_{CI}}$。

对于一个激活下行 BWP（SCS 配置为 μ），每个服务小区的每个 slot 内，UE 检测的最大 PDCCH 候选位置总数见表 6-3。最大 PDCCH 候选位置总数限制了 UE 进行盲检测译码的复杂度。

对于一个激活下行 BWP（SCS 配置为 μ），每个服务小区的每个 slot 内，UE 检测的所有 PDCCH 候选位置的最大不重叠的 CCE 总数见表 6-4。最大不重叠的 CCE 总数限制了 UE 进行信道估计的复杂度。

表 6-3　UE 检测的最大 PDCCH 候选位置总数

μ	$M_{\text{PDCCH}}^{\text{max,slot},\mu}$
0	44
1	36
2	22
3	20

表 6-4　UE 检测的最大不重叠的 CCE 总数

μ	$C_{\text{PDCCH}}^{\text{max,slot},\mu}$
0	56
1	56
2	48
3	32

当 PDCCH 候选位置的 CCE 属于不同的 CORESET ID，或者有不同的起始符号时，认为 CCE 不重叠。也就是在 CORESET ID 相同，并且起始符号相同的情况下，如果两个 PDCCH 候选位置有部分 CCE 编号相同，则认为这些 CCE 是重叠的，不计数。

【举例 3】SIB1 的 CORESET0 的 CCE 聚合度 4 的候选位置有 4 个，通过公式可以计算得出这 4 个候选位置（和 CCE 总数 N 有关）：当 $N_{\text{CCE},p}$ 等于 16 时，候选位置分别为 CCE 编号 0 ～ 3、4 ～ 7、8 ～ 11、12 ～ 15；当 $N_{\text{CCE},p}$ 等于 24 时，候选位置分别为 CCE 编号 0 ～ 3、4 ～ 7、12 ～ 15、16 ～ 19。

UE 在这些位置上盲检 DCI。协议给出了聚合度 4 的候选位置总数为 4，聚合度 8 的候选位置总数为 2，聚合度 16 的候选位置总数为 1，因此最多需要盲检 4+2+1=7 次。

【举例 4】假定 UE 配置了 1 个 PCell、2 个 SCell，如下：

1）PCell 为跨载波调度的调度小区，配置该小区 searchSpace 1 为 CSS，配置 monitoring-SymbolsWithinSlot 只检测第 1 个符号，只配置 CCE 聚合度 2（候选位置总数为 2），searchSpace 1 关联 CORESET 1，duration 为 1，大小为 96 个连续的 RB（一共有 16 个 CCE）。

2）SCell 1 为跨载波调度的被调度小区，被 PCell 调度，CIF 取值为 1，配置该小区 searchSpace 1，只配置 CCE 聚合度 2（候选位置总数为 2）。

3）SCell 2 也为跨载波调度的被调度小区，被 PCell 调度，CIF 取值为 2，配置该小区 searchSpace 1，只配置 CCE 聚合度 2（候选位置总数为 2）。

那么，由以上配置可得出如下结论。

- PCell：当调度 PCell 时，PDCCH 候选位置为 CCE0 ～ CCE1、CCE8 ～ CCE9；当调度 SCell 1 时，PDCCH 候选位置为 CCE2 ～ CCE3、CCE10 ～ CCE11；当调度 SCell 2 时，PDCCH 候选位置为 CCE4 ～ CCE5、CCE12 ～ CCE13。
- SCell 1：不检测 PDCCH。
- SCell 2：不检测 PDCCH。

3. UE 盲检测能力

（1）盲检测能力字段说明

UE 的 PDCCH 盲检测相关的能力字段如下：

- Phy-Parameters->phy-ParametersFRX-Diff->pdcch-BlindDetectionCA，取值范围为 4 ～ 16，可选字段，用于大于 4CC 时的 CA，表示 UE 支持的每个 slot 的 PDCCH 盲检测小区数最大值。
- Phy-Parameters->phy-ParametersFRX-Diff->pdcch-BlindDetectionNRDC，用于 NR-DC 双连接，可选字段，表示 UE 支持的 MCG 和 SCG 的每个 slot 的 PDCCH 盲检测小区数最大值，取值范围为 1 ～ 15。参数配置如下：

```
pdcch-BlindDetectionNRDC          SEQUENCE {
    pdcch-BlindDetectionMCG-UE        INTEGER (1..15),
    pdcch-BlindDetectionSCG-UE        INTEGER (1..15)
}
```

以上 UE 能力字段的约束为：如果 UE 上报了 pdcch-BlindDetectionCA，那么 pdcch-BlindDetectionMCG-UE 或 pdcch-BlindDetectionSCG-UE 取值为 [1, …, pdcch-BlindDetectionCA-1]，pdcch-BlindDetectionMCG-UE + pdcch-BlindDetectionSCG-UE ≥ pdcch-BlindDetectionCA；如果 UE 没有上报 pdcch-BlindDetectionCA（假定 $N_{\text{NR-DC,max}}^{\text{DL,cells}}$ 为 UE 可以配置的 NR-DC 的 MCG 和 SCG 的下行小区最大总和），那么 pdcch-BlindDetectionMCG-UE 或 pdcch-BlindDetectionSCG-UE 取值范围为 [1,2,3]，pdcch-BlindDetectionMCG-UE + pdcch-BlindDetectionSCG-UE ≥ $N_{\text{NR-DC,max}}^{\text{DL,cells}}$。

（2）UE 支持的最大盲检测 PDCCH 候选位置总数说明

UE 支持的每 slot 同时进行盲检测的 PDCCH 候选位置总数和变量 $N_{\text{cells}}^{\text{cap}}$ 有关，说明如下：

1）当 UE 没有配置 NR-DC 双连接时，如果 UE 上报了 pdcch-BlindDetectionCA，则 $N_{\text{cells}}^{\text{cap}}$ 等于 pdcch-BlindDetectionCA；否则，$N_{\text{cells}}^{\text{cap}}$ 为配置的下行小区个数。

2）当 UE 配置了 NR-DC 双连接时，对于 MCG，$N_{\text{cells}}^{\text{cap}} = N_{\text{cells}}^{\text{MCG}}$，$N_{\text{cells}}^{\text{MCG}}$ 由 MCG 的参数 PhysicalCellGroupConfig->pdcch-BlindDetection 配置；对于 SCG，$N_{\text{cells}}^{\text{cap}} = N_{\text{cells}}^{\text{SCG}}$，$N_{\text{cells}}^{\text{SCG}}$ 由 SCG 的参数 PhysicalCellGroupConfig->pdcch-BlindDetection 配置。

以上配置参数的约束为：如果 UE 上报了 pdcch-BlindDetectionCA，则 pdcch-BlindDetection（MCG 配置）+ pdcch-BlindDetection（SCG 配置）≤ pdcch-BlindDetectionCA；如果 UE 没有上报 pdcch-BlindDetectionCA（假定 $N_{\text{NR-DC}}^{\text{DL,cells}}$ 为 UE 配置的 MCG 和 SCG 的下行小区总和），则 pdcch-

BlindDetection（MCG 配置）+ pdcch-BlindDetection（SCG 配置）≤ $N_{\text{NR-DC}}^{\text{DL,cells}}$。

如果 UE 配置了 $N_{\text{cells}}^{\text{DL},\mu}$ 个下行小区（其中，μ 为该小区当前下行 BWP 的 SCS。对于激活的下行小区，当前下行 BWP 为该小区激活的下行 BWP；对于未激活的下行小区，当前下行 BWP 为该小区的 firstActiveDownlinkBWP-Id 指示的 BWP），对于每个 slot：

1）如果 $\sum_{\mu=0}^{3} N_{\text{cells}}^{\text{DL},\mu} \leqslant N_{\text{cells}}^{\text{cap}}$，则调度小区的激活下行 BWP，对于每个被调度小区来说，UE 不期望检测的 PDCCH 候选位置总数超过 $M_{\text{PDCCH}}^{\text{total,slot},\mu} = M_{\text{PDCCH}}^{\text{max,slot},\mu}$，不重叠的 CCE 总数超过 $C_{\text{PDCCH}}^{\text{total,slot},\mu} = C_{\text{PDCCH}}^{\text{max,slot},\mu}$。

2）如果 $\sum_{\mu=0}^{3} N_{\text{cells}}^{\text{DL},\mu} > N_{\text{cells}}^{\text{cap}}$，则对于 $N_{\text{cells}}^{\text{DL},\mu}$ 个下行小区中的所有调度小区的激活下行 BWP 来说，UE 不期望检测的 PDCCH 候选位置总数超过 $M_{\text{PDCCH}}^{\text{total,slot},\mu} = \left\lfloor N_{\text{cells}}^{\text{cap}} \cdot M_{\text{PDCCH}}^{\text{max,slot},\mu} \cdot N_{\text{cells}}^{\text{DL},\mu} \Big/ \sum_{j=0}^{3} N_{\text{cells}}^{\text{DL},j} \right\rfloor$，不重叠的 CCE 总数超过 $C_{\text{PDCCH}}^{\text{total,slot},\mu} = \left\lfloor N_{\text{cells}}^{\text{cap}} \cdot C_{\text{PDCCH}}^{\text{max,slot},\mu} \cdot N_{\text{cells}}^{\text{DL},\mu} \Big/ \sum_{j=0}^{3} N_{\text{cells}}^{\text{DL},j} \right\rfloor$。并且，对于每个被调度小区来说，UE 不期望在对应的调度小区的激活下行 BWP 上检测的 PDCCH 候选位置总数超过 $\min(M_{\text{PDCCH}}^{\text{max,slot},\mu}, M_{\text{PDCCH}}^{\text{total,slot},\mu})$，不重叠的 CCE 总数超过 $\min(C_{\text{PDCCH}}^{\text{max,slot},\mu}, C_{\text{PDCCH}}^{\text{total,slot},\mu})$。

UE 不期望配置 CSS 集，导致调度小区和被调度小区超过了 UE 的上述 PDCCH 盲检测能力。如果 UE 计算到某个 USS 的 PDCCH 候选位置个数或者不重叠的 CCE 个数不足，则退出，后续的 USS 也不再检测。UE 检测 PDCCH 候选位置的次序说明如下：先 CSS，再 USS，searchSpaceId 从小到大进行。

【举例 5】假定 UE 配置为非双连接，支持 CA，共配置 5CC（即 5 小区，1 个主小区记为 cellIndex0，4 个辅小区记为 cellIndex1 ～ 4），每个小区的所有 BWP 都配置 $\mu=0$，配置 cellIndex4 为被调度小区（被 cellIndex1 调度），配置 cellIndex0 ～ cellIndex3 为自己调度自己小区，UE 上报了 pdcch-BlindDetectionCA=8，假定只有 cellIndex0、cellIndex1 和 cellIndex4 激活，则满足 $\sum_{\mu=0}^{3} N_{\text{cells}}^{\text{DL},\mu} \leqslant N_{\text{cells}}^{\text{cap}}$，即 5<8，得出如下结论。

- cellIndex0：UE 每个 slot 检测的 PDCCH 候选位置总数最大为 44，不重叠的 CCE 总数最大为 56。
- cellIndex1：给 cellIndex1 或者 cellIndex4 调度时，UE 每个 slot 检测的 PDCCH 候选位置总数最大为 44，不重叠的 CCE 总数最大为 56。也就是，cellIndex1 上每个 slot 检测的 PDCCH 候选位置总数最大可以到 88，不重叠的 CCE 总数最大为 112（cellIndex1 和 cellIndex4 分别计数）。
- cellIndex4：被调度小区，不检测 PDCCH。

【举例 6】假定除了 pdcch-BlindDetectionCA=4，配置全部同例 1，则满足 $\sum_{\mu=0}^{3} N_{\text{cells}}^{\text{DL},\mu} > N_{\text{cells}}^{\text{cap}}$，即 5>4，得出如下结论。

- cellIndex0和cellIndex1为调度的激活小区，每个slot检测的PDCCH候选位置总数（即两个小区之和）最大为$M_{\text{PDCCH}}^{\text{total,slot,0}}=\lfloor 4\times 44\times 5/5\rfloor=176$，不重叠的CCE总数（即两个小区之和）最大为$C_{\text{PDCCH}}^{\text{total,slot,0}}=\lfloor 4\times 56\times 5/5\rfloor=224$。
- cellIndex0：UE每个slot检测的PDCCH候选位置总数最大为min（44,176）=44，不重叠的CCE总数最大为min（56,224）=56。
- cellIndex1：给cellIndex1或者cellIndex4调度时，UE每个slot检测的PDCCH候选位置总数最大为min（44,176）=44，不重叠的CCE总数最大为min（56,224）=56。也就是，cellIndex1上每个slot检测的PDCCH候选位置总数最大可以到88，不重叠的CCE总数最大为112。
- cellIndex4：被调度小区，不检测PDCCH。

【举例7】假定UE配置为非双连接，支持CA，共配置5CC（即5个小区，1个主小区记为cellIndex0，4个辅小区记为cellIndex1～4），如表6-5所示。cellIndex0配置了4个BWP，cellIndex1、cellIndex4配置了3个BWP，cellIndex2、cellIndex3配置了2个BWP，并且BWP的μ不同，未配置跨载波调度，UE上报了pdcch-BlindDetectionCA=4。

表6-5 配置示例

	BWP0	BWP1	BWP2	BWP3	firstActiveDownlinkBWP-Id
cellIndex0	$\mu=0$	$\mu=1$	$\mu=2$	$\mu=3$	BWP1
cellIndex1	$\mu=0$	$\mu=1$	$\mu=2$		BWP1
cellIndex2	$\mu=0$	$\mu=1$			BWP1
cellIndex3	$\mu=0$	$\mu=2$			BWP1
cellIndex4	$\mu=0$	$\mu=1$	$\mu=2$		BWP1

根据当前时刻不同服务小区UE激活的BWP不同，分别举例如下。

1）如果所有服务小区都激活了BWP0，则5个小区每个slot检测的PDCCH候选位置总数（即5个小区之和）最大为$M_{\text{PDCCH}}^{\text{total,slot,0}}=\lfloor 4\times 44\times 5/5\rfloor=176$，不重叠的CCE总数（即5个小区之和）最大为$C_{\text{PDCCH}}^{\text{total,slot,0}}=\lfloor 4\times 56\times 5/5\rfloor=224$，每个小区每个slot检测的PDCCH候选位置总数最大为min(44,176)=44，不重叠的CCE总数最大为min(56,224)=56。也就是说，假定cellIndex0～cellIndex3已经各配置了40个候选位置，那么cellIndex4只能检测176−4×40=16个候选位置，不重叠的CCE总数处理类似。

2）如果cellIndex0激活了BWP3，cellIndex1激活了BWP2，cellIndex2和cellIndex3激活了BWP1，cellIndex4这个小区没有激活，则在当前时刻：

- $\mu=0$的小区总计为0个。
- $\mu=1$的小区总计为2个，为cellIndex2和cellIndex4（cellIndex4虽然没有激活，但firstActiveDownlinkBWP-Id为BWP1），两个小区每个slot检测的PDCCH候选位置总数之和最大为$M_{\text{PDCCH}}^{\text{total,slot,1}}=\lfloor 4\times 36\times 2/5\rfloor=57$，不重叠的CCE总数之和最大为$C_{\text{PDCCH}}^{\text{total,slot,1}}=\lfloor 4\times 56\times 2/5\rfloor=89$。cellIndex2每个slot检测的PDCCH候选位置总数最大为

min(36,57)=36，不重叠的 CCE 总数最大为 min(56,89)=56。

- $\mu=2$ 的小区总计为 2 个，为 cellIndex1 和 cellIndex3，两个小区每个 slot 检测的 PDCCH 候选位置总数之和最大为 $M_{\text{PDCCH}}^{\text{total,slot,2}}=\lfloor 4\times 22\times 2/5\rfloor=35$，不重叠的 CCE 总数之和最大为 $C_{\text{PDCCH}}^{\text{total,slot,2}}=\lfloor 4\times 48\times 2/5\rfloor=76$。cellIndex1 和 cellIndex3 每个小区每个 slot 检测的 PDCCH 候选位置总数最大为 min(22,35)=22，不重叠的 CCE 总数最大为 min(48,76)=48。也就是说，如果 gNB 给 cellIndex1 的 BWP2 配置了 22 个 PDCCH 候选位置，那么 cellIndex3 的 BWP1 就只能检测 35−22=13 个候选位置。
- $\mu=3$ 的小区总计为 1 个，为 cellIndex0，所以 cellIndex0 每个 slot 检测的 PDCCH 候选位置总数最大为 $M_{\text{PDCCH}}^{\text{total,slot,3}}=\lfloor 4\times 20\times 1/5\rfloor=16$，取 min(20,16)=16，不重叠的 CCE 总数最大为 $C_{\text{PDCCH}}^{\text{total,slot,3}}=\lfloor 4\times 32\times 1/5\rfloor=25$，取 min(32,25)=25。

4. UE 处理 PDCCH 的能力

对于一个被调度小区，UE 期望最多缓存 16 个 C-RNTI、CS-RNTI 或者 MCS-RNTI 加扰的 PDCCH（DCI1_0 或者 DCI1_1），用来调度 16 个 PDSCH；最多缓存 16 个 C-RNTI、CS-RNTI 或者 MCS-RNTI 加扰的 PDCCH（DCI0_0 或者 DCI0_1），用来调度 16 个 PUSCH。

【举例 8】如图 6-2 所示，k0=16，UE 最多只能缓存 16 个 DCI1。

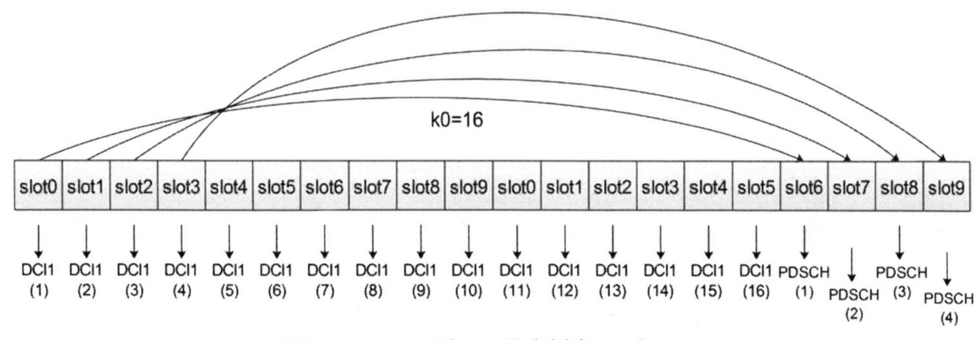

图 6-2　k0=16 时 UE 最多缓存 16 个 DCI1

如图 6-3 所示，k0=18，UE 最多只能缓存 16 个 DCI1。

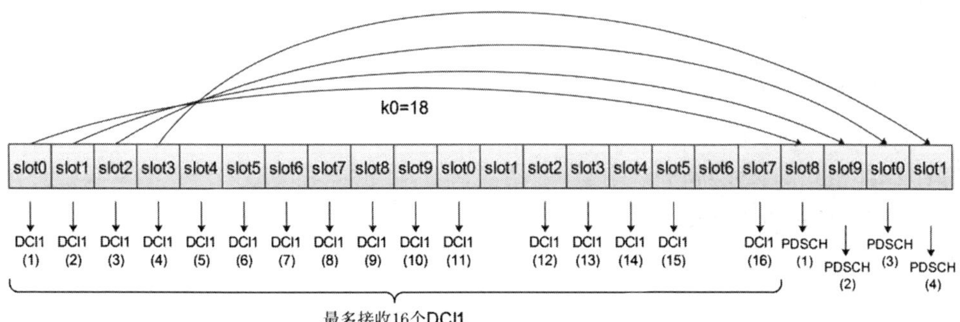

图 6-3　k0=18 时 UE 最多缓存 16 个 DCI1

如图 6-4 所示，k2=16，UE 最多只能缓存 16 个 DCI0。

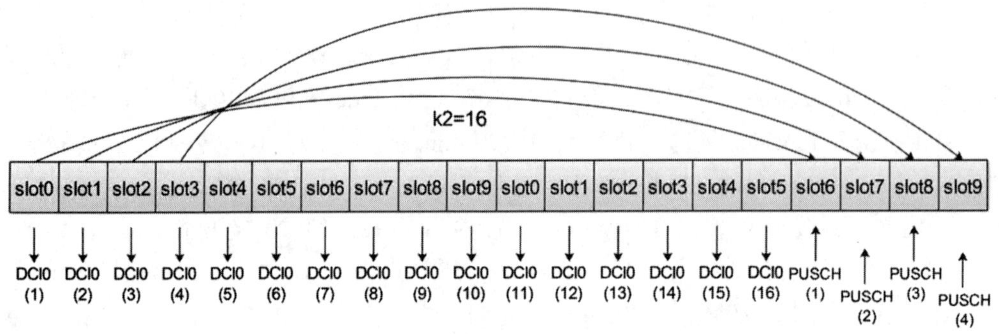

图 6-4 k2=16 时 UE 最多缓存 16 个 DCI0

如图 6-5 所示，k2=18，UE 最多只能缓存 16 个 DCI0。

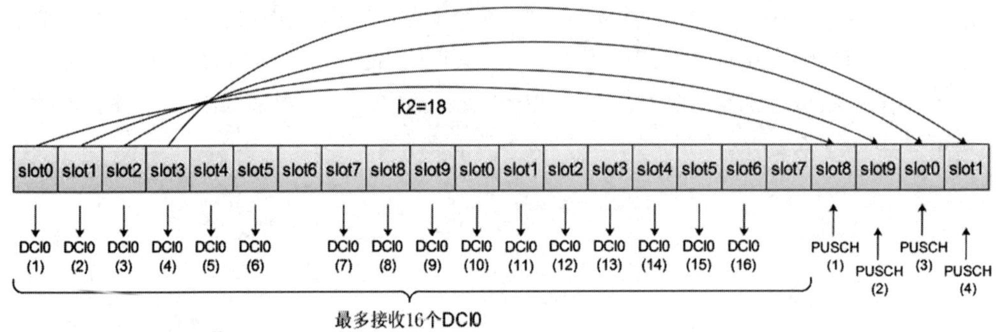

图 6-5 k2=18 时 UE 最多缓存 16 个 DCI0

当 UE 没有配置双连接并且配置大于 4 小区的 CA 时，或者 UE 配置了双连接时，所有小区支持的最大 PDCCH/PDSCH、PDCCH/PUSCH 为 $16 \cdot N_{\text{cells}}^{\text{cap}}$（$N_{\text{cells}}^{\text{cap}}$ 取值同上一节）。

【举例 9】假定 UE 配置非双连接，CA 场景，共配置了 6CC，但是 $N_{\text{cells}}^{\text{cap}}=4$，那么 UE 所有小区缓存的 DCI 最大为 16×4=64。也就是 gNB 在调度时，要保证 6 个小区调度的 DCI1（UE 缓存的，还未开始处理对应的 PDSCH）总数不能超过 64，并且 6 个小区调度的 DCI0（UE 缓存的，还未开始处理对应的 PUSCH）总数也不能超过 64。

6.1.5 DCI 格式

1. DCI 对齐要求

每种 DCI 格式的长度都由被调度小区的激活 BWP 的配置参数决定。如果有必要，则加 padding（只有 DCI0_0 有 padding 位，其他 DCI 需要在最后加 0）或者截断 DCI 长度，按下面步骤进行。

步骤 1：

1）计算 CSS 上检测的 DCI0_0 的长度，$N_{\text{RB}}^{\text{UL,BWP}}$ 为初始上行 BWP 的大小；

2）计算 CSS 上检测的 DCI1_0 的长度，如果小区配置了 CORESET0，则 $N_{\mathrm{RB}}^{\mathrm{DL,BWP}}$ 为 CORESET0 的大小；如果小区没有配置 CORESET0，则 $N_{\mathrm{RB}}^{\mathrm{DL,BWP}}$ 为初始下行 BWP 的大小；

3）如果 CSS 上调度的 DCI0_0 的长度小于 CSS 上调度的 DCI1_0 的长度，则需要给 DCI0_0 补 0 padding，直到两者长度相等；

4）如果 CSS 上调度的 DCI0_0 的长度大于 CSS 上调度的 DCI1_0 的长度，则需要截断 DCI0_0 的 frequency domain resource assignment field 的高位，使其等于 DCI1_0 的长度。

【说明】CSS 上调度的 DCI0_0 和 DCI1_0 的长度要相等，取 DCI1_0 的长度。

步骤 2：

1）计算 USS 上检测的 DCI0_0 的长度，$N_{\mathrm{RB}}^{\mathrm{UL,BWP}}$ 为激活上行 BWP 的大小；

2）计算 USS 上检测的 DCI1_0 的长度，$N_{\mathrm{RB}}^{\mathrm{DL,BWP}}$ 为激活下行 BWP 的大小；

3）如果 UE 配置了 supplementaryUplink，SUL 和 NUL 都配置了 PUSCH，且 SUL 和 NUL 的 USS 的 DCI0_0 长度不相等，则需要给短的 DCI0_0 补 0 padding，直到两者长度相等；

4）如果 USS 上调度的 DCI0_0 的长度小于 USS 上调度的 DCI1_0 的长度，则需要给 DCI0_0 补 0 padding，直到两者长度相等；

5）如果 USS 上调度的 DCI1_0 的长度小于 USS 上调度的 DCI0_0 的长度，则需要给 DCI1_0 在最后补 0，直到两者长度相等。

【说明】USS 上调度的 DCI0_0 和 DCI1_0 的长度要相等，取较长的 DCI 的长度。

步骤 3：

1）如果 UE 配置了 supplementaryUplink，SUL 和 NUL 都配置了 PUSCH，且 SUL 和 NUL 的 DCI0_1 长度不相等，则需要给短的 DCI0_1 在最后补 0，直到两者长度相等；

2）如果 USS 上调度的 DCI0_1 的长度等于另外一个 USS 上调度的 DCI0_0/DCI1_0 的长度，则 1 bit 的 0 padding 需要加到 DCI0_1 的最后；

3）如果 USS 上调度的 DCI1_1 的长度等于另外一个 USS 上调度的 DCI0_0/DCI1_0 的长度，则 1 bit 的 0 padding 需要加到 DCI1_1 的最后。

【说明】USS 上调度的 DCI0_1 和 DCI1_1 的长度可以相等，也可以不相等，但是不能等于 USS 上调度的 DCI0_0/DCI1_0 的长度。

步骤 4：

如果下列条件都满足，则 DCI 的大小对齐过程结束。

1）小区配置的需要检测的不同长度 DCI 总数不超过 4；

2）小区配置的需要检测的不同长度 C-RNTI 加扰的 DCI 总数不超过 3。

如果不满足步骤 4 的条件，则进入步骤 5。

步骤 5：

1）如果步骤 3 加了 padding，则移除；

2）计算 USS 上检测的 DCI0_0 的长度，$N_{\mathrm{RB}}^{\mathrm{UL,BWP}}$ 为初始上行 BWP 的大小；

3）计算 USS 上检测的 DCI1_0 的长度，如果小区配置了 CORESET0，则 $N_{\mathrm{RB}}^{\mathrm{DL,BWP}}$ 为 CORESET0

的大小；如果小区没有配置CORESET0，则$N_{RB}^{DL,BWP}$为初始下行BWP的大小；

4）如果USS上调度的DCI0_0的长度小于USS上调度的DCI1_0的长度，则需要给DCI0_0补0 padding，直到两者长度相等；

5）如果USS上调度的DCI0_0的长度大于USS上调度的DCI1_0的长度，则需要截断DCI0_0的frequency domain resource assignment field的高位，使其等于DCI1_0的长度。

【说明】USS的DCI0_0/DCI1_0的长度要重新计算，使其等于CSS的DCI0_0/DCI1_0的长度。

应用上述步骤后，UE不期望处理如下的任何一种情况：

1）小区配置的需要检测的不同长度DCI总数超过4；

2）小区配置的需要检测的不同长度C-RNTI加扰的DCI总数超过3；

3）USS的DCI0_0大小等于另外一个USS的DCI0_1的大小；

4）USS的DCI1_0大小等于另外一个USS的DCI1_1的大小。

2. DCI0

（1）DCI0_0

DCI0_0可以使用C-RNTI、CS-RNTI、MCS-RNTI和TC-RNTI加扰，不同RNTI类型的DCI0_0字段内容和占用位见表6-6。

表6-6 DCI0_0字段内容和占用位

RNTI类型	DCI0_0字段	占用位
C-RNTI或CS-RNTI或MCS-RNTI	Identifier for DCI formats	1
	Frequency domain resource assignment	可变
	Time domain resource assignment	4
	Frequency hopping flag	1
	Modulation and Coding Scheme（调制编码方案，MCS）	5
	New Data Indicator（新传数据指示，NDI）	1
	Redundancy Version（冗余版本，RV）	2
	HARQ process number	4
	TPC command for scheduled PUSCH	2
	Padding bits	可变
	UL/SUL indicator	0或1
TC-RNTI	Identifier for DCI formats	1
	Frequency domain resource assignment	可变
	Time domain resource assignment	4
	Frequency hopping flag	1
	MCS	5
	NDI	1
	Redundancy version	2
	HARQ process number	4

（续）

RNTI 类型	DCI0_0 字段	占用位
TC-RNTI	TPC command for scheduled PUSCH	2
	Padding bits	可变
	UL/SUL indicator	0 或 1

（2）DCI0_1

DCI0_1 可以使用 C-RNTI、CS-RNTI、SP-CSI-RNTI 和 MCS-RNTI 加扰，字段内容和占用位见表 6-7。

表 6-7 DCI0_1 字段内容和占用位

RNTI 类型	DCI0_1 字段	占用位
C-RNTI 或 CS-RNTI 或 SP-CSI-RNTI 或 MCS-RNTI	Identifier for DCI formats	1
	Carrier indicator	0 或 3
	UL/SUL indicator	0 或 1
	Bandwidth part indicator	0、1 或 2
	Frequency domain resource assignment	可变
	Time domain resource assignment	0、1、2、3 或 4
	Frequency hopping flag	0 或 1
	MCS	5
	NDI	1
	Redundancy version	2
	HARQ process number	4
	1st Downlink assignment index	1 或 2
	2nd Downlink assignment index	0 或 2
	TPC command for scheduled PUSCH	2
	SRS resource indicator	可变
	Precoding information and number of layers	0、1、2、3、4、5 或 6
	Antenna port(s)	2、3、4 或 5
	SRS request	2 或 3
	CSI request	0、1、2、3、4、5 或 6
	CBG Transmission Information（CBGTI）	0、2、4、6 或 8
	PTRS-DMRS association	0 或 2
	beta_offset indicator	0 或 2
	DMRS sequence initialization	0 或 1
	UL-SCH indicator	1

3. DCI1

（1）DCI1_0

DCI1_0可以使用C-RNTI、CS-RNTI、MCS-RNTI、P-RNTI、SI-RNTI、RA-RNTI 和 TC-RNTI 加扰，不同 RNTI 类型的 DCI1_0 字段内容和占用位见表 6-8。

表 6-8　DCI1_0 字段内容和占用位

RNTI 类型	DCI1_0 字段	占用位	说明
C-RNTI 或 CS-RNTI 或 MCS-RNTI	Identifier for DCI formats	1	
	Frequency domain resource assignment	可变	
	Random Access Preamble index	6	* 如果 C-RNTI 加扰，并且 Frequency domain resource assignment 字段全是 1，则该 DCI1_0 为 PDCCH order 指示
	UL/SUL indicator	1	
	SS/PBCH index	6	
	PRACH Mask index	4	
	Reserved bits	10	
	Time domain resource assignment	4	除 * 之外，即非 PDCCH order 指示
	VRB-to-PRB mapping	1	
	Modulation and Coding Scheme	5	
	New Data Indicator	1	
	Redundancy version	2	
	HARQ process number	4	
	Downlink assignment index	2	
	TPC command for scheduled PUCCH	2	
	PUCCH resource indicator	3	
	PDSCH-to-HARQ_feedback timing indicator	3	
P-RNTI	Short Messages Indicator	2	
	Short Messages	8	
	Frequency domain resource assignment	可变	
	Time domain resource assignment	4	
	VRB-to-PRB mapping	1	
	Modulation and coding scheme	5	
	TB scaling	2	
	Reserved bits	6	
SI-RNTI	Frequency domain resource assignment	可变	
	Time domain resource assignment	4	
	VRB-to-PRB mapping	1	
	Modulation and coding scheme	5	
	Redundancy version	2	
	System information indicator	1	
	Reserved bits	15	
RA-RNTI	Frequency domain resource assignment	可变	
	Time domain resource assignment	4	
	VRB-to-PRB mapping	1	
	Modulation and coding scheme	5	
	TB scaling	2	
	Reserved bits	16	

（续）

RNTI 类型	DCI1_0 字段	占用位	说明
TC-RNTI	Identifier for DCI formats	1	
	Frequency domain resource assignment	可变	
	Time domain resource assignment	4	
	VRB-to-PRB mapping	1	
	Modulation and coding scheme	5	
	New data indicator	1	
	Redundancy version	2	
	HARQ process number	4	
	Downlink assignment index	2	
	TPC command for scheduled PUCCH	2	
	PUCCH resource indicator	3	
	PDSCH-to-HARQ_feedback timing indicator	3	

（2）DCI1_1

DCI1_1 可以使用 C-RNTI、CS-RNTI 和 MCS-RNTI 加扰，字段内容和占用位见表 6-9。

表 6-9　DCI1_1 字段内容和占用位

RNTI 类型	DCI1_1 字段	占用位	说明
C-RNTI 或 CS-RNTI 或 MCS-RNTI	Identifier for DCI formats	1	
	Carrier indicator	0 或 3	
	Bandwidth part indicator	0、1 或 2	
	Frequency domain resource assignment	可变	
	Time domain resource assignment	0、1、2、3 或 4	
	VRB-to-PRB mapping	0 或 1	
	PRB bundling size indicator	0 或 1	
	Rate matching indicator	0、1 或 2	
	ZP CSI-RS trigger	0、1 或 2	
	Modulation and coding scheme	5	TB1
	New data indicator	1	
	Redundancy version	2	
	Modulation and coding scheme	5	TB2，当 maxNrofCodeWo-rdsScheduledByDCI=2 时
	New data indicator	1	
	Redundancy version	2	
	HARQ process number	4	
	Downlink assignment index	0、2 或 4	
	TPC command for scheduled PUCCH	2	
	PUCCH resource indicator	3	
	PDSCH-to-HARQ_feedback timing indicator	0、1、2 或 3	
	Antenna port(s)	4、5 或 6	

（续）

RNTI 类型	DCI1_1 字段	占用位	说明
C-RNTI 或 CS-RNTI 或 MCS-RNTI	Transmission configuration indication	0 或 3	
	SRS request	2 或 3	
	CBG transmission information	0、2、4、6 或 8	
	CBG Flushing out Information (CBGFI)	0 或 1	
	DMRS sequence initialization	1	

4. 其他 DCI

（1）DCI2_0

使用 SFI_RNTI 加扰，用来通知 UE 时隙格式。具体见 3GPP 38.212 协议。

（2）DCI2_1

使用 INT_RNTI 加扰，用来通知 UE 打断指示。具体见 3GPP 38.212 协议。

（3）DCI2_2

使用 TPC-PUSCH-RNTI 或 TPC-PUCCH-RNTI 加扰，用来通知 UE PUSCH 或者 PUCCH 的 TPC 命令。具体见 3GPP 38.212 协议。

（4）DCI2_3

使用 TPC-SRS-RNTI 加扰，用来通知 UE SRS 的 TPC 命令。具体见 3GPP 38.212 协议。

6.2 UCI

6.2.1 概述

UCI 包括 HARQ-ACK、SR 和 CSI（Channel State Information，信道状态信息）。CSI 包括 CQI（Channel Quality Indicator，信道质量指示）、PMI（Precoding Matrix Indicator，预编码矩阵指示）、CRI（CSI-RS Resource Indicator，CSI-RS 资源指示）、SSBRI（SS/PBCH Block Resource Indicator，SSB 资源指示）、LI（Layer Indicator，层指示）、RI（Rank Indicator，秩指示）和 L1-RSRP。

如果 UE 配置了一个 PUCCH-SCell（指配置了 PUCCH 的 SCell），则本章描述的内容分别应用于主 PUCCH 小区组和辅 PUCCH 小区组。如果配置了 NR-DC 双连接，则 UE 不期望配置 PUCCH-SCell。

PUCCH 和 PUSCH 冲突处理规则如下（PUCCH 无重复发送）。

1）如果 UE 在一个服务小区发送 PUSCH（不带数据，只发送 CSI report），和在一个服务小区发送的 PUCCH（包含 positive SR）冲突，则 UE 不发送 PUSCH。这两个服务小区可能是同一个小区，也可能是不同的小区。

【注意】 单发 UCI 的 PUSCH，和包含 positive SR 的 PUCCH 冲突，则 UE 不发送 PUSCH，如图 6-6 所示。

2）如果 UE 在 PUCCH 上复用 UCI，和 PUSCH 冲突，并且 PUSCH 和 PUCCH 发送满足 UCI 复用条件，那么处理如下。

①如果该 PUSCH 复用了非周期或者半静态 CSI report，则 UE 不发送 PUCCH，只把 UCI 里面的 AN（如果存在）复用到该 PUSCH，如图 6-7 所示。

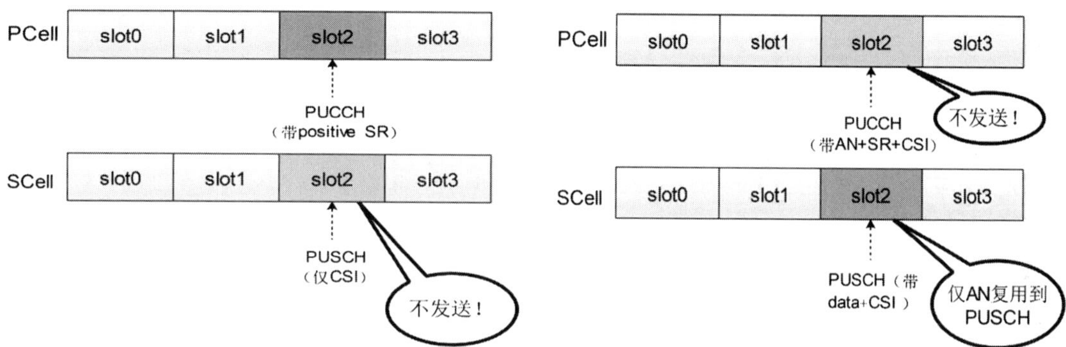

图 6-6 PUCCH 和 PUSCH 冲突处理图 1　　图 6-7 PUCCH 和 PUSCH 冲突处理图 2

②如果该 PUSCH 没有复用非周期或者半静态 CSI report，则 UE 不发送 PUCCH，只把 UCI 里面的 AN 和 CSI report（如果存在）复用到该 PUSCH，如图 6-8 所示。

【注意】 PUCCH（AN、SR、CSI）和 PUSCH 冲突时，PUCCH 不发送，如果存在 positive SR，则 SR 不复用。

3）假定 PUCCH 的 SCS 为 μ_1，PUSCH 的 SCS 为 μ_2，如果 $\mu_1 > \mu_2$，则 UE 在 PUCCH 的不同 slot 发送同类型的 UCI，不期望复用到 PUSCH 的同一个 slot。如图 6-9 所示，PCell 的 slot2 和 slot3 都是 AN 的 PUCCH，SCell 的 slot1 是 PUSCH，两个同类型的 PUCCH 需要复用到同一个 PUSCH，这种情况是 UE 不期望出现的，因此，gNB 调度应该避免这种情况出现。

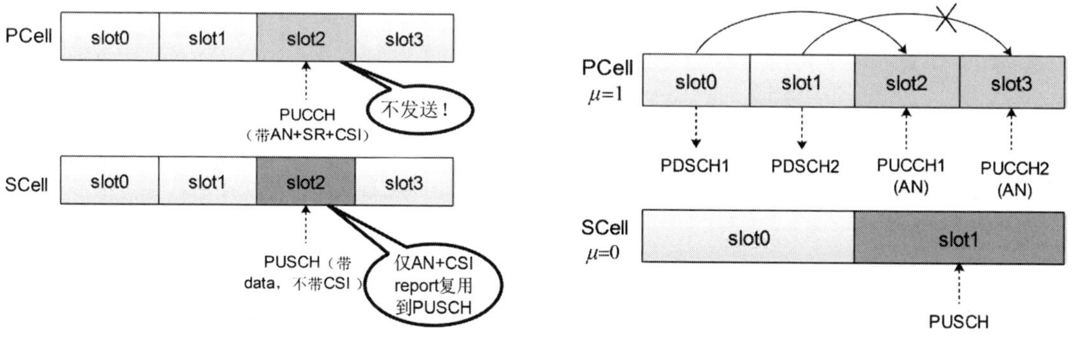

图 6-8 PUCCH 和 PUSCH 冲突处理图 3　　图 6-9 PUCCH 和 PUSCH 冲突处理图 4

4）UE 不期望一个 PUCCH 资源，其和多个包括非周期 CSI report 的 PUSCH 资源冲突。

【注意】 当 PUCCH 和多个 PUSCH 冲突时，如果其中有一个 PUSCH 带非周期 CSI，则 UCI 复用到该 PUSCH，所以不期望和多个带非周期 CSI 的 PUSCH 冲突，如图 6-10 所示。

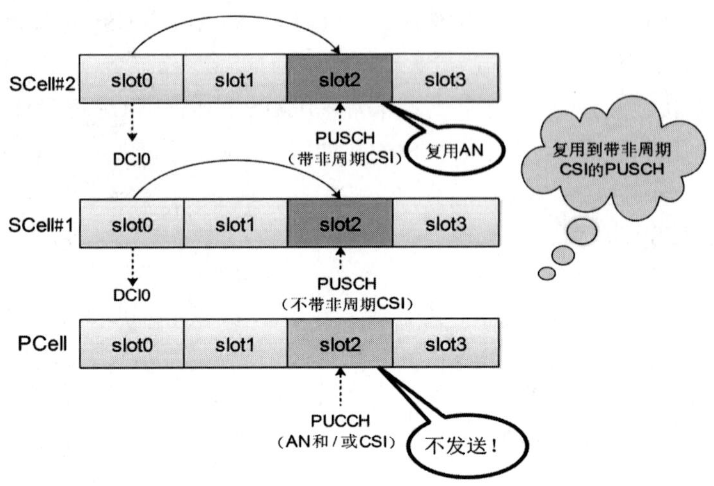

图 6-10　PUCCH 和 PUSCH 冲突处理图 5

5）假定 UE 在 slot n 收到 DCI0，在 slot（n+k2）发送对应的 PUSCH，那么 UE 不期望在该 DCI0 后收到调度 PDSCH 的 DCI 或者指示 SPS 去激活的 DCI，其对应的 AN 反馈复用在 slot（n+k2）的 PUSCH。

【举例 10】如图 6-11 所示，DCI1 在 DCI0 前面，对应的 PDSCH反馈可以复用到 PUSCH，DLSPS 周期调度无 DCI，其反馈也可以复用到 PUSCH。

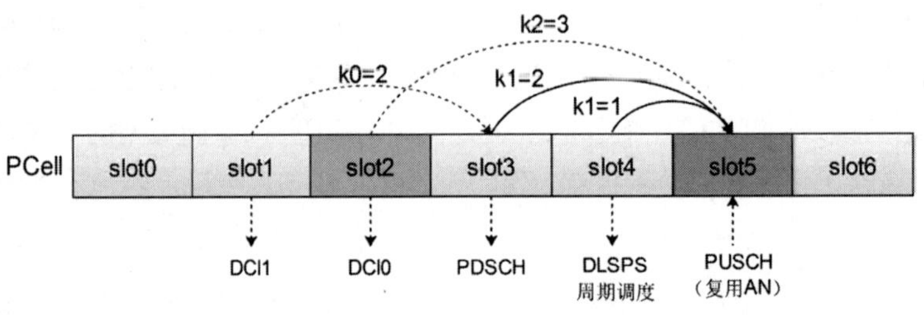

图 6-11　AN 复用示例图 1

【举例 11】如图 6-12 所示，DCI1 在 DCI0 后面，对应的 PDSCH 反馈不能复用到 PUSCH，DLSPS 周期调度无 DCI，其反馈可以复用到 PUSCH。

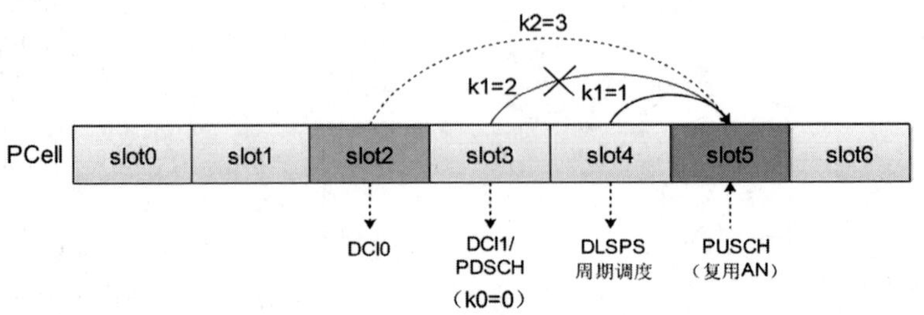

图 6-12　AN 复用示例图 2

6）如果UE在不同的服务小区发送多个PUSCH（单slot发送），第1个PUSCH通过DCI0_0或DCI0_1调度，第2个PUSCH通过ConfiguredGrantConfig或semiPersistentOnPUSCH配置，如果UE要在PUSCH上复用UCI，并且这些PUSCH都满足复用条件，则在第1个PUSCH上复用。

【举例12】如图6-13所示，复用AN/CSI到SCell2的PUSCH。

7）如果UE在不同的服务小区发送多个PUSCH（单slot发送），在这些PUSCH上都不复用非周期CSI；如果UE要在PUSCH上复用UCI，并且这些PUSCH都满足复用条件，则在ServCellIndex最小的服务小区的PUSCH上复用；如果该小区该slot发送了多个PUSCH，则复用在最早发送的PUSCH上。

【举例13】如图6-14所示，PUCCH和3个PUSCH冲突，3个PUSCH都不带非周期CSI，则AN/CSI复用到PUSCH1（索引号最小的服务小区最早出现的PUSCH）。

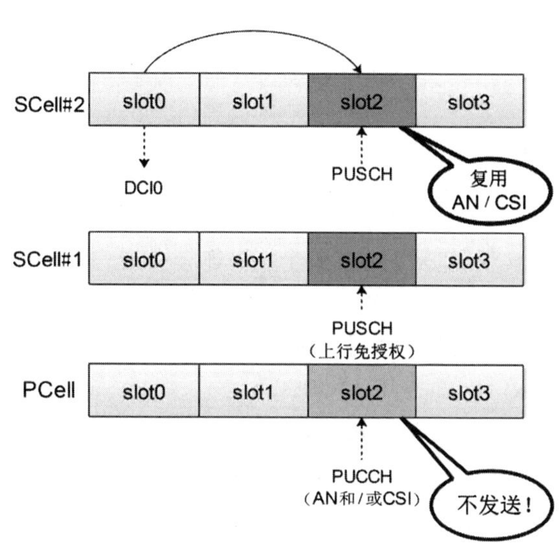

图6-13　PUCCH和PUSCH冲突处理图6

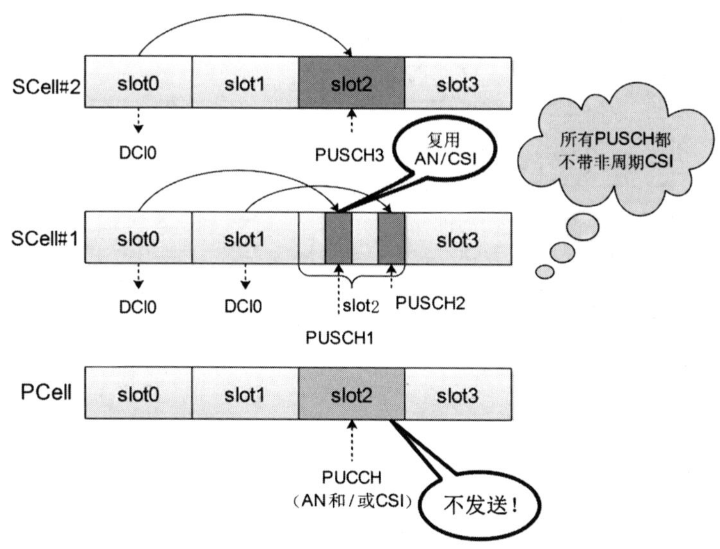

图6-14　PUCCH和PUSCH冲突处理图7

【举例14】如图6-15所示，μ不同，2个PUSCH都不带非周期CSI，则AN/CSI复用到PUSCH1（最早出现的PUSCH）。

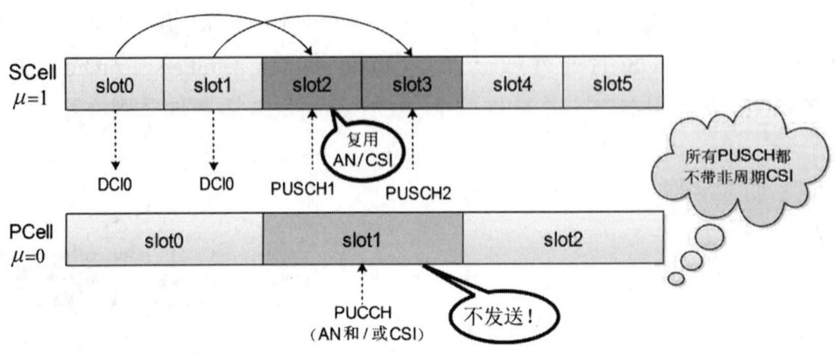

图 6-15　PUCCH 和 PUSCH 冲突处理图 8

8）如果 UE 在多个 slot 连续发送一个 PUSCH（即配置了 pusch-AggregationFactor），在一个 slot 发送 PUCCH（带 AN 和 / 或 CSI），PUCCH 和 PUSCH 的一个或多个 slot 冲突，并且都满足复用条件，则 UE 在冲突的一个或多个 slot 的 PUSCH 上都复用 AN/CSI，其他不冲突的 slot 不复用 AN/CSI。

【举例 15】如图 6-16 所示，UE 在 SCell 的 slot0 调度 DCI0_1，连续发 4 次 PUSCH，则 UCI 复用到 slot2 和 slot3 的 PUSCH，slot4 和 slot5 的 PUSCH 不复用 UCI。

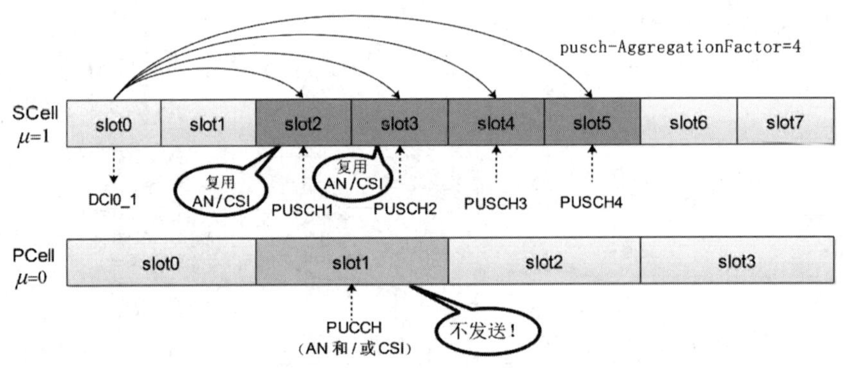

图 6-16　PUCCH 和 PUSCH 冲突处理图 9

9）如果 UE 在多个 slot 连续发送的 PUSCH 是 DCI0_1 调度的，则 DCI0_1 里的 DAI（Downlink Assignment Index，下行分配索引）字段对于这些 PUSCH 上复用的 AN 都适用。

对于 HARQ-ACK，0 代表 NACK，1 代表 ACK。

【举例 16】如图 6-17 所示，PUCCH 和 3 个 PUSCH 冲突，需要复用到索引号最小的服务小区，并且免授权和动态调度都存在时，复用到动态调度，因此复用到 PUSCH2。

【举例 17】如图 6-18 所示，PUCCH 所在的 slot 和 PUSCH1 以及 PUSCH2 所在的 slot 有重叠，但是 PUCCH 符号和两个 PUSCH 符号都没有冲突，因此不复用。

【举例 18】如图 6-19 所示，PUCCH 和 PUSCH1 不存在符号冲突，和 PUSCH2 存在符号冲突，因此复用到 PUSCH2。

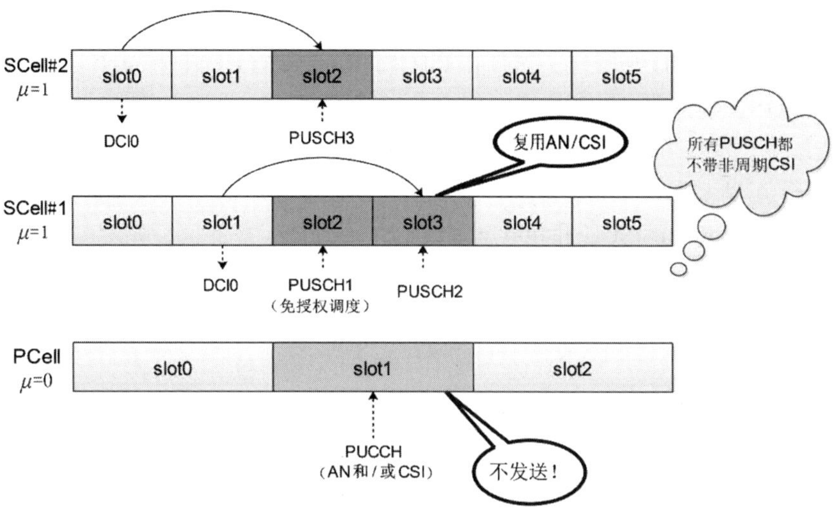

图 6-17 PUCCH 和 PUSCH 冲突处理图 10

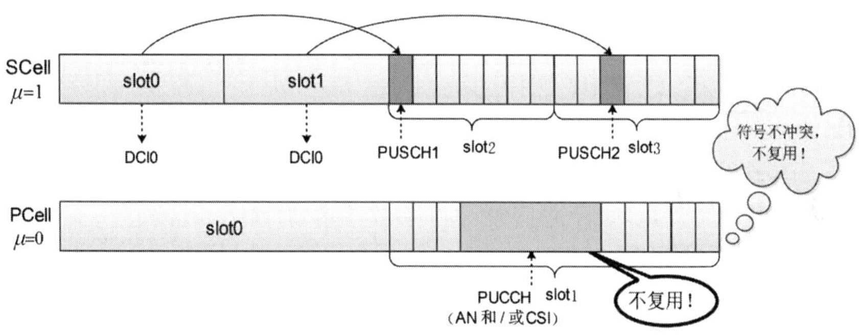

图 6-18 PUCCH 和 PUSCH 冲突处理图 11

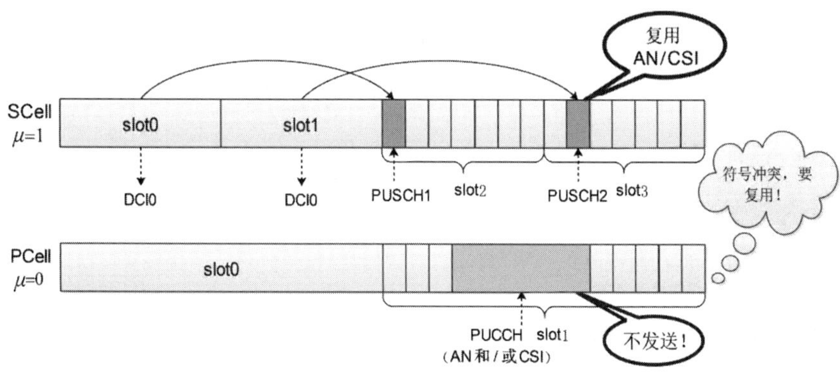

图 6-19 PUCCH 和 PUSCH 冲突处理图 12

【总结】

1）UE 在各自服务小区配置的 PUCCH-Cell 上反馈 UCI，最多可以配置两个 PUCCH 小区组。

2）针对某个 PUCCH 小区组，如果在 PUCCH-Cell 发送 UCI 的 slot 有 PUSCH 冲突（即 PUCCH 小区组内的任何服务小区发送 PUSCH，并且和 PUCCH 存在符号冲突），则按冲突资源选择处理，以下为 PUCCH 无重复发送时的冲突处理过程。

① SR 不复用到 PUSCH。

②如果单发 UCI 的 PUSCH 和包含 positive SR 的 PUCCH 冲突，则 UE 不发送 PUSCH，而发送 PUCCH。

③除②之外，其他 PUCCH 和 PUSCH 冲突，都不发送 PUCCH，将 UCI 复用到 PUSCH，处理如下：

- 如果 UCI 中有 SR，那么 SR 不复用到 PUSCH；
- 如果 UCI 中有 CSI，且 PUSCH 本来也有 CSI（非周期 CSI 或半静态 CSI），那么 UCI 中的 CSI 不复用到 PUSCH；否则，UCI 中的 CSI 复用到 PUSCH；
- 如果 UCI 中有 AN，那么 AN 复用到 PUSCH。

④如果 PUCCH 和 PUSCH 冲突，那么处理规则如下：

- 如果 PUCCH 的 μ 小于 PUSCH 的 μ，那么当一个 PUCCH 和多个 slot 的 PUSCH 冲突时，UCI 复用到某一个 PUSCH，选择过程见⑤；
- 如果 PUCCH 的 μ 大于 PUSCH 的 μ，那么当多个 slot 的 PUCCH 和一个 PUSCH 冲突时，UE 不期望这些 PUCCH 包括同类型的 UCI。

⑤当 PUCCH 和多个 PUSCH 冲突时（一个或多个服务小区的、一个或多个 slot 的 PUSCH），需要选择 1 个 PUSCH 复用 UCI，规则如下：

- 如果存在带非周期 CSI 的 PUSCH，则选择该 PUSCH；
- 如果不存在带非周期 CSI 的 PUSCH：选 ServCellIndex 最小的服务小区，选该小区最早的 DCI0 调度的 PUSCH；如果所有的 PUSCH 都是免授权的（通过 ConfiguredGrantConfig 或者 semiPersistentOnPUSCH 配置），则选 ServCellIndex 最小的服务小区，选该小区最早的 PUSCH。

6.2.2 参数介绍

PUCCH 参数属于 BWP 级参数，分为小区公共参数和 UE 专用参数，以下分别进行描述。

1. PUCCH-ConfigCommon

UE 的上行 BWP（初始 BWP 或者专用 BWP）的 PUCCH 公共参数，属于小区级参数，通过 SIB 下发或者专用信令配置。

1）SIB1 配置如下，为初始 BWP0 的小区级参数：

SIB1->ServingCellConfigCommonSIB->UplinkConfigCommonSIB->BWP-UplinkCommon->PUCCH-ConfigCommon。

2）RRC 专用信令配置如下，为专用 BWP 的小区级参数：

ServingCellConfig->UplinkConfig->BWP-Uplink->BWP-UplinkCommon->PUCCH-ConfigCommon。

```
PUCCH-ConfigCommon ::=      SEQUENCE {
    pucch-ResourceCommon    INTEGER (0..15)    OPTIONAL,   -- Cond InitialBWP-Only
    pucch-GroupHopping      ENUMERATED { neither, enable, disable },
    hoppingId               INTEGER (0..1023)  OPTIONAL,   -- Need R
    p0-nominal              INTEGER (-202..24) OPTIONAL,   -- Need R
    ...
}
```

参数解释如下。

- pucch-ResourceCommon：在 SIB1 中初始 BWP（BWP0）的 PUCCH-ConfigCommon 中，该字段强制存在，其他 BWP 不能配置。用于初始接入过程的 Msg4 的 AN 反馈资源指示。一旦 UE 在该 BWP 中配置了专用 PUCCH-Config 参数，则使用专用参数指示的 PUCCH 资源，不再使用该参数。
- pucch-GroupHopping：PUCCH 格式 0、1、3 和 4 的组跳频和序列跳频指示。取值为 neither 时表示组跳频和序列跳频都不使能；取值为 enable 时表示使能组跳频，不使能序列跳频；取值为 disable 时表示不使能组跳频，使能序列跳频。
  - hoppingId：当跳频使能时，组跳频和序列跳频使用的小区级 scrambling ID。
  - p0-nominal：PUCCH 功控使用的 p0 参数，单位 dbm，仅偶数值可以使用。

2. PUCCH-Config

UE 的上行 BWP（初始 BWP 或者专用 BWP）的 PUCCH 专用参数，属于 UE 的 BWP 级参数，通过 BWP-UplinkDedicated->PUCCH-Config 配置。PUCCH-Config 的配置要求如下：

1）如果配置了 SUL，那么 PUCCH-Config 只在 NUL 或者 SUL 中配置。

2）对于 SpCell 和 PUCCH SCell，所有非初始 BWP 都要配置 PUCCH-Config。

3）如果 UE 支持，那么最多可以给一个小区组（Cell Group，CG）的一个 SCell 配置 PUCCH-Config，即 PUCCH SCell。

4）对于 (NG)EN-DC 和 NE-DC 的每个 FR，最多给一个服务小区配置 PUCCH；对于 (NG)EN-DC 和 NE-DC，如果配置了两个 PUCCH 小区组，那么 FR2 的 NR PUCCH 小区组里的小区，必须配置相同的 numerology；对于 NR-DC，每个 CG 最大只支持 1 个 PUCCH 组，并且对于仅包含 FR2 载波的 CG，只支持配置相同的 numerology。

5）在新建一个 BWP 时，网络可以配置该 BWP 的 PUCCH。在同步重配或者 SCell 释放和增加时，PUCCH 配置可以在一个服务小区的 NUL 和 SUL 载波之间移动，在其他情况下，只能修改 PUCCH-Config。

6）如果 NUL 或者 SUL 的一个上行 BWP 配置了 PUCCH-Config，那么该载波的其他上行 BWP 也必须配置 PUCCH-Config。

```
PUCCH-Config ::=                    SEQUENCE {
    resourceSetToAddModList             SEQUENCE (SIZE (1..maxNrofPUCCH-ResourceSets))
        OF PUCCH-ResourceSet   OPTIONAL, -- Need N
    resourceSetToReleaseList          SEQUENCE (SIZE (1..maxNrofPUCCH-ResourceSets))
        OF PUCCH-ResourceSetId OPTIONAL, -- Need N
    resourceToAddModList              SEQUENCE (SIZE (1..maxNrofPUCCH-Resources)) OF
        PUCCH-Resource         OPTIONAL, -- Need N
    resourceToReleaseList             SEQUENCE (SIZE (1..maxNrofPUCCH-Resources)) OF
        PUCCH-ResourceId       OPTIONAL, -- Need N
    format1     SetupRelease { PUCCH-FormatConfig }     OPTIONAL, -- Need M
    format2     SetupRelease { PUCCH-FormatConfig }     OPTIONAL, -- Need M
    format3     SetupRelease { PUCCH-FormatConfig }     OPTIONAL, -- Need M
    format4     SetupRelease { PUCCH-FormatConfig }     OPTIONAL, -- Need M

    schedulingRequestResourceToAddModList   SEQUENCE (SIZE (1..maxNrofSR-
        Resources)) OF SchedulingRequestResourceConfig    OPTIONAL, -- Need N
    schedulingRequestResourceToReleaseList  SEQUENCE (SIZE (1..maxNrofSR-
        Resources)) OF SchedulingRequestResourceId        OPTIONAL, -- Need N
    multi-CSI-PUCCH-ResourceList            SEQUENCE (SIZE (1..2)) OF PUCCH-ResourceId
        OPTIONAL, -- Need M
    dl-DataToUL-ACK                         SEQUENCE (SIZE (1..8)) OF INTEGER (0..15)
        OPTIONAL, -- Need M

    spatialRelationInfoToAddModList         SEQUENCE (SIZE (1..maxNrofSpatial
        RelationInfos)) OF PUCCH-SpatialRelationInfo  OPTIONAL, -- Need N
    spatialRelationInfoToReleaseList        SEQUENCE (SIZE (1..maxNrofSpatial
        RelationInfos)) OF PUCCH-SpatialRelationInfoId   OPTIONAL, -- Need N
    pucch-PowerControl     PUCCH-PowerControl            OPTIONAL, -- Need M
    ...
}
```

参数解释如下。

- resourceSetToAddModList：PUCCH resource set（PUCCH 资源集）配置参数，最多配置 4 个 PUCCH 资源集。
- resourceToAddModList：PUCCH resource（PUCCH 资源）配置参数，最多配置 128 个 PUCCH 资源。
- format1、format2、format3、format4：PUCCH 格式 1、2、3、4 的公共参数。
- schedulingRequestResourceToAddModList：SR 资源配置参数，一个小区内的每个 BWP 最多可以配置 8 个 SR 资源。
- multi-CSI-PUCCH-ResourceList：可选参数，最多配置两个。如果配置了该参数，则当一个 slot 配置的多个 CSI report 资源之间存在冲突的时候，使用该参数配置的 PUCCH资源来发送CSI。只能配置为PUCCH格式2、PUCCH格式3或PUCCH格式4。
- dl-DataToUL-ACK：PDSCH 到下行 ACK 的间隔，单位为 slot。
- spatialRelationInfoToAddModList：配置 PUCCH 和参考信号（SSB/CSI-RS/SRS）的空间关系，最多配置 8 个。如果配置了多个，则通过 PUCCH spatial relation Activation/Deactivation MAC CE激活，每个PUCCH资源在某一时刻只能激活一个PUCCH空间关系。

❑ pucch-PowerControl：PUCCH 功控相关参数。

PUCCH-Config 的参数说明如下。

（1）PUCCH-FormatConfig

即 PUCCH 格式配置，用来配置不同 PUCCH 格式的公共参数。

```
PUCCH-FormatConfig ::=          SEQUENCE {
    interslotFrequencyHopping     ENUMERATED {enabled}     OPTIONAL, -- Need R
    additionalDMRS                ENUMERATED {true}        OPTIONAL, -- Need R
    maxCodeRate                   PUCCH-MaxCodeRate        OPTIONAL, -- Need R
    nrofSlots                     ENUMERATED {n2,n4,n8}    OPTIONAL, -- Need S
    pi2BPSK                       ENUMERATED {enabled}     OPTIONAL, -- Need R
    simultaneousHARQ-ACK-CSI      ENUMERATED {true}        OPTIONAL  -- Need R
}

PUCCH-MaxCodeRate ::=             ENUMERATED {zeroDot08, zeroDot15, zeroDot25,
    zeroDot35, zeroDot45, zeroDot60, zeroDot80}
```

参数解释如下。

❑ interslotFrequencyHopping：如果该字段存在，且配置了多个 slot 发送 PUCCH，则 UE 使能 slot 间跳频（Frequency Hopping，FH）。对于 long PUCCH，slot 内和 slot 间跳频不能同时使能。只适用于 PUCCH 格式 1、3 和 4，不适用于 PUCCH 格式 2。

❑ additionalDMRS：附加 DMRS，只适用于 PUCCH 格式 3 和 4，不适用于 PUCCH 格式 1 和 2。对于 PUCCH 格式 3 和 4，当该字段存在时，如果 FH 使能，且每个跳频大于 4 个符号，则 UE 对于每个跳频使能 2 个 DMRS 符号；如果 FH 不使能，且 PUCCH 大于 9 个符号，则 UE 使能 4 个 DMRS 符号。

❑ maxCodeRate：UCI 发送时的最大码率，只适用于 PUCCH 格式 2、3 和 4，不适用于 PUCCH 格式 1。

❑ nrofSlots：PUCCH 重复发送的 slot 个数，如果不配置，则默认使用 n1。只适用于 PUCCH 格式 1、3 和 4，不适用于 PUCCH 格式 2。

❑ pi2BPSK：如果该字段存在，则 UE 使用 pi/2 BPSK 代替 QPSK。只适用于 PUCCH 格式 3 和 4，不适用于 PUCCH 格式 1 和 2。

❑ simultaneousHARQ-ACK-CSI：如果该字段存在，则 UE 同时发送 CSI 和 AN（带或者不带 SR）。只适用于 PUCCH 格式 2、3 和 4，不适用于 PUCCH 格式 1。

表 6-10 汇总了不同 PUCCH 格式支持的情况。

表 6-10　不同 PUCCH 格式支持的情况

	interslotFrequency-Hopping	nrofSlots	maxCodeRate	simultaneous-HARQ-ACK-CSI	additionalDMRS	pi2BPSK
PUCCH 格式 1	√	√	N/A	N/A	N/A	N/A
PUCCH 格式 2	N/A	N/A	√	√	N/A	N/A

（续）

	interslotFrequency-Hopping	nrofSlots	maxCodeRate	simultaneous-HARQ-ACK-CSI	additionalDMRS	pi2BPSK
PUCCH 格式 3	√	√	√	√	√	√
PUCCH 格式 4	√	√	√	√	√	√

（2）PUCCH-ResourceSet

PUCCH 资源集参数，每个 PUCCH 资源集包含一个或多个 PUCCH 资源。

```
PUCCH-ResourceSet ::=           SEQUENCE {
    pucch-ResourceSetId           PUCCH-ResourceSetId,
    resourceList                  SEQUENCE (SIZE (1..maxNrofPUCCH-ResourcesPerSet))
        OF PUCCH-ResourceId,
    maxPayloadSize                INTEGER (4..256)          OPTIONAL   -- Need R
}

PUCCH-ResourceSetId ::=                   INTEGER (0..maxNrofPUCCH-ResourceSets-1)
```

参数解释如下。

❑ pucch-ResourceSetId：PUCCH 资源集 ID，取值范围为 0 ～ 3。

❑ resourceList：PUCCH 资源集包含的 PUCCH 资源列表。

- 第 1 个 PUCCH 资源集，pucch-ResourceSetId=0，最多包含 32 个 PUCCH 资源，只能包含 PUCCH 格式 0 和 1。
- 其他的PUCCH资源集，pucch-ResourceSetId=1 或 2 或 3，最多包含 8 个PUCCH资源，只能包含 PUCCH 格式 2、3 和 4。

❑ maxPayloadSize：该 PUCCH 资源集允许发送的最大 UCI bit 长度。第 1 个和最后 1 个 PUCCH 资源集不配置该参数。maxPayloadSize 必须是 4 的倍数。

（3）PUCCH-Resource

PUCCH 资源配置参数。

```
PUCCH-Resource ::=                          SEQUENCE {
    pucch-ResourceId                           PUCCH-ResourceId,
    startingPRB                                 PRB-Id,
    intraSlotFrequencyHopping        ENUMERATED { enabled }     OPTIONAL, -- Need R
    secondHopPRB                     PRB-Id                     OPTIONAL, -- Need R
    format                                      CHOICE {
        format0                                 PUCCH-format0,
        format1                                 PUCCH-format1,
        format2                                 PUCCH-format2,
        format3                                 PUCCH-format3,
        format4                                 PUCCH-format4
    }
}
```

```
PUCCH-ResourceId ::=                          INTEGER (0..maxNrofPUCCH-Resources-1)
```

参数解释如下。

- ❑ pucch-ResourceId：PUCCH 资源 ID，取值范围为 0 ~ 127。
- ❑ startingPRB：PUCCH PRB 起始。
- ❑ intraSlotFrequencyHopping：使能 slot 内跳频，所有 PUCCH 格式都适用。对于 long PUCCH，slot 内和 slot 间跳频在同一个时刻不能同时使能。
- ❑ secondHopPRB：PUCCH 跳频后的第 1 个 PRB 索引，适用于 slot 内和 slot 间跳频。
- ❑ format：PUCCH 资源格式，格式 0 和 1 只能在第 1 个 PUCCH 资源集中，格式 2、3 和 4 只能在非第 1 个 PUCCH 资源集中。

（4）PUCCH-format

PUCCH 格式 0、格式 1、格式 2、格式 3 和格式 4 配置参数。

```
PUCCH-format0 ::=                             SEQUENCE {
    initialCyclicShift                            INTEGER(0..11),
    nrofSymbols                                   INTEGER (1..2),
    startingSymbolIndex                           INTEGER(0..13)
}
```

参数解释如下。

- ❑ initialCyclicShift：初始循环移位。
- ❑ nrofSymbols：符号数。
- ❑ startingSymbolIndex：起始符号索引。

```
PUCCH-format1 ::=                             SEQUENCE {
    initialCyclicShift                            INTEGER(0..11),
    nrofSymbols                                   INTEGER (4..14),
    startingSymbolIndex                           INTEGER(0..10),
    timeDomainOCC                                 INTEGER(0..6)
}
```

参数解释如下。

- ❑ initialCyclicShift：初始循环移位。
- ❑ nrofSymbols：符号数。
- ❑ startingSymbolIndex：起始符号索引。
- ❑ timeDomainOCC：时域 OCC（Orthogonal Cover Code，正交覆盖码）。

```
PUCCH-format2 ::=                             SEQUENCE {
    nrofPRBs                                      INTEGER (1..16),
    nrofSymbols                                   INTEGER (1..2),
    startingSymbolIndex                           INTEGER(0..13)
}
```

参数解释如下。

❑ nrofPRBs：PRB 个数，支持的值为 1 ～ 16。

❑ nrofSymbols：符号数。

❑ startingSymbolIndex：起始符号索引。

```
PUCCH-format3 ::=                          SEQUENCE {
    nrofPRBs                                   INTEGER (1..16),
    nrofSymbols                                INTEGER (4..14),
    startingSymbolIndex                        INTEGER(0..10)
}
```

参数解释如下。

❑ nrofPRBs：PRB 个数，支持的值为 1、2、3、4、5、6、8、9、10、12、15、16。

❑ nrofSymbols：符号数。

❑ startingSymbolIndex：起始符号索引。

```
PUCCH-format4 ::=                          SEQUENCE {
    nrofSymbols                                INTEGER (4..14),
    occ-Length                                 ENUMERATED {n2,n4},
    occ-Index                                  ENUMERATED {n0,n1,n2,n3},
    startingSymbolIndex                        INTEGER(0..10)
}
```

参数解释如下。

❑ nrofSymbols：符号数。

❑ occ-Length：OCC 长度。

❑ occ-Index：OCC 索引。

❑ startingSymbolIndex：起始符号索引。

（5）SchedulingRequestResourceConfig

SR 资源配置参数，每个 schedulingRequestResourceId 和 schedulingRequestID、PUCCH-ResourceId 关联。

```
SchedulingRequestResourceConfig ::=      SEQUENCE {
    schedulingRequestResourceId          SchedulingRequestResourceId,
    schedulingRequestID                  SchedulingRequestId,
    periodicityAndOffset                 CHOICE {
        sym2                                 NULL,
        sym6or7                              NULL,
        sl1                                  NULL,    -- Recurs in every slot
        sl2                                  INTEGER (0..1),
        sl4                                  INTEGER (0..3),
        sl5                                  INTEGER (0..4),
        sl8                                  INTEGER (0..7),
        sl10                                 INTEGER (0..9),
        sl16                                 INTEGER (0..15),
        sl20                                 INTEGER (0..19),
```

```
        sl40                                    INTEGER (0..39),
        sl80                                    INTEGER (0..79),
        sl160                                   INTEGER (0..159),
        sl320                                   INTEGER (0..319),
        sl640                                   INTEGER (0..639)
    }                                                   OPTIONAL,   -- Need M
    resource            PUCCH-ResourceId                OPTIONAL    -- Need M
}
SchedulingRequestResourceId ::=     INTEGER (1..maxNrofSR-Resources)
```

参数解释如下。

- SchedulingRequestResourceId：取值范围为 1 ～ 8，每个 BWP 最多有 8 个 SR 资源配置。
- SchedulingRequestId：关联的 SR ID，取值范围为 0 ～ 7，在 MAC-CellGroupConfig 配置。
- periodicityAndOffset：SR 发送的时机，不同子载波间隔允许的配置如下。
    - SCS = 15 kHz：2sym、7sym、1sl、2sl、4sl、5sl、8sl、10sl、16sl、20sl、40sl、80sl。
    - SCS =30 kHz：2sym、7sym、1sl、2sl、4sl、8sl、10sl、16sl、20sl、40sl、80sl、160sl。
    - SCS =60 kHz：2sym、7sym/6sym、1sl、2sl、4sl、8sl,、16sl、20sl、40sl、80sl、160sl、320sl。
    - SCS = 120 kHz：2sym、7sym、1sl、2sl、4sl、8sl、16sl、40sl、80sl、160sl、320sl、640sl。
- PUCCH-ResourceId：发送 SR 使用的 PUCCH 资源 ID，只能是 PUCCH 格式 0 或者 PUCCH 格式 1。

（6）PUCCH-SpatialRelationInfo

PUCCH 空间关系配置参数。

```
PUCCH-SpatialRelationInfo ::=     SEQUENCE {
    pucch-SpatialRelationInfoId       PUCCH-SpatialRelationInfoId,
    servingCellId                     ServCellIndex       OPTIONAL,   -- Need S
    referenceSignal                    CHOICE {
        ssb-Index                       SSB-Index,
        csi-RS-Index                     NZP-CSI-RS-ResourceId,
        srs                              SEQUENCE {
                resource                    SRS-ResourceId,
                uplinkBWP                   BWP-Id
                                         }
    },
    pucch-PathlossReferenceRS-Id         PUCCH-PathlossReferenceRS-Id,
    p0-PUCCH-Id                          P0-PUCCH-Id,
    closedLoopIndex                      ENUMERATED { i0, i1 }
}
```

```
PUCCH-SpatialRelationInfoId ::=   INTEGER (1..maxNrofSpatialRelationInfos)
PUCCH-PathlossReferenceRS-Id ::=  INTEGER (0..maxNrofPUCCH-PathlossReferenceRSs-1)
```

参数解释如下。

- pucch-SpatialRelationInfoId：取值范围 1 ～ 8，每个 BWP 最多有 8 个 PUCCH 空间关系配置。
- servingCellId：服务小区索引。如果不配置，则使用配置 PUCCH-SpatialRelationInfo 的服务小区。
- referenceSignal：参考信号。
- pucch-PathlossReferenceRS-Id：指定 PUCCH 路损评估使用的参考信号。
- p0-PUCCH-Id：指定 PUCCH 的 p0。

6.2.3　通过 PUCCH 上报 UCI 的物理层处理过程

PUCCH 支持的格式见表 6-11。对于 PUCCH 格式 1、3 和 4，如果配置了 slot 内跳频，那么第一个跳频单元的符号数为$\lfloor N_{\text{symb}}^{\text{PUCCH}}/2\rfloor$，第二个跳频单元的符号数为$N-\lfloor N_{\text{symb}}^{\text{PUCCH}}/2\rfloor$。对于 PUCCH 格式 0 和 2，如果配置两个符号，那么也支持 slot 内跳频。

表 6-11　PUCCH 格式

PUCCH 格式	PUCCH 符号长度 $N_{\text{symb}}^{\text{PUCCH}}$	比特数
0	1 ～ 2	≤ 2
1	4 ～ 14	≤ 2
2	1 ～ 2	＞ 2
3	4 ～ 14	＞ 2
4	4 ～ 14	＞ 2

PUCCH 格式 0 和 1 承载的 UCI 信息最多只有 2 bit，不用进行信道编码。PUCCH 格式 2、3 和 4 承载大于 2 bit 的 UCI，需要进行信道编码，UCI 长度不同，采用的信道编码方法也不同：当 UCI 长度≥ 12 时，采用 Polar 码；当 3 ≤ UCI 长度≤ 11 时，采用 Reed-Muller（RM）码。

1. UCI 比特序列产生

以下过程适用于 PUCCH 格式 2、3、4，我们按照仅存在 HARQ-ACK/SR、仅存在 CSI、存在 HARQ-ACK/SR 和 CSI 分别进行介绍。

（1）仅存在 HARQ-ACK/SR

如果只在 PUCCH 发送 HARQ-ACK 比特，那么 UCI 比特序列 $a_0,a_1,a_2,a_3,\cdots,a_{A-1}$ 由 $a_i=\tilde{o}_i^{\text{ACK}}$ 决定，其中 $i=0, 1, \cdots, O^{\text{ACK}}-1$，$A=O^{\text{ACK}}$，HARQ-ACK 比特序列 $\tilde{o}_0^{\text{ACK}},\tilde{o}_1^{\text{ACK}},\cdots,\tilde{o}_{O^{\text{ACK}}-1}^{\text{ACK}}$ 的生成过程见 6.2.5 节。

如果只在 PUCCH 发送 HARQ-ACK 和 SR 比特，那么 UCI 比特序列 $a_0,a_1,a_2,a_3,\cdots,a_{A-1}$ 由 $a_i=\tilde{o}_i^{\text{ACK}}$（其中 $i=0, 1,\cdots, O^{\text{ACK}}-1$）和 $a_i=\tilde{o}_i^{\text{SR}}$（其中 $i=O^{\text{ACK}},O^{\text{ACK}}+1,\cdots,O^{\text{ACK}}+O^{\text{SR}}-1$）决定，$A=O^{\text{ACK}}+O^{\text{SR}}$，HARQ-ACK 比特序列 $\tilde{o}_0^{\text{ACK}},\tilde{o}_1^{\text{ACK}},\cdots,\tilde{o}_{O^{\text{ACK}}-1}^{\text{ACK}}$ 的生成过程参见 6.2.5 节，SR 比特序列 $\tilde{o}_0^{\text{SR}},\tilde{o}_1^{\text{SR}},\cdots,\tilde{o}_{O^{\text{SR}}-1}^{\text{SR}}$ 的生成过程见 6.2.6 节。

（2）仅存在 CSI

CSI 包括 PMI、RI/LI/CQI、CRI、SSBRI、RSRP 和 differential RSRP，占用比特长度分别如下。

1）PMI 占用比特说明。

- 当 CSI-RS 天线端口为 1 port 时，PMI 比特长度为 0，即不上报 PMI。
- 当 codebookType=typeI-SinglePanel，CSI-RS 天线端口为 2 port 时：如果 Rank=1，则 PMI 长度为 2 bit；如果 Rank=2，则 PMI 长度为 1 bit。
- 当codebookType=typeI-SinglePanel，CSI-RS天线端口大于2 port时：PMI长度见表 6-12（共 12 种长度组合），其中，(N_1,N_2) 和 (O_1,O_2) 的取值见 6.3.5 节。
- 当 codebookType= typeI-MultiPanel 时：PMI 长度见表 6-13（共 12 种长度组合），其中，(N_g,N_1,N_2) 和 (O_1,O_2) 的取值见 6.3.5 节。

表 6-12　PMI 长度（codebookType=typeI-SinglePanel）

	X_1 字段（wideband PMI）			X_2 字段（wideband PMI 或每个 subband PMI）	
	（$i_{1,1}$，$i_{1,2}$）		$i_{1,3}$	i_2	
	codebookMode=1	codebookMode=2		codebookMode=1	codebookMode=2
Rank = 1，>2 CSI-RS port，$N_2>1$	$(\lceil\log_2 N_1O_1\rceil, \lceil\log_2 N_2O_2\rceil)$	$\left(\left\lceil\log_2\frac{N_1O_1}{2}\right\rceil, \left\lceil\log_2\frac{N_2O_2}{2}\right\rceil\right)$	N/A	2	4
Rank = 1，>2 CSI-RS port，$N_2=1$	$(\lceil\log_2 N_1O_1\rceil, \lceil\log_2 N_2O_2\rceil)$	$\left(\left\lceil\log_2\left(\frac{N_1O_1}{2}\right)\right\rceil, 0\right)$	N/A	2	4
Rank=2，4 CSI-RS port，$N_2=1$	$(\lceil\log_2 N_1O_1\rceil, \lceil\log_2 N_2O_2\rceil)$	$\left(\left\lceil\log_2\left(\frac{N_1O_1}{2}\right)\right\rceil, 0\right)$	1	1	3
Rank=2，>4 CSI-RS port，$N_2>1$	$(\lceil\log_2 N_1O_1\rceil, \lceil\log_2 N_2O_2\rceil)$	$\left(\left\lceil\log_2\frac{N_1O_1}{2}\right\rceil, \left\lceil\log_2\frac{N_2O_2}{2}\right\rceil\right)$	2	1	3
Rank=2，>4 CSI-RS port，$N_2=1$	$(\lceil\log_2 N_1O_1\rceil, \lceil\log_2 N_2O_2\rceil)$	$\left(\left\lceil\log_2\left(\frac{N_1O_1}{2}\right)\right\rceil, 0\right)$	2	1	3
Rank=3 或 4，4 CSI-RS port	$(\lceil\log_2 N_1O_1\rceil, \lceil\log_2 N_2O_2\rceil)$		0	1	
Rank=3 或 4，8 或 12 CSI-RS port	$(\lceil\log_2 N_1O_1\rceil, \lceil\log_2 N_2O_2\rceil)$		2	1	
Rank=3 或 4，≥ 16 CSI-RS port	$\left(\left\lceil\log_2\frac{N_1O_1}{2}\right\rceil, \lceil\log_2 N_2O_2\rceil\right)$		2	1	
Rank=5 或 6	$(\lceil\log_2 N_1O_1\rceil, \lceil\log_2 N_2O_2\rceil)$		N/A	1	

（续）

	X_1 字段（wideband PMI）			X_2 字段（wideband PMI 或每个 subband PMI）	
	（$i_{1,1}$，$i_{1,2}$）		$i_{1,3}$	i_2	
	codebookMode=1	codebookMode=2		codebookMode=1	codebookMode=2
Rank=7 或 8，$N_1=4$，$N_2=1$	$\left(\left\lceil \log_2 \frac{N_1O_1}{2}\right\rceil, \lceil \log_2 N_2O_2 \rceil\right)$		N/A	1	
Rank=7 或 8，$N_1>2$，$N_2=2$	$\left(\lceil \log_2 N_1O_1 \rceil, \left\lceil \log_2 \frac{N_2O_2}{2}\right\rceil\right)$		N/A	1	
Rank=7 或 8，$N_1>4$，$N_2=1$ 或 $N_1=2$，$N_2=2$ 或 $N_1>2$，$N_2>2$	$(\lceil \log_2 N_1O_1 \rceil, \lceil \log_2 N_2O_2 \rceil)$		N/A	1	

表 6-13　PMI 长度（codebookType= typeI-MultiPanel）

	字段 X_1（wideband）					字段 X_2（wideband 或者每个 subband）			
	（$i_{1,1}$，$i_{1,2}$）	$i_{1,3}$	$i_{1,4,1}$	$i_{1,4,2}$	$i_{1,4,3}$	i_2	$i_{2,0}$	$i_{2,1}$	$i_{2,2}$
Rank=1，$N_g=2$ codebookMode=1	$(\lceil \log_2 N_1O_1 \rceil, \lceil \log_2 N_2O_2 \rceil)$	N/A	2	N/A	N/A	2	N/A	N/A	N/A
Rank=1，$N_g=4$ codebookMode=1	$(\lceil \log_2 N_1O_1 \rceil, \lceil \log_2 N_2O_2 \rceil)$	N/A	2	2	2	2	N/A	N/A	N/A
Rank=2，$N_g=2$，$N_1N_2=2$ codebookMode=1	$(\lceil \log_2 N_1O_1 \rceil, \lceil \log_2 N_2O_2 \rceil)$	1	2	N/A	N/A	1	N/A	N/A	N/A
Rank=3 或 4，$N_g=2$，$N_1N_2=2$ codebookMode=1	$(\lceil \log_2 N_1O_1 \rceil, \lceil \log_2 N_2O_2 \rceil)$	0	2	N/A	N/A	1	N/A	N/A	N/A
Rank=2 或 3 或 4，$N_g=2$，$N_1N_2>2$ codebookMode=1	$(\lceil \log_2 N_1O_1 \rceil, \lceil \log_2 N_2O_2 \rceil)$	2	2	N/A	N/A	1	N/A	N/A	N/A
Rank=2，$N_g=4$，$N_1N_2=2$ codebookMode=1	$(\lceil \log_2 N_1O_1 \rceil, \lceil \log_2 N_2O_2 \rceil)$	1	2	2	2	1	N/A	N/A	N/A
Rank=3 或 4，$N_g=4$，$N_1N_2=2$ codebookMode=1	$(\lceil \log_2 N_1O_1 \rceil, \lceil \log_2 N_2O_2 \rceil)$	0	2	2	2	1	N/A	N/A	N/A
Rank=2 或 3 或 4，$N_g=4$，$N_1N_2>2$ codebookMode=1	$(\lceil \log_2 N_1O_1 \rceil, \lceil \log_2 N_2O_2 \rceil)$	2	2	2	2	1	N/A	N/A	N/A
Rank=1，$N_g=2$ codebookMode=2	$(\lceil \log_2 N_1O_1 \rceil, \lceil \log_2 N_2O_2 \rceil)$	N/A	2	2	N/A	N/A	2	1	1
Rank=2，$N_g=2$，$N_1N_2=2$ codebookMode=2	$(\lceil \log_2 N_1O_1 \rceil, \lceil \log_2 N_2O_2 \rceil)$	1	2	2	N/A	N/A	1	1	1
Rank=3 或 4，$N_g=2$，$N_1N_2=2$ codebookMode=2	$(\lceil \log_2 N_1O_1 \rceil, \lceil \log_2 N_2O_2 \rceil)$	0	2	2	N/A	N/A	1	1	1
Rank=2 或 3 或 4，$N_g=2$，$N_1N_2>2$ codebookMode=2	$(\lceil \log_2 N_1O_1 \rceil, \lceil \log_2 N_2O_2 \rceil)$	2	2	2	N/A	N/A	1	1	1

注：表中的 $i_{1,3}$ 为 0，表示 $i_{1,3}$ 占 0 bit，因为此时 $i_{1,3}$ 取值固定为 0，所以 UE 不需要上报。

2）RI、LI、CQI 和 CRI 占用比特说明。当 codebookType=typeI-SinglePanel 或者 reportQuantity 为 cri-RI-CQI 时，RI、LI、CQI 和 CRI 的比特长度见表 6-14；当 codebookType=typeI-MultiPanel 时，RI、LI、CQI 和 CRI 的比特长度见表 6-15。

表 6-14　codebookType=typeI-SinglePanel 或者 reportQuantity 为 cri-RI-CQI 时 RI、LI、CQI 和 CRI 的比特长度

字段	比特长度				
	1 天线端口	2 天线端口	4 天线端口	>4 天线端口	
				Rank1 ～ 4	Rank5 ～ 8
Rank Indicator（codebookType=typeI-SinglePanel）	0	$\min(1,\lceil\log_2 n_{RI}\rceil)$	$\min(2,\lceil\log_2 n_{RI}\rceil)$	$\lceil\log_2 n_{RI}\rceil$	$\lceil\log_2 n_{RI}\rceil$
Rank Indicator（reportQuantity 为 cri-RI-CQI）	0	1	2	3	3
Layer Indicator	0	$\lceil\log_2 \upsilon\rceil$	$\min(2,\lceil\log_2 \upsilon\rceil)$	$\min(2,\lceil\log_2 \upsilon\rceil)$	$\min(2,\lceil\log_2 \upsilon\rceil)$
Wideband CQI（第 1 个 TB）	4	4	4	4	4
Wideband CQI（第 2 个 TB）	0	0	0	0	4
Subband differential CQI（第 1 个 TB）	2	2	2	2	2
Subband differential CQI（第 2 个 TB）	0	0	0	0	2
CRI	$\lceil\log_2(K_s^{CSI\text{-}RS})\rceil$	$\lceil\log_2(K_s^{CSI\text{-}RS})\rceil$	$\lceil\log_2(K_s^{CSI\text{-}RS})\rceil$	$\lceil\log_2(K_s^{CSI\text{-}RS})\rceil$	$\lceil\log_2(K_s^{CSI\text{-}RS})\rceil$

其中，n_{RI} 为允许的 RI 个数，υ 为 rank 的取值，$K_s^{CSI\text{-}RS}$ 为对应资源集的 CSI-RS 资源个数。Rank Indicator 字段按递增顺序映射到允许的 RI 值，取值 0 映射到最小的允许的 RI 值。对于 reportQuantity 配置为 cri-RI-CQI，Rank Indicator 字段按递增顺序映射到 RI 值，取值 0 映射到 rank 1。

3）CRI、SSBRI、RSRP 和 differential RSRP 的比特长度具体见表 6-16。

表 6-15　RI、LI、CQI 和 CRI 的比特长度（codebookType=typeI-MultiPanel）

字段	比特长度
Rank Indicator	$\min(2,\lceil\log_2 n_{RI}\rceil)$
Layer Indicator	$\min(2,\lceil\log_2 \upsilon\rceil)$
Wide-band CQI	4
Subband differential CQI	2
CRI	$\lceil\log_2(K_s^{CSI\text{-}RS})\rceil$

表 6-16　CRI、SSBRI 和 RSRP 的比特长度

字段	比特长度
CRI	$\lceil\log_2(K_s^{CSI\text{-}RS})\rceil$
SSBRI	$\lceil\log_2(K_s^{SSB})\rceil$
RSRP	7
differential RSRP	4

其中，$K_s^{CSI\text{-}RS}$ 为对应资源集的 CSI-RS 资源个数，K_s^{SSB} 为上报 ssb-Index-RSRP 对应资源集的 SSB 个数。

以上描述了 CSI 每个字段占用的比特长度，那么当 CSI report 包含多个字段时，如何上报呢？以下对一个 CSI report（不包含两个 part、包含两个 part）和多个 CSI report（都不包含两个 part、至少一个 CSI report 包含两个 part）分别进行描述。当配置为子带 PMI 或者子带 CQI 上报时，CSI report 存在两个 part。

1）一个 CSI report（没有两个 part，即 two-part）的字段映射顺序见表 6-17 和表 6-18。

表 6-17 一个 CSI report 的字段映射顺序（pmi-FormatIndicator=widebandPMI 且 cqi-FormatIndicator=widebandCQI，或者 reportQuantity 为 cri-RI-CQI 且 cqi-FormatIndicator=widebandCQI）

CSI report 编号	CSI 字段
CSI report #n	CRI，见表 6-14 和表 6-15
	Rank Indicator，见表 6-14 和表 6-15
	Layer Indicator，见表 6-14 和表 6-15
	0 padding 位 O_P
	PMI wideband 字段 X_1，从左到右，见表 6-12 和表 6-13
	PMI wideband 字段 X_2（从左到右，见表 6-12 和表 6-13），或者 2 天线的 codebook index
	第一个 TB 的 Wideband CQI，见表 6-14 和表 6-15
	第二个 TB 的 Wideband CQI，见表 6-14 和表 6-15

注：① 0 padding 位可能需要，也可能不需要。如果需要，则按表格顺序上报。②除了 0 padding 位外的其他所有字段，都可能上报，也可能不上报。如果上报，则按表格顺序上报。

对于 1 CSI-RS port，0 padding 位 O_P 的长度为 0。对于大于 1 CSI-RS port，0 padding 位 O_P 的长度为 $N_{\max}-N_{\text{reported}}$，其中，$N_{\max}=\max\limits_{r\subset S_{\text{Rank}}} B(r)$，$S_{\text{Rank}}$ 为允许上报的 rank 值 r 的集合；$N_{\text{reported}}=B(R)$，R 为上报的 rank。变量 $B(r)$ 由如下公式计算得出。

对于 2 CSI-RS port，

$$B(r)=N_{\text{PMI}}(r)+N_{\text{CQI}}(r)+N_{\text{LI}}(r)$$

对于大于 2 CSI-RS port，

$$B(r)=N_{\text{PMI},i1}(r)+N_{\text{PMI},i2}(r)+N_{\text{CQI}}(r)+N_{\text{LI}}(r)$$

- 如果上报 PMI，则 $N_{\text{PMI}}(1)=2$，$N_{\text{PMI}}(2)=1$；否则，$N_{\text{PMI}}(r)=0$；
- 如果上报 PMI $i1$，则 $N_{\text{PMI},i1}(r)$ 由表 6-12 和表 6-13 得出；否则，$N_{\text{PMI},i1}(r)=0$；
- 如果上报 PMI $i2$，则 $N_{\text{PMI},i2}(r)$ 由表 6-12 和表 6-13 得出；否则，$N_{\text{PMI},i2}(r)=0$；
- 如果上报 CQI，则 $N_{\text{CQI}}(r)$ 由表 6-14 和表 6-15 得出；否则，$N_{\text{CQI}}(r)=0$；
- 如果上报 LI，则 $N_{\text{LI}}(r)$ 由表 6-14 和表 6-15 得出；否则，$N_{\text{LI}}(r)=0$。

【说明】 由于 gNB 不知道 UE 上报的 rank 是多少，而不同的 rank 值对应的 UCI 长度不同，所以 UE 需要按照允许上报的 rank 值的最大 UCI 长度位填充 0，这样 gNB 就可以按照固定长度调度和接收 UCI。

表 6-18 一个 CSI report 的字段映射顺序（CRI/RSRP，或者 SSBRI/RSRP）

CSI report 编号	CSI 字段
CSI report #n	CRI 或者 SSBRI #1，见表 6-16
	CRI 或者 SSBRI #2，见表 6-16
	CRI 或者 SSBRI #3，见表 6-16
	CRI 或者 SSBRI #4，见表 6-16
	RSRP #1，见表 6-16
	differential RSRP #2，见表 6-16
	differential RSRP #3，见表 6-16
	differential RSRP #4，见表 6-16

注：以上所有字段，都可能上报，也可能不上报。如果上报，则按表格顺序上报。

2）一个 CSI report（包含 two-part 时）的字段映射顺序见表 6-19 ～表 6-21。

表 6-19 CSI report 的 CSI part 1 字段映射顺序

（pmi-FormatIndicator= subbandPMI 或者 cqi-FormatIndicator=subbandCQI）

CSI report 编号	CSI 字段
CSI report #n CSI part 1	CRI，见表 6-14 和表 6-15
	Rank Indicator，见表 6-14 和表 6-15
	第一个 TB 的 Wideband CQI，见表 6-14 和表 6-15
	第一个 TB 的 Subband differential CQI，按子带编号递增排序，见表 6-14 和表 6-15
	typeII 码本使用的层 0 相关字段
	typeII 码本使用的层 1 相关字段

注：以上所有字段都可能上报，也可能不上报。如果上报，则按表格顺序上报。

表 6-20 CSI report 的 CSI part 2 wideband 字段映射顺序

（pmi-FormatIndicator= subbandPMI 或者 cqi-FormatIndicator=subbandCQI）

CSI report 编号	CSI 字段
CSI report #n CSI part 2 wideband	第二个 TB 的 Wideband CQI，见表 6-14 和表 6-15 （如果存在并且上报，则带该字段）
	Layer Indicator，见表 6-14 和表 6-15 （如果上报，则带该字段）
	PMI wideband 字段 X_1，从左到右，见表 6-12 和表 6-13 （如果上报，则带该字段）
	PMI wideband 字段 X_2（从左到右，见表 6-12 和表 6-13），或者 2 天线的 codebook index （如果 pmi-FormatIndicator= widebandPMI 并且上报，则带该字段）

表 6-21 CSI report 的 CSI part 2 subband 字段映射顺序

（pmi-FormatIndicator= subbandPMI 或者 cqi-FormatIndicator=subbandCQI）

CSI report 编号	CSI 字段
CSI report #n CSI part 2 subband	第二个 TB 的所有偶数子带的 Subband differential CQI，按子带编号递增排序，见表 6-14 和表 6-15 （如果 cqi-FormatIndicator=subbandCQI 并且上报，则带该字段）

（续）

CSI report 编号	CSI 字段
CSI report #n CSI part 2 subband	所有偶数子带的以下字段，按子带编号递增排序：PMI subband 字段 X_2（从左到右，见表 6-12 和表 6-13），或者 2 天线的 codebook index （如果 pmi-FormatIndicator=subbandPMI 并且上报，则带该字段）
	第二个 TB 的所有奇数子带的 Subband differential CQI，按子带编号递增排序，见表 6-14 和表 6-15 （如果 cqi-FormatIndicator=subbandCQI 并且上报，则带该字段）
	所有奇数子带的以下字段，按子带编号递增排序：PMI subband 字段 X_2（从左到右，见表 6-12 和表 6-13），或者 2 天线的 codebook index （如果 pmi-FormatIndicator=subbandPMI 并且上报，则带该字段）

3）多个 CSI report 上报时的字段映射规则如下。

- 如果所有 CSI report 都没有 two-part，则所有 CSI report 的字段按照表 6-22 的顺序从上到下映射到 UCI 比特序列 $a_0,a_1,a_2,a_3,\cdots,a_{A-1}$。每个字段的最高有效位映射到该字段对应位的最低次序，例如第 1 个字段的最高有效位映射到 a_0。

表 6-22 CSI report 到 UCI 比特 $a_0,a_1,a_2,a_3,\cdots,a_{A-1}$ 的映射顺序（不包含 two-part CSI report）

UCI 比特序列	CSI report 编号
a_0 a_1 a_2 a_3 ⋮ a_{A-1}	CSI report #1，见表 6-17 和表 6-18
	CSI report #2，见表 6-17 和表 6-18
	……
	CSI report #n，见表 6-17 和表 6-18

- 如果至少一个 CSI report 包含 two-part，则产生两个 UCI 比特序列：$a_0^{(1)},a_1^{(1)},a_2^{(1)},a_3^{(1)},\cdots,a_{A^{(1)}-1}^{(1)}$ 和 $a_0^{(2)},a_1^{(2)},a_2^{(2)},a_3^{(2)},\cdots,a_{A^{(2)}-1}^{(2)}$。如果 $a_0^{(2)},a_1^{(2)},a_2^{(2)},a_3^{(2)},\cdots,a_{A^{(2)}-1}^{(2)}$ 长度小于 3，则在后面补 0 到比特长度等于 3，见表 6-23 和表 6-24。

表 6-23 CSI report 到 UCI 比特 $a_0^{(1)},a_1^{(1)},a_2^{(1)},a_3^{(1)},\cdots,a_{A^{(1)}-1}^{(1)}$ 的映射顺序（包含 two-part CSI report）

UCI 比特序列	CSI report 编号
$a_0^{(1)}$ $a_1^{(1)}$ $a_2^{(1)}$ $a_3^{(1)}$ ⋮ $a_{A^{(1)}-1}^{(1)}$	如果 CSI report #1 没有 two-part，则上报 CSI report #1；或者如果 CSI report #1 有 two-part，则上报 CSI report #1 的 CSI part 1。见表 6-17、表 6-18、表 6-19
	如果 CSI report #2 没有 two-part，则上报 CSI report #2；或者如果 CSI report #2 有 two-part，则上报 CSI report #2 的 CSI part 1。见表 6-17、表 6-18、表 6-19
	……
	如果 CSI report #n 没有 two-part，则上报 CSI report #n；或者如果 CSI report #n 有 two-part，则上报 CSI report #n 的 CSI part 1。见表 6-17、表 6-18、表 6-19

表 6-24　CSI report 到 UCI 比特 $a_0^{(2)},a_1^{(2)},a_2^{(2)},a_3^{(2)},\cdots,a_{A^{(2)}-1}^{(2)}$ 的映射顺序（包含 two-part CSI report）

UCI 比特序列	CSI report 编号
$a_0^{(2)}$ $a_1^{(2)}$ $a_2^{(2)}$ $a_3^{(2)}$ $\vdots$ $a_{A^{(2)}-1}^{(2)}$	CSI report #1 的 CSI part 2 wideband，见表 6-20 （如果 CSI report #1 的 CSI part 2 存在，则带该字段）
	CSI report #2 的 CSI part 2 wideband，见表 6-20 （如果 CSI report #2 的 CSI part 2 存在，则带该字段）
	……
	CSI report #n 的 CSI part 2 wideband，见表 6-20 （如果 CSI report #n 的 CSI part 2 存在，则带该字段）
	CSI report #1 的 CSI part 2 subband，见表 6-21 （如果 CSI report #1 的 CSI part 2 存在，则带该字段）
	CSI report #2 的 CSI part 2 subband，见表 6-21 （如果 CSI report #2 的 CSI part 2 存在，则带该字段）
	……
	CSI report #n 的 CSI part 2 subband，见表 6-21 （如果 CSI report #n 的 CSI part 2 存在，则带该字段）

以上表 6-22 ～表 6-24 的 CSI report #1, CSI report #2, …, CSI report #n 按 CSI report 的优先级依次排序，优先级最高的放最上面（最前面）。

（3）存在 HARQ-ACK/SR 和 CSI

当 UCI 存在 HARQ-ACK/SR 和 CSI 时，根据 CSI report 是否存在 two-part，UCI 比特序列的产生过程分为如下两种情况。

1）所有 CSI report 都没有 two-part，则依据如下方式产生 UCI 比特序列 $a_0,a_1,a_2,a_3,\cdots,a_{A-1}$，$A=O^{\text{ACK}}+O^{\text{SR}}+O^{\text{CSI}}$：

- ❑ 如果发送 AN，则 AN 比特映射到 UCI 比特 $a_0,a_1,a_2,a_3,\cdots,a_{O^{\text{ACK}}-1}$，$a_i=\tilde{o}_i^{\text{ACK}}$（$i=0,1,\cdots,O^{\text{ACK}}-1$）为 AN 比特 $\tilde{o}_0^{\text{ACK}},\tilde{o}_1^{\text{ACK}},\cdots,\tilde{o}_{O^{\text{ACK}}-1}^{\text{ACK}}$，$O^{\text{ACK}}$ 为 AN 比特长度；如果不发送 AN，则 $O^{\text{ACK}}=0$；
- ❑ 如果发送 SR，则 $a_i=\tilde{o}_i^{\text{SR}}$（$i=O^{\text{ACK}},O^{\text{ACK}}+1,\cdots,O^{\text{ACK}}+O^{\text{SR}}-1$）为 SR 比特 $\tilde{o}_0^{\text{SR}},\tilde{o}_1^{\text{SR}},\cdots,\tilde{o}_{O^{\text{SR}}-1}^{\text{SR}}$；如果不发送 SR，则 $O^{\text{SR}}=0$；
- ❑ CSI 比特序列生成见上一节，映射到 UCI 比特 $a_{O^{\text{ACK}}+O^{\text{SR}}},a_{O^{\text{ACK}}+O^{\text{SR}}+1},\cdots,a_{O^{\text{ACK}}+O^{\text{SR}}+O^{\text{CSI}}-1}$，$O^{\text{CSI}}$ 为 CSI 比特长度。

2）至少一个 CSI report 包含 two-part，则依据如下方式产生两个 UCI 比特序列 $a_0^{(1)},a_1^{(1)},a_2^{(1)},a_3^{(1)},\cdots,a_{A^{(1)}-1}^{(1)}$ 和 $a_0^{(2)},a_1^{(2)},a_2^{(2)},a_3^{(2)},\cdots,a_{A^{(2)}-1}^{(2)}$，其中 $A^{(1)}=O^{\text{ACK}}+O^{\text{SR}}+O^{\text{CSI-part1}}$，$A^{(2)}=O^{\text{CSI-part2}}$。

- ❑ 如果发送 AN，则 AN 比特映射到 UCI 比特 $a_0^{(1)},a_1^{(1)},a_2^{(1)},a_3^{(1)},\cdots,a_{O^{\text{ACK}}-1}^{(1)}$，$a_i^{(1)}=\tilde{o}_i^{\text{ACK}}$（$i=0,1,\cdots,O^{\text{ACK}}-1$）为 AN 比特 $\tilde{o}_0^{\text{ACK}},\tilde{o}_1^{\text{ACK}},\cdots,\tilde{o}_{O^{\text{ACK}}-1}^{\text{ACK}}$，$O^{\text{ACK}}$ 为 AN 比特长度；如果不发送 AN，则 $O^{\text{ACK}}=0$；
- ❑ 如果发送 SR，则 $a_i=\tilde{o}_i^{\text{SR}}$（$i=O^{\text{ACK}},O^{\text{ACK}}+1,\cdots,O^{\text{ACK}}+O^{\text{SR}}-1$）为 SR 比特 $\tilde{o}_0^{\text{SR}},\tilde{o}_1^{\text{SR}},\cdots,$

$\tilde{o}^{\text{SR}}_{O^{\text{SR}}-1}$；如果不发送 SR，则 $O^{\text{SR}}=0$；

- CSI part 1 比特序列生成见上一节，映射到UCI比特 $a^{(1)}_{O^{\text{ACK}}+O^{\text{SR}}}, a^{(1)}_{O^{\text{ACK}}+O^{\text{SR}}+1}, \cdots, a^{(1)}_{O^{\text{ACK}}+O^{\text{SR}}+O^{\text{CSI-part1}}-1}$，$O^{\text{CSI-part1}}$ 为 CSI part 1 比特长度；
- CSI part 2 比特序列生成见上一节，映射到 UCI 位 $a^{(2)}_0, a^{(2)}_1, a^{(2)}_2, a^{(2)}_3, \cdots, a^{(2)}_{A^{(2)}-1}$，$O^{\text{CSI-part2}}$ 为 CSI part 2 比特长度。如果 UCI 比特 $a^{(2)}_0, a^{(2)}_1, a^{(2)}_2, a^{(2)}_3, \cdots, a^{(2)}_{A^{(2)}-1}$ 长度小于 3，则在后面补 0 到比特长度等于 3。

【说明】UCI 比特序列 $a^{(1)}_0, a^{(1)}_1, a^{(1)}_2, a^{(1)}_3, \cdots, a^{(1)}_{A^{(1)}-1}$ 和 $a^{(2)}_0, a^{(2)}_1, a^{(2)}_2, a^{(2)}_3, \cdots, a^{(2)}_{A^{(2)}-1}$ 分别进行分段、CRC 添加、信道编码、速率匹配和码块级联。

2. 通用处理过程

本节描述通过 PUCCH 信道发送 UCI 的通用处理过程。

（1）基序列

序列 $r^{(\alpha,\delta)}_{u,v}(n)$ 通过基序列 $\bar{r}_{u,v}(n)$ 和 cyclic shift（循环移位）α 定义，如下：

$$r^{(\alpha,\delta)}_{u,v}(n) = \mathrm{e}^{\mathrm{j}\alpha n}\bar{r}_{u,v}(n), \quad 0 \leqslant n < M_{\text{ZC}}$$

其中，$M_{\text{ZC}} = mN^{\text{RB}}_{\text{sc}}/2^{\delta}$ 为序列长度，一个基序列通过不同的参数 α 和 δ 可以产生多个序列。

基序列 $\bar{r}_{u,v}(n)$ 分为 30 组，其中 $u \in \{0,1,\cdots,29\}$ 为组编号，v 为一个组内的基序列编号：

- 当 $1/2 \leqslant m/2^{\delta} \leqslant 5$，即序列长度 $6 \leqslant M_{\text{ZC}} \leqslant 60$ 时，$v=0$，即每组一个基序列。
- 当 $6 \leqslant m/2^{\delta}$，即序列长度 $72 \leqslant M_{\text{ZC}}$ 时，$v=0,1$，即每组两个基序列。

基序列 $\bar{r}_{u,v}(0),\cdots,\bar{r}_{u,v}(M_{\text{ZC}}-1)$ 根据序列长度 M_{ZC} 定义如下。

1）基序列长度大于或等于 36。

当 $M_{\text{ZC}} \geqslant 3N^{\text{RB}}_{\text{sc}}$ 时，基序列 $\bar{r}_{u,v}(0),\cdots,\bar{r}_{u,v}(M_{\text{ZC}}-1)$ 如下：

$$\bar{r}_{u,v}(n) = x_q(n \bmod N_{\text{ZC}})$$

$$x_q(m) = \mathrm{e}^{-\mathrm{j}\frac{\pi q m(m+1)}{N_{\text{ZC}}}}$$

其中，$q = \lfloor \bar{q}+1/2 \rfloor + v\cdot(-1)^{\lfloor 2\bar{q} \rfloor}, \bar{q} = N_{\text{ZC}}\cdot(u+1)/31$，$N_{\text{ZC}}$ 为小于 M_{ZC} 的最大素数。

2）基序列长度小于 36。

当 $M_{\text{ZC}} \in \{6,12,18,24\}$ 时，基序列如下：

$$\bar{r}_{u,v}(n) = \mathrm{e}^{\mathrm{j}\varphi(n)\pi/4}, 0 \leqslant n \leqslant M_{\text{ZC}}-1$$

其中，$\varphi(n)$ 见表 6-25 ～表 6-28。

当 $M_{\text{ZC}}=30$ 时，基序列如下：

$$\bar{r}_{u,v}(n) = \mathrm{e}^{-\mathrm{j}\frac{\pi(u+1)(n+1)(n+2)}{31}}, 0 \leqslant n \leqslant M_{\text{ZC}}-1$$

表 6-25 $\varphi(n)$ 定义（M_{ZC}=6）

u	$\varphi(0),\cdots,\varphi(5)$						u	$\varphi(0),\cdots,\varphi(5)$					
0	−3	−1	3	3	−1	−3	15	1	1	1	−1	3	−3
1	−3	3	−1	−1	3	−3	16	−3	−1	−1	−1	3	−1
2	−3	−3	−3	3	1	−3	17	−3	−3	−1	1	−1	−3
3	1	1	1	3	−1	−3	18	−3	−3	−3	1	−3	−1
4	1	1	1	−3	−1	3	19	−3	1	1	−3	−1	−3
5	−3	1	−1	−3	−3	−3	20	−3	3	−3	1	1	−3
6	−3	1	3	−3	−3	−3	21	−3	1	−3	−3	−3	−1
7	−3	−1	1	−3	1	−1	22	1	1	−3	3	1	3
8	−3	−1	−3	1	−3	−3	23	1	1	−3	−3	1	−3
9	−3	−3	1	−3	3	−3	24	1	1	3	−1	3	3
10	−3	1	3	1	−3	−3	25	1	1	−3	1	3	3
11	−3	−1	−3	1	1	−3	26	1	1	−1	−1	3	−1
12	1	1	3	−1	−3	3	27	1	1	−1	3	−1	−1
13	1	1	3	3	−1	3	28	1	1	−1	3	−3	−1
14	1	1	1	−3	3	−1	29	1	1	−3	1	−1	−1

表 6-26 $\varphi(n)$ 定义（M_{ZC}=12）

u	$\varphi(0),\cdots,\varphi(11)$											
0	−3	1	−3	−3	−3	3	−3	−1	1	1	1	−3
1	−3	3	1	−3	1	3	−1	−1	1	3	3	3
2	−3	3	3	1	−3	3	−1	1	3	−3	3	−3
3	−3	−3	−1	3	3	3	−3	3	−3	1	−1	−3
4	−3	−1	−1	1	3	1	1	−1	1	−1	−3	1
5	−3	−3	3	1	−3	−3	−3	−1	3	−1	1	3
6	1	−1	3	−1	−1	−1	−3	−1	1	1	1	−3
7	−1	−3	3	−1	−3	−3	−3	−1	1	−1	1	−3
8	−3	−1	3	1	−3	−1	−3	3	1	3	3	1
9	−3	−1	−1	−3	−3	−1	−3	3	1	3	−1	−3
10	−3	3	−3	3	3	−3	−1	−1	3	3	1	−3
11	−3	−1	−3	−1	−1	−3	3	3	−1	−1	1	−3
12	−3	−1	3	−3	−3	−1	−3	1	−1	−3	3	3
13	−3	1	−1	−1	3	3	−3	−1	−1	−3	−1	−3
14	1	3	−3	1	3	3	3	1	−1	1	−1	3
15	−3	1	3	−1	−1	−3	−3	−1	−1	3	1	−3
16	−1	−1	−1	−1	1	−3	−1	3	3	−1	−3	1
17	−1	1	1	−1	1	3	3	−1	−1	−3	1	−3
18	−3	1	3	3	−1	−1	−3	3	3	−3	3	−3
19	−3	−3	3	−3	−1	3	3	3	−1	−3	1	−3

（续）

u	$\varphi(0),\cdots,\varphi(11)$											
20	3	1	3	1	3	−3	−1	1	3	1	−1	−3
21	−3	3	1	3	−3	1	1	1	1	3	−3	3
22	−3	3	3	3	−1	−3	−3	−1	−3	1	3	−3
23	3	−1	−3	3	−3	−1	3	3	3	−3	−1	−3
24	−3	−1	1	−3	1	3	3	3	−1	−3	3	3
25	−3	3	1	−1	3	3	−3	1	−1	1	−1	1
26	−1	1	3	−3	1	−1	1	−1	−1	−3	1	−1
27	−3	−3	3	3	3	−3	−1	1	−3	3	1	−3
28	1	−1	3	1	1	−1	−1	−1	1	3	−3	1
29	−3	3	−3	3	−3	−3	3	−1	−1	1	3	−3

表 6-27 $\varphi(n)$ 定义（M_{ZC}=18）

u	$\varphi(0),\cdots,\varphi(17)$																	
0	−1	3	−1	−3	3	1	−3	−1	3	−3	−1	−1	1	1	1	−1	−1	−1
1	3	−3	3	−1	1	3	−3	−1	−3	−3	−1	−3	3	1	−1	3	−3	3
2	−3	3	1	−1	−1	3	−3	−1	1	1	1	1	1	−1	3	−1	−3	−1
3	−3	−3	3	3	3	1	−3	1	3	3	1	−3	−3	3	−1	−3	−1	1
4	1	1	−1	−1	−3	−1	1	−3	−3	−3	1	−3	−1	−1	1	−1	3	1
5	3	−3	1	1	3	−1	1	−1	−1	−3	1	1	−1	3	3	−3	3	−1
6	−3	3	−1	1	3	1	−3	−1	1	1	−3	1	3	3	−1	−3	−3	−3
7	1	1	−3	3	3	1	3	−3	3	−1	1	1	−1	1	−3	−3	−1	3
8	−3	1	−3	−3	1	−3	−3	3	1	−3	−1	−3	−3	−3	−1	1	1	3
9	3	−1	3	1	−3	−3	−1	1	−3	−3	3	3	3	1	3	−3	3	−3
10	−3	−3	−3	1	−3	3	1	1	3	−3	−3	1	3	−1	3	−3	−3	3
11	−3	−3	3	3	3	−1	−1	−3	−1	−1	−1	3	1	−3	−3	−1	3	−1
12	−3	−1	−3	−3	1	1	−1	−3	−1	−3	−1	−1	3	3	−1	3	1	3
13	1	1	−3	−3	−3	−3	1	3	−3	3	3	1	−3	−1	3	−1	−3	1
14	−3	3	−1	−3	−1	−3	1	1	−3	−3	−1	−1	3	−3	1	3	1	1
15	3	1	−3	1	−3	3	3	−1	−3	−3	−1	−3	−3	3	−3	−1	1	3
16	−3	−1	−3	−1	−3	1	3	−3	−1	3	3	3	1	−1	−3	3	−1	−3
17	−3	−1	3	3	−1	3	−1	−3	−1	1	−1	−3	−1	−1	−1	3	3	1
18	−3	1	−3	−1	−1	3	1	−3	−3	−3	−1	−3	−3	1	1	1	−1	−1
19	3	3	3	−3	−1	−3	−1	3	−1	1	−1	−3	1	−3	−3	−1	3	3
20	−3	1	1	−3	1	1	3	−3	−1	−3	−1	3	−3	3	−1	−1	−1	−3
21	1	−3	−1	−3	3	3	−1	−3	1	−3	−3	−1	−3	−1	1	3	3	3
22	−3	−3	1	−1	−1	1	1	−3	−1	3	3	3	3	−1	3	1	3	1
23	3	−1	−3	1	−3	−3	−3	3	3	−1	1	−3	−1	3	1	1	3	3
24	3	−1	−1	1	−3	−1	−3	−1	−3	−3	−1	−3	1	1	1	−3	−3	3
25	−3	−3	1	−3	3	3	3	−1	3	1	1	−3	−3	−3	3	−3	−1	−1

（续）

u	φ(0),…,φ(17)																
26	−3	−1	−1	−3	1	−3	3	−1	−1	−3	3	3	−3	−1	3	−1	−1	−1
27	−3	−3	3	3	−3	1	3	−1	−3	1	−1	−3	3	−3	−1	−1	−1	3
28	−1	−3	1	−3	−3	−3	1	1	3	3	−3	3	3	−3	−1	3	−3	1
29	−3	3	1	−1	−1	−1	−1	1	−1	3	3	−3	−1	1	3	−1	3	−1

表 6-28 $\varphi(n)$ 定义（M_{ZC}=24）

u	φ(0),…,φ(23)																						
0	−1	−3	3	−1	3	1	3	−1	1	−3	−1	−3	−1	1	3	−3	−1	−3	3	3	3	−3	−3	−3
1	−1	−3	3	1	1	−3	1	−3	−3	1	−3	−1	−1	3	−3	3	3	3	−3	1	3	3	−3	−3
2	−1	−3	−3	1	−1	−1	−3	1	3	−1	−3	−1	−1	−3	1	1	3	1	−3	−1	−1	3	−3	−3
3	1	−3	3	−1	−3	−1	3	3	1	−1	1	1	3	−3	−1	−3	−3	−3	−1	3	−3	−1	−3	−3
4	−1	3	−3	−3	−1	3	−1	−1	1	3	1	3	−1	−1	−3	1	3	1	−1	−3	1	−1	−3	−3
5	−3	−1	1	−3	−3	1	1	−3	3	−1	−1	−3	1	3	1	−1	−3	−1	−3	1	−3	−3	−3	−3
6	−3	3	1	3	−1	1	−3	1	−3	1	−1	−3	−1	−3	−3	−3	−3	−1	−1	−1	1	1	−3	−3
7	−3	1	3	−1	1	−1	3	−3	3	−1	−3	−1	−3	3	−1	−1	−1	−3	−1	−1	−3	3	3	−3
8	−3	1	−3	3	−1	−1	−1	−3	3	1	−1	−3	−1	1	3	−1	1	−1	1	−3	−3	−3	−3	−3
9	1	1	−1	−3	−1	1	1	−3	1	−1	1	−3	3	−3	−3	3	−1	−3	1	3	−3	1	−3	−3
10	−3	−3	−3	−1	3	−3	3	1	3	1	−3	−1	−1	−3	1	1	3	1	−1	−3	3	1	3	−3
11	−3	3	−1	3	1	−1	−1	−1	3	3	1	1	1	3	3	1	−3	−3	−1	1	−3	1	3	−3
12	3	−3	3	−1	−3	1	3	1	−1	−1	−3	−1	3	−3	3	−1	−1	3	3	−3	−3	3	−3	−3
13	−3	3	−1	3	−1	3	3	1	1	−3	1	3	−3	3	−3	−3	−1	1	3	−3	−1	−1	−3	−3
14	−3	1	−3	−1	−1	3	1	3	−3	1	−1	3	3	−1	−3	3	−3	−1	−1	−3	−3	−3	3	−3
15	−3	−1	−1	−3	1	−3	−3	−1	−1	3	−1	1	−1	3	1	−3	−1	3	1	1	−1	−1	−3	−3
16	−3	−3	1	−1	3	3	−3	−1	1	−1	−1	1	1	−1	−1	3	−3	1	−3	1	−1	−1	−1	−3
17	3	−1	3	−1	1	−3	1	1	−3	−3	3	−3	−1	−1	−1	−1	−1	−3	−3	−1	1	1	−3	−3
18	−3	1	−3	1	−3	−3	1	−3	1	−3	−3	−3	−3	−3	1	−3	−3	1	1	−3	1	1	−3	−3
19	−3	−3	3	3	1	−1	−1	−1	1	−3	−1	1	−1	3	−3	−1	−3	−1	−1	1	−3	3	−1	−3
20	−3	−3	−1	−1	−1	−3	1	−1	−3	−1	3	−3	1	−3	3	−3	3	3	1	−1	−1	1	−3	−3
21	3	−1	1	−1	3	−3	1	1	3	−1	−3	3	1	−3	3	−1	−1	−1	−1	1	−3	−3	−3	−3
22	−3	1	−3	3	−3	1	−3	3	1	−1	−3	−1	−3	−3	−3	−3	1	3	−1	1	3	3	3	−3
23	−3	−1	1	−3	−1	−1	1	1	1	3	3	−1	1	−1	1	−1	−1	−3	−3	−3	3	1	−1	−3
24	−3	3	−1	−3	−1	−1	−1	3	−1	−1	3	−3	−1	3	−3	3	−3	−1	3	1	1	−1	−3	−3
25	−3	1	−1	−3	−3	−1	1	−3	−1	−3	1	1	−1	1	1	3	3	3	−1	1	−1	1	−1	−3
26	−1	3	−1	−1	3	3	−1	−1	−1	3	−1	−3	1	3	1	1	−3	−3	−3	−1	−3	−1	−3	−3
27	3	−3	−3	−1	3	3	−3	−1	3	1	1	1	3	−1	3	−3	−1	3	−1	3	1	−1	−3	−3
28	−3	1	−3	1	−3	1	1	3	1	−3	−3	−1	1	3	−1	−3	3	1	−1	−3	−3	−3	−3	−3
29	3	−3	−1	1	3	−1	−1	−3	−1	3	−1	−3	−1	−3	3	−1	3	1	1	−3	3	−3	−3	−3

（2）序列和循环移位跳频

PUCCH 格式 0、1、3、4 使用序列 $r_{u,v}^{(\alpha,\delta)}(n)$，定义见上一节，其中 $\delta=0$，基序列组编号 u 和序列编号 v 取决于序列跳频，循环移位 α 取决于循环移位跳频。

1）组和序列跳频。

组编号 $u=(f_{\text{gh}}+f_{\text{ss}})\bmod 30$ 与序列编号 v 和高层参数 pucch-GroupHopping 相关。

当 pucch-GroupHopping 配置为 neither 时：

$$f_{\text{gh}}=0$$
$$f_{\text{ss}}=n_{\text{ID}} \bmod 30$$
$$v=0$$

如果配置了高层参数 hoppingId，则 n_{ID} 为 hoppingId，否则 $n_{\text{ID}}=N_{\text{ID}}^{\text{cell}}$。

当 pucch-GroupHopping 配置为 enable 时：

$$f_{\text{gh}}=\left(\sum_{m=0}^{7}2^m c(8(2n_{s,f}^{\mu}+n_{\text{hop}})+m)\right) \bmod 30$$
$$f_{\text{ss}}=n_{\text{ID}} \bmod 30$$
$$v=0$$

伪随机序列 $c(i)$ 每个无线帧开始初始化为 $c_{\text{init}}=\lfloor n_{\text{ID}}/30\rfloor$，如果配置了高层参数 hoppingId，则 n_{ID} 为 hoppingId，否则 $n_{\text{ID}}=N_{\text{ID}}^{\text{cell}}$。

当 pucch-GroupHopping 配置为 disable 时：

$$f_{\text{gh}}=0$$
$$f_{\text{ss}}=n_{\text{ID}} \bmod 30$$
$$v=c(2n_{s,f}^{\mu}+n_{\text{hop}})$$

伪随机序列 $c(i)$ 每个无线帧开始初始化为 $c_{\text{init}}=2^5\lfloor n_{\text{ID}}/30\rfloor+(n_{\text{ID}} \bmod 30)$，如果配置了高层参数 hoppingId，则 n_{ID} 为 hoppingId，否则 $n_{\text{ID}}=N_{\text{ID}}^{\text{cell}}$。

如果没有配置 slot 内跳频，则跳频索引 $n_{\text{hop}}=0$；如果配置了 slot 内跳频（参数 intraSlot-FrequencyHopping 配置为 enabled），则第一个跳频单元 $n_{\text{hop}}=0$，第二个跳频单元 $n_{\text{hop}}=1$。

2）循环移位跳频。

循环移位 α 和 symbol（符号）、slot（时隙）编号有关，如下：

$$\alpha_l=\frac{2\pi}{N_{\text{sc}}^{\text{RB}}}((m_0+m_{\text{cs}}+n_{\text{cs}}(n_{s,f}^{\mu},l+l')) \bmod N_{\text{sc}}^{\text{RB}})$$

其中：

- ❑ $n_{s,f}^{\mu}$ 为一个无线帧内的 slot 编号；
- ❑ l 为 PUCCH 发送的 symbol 编号，$l=0$ 对应 PUCCH 发送的第一个 symbol；
- ❑ l' 为一个 slot 内 PUCCH 发送的第一个 symbol 的编号；

- m_0 对于 PUCCH 格式 0、1、3、4 的取值见对应章节；
- 除 PUCCH 格式 0 外，$m_{cs}=0$；
- $n_{cs}(n_c,l)$ 定义如下，

$$n_{cs}(n_{s,f}^{\mu},l)=\sum\nolimits_{m=0}^{7}2^m c(8N_{symb}^{slot}n_{s,f}^{\mu}+8l+m)$$

伪随机序列 $c(i)$ 初始化为 $c_{init}=n_{ID}$，如果配置了高层参数 hoppingId，则 n_{ID} 为 hoppingId，否则 $n_{ID}=N_{ID}^{cell}$。

（3）分段和 CRC 添加

（3）～（6）过程即分段和 CRC 添加、信道编码、速率匹配、码块级联，适用于 PUCCH 格式 2、3、4。

UE 产生的 UCI 比特序列记为 $a_0,a_1,a_2,a_3,\cdots,a_{A-1}$，$A$ 为 payload 大小，根据 A 的大小区分如下两种情况处理。

1）当 $A\geqslant 12$ 时，UCI 采用 Polar 码进行编码，UCI 编码前需要分段并添加 CRC。

当 $A\geqslant 360$ 并且 $E\geqslant 1088$，或者 $A\geqslant 1033$ 时，将 UCI 分为两段（对 UCI 序列等长分段，当 A 为奇数时，在 UCI 序列前加 1 个 0，然后再进行等长分段；E 表示速率匹配及各段码块合并后的长度）；否则，不进行分段。

完成分段后，对各段载荷比特序列进行 CRC 添加，当 $12\leqslant A\leqslant 19$ 时，CRC 长度为 6；当 $A\geqslant 20$ 时，CRC 长度为 11。

UCI 比特序列 $a_0,a_1,a_2,a_3,\cdots,a_{A-1}$ 经过分段和 CRC 添加后记为 $c_{r0},c_{r1},c_{r2},c_{r3},\cdots,c_{r(K_r-1)}$，$r$ 为码块编号，K_r 为码块 r 的比特长度。最多有两个码块（当有两个码块时，两个码块的长度相等），每个码块各自进行信道编码、速率匹配后，进行码块级联。

2）当 $A\leqslant 11$ 时，采用超小包编码，不用进行分段和 CRC 添加，输出比特记为 $c_0,c_1,c_2,c_3,\cdots,c_{K-1}$，$c_i=a_i$（$i=0,1,\cdots,A-1$，$K=A$）。

（4）信道编码

1）Polar 码。$c_{r0},c_{r1},c_{r2},c_{r3},\cdots,c_{r(K_r-1)}$ 经过信道编码后输出 $d_{r0},d_{r1},d_{r2},d_{r3},\cdots,d_{r(N_r-1)}$，$N_r$ 为码块 r 经过编码后的比特长度，多个码块分别进行编码。

2）超小包编码。$c_0,c_1,c_2,c_3,\cdots,c_{K-1}$ 经过信道编码后输出 $d_0,d_1,d_2,d_3,\cdots,d_{N-1}$，$N$ 为经过编码后的比特长度。

具体信道编码过程参看 3GPP 38.212 协议。

（5）速率匹配

对于 PUCCH 格式 2、3、4，总的速率匹配输出序列长度 E_{tot} 见表 6-29，$N_{symb,UCI}^{PUCCH,2}$、$N_{symb,UCI}^{PUCCH,3}$ 和 $N_{symb,UCI}^{PUCCH,4}$ 为 PUCCH 格式 2、3、4 对应的 UCI（不包括 DMRS）占用的符号数目，$N_{PRB}^{PUCCH,2}$ 和 $N_{PRB}^{PUCCH,3}$ 为 PUCCH 格式 2 和 3 实际占用的 PRB 个数（具体见 6.2.6 节），$N_{SF}^{PUCCH,4}$ 为 PUCCH 格式 4 的扩频因子。

表 6-29　总的速率匹配输出序列长度 E_{tot}

PUCCH 格式	调制方式	
	QPSK	π/2-BPSK
PUCCH 格式 2	$16\cdot N_{symb,UCI}^{PUCCH,2}\cdot N_{PRB}^{PUCCH,2}$	N/A
PUCCH 格式 3	$24\cdot N_{symb,UCI}^{PUCCH,3}\cdot N_{PRB}^{PUCCH,3}$	$12\cdot N_{symb,UCI}^{PUCCH,3}\cdot N_{PRB}^{PUCCH,3}$
PUCCH 格式 4	$24\cdot N_{symb,UCI}^{PUCCH,4}/N_{SF}^{PUCCH,4}$	$12\cdot N_{symb,UCI}^{PUCCH,4}/N_{SF}^{PUCCH,4}$

1）Polar 码。

$d_{r0},d_{r1},d_{r2},d_{r3},\cdots,d_{r(N_r-1)}$ 经过速率匹配后输出 $f_{r0},f_{r1},f_{r2},\cdots,f_{r(E_r-1)}$，$E_r$ 为码块 r 经过速率匹配后的比特长度，E_r 计算公式见下文（多个码块分别进行速率匹配）。

当 CSI 有两个 part 时，两个 part 分别进行速率匹配，每个 part 速率匹配后的输出序列长度见表 6-30。

表 6-30　速率匹配后的输出序列长度 E_{UCI}

PUCCH 发送的 UCI	编码的 UCI	E_{UCI}
HARQ-ACK	HARQ-ACK	$E_{UCI}=E_{tot}$
HARQ-ACK、SR	HARQ-ACK、SR	$E_{UCI}=E_{tot}$
CSI（无 two-part）	CSI	$E_{UCI}=E_{tot}$
HARQ-ACK、CSI（无 two-part）	HARQ-ACK、CSI	$E_{UCI}=E_{tot}$
HARQ-ACK、SR、CSI（无 two-part）	HARQ-ACK、SR、CSI	$E_{UCI}=E_{tot}$
CSI（含 two-part）	CSI part 1	$E_{UCI}=\min(E_{tot},\lceil(O^{CSI\text{-}part1}+L)/R_{UCI}^{max}/Q_m\rceil\cdot Q_m)$
	CSI part 2	$E_{UCI}=E_{tot}-\min(E_{tot},\lceil(O^{CSI\text{-}part1}+L)/R_{UCI}^{max}/Q_m\rceil\cdot Q_m)$
HARQ-ACK、CSI（含 two-part）	HARQ-ACK、CSI part 1	$E_{UCI}=\min(E_{tot},\lceil(O^{ACK}+O^{CSI\text{-}part1}+L)/R_{UCI}^{max}/Q_m\rceil\cdot Q_m)$
	CSI part 2	$E_{UCI}=E_{tot}-\min(E_{tot},\lceil(O^{ACK}+O^{CSI\text{-}part1}+L)/R_{UCI}^{max}/Q_m\rceil\cdot Q_m)$
HARQ-ACK、SR、CSI（含 two-part）	HARQ-ACK、SR、CSI part 1	$E_{UCI}=\min(E_{tot},\lceil(O^{ACK}+O^{SR}+O^{CSI\text{-}part1}+L)/R_{UCI}^{max}/Q_m\rceil\cdot Q_m)$
	CSI part 2	$E_{UCI}=E_{tot}-\min(E_{tot},\lceil(O^{ACK}+O^{SR}+O^{CSI\text{-}part1}+L)/R_{UCI}^{max}/Q_m\rceil\cdot Q_m)$

码块 r 经过速率匹配后的比特长度 $E_r=\lfloor E_{UCI}/C_{UCI}\rfloor$，其中，$C_{UCI}$ 为码块个数，E_{UCI} 由表 6-30 查得。

- ❑ O^{ACK} 为当前 PUCCH 发送的 AN 比特长度；
- ❑ O^{SR} 为当前 PUCCH 发送的 SR 比特长度；
- ❑ $O^{CSI\text{-}part1}$ 为当前 PUCCH 发送的 CSI part 1 比特长度；
- ❑ $O^{CSI\text{-}part2}$ 为当前 PUCCH 发送的 CSI part 2 比特长度；
- ❑ 当 $A\geqslant 360$ 时，$L=11$；否则，L 根据 6.2.3 节“分段和 CRC 添加”中的内容决定。对于“CSI（含 two-part）”，A 等于 $O^{CSI\text{-}part1}$；对于“HARQ-ACK、CSI（含 two-part）”，A 等于 $O^{ACK}+O^{CSI\text{-}part1}$；对于“HARQ-ACK、SR、CSI（含 two-part）”，A 等于 $O^{ACK}+$

$O^{\text{SR}} + O^{\text{CSI-part1}}$；

- $R_{\text{UCI}}^{\max}$ 为配置的 PUCCH 最大码率；
- E_{tot} 见表 6-29。

2）超小包编码。

$d_0, d_1, d_2, \cdots, d_{N-1}$ 经过速率匹配后输出 $f_0, f_1, f_2, \cdots, f_{E-1}$，$E$ 为比特长度，$E = E_{\text{UCI}}$，E_{UCI} 由表 6-30 获得，并且 $L = 0$。

（6）码块级联

序列 $f_{r0}, f_{r1}, f_{r2}, \cdots, f_{r(E_r-1)}$，$r = 0, \cdots, C-1$ 进行码块级联后输出 $g_0, g_1, g_2, g_3, \cdots, g_{G'-1}$，$G' = \lfloor E_{\text{UCI}} / C_{\text{UCI}} \rfloor \cdot C_{\text{UCI}}$，也就是把 C 个码块按顺序级联，再在序列后面添加 $\text{mod}(E_{\text{UCI}}, C_{\text{UCI}})$ 个 0，得到最终 UCI 信道编码输出比特序列，记为 $g_0, g_1, g_2, g_3, \cdots, g_{G-1}$，序列长度 $G = G' + \text{mod}(E_{\text{UCI}}, C_{\text{UCI}})$，即等于 E_{UCI}。

（7）UCI 复用

本节适用于 PUCCH 格式 3 和 4，并且 UCI 包含 two-part CSI 的情况。

当 PUCCH 格式 3 和 4 传输的 UCI 内容包括 CSI，并且 CSI 存在两个 part 时，两个 part 是独立编码的，原因是：为了保证 CSI part1 获得更高的传输可靠性，需要将 CSI part1 映射到靠近 DMRS 的符号上（PUCCH 格式 3 和 4 的 UCI 和 DMRS 映射到不同的符号），这样就需要分开编码。因此，需要对 PUCCH 格式 3 和 4 的符号进行分组，第一组承载 UCI 的符号索引和 DMRS 的符号索引差 1；第二组承载 UCI 的符号索引和 DMRS 的符号索引差 2；第三组承载 UCI 的符号索引和 DMRS 的符号索引差 3，如表 6-31 所示。

表 6-31 PUCCH DMRS 和 UCI symbol

PUCCH 时长（单位：symbol）	PUCCH DMRS symbol 索引	UCI symbol 索引集合个数 $N_{\text{UCI}}^{\text{set}}$	第一组 UCI symbol 索引集合 $S_{\text{UCI}}^{(1)}$	第二组 UCI symbol 索引集合 $S_{\text{UCI}}^{(2)}$	第三组 UCI symbol 索引集合 $S_{\text{UCI}}^{(3)}$
4	{1}	2	{0,2}	{3}	—
4	{0,2}	1	{1,3}	—	—
5	{0, 3}	1	{1, 2, 4}	—	—
6	{1, 4}	1	{0, 2, 3, 5}	—	—
7	{1, 4}	2	{0, 2, 3, 5}	{6}	—
8	{1, 5}	2	{0, 2, 4, 6}	{3, 7}	—
9	{1, 6}	2	{0, 2, 5, 7}	{3, 4, 8}	—
10	{2, 7}	2	{1, 3, 6, 8}	{0, 4, 5, 9}	—
10	{1, 3, 6, 8}	1	{0,2,4,5,7,9}	—	—
11	{2, 7}	3	{1,3,6,8}	{0,4,5,9}	{10}
11	{1,3,6,9}	1	{0,2,4,5,7,8,10}	—	—
12	{2, 8}	3	{1,3,7,9}	{0,4,6,10}	{5, 11}
12	{1,4,7,10}	1	{0,2,3,5,6,8,9,11}	—	—
13	{2, 9}	3	{1,3,8,10}	{0,4,7,11}	{5,6,12}

（续）

PUCCH 时长（单位：symbol）	PUCCH DMRS symbol 索引	UCI symbol 索引集合个数 $N_{\text{UCI}}^{\text{set}}$	第一组 UCI symbol 索引集合 $S_{\text{UCI}}^{(1)}$	第二组 UCI symbol 索引集合 $S_{\text{UCI}}^{(2)}$	第三组 UCI symbol 索引集合 $S_{\text{UCI}}^{(3)}$
13	{1,4,7,11}	2	{0,2,3,5,6,8,10,12}	{9}	—
14	{3, 10}	3	{2,4,9,11}	{1,5,8,12}	{0,6,7,13}
14	{1,5,8,12}	2	{0,2,4,6,7,9,11,13}	{3, 10}	—

假定 $a_0^{(1)},a_1^{(1)},a_2^{(1)},a_3^{(1)},\cdots,a_{A^{(1)}-1}^{(1)}$ 经过分段、CRC 添加、信道编码、速率匹配和码块级联后，输出序列为 $g_0^{(1)},g_1^{(1)},g_2^{(1)},g_3^{(1)},\cdots,g_{G^{(1)}-1}^{(1)}$； $a_0^{(2)},a_1^{(2)},a_2^{(2)},a_3^{(2)},\cdots,a_{A^{(2)}-1}^{(2)}$ 经过分段、CRC 添加、信道编码、速率匹配和码块级联后，输出序列为 $g_0^{(2)},g_1^{(2)},g_2^{(2)},g_3^{(2)},\cdots,g_{G^{(2)}-1}^{(2)}$，那么最终 UCI 经过编码后输出的比特序列为 $g_0,g_1,g_2,g_3,\cdots,g_{G-1}$，其中 $G=G^{(1)}+G^{(2)}$，处理规则如下。

1）根据 CSI part1 编码后的比特长度、每个 UCI 符号组的符号个数、调制阶数，确定 CSI part1 需要的最少的 UCI 符号组数量 j（见表 6-31，最多只有 3 个 UCI 符号组）。

2）对于第 1 个 UCI 符号组到第 $j-1$ 个 UCI 符号组，CSI part1 编码后的比特会占用全部的 RE。

3）对于第 j 个 UCI 符号组，分两种情况：① CSI part1 剩余编码后的比特刚好占用第 j 个符号组的全部 RE，那么 CSI part2 占用剩余的 UCI 符号组；② CSI part1 剩余编码后的比特无法占用第 j 个符号组的全部 RE，那么把 CSI part1 剩余编码后的比特按该 UCI 符号组的符号均分占用（即在符号间均分，如果不能整除，那么多余的比特放在前几个符号。符号内从 RE0 开始依次占用），CSI part2 占用该符号组剩余的 RE 和剩余的 UCI 符号组。

4）CSI part1 和 CSI part2 按以上规则确定占用的 RE 后，各自从最小时域索引开始占用，按照频域从小到大的顺序，占满后再占用下一个时域。CSI part1 和 CSI part2 占满所有 RE 后，就形成了一个编码后比特矩阵，然后按先频域、再时域的顺序，将编码后的比特矩阵转换为最终输出的编码后比特序列 $g_0,g_1,g_2,g_3,\cdots,g_{G-1}$。

【举例 19】假定 CSI report 类型为半静态 PUCCH 上报，配置为子带上报，AN 和 CSI 冲突，需要复用到 AN 资源，AN 资源配置为 PUCCH 格式 3，nrofSymbols 配置为 4，nrofPRBs 配置为 9，未配置 additional DMRS 和 intraSlotFrequencyHopping，使用 QPSK。那么查表 6-39 可知，DMRS 在 4 个符号中的第 2 个，UCI 占用 3 个符号。

假定通过 CSI 和 AN 比特、码率、调制阶数，计算只需要 2 个 RB，可知 CSI 编码后比特序列总长 = $24\cdot N_{\text{symb, UCI}}^{\text{PUCCH, 3}}\cdot N_{\text{PRB}}^{\text{PUCCH, 3}}=24\times 3$（符号数）$\times 2$（PRB 数）=144。

假定 CSI part1 编码后的比特序列为 a0,a1,a2,⋯,a103，CSI part2 编码后的比特序列为 b0,b1,b2,⋯,b39，则根据规则，CSI part1 和 CSI part 2 占用 RE 如图 6-20 所示，CSI part1 占用符号组 {0,2} 的所有 RE，占用 {3} 的 4 个 RE，CSI part 2 占用 {3} 的剩余 RE。按先频域、再时域的顺序，将编码后比特矩阵转换为最终输出的编码后比特序列即为 a0,a1,a2,⋯,a101,a102,a103,b0,⋯,b39。

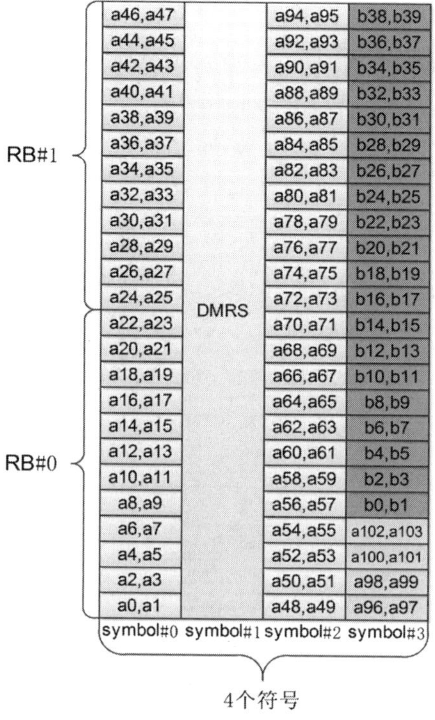

图 6-20 UCI 复用图示 1

【举例 20】假定 CSI report 类型为半静态 PUCCH 上报，配置为子带上报，AN 和 CSI 冲突，需要复用到 AN 资源，AN 资源配置为 PUCCH 格式 3，startingPRB=3，nrofPRBs=9，nrofSymbols=11，startingSymbolIndex=2，没有配置 additionalDMRS 和 intraSlotFrequencyHopping，配置了 π/2-BPSK。那么查表 6-39 可知 DMRS 占两个符号，为符号 2 和符号 7（这里假定 PUCCH 的第 1 个符号为符号 0），UCI 占用 9 个符号。

假定通过 CSI 和 AN 比特、码率、调制阶数，计算只需要 1 个 RB(从 RBstart 开始占用)，可知 CSI 编码后比特序列总长 = $12 \cdot N_{\text{symb, UCI}}^{\text{PUCCH, 3}} \cdot N_{\text{PRB}}^{\text{PUCCH, 3}}$ =12 × 9（符号数）× 1（PRB 数）=108。

假定 CSI part1 编码后比特序列为 a0,a1,a2,⋯,a69，CSI part2 编码后比特序列为 b0,b1,b2,⋯,b37，则查表 6-31 可知，CSI part1 和 CSI part 2 占用 RE 如图 6-21 所示，CSI part1 占用符号组 {1,3,6,8} 的所有 RE，占用符号组 {0,4,5,9} 的 22 个 RE(均分，符号 0 和符号 4 占 6 个 RE，符号 5 和符号 9 占 5 个 RE)，CSI part 2 占用符号组 {0,4,5,9} 的剩余 RE 和符号组 {10} 的所有 RE。按先频域、再时域的顺序，将编码后比特矩阵转换为最终输出的编码后比特序列即为 a0,a1,a2,a3,a4,a5,b0,b1,b2,b3,b4,b5,a6,a7 ～ a34,a35,b6,b7,b8,b9,b10,b11,a36,a37,a38,a39,a40,b12,b13,b14,b15,b16,b17,b18,a41,a42 ～ a68,a69,b19,b20 ～ b36,b37。

3. PUCCH 格式 0 处理过程

PUCCH 格式 0 承载 SR 和 / 或最大 2 bit 的 AN 信息，在频域上占 1 个 RB 的全部 12 个

RE，在时域上占1或者2个符号。PUCCH格式0是5种PUCCH格式中唯一不需要DMRS的，通过序列选择的方式承载UCI信息。n bit的AN信息需要2^n个候选序列，候选序列由长度为12的基序列的循环移位产生。发送序列$x(n)$由下面的公式生成：

$$x(l \cdot N_{\mathrm{sc}}^{\mathrm{RB}} + n) = r_{u,v}^{(\alpha,\delta)}(n)$$

$$n = 0,1,\cdots,N_{\mathrm{sc}}^{\mathrm{RB}} - 1$$

$$l = \begin{cases} 0 & \text{单符号PUCCH} \\ 0,1 & \text{双符号PUCCH} \end{cases}$$

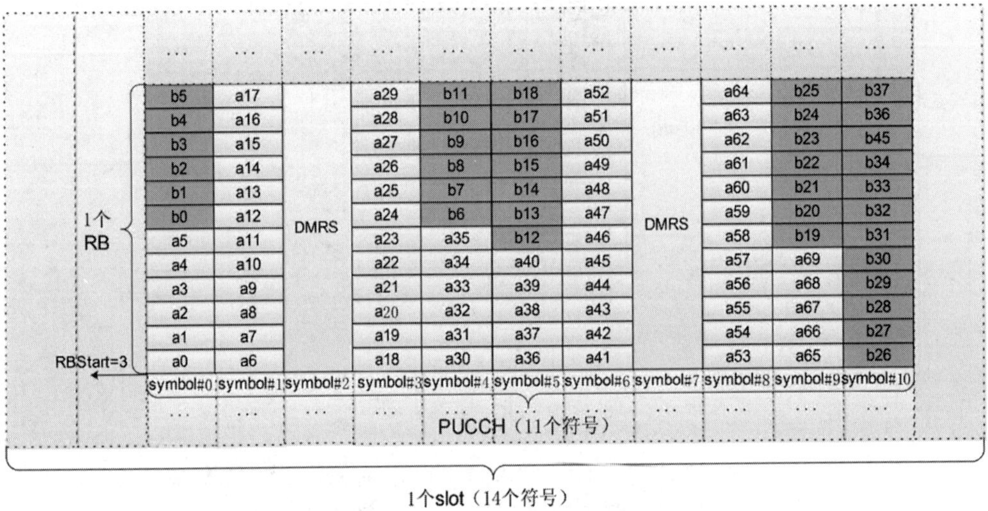

图6-21 UCI复用图示2

其中，$r_{u,v}^{(\alpha,\delta)}(n)$的定义见上一节，$\alpha$表示序列的循环移位，由初始循环移位$m_0$（公共PUCCH通过计算得出，专用PUCCH通过参数initialCyclicShift配置）和SR/AN特定的循环移位m_{cs}共同确定，包括下面3种情况。

1）仅SR时。

- m_0：来自配置参数PUCCH-format0里的initialCyclicShift。
- m_{CS}：$m_{\mathrm{cs}} = 0$。

2）仅AN时。

- m_0：来自配置参数PUCCH-format0里的initialCyclicShift；如果没有配置，则需要算初始循环移位索引，见6.2.6节。
- m_{CS}：与HARQ-ACK的比特数目和值有关，见表6-32和表6-33。

表6-32 1 AN比特（PUCCH格式0）

HARQ-ACK取值	0	1
序列循环移位	$m_{\mathrm{CS}} = 0$	$m_{\mathrm{CS}} = 6$

表 6-33　2 AN 比特（PUCCH 格式 0）

HARQ-ACK 取值	{0, 0}	{0, 1}	{1, 1}	{1, 0}
序列循环移位	$m_{CS}=0$	$m_{CS}=3$	$m_{CS}=6$	$m_{CS}=9$

3）AN+positive SR 时，使用 AN 的资源，m_0 取值同上，m_{CS} 和单 AN 时不同，见表 6-34 和表 6-35。

表 6-34　1 AN 比特和 positive SR（PUCCH 格式 0）

HARQ-ACK 取值	0	1
序列循环移位	$m_{CS}=3$	$m_{CS}=9$

表 6-35　2 AN 比特和 positive SR（PUCCH 格式 0）

HARQ-ACK 取值	{0, 0}	{0, 1}	{1, 1}	{1, 0}
序列循环移位	$m_{CS}=1$	$m_{CS}=4$	$m_{CS}=7$	$m_{CS}=10$

由此可知，不同 UE 的 PUCCH 格式 0 的频域 RB 位置可以相同，只要配置不同的 initialCyclicShift 即可。为了保证 PUCCH 格式 0 的检测性能，不同 UE 的循环移位差值尽可能大于 1。

发送序列 $x(n)$ 生成后，乘以幅度调整因子 $\beta_{\text{PUCCH},0}$ 以满足功控要求，再从 $x(0)$ 开始映射到 RE $(k,l)_{p,\mu}$，映射时先频域 k 再时域 l，天线端口为 $p=2000$。

PUCCH 格式 0 的整体流程如图 6-22 所示。

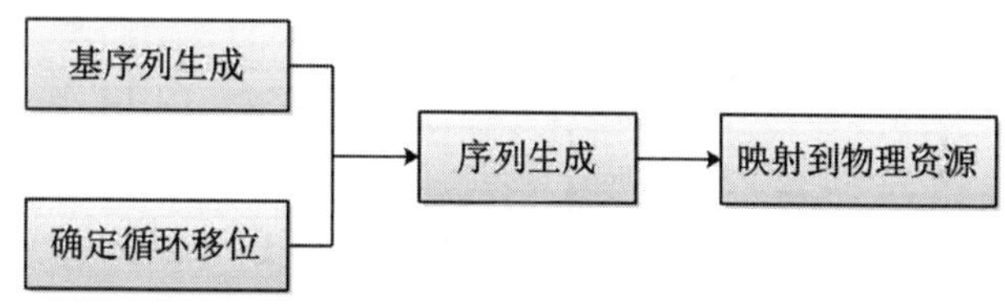

图 6-22　PUCCH 格式 0 处理流程

4. PUCCH 格式 1 处理过程

PUCCH 格式 1 承载 SR 和 / 或最大 2 bit 的 AN 信息，在频域上占 1 个 RB 的全部 12 个 RE，在时域上占 4 ～ 14 个符号。PUCCH 格式 1 的 DMRS 和 UCI 按符号间隔放置（先放置 DMRS，再放置 UCI），具有 5 种 PUCCH 格式中最强的码分复用能力。码分复用从两个维度实现：其一是每个符号上承载的序列的不同循环移位，其二是不同符号上使用的正交扩频码。

PUCCH 格式 1 的 UCI 处理过程如下。

步骤 1，UCI 比特序列 $b(0),\cdots,b(M_{\text{bit}}-1)$ 经过调制生成一个复值符号 $d(0)$，当 UCI 长度为 1 bit 时（AN 和 SR 复用时，该 1 bit 仅为 AN 的开销），使用 BPSK 调制；当 UE 长度为 2 bit 时（AN 和 SR 复用时，该 2 bit 仅为 AN 的开销），使用 QPSK 调制。

步骤 2，将 $d(0)$ 调制到 $r_{u,v}^{(\alpha,\delta)}(n)$，生成长度为 12 的调整后序列 $y(0),\cdots,y(N_{\text{sc}}^{\text{RB}}-1)$：

$$y(n)=d(0)\cdot r_{u,v}^{(\alpha,\delta)}(n)$$
$$n=0,1,\cdots,N_{\text{sc}}^{\text{RB}}-1$$

其中，$r_{u,v}^{(\alpha,\delta)}(n)$ 由长度为 12 的基序列的循环移位产生，循环移位 α 由初始循环移位

m_0（公共 PUCCH 通过计算得出，专用 PUCCH 通过参数 initialCyclicShift 配置）即可确定，$m_{CS}=0$，这是因为该循环移位不需要承载 UCI 信息，只用于多用户间的码分复用。

步骤 3，序列 $y(0),\cdots,y(N_{sc}^{RB}-1)$ 进行时域扩频：

$$z(m'N_{sc}^{RB}N_{SF,0}^{PUCCH,1}+mN_{sc}^{RB}+n)=w_i(m)\cdot y(n)$$

$$n=0,1,\cdots,N_{sc}^{RB}-1$$

$$m=0,1,\cdots,N_{SF,m'}^{PUCCH,1}-1$$

$$m'=\begin{cases}0 & \text{未配置intra-slot frequency hopping}\\0,1 & \text{配置intra-slot frequency hopping}\end{cases}$$

其中，$N_{SF,m'}^{PUCCH,1}$ 见表 6-36，m 为 UCI 在跳频单元内的符号索引，n 为 UCI 在一个 RB 内的子载波索引；正交序列 $w_i(m)$ 见表 6-37，i 为正交序列索引，即配置参数 timeDomainOCC。当一个 PUCCH 发送持续多个 slot 时，复值符号 $d(0)$ 在后续 slot 重复。

表 6-36 PUCCH 符号数和对应的 $N_{SF,m'}^{PUCCH,1}$

PUCCH 符号数，$N_{symb}^{PUCCH,1}$	$N_{SF,m'}^{PUCCH,1}$		
	未配置 slot 内跳频 $m'=0$	配置 slot 内跳频	
		$m'=0$	$m'=1$
4	2	1	1
5	2	1	1
6	3	1	2
7	3	1	2
8	4	2	2
9	4	2	2
10	5	2	3
11	5	2	3
12	6	3	3
13	6	3	3
14	7	3	4

表 6-37 正交扩频码 $w_i(m)=e^{j2\pi\varphi(m)/N_{SF,m'}^{PUCCH,1}}$（PUCCH 格式 1）

$N_{SF,m'}^{PUCCH,1}$	φ						
	i=0	i=1	i=2	i=3	i=4	i=5	i=6
1	[0]	—	—	—	—	—	—
2	[0 0]	[0 1]	—	—	—	—	—
3	[0 0 0]	[0 1 2]	[0 2 1]	—	—	—	—
4	[0 0 0 0]	[0 2 0 2]	[0 0 2 2]	[0 2 2 0]	—	—	—
5	[0 0 0 0 0]	[0 1 2 3 4]	[0 2 4 1 3]	[0 3 1 4 2]	[0 4 3 2 1]	—	—
6	[0 0 0 0 0 0]	[0 1 2 3 4 5]	[0 2 4 0 2 4]	[0 3 0 3 0 3]	[0 4 2 0 4 2]	[0 5 4 3 2 1]	—
7	[0 0 0 0 0 0 0]	[0 1 2 3 4 5 6]	[0 2 4 6 1 3 5]	[0 3 6 2 5 1 4]	[0 4 1 5 2 6 3]	[0 5 3 1 6 4 2]	[0 6 5 4 3 2 1]

步骤 4，序列 $z(n)$ 乘以幅度调整因子 $\beta_{\text{PUCCH},1}$ 以满足功控要求，再从 $z(0)$ 开始映射到给 UCI 使用的 RE $(k,l)_{p,\mu}$（非 DMRS 占用的 RE，UCI 使用 PUCCH 内的奇数符号），映射时先频域 k 再时域 l，天线端口为 $p=2000$。

PUCCH 格式 1 的 UCI 处理流程如图 6-23 所示。

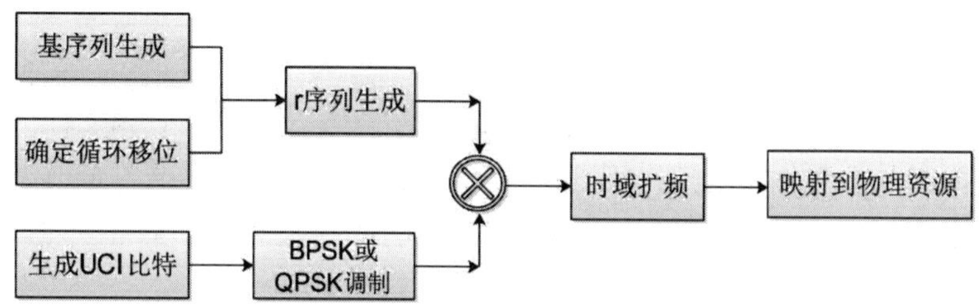

图 6-23 PUCCH 格式 1 的 UCI 处理流程

PUCCH 格式 1 的 DMRS 作为参考信号用于解调 UCI 信息，$r_{u,v}^{(\alpha,\delta)}(n)$ 序列生成方法同对应的 UCI，时域扩频后，映射到物理资源。处理过程如下。

步骤 1，确定 $r_{u,v}^{(\alpha,\delta)}(n)$ 序列，方法同对应 UCI。

步骤 2，r 序列进行时域扩频：

$$z(m'N_{\text{sc}}^{\text{RB}}N_{\text{SF},0}^{\text{PUCCH},1}+mN_{\text{sc}}^{\text{RB}}+n)=w_i(m)\cdot r_{u,v}^{(\alpha,\delta)}(n)$$

$$n=0,1,\cdots,N_{\text{sc}}^{\text{RB}}-1$$

$$m=0,1,\cdots,N_{\text{SF},m'}^{\text{PUCCH},1}-1$$

$$m'=\begin{cases}0 & \text{未配置intra-slot frequency hopping}\\ 0,1 & \text{配置intra-slot frequency hopping}\end{cases}$$

其中，$N_{\text{SF},m'}^{\text{PUCCH},1}$ 见表 6-38，m 为 DMRS 在跳频单元内的符号索引，n 为 DMRS 在一个 RB 内的子载波索引；正交序列 $w_i(m)$ 见表 6-37，i 为正交序列索引，即配置参数 timeDomainOCC，同对应 UCI。

表 6-38 DMRS 符号数和对应的 $N_{\text{SF},m'}^{\text{PUCCH},1}$

PUCCH 符号数，$N_{\text{symb}}^{\text{PUCCH},1}$	$N_{\text{SF},m'}^{\text{PUCCH},1}$		
	未配置 slot 内跳频 $m'=0$	配置 slot 内跳频	
		$m'=0$	$m'=1$
4	2	1	1
5	3	1	2
6	3	2	1
7	4	2	2
8	4	2	2
9	5	2	3
10	5	3	2

（续）

PUCCH 符号数，$N_{\text{symb}}^{\text{PUCCH,1}}$	$N_{\text{SF},m'}^{\text{PUCCH,1}}$		
	未配置 slot 内跳频 $m'=0$	配置 slot 内跳频	
		$m'=0$	$m'=1$
11	6	3	3
12	6	3	3
13	7	3	4
14	7	4	3

步骤 3，序列 $z(m)$ 乘以幅度调整因子 $\beta_{\text{PUCCH,1}}$ 以满足功控要求，再从 $z(0)$ 开始映射到给 DMRS 使用的 RE $(k,l)_{p,\mu}$，映射时先频域 k 再时域 l，天线端口为 $p=2000$，公式如下：

$$a_{k,l}^{(p,\mu)} = \beta_{\text{PUCCH,1}} z(m)$$
$$l = 0,2,4,\cdots$$

其中，$l=0$ 对应 PUCCH 发送的第一个符号。由此可知，DMRS 从 PUCCH 的第一个符号开始间隔发送。

PUCCH 格式 1 的 DMRS 处理流程如图 6-24 所示。

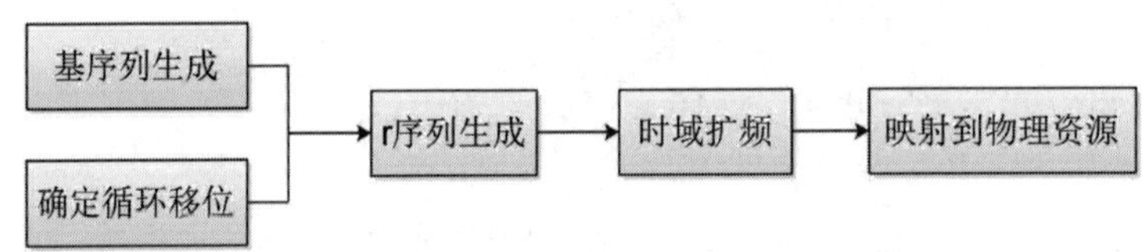

图 6-24 PUCCH 格式 1 的 DMRS 处理流程

【举例 21】假定配置 PUCCH 格式 1，符号长度为 9，未配置 slot 内跳频，startingPRB 为 0，则 UCI 和 DMRS 的时频资源如图 6-25 所示。

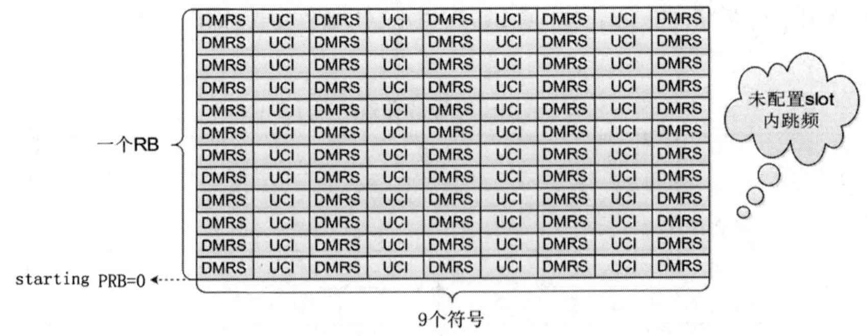

图 6-25 PUCCH 格式 1 的 UCI 和 DMRS 位置示例 1

【举例 22】假定配置 PUCCH 格式 1，符号长度为 9，配置 slot 内跳频，startingPRB 为 0，secondHopPRB 为 99，则 UCI 和 DMRS 的时频资源如图 6-26 所示，第一个跳频单元的符号总数为 4，第二个跳频单元的符号总数为 5。

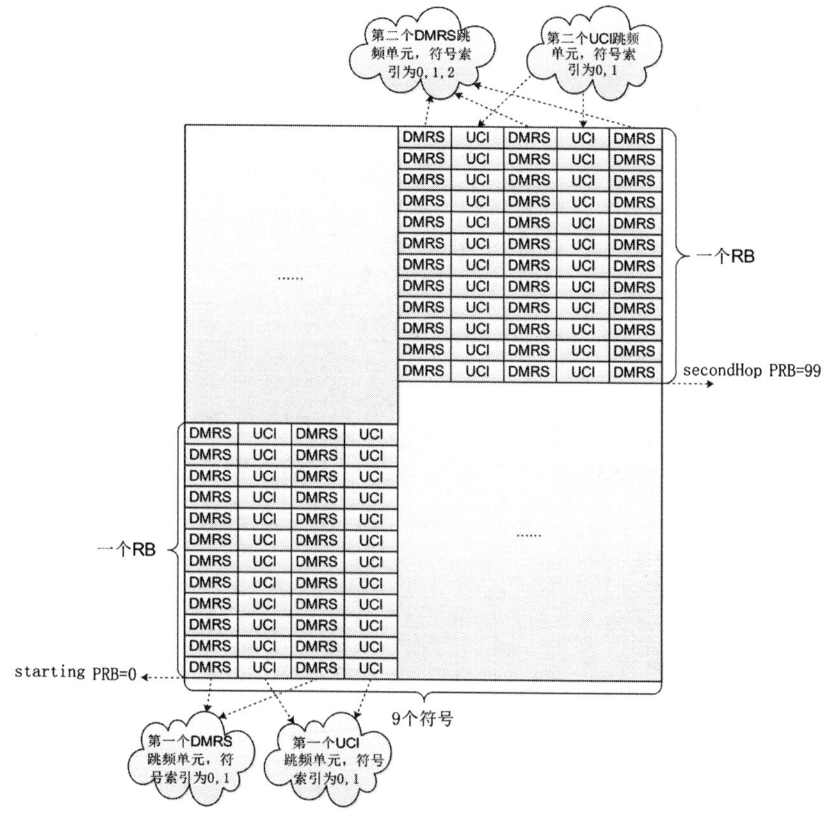

图 6-26 PUCCH 格式 1 的 UCI 和 DMRS 位置示例 2

5. PUCCH 格式 2 处理过程

PUCCH 格式 2 承载 SR/AN/CSI 信息，UCI 大于 2 bit，在频域上占 1 ～ 16 个 RB（由于不进行 DFT 预编码，RB 个数不受 2、3、5 的幂次方的限制），在时域上占 1 ～ 2 个符号。PUCCH 格式 2 的 DMRS 和 UCI 在同一个 RB 放置。PUCCH 格式 2 是五种 PUCCH 格式中唯一不满足单载波特性的格式（PAPR 较高，覆盖受影响）。

PUCCH 格式 2 的 UCI 处理过程如下。

步骤 1，生成 UCI 比特序列，见本节“UCI 比特序列产生”。

步骤 2，对 UCI 比特序列进行信道编码相关处理，即分段、CRC 添加、信道编码、速率匹配和码块级联，见本节“通用处理过程”。

步骤 3，为了使小区间干扰随机化，编码后的比特序列 $b(0),\cdots,b(M_{\text{bit}}-1)$ 需要经过加扰，生成一个加扰后序列 $\tilde{b}(0),\cdots,\tilde{b}(M_{\text{bit}}-1)$：

$$\tilde{b}(i)=(b(i)+c(i))\bmod 2$$

扰码序列 $c^{(q)}(i)$ 为伪随机序列，初始化为 $c_{\text{init}}=n_{\text{RNTI}}\cdot 2^{15}+n_{\text{ID}}$。其中，如果配置了参数

dataScramblingIdentityPUSCH，则 $n_{\mathrm{ID}} \in \{0,1,\cdots,1023\}$ 等于该参数，否则，$n_{\mathrm{ID}} = N_{\mathrm{ID}}^{\mathrm{cell}}$；$n_{\mathrm{RNTI}}$ 为 UE 的 C-RNTI。

步骤 4，$\tilde{b}(0),\cdots,\tilde{b}(M_{\mathrm{bit}}-1)$ 经过 QPSK 调制（PUCCH 格式 2 只支持 QPSK 调制），生成复值序列 $d(0),\cdots,d(M_{\mathrm{symb}}-1)$，$M_{\mathrm{symb}} = M_{\mathrm{bit}}/2$。

步骤 5，复值序列 $d(m)$ 乘以幅度调整因子 $\beta_{\mathrm{PUCCH},2}$ 以满足功控要求，再从 $d(0)$ 开始映射到给 UCI 使用的 RE $(k,l)_{p,\mu}$（非 DMRS 占用的 RE），映射时先频域 k 再时域 l，天线端口为 $p = 2000$。

PUCCH 格式 2 的 UCI 处理流程如图 6-27 所示。

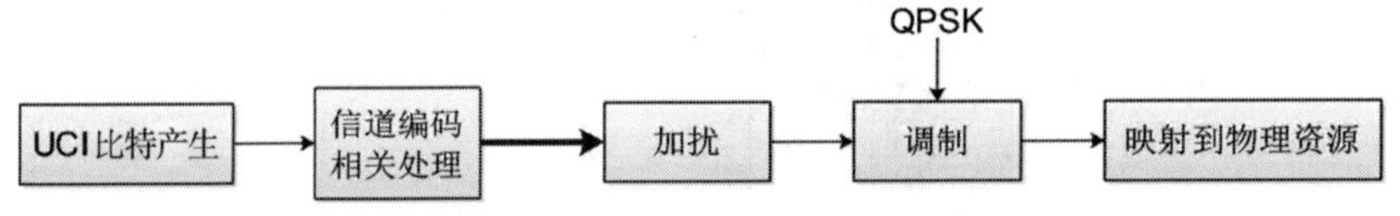

图 6-27 PUCCH 格式 2 的 UCI 处理流程

PUCCH 格式 2 的 DMRS 用于解调 UCI 信息，DMRS 序列生成方法同 CP-OFDM 波形的 PUSCH 的 DMRS。处理过程如下。

步骤 1，参考信号序列 $r_l(m)$，和当前 slot、symbol 编号有关，产生方法如下：

$$r_l(m) = \frac{1}{\sqrt{2}}(1-2c(2m)) + \mathrm{j}\frac{1}{\sqrt{2}}(1-2c(2m+1)) \qquad m = 0,1,\cdots$$

伪随机序列 $c(i)$ 初始化过程如下：

$$c_{\mathrm{init}} = (2^{17}(N_{\mathrm{symb}}^{\mathrm{slot}} n_{s,f}^{\mu} + l + 1)(2N_{\mathrm{ID}}^{0} + 1) + 2N_{\mathrm{ID}}^{0}) \bmod 2^{31}$$

其中，l 为 slot 内的符号编号，$n_{s,f}^{\mu}$ 为无线帧内的 slot 编号，如果配置了参数 DMRS-UplinkConfig->scramblingID0，则 $N_{\mathrm{ID}}^{0} \in \{0,1,\cdots,65535\}$ 等于该参数，否则等于 $N_{\mathrm{ID}}^{\mathrm{cell}}$。如果 dmrs-UplinkForPUSCH-MappingTypeA 和 dmrs-UplinkForPUSCH-MappingTypeB 都配置了，则使用 typeB 中的 scramblingID0。

步骤 2，序列 $r_l(m)$ 乘以幅度调整因子 $\beta_{\mathrm{PUCCH},2}$ 以满足功控要求，再从 $r_l(0)$ 开始映射到 RE $(k,l)_{p,\mu}$，天线端口为 $p = 2000$，公式如下：

$$a_{k,l}^{(p,\mu)} = \beta_{\mathrm{PUCCH},2} r_l(m) \qquad k = 3m+1$$

其中，k 以对应 μ 的 CRB0 的子载波 0 为参考，即 $r_l(0)$ 映射到 CRB0 的 subcarrier 1，$r_l(1)$ 映射到 CRB0 的 subcarrier 4，依次进行。根据全带宽生成一个长序列，然后根据 DMRS 具体占用的 RB 在全带宽中的位置，对长序列进行截断，即为相应 DMRS 的序列。由公式可知，DMRS 占 PUCCH 每个 RB 的子载波 1、4、7、10 这四个 RE，其余 RE 为 UCI 占用。

PUCCH 格式 2 的 DMRS 处理流程如图 6-28 所示。

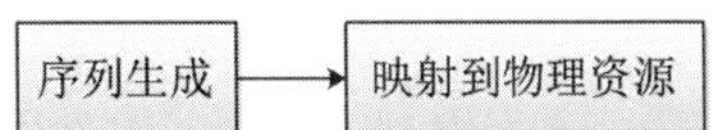

图 6-28 PUCCH 格式 2 的 DMRS 处理流程

【举例 23】 假定配置 PUCCH 格式 2，符号长度为 2，占最大的 16 个 RB，未配置 intraSlotFrequencyHopping，则 UCI 和 DMRS 的时频资源如图 6-29 所示。

可知 PUCCH 格式 2 最大承载的 UCI 编码后的比特长度 =2（符号数）× 16（RB 数）× 8（每 RB 的 UCI 占用 RE 数）× 2（每 RE 承载的比特数）= 512 bit。另外，由于 DMRS 生成的时候有“符号编号”作为入参，所以两个符号的 DMRS 序列不同。

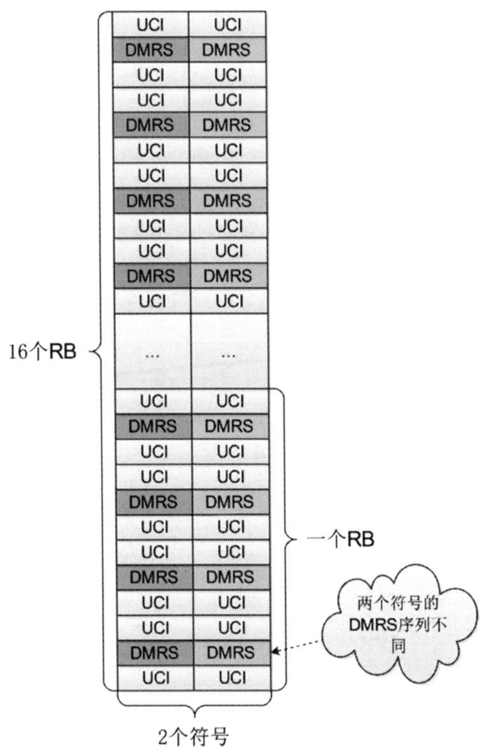

图 6-29 PUCCH 格式 2 的 UCI 和 DMRS 位置示例

6. PUCCH 格式 3 处理过程

PUCCH 格式 3 承载 SR/AN/CSI 信息，UCI 大于 2 bit，在频域上占 1、2、3、4、5、6、8、9、10、12、15 或 16 个 RB（由于需要进行 DFT 预编码，RB 个数受 2、3、5 的幂次方的限制），在时域上占 4～14 个符号。PUCCH 格式 3 的 DMRS 和 UCI 在不同符号放置，是 5 种 PUCCH 格式中承载 UCI 比特最多的格式，最多可以承载的编码后的比特数 =12（符号数）× 16（RB 数）× 12（RE 数）× 2（QPSK 调制）= 4608 bit。

PUCCH 格式 3 的 UCI 处理过程如下。

步骤 1，生成 UCI 比特序列。

步骤 2，对 UCI 比特序列进行信道编码相关处理，即分段、CRC 添加、信道编码、速率匹配、码块级联和 UCI 复用，输出编码后的比特序列 $b(0),\cdots,b(M_{\text{bit}}-1)$。

步骤 3，为了使小区间干扰随机化，编码后的比特序列 $b(0),\cdots,b(M_{\text{bit}}-1)$ 需要先经过加扰，生成一个加扰后序列 $\tilde{b}(0),\cdots,\tilde{b}(M_{\text{bit}}-1)$，处理同 PUCCH 格式 2。

步骤 4，$\tilde{b}(0),\cdots,\tilde{b}(M_{\text{bit}}-1)$ 经过 QPSK 或者 π/2-BPSK 调制（如果配置了 pi2BPSK，则用 π/2-BPSK，否则使用 QPSK），生成调制序列 $d(0),\cdots,d(M_{\text{symb}}-1)$，当使用 QPSK 调制时，$M_{\text{symb}}=M_{\text{bit}}/2$；当使用 π/2-BPSK 调制时，$M_{\text{symb}}=M_{\text{bit}}$。

步骤 5，PUCCH 格式 3 不具备码分复用能力，直接将调制序列 d 赋值给复数调制序列 y：

$$
\begin{aligned}
y(lM_{\text{sc}}^{\text{PUCCH},3}+k) &= d(lM_{\text{sc}}^{\text{PUCCH},3}+k)\\
k &= 0,1,\cdots,M_{\text{sc}}^{\text{PUCCH},3}-1\\
l &= 0,1,\cdots,(M_{\text{symb}}/M_{\text{sc}}^{\text{PUCCH},3})-1
\end{aligned}
$$

其中，l 为 UCI 占用的符号索引，k 为一个符号内 UCI 占用的子载波索引，$M_{\text{sc}}^{\text{PUCCH},3}$ 为 UCI 在频域上占用的子载波个数。

步骤 6，复数调制序列 $y(0),\cdots,y(N_{\text{SF}}^{\text{PUCCH},s}M_{\text{symb}}-1)$ 进行 DFT 预编码：

$$
\begin{aligned}
z(l\cdot M_{\text{sc}}^{\text{PUCCH},s}+k) &= \frac{1}{\sqrt{M_{\text{sc}}^{\text{PUCCH},s}}}\sum_{m=0}^{M_{\text{sc}}^{\text{PUCCH},s}-1} y(l\cdot M_{\text{sc}}^{\text{PUCCH},s}+m)\mathrm{e}^{-\mathrm{j}\frac{2\pi mk}{M_{\text{sc}}^{\text{PUCCH},s}}}\\
k &= 0,\cdots,M_{\text{sc}}^{\text{PUCCH},s}-1\\
l &= 0,\cdots,(N_{\text{SF}}^{\text{PUCCH},s}M_{\text{symb}}/M_{\text{sc}}^{\text{PUCCH},s})-1
\end{aligned}
$$

生成复值序列 $z(0),\cdots,z(N_{\text{SF}}^{\text{PUCCH},s}M_{\text{symb}}-1)$，$s=3$，$N_{\text{SF}}^{\text{PUCCH},3}=1$。

步骤 7，复值序列 $z(m)$ 乘以幅度调整因子 $\beta_{\text{PUCCH},3}$ 以满足功控要求，再从 $z(0)$ 开始映射到给 UCI 使用的 RE $(k,l)_{p,\mu}$（非 DMRS 占用的 RE），映射时先频域 k 再时域 l，天线端口为 $p=2000$。

如果配置了 slot 内跳频，则 $\lfloor N_{\text{symb}}^{\text{PUCCH},s}/2\rfloor$ 个符号为第一个跳频单元，$N_{\text{symb}}^{\text{PUCCH},s}-\lfloor N_{\text{symb}}^{\text{PUCCH},s}/2\rfloor$ 个符号为第二个跳频单元，$N_{\text{symb}}^{\text{PUCCH},s}$ 为配置的 PUCCH 符号个数。第一个跳频单元的起始 RB 为配置参数 startingPRB，第二个跳频单元的起始 RB 为配置参数 secondHopPRB。

PUCCH 格式 3 的 UCI 处理流程如图 6-30 所示。

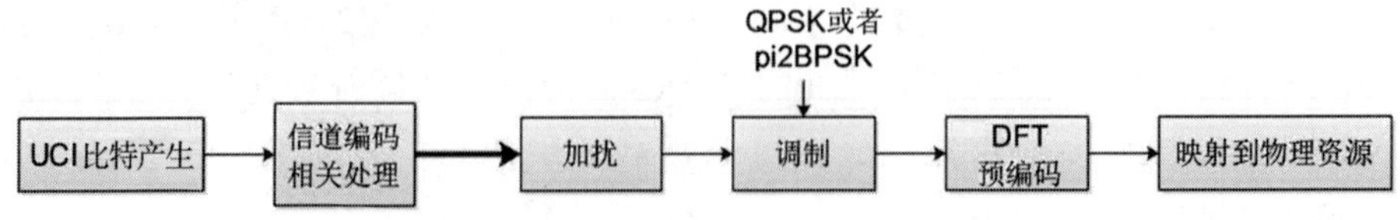

图 6-30 PUCCH 格式 3 的 UCI 处理流程

PUCCH 格式 3 的 DMRS 用于解调 UCI 信息。处理过程如下。

步骤 1，参考信号序列 $r_l(m)$，和当前 slot、symbol 编号有关，产生方法如下：

$$r_l(m) = r_{u,v}^{(\alpha,\delta)}(m)$$
$$m = 0,1,\cdots,M_{\mathrm{sc}}^{\mathrm{PUCCH},s} - 1$$

其中，$M_{\mathrm{sc}}^{\mathrm{PUCCH},s}$ 为 DMRS 在一个符号上占用的 RE 总数，s=3，$r_{u,v}^{(\alpha,\delta)}(m)$ 由长度为 $M_{\mathrm{sc}}^{\mathrm{PUCCH},s}$ 的基序列的循环移位产生，循环移位 α 的初始循环移位 $m_0 = 0$，$m_{\mathrm{cs}} = 0$。

步骤 2，序列 $r_l(m)$ 乘以幅度调整因子 $\beta_{\mathrm{PUCCH},3}$ 以满足功控要求，再从 $r_l(0)$ 开始映射到 RE $(k,l)_{p,\mu}$，天线端口为 $p = 2000$，公式如下：

$$a_{k,l}^{(p,\mu)} = \beta_{\mathrm{PUCCH,s}} \cdot r_l(m), m = 0,1,\cdots,M_{\mathrm{sc}}^{\mathrm{PUCCH},s} - 1$$

其中，$k = 0$ 对应 PUCCH 发送占用的频域最低 RB 的子载波 0；l 为 DMRS 占用的符号，见表 6-39（与 DMRS 占用的符号位置和 PUCCH 符号长度、有无附加 DMRS、有无 slot 内跳频有关），$l = 0$ 对应 PUCCH 发送占用的第 1 个符号。

表 6-39　DMRS 位置（PUCCH 格式 3 和 4）

PUCCH 长度（单位：符号）	DMRS 位置 l			
	无附加 DMRS		有附加 DMRS	
	无跳频	有跳频	无跳频	有跳频
4	1	0, 2	1	0, 2
5	0, 3		0, 3	
6	1, 4		1, 4	
7	1, 4		1, 4	
8	1, 5		1, 5	
9	1, 6		1, 6	
10	2, 7		1, 3, 6, 8	
11	2, 7		1, 3, 6, 9	
12	2, 8		1, 4, 7, 10	
13	2, 9		1, 4, 7, 11	
14	3, 10		1, 5, 8, 12	

PUCCH 格式 3 的 DMRS 处理流程如图 6-31 所示。

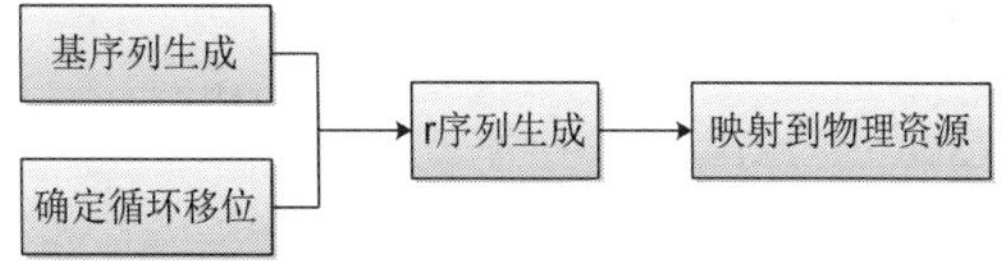

图 6-31　PUCCH 格式 3 的 DMRS 处理流程

7. PUCCH 格式 4 处理过程

PUCCH 格式 4 承载 SR/AN/CSI 信息，UCI 大于 2 bit，在频域上占 1 个 RB 的全部 12 个

RE（固定1RB），在时域上占4～14个符号。PUCCH格式4的DMRS和UCI在不同符号放置（放置规则同PUCCH格式3），和PUCCH格式3的主要区别是PUCCH格式4具有码分复用能力，可以支持多用户复用同一个RB。

PUCCH格式4的UCI处理过程如下。

步骤1～步骤4，同PUCCH格式3，生成调制序列 $d(0),\cdots,d(M_{\text{symb}}-1)$。

步骤5，PUCCH格式4具备码分复用能力，将调制序列 d 经过块式扩频（block-wise spreading）后生成复数调制序列 $y(0),\cdots,y(N_{\text{SF}}^{\text{PUCCH,4}}M_{\text{symb}}-1)$，公式如下：

$$y(lM_{\text{sc}}^{\text{PUCCH,4}}+k)=w_n(k)\cdot d\left(l\frac{M_{\text{sc}}^{\text{PUCCH,4}}}{N_{\text{SF}}^{\text{PUCCH,4}}}+k\bmod\frac{M_{\text{sc}}^{\text{PUCCH,4}}}{N_{\text{SF}}^{\text{PUCCH,4}}}\right)$$

$$k=0,1,\cdots,M_{\text{sc}}^{\text{PUCCH,4}}-1$$

$$l=0,1,\cdots,(N_{\text{SF}}^{\text{PUCCH,4}}M_{\text{symb}}/M_{\text{sc}}^{\text{PUCCH,4}})-1$$

其中，l 为UCI占用的符号索引，k 为一个符号内UCI占用的子载波索引，$M_{\text{sc}}^{\text{PUCCH,4}}=12$ 为UCI在频域上占用的子载波个数，$\text{N}_{\text{SF}}^{\text{PUCCH,4}}\in\{2,4\}$ 为配置参数occ-Length（即PUCCH格式4的扩频因子，取值2时可以2个用户复用同一个RB，取值4时可以4个用户复用同一个RB），n 为配置参数occ-Index，$w_n(\cdot)$ 定义见表6-40和表6-41。注意：经过扩频后，序列长度由 M_{symb} 增长为 $N_{\text{SF}}^{\text{PUCCH,4}}M_{\text{symb}}$。

表6-40　正交序列 $w_n(m)$（PUCCH格式4，$N_{\text{SF}}^{\text{PUCCH,4}}=2$）

n	w_n
0	[+1 +1 +1 +1 +1 +1 +1 +1 +1 +1 +1 +1]
1	[+1 +1 +1 +1 +1 +1 +1 −1 −1 −1 −1 −1]

表6-41　正交序列 $w_n(m)$（PUCCH格式4，$N_{\text{SF}}^{\text{PUCCH,4}}=4$）

n	w_n
0	[+1 +1 +1 +1 +1 +1 +1 +1 +1 +1 +1 +1]
1	[+1 +1 +1 −j −j −j −1 −1 −1 +j +j +j]
2	[+1 +1 +1 −1 −1 −1 +1 +1 +1 −1 −1 −1]
3	[+1 +1 +1 +j +j +j −1 −1 −1 −j −j −j]

步骤6，复数调制序列 $y(0),\cdots,y(N_{\text{SF}}^{\text{PUCCH},s}M_{\text{symb}}-1)$ 进行DFT预编码：

$$z(l\cdot M_{\text{sc}}^{\text{PUCCH},s}+k)=\frac{1}{\sqrt{M_{\text{sc}}^{\text{PUCCH},s}}}\sum_{m=0}^{M_{\text{sc}}^{\text{PUCCH},s}-1}y(l\cdot M_{\text{sc}}^{\text{PUCCH},s}+m)\text{e}^{-\text{j}\frac{2\pi mk}{M_{\text{sc}}^{\text{PUCCH},s}}}$$

$$k=0,\cdots,M_{\text{sc}}^{\text{PUCCH},s}-1$$

$$l=0,\cdots,(N_{\text{SF}}^{\text{PUCCH},s}M_{\text{symb}}/M_{\text{sc}}^{\text{PUCCH},s})-1$$

生成复值序列 $z(0),\cdots,z(N_{\text{SF}}^{\text{PUCCH,s}}M_{\text{symb}}-1)$，$s=4$，$N_{\text{SF}}^{\text{PUCCH,4}}\in\{2,4\}$。

步骤7，复值序列 $z(m)$ 乘以幅度调整因子 $\beta_{\text{PUCCH,3}}$ 以满足功控要求，再从 $z(0)$ 开始映射到给 UCI 使用的 RE $(k,l)_{p,\mu}$（非 DMRS 占用的 RE），映射时先频域 k 再时域 l，天线端口为 $p=2000$。

如果配置了 slot 内跳频，则$\lfloor N_{\text{symb}}^{\text{PUCCH},s}/2\rfloor$个符号为第一个跳频单元，$N_{\text{symb}}^{\text{PUCCH},s}-\lfloor N_{\text{symb}}^{\text{PUCCH},s}/2\rfloor$个符号为第二个跳频单元，$N_{\text{symb}}^{\text{PUCCH},s}$为配置的 PUCCH 符号个数。第一个跳频单元的起始 RB 为配置参数 startingPRB，第二个跳频单元的起始 RB 为配置参数 secondHopPRB。

PUCCH 格式 4 的 UCI 处理流程如图 6-32 所示。

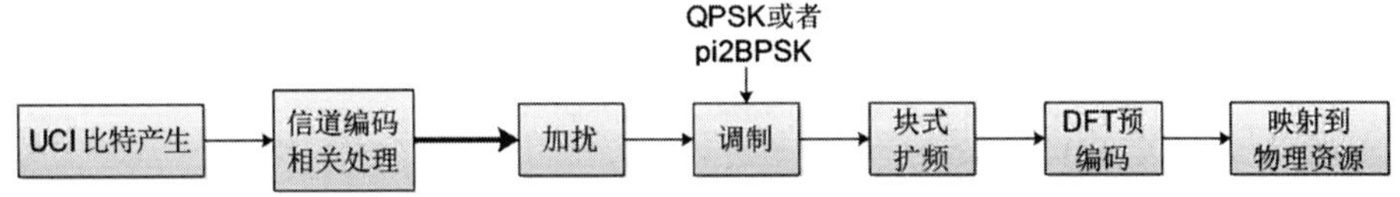

图 6-32 PUCCH 格式 4 的 UCI 处理流程

PUCCH 格式 4 的 DMRS 用于解调 UCI 信息。处理过程如下。

步骤 1，参考信号序列 $r_l(m)$，和当前 slot、symbol 编号有关，产生方法如下：

$$r_l(m)=r_{u,v}^{(\alpha,\delta)}(m)$$
$$m=0,1,\cdots,M_{\text{sc}}^{\text{PUCCH},s}-1$$

其中，$M_{\text{sc}}^{\text{PUCCH},s}$为 DMRS 在一个符号上占用的 RE 总数，对于 PUCCH 格式 4 来说，固定为 12，$r_{u,v}^{(\alpha,\delta)}(m)$由长度为 12 的基序列的循环移位产生，循环移位$\alpha$的初始循环移位$m_0$由表 6-42 确定（不同循环移位是正交的，由此可以实现 DMRS 的多用户复用），$m_{\text{CS}}=0$。

表 6-42 循环移位索引（PUCCH 格式 4）

正交序列索引 n	循环移位索引 m_0	
	$N_{\text{SF}}^{\text{PUCCH},4}=2$	$N_{\text{SF}}^{\text{PUCCH},4}=4$
0	0	0
1	6	6
2	—	3
3	—	9

步骤 2，序列 $r_l(m)$ 乘以幅度调整因子 $\beta_{\text{PUCCH},3}$ 以满足功控要求，再从 $r_l(0)$ 开始映射到 RE $(k,l)_{p,\mu}$，天线端口为 $p=2000$，公式如下：

$$a_{k,l}^{(p,\mu)}=\beta_{\text{PUCCH},s}\cdot r_l(m)$$
$$m=0,1,\cdots,M_{\text{sc}}^{\text{PUCCH},s}-1$$

其中，$k=0$ 对应 PUCCH 发送占用的频域最低 RB 的子载波 0；l 为 DMRS 占用的符号，占用规则同 PUCCH 格式 3，$l=0$ 对应 PUCCH 发送占用的第 1 个符号。

PUCCH 格式 4 的 DMRS 处理流程如图 6-33 所示（确定循环移位的方法不同于 PUCCH 格式 3）。

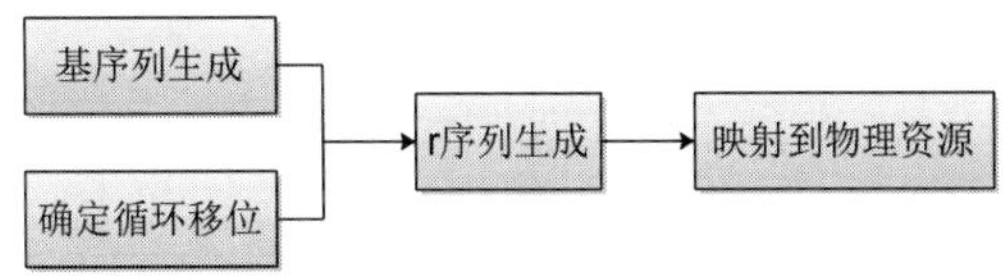

图 6-33 PUCCH 格式 4 的 DMRS 处理流程

8. 总结

不同 PUCCH 格式总结如图 6-34 所示。

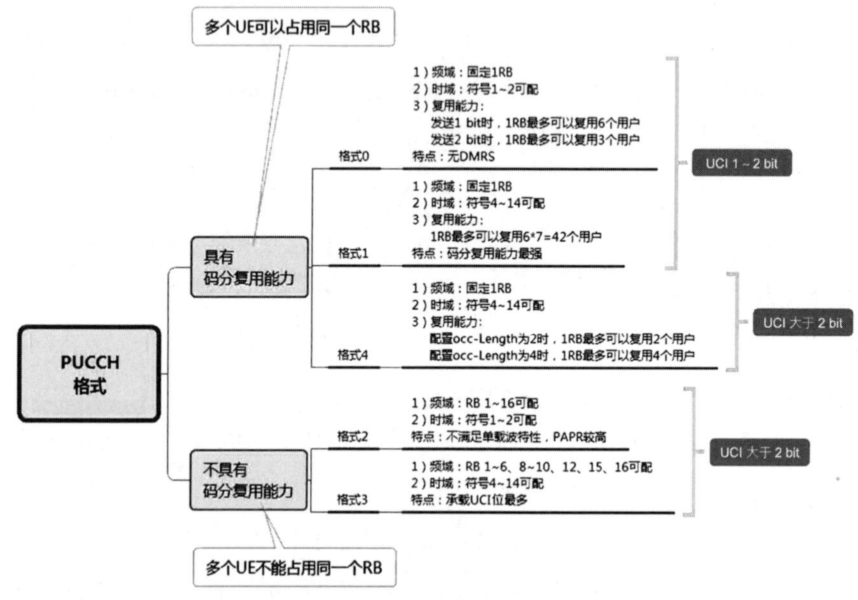

图 6-34 PUCCH 格式总结

为了提高 PUCCH 格式 0 的检测性能，实际可能不会用完 12 个循环移位序列，因此实际复用的 UE 数会比理论值小。

PUCCH 格式 1 的复用能力取决于循环移位数目和码长（即 UCI 和 DMRS 中较短的符号长度），为了保证 PUCCH 格式 1 的检测性能，循环移位数目一般选择 12 个中的 6 个，当 PUCCH 配置 14 个符号且无 slot 内跳频时，码长最大可以到 7，因此最大复用 6 × 7=42 个用户。

6.2.4 通过 PUSCH 上报 UCI 的物理层处理过程

当 PUCCH 和 PUSCH 冲突时，需要进入冲突解决过程，具体处理方法见 6.2.6 节。需要满足一定的时间间隔要求，UCI 才能复用到 PUSCH。SR 不能复用到 PUSCH。

当 UCI 复用到 PUSCH 时，为了保证 AN 的传输可靠性，AN 和 CSI 是独立编码的。当 CSI 由 part1 和 part2 组成时，这两部分也是独立编码的。不同的 UCI 长度，采用的信道编码方法不同。

1）当 UCI 长度≥ 12 时，采用 Polar 码。

2）当 UCI 长度 <12 时，采用超小包编码。

- UCI 长度为 1 bit 时，使用重复码。
- UCI 长度为 2 bit 时，使用 Simplex 码。

❑ UCI 长度为 3 ～ 11 bit 时，使用 Reed-Muller（RM）码。

UCI 复用到 PUSCH 的处理过程如图 6-35 所示。

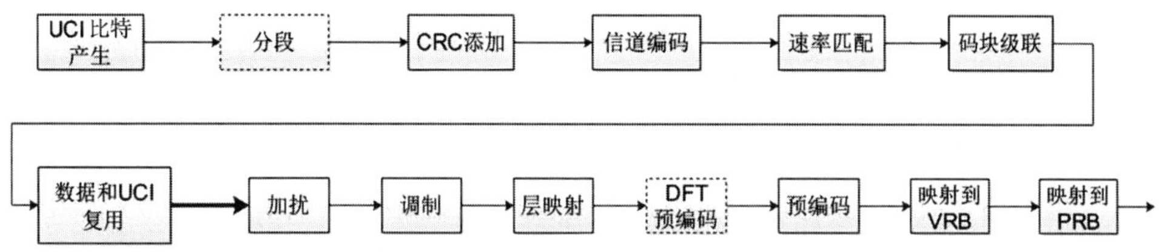

图 6-35　UCI 复用到 PUSCH 的处理过程

1. UCI 比特序列产生

（1）HARQ-ACK

当 HARQ-ACK 通过 PUSCH 发送时，UCI 比特序列 $a_0,a_1,a_2,a_3,\cdots,a_{A-1}$ 的确定方法如下。

当单发 UCI（不带数据），并且 UCI 包括 CSI part1，不包括 CSI part2 时，如果没有 HARQ-ACK 位，则设置 $a_0=0$，$a_1=0$，$A=2$；如果只有 1 bit HARQ-ACK $\tilde{o}_0^{\mathrm{ACK}}$，则设置 $a_0=\tilde{o}_0^{\mathrm{ACK}}$，$a_1=0$，$A=2$。除此之外，设置 $a_i=\tilde{o}_i^{\mathrm{ACK}}$（$i=0, 1, \cdots, O^{\mathrm{ACK}}-1$），$A=O^{\mathrm{ACK}}$，HARQ-ACK 比特序列 $\tilde{o}_0^{\mathrm{ACK}},\tilde{o}_1^{\mathrm{ACK}},\cdots,\tilde{o}_{O^{\mathrm{ACK}}-1}^{\mathrm{ACK}}$ 的产生过程见 6.2.5 节。

（2）CSI

通过 PUSCH 上报时，codebookType=typeI-SinglePanel 和 codebookType=typeI-MultiPanel 的 PMI/RI/LI/CQI/CRI 长度和通过 PUCCH 上报时的长度相同；codebookType=typeII 和 codebookType= typeII-PortSelection 的 PMI 长度和通过 PUCCH 上报的长度不同（具体见 3GPP 38.212 协议），其他字段长度同通过 PUCCH 上报的长度。

PUSCH 上报的 CSI 包括两部分：$a_0^{(1)},a_1^{(1)},a_2^{(1)},a_3^{(1)},\cdots,a_{A^{(1)}-1}^{(1)}$ 和 $a_0^{(2)},a_1^{(2)},a_2^{(2)},a_3^{(2)},\cdots,a_{A^{(2)}-1}^{(2)}$，见表 6-43 ～表 6-47。通过 PUSCH 上报的 CRI/RSRP 或者 SSBRI/RSRP 的字段顺序，同 PUCCH 上报的字段顺序，见表 6-18。本节描述的针对 CSI part1 的处理过程也应用于 CRI/RSRP 或者 SSBRI/RSRP 上报。

表 6-43　CSI report 的 CSI part1 的字段顺序

CSI report 编号	CSI 字段
CSI report #n CSI part1	CRI，长度同 PUCCH 上报的长度
	RI，长度同 PUCCH 上报的长度
	第一个 TB 的 Wideband CQI，长度同 PUCCH 上报的长度
	第一个 TB 的 Subband differential CQI，按子带编号递增排序，长度同 PUCCH 上报的长度
	typeII 码本使用的层 0 相关字段，长度同 PUCCH 上报的长度
	typeII 码本使用的层 1 相关字段，长度同 PUCCH 上报的长度

注：子带从低频 subband0 开始连续编号。以上所有字段都可能上报，也可能不上报。如果上报，则按表格顺序上报。

表 6-44　CSI report 的 CSI part2 wideband 字段映射顺序

CSI report 编号	CSI 字段
CSI report #n CSI part2 wideband	第二个 TB 的 Wideband CQI，长度同 PUCCH 上报的长度 注：如果存在并且上报，则带该字段
	Layer Indicator，长度同 PUCCH 上报的长度 注：如果上报，则带该字段
	PMI wideband 字段 X_1，typeI 的长度同 PUCCH 上报的长度，typeII 长度不同 注：如果上报，则带该字段
	PMI wideband 字段 X_2，typeI 的长度同 PUCCH 上报的长度，typeII 长度不同；或者 2 天线的 codebook index 注：如果 pmi-FormatIndicator=widebandPMI 并且上报，则带该字段

表 6-45　CSI report 的 CSI part2 subband 字段映射顺序

CSI report 编号	CSI 字段
CSI report #n part2 subband	第二个 TB 的所有偶数子带的 Subband differential CQI，按子带编号递增排序，长度同 PUCCH 上报的长度 注：如果 cqi-FormatIndicator=subbandCQI 并且上报，则带该字段
	所有偶数子带的以下字段，按子带编号递增排序：PMI subband 字段 X_2（typeI 的长度同 PUCCH 上报的长度，typeII 长度不同），或者 2 天线的 codebook index 注：如果 pmi-FormatIndicator=subbandPMI 并且上报，则带该字段
	第二个 TB 的所有奇数子带的 Subband differential CQI，按子带编号递增排序，长度同 PUCCH 上报的长度 注：如果 cqi-FormatIndicator=subbandCQI 并且上报，则带该字段
	所有奇数子带的以下字段，按子带编号递增排序： PMI subband 字段 X_2（typeI 的长度同 PUCCH 上报的长度，typeII 长度不同），或者 2 天线的 codebook index 注：如果 pmi-FormatIndicator=subbandPMI 并且上报，则带该字段

表 6-46　CSI report 到 UCI 比特序列 $a_0^{(1)},a_1^{(1)},a_2^{(1)},a_3^{(1)},\cdots,a_{A^{(1)}-1}^{(1)}$ 映射

UCI 比特序列	CSI report 编号
$a_0^{(1)}$ $a_1^{(1)}$ $a_2^{(1)}$ $a_3^{(1)}$ $\vdots$ $a_{A^{(1)}-1}^{(1)}$	CSI report #1 的 CSI part1，见表 6-43 或者表 6-18
	CSI report #2 的 CSI part1，见表 6-43 或者表 6-18
	……
	CSI report #*n* 的 CSI part1，见表 6-43 或者表 6-18

表 6-47　CSI report 的 UCI 比特序列 $a_0^{(2)}, a_1^{(2)}, a_2^{(2)}, a_3^{(2)}, \cdots, a_{A^{(2)}-1}^{(2)}$ 映射

UCI 比特序列	CSI report 编号
$a_0^{(2)}$ $a_1^{(2)}$ $a_2^{(2)}$ $a_3^{(2)}$ $\vdots$ $a_{A^{(2)}-1}^{(2)}$	CSI report #1 的 CSI part2 wideband，见表 6-44 注：如果 CSI report #1 的 CSI part2 存在，则带该字段
	CSI report #2 的 CSI part2 wideband，见表 6-44 注：如果 CSI report #2 的 CSI part2 存在，则带该字段
	……
	CSI report #n 的 CSI part2 wideband，见表 6-44 注：如果 CSI report #n 的 CSI part2 存在，则带该字段
	CSI report #1 的 CSI part2 subband, 见表 6-45 注：如果 CSI report #1 的 CSI part2 存在，则带该字段
	CSI report #2 的 CSI part2 subband，见表 6-45 注：如果 CSI report #2 的 CSI part2 存在，则带该字段
	……
	CSI report #n 的 CSI part2 subband，见表 6-45 注：如果 CSI report #n 的 CSI part2 存在，则带该字段

表 6-46 和表 6-47 的 CSI report #1, CSI report #2,⋯, CSI report #n 按 CSI 优先级规则排序，优先级最高的放最前面。

2. 分段和 CRC 添加

UCI 比特序列记为 $a_0, a_1, a_2, a_3, \cdots, a_{A-1}$，$A$ 为 payload 的大小。分段和 CRC 添加过程同 PUCCH 处理，见 6.2.3 节。

3. 信道编码

处理过程同 PUCCH，见 6.2.3 节。

4. 速率匹配

（1）Polar 编码

1）HARQ-ACK。

在 PUSCH（带 UL data）上复用 AN 时，AN 在每层传输的编码后调制符号个数记为 Q'_{ACK}，定义如下：

$$Q'_{\mathrm{ACK}} = \min\left\{\left\lceil \frac{(O_{\mathrm{ACK}} + L_{\mathrm{ACK}}) \cdot \beta_{\mathrm{offset}}^{\mathrm{PUSCH}} \cdot \sum_{l=0}^{N_{\mathrm{symb,all}}^{\mathrm{PUSCH}}-1} M_{\mathrm{sc}}^{\mathrm{UCI}}(l)}{\sum_{r=0}^{C_{\mathrm{UL\text{-}SCH}}-1} K_r} \right\rceil, \left\lceil \alpha \cdot \sum_{l=l_0}^{N_{\mathrm{symb,all}}^{\mathrm{PUSCH}}-1} M_{\mathrm{sc}}^{\mathrm{UCI}}(l) \right\rceil \right\}$$

各参数分析如下。

- ❑ O_{ACK} 为 AN 比特数。
- ❑ 如果 $O_{\mathrm{ACK}} \geqslant 360$，则 $L_{\mathrm{ACK}} = 11$；否则 L_{ACK} 为 AN 的 CRC 比特数。

- ❑ $\beta_{\text{offset}}^{\text{PUSCH}}=\beta_{\text{offset}}^{\text{HARQ-ACK}}$。
- ❑ $C_{\text{UL-SCH}}$ 为 PUSCH 发送的 UL-SCH 的码块个数。
- ❑ 如果调度 PUSCH 的 DCI0 包括 CBGTI 字段，并且指示第 r 个码块不发送，那么 $K_r=0$；否则，K_r 为第 r 个码块的长度。
- ❑ $M_{\text{sc}}^{\text{PUSCH}}$ 为 PUSCH 占用的带宽，以子载波数目表示。
- ❑ $M_{\text{sc}}^{\text{PT-RS}}(l)$ 为符号 l 上 PTRS 占用的子载波数目（在 PUSCH 频带内）。
- ❑ $M_{\text{sc}}^{\text{UCI}}(l)$ 为符号 l 上可用于发送 UCI 的 RE 数目，$l=0, 1, 2, \cdots, N_{\text{symb,all}}^{\text{PUSCH}}-1$（在 PUSCH 频带内），$N_{\text{symb,all}}^{\text{PUSCH}}$ 为 PUSCH 占用的符号数，包括 PUSCH DMRS 占用的符号。对于任何带 PUSCH DMRS 的符号，$M_{\text{sc}}^{\text{UCI}}(l)=0$；对于任何不带 PUSCH DMRS 的符号，$M_{\text{sc}}^{\text{UCI}}(l)=M_{\text{sc}}^{\text{PUSCH}}-M_{\text{sc}}^{\text{PT-RS}}(l)$。
- ❑ α 为配置参数 UCI-OnPUSCH->scaling。
- ❑ l_0 为 PUSCH 的第一个 DMRS 之后的，第一个不带 DMRS 的符号索引。

在 PUSCH（不带 UL data）上复用 AN 时，AN 在每层传输的编码后调制符号个数记为 Q'_{ACK}，定义如下：

$$Q'_{\text{ACK}}=\min\left\{\left\lceil\frac{(O_{\text{ACK}}+L_{\text{ACK}})\cdot\beta_{\text{offset}}^{\text{PUSCH}}}{R\cdot Q_m}\right\rceil,\left\lceil\alpha\cdot\sum_{l=l_0}^{N_{\text{symb,all}}^{\text{PUSCH}}-1}M_{\text{sc}}^{\text{UCI}}(l)\right\rceil\right\}$$

各参数分析如下。

- ❑ O_{ACK} 为 AN 比特数。
- ❑ 如果 $O_{\text{ACK}}\geqslant 360$，则 $L_{\text{ACK}}=11$；否则 L_{ACK} 为 AN 的 CRC 比特数。
- ❑ $\beta_{\text{offset}}^{\text{PUSCH}}=\beta_{\text{offset}}^{\text{HARQ-ACK}}$。
- ❑ $M_{\text{sc}}^{\text{PUSCH}}$ 为 PUSCH 占用的带宽，以子载波数目表示。
- ❑ $M_{\text{sc}}^{\text{PT-RS}}(l)$ 为符号 l 上 PTRS 占用的子载波数目（在 PUSCH 频带内）。
- ❑ $M_{\text{sc}}^{\text{UCI}}(l)$ 为符号 l 上可用于发送 UCI 的 RE 数目，$l=0, 1, 2, \cdots, N_{\text{symb,all}}^{\text{PUSCH}}-1$（在 PUSCH 频带内），$N_{\text{symb,all}}^{\text{PUSCH}}$ 为 PUSCH 占用的符号数，包括 PUSCH DMRS 占用的符号。对于任何带 PUSCH DMRS 的符号，$M_{\text{sc}}^{\text{UCI}}(l)=0$；对于任何不带 PUSCH DMRS 的符号，$M_{\text{sc}}^{\text{UCI}}(l)=M_{\text{sc}}^{\text{PUSCH}}-M_{\text{sc}}^{\text{PT-RS}}(l)$。
- ❑ l_0 为 PUSCH 的第一个 DMRS 之后的，第一个不带 DMRS 的符号索引。
- ❑ R 为 PUSCH 的目标码率。
- ❑ Q_m 为 PUSCH 的调制阶数。
- ❑ α 为配置参数 UCI-OnPUSCH->scaling。

假定速率匹配的输入序列为 $d_{r0},d_{r1},d_{r2},d_{r3},\cdots,d_{r(N_r-1)}$，$r$ 为码块编号，N_r 为码块 r 的比特长度，速率匹配的输出序列为 $f_{r0},f_{r1},f_{r2},\cdots,f_{r(E_r-1)}$，$E_r$ 为码块 r 的比特长度，那么 $E_r=\lfloor E_{\text{UCI}}/C_{\text{UCI}}\rfloor$，其中，$C_{\text{UCI}}$ 为 UCI 的码块个数；$E_{\text{UCI}}=N_L\cdot Q'_{\text{ACK}}\cdot Q_m$，$N_L$ 为 PUSCH 的发送层数，

Q_m 为 PUSCH 的调制阶数。

2）CSI part1。

在 PUSCH（带 UL data）上复用 CSI part1 时，CSI part1 在每层传输的编码后调制符号个数记为 $Q'_{\text{CSI-part1}}$，定义如下：

$$Q'_{\text{CSI-1}} = \min\left\{ \left\lceil \frac{(O_{\text{CSI-1}} + L_{\text{CSI-1}}) \cdot \beta_{\text{offset}}^{\text{PUSCH}} \cdot \sum_{l=0}^{N_{\text{symb,all}}^{\text{PUSCH}}-1} M_{\text{sc}}^{\text{UCI}}(l)}{\sum_{r=0}^{C_{\text{UL-SCH}}-1} K_r} \right\rceil, \left\lceil \alpha \cdot \sum_{l=0}^{N_{\text{symb,all}}^{\text{PUSCH}}-1} M_{\text{sc}}^{\text{UCI}}(l) \right\rceil - Q'_{\text{ACK}} \right\}$$

各参数分析如下。

- $O_{\text{CSI-1}}$ 为 CSI part1 位数。
- 如果 $O_{\text{ACK}} \geqslant 360$，则 $L_{\text{CSI-1}} = 11$；否则 $L_{\text{CSI-1}}$ 为 CSI part1 的 CRC 比特数。
- $\beta_{\text{offset}}^{\text{PUSCH}} = \beta_{\text{offset}}^{\text{CSI-part1}}$。
- $C_{\text{UL-SCH}}$ 为 PUSCH 发送的 UL-SCH 的码块个数。
- 如果调度 PUSCH 的 DCI0 包括 CBGTI 字段，并且指示第 r 个码块不发送，那么 K_r = 0；否则，K_r 为第 r 个码块的长度。
- $M_{\text{sc}}^{\text{PUSCH}}$ 为 PUSCH 占用的带宽，以子载波数目表示。
- $M_{\text{sc}}^{\text{PT-RS}}(l)$ 为符号 l 上 PTRS 占用的子载波数目（在 PUSCH 频带内）。
- 如果 AN 大于 2 bit，那么 Q'_{ACK} 为 AN 在 PUSCH 的每层占用的 RE 个数；否则，$Q'_{\text{ACK}} = \sum_{l=0}^{N_{\text{symb,all}}^{\text{PUSCH}}-1} \bar{M}_{\text{sc, rvd}}^{\text{ACK}}(l)$，其中 $\bar{M}_{\text{sc, rvd}}^{\text{ACK}}(l)$ 为符号 l 上给可能的 AN 预留的 RE 数目，$l = 0, 1, 2, \cdots, N_{\text{symb,all}}^{\text{PUSCH}} - 1$（在 PUSCH 频带内）。
- $M_{\text{sc}}^{\text{UCI}}(l)$ 为符号 l 上可用于发送 UCI 的 RE 数目，$l = 0, 1, 2, \cdots, N_{\text{symb,all}}^{\text{PUSCH}} - 1$（在 PUSCH 频带内），$N_{\text{symb,all}}^{\text{PUSCH}}$ 为 PUSCH 占用的符号数，包括 PUSCH DMRS 占用的符号。对于任何带 PUSCH DMRS 的符号，$M_{\text{sc}}^{\text{UCI}}(l) = 0$；对于任何不带 PUSCH DMRS 的符号，$M_{\text{sc}}^{\text{UCI}}(l) = M_{\text{sc}}^{\text{PUSCH}} - M_{\text{sc}}^{\text{PT-RS}}(l)$。
- α 为配置参数 UCI-OnPUSCH->scaling。

在 PUSCH（不带 UL data）上复用 CSI part1 时，CSI part1 在每层传输的编码后调制符号个数记为 $Q'_{\text{CSI-part1}}$，定义如下。

如果发送 CSI part2，则

$$Q'_{\text{CSI-1}} = \min\left\{ \left\lceil \frac{(O_{\text{CSI-1}} + L_{\text{CSI-1}}) \cdot \beta_{\text{offset}}^{\text{PUSCH}}}{R \cdot Q_m} \right\rceil, \sum_{l=0}^{N_{\text{symb,all}}^{\text{PUSCH}}-1} M_{\text{sc}}^{\text{UCI}}(l) - Q'_{\text{ACK}} \right\}$$

否则

$$Q'_{\text{CSI-1}} = \sum_{l=0}^{N_{\text{symb,all}}^{\text{PUSCH}}-1} M_{\text{sc}}^{\text{UCI}}(l) - Q'_{\text{ACK}}$$

各参数分析如下。

- ❑ $O_{\text{CSI-1}}$ 为 CSI part1 比特数。
- ❑ 如果 $O_{\text{ACK}} \geqslant 360$，则 $L_{\text{CSI-1}} = 11$；否则 $L_{\text{CSI-1}}$ 为 CSI part1 的 CRC 比特数。
- ❑ $\beta_{\text{offset}}^{\text{PUSCH}} = \beta_{\text{offset}}^{\text{CSI-part1}}$。
- ❑ $M_{\text{sc}}^{\text{PUSCH}}$ 为 PUSCH 占用的带宽，以子载波数目表示。
- ❑ $M_{\text{sc}}^{\text{PT-RS}}(l)$ 为符号 l 上 PTRS 占用的子载波数目（在 PUSCH 频带内）。
- ❑ 如果 AN 大于 2 bit，则 Q'_{ACK} 为 AN 在 PUSCH 的每层占用的 RE 个数；否则，$Q'_{\text{ACK}} = \sum_{l=0}^{N_{\text{symb,all}}^{\text{PUSCH}}-1} \bar{M}_{\text{sc, rvd}}^{\text{ACK}}(l)$，其中 $\bar{M}_{\text{sc, rvd}}^{\text{ACK}}(l)$ 为符号 l 上给可能的 AN 预留的 RE 数目，$l = 0, 1, 2, \cdots, N_{\text{symb,all}}^{\text{PUSCH}} - 1$（在 PUSCH 频带内）。
- ❑ $M_{\text{sc}}^{\text{UCI}}(l)$ 为符号 l 上可用于发送 UCI 的 RE 数目，$l = 0, 1, 2, \cdots, N_{\text{symb,all}}^{\text{PUSCH}} - 1$（在 PUSCH 频带内），$N_{\text{symb,all}}^{\text{PUSCH}}$ 为 PUSCH 占用的符号数，包括 PUSCH DMRS 占用的符号。对于任何带 PUSCH DMRS 的符号，$M_{\text{sc}}^{\text{UCI}}(l) = 0$；对于任何不带 PUSCH DMRS 的符号，$M_{\text{sc}}^{\text{UCI}}(l) = M_{\text{sc}}^{\text{PUSCH}} - M_{\text{sc}}^{\text{PT-RS}}(l)$。
- ❑ R 为 PUSCH 的目标码率。
- ❑ Q_m 为 PUSCH 的调制阶数。

假定速率匹配的输入序列为 $d_{r0}, d_{r1}, d_{r2}, d_{r3}, \cdots, d_{r(N_r-1)}$，$r$ 为码块编号，N_r 为码块 r 的比特长度，速率匹配的输出序列为 $f_{r0}, f_{r1}, f_{r2}, \cdots, f_{r(E_r-1)}$，$E_r$ 为码块 r 的比特长度，那么 $E_r = \lfloor E_{\text{UCI}} / C_{\text{UCI}} \rfloor$，其中，$C_{\text{UCI}}$ 为 UCI 的码块个数；$E_{\text{UCI}} = N_L \cdot Q'_{\text{CSI,1}} \cdot Q_m$，$N_L$ 为 PUSCH 的发送层数，Q_m 为 PUSCH 的调制阶数。

3）CSI part2。

在 PUSCH（带 UL data）上复用 CSI part2 时，CSI part2 在每层传输的编码后调制符号个数记为 $Q'_{\text{CSI-part2}}$，定义如下：

$$Q'_{\text{CSI-2}} = \min\left\{\left\lceil \frac{(O_{\text{CSI-2}} + L_{\text{CSI-2}}) \cdot \beta_{\text{offset}}^{\text{PUSCH}} \cdot \sum_{l=0}^{N_{\text{symb,all}}^{\text{PUSCH}}-1} M_{\text{sc}}^{\text{UCI}}(l)}{\sum_{r=0}^{C_{\text{UL-SCH}}-1} K_r} \right\rceil, \left\lceil \alpha \cdot \sum_{l=0}^{N_{\text{symb,all}}^{\text{PUSCH}}-1} M_{\text{sc}}^{\text{UCI}}(l) \right\rceil - Q'_{\text{ACK}} - Q'_{\text{CSI-1}} \right\}$$

各参数分析如下。

- ❑ $O_{\text{CSI-2}}$ 为 CSI part2 比特数。
- ❑ 如果 $O_{\text{ACK}} \geqslant 360$，则 $L_{\text{CSI-2}} = 11$；否则 $L_{\text{CSI-2}}$ 为 CSI part2 的 CRC 比特数。
- ❑ $\beta_{\text{offset}}^{\text{PUSCH}} = \beta_{\text{offset}}^{\text{CSI-part2}}$。
- ❑ $C_{\text{UL-SCH}}$ 为 PUSCH 发送的 UL-SCH 的码块个数。
- ❑ 如果调度 PUSCH 的 DCI0 包括 CBGTI 字段，并且指示第 r 个码块不发送，那么 $K_r =$

0；否则，K_r 为第 r 个码块的长度。

- M_{sc}^{PUSCH} 为 PUSCH 占用的带宽，以子载波数目表示。
- $M_{sc}^{PT\text{-}RS}(l)$ 为符号 l 上 PTRS 占用的子载波数目（在 PUSCH 频带内）。
- 如果 AN 大于 2 bit，则 Q'_{ACK} 为 AN 在 PUSCH 的每层占用的 RE 个数；否则，$Q'_{ACK}=0$。
- $Q'_{CSI\text{-}1}$ 为 CSI part1 在 PUSCH 的每层占用的 RE 个数。
- $M_{sc}^{UCI}(l)$ 为符号 l 上可用于发送 UCI 的 RE 数目，$l=0, 1, 2,\cdots,N_{symb,all}^{PUSCH}-1$（在 PUSCH 频带内），$N_{symb,all}^{PUSCH}$ 为 PUSCH 占用的符号数，包括 PUSCH DMRS 占用的符号。对于任何带 PUSCH DMRS 的符号，$M_{sc}^{UCI}(l)=0$；对于任何不带 PUSCH DMRS 的符号，$M_{sc}^{UCI}(l)=M_{sc}^{PUSCH}-M_{sc}^{PT\text{-}RS}(l)$。
- α 为配置参数 UCI-OnPUSCH->scaling。

在 PUSCH（不带 UL data）上复用 CSI part2 时，CSI part2 在每层传输的编码后调制符号个数记为 $Q'_{CSI\text{-}part2}$，定义如下：

$$Q'_{CSI\text{-}2}=\sum_{l=0}^{N_{symb,all}^{PUSCH}-1} M_{sc}^{UCI}(l)-Q'_{ACK}-Q'_{CSI\text{-}1}$$

各参数分析如下。

- M_{sc}^{PUSCH} 为 PUSCH 占用的带宽，以子载波数目表示。
- $M_{sc}^{PT\text{-}RS}(l)$ 为符号 l 上 PTRS 占用的子载波数目（在 PUSCH 频带内）。
- 如果 AN 大于 2 bit，则 Q'_{ACK} 为 AN 在 PUSCH 的每层占用的 RE 个数；否则，$Q'_{ACK}=0$。
- $Q'_{CSI\text{-}1}$ 为 CSI part1 在 PUSCH 的每层占用的 RE 个数。
- $M_{sc}^{UCI}(l)$ 为符号 l 上可用于发送 UCI 的 RE 数目，$l=0, 1, 2,\cdots,N_{symb,all}^{PUSCH}-1$（在 PUSCH 频带内），$N_{symb,all}^{PUSCH}$ 为 PUSCH 占用的符号数，包括 PUSCH DMRS 占用的符号。对于任何带 PUSCH DMRS 的符号，$M_{sc}^{UCI}(l)=0$；对于任何不带 PUSCH DMRS 的符号，$M_{sc}^{UCI}(l)=M_{sc}^{PUSCH}-M_{sc}^{PT\text{-}RS}(l)$。

假定速率匹配的输入序列为 $d_{r0},d_{r1},d_{r2},d_{r3},\cdots,d_{r(N_r-1)}$，$r$ 为码块编号，N_r 为码块 r 的比特长度，速率匹配的输出序列为 $f_{r0},f_{r1},f_{r2},\cdots,f_{r(E_r-1)}$，$E_r$ 为码块 r 的比特长度，那么 $E_r=\lfloor E_{UCI}/C_{UCI}\rfloor$，其中，$C_{UCI}$ 为 UCI 的码块个数；$E_{UCI}=N_L\cdot Q'_{CSI,2}\cdot Q_m$，$N_L$ 为 PUSCH 的发送层数，Q_m 为 PUSCH 的调制阶数。

（2）超小包编码

1）HARQ-ACK。

在 PUSCH 上复用 AN 时，AN 在每层传输的编码后调制符号个数记为 Q'_{ACK}，其定义和 Polar 编码的 HARQ-ACK 相同，置 CRC 比特 $L=0$。

假定速率匹配的输入序列为 $d_0,d_1,d_2,\cdots,d_{N-1}$，速率匹配输出序列为 $f_0,f_1,f_2,\cdots,f_{E-1}$，那么比特长度 $E=N_L\cdot Q'_{ACK}\cdot Q_m$，其中，$N_L$ 为 PUSCH 的发送层数，Q_m 为 PUSCH 的调制阶数。

超小包编码的速率匹配过程的伪代码如下：

```
for k = 0 to E-1
   f_k = d_{k mod N};
end for
```

2）CSI part1。

在 PUSCH 上复用 CSI part1 时，CSI part1 在每层传输的编码后调制符号个数记为 $Q'_{\mathrm{CSI},1}$，其定义和 Polar 编码的 CSI part1 相同，置 CRC 比特 $L=0$。

假定速率匹配的输入序列为 $d_0,d_1,d_2,\cdots,d_{N-1}$，速率匹配的输出序列为 $f_0,f_1,f_2,\cdots,f_{E-1}$，那么比特长度 $E=N_L\cdot Q'_{\mathrm{CSI},1}\cdot Q_m$，其中，$N_L$ 为 PUSCH 的发送层数，Q_m 为 PUSCH 的调制阶数。

3）CSI part2。

在 PUSCH 上复用 CSI part2 时，CSI part2 在每层传输的编码后调制符号个数记为 $Q'_{\mathrm{CSI},2}$，其定义和 Polar 编码的 CSI part2 相同，置 CRC 比特 $L=0$。

假定速率匹配的输入序列为 $d_0,d_1,d_2,\cdots,d_{N-1}$，速率匹配的输出序列为 $f_0,f_1,f_2,\cdots,f_{E-1}$，那么比特长度 $E=N_L\cdot Q'_{\mathrm{CSI},2}\cdot Q_m$，其中，$N_L$ 为 PUSCH 的发送层数，Q_m 为 PUSCH 的调制阶数。

5. 码块级联

处理过程同 PUCCH，见 6.2.3 节。

6. UCI 复用

具体过程请参考 38.212 协议的 6.2.7 节。

6.2.5 HARQ-ACK 码本确定

UE 反馈的 HARQ-ACK 信息称为 HARQ-ACK 码本。HARQ-ACK 码本包括 Type-1 HARQ-ACK 码本（即静态码本）和 Type-2 HARQ-ACK 码本（即动态码本）。UE 可以通过 PUCCH 信道和 PUSCH 信道反馈 HARQ-ACK 信息，且一共有三类下行数据需要反馈 HARQ-ACK：有对应 PDCCH 调度的 PDSCH 数据（包括动态调度的 PDSCH 和 DLSPS 激活的 PDSCH）；无对应 PDCCH 调度的 PDSCH 数据（即 DLSPS 周期调度）；指示 DLSPS 去激活的 DCI1_0。

对于 DLSPS 周期调度，或者指示 DLSPS 去激活的 DCI1_0，UE 反馈 1 bit AN。如果没有配置 PDSCH-CodeBlockGroupTransmission，则每个 TB 反馈 1 bit AN。

如果 UE 检测到指示 DLSPS 去激活的 DCI1_0，或者正确解码一个 TB，则回复 ACK，否则，回复 NACK。UE 不期望在一个 PUCCH 上发送超过一个指示去激活 DLSPS 的 DCI1_0 的反馈。

1. 基于 CBG 的 HARQ-ACK 码本确定

如果 UE 配置基于 CBG 传输，UE 接收的 PDSCH 最大包括 $N_{\text{HARQ-ACK}}^{\text{CBG/TB,max}}$ 个 CBG（通过 RRC 参数 maxCodeBlockGroupsPerTransportBlock 配置），则每个 CBG 产生对应的 1 bit AN 信息。

对于包含 C 个 CB 的 TB 块，CBG 的个数为 $N_{\text{HARQ-ACK}}^{\text{CBG/TB}}=\min(N_{\text{HARQ-ACK}}^{\text{CBG/TB,max}},C)$，每个 CBG 包含的 CB 个数请参见 8.1.8 节。

UE 基于 CBG 回复 AN 的原则如下。

1）一个 TB 的 HARQ-ACK 码本包括 $N_{\text{HARQ-ACK}}^{\text{CBG/TB,max}}$ 个 AN 比特，如果某个 TB 的 $N_{\text{HARQ-ACK}}^{\text{CBG/TB}}<N_{\text{HARQ-ACK}}^{\text{CBG/TB,max}}$，则 UE 在后面补 $N_{\text{HARQ-ACK}}^{\text{CBG/TB,max}}-N_{\text{HARQ-ACK}}^{\text{CBG/TB}}$ 个 NACK 比特；$N_{\text{HARQ-ACK}}^{\text{CBG/TB}}$ 个 CBG 对应 $N_{\text{HARQ-ACK}}^{\text{CBG/TB}}$ 个 AN 比特，CBG0 对应第 1 个 AN 比特，依次对应，如果 UE 正确解码某个 CBG 的所有 CB，则回复 ACK，否则回复 NACK。

2）如果配置 maxNrofCodeWordsScheduledByDCI 为 n2，则第 2 个 TB 的 CBG 反馈在第 1 个 TB 的 CBG 反馈后面；如果此时只使能了 1 个 TB，则第 2 个 TB 补 $N_{\text{HARQ-ACK}}^{\text{CBG/TB,max}}$ 个 NACK。

3）对于重传 TB 的某个 CBG，如果 UE 在之前已经正确解码它，则回复 ACK。

4）如果 UE 正确解析了每个 CBG，但是没有正确解析 TB，则每个 CBG 都回复 NACK。

对于 Type1 码本，即使配置了基于 CBG 传输，对于 DCI1_0 调度的 PDSCH、DLSPS 周期调度、指示 DLSPS 释放的 DCI1_0 这三种情况，处理如下。

1）如果 UE 只配置了 1 个服务小区，并且 $\mathcal{C}(M_{A,c})=1$（含义会在本节后面介绍），则只反馈 1 bit AN。

2）如果 UE 配置了大于 1 个服务小区，或者 $\mathcal{C}(M_{A,c})>1$，则 UE 针对 TB 或者指示 SPS 释放的 DCI 回复 1 bit AN，UE 需要重复发送 $N_{\text{HARQ-ACK}}^{\text{CBG/TB,max}}$ 个 AN 比特信息；如果此时配置 maxNrofCodeWordsScheduledByDCI 为 n2，则第 2 个 TB 需要填充 $N_{\text{HARQ-ACK}}^{\text{CBG/TB,max}}$ bit 的 NACK。

2. Type-1 HARQ-ACK 码本确定

如果 RRC 参数 pdsch-HARQ-ACK-Codebook = semiStatic，则使用静态码本，即 Type1 码本。如果 UE 配置了 pdsch-AggregationFactor，则 gNB 重复发送 $N_{\text{PDSCH}}^{\text{repeat}}$ 次（$N_{\text{PDSCH}}^{\text{repeat}}$ 等于 pdsch-AggregationFactor）PDSCH。假定 UE 在 slot $n-N_{\text{PDSCH}}^{\text{repeat}}+1$ 到 slot n 的连续 $N_{\text{PDSCH}}^{\text{repeat}}$ 个 slot 接收 PDSCH，UE 只在 slot $n+k$ 反馈这些 PDSCH 的 AN，k 通过 DCI1 的 PDSCH-to-HARQ_feedback timing indicator 字段指示或者通过 RRC 参数 dl-DataToUL-ACK 提供。PDSCH 重复发送时，对于前几个 PDSCH 对应的 AN 反馈的 slot，如果 UE 需要反馈 AN，则对这几个 PDSCH 的反馈填充 NACK。

如果 UE 在所有服务小区的 HARQ 反馈窗内（即 $M_{A,c}$），只在 PCell 收到一个指示 DLSPS 释放的 DCI1_0，并且 DAI=1；或者只在 PCell 收到一个 DCI1_0 调度的 PDSCH，并且 DAI=1；抑或只收到一个 DLSPS 周期调度，则只反馈 1 bit AN。

如果 UE 在所有服务小区的 HARQ 反馈窗内都没有收到任何下行调度，则不反馈 AN。

【举例 24】假定参数 SCS 配置为 15kHz，非 CA，PhysicalCellGroupConfig->pdsch-HARQ-ACK-Codebook 配置为 semiStatic，PDSCH-Config->pdsch-AggregationFactor 配置为 n4，PDSCH-Config->maxNrofCodeWordsScheduledByDCI 配置为 n1，PDSCH-ServingCellConfig->PDSCH-CodeBlockGroupTransmission 未配置。

1）假定 PUCCH-Config->dl-DataToUL-ACK 只配置为 1（即 k1 固定为 1），通过 DCI1_1 调度的 PDSCH 在 slot1 ～ slot4，如图 6-36 所示，那么如果 CRC 正确，则在 slot5 反馈 1 bit 的 ACK。

2）假定 PUCCH-Config->dl-DataToUL-ACK 配置为 1 和 2（需要通过 DCI 指示 k1），通过 DCI1_1 调度的 PDSCH 在 slot1 ～ slot4，DCI1_1 的 PDSCH-to-HARQ_feedback timing indicator 字段值为 0（即对应 k1=1），如图 6-36 所示，如果 CRC 正确，则在 slot5 反馈 2 bit 的 AN，为 01，第 1 bit 为 NACK，第 2 bit 为 ACK。

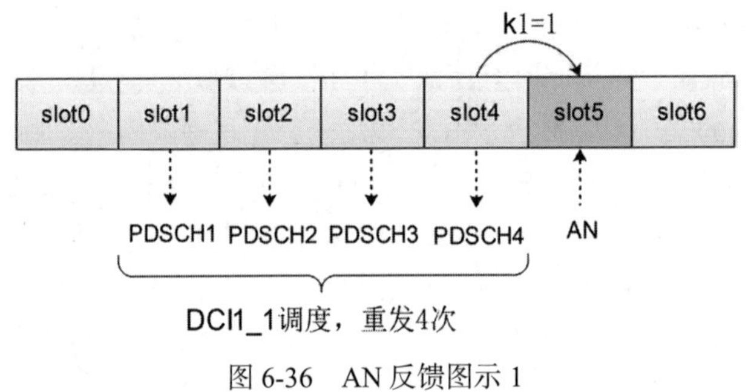

图 6-36 AN 反馈图示 1

【举例 25】假定参数 SCS 配置为 15kHz，非 CA，PhysicalCellGroupConfig->pdsch-HARQ-ACK-Codebook 配置为 semiStatic，PDSCH-Config->pdsch-AggregationFactor 配置为 n4，PDSCH-Config->maxNrofCodeWordsScheduledByDCI 配置为 n1，PDSCH-ServingCellConfig->PDSCH-CodeBlockGroupTransmission 未配置，PUCCH-Config->dl-DataToUL-ACK 配置为 1 和 2（需要通过 DCI 指示 k1）。

假定通过 DCI1_0 调度的 PDSCH 在 slot0，DCI1_0 的 PDSCH-to-HARQ_feedback timing indicator 字段值为 1（即对应 k1=2），通过 DCI1_1 调度的 PDSCH 在 slot1 ～ slot4，DCI1_1 的 PDSCH-to-HARQ_feedback timing indicator 字段值为 0（即对应 k1=1），如图 6-37 所示，如果 CRC 都正确，则在 slot2 反馈 2 bit 的 AN，为 10，第 1 bit 为 ACK，第 2 bit 为 NACK；在 slot5 反馈 2 bit 的 AN，为 01，第 1 bit 为 NACK，第 2 bit 为 ACK。

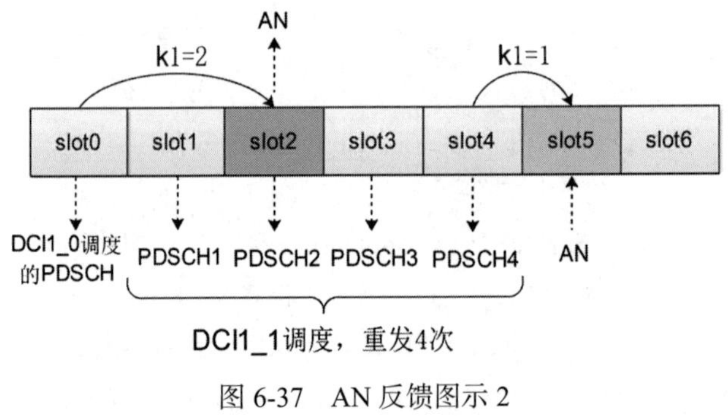

图 6-37 AN 反馈图示 2

（1）通过 PUCCH 信道反馈

对于一个服务小区 c、一个激活下行 BWP 和一个激活上行 BWP，假定 UE 在 slot n_U 反馈 PUCCH，对应的可能的 PDSCH 接收或者 SPS PDSCH 释放的时机集合定义为 $M_{A,c}$（如果服务小区 c 被去激活了，则使用该小区的 firstActiveDownlinkBWP-Id 作为激活下行 BWP），那么 $M_{A,c}$ 由下面因素决定。

1）DCI1 的 PDSCH-to-HARQ_feedback timing indicator 字段，即 k1。

2）DCI1 的 Time domain resource assignment 字段，即 {k0，PDSCH mapping type，SLIV（Start and Length Indicator Value，起始和长度指示值）}。

3）$2^{\mu_{DL}-\mu_{UL}}$，其中，μ_{DL} 为激活下行 BWP 的 SCS，μ_{UL} 为 AN 反馈所在的激活上行 BWP 的 SCS。

4）TDD slot 格式配置。

5）PDCCH 监测时刻。

对于 k1 的集合 K_1，UE 使用下面的伪代码决定 $M_{A,c}$：

```
==========================================================================
Set j = 0  // j 为“PDSCH 接收或者 DLSPS 释放时机”集合的索引。
Set B = ∅
Set M_{A,c} = ∅
Set C(K_1) 为集合 K_1 的大小
Set k =0  // k 为值 K_{1,k} 的索引（服务小区 c 的集合 K_1，按 k1 值的大小递减排序）。
while k < C(K_1)
  if mod (n_U − K_{1,k} +1, max(2^{μUL−μDL},1)) = 0  // 即 n_U 为偶数 slot 时，奇数 k1 满足条件；
                                                  // n_U 为奇数 slot 时，偶数 k1 满足条件。
    Set n_D = 0  // n_D 为针对该 AN 反馈的下行 slot 索引
    while n_D < max(2^{μDL−μUL},1)  // 一个 k1 可能有多个 PDSCH 对应同一个 AN slot，所
                                    // 以需要 while，从第 1 个 PDSCH 算起。
      Set R 为时域列表集合；
      Set C(R) 为集合 R 的大小；
      Set r = 0  // r 为集合 R 的索引。
      if slot n_U 或者之前 slot 发生了服务小区 c 的下行 BWP 切换，或者 PCell 的上行
      BWP 切换，并且 slot ⌊(n_U − K_{1,k})·2^{μDL−μUL}⌋ + n_D 在 BWP 切换前，则：
        n_D = n_D +1 ；  // 去除 BWP 切换前的 PDSCH。
      else
        while r < C(R)  // 这个 while 用于去除 PDSCH 的符号存在 UL 的情况。
          if UE 配置了 tdd-UL-DL-ConfigurationCommon 或者
          tdd-UL-DL-ConfigurationDedicated，并且从 slot
          ⌊(n_U − K_{1,k})·2^{μDL−μUL}⌋ + n_D − N_PDSCH^repeat +1 到 slot
          ⌊(n_U − K_{1,k})·2^{μDL−μUL}⌋ + n_D，至少 PDSCH 时域资源（通过 r 获取）的
          一个符号为 UL，其中 K_{1,k} 为集合 K_1 的第 k 个值，则：
            R = R\r ;
```

```
            else
              r = r+1 ;
            end if
          end while
          if UE 不支持在一个 slot 接收多个 PDSCH，并且 R ≠ ∅：
            M_{A,c} = M_{A,c} ∪ j ;
            j = j+1 ;
            UE 不期望在同一个 slot 接收指示 DLSPS 释放的 DCI1_0 和单播 PDSCH;
          else  // UE 支持在一个 slot 接收多个 PDSCH。
            Set C(R) 为集合 R 的大小；
            Set m 为最小的 PDSCH 结束符号索引（由当前集合 R 的 SLIV 获得）;
            while R ≠ ∅  // 这个 while 用于把集合 R 分类，也就是得出可能出现的 PDSCH 个数。
              Set r = 0
              while r < C(R)
                if S ≤ m   // S 为第 r 行参数的 PDSCH 起始符号索引。
                  b_{r,k,n_D} = j ; // j 为行 r 的“PDSCH 接收或者 DLSPS 释放时机”集合的索引。
                  R = R\r ;
                  B = B ∪ b_{r,k,n_D} ;
                else
                  r = r+1 ;
                end if
              end while
              M_{A,c} = M_{A,c} ∪ j;
              j = j+1 ;
              Set m 为当前集合 R 的最小的 PDSCH 结束符号索引;
            end while
          end if
          n_D = n_D + 1 ;
        end if
      end while
    end if
    k = k+1 ;
  end while
==========================================================================
```

AN 反馈约束如下。

1）同样的 b_{r,k,n_D}， $b_{r,k,n_D} \in B$，UE 只可能接收一个 PDSCH。

2）对于 DCI1_0 调度，如果 RRC 配置了 dl-DataToUL-ACK，则 k1 取 {1, 2, 3, 4, 5, 6, 7, 8} 和 dl-DataToUL-ACK 的交集。

3）当 maxNrofCodeWordsScheduledByDCI 配置为 n2，并且 UE 只收到了一个 TB 或者 SPS PDSCH 释放时：如果 harq-ACK-SpatialBundlingPUCCH 配置为 TRUE，则 AN 只占 1 bit，按收到的 TB CRC 或者 SPS PDSCH 释放反馈；否则 AN 占 2 bit，第二个 TB 回复 NACK，紧跟在第一个反馈后面。

UE使用下面的伪代码，决定HARQ-ACK信息比特序列 $\tilde{o}_0^{\mathrm{ACK}},\tilde{o}_1^{\mathrm{ACK}},\cdots,\tilde{o}_{O_{\mathrm{ACK}}-1}^{\mathrm{ACK}}$，比特总数为 O_{ACK}。如果UE没有收到一个TB或者CBG（由于UE没有检测到对应的DCI1_0或者DCI1_1），那么UE对于该TB或者CBG回复NACK。PDSCH接收或者SPS PDSCH释放时机的集合 $M_{A,c}$，定义为服务小区c的 M_c 个机会。

```
==========================================================================
Set c=0   // c为服务小区索引，按RRC配置的索引从低到高排序。
Set j=0  // j为HARQ-ACK信息比特的索引。
Set N_cells^DL 为UE配置的服务小区个数：
  while c < N_cells^DL
    Set m=0   // m为PDSCH接收或者DLSPS释放时机的集合的索引。
    while m < M_c
      if   服务小区c的激活下行BWP的harq-ACK-SpatialBundlingPUCCH和
      PDSCH-CodeBlockGroupTransmission未配置，
      maxNrofCodeWordsScheduledByDCI配置为n2：// 不支持HARQ绑定，不支
      // 持CBG传输，当前激活的BWP支持两个TB，适用于DCI1_1和DCI1_0调度。
        õ_j^ACK = HARQ-ACK information bit，对应这个小区的第1个TB；
        j = j+1 ;
        õ_j^ACK = HARQ-ACK information bit，对应这个小区的第2个TB；
        j = j+1 ;
      else if   服务小区c的激活下行BWP配置harq-ACK-SpatialBundlingPUCCH为
      true，配置maxNrofCodeWordsScheduledByDCI为n2：// 支持HARQ绑定和
      // 两个TB。
        õ_j^ACK = 第1个TB和第2个TB的AN反馈进行“与”操作（如果UE只收
        到了1个TB，则第2个TB假定为ACK）；
        j = j+1 ;
      else if   服务小区c配置了PDSCH-CodeBlockGroupTransmission，
      maxCodeBlockGroupsPerTransportBlock配置的最大CBG个数为N_{HARQ-ACK,c}^{CBG/TB,max}：
      // 支持CBG传输。
        Set n_CBG = 0   // n_CBG 为CBG索引。
        while n_CBG < N_{HARQ-ACK,c}^{CBG/TB,max}
          õ_{j+n_CBG}^ACK = HARQ-ACK information bit，对应第1个TB的CBG n_CBG；
          if 服务小区c的激活下行BWP的maxNrofCodeWordsScheduledByDCI
          配置为n2：
            õ_{j+n_CBG+N_{HARQ-ACK,c}^{CBG/TB,max}}^ACK = HARQ-ACK information bit，对应第2个TB的CBG n_CBG；
          end if
          n_CBG = n_CBG + 1 ;
        end while   // 先让TB1的每个CBG按顺序反馈AN，再让TB2的每个CBG
        // 按顺序反馈AN。
        j = j + N_{TB,c}^DL · N_{HARQ-ACK,c}^{CBG/TB,max}，其中N_{TB,c}^DL为服务小区c的激活下行BWP的参数
        maxNrofCodeWordsScheduledByDCI的值；
      else   // 不支持CBG，不支持两个TB。
        õ_j^ACK = 服务小区c的HARQ-ACK information bit；
```

```
        j = j+1 ;
      end if
      m = m+1 ;
    end while
    c = c+1 ;
  end while
```

===

Type1 码本总结如下。

1）按小区索引由小到大顺序（先 PCell，再依次 SCell）反馈 AN。

2）对于每个小区，按 slot 调度顺序，先调度的 PDSCH 先反馈 AN。

3）对于每个 slot，如果支持多个 PDSCH，则按 symbol 调度顺序，先调度的 PDSCH 先反馈 AN。

4）对于每个 PDSCH，如果支持两个 TB，首先 TB0 反馈 AN，然后 TB1 反馈 AN（如果支持 HARQ 绑定，且不支持 CBG，则 TB0 和 TB1 的 AN 求“与”后反馈）。

5）对于每个 TB，如果支持基于 CBG 传输（RRC 配置最大 CBG 个数为 N），那么处理如下。

①对于 DCI1_1 调度的 PDSCH，按照 CBG0 ～ CBGn 的顺序反馈 AN，n=0, ⋯, N–1。

②对于 DCI1_0 调度的 PDSCH、SPS 的 PDSCH 周期调度、指示 SPS 释放的 DCI 这三种情况，回复 1 bit AN，并重复 N 次。

6）由于是静态码本，所以得出 PDSCH 候选集 $M_{A,c}$ 后处理如下。

①如果该调度机会没有收到 DCI1_0 和 DCI1_1，那么按照该小区的“当前激活下行 BWP 配置的 TB 个数 × 配置的最大 CBG 个数”补 NACK。

②如果 UE 收到了 DCI1_1 调度，那么处理如下。

- 如果当前小区的激活下行 BWP 支持两个 TB，不支持 HARQ 绑定，且只调度了单 TB，则需要给 TB1 补 NACK。
- 对于支持 CBG 的小区，如果某个 TB 没有调度到最大 CBG，则差额补 NACK；如果当前激活 BWP 支持两个 TB，但是只调度了单 TB，那么 TB1 按最大 CBG 补 NACK。

③如果 UE 收到了 DCI1_0 调度的 PDSCH、指示 DLSPS 释放的 DCI1_0 或者 DLSPS 周期调度，那么处理如下。

- 如果当前小区的激活 BWP 支持两个 TB，且不支持 HARQ 绑定，则需要给 TB1 补 NACK。
- 对于支持CBG的小区，TB0:CRC占1 bit，重复N次（N为该小区支持的最大CBG数）；TB1：填充长度为 N bit 的 NACK。

④如果对于该 $M_{A,c}$，所有机会都没有调度，则该 $M_{A,c}$ 对应的 PUCCH 不反馈 AN。

7）如果 UE 在 HARQ 反馈窗内（即 $M_{A,c}$）只在 PCell 收到了一个 DCI1_0（DAI=1）调度

的 PDSCH，或者只在 PCell 收到了一个指示 DLSPS 释放的 DCI1_0（DAI=1），抑或在所有服务小区只收到了一个 DLSPS 周期调度，则只反馈 1 bit AN。

8）小区组的"AN 反馈比特长度 = 所有小区的 AN 反馈比特长度之和"。除了第 7 种情况，如果某个反馈窗内，UE 收到了 DCI1，则每个小区的 AN 比特长度如下。

①如果该小区不支持 CBG，那么处理如下。

- 如果该小区的当前激活 BWP 只支持单 TB，或者支持两个 TB 并且支持 HARQ 绑定，则该小区的 AN 反馈比特长度 = 反馈窗内的所有调度机会。
- 如果该小区的当前激活 BWP 支持两个 TB，并且不支持 HARQ绑定，则该小区的 AN 反馈比特长度 = 反馈窗内的所有调度机会 ×2。

②如果该小区支持 CBG，那么该小区的 AN 反馈比特长度 = 反馈窗内的所有调度机会 × 该小区当前激活下行 BWP 配置的 TB 个数 × 该小区配置的最大 CBG 个数。

【说明】对于 Type1 码本来说，RRC 配置参数决定了 AN 码本的长度。

（2）通过 PUSCH 信道反馈

通过 PUSCH 复用 AN 时，使用 harq-ACK-SpatialBundlingPUSCH 替换 harq-ACK-Spatial-BundlingPUCCH。下面分两种情况进行描述。

1）对于复用到非 DCI0 动态调度的 PUSCH 或者通过 DCI0_0 调度的 PUSCH：如果对应的所有服务小区的 PDCCH 检测机会都没有收到任何 DCI1（调度 PDSCH）、下行 SPS 释放的 DCI1_0，或者 DLSPS 周期调度，则不复用 AN；如果 UE 只在 PCell 接收到一个指示 DLSPS 释放的 DCI1_0，或者一个 DLSPS 周期调度，抑或一个 DCI1_0 调度的 PDSCH 并且 DAI 为 1，则 UE 复用 1 bit AN 到 PUSCH；除此之外，UE 按上一节的方法生成 AN 码本，复用到 PUSCH。

2）对于复用到 DCI0_1 调度的 PUSCH：如果 $V_{\text{T-DAI},m}^{\text{UL}}=0$，则 UE 不复用 AN（例外：UE 只在 PCell 接收到一个 DLSPS 释放，或者一个 DLSPS 周期调度，抑或一个 DCI1_0 调度的 PDSCH 并且 DAI 为 1 时，需要复用 1 bit AN 到 PUSCH）；如果 $V_{\text{T-DAI},m}^{\text{UL}}=1$，则 UE 复用 AN，AN 生成方法同上一节。

对于静态码本，DCI0_1 的 1st downlink assignment index 字段只占 1 bit，当该字段取值为 0 时，$V_{\text{T-DAI},m}^{\text{UL}}=0$；当该字段取值为 1 时，$V_{\text{T-DAI},m}^{\text{UL}}=1$。

对于复用到 DCI0_0 或者 DCI0_1 调度的 PUSCH，在 DCI0_0/DCI0_1 之后收到的 DCI1_0 或者 DCI1_1（调度 PDSCH 或者 DLSPS 释放），UE 回复 NACK。

【举例 26】如图 6-38 所示，DCI1 在 DCI0 后面接收，对应的 PDSCH 回复 NACK，因此实现时应尽量避免出现这种情况。

【举例 27】如图 6-39 所示，DCI1 和 DCI0 同时接收，DCI1 调度的 PDSCH 的 AN 可以复用到 DCI0 调度的 PUSCH。

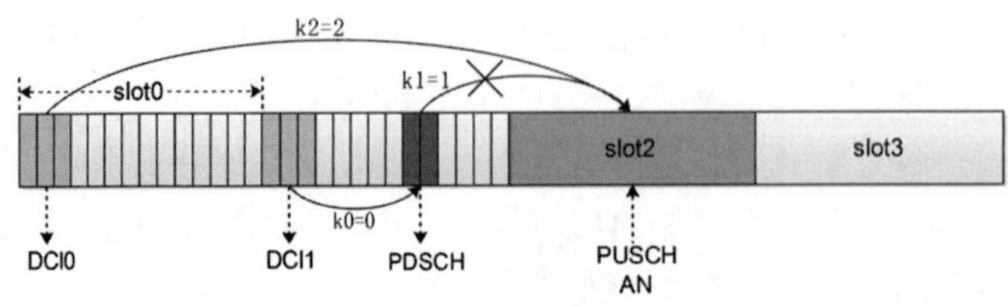

图 6-38 AN 复用到 PUSCH 示例 1

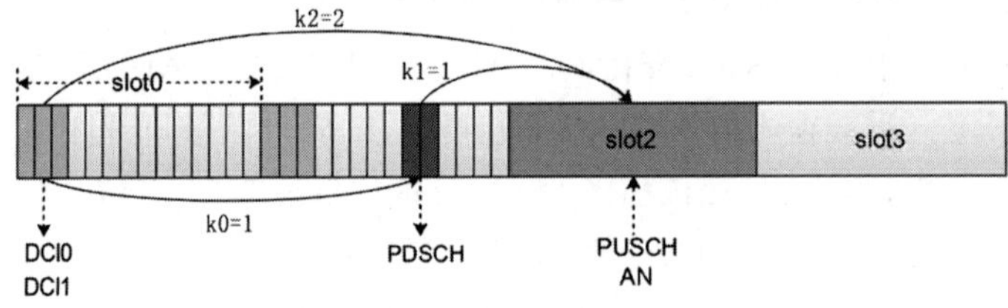

图 6-39 AN 复用到 PUSCH 示例 2

3. Type-2 HARQ-ACK 码本确定

如果 RRC 参数 pdsch-HARQ-ACK-Codebook=dynamic，则使用动态码本，即 Type2 码本。

（1）通过 PUCCH 信道反馈

假定 UE 在 slot n 反馈 PUCCH，对应的可能的 PDCCH 检测时机（PDCCH Monitoring Occasion，即 PDCCH MO）的集合总数记为 M，那么集合确定的伪代码同 Type1 码本。PDCCH MO 的集合为该 UE 的所有服务小区的所有激活下行 BWP 的 PDCCH MO 的集合，按照时域先后顺序排列。

通过 PUCCH 信道反馈的 Type2 码本，需要使用 C-DAI（Counter DAI）和 T-DAI（Total DAI），含义如下。

- Counter DAI：在 DCI1_0 或者 DCI1_1 携带，指截至当前服务小区的 PDCCH MO，收到的 DCI1_0/DCI1_1 调度的 PDSCH 和指示 DLSPS 释放的 DCI1_0 的累计编号，按时域 slot 先后顺序排序，在同一个时域内，再按小区索引排序。
- Total DAI：只在 DCI1_1 并且有多个服务小区时才携带，指截至当前 PDCCH MO，所有的服务小区收到的 DCI1_0/DCI1_1 调度的 PDSCH 和指示 DLSPS 释放的 DCI1_0 的总数。并且，UE 假定在 PDCCH 检测时机 m（即同一个 slot）的所有的 DCI1_1 里面的 Total DAI 相同。

DCI1_0 中的 DAI 字段，固定占 2 bit，即 C-DAI。DCI1_1 中的 DAI 字段，占 0 bit、2 bit 或 4 bit：当配置多于一个服务小区并且配置动态码本时，占 4 bit，两个高位是 C-DAI，两个低位是 T-DAI；当只配置一个服务小区并且配置动态码本时，占 2 bit，为 C-DAI；否则（即配置静态码本），占 0 bit。如果 UE 配置了 PUCCH-SCell，那么服务小区个数是指当前 PUCCH 组内的服务小区数目。

C-DAI 和 T-DAI 的计算方法见表 6-48。

表 6-48 DCI1_0 的 C-DAI 和 DCI1_1 的 C-DAI/T-DAI

DAI MSB, LSB	$V_{\text{C-DAI}}^{\text{DL}}$ 或 $V_{\text{T-DAI}}^{\text{DL}}$	{serving cell, PDCCH MO} 集合中的 DCI1 调度的 PDSCH 和 DLSPS 释放的 DCI1_0 的总数，记为 Y，$Y \geqslant 1$
0，0	1	$(Y-1)\bmod 4+1=1$
0，1	2	$(Y-1)\bmod 4+1=2$
1，0	3	$(Y-1)\bmod 4+1=3$
1，1	4	$(Y-1)\bmod 4+1=4$

UE 使用下面的伪代码，决定 HARQ-ACK 信息比特 $\tilde{o}_0^{\text{ACK}}, \tilde{o}_1^{\text{ACK}}, \cdots, \tilde{o}_{O_{\text{ACK}}-1}^{\text{ACK}}$，比特总数为 O_{ACK}。

==

Set $m=0$ // PDCCH MO 索引，低索引对应较早的 PDCCH。

Set $j=0$

Set $V_{\text{temp}}=0$ // 表示 C-DAI。

Set $V_{\text{temp2}}=0$ // 表示 T-DAI。

Set $V_s=\varnothing$ // 表示 M 个机会内实际收到的 DCI。

Set $N_{\text{cells}}^{\text{DL}}$ 为 UE 配置的服务小区个数

Set M 为 PDCCH MO 总数

while $m<M$

  Set $c=0$ // 服务小区索引，低索引对应 RRC 配置的较小索引值。

  while $c<N_{\text{cells}}^{\text{DL}}$

   if PDCCH 检测时机 m 在服务小区 c 的激活下行 BWP 切换之前，或者在 PCell 的激活上行 BWP 切换之前，并且激活下行 BWP 切换不是 PDCCH 检测时机 m 收到的 DCI1_1 触发的：

    $c=c+1$；

   else

    if 服务小区 c 在 PDCCH 检测时机 m 收到了 DCI（调度 PDSCH）或者指示 DLSPS 释放的 DCI1_0：

     if $V_{\text{C-DAI},c,m}^{\text{DL}} \leqslant V_{\text{temp}}$

      $j=j+1$

     end if

     $V_{\text{temp}}=V_{\text{C-DAI},c,m}^{\text{DL}}$

     if $V_{\text{T-DAI},m}^{\text{DL}}=\varnothing$

      $V_{\text{temp2}}=V_{\text{C-DAI},c,m}^{\text{DL}}$

     else

      $V_{\text{temp2}}=V_{\text{T-DAI},m}^{\text{DL}}$

     end if

     if 不支持 HARQ 绑定，对于 DCI1_1 或 DCI1_0 调度，并且至少有一个服务小区的一个下行 BWP 支持两个 TB：

      $\tilde{o}_{8j+2(V_{\text{C-DAI},c,m}^{\text{DL}}-1)}^{\text{ACK}}$ = HARQ-ACK information bit 对应于第 1 个 TB

      $\tilde{o}_{8j+2(V_{\text{C-DAI},c,m}^{\text{DL}}-1)+1}^{\text{ACK}}$ = HARQ-ACK information bit 对应于第 2 个 TB

      $V_s=V_s\cup\{8j+2(V_{\text{C-DAI},c,m}^{\text{DL}}-1), 8j+2(V_{\text{C-DAI},c,m}^{\text{DL}}-1)+1\}$

     else if 支持 HARQ 绑定，对于 DCI1_1 调度，并且至少有一个服务小区的一个下行 BWP 支持两个 TB：

      $\tilde{o}_{4j+V_{\text{C-DAI},c,m}^{\text{DL}}-1}^{\text{ACK}}$ = 第 1 个 TB 和第 2 个 TB 的 AN 位逻辑与

```
            V_s = V_s ∪ {4j + V^DL_C-DAI,c,m − 1}
        else // 其他情况。
            õ^ACK_{4j+V^DL_C-DAI,c,m −1} = HARQ-ACK information bit
            V_s = V_s ∪ {4j + V^DL_C-DAI,c,m − 1}
        end if
      end if
      c = c+1
    end if
  end while
  m = m+1
end while
if V_temp2 < V_temp   // 同一个 PDCCH 检测时机 m，在从第 4 包发送到第 5 包时，如果第 5 包丢了，则可能会出现
                      // T-DAI 小于 C-DAI 的情况。
  j = j+1
end if
if harq-ACK-SpatialBundlingPUCCH 没有配置，并且至少有一个服务小区的一个下行 BWP 支持两个 TB：
    O^ACK = 2·(4·j + V_temp2)
else
    O^ACK = 4·j + V_temp2
end if
õ_i^ACK = NACK，对于任何 i ∈ {0,1,…,O^ACK − 1} \ V_s   // 对于漏检的 DCI，填 NACK。
Set c = 0
while c < N^DL_cells
  if 服务小区 c 的 DLSPS 已激活，并且 DLSPS 周期调度在 slot n 反馈 AN：
      O^ACK = O^ACK + 1
      o^ACK_{O^ACK −1} = DLSPS 周期调度的 HARQ-ACK information bit
  end if
  c = c+1 ;
end while
==========================================================================
```

如果 UE 配置了 $N_{\text{cells}}^{\text{DL}}$ 个服务小区，其中 $N_{\text{cells}}^{\text{DL,TB}}$ 个小区未配置 PDSCH-CodeBlockGroup-Transmission，$N_{\text{cells}}^{\text{DL,CBG}}$ 个小区配置了 PDSCH-CodeBlockGroupTransmission，$N_{\text{cells}}^{\text{DL,TB}}+N_{\text{cells}}^{\text{DL,CBG}}=N_{\text{cells}}^{\text{DL}}$，那么使用两个 HARQ-ACK 子码本。

- 第一个 HARQ-ACK 子码本为基于 TB 传输的反馈：包括 $N_{\text{cells}}^{\text{DL}}$ 个小区中 SPS 释放、SPS 周期调度的 PDSCH，$N_{\text{cells}}^{\text{DL,CBG}}$ 个小区中 DCI1_0 调度的 PDSCH，$N_{\text{cells}}^{\text{DL,TB}}$ 个小区中 DCI1_0 和 DCI1_1 调度的 PDSCH。
- 第二个 HARQ-ACK 子码本为基于 CBG 传输的反馈：包括 $N_{\text{cells}}^{\text{DL,CBG}}$ 个小区中 DCI1_1 调度的 PDSCH。按照最大的 $N_{\text{HARQ-ACK,max}}^{\text{CBG/TB,max}}$ bit 反馈 AN，$N_{\text{HARQ-ACK,max}}^{\text{CBG/TB,max}}$ 为所有 $N_{\text{cells}}^{\text{DL,CBG}}$ 个服务小区的 $N_{\text{TB},c}^{\text{DL}}\cdot N_{\text{HARQ-ACK},c}^{\text{CBG/TB,max}}$ 的最大值。对于 $N_{\text{TB},c}^{\text{DL}}\cdot N_{\text{HARQ-ACK},c}^{\text{CBG/TB,max}}<N_{\text{HARQ-ACK,max}}^{\text{CBG/TB,max}}$ 的小区，在该小区的反馈 AN 的最后面补充 $N_{\text{HARQ-ACK,max}}^{\text{CBG/TB,max}}-N_{\text{TB},c}^{\text{DL}}\cdot N_{\text{HARQ-ACK},c}^{\text{CBG/TB,max}}$ bit 的 NACK。

【说明】因为如果漏检 DCI，不知道漏检的是哪个小区的 DCI，所以只能按照 $N_{\text{cells}}^{\text{DL,CBG}}$ 个小区的最大比特填充。

第二个子码本跟在第一个子码本后面。

对于 Type2 码本，漏检的 DCI 填充 AN 比特数目的方法如下。

当漏检的 DCI 属于第 1 个子码本，即基于 TB 反馈 AN 时：如果至少有 1 个服务小区的 1 个下行 BWP 支持两个 TB，不支持 HARQ 绑定，则填充 2 bit NACK；如果至少有 1 个服务小区的 1 个下行 BWP 支持两个 TB，支持 HARQ 绑定，则填充 1 bit NACK；如果所有服务小区都只支持单 TB，则填充 1 bit NACK。当漏检的 DCI 属于第 2 个子码本，即基于 CBG 反馈 AN 时，填充 $N_{\text{HARQ-ACK,max}}^{\text{CBG/TB,max}}$ bit 的 NACK。

由于两个子码本的 C-DAI 和 T-DAI 是分开维护的，所以 UE 知道漏检的 DCI 属于哪个子码本。

Type2 码本总结如下。

1）按码本顺序，先反馈 TB 的子码本，再反馈 CBG 的子码本。

2）子码本内，按所有小区的所有调度机会的先后顺序反馈 AN。

3）对于同一个调度机会，如果有多个小区，则按小区索引由小到大顺序反馈 AN。

4）对于每个 PDSCH，如果支持两个 TB，首先 TB0 反馈 AN，然后 TB1 反馈 AN（如果支持 HARQ 绑定，并且是 TB 子码本，则 TB0 和 TB1 的 AN 求“与”后反馈）。

5）对于每个 TB，如果支持基于 CBG 传输（RRC 配置最大 CBG 个数为 N），那么处理如下。

- 对于 DCI1_1 调度的 PDSCH，按照 CBG0 ～ CBGn 的顺序反馈 AN，n=0, …, N–1。
- 对于 DCI1_0 调度的 PDSCH、SPS 的 PDSCH 周期调度、指示 SPS 释放的 DCI 这三种情况，回复 1 bit AN，属于 TB 子码本。

6）对于 TB 子码本，如果有一个服务小区的一个下行 BWP 支持两个 TB，那么不论是 DCI1_0 还是 DCI1_1 调度，如果不支持 HARQ 绑定，且只调度了单 TB，则除了 DLSPS 周期调度，都需要按两个 TB 补齐 NACK 反馈。

7）对于 CBG 子码本，即支持 CBG 小区的 DCI1_1 调度，按照 $N_{\text{HARQ-ACK,max}}^{\text{CBG/TB,max}}$ 补齐 NACK 反馈。

（2）通过 PUSCH 信道反馈

通过 PUSCH 复用 AN 时，使用 harq-ACK-SpatialBundlingPUSCH 替换 harq-ACK-Spatial-BundlingPUCCH。下面分两种情况进行描述。

1）对于复用到非 DCI0 动态调度的 PUSCH 或者通过 DCI0_0 调度的 PUSCH：如果对应的所有服务小区的 PDCCH 检测机会都没有收到任何 DCI1（调度 PDSCH）、下行 SPS 释放的 DCI1_0，或者 DLSPS 周期调度，则不复用 AN，否则 UE 按上一节的方法生成 AN 码本，复用到 PUSCH。

2）对于复用到 DCI0_1 调度的 PUSCH：AN 的生成方法同上一节，除了 $V_{\text{temp2}} = V_{\text{T-DAI}}^{\text{UL}}$（$V_{\text{T-DAI}}^{\text{UL}}$ 为 DCI0_1 中的 DAI 字段）。如果只有 1 个子码本，则 DCI0_1 只带 1 个 DAI 字段，占

2 bit；如果有 2 个子码本，则带 2 个 DAI 字段，第 1 个字段对应第 1 个子码本，第 2 个字段对应第 2 个子码本。如果不支持 CBG，$V_{\text{T-DAI}}^{\text{UL}}=4$，并且对应调度机会 UE 没有收到任何 DCI 和 DLSPS 周期调度，则不复用 AN。如果支持 CBG，第 1 个 $V_{\text{T-DAI}}^{\text{UL}}=4$ 或者第 2 个 $V_{\text{T-DAI}}^{\text{UL}}=4$，并且对应调度机会 UE 没有收到任何 DCI 和 DLSPS 周期调度，则 UE 在第 1 个 AN 子码本或者第 2 个 AN 子码本不复用 AN。

DCI0_1 中的第 1 个 DAI，占 1 bit 或者 2 bit，1 bit 用于静态 HARQ-ACK 码本，2 bit 用于动态 HARQ-ACK 码本。DCI0_1 中的第 2 个 DAI，占 0 bit 或者 2 bit，2 bit 用于动态 HARQ-ACK 码本并且带两个 HARQ-ACK 子码本，否则为 0 bit。

对于复用到 DCI0_0 或者 DCI0_1 调度的 PUSCH，如果在 DCI0_0/DCI0_1 之后收到的 DCI1_0 或者 DCI1_1（调度 PDSCH 或者 SPS 释放），UE 不复用 AN。

4. 影响 AN 长度的参数

对于每个小区组，在 PCell 或者 PSCell 反馈 AN，影响 AN 长度的参数如下（以下描述都是针对某个小区组的，假定未配置 PUCCH-SCell）。

1）该小区组的 HARQ-ACK 码本类型：CellGroupConfig->PhysicalCellGroupConfig->pdsch-HARQ-ACK-Codebook，取值为 semiStatic 或 dynamic，必选字段。

2）该小区组的小区个数。

3）小区制式：TDD 或者 FDD。对于 TDD 小区，可选配置如下参数。

SIB1->ServingCellConfigCommonSIB->TDD-UL-DL-ConfigCommon

CellGroupConfig->SpCellConfig->ServingCellConfig->TDD-UL-DL-ConfigDedicated

4）所有小区的激活 BWP 的 PDCCH 检测时机：

ServingCellConfig->BWP-Downlink->BWP-DownlinkDedicated->PDCCH-Config->SearchSpace、ControlResourceSet

5）该小区组是否支持 HARQ 绑定：

CellGroupConfig->PhysicalCellGroupConfig->harq-ACK-SpatialBundlingPUCCH、harq-ACK-SpatialBundlingPUSCH，可选字段，如果不配置，则不支持 HARQ 绑定。同一个小区组内，该字段不能和 codeBlockGroupTransmission 同时配置。

6）该小区的 BWP 是否支持两个 TB：

BWP-DownlinkDedicated->PDSCH-Config->maxNrofCodeWordsScheduledByDCI，取值为 n1 或 n2，可选字段。

7）该小区是否支持 CBG：

ServingCellConfig->PDSCH-ServingCellConfig->codeBlockGroupTransmission，可选字段，如果不配置，则该小区不支持 CBG。

8）所有小区的激活 BWP 的时域资源位置，通过 DCI1 的 Time domain resource assignment 字段给出索引，参数如下：

PDSCH-Config->PDSCH-TimeDomainResourceAllocationList，可选字段。

9）SpCell 小区的激活 BWP 的 k1，通过 DCI1 的 PDSCH-to-HARQ_feedback timing indicator 字段给出索引，参数如下：

ServingCellConfig->UplinkConfig->BWP-Uplink->BWP-UplinkDedicated->PUCCH-Config->dl-DataToUL-ACK，取值范围为 0 ～ 15，最多配置 8 个，必选字段。

10）是 DCI1_0 还是 DCI1_1 调度。

11）是否包含 SPS 周期调度。

12）UE 是否支持在一个 slot 接收多个 PDSCH。

5. Type1 和 Type2 的区别

Type1 静态码本和 Type2 动态码本的区别如下。

1）Type1 静态码本，所有 PDSCH 接收机会（或者指示 SPS 释放的 DCI1_0），不论是否收到下行调度，都要反馈 AN，且要按照小区各自反馈，具体处理如下。

- 对于不支持 CBG 的小区，不论是 DCI1_0 还是 DCI1_1 调度，都要按照当前小区当前激活 BWP 支持的 TB 个数补齐 AN。对于支持 CBG 的小区，不论是 DCI1_0 还是 DCI1_1 调度，都要按照“当前小区当前激活 BWP 支持的 TB 个数 × 小区支持的最大 CBG 个数”补齐 AN。

【说明】因为如果漏检 DCI，不知道是漏的 DCI1_0 还是 DCI1_1，所以要按照最大比特补齐 AN。

- 对于 SPS 周期调度，将反馈当作普通 PDSCH 接收同等对待。

2）Type2 动态码本，所有 PDCCH 检测机会，只有收到了 DCI 才反馈 AN，反馈分子码本 1（基于 TB 反馈）和子码本 2（基于 CBG 反馈），并且每个子码本要按照 DCI 的接收先后顺序反馈 AN（不是按照小区顺序分开反馈 AN），具体处理如下。

- 对于子码本 1（基于 TB 反馈），不论是 DCI1_0 还是 DCI1_1 调度，只要有一个服务小区的一个下行 BWP 支持两个 TB，所有小区的反馈就要按照两个 TB 补齐 AN（如果支持 HARQ 绑定，则 TB0 和 TB1 的 AN 求“与”后反馈）。
- 对于子码本 2（基于 CBG 反馈），只能是 DCI1_1 调度，需要按照“所有小区的下行 BWP 支持 TB 个数 × 小区支持最大 CBG 个数的最大值”补齐 AN。

【说明】因为如果漏检 DCI，不知道是漏的哪个小区的哪个 DCI，所以要按照最大比特补齐 AN。

- 对于 SPS 周期调度，没有 DCI 发送，反馈只占 1 bit，并且在一个反馈窗内只能有 1 个 PDSCH 周期调度，放在子码本 1 的最后。

6.2.6　通过 PUCCH 上报 UCI

前文提到，UCI 包括 HARQ-ACK 信息、SR 和 CSI。UCI 比特可能包含 HARQ-ACK 信

息比特、SR 比特和 CSI 比特。HARQ-ACK 信息比特就是一个 HARQ-ACK 码本。

UE 可以在一个服务小区的一个 slot 里面的不同符号，最多发送 2 个 PUCCH。当发送 2 个 PUCCH 时，至少 1 个 PUCCH 使用格式 0 或者格式 2（注：格式 0 和格式 2 最大只有 2 个符号）；当发送 2 个 PUCCH 时，最多只能有一个包含 AN。

1. PUCCH 资源集

（1）公共 PUCCH 资源

如果 UE 没有配置专用 PUCCH 资源（由 PUCCH-Config 中的 PUCCH-ResourceSet 配置），那么 PUCCH 资源由 pucch-ResourceCommon 提供，用于在初始上行 BWP 中在 PUCCH 上传输 HARQ-ACK 信息。

pucch-ResourceCommon 的取值范围为 0 ～ 15，对应表 6-49 的索引，包括 16 个资源，每个资源包含 PUCCH 格式、起始符号、符号个数、PRB 偏移 $RB_{\mathrm{BWP}}^{\mathrm{offset}}$ 和循环移位索引集合。UE 使用跳频发送公共 PUCCH。UE 使用和 Msg3 发送一样的空域发送滤波器来发送公共 PUCCH。对于表 6-49 中的 PUCCH 格式 1 来说，正交扩频码（Orthogonal Cover Code，OCC）为 0。

如果 UE 没有配置 pdsch-HARQ-ACK-Codebook，那么最多发送 1 bit AN，公共 PUCCH 资源只用来发送 HARQ-ACK 信息。

当 UE 在 PUCCH 上发送 DCI1_0 或者 DCI1_1 调度的 PDSCH 对应的 AN 时，使用索引 r_{PUCCH} 确定 PUCCH 资源。$0 \leqslant r_{\mathrm{PUCCH}} \leqslant 15$，$r_{\mathrm{PUCCH}} = \left\lfloor \dfrac{2 \cdot n_{\mathrm{CCE},0}}{N_{\mathrm{CCE}}} \right\rfloor + 2 \cdot \Delta_{\mathrm{PRI}}$，$N_{\mathrm{CCE}}$ 为 DCI1_0 或者 DCI1_1 所在的 CORESET 的 CCE 总数，$n_{\mathrm{CCE},0}$ 是对应 DCI 的第 1 个 CCE 索引，Δ_{PRI} 等于对应 DCI 里面的 PUCCH resource indicator 字段取值。

- 如果 $\lfloor r_{\mathrm{PUCCH}}/8 \rfloor = 0$，那么 UE 确定第 1 个跳频单元的 PUCCH 的 PRB 索引为 $RB_{\mathrm{BWP}}^{\mathrm{offset}} + \lfloor r_{\mathrm{PUCCH}}/N_{\mathrm{CS}} \rfloor$，第 2 个跳频单元的 PUCCH 的 PRB 索引为 $N_{\mathrm{BWP}}^{\mathrm{size}} - 1 - RB_{\mathrm{BWP}}^{\mathrm{offset}} - \lfloor r_{\mathrm{PUCCH}}/N_{\mathrm{CS}} \rfloor$，$N_{\mathrm{CS}}$ 为初始循环移位索引集合包含的初始循环移位索引个数。UE 在初始循环移位索引集合中确定初始循环移位索引为 $r_{\mathrm{PUCCH}} \bmod N_{\mathrm{CS}}$。
- 如果 $\lfloor r_{\mathrm{PUCCH}}/8 \rfloor = 1$，那么 UE 确定第 1 个跳频单元的 PUCCH 的 PRB 索引为 $N_{\mathrm{BWP}}^{\mathrm{size}} - 1 - RB_{\mathrm{BWP}}^{\mathrm{offset}} - \lfloor (r_{\mathrm{PUCCH}} - 8)/N_{\mathrm{CS}} \rfloor$，第 2 个跳频单元的 PUCCH 的 PRB 索引为 $RB_{\mathrm{BWP}}^{\mathrm{offset}} + \lfloor (r_{\mathrm{PUCCH}} - 8)/N_{\mathrm{CS}} \rfloor$。UE 在初始循环移位索引集合中确定初始循环移位索引为 $(r_{\mathrm{PUCCH}} - 8) \bmod N_{\mathrm{CS}}$。

表 6-49　专用 PUCCH 资源配置前的 PUCCH 资源集

索引	PUCCH 格式	起始符号	符号个数	PRB 偏移 $RB_{\mathrm{BWP}}^{\mathrm{offset}}$	初始循环移位索引集合
0	0	12	2	0	{0, 3}
1	0	12	2	0	{0, 4, 8}
2	0	12	2	3	{0, 4, 8}
3	1	10	4	0	{0, 6}
4	1	10	4	0	{0, 3, 6, 9}
5	1	10	4	2	{0, 3, 6, 9}

（续）

索引	PUCCH 格式	起始符号	符号个数	PRB 偏移 RB_{BWP}^{offset}	初始循环移位索引集合
6	1	10	4	4	{0, 3, 6, 9}
7	1	4	10	0	{0, 6}
8	1	4	10	0	{0, 3, 6, 9}
9	1	4	10	2	{0, 3, 6, 9}
10	1	4	10	4	{0, 3, 6, 9}
11	1	0	14	0	{0, 6}
12	1	0	14	0	{0, 3, 6, 9}
13	1	0	14	2	{0, 3, 6, 9}
14	1	0	14	4	{0, 3, 6, 9}
15	1	0	14	$\lfloor N_{BWP}^{size}/4 \rfloor$	{0, 3, 6, 9}

（2）专用 PUCCH 资源

一个 BWP 最多可以配置 4 个 PUCCH 资源集，通过 PUCCH-ResourceSet 配置。第 1 个 PUCCH 资源集最多包含 32 个 PUCCH 资源，其他的 PUCCH 资源集最多包含 8 个 PUCCH 资源。一个 BWP 最多可以配置 128 个 PUCCH 资源。

PUCCH-ResourceSet->maxPayloadSize 指 UE 使用本资源集发送的最大 UCI 比特长度。UE 在多个资源集中找出第一个满足 UCI 长度的资源集来发送。该参数为可选字段，第一个和最后一个资源集不配置该参数。第一个 PUCCH 资源集的最大 UCI 比特长度固定为 2，最后一个 PUCCH 资源集的最大 UCI 比特长度固定为 1706。

如果 UE 发送 O_{UCI} 个 UCI 信息比特，其中包括 HARQ-ACK 信息比特，那么 UE 使用如下方法确定 PUCCH 资源集。

1）如果 $O_{UCI} \leqslant 2$，且包括 1 bit 或者 2 bit AN，和一个 positive SR 或者 negative SR（如果 HARQ-ACK 和 SR 同时发生），则使用第 1 个 PUCCH 资源集，pucch-ResourceSetId = 0。

2）如果配置了第 2 个 PUCCH 资源集，pucch-ResourceSetId = 1，且 $2 < O_{UCI} \leqslant N_2$（如果配置了该资源集的 maxPayloadSize，则 N_2 等于该 maxPayloadSize，否则等于 1706），则使用第 2 个 PUCCH 资源集。

3）如果配置了第 3 个 PUCCH 资源集，pucch-ResourceSetId = 2，且 $N_2 < O_{UCI} \leqslant N_3$（如果配置了该资源集的 maxPayloadSize，则 N_3 等于该 maxPayloadSize，否则等于 1706），则使用第 3 个 PUCCH 资源集。

4）如果配置了第 4 个 PUCCH 资源集，pucch-ResourceSetId = 3，且 $N_3 < O_{UCI} \leqslant 1706$，则使用第 4 个 PUCCH 资源集。

2. PUCCH 格式

如果 UE 不发送 PUSCH，需要发送 UCI，则 UE 在 PUCCH 上发送 UCI，使用如下的 PUCCH 格式（具体每个 PUCCH 格式的内容见 6.2.2 节）。

1）如果发送 1 ～ 2 个符号，HARQ-ACK/SR（positive SR 或者 negative SR）比特长度为 1 或者 2，则使用 PUCCH 格式 0。

2）如果发送 4 ～ 14 个符号，HARQ-ACK/SR（positive SR 或者 negative SR）比特长度为 1 或者 2，则使用 PUCCH 格式 1。

3）如果发送 1 ～ 2 个符号，UCI 比特长度大于 2，则使用 PUCCH 格式 2。

4）如果发送 4 ～ 14 个符号，UCI 比特长度大于 2，PUCCH 资源不包括 OCC，则使用 PUCCH 格式 3。

5）如果发送 4 ～ 14 个符号，UCI 比特长度大于 2，PUCCH 资源包括一个 OCC，则使用 PUCCH 格式 4。

PUCCH 的空域关系通过 RRC 参数 PUCCH-SpatialRelationInfo 配置（最多可以配置 8 个），如果只配置了 1 个，则直接使用；如果配置了多于 1 个，则通过 PUCCH spatial relation Activation/Deactivation MAC CE 来决定激活哪个 PUCCH 空域关系配置。

PUCCH spatial relation Activation/Deactivation MAC CE 的内容如图 6-40 所示。

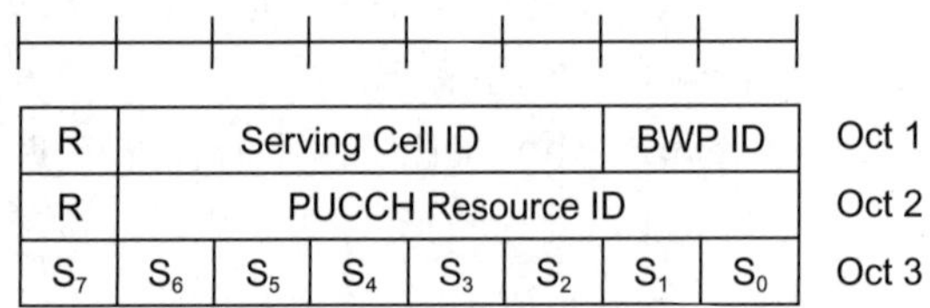

图 6-40 PUCCH spatial relation Activation/Deactivation MAC CE

字段说明如下。

- Serving Cell ID：占 5 bit，指示 MAC CE 应用的服务小区 ID。
- BWP ID：占 2 bit，指示 MAC CE应用的上行 BWP ID。
- PUCCH Resource ID：占 7 bit，指示 MAC CE 应用的 PUCCH Resource ID。
- S_i：如果指示的上行 BWP 配置了 PUCCH-SpatialRelationInfoId，则 S_i 指示 PUCCH-SpatialRelationInfoId i+1 的状态，取值为 0 表示去激活，取值为 1 表示激活。同一时刻，一个 PUCCH 资源只能有一个 PUCCH Spatial Relation Info 激活。
- R：保留位，设置为 0。

PUCCH 格式 3 或格式 4 的 DMRS 符号个数通过 additionalDMRS 配置，使用 π/2-BPSK（即 pi2BPSK）代替 QPSK。

3. UE 上报 HARQ-ACK 的过程

UE 不期望在一个 slot 发送超过 1 个带 AN 的 PUCCH。

（1）PDSCH 到 AN 的 slot 间隔说明

见 6.2.5 节描述，一共有三类下行数据需要反馈 AN，下行数据到对应 AN 反馈的 slot 间隔称为 k1，k1 的确定方法分为下面三种。

对于 DCI1_0，通过 DCI1_0 里面的 PDSCH-to-HARQ-timing-indicator 字段指示，映射到 {1, 2, 3, 4, 5, 6, 7, 8}，即 0 ～ 7 对应 1 ～ 8，取值 1 表示下行数据到对应 AN 反馈的间隔为 1 个 slot。如果配置了 dl-DataToUL-ACK，则 UE 期望 PDSCH-to-HARQ-timing-indicator 映射到 {1, 2, 3, 4, 5, 6, 7, 8} 和 dl-DataToUL-ACK 的交集的取值。

对于 DCI1_1，如果 PDSCH-to-HARQ-timing-indicator 字段存在（占用$\lceil \log_2(I) \rceil$ bit，I 为配置参数 dl-DataToUL-ACK 的个数），则映射到 RRC 配置参数 dl-DataToUL-ACK，见表 6-50；如果 RRC 参数 dl-DataToUL-ACK 只有一个值，则 DCI1_1 不带 PDSCH-to-HARQ-timing-indicator 字段，直接使用 dl-DataToUL-ACK 即可。

对于下行 SPS 周期调度，如果在 slot n 结束 PDSCH 接收，则 UE 在 slot n+k 发送 AN，k 通过激活下行 SPS 时的 DCI1_0 或者 DCI1_1 决定，同 DCI1_0 和 DCI1_1 的处理。

表 6-50　PDSCH-to-HARQ_feedback timing indicator 字段的映射关系

PDSCH-to-HARQ_feedback timing indicator			dl-DataToUL-ACK
1 bit	2 bit	3 bit	
0	00	000	dl-DataToUL-ACK 的第 1 个值
1	01	001	dl-DataToUL-ACK 的第 2 个值
	10	010	dl-DataToUL-ACK 的第 3 个值
	11	011	dl-DataToUL-ACK 的第 4 个值
		100	dl-DataToUL-ACK 的第 5 个值
		101	dl-DataToUL-ACK 的第 6 个值
		110	dl-DataToUL-ACK 的第 7 个值
		111	dl-DataToUL-ACK 的第 8 个值

如果 UE 在 slot n 收到 DCI1_0 或者 DCI1_1 调度的 PDSCH，或者收到指示 DLSPS 释放的 DCI1_0，则在 slot n+k 发送 PUCCH，k 通过 DCI 里面的 PDSCH-to-HARQ-timing-indicator 字段指示，如果不带，则通过 RRC 配置 dl-DataToUL-ACK 指示。$k=0$ 对应 PUCCH 的最后一个 slot，表示该 PUCCH 和 PDSCH 或者指示 DLSPS 释放的 PDCCH 重叠。

假定 k1=0，PDSCH 的 SCS 为 15kHz，PUCCH 的 SCS 为 30kHz，那么 AN 反馈如图 6-41 所示。

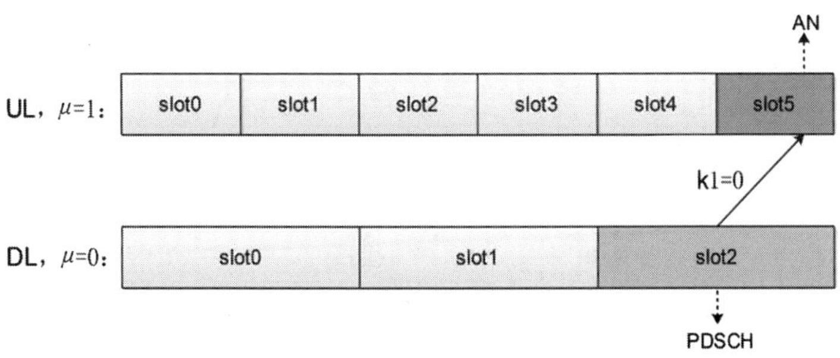

图 6-41　AN 反馈示例图 1

【注意】图 6-41 只表示 PDSCH 在 slot2 发送，AN 在 slot5 发送，PDSCH 结束符号和 AN 开始符号之间要满足一定的时间间隔，见 8.1.9 节，后同。

假定 k1=0，PDSCH 的 SCS 为 30 kHz，PUCCH 的 SCS 为 15 kHz，那么 AN 反馈包括两种情况，如图 6-42 和图 6-43 所示。

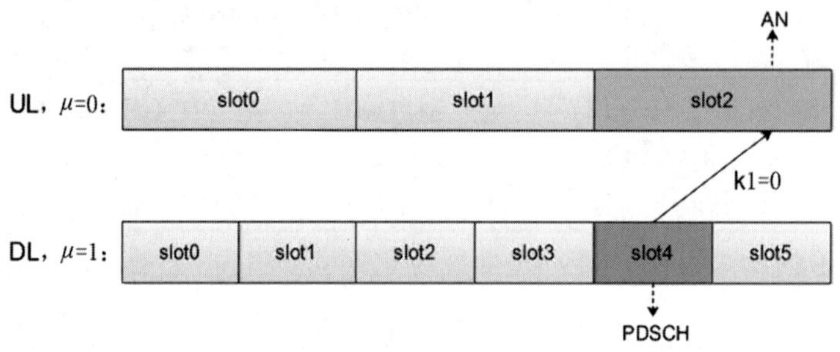

图 6-42　AN 反馈示例图 2

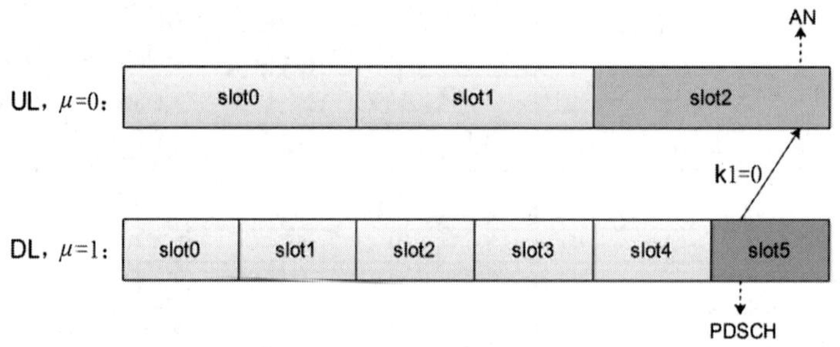

图 6-43　AN 反馈示例图 3

假定 k1 配置为 {1, 2, 3, 4}，PDSCH 的 SCS 为 15 kHz，PUCCH 的 SCS 为 30 kHz，那么在这种 SCS 组合下，slot4 反馈的 AN 只能对应 k1=1 和 k1=3，而无法对应 k1=2 和 k1=4，如图 6-44 所示。

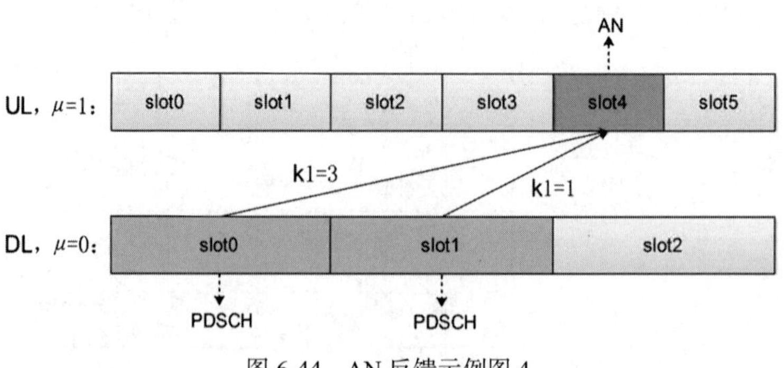

图 6-44　AN 反馈示例图 4

假定 k1 配置为 {1, 2, 3, 4}，PDSCH 的 SCS 为 15 kHz，PUCCH 的 SCS 为 30 kHz，那么在这种 SCS 组合下，slot5 反馈的 AN 只能对应 k1=2 和 k1=4，而无法对应 k1=1 和 k1=3，如图 6-45 所示。

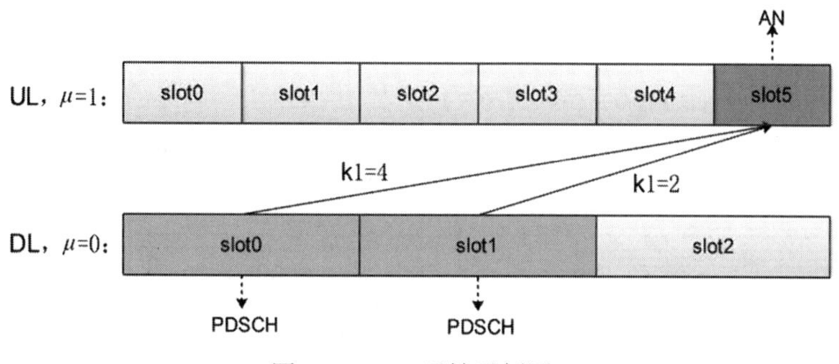

图 6-45　AN 反馈示例图 5

假定 k1 配置为 {1, 2}，PDSCH 的 SCS 为 30 kHz，PUCCH 的 SCS 为 15 kHz，那么在这种 SCS 组合下，slot2 反馈的 AN 对应 4 个 PDSCH，每个 k1 值对应 2 个 PDSCH，如图 6-46 所示。

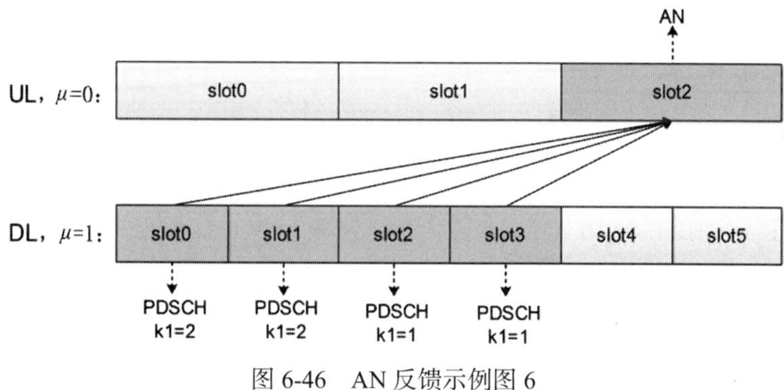

图 6-46　AN 反馈示例图 6

（2）UE 决定 PUCCH 资源的方法

对于带 AN 的 PUCCH，UE 先通过 O_{UCI} HARQ-ACK 信息比特长度来决定使用哪个 PUCCH 资源集，再通过 HARQ-ACK 绑定窗内的最后一个 DCI1_0 或者 DCI1_1 的 PUCCH resource indicator 字段指示使用哪个 PUCCH 资源（按 PDCCH MO 先后顺序排列，同一个时间的 PDCCH MO，按服务小区索引递增排序）。

- 对于最大包含 8 个 PUCCH 资源的 PUCCH 资源集，PUCCH resource indicator 字段会映射到 PUCCH 资源，映射关系见表 6-51。
- 对于第一个 PUCCH 资源集，当包含的 PUCCH 资源多于 8 个时（记为 R_{PUCCH} 个），UE 决定 PUCCH 资源索引 r_{PUCCH}，$0 \leqslant r_{\text{PUCCH}} \leqslant R_{\text{PUCCH}}-1$，公式如下：

$$r_{\text{PUCCH}}=\begin{cases}\left\lfloor\dfrac{n_{\text{CCE},p}\cdot\lceil R_{\text{PUCCH}}/8\rceil}{N_{\text{CCE},p}}\right\rfloor+\Delta_{\text{PRI}}\cdot\left\lceil\dfrac{R_{\text{PUCCH}}}{8}\right\rceil, & \text{如果}\Delta_{\text{PRI}}<R_{\text{PUCCH}}\bmod 8\\ \left\lfloor\dfrac{n_{\text{CCE},p}\cdot\lfloor R_{\text{PUCCH}}/8\rfloor}{N_{\text{CCE},p}}\right\rfloor+\Delta_{\text{PRI}}\cdot\left\lfloor\dfrac{R_{\text{PUCCH}}}{8}\right\rfloor+R_{\text{PUCCH}}\bmod 8, & \text{如果}\Delta_{\text{PRI}}\geqslant R_{\text{PUCCH}}\bmod 8\end{cases}$$

$N_{\text{CCE},P}$ 是最后一个 DCI1_0 或者 DCI1_1 所在的 CORESET 的 CCE 总数，$n_{\text{CCE},P}$ 是对应 DCI 的第 1 个 CCE 的索引，Δ_{PRI} 是对应 DCI 的 PUCCH resource indicator 字段指示的值。

表 6-51　PUCCH resource indication 字段的映射关系（当资源集最多有 8 个 PUCCH 资源时）

PUCCH resource indicator	PUCCH 资源
000	resourceList 的第 1 个 pucch-ResourceId
001	resourceList 的第 2 个 pucch-ResourceId
010	resourceList 的第 3 个 pucch-ResourceId
011	resourceList 的第 4 个 pucch-ResourceId
100	resourceList 的第 5 个 pucch-ResourceId
101	resourceList 的第 6 个 pucch-ResourceId
110	resourceList 的第 7 个 pucch-ResourceId
111	resourceList 的第 8 个 pucch-ResourceId

如果 UE 在 slot x 检测到第 1 个 DCI1_0 或者 DCI1_1（记为 PDCCH1），指示其在 slot n 的 PUCCH 资源反馈 AN（记为 PUCCH1），在第 1 个 DCI1 之后检测到第 2 个 DCI1_0 或者 DCI1_1（记为 PDCCH2），也在 slot n 反馈 AN（资源记为 PUCCH2），那么当 PDCCH2 的结束符号和 PUCCH1 的起始符号之间的间隔大于 $N_3\cdot(2048+144)\cdot\kappa\cdot 2^{-\mu}\cdot T_C$ 时，UE 才能复用第 2 个 DCI 的 AN 到 PUCCH，其中 μ 对应 PDCCH1、PDCCH2，以及对应 AN 反馈的 PUCCH 的 SCS 的最小值。如果 PDCCH1 和 PDCCH2 所在服务小区的 processingType2Enabled 都配置为使能，那么当 $\mu=0$ 时，$N_3=3$，当 $\mu=1$ 时，$N_3=4.5$，当 $\mu=2$ 时，$N_3=9$；否则，当 $\mu=0$ 时，$N_3=8$，当 $\mu=1$ 时，$N_3=10$，当 $\mu=2$ 时，$N_3=17$，当 $\mu=3$ 时，$N_3=20$。

当仅存在 DLSPS 周期调度时，UE 反馈 AN 的 PUCCH 资源来自 RRC 配置参数 n1PUCCH-AN，且只能配置 PUCCH 格式 0 或者格式 1，参数如下。

```
SPS-Config ::=              SEQUENCE {
    periodicity                                 ENUMERATED {ms10, ms20, ms32, ms40,
        ms64, ms80, ms128, ms160, ms320, ms640,  spare6, spare5, spare4, spare3,
        spare2, spare1},
    nrofHARQ-Processes      INTEGER (1..8),
    n1PUCCH-AN              PUCCH-ResourceId           OPTIONAL,    -- Need M
    mcs-Table               ENUMERATED {qam64LowSE}    OPTIONAL,    -- Need S
    ...
}
```

（3）计算循环移位 α 的 m_0 和 m_{CS}

不同 PUCCH 格式使用的循环移位 α 的 m_0 和 m_{CS} 分析如下。

1）PUCCH 格式 0，m_0 来自配置参数 PUCCH-format0 里的 initialCyclicShift，如果没有配置，则初始循环移位索引的计算见 6.2.6 节。m_{CS} 和 HARQ-ACK 比特数目及值有关，见表 6-52 和表 6-53。

表 6-52 1 bit AN（PUCCH 格式 0）

HARQ-ACK 取值	0	1
序列循环移位	$m_{CS}=0$	$m_{CS}=6$

表 6-53 2 bit AN（PUCCH 格式 0）

HARQ-ACK 取值	{0, 0}	{0, 1}	{1, 1}	{1, 0}
序列循环移位	$m_{CS}=0$	$m_{CS}=3$	$m_{CS}=6$	$m_{CS}=9$

2）PUCCH 格式 1，m_0 来自配置参数 PUCCH-format1 里的 initialCyclicShift，如果没有配置，则初始循环移位索引的计算见本节“PUCCH 资源集”部分。$m_{CS}=0$。

3）PUCCH 格式 3，$m_0=0$，$m_{CS}=0$。

4）PUCCH 格式 4，m_0 见表 6-54，$m_{CS}=0$。

表 6-54 循环移位索引（PUCCH 格式 4）

正交序列索引 n	循环移位索引 m_0		正交序列索引 n	循环移位索引 m_0	
	$N_{SF}^{PUCCH,4}=2$	$N_{SF}^{PUCCH,4}=4$		$N_{SF}^{PUCCH,4}=2$	$N_{SF}^{PUCCH,4}=4$
0	0	0	2	—	3
1	6	6	3	—	9

【注意】 PUCCH 格式 2 不使用序列 $r_{u,v}^{(\alpha,\delta)}(n)$。

（4）PUCCH 格式 2 和格式 3 占用 PRB 大小说明

PUCCH 格式 0、1、4 都只占 1 个 PRB；PUCCH 格式 2 可以配置 1 ～ 16 个 PRB；PUCCH 格式 3 可以配置 1 ～ 6、8 ～ 10、12、15、16 个 PRB。通过 RRC 参数 nrofPRBs 配置。

如果 UE 使用 PUCCH 格式 2 或者 PUCCH 格式 3 发送 O_{ACK} 个 AN 比特 + O_{CRC} 个 CRC 比特，且配置的 nrofPRBs 为 M_{RB}^{PUCCH}，则 UE 从配置的这些 PRB 的第 1 个开始占用，最小占用 $M_{RB,min}^{PUCCH}$ 个 PRB，$M_{RB,min}^{PUCCH}$ 小于或等于 M_{RB}^{PUCCH}，并满足如下条件：$(O_{ACK}+O_{CRC})\leqslant M_{RB,min}^{PUCCH}\cdot N_{sc,ctrl}^{RB}\cdot N_{symb\text{-}UCI}^{PUCCH}\cdot Q_m\cdot r$，且如果 $M_{RB}^{PUCCH}>1$，则 $(O_{ACK}+O_{CRC})>(M_{RB,min}^{PUCCH}-1)\cdot N_{sc,ctrl}^{RB}\cdot N_{symb\text{-}UCI}^{PUCCH}\cdot Q_m\cdot r$。对于 PUCCH 格式 3，如果 $M_{RB,min}^{PUCCH}$ 不等于 $2^{\alpha_2}\cdot 3^{\alpha_3}\cdot 5^{\alpha_5}$，则增大 RB 数到最近的满足条件的 RB 个数。如果 $(O_{ACK}+O_{CRC})>(M_{RB}^{PUCCH}-1)\cdot N_{sc,ctrl}^{RB}\cdot N_{symb\text{-}UCI}^{PUCCH}\cdot Q_m\cdot r$，则 UE 使用 M_{RB}^{PUCCH} 个 PRB 发送 PUCCH。

以上公式中的参数 $N_{sc,ctrl}^{RB}$、$N_{symb\text{-}UCI}^{PUCCH}$、$Q_m$ 和 r 的定义见本节“UE 上报多个 UCI 类型的过程”部分。

4. UE 上报 SR 的过程

UE 使用 PUCCH 格式 0 和格式 1 发送 SR。SR 相关的参数包括如下内容。

- SR 配置参数，在 MAC 参数中配置，和 BWP 无关，属于小区组参数：CellGroupConfig->MAC-CellGroupConfig->SchedulingRequestConfig，每个小区组最多有 8 个 SR 配置参数。
- SR 资源配置参数，在 PUCCH-Config 中配置，和 BWP 相关，属于 BWP 级参数：PUCCH-Config->SchedulingRequestResourceConfig，每个 BWP 最多有 8 个 SR 资源配置参数。
- 逻辑信道可选对应一个 SR 配置参数，表示该 SR 配置应用于这个逻辑信道：CellGroupConfig->RLC-BearerConfig->LogicalChannelConfig->SchedulingRequestId。

UE 通过如下方法确定 SR 的发送时刻，SR 周期记为 $SR_{\text{PERIODICITY}}$，SR 偏移记为 SR_{OFFSET}。

如果 $SR_{\text{PERIODICITY}}$ 大于 1 个 slot，则 UE 在满足公式 $(n_f \cdot N_{\text{slot}}^{\text{frame},\mu} + n_{s,f}^{\mu} - SR_{\text{OFFSET}}) \bmod SR_{\text{PERIODICITY}} = 0$ 的帧 n_f、slot $n_{s,f}^{\mu}$ 发送 SR；如果 $SR_{\text{PERIODICITY}}$ 等于 1 个 slot，则 $SR_{\text{OFFSET}}=0$，UE 在每个 slot 都可以发送 SR；如果 $SR_{\text{PERIODICITY}}$ 小于 1 个 slot，则 UE 在起始符号 l 发送 SR，l 满足条件 $(l - l_0 \bmod SR_{\text{PERIODICITY}}) \bmod SR_{\text{PERIODICITY}} = 0$，其中 l_0 为该 SR 关联的 PUCCH 资源的配置参数 startingSymbolIndex。

对于 PUCCH 上的 SR 发送，如果对于某个 slot，PUCCH 发送的可用符号小于配置参数 nrofSymbols，则该 slot 不发送 PUCCH。

UE 发送 SR 可以使用 PUCCH 格式 0 和格式 1，当使用 PUCCH 格式 0 发送 positive SR 时，循环移位 α 的 m_0 来自配置参数 PUCCH-format0->initialCyclicShift，$m_{\text{CS}} = 0$；当使用 PUCCH 格式 1 发送 positive SR 时，UE 认为 $b(0) = 0$。

【总结】UE 发送 SR 的过程如下：

1）当 UE 需要在某个逻辑信道发送数据时（假定该逻辑信道关联了 LCG 和 SchedulingRequestId），如果触发了 BSR，并且进一步触发了 SR（BSR 和 SR 的触发条件参看 9.3.4 节），则使用该逻辑信道对应的 SchedulingRequestId，得出 SR 的 sr-ProhibitTimer 和 sr-TransMax；然后关联到对应的 SchedulingRequestResourceId，得出 SR 发送的时域位置（即周期和 slot 号）；最后关联到对应的 PUCCH-ResourceId，得出 SR 发送的进一步时域位置（即起始 Symbol 和持续 Symbol 数）和 SR 发送的频域位置（即 PRB 起始索引、PRB 最大个数、是否跳频等）。

2）如果该 SR 的 PUCCH 资源和其他的 PUCCH 资源没有冲突，则直接在该 SR 的 PUCCH 资源发送 SR，占 1 bit；如果有冲突，则要考虑 UCI 复用，具体处理见下一节。

5. UE 上报多个 UCI 类型的过程

本节适用于 UE 发送的多个 PUCCH存在冲突（即在一个 slot 的多个 PUCCH 有符号重叠），并且 PUCCH 没有重复发送的情况。

当 UE 在一个 slot 配置多个 PUCCH 资源，用来发送 CSI report 时，分下面两种情况进行处理。

- 如果UE没有配置multi-CSI-PUCCH-ResourceList，或者多个CSI report的资源不冲突，那么UE确定最高优先级的CSI report对应的资源为第1个资源。如果第1个资源包括PUCCH格式2，并且有和第1个资源不冲突的剩余资源，则在这些剩余资源当中，选择最高优先级的CSI report对应的资源为第2个资源。如果第1个资源包括PUCCH格式3或者格式4，并且有和第1个资源不冲突的包括PUCCH格式2的剩余资源，则在这些剩余资源中，选择最高优先级的CSI report对应的资源为第2个资源。注意，一个slot发送2个PUCCH时，必须有1个PUCCH是格式0或格式2。
- 如果UE配置了multi-CSI-PUCCH-ResourceList，并且多个CSI report资源中的至少一个资源存在冲突，那么UE从multi-CSI-PUCCH-ResourceList配置的资源选择1个，复用所有的CSI report。

如果配置了simultaneousHARQ-ACK-CSI，则UE在同一个PUCCH复用AN信息、可能的SR、一个或多个CSI report；否则，UE会丢弃所有CSI report，只在PUCCH发送AN、可能的SR。如果UE在一个slot发送多个包括AN和CSI report的PUCCH，则UE期望PUCCH格式2、格式3、格式4配置相同的simultaneousHARQ-ACK-CSI参数。

如果UE在一个slot要发送多个冲突的PUCCH，或者冲突的PUCCH/PUSCH，且UE被配置为在一个PUCCH中复用不同的UCI类型，同时至少有一个冲突的PUCCH或者PUSCH是DCI的响应（即DCI1调度的下行对应的PUCCH，或者DCI0调度的PUSCH），那么当满足下面的条件时，UE复用所有的UCI。如果其中有一个PUCCH或者PUSCH是DCI的响应，那么UE期望冲突的PUCCH/PUSCH组里面最早起始的符号（记为S_0）要满足下面的时间间隔要求。

1）S_0必须在AN对应的所有PDSCH的最后1个符号之后的$T_{\text{proc},1}^{\text{mux}}$之后开始，$T_{\text{proc},1}^{\text{mux}}$为所有这些PDSCH的$\{T_{\text{proc},1}^{\text{mux},1},\cdots,T_{\text{proc},1}^{\text{mux},i},\cdots\}$的最大值。$T_{\text{proc},1}^{\text{mux},i}=(N_1+d_{1,1}+1)\cdot(2048+144)\cdot\kappa\cdot2^{-\mu}\cdot T_C$，其中$d_{1,1}$和$N_1$的取值请参见8.1.9节。$\mu$对应“调度第$i$个PDSCH的PDCCH、第$i$个PDSCH、第$i$个PDSCH的AN对应的PUCCH，以及所有冲突的PUSCH”的SCS的最小值。

2）S_0必须在AN对应的所有DLSPS释放的DCI1_0的最后1个符号之后的$T_{\text{proc,release}}^{\text{mux}}$之后开始，$T_{\text{proc,release}}^{\text{mux}}$为所有这些DLSPS释放$\{T_{\text{proc,release}}^{\text{mux},1},\cdots,T_{\text{proc,release}}^{\text{mux},i},\cdots\}$的最大值。$T_{\text{proc,release}}^{\text{mux},i}=(N+1)\cdot(2048+144)\cdot\kappa\cdot2^{-\mu}\cdot T_C$，其中$N$的取值请参见9.5.3节。$\mu$对应“调度第$i$个DLSPS释放DCI1_0的PDCCH、第$i$个DLSPS释放的AN对应的PUCCH，以及所有冲突的PUSCH”的SCS的最小值。

3）如果冲突的PUCCH/PUSCH组不包含非周期CSI report，则S_0必须在下面PDCCH的最后1个符号之后的$T_{\text{proc},2}^{\text{mux}}$之后开始：用来调度冲突的PUSCH的任何PDCCH；以及用来调度PDSCH和DLSPS释放的任何PDCCH，且其AN反馈在冲突的PUCCH。

$T_{\text{proc},2}^{\text{mux}}$的取值分下面两种情况。

①如果冲突的PUCCH/PUSCH组里面至少有一个PUSCH，则$T_{\text{proc},2}^{\text{mux}}$为所有PUSCH的

$\{T_{\mathrm{proc},2}^{\mathrm{mux},1},\cdots,T_{\mathrm{proc},2}^{\mathrm{mux},i},\cdots\}$ 的最大值。$T_{\mathrm{proc},2}^{\mathrm{mux},i}=\max((N_2+d_{2,1}+1)\cdot(2048+144)\cdot\kappa\cdot 2^{-\mu}\cdot T_C,d_{2,2})$，其中，$N_2$、$d_{2,1}$ 和 $d_{2,2}$ 的取值请参见 8.2.10 节。μ 对应“调度第 i 个 PUSCH 的 PDCCH、所有 PDCCH（其调度的 PDSCH 或者 DLSPS 释放的 AN 反馈在冲突的 PUCCH 上），以及所有冲突的 PUSCH”的 SCS 的最小值。

②如果冲突的 PUCCH/PUSCH 组里面没有 PUSCH，则 $T_{\mathrm{proc},2}^{\mathrm{mux}}$ 为 AN 对应的所有 PDSCH 或者 DLSPS 释放的 $\{T_{\mathrm{proc},2}^{\mathrm{mux},1},\cdots,T_{\mathrm{proc},2}^{\mathrm{mux},i},\cdots\}$ 的最大值。$T_{\mathrm{proc},2}^{\mathrm{mux},i}=(N_2+1)\cdot(2048+144)\cdot\kappa\cdot 2^{-\mu}\cdot T_C$，如果 PUCCH 服务小区配置了 PUSCH 处理能力（即参数 processingType2Enabled），则 N_2 的取值参考该参数，否则，参考 PUSCH 处理能力 1（具体请见 8.2.10 节的表 8-40 和表 8-41）。其中，μ 对应“调度第 i 个 PDSCH 或者 DLSPS 释放的 PDCCH 及其对应的 AN 反馈的 PUCCH 服务小区”的 SCS 的最小值。

4）如果冲突的 PUCCH/PUSCH 组包含非周期 CSI report，则 S_0 必须在下面 PDCCH 的最后 1 个符号之后的 $T_{\mathrm{proc,CSI}}^{\mathrm{mux}}=\max((Z+d)\cdot(2048+144)\cdot\kappa\cdot 2^{-\mu}\cdot T_C,d_{2,2})$ 之后开始：用来调度冲突的 PUSCH 的任何 PDCCH；以及用来调度 PDSCH 和 DLSPS 释放的任何 PDCCH，且其 AN 反馈在冲突的 PUCCH。其中，Z 的取值请参见 6.3.3 节，μ 对应“前述所指的 PDCCH、所有冲突的 PUSCH，以及调度非周期 CSI report 的 DCI0”的 SCS 的最小值，当 $\mu=0,1$ 时，$d=2$，当 $\mu=2$ 时，$d=3$，当 $\mu=3$ 时，$d=4$。

如果 UE 在一个 slot 要发送多个冲突的 PUCCH，或者冲突的 PUCCH/PUSCH，并且其中一个 PUCCH 包括回复 DLSPS 周期调度的 AN，同时所有 PUSCH 都不是 DCI0 调度（即所有 PUSCH 都是上行免授权调度），那么 UE 期望最早的 PUCCH 或者 PUSCH 的第 1 个符号要满足上述的时间间隔要求 1，其中 μ 对应的 SCS 组合不包括用来调度 PDSCH 或者 PUSCH 的 PDCCH。

UE 不期望 DCI 对应的 PUCCH 或者 PUSCH 和任何不满足上述时间间隔要求的 PUCCH 或者 PUSCH 存在冲突。

如果有一个或多个非周期 CSI report 复用到冲突的 PUSCH，并且 S_0 在下面所述最后 1 个符号之后的 $Z_{\mathrm{proc,CSI}}^{\prime\mathrm{mux}}=(Z'+d)\cdot(2048+144)\cdot\kappa\cdot 2^{-\mu}\cdot T_C$ 之后的第一个上行符号之前：用于信道测量的非周期 CSI-RS 资源的最后 1 个符号，用于干扰测量的非周期 CSI-IM 资源的最后 1 个符号，以及用于干扰测量的非周期 NZP CSI-RS 资源的最后 1 个符号，那么当被用于信道测量的非周期 CSI-RS 资源触发了 CSI report n 时，UE 不需要更新该 CSI report n。Z' 的取值请参见 6.3.3 节，μ 对应“调度所有冲突 PUSCH 的 PDCCH、调度所有非周期 CSI report 请求的 DCI、所有冲突的 PUCCH 和 PUSCH”的 SCS 的最小值，当 $\mu=0,1$ 时，$d=2$，当 $\mu=2$ 时，$d=3$，当 $\mu=3$ 时，$d=4$。

以下假定 UE 在一个 slot 发送多个类型的 UCI，PUCCH 存在符号冲突，未配置 PUCCH 重复发送，并且该 slot 没有冲突的 PUSCH 发送。

（1）复用 HARQ-ACK 或者 CSI 和 SR

如果 UE 配置为在一个 slot 发送 K 个 SR（通过 schedulingRequestResourceId 集合配置，

使用 K 个 PUCCH 资源），并且 SR 发送时机和 AN 的 PUCCH 资源或者 CSI 的 PUCCH 资源冲突了，则分下面几种情况进行处理。

1）SR 和 AN 都是 PUCCH 格式 0。

- 如果 UE 在 PUCCH 格式 0 发送 positive SR 和最大 2 bit AN，则 UE使用发送 AN 的 PUCCH 格式 0 资源来发送 PUCCH（发送 AN+positive SR），处理同 HARQ-ACK 发送过程，只是 m_{CS} 的计算方式和只发送 AN 时不同。循环移位 α 的 m_0 来自配置参数 PUCCH-format0->initialCyclicShift，m_{CS} 和 HARQ-ACK 比特的数目和值有关，见表 6-55 和表 6-56。

表 6-55　1 bit AN 和 positive SR（PUCCH 格式 0）

HARQ-ACK 取值	0	1
序列循环移位	$m_{CS}=3$	$m_{CS}=9$

表 6-56　2 bit AN 和 positive SR（PUCCH 格式 0）

HARQ-ACK 取值	{0, 0}	{0, 1}	{1, 1}	{1, 0}
序列循环移位	$m_{CS}=1$	$m_{CS}=4$	$m_{CS}=7$	$m_{CS}=10$

- 如果 UE 在 PUCCH 格式 0 发送 negative SR 和最大 2 bit AN，则 UE 使用发送 AN 的 PUCCH 格式 0 资源来发送 PUCCH（发送 AN+negative SR），处理过程同 HARQ-ACK 发送过程。

2）SR 是 PUCCH 格式 0，AN 是 PUCCH 格式 1。如果 UE 在 PUCCH 格式 0 发送 SR（negative 或 positive SR），并且在 PUCCH 格式 1 发送 AN，则 UE 只在 PUCCH 格式 1 发送 AN（只发送 AN）。

3）SR 和 AN 都是 PUCCH 格式 1。

- 如果 UE 在 PUCCH 格式 1 发送 positive SR，并且在 PUCCH 格式 1 发送最大 2 bit AN，则 UE 使用发送 SR 的 PUCCH 格式 1 资源来发送 PUCCH（发送 AN+positive SR），处理过程同 HARQ-ACK 发送过程。
- 如果 UE 在 PUCCH 格式 1 发送 negative SR，并且在 PUCCH 格式 1 发送最大 2 bit AN，则 UE 使用发送 AN 的 PUCCH 格式 1 资源来发送 PUCCH（发送 AN+negative SR），处理过程同 HARQ-ACK 发送过程。

4）AN 是 PUCCH 格式 2、格式 3 或格式 4。

如果 UE 在 PUCCH 格式 2、格式 3 或格式 4 发送 O_{ACK} 个 AN 比特，则 UE 把 K 个 SR（negative 或 positive SR）按照 schedulingRequestResourceId 递增的顺序，生成 $\lceil \log_2(K+1) \rceil$ bit，附加到 AN 后面，使用 AN 的 PUCCH 资源发送，UCI 的比特长度为 $O_{UCI}=O_{ACK}+\lceil \log_2(K+1) \rceil$。$\lceil \log_2(K+1) \rceil$ bit 取值全为 0 代表 K 个 SR 都是 negative SR，取值为 1、2、3 则依次对应 schedulingRequestResourceId 递增的顺序。例如，假定 K=3，schedulingRequestResourceId 依次为 1、3、6，则 SR 占用 2 bit。取值为 00B 表示 3 个 SR 都是 negative SR，取值为 01B 表示 schedulingRequestResourceId=1 的 SR 为 positive SR，取值为 10B 表示 schedulingRequestResourceId=3 的 SR 为 positive SR，取值为 11B 表示 schedulingRequestResourceId=6 的 SR 为 positive SR。

另外，使用PUCCH格式2或者PUCCH格式3发送AN+SR时，比特总长度假定为$O_{\text{ACK}}+O_{\text{SR}}+O_{\text{CRC}}$，决定使用PRB个数的过程同AN发送过程。

5）CSI是PUCCH格式2、格式3或格式4。

如果UE在PUCCH格式2、格式3或格式4发送O_{CSI}个CSI比特，则UE把K个SR（negative或positive SR）按照schedulingRequestResourceId递增的顺序生成$\lceil \log_2(K+1)\rceil$ bit，附加到CSI前面，使用CSI的PUCCH资源发送，UCI比特长度为$O_{\text{UCI}}=\lceil \log_2(K+1)\rceil+O_{\text{CSI}}$。$\lceil \log_2(K+1)\rceil$ bit取值全为0代表K个SR都是negative SR。

（2）复用HARQ-ACK/SR/CSI

如果UE配置为在一个slot发送一个或多个CSI report，配置K个SR（通过schedulingRequestResourceId集合配置，使用K个PUCCH资源），在该slot需要反馈AN，并且这些PUCCH资源存在冲突时，则分下面几种情况进行处理。

1）UE发送一个或多个CSI report、0或者多个AN/SR（即AN和SR、仅AN、仅SR这3种情况）信息比特。这里的AN如果存在，指的是DLSPS周期调度的反馈。

①如果多个CSI report之间存在资源冲突，并且UE配置了multi-CSI-PUCCH-ResourceList，则按下面规则选择multi-CSI-PUCCH-ResourceList配置的PUCCH资源。

- 当multi-CSI-PUCCH-ResourceList只配置了1个资源时，如果满足$(O_{\text{ACK}}+O_{\text{SR}}+O_{\text{CSI}}+O_{\text{CRC}})\leqslant(M_{\text{RB}}^{\text{PUCCH}}\cdot N_{\text{sc,ctrl}}^{\text{RB}}\cdot N_{\text{symb-UCI}}^{\text{PUCCH}}\cdot Q_m\cdot r)$，则UE使用该资源发送ACK+SR+所有CSI report；否则（即资源大小不够），使用该资源，选择最高优先级的$N_{\text{CSI}}^{\text{reported}}$个CSI report（尽可能多选），保证满足上述公式，发送ACK+SR+ $N_{\text{CSI}}^{\text{reported}}$个CSI report。
- 当multi-CSI-PUCCH-ResourceList配置了2个资源时，对multi-CSI-PUCCH-ResourceList配置的资源按照“资源可用RE个数 × 调制阶数Q_m × 配置的最大码率r”的值的大小进行递增排序（假定资源索引为0和1），如果第1个资源满足$(O_{\text{ACK}}+O_{\text{SR}}+O_{\text{CSI}}+O_{\text{CRC}})\leqslant(M_{\text{RB}}^{\text{PUCCH}}\cdot N_{\text{sc,ctrl}}^{\text{RB}}\cdot N_{\text{symb-UCI}}^{\text{PUCCH}}\cdot Q_m\cdot r)_0$，则UE选择第1个资源发送ACK+SR+所有CSI report；否则如果$(O_{\text{ACK}}+O_{\text{SR}}+O_{\text{CSI}}+O_{\text{CRC}})>(M_{\text{RB}}^{\text{PUCCH}}\cdot N_{\text{sc,ctrl}}^{\text{RB}}\cdot N_{\text{symb-UCI}}^{\text{PUCCH}}\cdot Q_m\cdot r)_0$，且$(O_{\text{ACK}}+O_{\text{SR}}+O_{\text{CSI}}+O_{\text{CRC}})\leqslant(M_{\text{RB}}^{\text{PUCCH}}\cdot N_{\text{sc,ctrl}}^{\text{RB}}\cdot N_{\text{symb-UCI}}^{\text{PUCCH}}\cdot Q_m\cdot r)_1$，UE选择第2个资源发送ACK+SR+所有CSI report；否则（即$(O_{\text{ACK}}+O_{\text{SR}}+O_{\text{CSI}}+O_{\text{CRC}})>(M_{\text{RB}}^{\text{PUCCH}}\cdot N_{\text{sc,ctrl}}^{\text{RB}}\cdot N_{\text{symb-UCI}}^{\text{PUCCH}}\cdot Q_m\cdot r)_1$），UE选择第2个资源，选择最高优先级的$N_{\text{CSI}}^{\text{reported}}$个CSI report（尽可能多选），保证满足$(O_{\text{ACK}}+O_{\text{SR}}+O_{\text{CSI}}+O_{\text{CRC}})\leqslant(M_{\text{RB}}^{\text{PUCCH}}\cdot N_{\text{sc,ctrl}}^{\text{RB}}\cdot N_{\text{symb-UCI}}^{\text{PUCCH}}\cdot Q_m\cdot r)_1$，发送ACK+SR+ $N_{\text{CSI}}^{\text{reported}}$个CSI report。

②如果多个CSI report资源不存在冲突，或者没有配置multi-CSI-PUCCH-ResourceList，那么UE发送$O_{\text{ACK}}+O_{\text{SR}}+O_{\text{CSI}}+O_{\text{CRC}}$ bit，使用pucch-CSI-ResourceList提供的PUCCH资源，先选择最多两个CSI report资源（选择过程见本节“UE上报多个UCI类型的过程”部分）。

- 如果AN/SR的资源和两个CSI report的资源都冲突，则只复用AN/SR到较高优先级的CSI report所在的资源，不发送较低优先级的CSI report。

- 如果 AN/SR 的资源只和一个 CSI report 的资源冲突，则复用 AN/SR 到冲突的 CSI report 所在的资源，发送这两个 CSI report。

【说明】情况 1 中都使用 CSI 的资源来发送 UCI，不需要计算实际占用的 PRB 个数，直接使用配置的 PRB 个数即可。

2）UE 发送 AN、SR、宽带或子带 CSI report，且决定 PUCCH 资源为 PUCCH 格式 2，或者 UE 发送 AN、SR、宽带 CSI report，且决定 PUCCH 资源为 PUCCH 格式 3 或者格式 4（CSI report 只有 1 个 part）。

① UE 先使用 UCI 比特长度 O_{UCI} 来选择 PUCCH 资源集，再使用反馈窗内的最后一个 DCI1_0 或者 DCI1_1 的 PUCCH resource indicator 字段来选择 PUCCH 资源，也就是使用 AN 的 PUCCH 资源。

②使用以下方法决定占用的 PRB 个数和发送的 CSI report 个数。

- 如果 $(O_{\mathrm{ACK}}+O_{\mathrm{SR}}+O_{\mathrm{CSI-part1}}+O_{\mathrm{CRC,CSI\text{-}part1}})\leqslant M_{\mathrm{RB}}^{\mathrm{PUCCH}}\cdot N_{\mathrm{sc,ctrl}}^{\mathrm{RB}}\cdot N_{\mathrm{symb\text{-}UCI}}^{\mathrm{PUCCH}}\cdot Q_m\cdot r$，则 UE 选择最小的 RB 数目 $M_{\mathrm{RB,min}}^{\mathrm{PUCCH}}$ 来发送 ACK+SR+ 所有 CSI report，满足 $(O_{\mathrm{ACK}}+O_{\mathrm{SR}}+O_{\mathrm{CSI\text{-}part1}}+O_{\mathrm{CRC,CSI\text{-}part1}})\leqslant M_{\mathrm{RB,min}}^{\mathrm{PUCCH}}\cdot N_{\mathrm{sc,ctrl}}^{\mathrm{RB}}\cdot N_{\mathrm{symb\text{-}UCI}}^{\mathrm{PUCCH}}\cdot Q_m\cdot r$。
- 如果 $(O_{\mathrm{ACK}}+O_{\mathrm{SR}}+O_{\mathrm{CSI-part1}}+O_{\mathrm{CRC,CSI\text{-}part1}})> M_{\mathrm{RB}}^{\mathrm{PUCCH}}\cdot N_{\mathrm{sc,ctrl}}^{\mathrm{RB}}\cdot N_{\mathrm{symb\text{-}UCI}}^{\mathrm{PUCCH}}\cdot Q_m\cdot r$，则 UE 选择最高优先级的 $N_{\mathrm{CSI}}^{\mathrm{reported}}$ 个 CSI report，保证满足 $\left(O_{\mathrm{ACK}}+O_{\mathrm{SR}}+\sum_{n=1}^{N_{\mathrm{CSI}}^{\mathrm{reported}}}O_{\mathrm{CSI\text{-}part1},n}+O_{\mathrm{CRC,CSI\text{-}part1},N}\right)\leqslant M_{\mathrm{RB}}^{\mathrm{PUCCH}}\cdot N_{\mathrm{sc,ctrl}}^{\mathrm{RB}}\cdot N_{\mathrm{symb\text{-}UCI}}^{\mathrm{PUCCH}}\cdot Q_m\cdot r$，并且 $\left(O_{\mathrm{ACK}}+O_{\mathrm{SR}}+\sum_{n=1}^{N_{\mathrm{CSI}}^{\mathrm{reported}}+1}O_{\mathrm{CSI\text{-}part1},n}+O_{\mathrm{CRC,CSI\text{-}part1},N+1}\right)> M_{\mathrm{RB}}^{\mathrm{PUCCH}}\cdot N_{\mathrm{sc,ctrl}}^{\mathrm{RB}}\cdot N_{\mathrm{symb\text{-}UCI}}^{\mathrm{PUCCH}}\cdot Q_m\cdot r$，其中，$O_{\mathrm{CRC,CSI\text{-}part1},N}$ 为 CRC 比特，对应 $O_{\mathrm{ACK}}+O_{\mathrm{SR}}+\sum_{n=1}^{N_{\mathrm{CSI}}^{\mathrm{reported}}}O_{\mathrm{CSI\text{-}part1},n}$ UCI 比特，$O_{\mathrm{CRC,CSI\text{-}part1},N+1}$ 为 CRC 比特，对应 $O_{\mathrm{ACK}}+O_{\mathrm{SR}}+\sum_{n=1}^{N_{\mathrm{CSI}}^{\mathrm{reported}}+1}O_{\mathrm{CSI\text{-}part1},n}$ UCI 比特。UE 发送 ACK+SR+ $N_{\mathrm{CSI}}^{\mathrm{reported}}$ 个 CSI report。

3）UE 发送 AN、SR 和子带 CSI report，且决定 PUCCH 资源为 PUCCH 格式 3 或者格式 4（CSI report 有 2 个 part）。

① UE 先使用 UCI 比特长度 O_{UCI} 来选择 PUCCH 资源集，再使用反馈窗内的最后一个 DCI1_0 或者 DCI1_1 的 PUCCH resource indicator 字段来选择 PUCCH 资源，也就是使用 AN 的 PUCCH 资源。

②使用以下方法决定占用的 PRB 个数和发送的 CSI report 个数。

- 如果 $(O_{\mathrm{ACK}}+O_{\mathrm{SR}}+O_{\mathrm{CSI}}+O_{\mathrm{CRC}})\leqslant M_{\mathrm{RB}}^{\mathrm{PUCCH}}\cdot N_{\mathrm{sc,ctrl}}^{\mathrm{RB}}\cdot N_{\mathrm{symb\text{-}UCI}}^{\mathrm{PUCCH}}\cdot Q_m\cdot r$，则 UE 选择最小的 RB 数目 $M_{\mathrm{RB,min}}^{\mathrm{PUCCH}}$ 来发送 ACK+SR+ 所有 CSI report，满足 $(O_{\mathrm{ACK}}+O_{\mathrm{SR}}+O_{\mathrm{CSI}}+O_{\mathrm{CRC}})\leqslant M_{\mathrm{RB,min}}^{\mathrm{PUCCH}}\cdot N_{\mathrm{sc,ctrl}}^{\mathrm{RB}}\cdot N_{\mathrm{symb\text{-}UCI}}^{\mathrm{PUCCH}}\cdot Q_m\cdot r$。

- 如果 $(O_{\text{ACK}}+O_{\text{SR}}+O_{\text{CSI}}+O_{\text{CRC}})>M_{\text{RB}}^{\text{PUCCH}}\cdot N_{\text{sc,ctrl}}^{\text{RB}}\cdot N_{\text{symb-UCI}}^{\text{PUCCH}}\cdot Q_m\cdot r$，那么处理如下。
    - 如果有资源可以发送part2 CSI report（$N_{\text{CSI-part2}}^{\text{reported}}>0$），则UE选择最高优先级的 $N_{\text{CSI-part2}}^{\text{reported}}$ 个 part2 CSI report，保证满足 $\sum_{n=1}^{N_{\text{CSI-part2}}^{\text{reported}}}O_{\text{CSI-part2},n}+O_{\text{CRC,CSI-part2},N}\leqslant\left(M_{\text{RB}}^{\text{PUCCH}}\cdot N_{\text{sc,ctrl}}^{\text{RB}}\cdot N_{\text{symb-UCI}}^{\text{PUCCH}}-\left\lceil\left(O_{\text{ACK}}+O_{\text{SR}}+\sum_{n=1}^{N_{\text{CSI}}^{\text{total}}}O_{\text{CSI-part1},n}+O_{\text{CRC,CSI-part1}}\right)\Big/(Q_m\cdot r)\right\rceil\right)\cdot Q_m\cdot r$，并且 $\sum_{n=1}^{N_{\text{CSI-part2}}^{\text{reported}}+1}O_{\text{CSI-part2},n}+O_{\text{CRC,CSI-part2},N+1}>\left(M_{\text{RB}}^{\text{PUCCH}}\cdot N_{\text{sc,ctrl}}^{\text{RB}}\cdot N_{\text{symb-UCI}}^{\text{PUCCH}}-\left\lceil\left(O_{\text{ACK}}+O_{\text{SR}}+\sum_{n=1}^{N_{\text{CSI}}^{\text{total}}}O_{\text{CSI-part1},n}+O_{\text{CRC,CSI-part1}}\right)\Big/(Q_m\cdot r)\right\rceil\right)\cdot Q_m\cdot r$，其中，$O_{\text{CSI-part1},n}$ 为第 n 个 part1 CSI report 的比特大小，$O_{\text{CSI-part2},n}$ 为第 n 个 part2 CSI report 的比特大小（按优先级排序），$O_{\text{CRC,CSI-part2},N}$ 为 CRC 比特大小，对应 $\sum_{n=1}^{N_{\text{CSI-part2}}^{\text{reported}}}O_{\text{CSI-part2},n}$，$O_{\text{CRC,CSI-part2},N+1}$ 为 CRC 比特大小，对应 $\sum_{n=1}^{N_{\text{CSI-part2}}^{\text{reported}}+1}O_{\text{CSI-part2},n}$。UE 发送 ACK+SR+ $N_{\text{CSI}}^{\text{total}}$ 个 part1 CSI report + $N_{\text{CSI-part2}}^{\text{reported}}$ 个 part2 CSI report。
    - 如果资源不够发送 part2 CSI report，则 UE 丢弃所有的 part2 CSI report，选择最高优先级的 $N_{\text{CSI-part1}}^{\text{reported}}$ 个 part1 CSI report，保证满足 $\left(O_{\text{ACK}}+O_{\text{SR}}+\sum_{n=1}^{N_{\text{CSI-part1}}^{\text{reported}}}O_{\text{CSI-part1},n}+O_{\text{CRC,CSI-part1},N}\right)\leqslant M_{\text{RB}}^{\text{PUCCH}}\cdot N_{\text{sc,ctrl}}^{\text{RB}}\cdot N_{\text{symb-UCI}}^{\text{PUCCH}}\cdot Q_m\cdot r$，并且 $\left(O_{\text{ACK}}+O_{\text{SR}}+\sum_{n=1}^{N_{\text{CSI-part1}}^{\text{reported}}+1}O_{\text{CSI-part1},n}+O_{\text{CRC,CSI-part1},N+1}\right)>M_{\text{RB}}^{\text{PUCCH}}\cdot N_{\text{sc,ctrl}}^{\text{RB}}\cdot N_{\text{symb-UCI}}^{\text{PUCCH}}\cdot Q_m\cdot r$，其中，$O_{\text{CRC,CSI-part1},N}$ 为 CRC 比特，对应 $O_{\text{ACK}}+O_{\text{SR}}+\sum_{n=1}^{N_{\text{CSI-part1}}^{\text{reported}}}O_{\text{CSI-part1},n}$ UCI 比特，$O_{\text{CRC,CSI-part1},N+1}$ 为 CRC 比特，对应 $O_{\text{ACK}}+O_{\text{SR}}+\sum_{n=1}^{N_{\text{CSI-part1}}^{\text{reported}}+1}O_{\text{CSI-part1},n}$ UCI 比特。UE 发送 ACK+SR+ $N_{\text{CSI-part1}}^{\text{reported}}$ 个 part1 CSI report。

【说明】情况 2 和情况 3 中都使用 AN 的资源来发送 UCI，需要计算实际占用的 PRB 个数。

以上公式中的参数取值说明如下。

- r：码率，通过参数 maxCodeRate 配置，如表 6-57 所示。

表 6-57 maxCodeRate 值对应的码率 r

maxCodeRate	码率 r	maxCodeRate	码率 r
0	0.08	4	0.45
1	0.15	5	0.60
2	0.25	6	0.80
3	0.35	7	保留

- ❑ $M_{\mathrm{RB}}^{\mathrm{PUCCH}}$：对于 PUCCH 格式 2 和 PUCCH 格式 3，$M_{\mathrm{RB}}^{\mathrm{PUCCH}}$ 等于配置参数 nrofPRBs；对于 PUCCH 格式 4，$M_{\mathrm{RB}}^{\mathrm{PUCCH}}=1$。
- ❑ $N_{\mathrm{sc,ctrl}}^{\mathrm{RB}}$：对于 PUCCH 格式 2，$N_{\mathrm{sc,ctrl}}^{\mathrm{RB}}=N_{\mathrm{sc}}^{\mathrm{RB}}-4$；对于 PUCCH 格式 3，$N_{\mathrm{sc,ctrl}}^{\mathrm{RB}}=N_{\mathrm{sc}}^{\mathrm{RB}}$；对于 PUCCH 格式 4，$N_{\mathrm{sc,ctrl}}^{\mathrm{RB}}=N_{\mathrm{sc}}^{\mathrm{RB}}/N_{\mathrm{SF}}^{\mathrm{PUCCH,4}}$，$N_{\mathrm{SF}}^{\mathrm{PUCCH,4}}$ 通过参数 occ-Length 配置。
- ❑ $N_{\mathrm{symb\text{-}UCI}}^{\mathrm{PUCCH}}$：对于 PUCCH 格式 2，$N_{\mathrm{symb\text{-}UCI}}^{\mathrm{PUCCH}}$ 等于配置参数 nrofSymbols；对于 PUCCH 格式 3 和 PUCCH 格式 4，$N_{\mathrm{symb\text{-}UCI}}^{\mathrm{PUCCH}}$ 等于 nrofSymbols 减去 PUCCH DMRS 占用的符号个数。
- ❑ Q_m：对于 PUCCH 格式 2，$Q_m=2$；对于 PUCCH 格式 3 和 PUCCH 格式 4，如果配置了 pi2BPSK，则 $Q_m=1$，否则 $Q_m=2$。

（3）总结

当没有配置 PUCCH 重复发送时，通过 PUCCH 上报 UCI，总结如下。

1）当只存在一种 UCI 时，PUCCH 资源选择方式如图 6-47 所示。

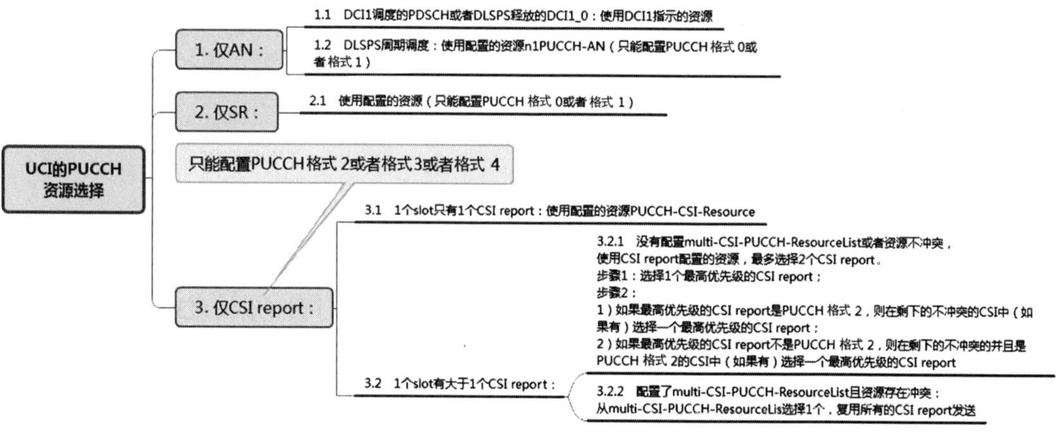

图 6-47　PUCCH 资源选择图示 1

2）当存在多种 UCI 时，需要进行 UCI 复用处理，此时，一个 slot 只发送一个 PUCCH，PUCCH 资源选择方式如图 6-48 所示。

6. PUCCH 重复过程

对于 PUCCH 格式 1、格式 3、格式 4，UE 可以配置重复发送 $N_{\mathrm{PUCCH}}^{\mathrm{repeat}}$ 个 slot 的 PUCCH，即参数 nrofSlots。

当 $N_{\mathrm{PUCCH}}^{\mathrm{repeat}}>1$ 时，UE 重复发送连续 $N_{\mathrm{PUCCH}}^{\mathrm{repeat}}$ 个 slot 的 PUCCH，UE 期望这些 PUCCH 复用的 UCI 类型相同。每个 slot 的 PUCCH 使用相同的参数发送，包括 nrofSymbols 和 startingSymbolIndex。如果配置 interslotFrequencyHopping 参数，则 PUCCH 进行 slot 间跳频：PUCCH 在偶数编号 slot 内的起始位置为 startingPRB，在奇数编号 slot 内的起始位置为 secondHopPRB；第 1 个 slot 发送的 PUCCH 编号为 0，之后连续 slot 发送的 PUCCH 递增编号（不管 UE 在该 slot 是否发送了 PUCCH）。如果配置 intraslotFrequencyHopping 参数，则 PUCCH 进行 slot 内跳频，每个 slot 使用同样的跳频图样。

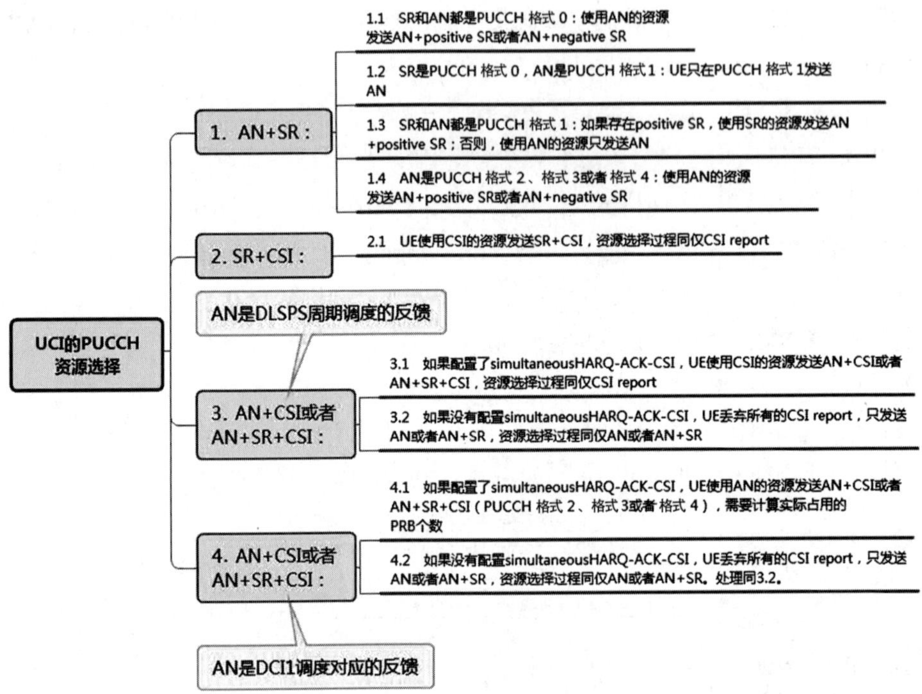

图 6-48 PUCCH 资源选择图示 2

对于 PUCCH 格式 1、格式 3、格式 4，参数 interslotFrequencyHopping 和 intraslotFrequency-Hopping 不能同时配置。如果某个 slot 可用于 PUCCH 发送的符号小于 nrofSymbols，则 UE 在该 slot 不发送 PUCCH。

重复发送多次的 PUCCH，和其他 PUCCH 或者 PUSCH 冲突的处理规则如下。

1）如果 UE 发送 $N_{\text{PUCCH}}^{\text{repeat}} > 1$ 个 slot 的 PUCCH，并且发送 $N_{\text{PUSCH}}^{\text{repeat}}$ 个 slot 的 PUSCH，PUCCH 和 PUSCH 在一个或者多个 slot 存在冲突，那么冲突的 slot 发送 PUCCH，不发送 PUSCH。

【举例 28】PUSCH 和连续发送的 PUCCH 冲突，不发送 PUSCH，如图 6-49 所示。

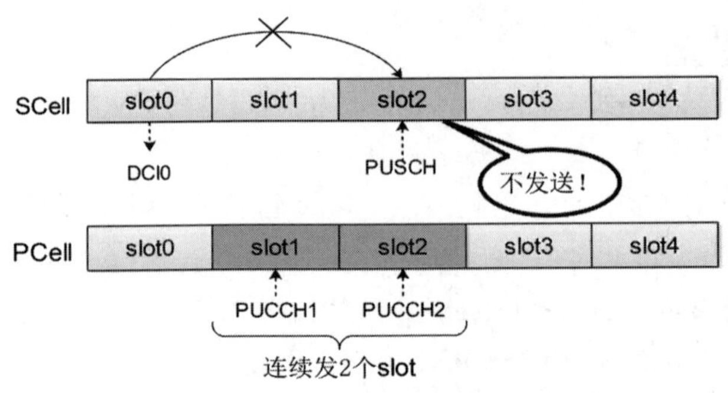

图 6-49 重复发送的 PUCCH 冲突图示 1

【举例 29】PUSCH 连续发送 2 个 slot，但是 slot2 的 PUSCH1 和连续发送的 PUCCH 冲

突，所以不发送 PUSCH1，slot3 的 PUSCH2 不冲突，正常发送 PUSCH2，如图 6-50 所示。

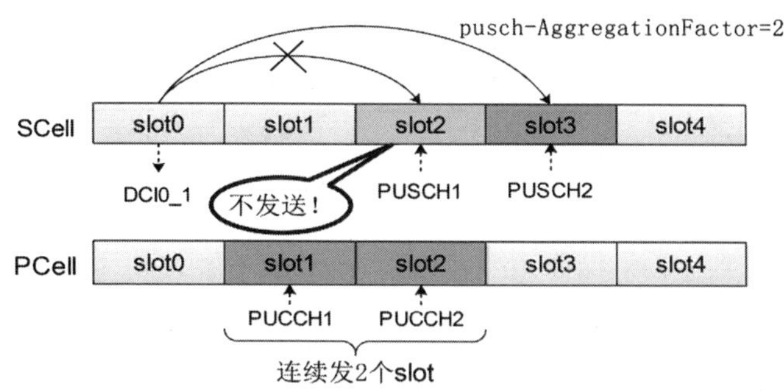

图 6-50 重复发送的 PUCCH 冲突图示 2

2）如果 UE 发送的第 1 个 PUCCH 重复多个 slot，第 2 个 PUCCH 占用一个或者重复多个 slot，两个 PUCCH 在一个或者多个 slot 存在冲突，那么对于这些冲突的 slot，UCI 类型的优先级为 HARQ-ACK > SR > 高优先级 CSI > 低优先级 CSI，处理如下。

① UE 不期望第 1 个 PUCCH 和其他任何第 2 个 PUCCH 在同一个 slot 开始，且包括相同的 UCI 优先级（即同一个 slot 开始，但是优先级不同；或者不同 slot 开始，但是优先级相同，都是被允许的）。

②如果第 1 个 PUCCH 和其他任何第 2 个 PUCCH包括的 UCI 的优先级相同，那么 UE 发送较早 slot 开始的 PUCCH，不发送较晚 slot 开始的 PUCCH。

【举例 30】如图 6-51 所示，PUCCH1 和 PUCCH2 为连续发送的 2 个 PUCCH，PUCCH3 和 PUCCH4 为连续发送的 2 个 PUCCH，假定 4 个 PUCCH 包括的 UCI 优先级相同，那么不发送 PUCCH3，只发送 PUCCH1、PUCCH2 和 PUCCH4。

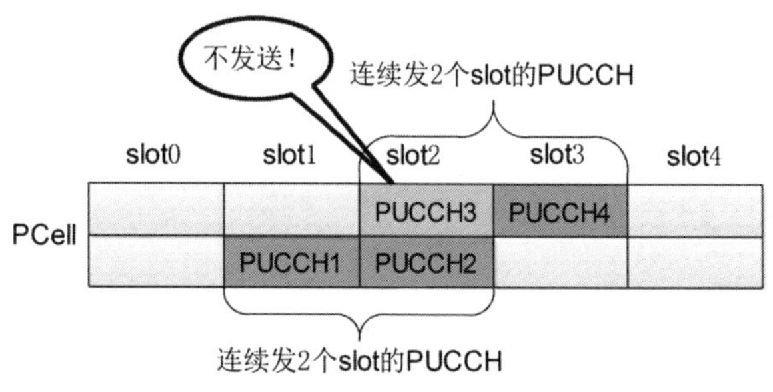

图 6-51 重复发送的 PUCCH 冲突图示 3

③如果第 1 个 PUCCH 和其他任何第 2 个 PUCCH 包括的 UCI 的优先级都不相同，那么 UE 发送包含较高 UCI 优先级的 PUCCH，不发送包含较低 UCI 优先级的 PUCCH。

【举例 31】如图 6-52 所示，PUCCH1 和 PUCCH2 为连续发送的 2 个 PUCCH，PUCCH3 为单独发送的 1 个 PUCCH，假定 PUCCH3 的 UCI 优先级高于 PUCCH1 和 PUCCH2，那么不发送 PUCCH2，只发送 PUCCH1 和 PUCCH3。

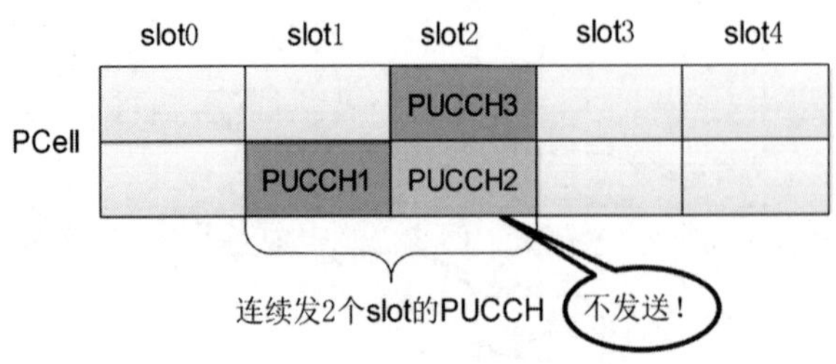

图 6-52　重复发送的 PUCCH 冲突图示 4

如果 UE 发送 $N_{\text{PUCCH}}^{\text{repeat}}$ 个连续 slot 的 PUCCH，其中某个 slot 由于有高优先级的 PUCCH 未发送，那么对 PUCCH 的发送次数正常计数。

6.2.7　通过 PUSCH 上报 UCI

1. 参数

（1）上行动态调度

```
PUSCH-Config->uci-OnPUSCH   SetupRelease{UCI-OnPUSCH}  OPTIONAL, -- Need M

UCI-OnPUSCH ::=         SEQUENCE {
    betaOffsets              CHOICE {
        dynamic                 SEQUENCE (SIZE (4)) OF BetaOffsets,
        semiStatic              BetaOffsets
    }                                                       OPTIONAL, -- Need M
    scaling                   ENUMERATED { f0p5, f0p65, f0p8, f1 }
}
BetaOffsets ::=                      SEQUENCE {
    betaOffsetACK-Index1                 INTEGER(0..31)        OPTIONAL, -- Need S
    betaOffsetACK-Index2                 INTEGER(0..31)        OPTIONAL, -- Need S
    betaOffsetACK-Index3                 INTEGER(0..31)        OPTIONAL, -- Need S
    betaOffsetCSI-Part1-Index1           INTEGER(0..31)        OPTIONAL, -- Need S
    betaOffsetCSI-Part1-Index2           INTEGER(0..31)        OPTIONAL, -- Need S
    betaOffsetCSI-Part2-Index1           INTEGER(0..31)        OPTIONAL, -- Need S
    betaOffsetCSI-Part2-Index2           INTEGER(0..31)        OPTIONAL  -- Need S
}
```

参数解释如下。

❑ betaOffsets：指示动态或者半静态，如果没有配置，则默认为半静态。

- betaOffsetACK-Index1：用于最大 2 bit 的 AN，如果不配置，则为默认值 11。
- betaOffsetACK-Index2：用于 3 ～ 11 bit 的 AN，如果不配置，则为默认值 11。
- betaOffsetACK-Index3：用于大于 11 bit 的 AN，如果不配置，则为默认值 11。
- betaOffsetCSI-Part1-Index1：用于最大 11 bit 的 CSI part1，如果不配置，则为默认值 13。
- betaOffsetCSI-Part1-Index2：用于大于 11 bit 的 CSI part1，如果不配置，则为默认

值 13。

- betaOffsetCSI-Part2-Index1：用于最大 11 bit 的 CSI part2，如果不配置，则为默认值 13。
- betaOffsetCSI-Part2-Index2：用于大于 11 bit 的 CSI part2，如果不配置，则为默认值 13。

❑ scaling：比例因子，用来限制在 PUSCH 上传输的 UCI 占用的 RE 数目。f0p5 表示 0.5，f0p65 表示 0.65，f0p8 表示 0.8，f1 表示 1。该参数对 Configured Grant 调度的 PUSCH 也适用。

（2）上行免授权

```
ConfiguredGrantConfig->uci-OnPUSCH    SetupRelease { CG-UCI-OnPUSCH }  OPTIONAL,
    -- Need M

CG-UCI-OnPUSCH ::= CHOICE {
    dynamic                                SEQUENCE (SIZE (1..4)) OF BetaOffsets,
    semiStatic                             BetaOffsets
}
```

配置动态或者半静态 betaOffset。对于 Configured Grant type1，只能配置为半静态。

2. 处理过程

UCI 复用到 PUSCH 后，UCI 占用的资源数目见 6.2.4 节，其中 AN、part1 CSI report 和 part2 CSI report 使用的 offset 参数记为 $\beta_{\text{offset}}^{\text{HARQ-ACK}}$、$\beta_{\text{offset}}^{\text{CSI-1}}$ 和 $\beta_{\text{offset}}^{\text{CSI-2}}$，通过 DCI0_1 指示或者 RRC 层配置，具体如下。

（1）上行动态调度

如果参数 betaOffsets = 'semiStatic'，则对于 DCI0_0，或者不带 beta_offset indicator 字段的 DCI0_1 调度，参数 $\beta_{\text{offset}}^{\text{HARQ-ACK}}$、$\beta_{\text{offset}}^{\text{CSI-1}}$ 和 $\beta_{\text{offset}}^{\text{CSI-2}}$ 来自 betaOffsets = 'semiStatic'。

如果参数 betaOffsets = 'dynamic'，则对于 DCI0_0 调度，参数 $\beta_{\text{offset}}^{\text{HARQ-ACK}}$、$\beta_{\text{offset}}^{\text{CSI-1}}$ 和 $\beta_{\text{offset}}^{\text{CSI-2}}$ 来自 betaOffsets = 'dynamic' 的第一个配置参数；对于带 beta_offset indicator 字段的 DCI0_1 调度，参数 $\beta_{\text{offset}}^{\text{HARQ-ACK}}$、$\beta_{\text{offset}}^{\text{CSI-1}}$ 和 $\beta_{\text{offset}}^{\text{CSI-2}}$ 来自 betaOffsets = 'dynamic'，具体使用哪一个 BetaOffsets 通过 DCI0_1 的 beta_offset indicator 字段指示，见表 6-58。

表 6-58 beta_offset indicator 到参数 BetaOffsets 的映射

beta_offset indicator	($I_{\text{offset},0}^{\text{HARQ-ACK}}$ 或 $I_{\text{offset},1}^{\text{HARQ-ACK}}$ 或 $I_{\text{offset},2}^{\text{HARQ-ACK}}$), ($I_{\text{offset},0}^{\text{CSI-1}}$ 或 $I_{\text{offset},0}^{\text{CSI-2}}$), ($I_{\text{offset},1}^{\text{CSI-1}}$ 或 $I_{\text{offset},1}^{\text{CSI-2}}$)
00	高层配置的第 1 个 BetaOffsets
01	高层配置的第 2 个 BetaOffsets
10	高层配置的第 3 个 BetaOffsets
11	高层配置的第 4 个 BetaOffsets

DCI0_1 的 beta_offset indicator 字段说明：如果参数 betaOffsets = 'semiStatic'，占 0 bit，否则占 2 bit。

（2）上行免授权

如果参数 CG-UCI-OnPUSCH= 'semiStatic'，则对于 Configured Grant type1 和 Configured Grant type2，参数 $\beta_{offset}^{HARQ\text{-}ACK}$、$\beta_{offset}^{CSI\text{-}1}$ 和 $\beta_{offset}^{CSI\text{-}2}$ 都来自 CG-UCI-OnPUSCH= 'semiStatic'。

如果参数 CG-UCI-OnPUSCH ='dynamic'，则对于通过 DCI0_0 激活的 Configured Grant type2，参数 $\beta_{offset}^{HARQ\text{-}ACK}$、$\beta_{offset}^{CSI\text{-}1}$ 和 $\beta_{offset}^{CSI\text{-}2}$ 来自 CG-UCI-OnPUSCH ='dynamic' 的第一个配置参数；对于通过 DCI0_1 激活的 Configured Grant type2，参数 $\beta_{offset}^{HARQ\text{-}ACK}$、$\beta_{offset}^{CSI\text{-}1}$ 和 $\beta_{offset}^{CSI\text{-}2}$ 来自 CG-UCI-OnPUSCH= 'dynamic'，具体使用哪一个 BetaOffsets 通过 DCI0_1 的 beta_offset indicator 字段指示，见表 6-58。

（3）betaOffset 取值说明

配置参数 betaOffsetACK-Index1、betaOffsetACK-Index2 和 betaOffsetACK-Index3 对应 $I_{offset,0}^{HARQ\text{-}ACK}$、$I_{offset,1}^{HARQ\text{-}ACK}$ 和 $I_{offset,2}^{HARQ\text{-}ACK}$，分别用于最大 2 bit AN、3 ～ 11 bit AN，大于 11 bit AN。$\beta_{offset}^{HARQ\text{-}ACK}$ 和配置参数的索引关系见表 6-59。

表 6-59　AN betaOffset 取值和配置参数的索引关系

$I_{offset,0}^{HARQ\text{-}ACK}$ 或 $I_{offset,1}^{HARQ\text{-}ACK}$ 或 $I_{offset,2}^{HARQ\text{-}ACK}$	$\beta_{offset}^{HARQ\text{-}ACK}$	$I_{offset,0}^{HARQ\text{-}ACK}$ 或 $I_{offset,1}^{HARQ\text{-}ACK}$ 或 $I_{offset,2}^{HARQ\text{-}ACK}$	$\beta_{offset}^{HARQ\text{-}ACK}$
0	1.000	16	保留
1	2.000	17	保留
2	2.500	18	保留
3	3.125	19	保留
4	4.000	20	保留
5	5.000	21	保留
6	6.250	22	保留
7	8.000	23	保留
8	10.000	24	保留
9	12.625	25	保留
10	15.875	26	保留
11	20.000	27	保留
12	31.000	28	保留
13	50.000	29	保留
14	80.000	30	保留
15	126.000	31	保留

配置参数 betaOffsetCSI-Part1-Index1 和 betaOffsetCSI-Part2-Index1 对应 $I_{offset,0}^{CSI\text{-}1}$ 和 $I_{offset,0}^{CSI\text{-}2}$，分别用于 part1 CSI report 和 part2 CSI report，最大为 11 bit。$\beta_{offset}^{CSI\text{-}1}$、$\beta_{offset}^{CSI\text{-}2}$ 和配置参数的索引关系见表 6-60。

配置参数 betaOffsetCSI-Part1-Index2 和 betaOffsetCSI-Part2-Index2 对应 $I_{offset,1}^{CSI\text{-}1}$ 和 $I_{offset,1}^{CSI\text{-}2}$，分别用于 part1 CSI report 和 part2 CSI report，大于 11 bit。$\beta_{offset}^{CSI\text{-}1}$、$\beta_{offset}^{CSI\text{-}2}$ 和配置参数的索引关系见表 6-60。

表 6-60　CSI betaOffset 取值和配置参数的索引关系

$I_{\text{offset},0}^{\text{CSI-1}}$ 或 $I_{\text{offset},1}^{\text{CSI-1}}$ $I_{\text{offset},0}^{\text{CSI-2}}$ 或 $I_{\text{offset},1}^{\text{CSI-2}}$	$\beta_{\text{offset}}^{\text{CSI-1}}$ $\beta_{\text{offset}}^{\text{CSI-2}}$	$I_{\text{offset},0}^{\text{CSI-1}}$ 或 $I_{\text{offset},1}^{\text{CSI-1}}$ $I_{\text{offset},0}^{\text{CSI-2}}$ 或 $I_{\text{offset},1}^{\text{CSI-2}}$	$\beta_{\text{offset}}^{\text{CSI-1}}$ $\beta_{\text{offset}}^{\text{CSI-2}}$
0	1.125	16	12.625
1	1.250	17	15.875
2	1.375	18	20.000
3	1.625	19	保留
4	1.750	20	保留
5	2.000	21	保留
6	2.250	22	保留
7	2.500	23	保留
8	2.875	24	保留
9	3.125	25	保留
10	3.500	26	保留
11	4.000	27	保留
12	5.000	28	保留
13	6.250	29	保留
14	8.000	30	保留
15	10.000	31	保留

6.3　UE 上报 CSI 的过程

6.3.1　概述

CSI-RS 资源分为 Periodic（周期性）CSI-RS 资源、Semi-Persistent（半静态）CSI-RS 资源和 Aperiodic（非周期）CSI-RS 资源三种；CSI 上报分为 PUCCH 周期性上报、PUCCH 半静态上报、PUSCH 半静态上报和 PUSCH 非周期上报四种。

CSI 上报和 CSI-RS 资源配置有如下约束关系。

1）周期性 CSI 上报，只能使用周期性 CSI-RS 资源。

2）半静态 CSI 上报，可以使用周期性和半静态 CSI-RS 资源。

3）非周期 CSI 上报，可以使用周期性、半静态和非周期 CSI-RS 资源。

CSI 上报和 CSI-RS 资源组合如表 6-61 所示。

表 6-61　CSI 上报和 CSI-RS 资源组合

CSI-RS 资源	周期 CSI Report	半静态 CSI Report	非周期 CSI Report
Periodic CSI-RS	不用动态触发 / 激活	1）PUCCH 上报时，通过 MAC CE 激活； 2）PUSCH 上报时，通过 DCI0_1 触发	通过 DCI0_1 触发，可能需要先通过 MAC CE 激活
Semi-Persistent CSI-RS	不支持	同上	同上
Aperiodic CSI-RS	不支持	不支持	同上

三种 CSI-RS 资源的生效时机说明如下。

1）Periodic：周期资源，配置后即生效。

2）Semi-Persistent：半静态资源，需要通过 MAC CE“SP CSI-RS/CSI-IM Resource Set Activation/Deactivation MAC CE”激活和去激活 resourceType 为“semiPersistent”的资源集。

3）Aperiodic：非周期资源，随着关联的非周期 CSI report 触发而触发。

【说明】CSI-RS 资源可以在所有服务小区配置。

四种 CSI report 的生效时机说明如下。

1）Periodic：PUCCH 周期上报，配置后即生效；只能在 PCell 和 PUCCH-SCell 配置。

2）semiPersistentOnPUCCH：PUCCH 半静态上报，需要通过 MAC CE“SP CSI reporting on PUCCH Activation/Deactivation MAC CE”激活和去激活列表中 reportConfigType 为 semiPersistentOnPUCCH 的 CSI；只能在 PCell 和 PUCCH-SCell 配置。

3）semiPersistentOnPUSCH：PUSCH 半静态上报，需要通过 SP-CSI-RNTI 加扰的 DCI0_1 触发，通过 DCI0_1 的 CSI request 字段来指定哪个 CSI-ReportConfigId 被激活或去激活，通过 DCI0_1 的某些字段的特殊取值来指示当前是激活还是去激活；可以在 PCell 和 SCell 配置。

4）Aperiodic：PUSCH 非周期上报，通过 MAC CE（可选存在）和 DCI0_1 触发，可以在 PCell 和 SCell 配置。

【说明】前两种是在 CSI 上报配置所在的服务小区发送 CSI report，通过 PUCCH 发送；后两种是在 CSI 上报配置所在的服务小区发送触发 CSI report 的 DCI0_1，CSI report 具体在哪个服务小区发送由 DCI0_1 决定，通过 PUSCH 发送。

6.3.2 参数介绍

1. CSI 测量配置

UE 级配置，属于某个服务小区的参数。

ServingCellConfig->SetupRelease{CSI-MeasConfig}，假定该服务小区为 s，对于 CA 场景来说，可以是 PCell，也可以是 SCell。

CSI-MeasConfig 的作用如下。

1）配置服务小区 s 的 CSI-RS/CSI-IM/CSI-SSB，可以在 PCell 配置，也可以在 SCell 配置。

2）配置 PUCCH 上报的 CSI report，只能在 PCell 或者 PUCCH-SCell 配置。

3）配置 PUSCH 上报的 CSI report，需要通过服务小区 s 下发的 DCI0_1 触发，具体在哪个服务小区上报 CSI report 由 DCI0_1 决定。可以在 PCell 配置，也可以在 SCell 配置。

```
CSI-MeasConfig ::=                    SEQUENCE {
    nzp-CSI-RS-ResourceToAddModList        SEQUENCE (SIZE (1..maxNrofNZP-CSI-RS-
        Resources)) OF NZP-CSI-RS-Resource   OPTIONAL, -- Need N
    nzp-CSI-RS-ResourceToReleaseList       SEQUENCE (SIZE (1..maxNrofNZP-CSI-RS-
        Resources)) OF NZP-CSI-RS-ResourceId OPTIONAL, -- Need N
    nzp-CSI-RS-ResourceSetToAddModList    SEQUENCE (SIZE (1..maxNrofNZP-CSI-RS-
```

```
        ResourceSets)) OF NZP-CSI-RS-ResourceSet    OPTIONAL, -- Need N
    nzp-CSI-RS-ResourceSetToReleaseList SEQUENCE (SIZE (1..maxNrofNZP-CSI-RS-
        ResourceSets)) OF NZP-CSI-RS-ResourceSetId  OPTIONAL, -- Need N
    csi-IM-ResourceToAddModList            SEQUENCE (SIZE (1..maxNrofCSI-IM-
        Resources)) OF CSI-IM-Resource           OPTIONAL, -- Need N
    csi-IM-ResourceToReleaseList           SEQUENCE (SIZE (1..maxNrofCSI-IM-
        Resources)) OF CSI-IM-ResourceId         OPTIONAL, -- Need N
    csi-IM-ResourceSetToAddModList         SEQUENCE (SIZE (1..maxNrofCSI-IM-
        ResourceSets)) OF CSI-IM-ResourceSet     OPTIONAL, -- Need N
    csi-IM-ResourceSetToReleaseList        SEQUENCE (SIZE (1..maxNrofCSI-IM-
        ResourceSets)) OF CSI-IM-ResourceSetId   OPTIONAL, -- Need N
    csi-SSB-ResourceSetToAddModList        SEQUENCE (SIZE (1..maxNrofCSI-SSB-
        ResourceSets)) OF CSI-SSB-ResourceSet   OPTIONAL, -- Need N
    csi-SSB-ResourceSetToReleaseList       SEQUENCE (SIZE (1..maxNrofCSI-SSB-
        ResourceSets)) OF CSI-SSB-ResourceSetId OPTIONAL, -- Need N
    csi-ResourceConfigToAddModList         SEQUENCE (SIZE (1..maxNrofCSI-
        ResourceConfigurations)) OF CSI-ResourceConfig     OPTIONAL, -- Need N
    csi-ResourceConfigToReleaseList        SEQUENCE (SIZE (1..maxNrofCSI-
        ResourceConfigurations)) OF CSI-ResourceConfigId   OPTIONAL, -- Need N
    csi-ReportConfigToAddModList           SEQUENCE (SIZE (1..maxNrofCSI-
        ReportConfigurations)) OF CSI-ReportConfig  OPTIONAL, -- Need N
    csi-ReportConfigToReleaseList          SEQUENCE (SIZE (1..maxNrofCSI-
        ReportConfigurations)) OF CSI-ReportConfigId      OPTIONAL, -- Need N
    reportTriggerSize                  INTEGER (0..6)                OPTIONAL,
        -- Need M
    aperiodicTriggerStateList                    SetupRelease { CSI-
        AperiodicTriggerStateList }                      OPTIONAL, -- Need M
    semiPersistentOnPUSCH-TriggerStateList        SetupRelease { CSI-
        SemiPersistentOnPUSCH-TriggerStateList }       OPTIONAL, -- Need M
    ...
}
```

参数解释如下。

- NZP-CSI-RS-Resource：配置 NZP（Non-Zero-Power，非零功率）-CSI-RS 资源，maxNrofNZP-CSI-RS-Resources 为 192，即最多配置 192 个，NZP-CSI-RS-ResourceId 的取值范围为 0 ～ 191。
- NZP-CSI-RS-ResourceSet：配置 NZP-CSI-RS 资源集，maxNrofNZP-CSI-RS-ResourceSets 为 64，即最多配置 64 个，NZP-CSI-RS-ResourceSetId 的取值范围为 0 ～ 63。
- CSI-IM-Resource：配置 CSI-IM（Interference Management，干扰管理）资源，maxNrofCSI-IM-Rcsources 为 32，即最多配置 32 个，CSI-IM-ResourceId 的取值范围为 0 ～ 31。
- CSI-IM-ResourceSet：配置 CSI-IM 资源集，maxNrofCSI-IM-ResourceSets 为 64，即最多配置 64 个，CSI-IM-ResourceSetId 的取值范围为 0 ～ 63。
- CSI-SSB-ResourceSet：配置 CSI-SSB 资源集，maxNrofCSI-SSB-ResourceSets 为 64，即最多配置 64 个，CSI-SSB-ResourceSetId 的取值范围为 0 ～ 63。
- CSI-ResourceConfig：CSI 资源配置，maxNrofCSI-ResourceConfigurations 为 112，即

最多配置 112 个。

- ❑ CSI-ReportConfig：CSI 上报配置，maxNrofCSI-ReportConfigurations 为 48，即最多配置 48 个。
- ❑ reportTriggerSize：配置 DCI0_1 中的 CSI request 字段大小。
- ❑ aperiodicTriggerStateList：非周期 CSI report 的触发配置。
- ❑ semiPersistentOnPUSCH-TriggerStateList：PUSCH 半静态 CSI report 的触发配置。

2. CSI 资源配置

UE 级配置，属于某个服务小区的参数，每个小区最多配置 112 个 CSI 资源（即 CSI-ResourceConfig）。每个 CSI 资源配置通过 csi-ResourceConfigId 标示，属于该小区的某个 BWP。CSI 资源配置定义了一个或多个 NZP-CSI-RS-ResourceSet、CSI-IM-ResourceSet 和 CSI-SSB-ResourceSet 的组合。

资源类型可以是非周期、半静态和周期的。非周期和半静态资源生效时机请参见 6.3.3 节。

CSI 资源配置约束如下。

1）对于周期和半静态 CSI 资源配置，NZP-CSI-RS-ResourceSet 和 CSI-IM-ResourceSet 的配置个数限定为 1。

2）如果多个 CSI-ResourceConfig 包含相同的 NZP CSI-RS resource ID，那么 CSI-ResourceConfig 必须配置相同的时域类型 resourceType。

3）如果多个 CSI-ResourceConfig 包含相同的 CSI-IM resource ID，那么 CSI-ResourceConfig 必须配置相同的时域类型 resourccType。

```
CSI-ResourceConfig ::=       SEQUENCE {
    csi-ResourceConfigId         CSI-ResourceConfigId,
    csi-RS-ResourceSetList       CHOICE {
        nzp-CSI-RS-SSB               SEQUENCE {
            nzp-CSI-RS-ResourceSetList   SEQUENCE (SIZE (1..maxNrofNZP-CSI-RS-
                ResourceSetsPerConfig)) OF NZP-CSI-RS-ResourceSetIdOPTIONAL, --
                Need R      // 最多 16 个
            csi-SSB-ResourceSetList       SEQUENCE (SIZE (1..maxNrofCSI-SSB-
                ResourceSetsPerConfig)) OF CSI-SSB-ResourceSetIdOPTIONAL   -- Need
                R   // 最多 1 个
        },
        csi-IM-ResourceSetList         SEQUENCE (SIZE (1..maxNrofCSI-IM-
            ResourceSetsPerConfig)) OF CSI-IM-ResourceSetId   // 最多 16 个
    },

    bwp-Id                       BWP-Id,
    resourceType                 ENUMERATED { aperiodic, semiPersistent, periodic },
    ...
}
```

参数解释如下。

- ❑ csi-ResourceConfigId：CSI 资源配置 ID，取值范围为 0 ～ 111。

- csi-RS-ResourceSetList：可配置为 nzp-CSI-RS-SSB 或 csi-IM-ResourceSetList。
  - nzp-CSI-RS-SSB：用于波束测量的参考信号。
    - nzp-CSI-RS-ResourceSetList：用于信道或者干扰测量的 NZP-CSI-RS，每个配置最多包含 16 个 NZP-CSI-RS 资源集；如果 resourceType 是周期或半静态的，则只能包含 1 个。
    - csi-SSB-ResourceSetList：用于信道测量的 SSB，每个配置最多包含 1 个 CSI-SSB 资源集。
  - csi-IM-ResourceSetList：用于干扰测量的 CSI-IM，每个配置最多包含 16 个 CSI-IM 资源集；如果 resourceType 是周期或半静态的，则只能包含 1 个。
- bwp-Id：CSI-RS 所在的下行 BWP ID。
- resourceType：资源配置的时域类型，取值为非周期、半静态或者周期。不应用于 csi-SSB-ResourceSetList。

补充说明：如果 resourceType 是非周期的，那么 nzp-CSI-RS-ResourceSetList 和 csi-IM-ResourceSetList 可以包含多个资源集，通过 aperiodicTriggerState 指示使用哪一个资源集。

（1）NZP-CSI-RS-ResourceSet

NZP-CSI-RS 资源集通过 nzp-CSI-ResourceSetId 标示，配置多个 NZP-CSI-RS 资源的集合，以及资源集的参数。

```
NZP-CSI-RS-ResourceSet ::=          SEQUENCE {
    nzp-CSI-ResourceSetId               NZP-CSI-RS-ResourceSetId,
    nzp-CSI-RS-Resources                    SEQUENCE (SIZE (1..maxNrofNZP-CSI-RS-
        ResourcesPerSet)) OF NZP-CSI-RS-ResourceId,
    repetition              ENUMERATED { on, off }          OPTIONAL,    -- Need S
    aperiodicTriggeringOffset    INTEGER(0..6)              OPTIONAL,    -- Need S
    trs-Info                     ENUMERATED {true}          OPTIONAL,    -- Need R
    ...
}
NZP-CSI-RS-ResourceSetId ::=   INTEGER (0..maxNrofNZP-CSI-RS-ResourceSets-1)
```

参数解释如下。

- nzp-CSI-ResourceSetId：NZP-CSI-RS 资源集 ID，取值范围为 0 ～ 63。
- nzp-CSI-RS-Resources：maxNrofNZP-CSI-RS-ResourcesPerSet 为 64。用于获取 CSI 时，每个资源集最多包含 8 个资源；用于波束管理的 RSRP 测量时，最多包含 64 个资源。
- repetition：如果设置为 off 或者不配置，那么 UE 不能假定资源集中的所有 CSI-RS 资源发送使用相同的下行空域发送滤波器；该参数只能配置用于关联 CSI-ReportConfig（其 reportQuantity 为 cri-RSRP 或 none）的资源集。
- aperiodicTriggeringOffset：触发非周期 NZP CSI-RS 资源集的 DCI0_1 和实际 CSI-RS 发送的 slot 间隔。0 表示 0 个 slot，1 表示 1 个 slot，2 表示 2 个 slot，3 表示 3 个 slot，4 表示 4 个 slot，5 表示 16 个 slot，6 表示 24 个 slot；如果不配置，则默认为 0。

❑ trs-Info：指示资源集的所有资源使用相同的天线端口。用于表示该资源集不关联任何 CSI report，或者关联的所有 CSI report 的 reportQuantity 都为 none。如果该字段不配置或者已释放，则默认为 false。

（2）NZP-CSI-RS-Resource

NZP-CSI-RS 资源通过 nzp-CSI-RS-ResourceId 标示，不支持修改 NZP-CSI-RS 资源的时域类型，即 aperiodic、semiPersistent 和 periodic 属性不能修改。

```
NZP-CSI-RS-Resource ::=                 SEQUENCE {
    nzp-CSI-RS-ResourceId                  NZP-CSI-RS-ResourceId,
    resourceMapping                        CSI-RS-ResourceMapping,
    powerControlOffset                     INTEGER (-8..15),
    powerControlOffsetSS       ENUMERATED{db-3, db0, db3, db6}    OPTIONAL,    --
        Need R
    scramblingID                ScramblingId,
    periodicityAndOffset      CSI-ResourcePeriodicityAndOffset
                                   OPTIONAL,   -- Cond PeriodicOrSemiPersistent
    qcl-InfoPeriodicCSI-RS    TCI-StateId              OPTIONAL,   -- Cond Periodic
    ...
}
NZP-CSI-RS-ResourceId ::=  INTEGER (0..maxNrofNZP-CSI-RS-Resources-1)
```

参数解释如下。

❑ nzp-CSI-RS-ResourceId：NZP-CSI-RS 资源 ID，取值范围为 0 ～ 191。

❑ resourceMapping：定义 CSI-RS 在一个 slot 内占用的符号位置，以及在一个 PRB 内占用的子载波位置，具体内容见 7.1.4 节。

❑ powerControlOffset：PDSCH RE 和 NZP CSI-RS RE 的功率偏移，单位为 dB。

❑ powerControlOffsetSS：NZP CSI-RS RE 和 SSS RE 的功率偏移，单位为 dB。

❑ scramblingID：扰码 ID。

❑ periodicityAndOffset：周期和 slot 偏移。对于周期和半静态 CSI-RS 资源，必须配置该参数；对于非周期 CSI-RS 资源，不配置该参数；具体内容见 7.1.4 节。

❑ qcl-InfoPeriodicCSI-RS：对于周期 CSI-RS，配置一个 TCI 状态（包括 QCL 参考信号和 QCL 类型），QCL 参考信号可以是一个 SSB 或者另外一个周期 CSI-RS（如果类型为 QCL-TypeD，参考信号可以在当前 CSI-RS 所在的下行 BWP 内，也可以在另外的载波 / 下行 BWP 内）。TCI-State 配置参数来自当前服务小区对应的下行 BWP 的 PDSCH-Config-> tci-StatesToAddModList。对于非周期和半静态 CSI-RS 资源，不配置该参数。

（3）CSI-SSB-ResourceSet

CSI-SSB 资源集通过 csi-SSB-ResourceSetId 标示，配置多个 SSB-Index 的集合。

```
CSI-SSB-ResourceSet ::=  SEQUENCE {
    csi-SSB-ResourceSetId          CSI-SSB-ResourceSetId,
    csi-SSB-ResourceList                  SEQUENCE  (SIZE(1..maxNrofCSI-SSB-
        ResourcePerSet)) OF SSB-Index,
```

```
    ...
}
CSI-SSB-ResourceSetId ::=   INTEGER (0..maxNrofCSI-SSB-ResourceSets-1)
```

参数解释如下。

- csi-SSB-ResourceSetId：CSI-SSB 资源集 ID，取值范围为 0 ～ 63。
- csi-SSB-ResourceList：maxNrofCSI-SSB-ResourcePerSet 为 64，即每个资源集最多有 64 个资源。

（4）CSI-IM-ResourceSet

CSI-IM 资源集通过 csi-IM-ResourceSetId 标示，配置多个 CSI-IM 资源的集合。

```
CSI-IM-ResourceSet ::=   SEQUENCE {
    csi-IM-ResourceSetId        CSI-IM-ResourceSetId,
    csi-IM-Resources             SEQUENCE (SIZE(1..maxNrofCSI-IM-ResourcesPerSet))
        OF CSI-IM-ResourceId,
    ...
}
CSI-IM-ResourceSetId ::=    INTEGER (0..maxNrofCSI-IM-ResourceSets-1)
```

参数解释如下。

- csi-IM-ResourceSetId：CSI-IM 资源集 ID，取值范围为 0 ～ 63。
- csi-IM-Resources：maxNrofCSI-IM-ResourcesPerSet 为 8，即每个资源集最多有 8 个资源。

（5）CSI-IM-Resource

CSI-IM 资源通过 csi-IM-ResourceId 标示，周期或者半静态 CSI-IM 资源和非周期 CSI-IM 资源的时域类型不能互相修改。

```
CSI-IM-Resource ::=                  SEQUENCE {
    csi-IM-ResourceId                    CSI-IM-ResourceId,
    csi-IM-ResourceElementPattern            CHOICE {
        pattern0                   SEQUENCE {
            subcarrierLocation-p0                  ENUMERATED { s0, s2, s4, s6,
                s8, s10 },
            symbolLocation-p0                      INTEGER (0..12)
        },
        pattern1                    SEQUENCE {
            subcarrierLocation-p1                ENUMERATED { s0, s4, s8 },
            symbolLocation-p1                     INTEGER (0..13)
        }
    }                                                      OPTIONAL,   -- Need M
    freqBand             CSI-FrequencyOccupation           OPTIONAL,   -- Need M
    periodicityAndOffse     CSI-ResourcePeriodicityAndOffset  OPTIONAL,   -- Cond
        PeriodicOrSemiPersistent
    ...
}
CSI-IM-ResourceId ::=   INTEGER (0..maxNrofCSI-IM-Resources-1)
```

参数解释如下。

- csi-IM-ResourceId：CSI-IM 资源 ID，取值范围为 0 ～ 31。
- csi-IM-ResourceElementPattern：配置 CSI-IM-RS 资源的符号和子载波位置。
- freqBand：配置 CSI-IM-RS 资源的频域位置（RBStart 和 RBNumber）。具体内容见 7.1.4 节。
- periodicityAndOffset：周期和 slot 偏移。对于周期和半静态 CSI-IM-RS 资源，需要配置该参数；对于非周期 CSI-IM-RS 资源，不配置该参数。具体内容见 7.1.4 节。

3. CSI 上报配置

UE 级配置，属于某个服务小区的参数，每小区最多配置 48 个 CSI 上报配置（即 CSI-ReportConfig）。每个 CSI 上报配置通过 reportConfigId 标示，必须关联 1 个用于信道测量的 CSI-ResourceConfigId，可能关联 1 个用于干扰测量的 CSI-IM 资源配置和 1 个用于干扰测量的 NZP-CSI-RS 资源配置。一个 CSI 上报关联的多个 CSI 资源集的下行 BWP ID 和时域类型必须相同。下行 CSI 资源可以是其他的服务小区，通过 CSI-ReportConfig 中的 ServCellIndex 指定，如果不配置该参数，则测量本服务小区的 CSI。

上报类型可以是非周期、半静态和周期的。非周期和半静态上报生效时机请参见 6.3.3 节。

CSI 上报配置约束如下。

1）关联到一个 CSI report 的所有 CSI 资源集必须有相同的下行 BWP ID 和时域类型。

2）UE 假定关联到一个 CSI report 的用于信道测量的 NZP CSI-RS 资源集，与用于干扰测量的 CSI-IM 资源集 /NZP-CSI-RS 资源集是 QCL 的，为 QCL-TypeD 关系。

3）如果配置了用于干扰测量的 CSI-IM 资源集，那么用于信道测量的 NZP CSI-RS 资源集和 CSI-IM 资源集里面的资源个数必须相等，并且按照配置顺序一一关联（即为 QCL-TypeD 关系）。

4）如果配置了用于干扰测量的 NZP CSI-RS 资源集，那么 UE 不期望用于信道测量的 NZP CSI-RS 资源集配置超过 1 个资源，并且此时用于干扰测量的 NZP CSI-RS 资源和用于信道测量的 NZP CSI-RS 资源为 QCL-TypeD 关系。

5）如果 CSI-ReportConfig 配置为 CSI-RS 信道测量，并且 codebookType 为 typeII 或者 typeII-PortSelection，则 UE 不期望对应的 CSI-RS 资源集配置的 CSI-RS 资源超过 1 个，此时不上报 CRI。

6）如果 CSI-ReportConfig 配置为 CSI-RS 信道测量，并且 reportQuantity 为 none、cri-RI-CQI、cri-RSRP 或者 ssb-Index-RSRP，则 UE 不期望对应的 CSI-RS 资源集配置的 NZP CSI-RS 资源超过 64 个。

```
CSI-ReportConfig ::=   SEQUENCE {
    reportConfigId                         CSI-ReportConfigId,
    carrier                                ServCellIndex OPTIONAL,    -- Need S
    resourcesForChannelMeasurement         CSI-ResourceConfigId,
    csi-IM-ResourcesForInterference   CSI-ResourceConfigId          OPTIONAL,    --
        Need R
    nzp-CSI-RS-ResourcesForInterference   CSI-ResourceConfigId      OPTIONAL,    --
        Need R
```

```
reportConfigType            CHOICE {
    periodic                      SEQUENCE {
        reportSlotConfig           CSI-ReportPeriodicityAndOffset,
        pucch-CSI-ResourceList     SEQUENCE (SIZE (1..maxNrofBWPs)) OF PUCCH-
            CSI-Resource
    },
    semiPersistentOnPUCCH       SEQUENCE {
        reportSlotConfig            CSI-ReportPeriodicityAndOffset,
        pucch-CSI-ResourceList      SEQUENCE (SIZE (1..maxNrofBWPs)) OF PUCCH-
            CSI-Resource
    },
    semiPersistentOnPUSCH        SEQUENCE {
        reportSlotConfig                ENUMERATED {sl5, sl10, sl20, sl40, sl80,
            sl160, sl320},
    reportSlotOffsetList        SEQUENCE (SIZE (1.. maxNrofUL-Allocations)) OF
        INTEGER(0..32),
        p0alpha                          P0-PUSCH-AlphaSetId
    },
    aperiodic                       SEQUENCE {
    reportSlotOffsetList         SEQUENCE (SIZE (1..maxNrofUL-Allocations)) OF
        INTEGER(0..32)
    }
},
reportQuantity          CHOICE {
    none                                    NULL,
    cri-RI-PMI-CQI                          NULL,
    cri-RI-i1                               NULL,
    cri-RI-i1-CQI               SEQUENCE {
        pdsch-BundleSizeForCSI         ENUMERATED {n2, n4}             OPTIONAL
            -- Need S
    },
    cri-RI-CQI                              NULL,
    cri-RSRP                                NULL,
    ssb-Index-RSRP                          NULL,
    cri-RI-LI-PMI-CQI                       NULL
},
reportFreqConfiguration       SEQUENCE {
    cqi-FormatIndicator      ENUMERATED { widebandCQI, subbandCQI }  OPTIONAL,--
        Need R
    pmi-FormatIndicator         ENUMERATED { widebandPMI, subbandPMI }
        OPTIONAL,-- Need R
    csi-ReportingBand               CHOICE {
        subbands3                               BIT STRING(SIZE(3)),
        subbands4                               BIT STRING(SIZE(4)),
        subbands5                               BIT STRING(SIZE(5)),
        subbands6                               BIT STRING(SIZE(6)),
        subbands7                               BIT STRING(SIZE(7)),
        subbands8                               BIT STRING(SIZE(8)),
        subbands9                               BIT STRING(SIZE(9)),
        subbands10                              BIT STRING(SIZE(10)),
```

```
            subbands11                              BIT STRING(SIZE(11)),
            subbands12                              BIT STRING(SIZE(12)),
            subbands13                              BIT STRING(SIZE(13)),
            subbands14                              BIT STRING(SIZE(14)),
            subbands15                              BIT STRING(SIZE(15)),
            subbands16                              BIT STRING(SIZE(16)),
            subbands17                              BIT STRING(SIZE(17)),
            subbands18                              BIT STRING(SIZE(18)),
            ...,
            subbands19-v1530                        BIT STRING(SIZE(19))
        }   OPTIONAL     -- Need S
    }                                                       OPTIONAL,    -- Need R
    timeRestrictionForChannelMeasurements           ENUMERATED {configured,
        notConfigured},
    timeRestrictionForInterferenceMeasurements   ENUMERATED {configured,
        notConfigured},
    codebookConfig              CodebookConfig              OPTIONAL,    -- Need R
    dummy                       ENUMERATED {n1, n2}         OPTIONAL,    -- Need R
    groupBasedBeamReporting     CHOICE {
        enabled                                NULL,
        disabled            SEQUENCE {
            nrofReportedRS          ENUMERATED {n1, n2, n3, n4}      OPTIONAL     --
                Need S
        }
    },
    cqi-Table    ENUMERATED {table1, table2, table3, spare1}        OPTIONAL,    --
        Need R
    subbandSize                 ENUMERATED {value1, value2},
    non-PMI-PortIndication          SEQUENCE (SIZE (1..maxNrofNZP-CSI-RS-
        ResourcesPerConfig)) OF PortIndexFor8Ranks OPTIONAL,    -- Need R
    ...,
    [[
    semiPersistentOnPUSCH-v1530         SEQUENCE {
        reportSlotConfig-v1530              ENUMERATED {sl4, sl8, sl16}
    }                                                       OPTIONAL     -- Need R
    ]]
}
CSI-ReportConfigId ::=              INTEGER (0..maxNrofCSI-ReportConfigurations-1)
```

参数解释如下。

- reportConfigId：CSI 上报配置 ID，取值范围为 0 ～ 47。
- carrier：指示CSI上报配置关联的CSI-ResourceConfigId所在的服务小区，如果不配置，则 CSI 资源配置在 CSI 上报配置所在的服务小区。
- resourcesForChannelMeasurement：用于信道测量的资源配置。具体的 CSI-ResourceConfig 在 carrier 指示的服务小区中配置，这里的 CSI-ResourceConfig 只包含 NZP-CSI-RS resource 和 / 或 SSB resource。
- csi-IM-ResourcesForInterference：用于干扰测量的 CSI-IM 资源配置。具体的 CSI-

ResourceConfig 在 carrier 指示的服务小区中配置，这里的 CSI-ResourceConfig 只包含 CSI-IM resource。

- nzp-CSI-RS-ResourcesForInterference：用于干扰测量的 NZP-CSI-RS 资源配置。具体的 CSI-ResourceConfig 在 carrier 指示的服务小区中配置，这里的 CSI-ResourceConfig 只包含 NZP-CSI-RS resource。
- reportConfigType：CSI 上报配置类型，包括周期、PUCCH 半静态、PUSCH 半静态、非周期。
- reportQuantity：上报内容。
- reportFreqConfiguration：上报频域配置。
- timeRestrictionForChannelMeasurements：用于信道测量的时域限制。
- timeRestrictionForInterferenceMeasurements：用于干扰测量的时域限制。
- codebookConfig：码本配置。
- groupBasedBeamReporting：波束管理，上报 RSRP 使用的参数。
- cqi-Table：用于 CQI 计算的 CQI table。
- subbandSize：指示子带大小，如果 csi-ReportingBand 未配置，则忽略本字段。
- non-PMI-PortIndication：当 reportQuantity 配置为 cri-RI-CQI 时使用。
- semiPersistentOnPUSCH-v1530：配置 PUSCH 半静态 CSI 上报的周期和 slot 偏移，如果配置了该字段，则 UE 忽略 semiPersistentOnPUSCH->reportSlotConfig。

```
CSI-ReportPeriodicityAndOffset ::=  CHOICE {
    slots4                              INTEGER(0..3),
    slots5                              INTEGER(0..4),
    slots8                              INTEGER(0..7),
    slots10                             INTEGER(0..9),
    slots16                             INTEGER(0..15),
    slots20                             INTEGER(0..19),
    slots40                             INTEGER(0..39),
    slots80                             INTEGER(0..79),
    slots160                            INTEGER(0..159),
    slots320                            INTEGER(0..319)
}

PUCCH-CSI-Resource ::=              SEQUENCE {
    uplinkBandwidthPartId               BWP-Id,
    pucch-Resource                      PUCCH-ResourceId
}
```

参数解释如下。

pucch-Resource：指示关联的上行 BWP 的 PUCCH 资源 ID，只能配置为 PUCCH 格式 2、格式 3 或格式 4，实际参数在当前服务小区的 PUCCH-Config 中配置。

```
PortIndexFor8Ranks ::=    CHOICE {
    portIndex8                SEQUENCE{
        rank1-8                                  PortIndex8    OPTIONAL,    -- Need R
        rank2-8         SEQUENCE(SIZE(2)) OF PortIndex8    OPTIONAL,    -- Need R
        rank3-8         SEQUENCE(SIZE(3)) OF PortIndex8    OPTIONAL,    -- Need R
        rank4-8         SEQUENCE(SIZE(4)) OF PortIndex8    OPTIONAL,    -- Need R
        rank5-8         SEQUENCE(SIZE(5)) OF PortIndex8    OPTIONAL,    -- Need R
        rank6-8         SEQUENCE(SIZE(6)) OF PortIndex8    OPTIONAL,    -- Need R
        rank7-8         SEQUENCE(SIZE(7)) OF PortIndex8    OPTIONAL,    -- Need R
        rank8-8         SEQUENCE(SIZE(8)) OF PortIndex8    OPTIONAL     -- Need R
    },
    portIndex4          SEQUENCE{
        rank1-4                                  PortIndex4    OPTIONAL,    -- Need R
        rank2-4         SEQUENCE(SIZE(2)) OF PortIndex4    OPTIONAL,    -- Need R
        rank3-4         SEQUENCE(SIZE(3)) OF PortIndex4    OPTIONAL,    -- Need R
        rank4-4         SEQUENCE(SIZE(4)) OF PortIndex4    OPTIONAL     -- Need R
    },
    portIndex2          SEQUENCE{
        rank1-2                                  PortIndex2    OPTIONAL,    -- Need R
        rank2-2         SEQUENCE(SIZE(2)) OF PortIndex2    OPTIONAL     -- Need R
    },
    portIndex1                      NULL
}
PortIndex8::=       INTEGER (0..7)
PortIndex4::=       INTEGER (0..3)
PortIndex2::=       INTEGER (0..1)
```

4. CSI 触发配置

不论是非周期 CSI 上报，还是 PUSCH 半静态 CSI 上报，都要通过 DCI0_1 的 CSI request 字段触发，reportTriggerSize 指示 DCI0_1 的 CSI request 字段的位长度，取值 0 表示 0 bit，取值 1 表示 1 bit，以此类推，参数如下。

```
CSI-MeasConfig-->reportTriggerSize         INTEGER (0..6)   OPTIONAL,    -- Need M
```

（1）PUSCH 非周期 CSI 上报

每个服务小区最多配置 128 个非周期 CSI 上报的 trigger，每个 CSI-AperiodicTriggerState 最多包含 16 个 CSI 上报配置。对于每个非周期 CSI 上报，配置其具体使用的资源集参数（因为如果非周期 CSI 上报关联到非周期 CSI 资源，则可能包含多个 CSI 资源集，所以需要指定使用哪一个）。

配置约束为：一个 CSI-AperiodicTriggerState 触发的多个非周期 CSI 上报，如果它们关联相同的非周期 CSI-RS 资源，那么必须配置相同的 TCI-stateId。

```
aperiodicTriggerStateList          SetupRelease { CSI-AperiodicTriggerStateList }
    OPTIONAL, -- Need M
```

```
CSI-AperiodicTriggerStateList ::=   SEQUENCE (SIZE (1..maxNrOfCSI-
    AperiodicTriggers)) OF CSI-AperiodicTriggerState     // 最多128个

CSI-AperiodicTriggerState ::=       SEQUENCE {
    associatedReportConfigInfoList      SEQUENCE (SIZE(1..maxNrofReportConfigPerA
        periodicTrigger)) OF CSI-AssociatedReportConfigInfo,
    ...       // 最多16个
}
CSI-AssociatedReportConfigInfo ::=  SEQUENCE {
    reportConfigId                     CSI-ReportConfigId,
    resourcesForChannel            CHOICE {
        nzp-CSI-RS                      SEQUENCE {
            resourceSet       INTEGER (1..maxNrofNZP-CSI-RS-ResourceSetsPerConfig),
            qcl-info          SEQUENCE (SIZE(1..maxNrofAP-CSI-RS-ResourcesPerSet))
                OF TCI-StateId           OPTIONAL  -- Cond Aperiodic    // 最多16个
        },
        csi-SSB-ResourceSet        INTEGER (1..maxNrofCSI-SSB-ResourceSetsPerConfig)
    },
    csi-IM-ResourcesForInterference  INTEGER(1..maxNrofCSI-IM-ResourceSetsPerConfig)
                                          OPTIONAL, -- Cond CSI-IM-ForInterference
nzp-CSI-RS-ResourcesForInterference INTEGER (1..maxNrofNZP-CSI-RS-ResourceSetsPerConfig)
                          OPTIONAL, -- Cond NZP-CSI-RS-ForInterference
    ...
}
```

参数解释如下。

- reportConfigId：CSI上报配置ID，必须是关联到非周期CSI上报。
- resourcesForChannel：用于信道测量的资源，可以配置为nzp-CSI-RS或csi-SSB-ResourceSet。
  - nzp-CSI-RS。
    - resourceSet：指示用于信道测量的NZP-CSI-RS-ResourceSet。对应到reportConfigId指示的CSI-ReportConfig->resourcesForChannelMeasurement，其指示的CSI-ResourceConfig->...->nzp-CSI-RS-ResourceSetList，取值为1表示nzp-CSI-RS-ResourceSetList列表的第1个值，取值为2表示nzp-CSI-RS-ResourceSetList列表的第2个值，以此类推。
    - qcl-info：给resourceSet指示的用于信道测量的NZP-CSI-RS-ResourceSet的所有NZP-CSI-RS-Resource，配置TCI-State。具体的TCI-State参数来自上述resourcesForChannelMeasurement所属的服务小区和下行BWP的PDSCH-Config->tci-StatesToAddModList。第1个值对应NZP-CSI-RS-ResourceSet的第1个NZP-CSI-RS-Resource，第2个值对应NZP-CSI-RS-ResourceSet的第2个NZP-CSI-RS-Resource，以此类推。如果resourcesForChannelMeasurement类型为非周期，则该

字段强制存在，否则，不存在。

- csi-SSB-ResourceSet：指示用于信道测量的 CSI-SSB-ResourceSet。对应到 reportConfigId 指示的 CSI-ReportConfig->resourcesForChannelMeasurement，其指示的 CSI-ResourceConfig->...->csi-SSB-ResourceSetList，取值为 1 表示 csi-SSB-ResourceSetList 列表的第 1 个值，取值为 2 表示 csi-SSB-ResourceSetList 列表的第 2 个值，以此类推。在当前版本中，maxNrofCSI-SSB-ResourceSetsPerConfig 为 1，即只配置 1 个值。

❑ csi-IM-ResourcesForInterference：指示用于干扰测量的 CSI-IM-ResourceSet。对应到 reportConfigId 指示的 CSI-ReportConfig->csi-IM-ResourcesForInterference，其指示的 CSI-ResourceConfig->...->csi-IM-ResourceSetList，取值为 1 表示 csi-IM-ResourceSetList 列表的第 1 个值，取值为 2 表示 csi-IM-ResourceSetList 列表的第 2 个值，以此类推。该 CSI-IM-ResourceSet 包含的 CSI-IM-Resource 数目必须和 resourceSet 指示的用于信道测量的 NZP-CSI-RS-ResourceSet 包含的 NZP-CSI-RS-Resource 数目相同。如果 reportConfigId 指示的 CSI-ReportConfig 配置了 csi-IM-ResourcesForInterference，则该字段强制存在，否则，不存在。

❑ nzp-CSI-RS-ResourcesForInterference：指示用于干扰测量的 NZP-CSI-RS-ResourceSet。对应到 reportConfigId 指示的 CSI-ReportConfig->nzp-CSI-RS-ResourcesForInterference，其指示的 CSI-ResourceConfig->...->nzp-CSI-RS-ResourceSetList，取值为 1 表示 nzp-CSI-RS-ResourceSetList 列表的第 1 个值，取值为 2 表示 nzp-CSI-RS-ResourceSetList 列表的第 2 个值，以此类推。如果 reportConfigId 指示的 CSI-ReportConfig 配置了 nzp-CSI-RS-ResourcesForInterference，则该字段强制存在，否则，不存在。

（2）PUSCH 半静态 CSI 上报

每个服务小区最多配置 64 个 PUSCH 半静态 CSI 上报的 trigger，每个 CSI-SemiPersistent-OnPUSCH-TriggerState 包含 1 个 CSI 上报配置。

```
semiPersistentOnPUSCH-TriggerStateList      SetupRelease { CSI-
    SemiPersistentOnPUSCH-TriggerStateList }        OPTIONAL, -- Need M

CSI-SemiPersistentOnPUSCH-TriggerStateList ::=
                          SEQUENCE(SIZE (1..maxNrOfSemiPersistentPUSCH-Triggers))
                              OF CSI-SemiPersistentOnPUSCH-TriggerState
                              // 最多 64 个

CSI-SemiPersistentOnPUSCH-TriggerState ::=       SEQUENCE {
    associatedReportConfigInfo                   CSI-ReportConfigId,
    ...
}
```

5. 总结

CSI 配置参数总结如图 6-53 所示。

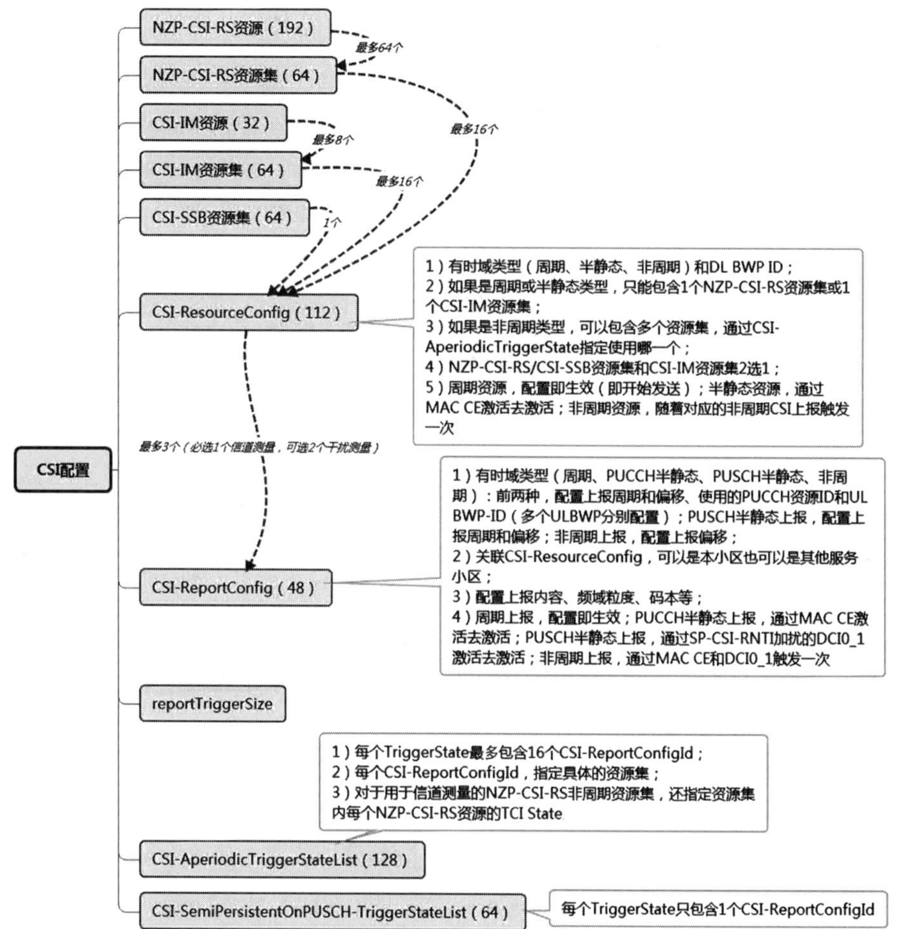

图 6-53 CSI 配置图示

6.3.3 CSI 框架设计

1. 触发 / 激活 CSI Report 和 CSI-RS

（1）非周期 CSI 上报 / 非周期 CSI-RS

UE 在一个服务小区的一个 slot 只能接收 1 个带 CSI request 字段的 DCI0_1，并且在同一个小区组内，UE 不期望一个接收带 CSI request 字段的 DCI0_1 的 slot 和另一个接收带 CSI request 字段的 DCI0_1 的 slot 冲突。UE 在一个服务小区的一个 slot 只能发送 1 个非周期 CSI report，并且在同一个小区组内，UE 不期望一个发送非周期 CSI report 的 slot 和另一个发送非周期 CSI report 的 slot 冲突。

UE 不期望触发一个关联到下行非激活下行 BWP 的 CSI report。如果 UE 只配置一个上行载波，则 UE 不期望发送多个符号冲突的非周期 CSI report（通过不同的 DCI 触发的）。非周期 CSI report 只能通过 PUSCH 发送，通过 MAC CE（可选存在）和 DCI0_1 激活。

```
CSI-MeasConfig-->
reportTriggerSize              INTEGER (0..6)   OPTIONAL, -- Need M   // 假定取值为 NTS
aperiodicTriggerStateList      SetupRelease { CSI-AperiodicTriggerStateList }
    OPTIONAL, -- Need M

CSI-AperiodicTriggerStateList ::=    SEQUENCE (SIZE (1..maxNrOfCSI-
    AperiodicTriggers)) OF CSI-AperiodicTriggerState     // 最多 128 个

CSI-AperiodicTriggerState ::=       SEQUENCE {
    associatedReportConfigInfoList       SEQUENCE (SIZE(1..maxNrofReportConfigPer
        AperiodicTrigger)) OF CSI-AssociatedReportConfigInfo,     // 最多 16 个
    ...
}
```

每小区最多包含 128 个 CSI-AperiodicTriggerState，说明如下。

- 当 AperiodicTriggerState 个数大于 $2^{N_{TS}}-1$ 时，需要先通过 Aperiodic CSI Trigger State Subselection MAC CE 告知 UE 哪些被激活（最多激活 63 个），再通过 DCI0_1 的 CSI request 字段告知 UE 具体使用哪个。
- 当 AperiodicTriggerState 个数小于或等于 $2^{N_{TS}}-1$ 时，直接通过 DCI0_1 的 CSI request 字段告知 UE 哪个 AperiodicTriggerState 被触发，取值为 0 表示没有请求 CSI report，取值为 1 表示触发第 1 个 AperiodicTriggerState，取值为 2 表示触发第 2 个 AperiodicTriggerState，以此类推。

1 个 AperiodicTriggerState 最多可以包含 16 个 CSI 上报配置。非周期 CSI 上报可以关联到 1 个周期性 CSI-RS 资源、半静态 CSI-RS 资源或者非周期 CSI-RS 资源。在触发非周期 CSI report 的同时，也触发了该 CSI report 配置关联的非周期 CSI-RS 资源。

DCI0_1 的 CSI request 字段占 0、1、2、3、4、5 或 6 bit，具体由参数 reportTriggerSize 决定。

Aperiodic CSI Trigger State Subselection MAC CE 对应的 LCID 为 54，比特大小可变，如图 6-54 所示，包括下面字段。

- Serving Cell ID：指示本 MAC CE 应用的服务小区 ID，占 5 bit。
- BWP ID：指示本 MAC CE 应用的下行 BWP ID，占 2 bit。
- T_i：指示 CSI-AperiodicTriggerStateList 带的 AperiodicTriggerState 是否激活。T_0 指列表中第 1 个 AperiodicTriggerState，T_1 指列表中第 2 个 AperiodicTriggerState，以此类推。如果列表不包含索引 i，则 UE 忽略该 T_i 字段。T_i 置 1，指示该 AperiodicTriggerState i 将映射到 DCI0_1 的 CSI request 字段。DCI0_1 的 CSI request 字段取值和 MAC CE 中所有置 1 的 AperiodicTriggerState 有关，取值为 1 表示第 1 个置 1 的 AperiodicTriggerState，取值为 2 表示第 2 个置 1 的 AperiodicTriggerState，以此类推。置 1 的 AperiodicTriggerState 个数最多为 63。
- R：保留位，置 0。

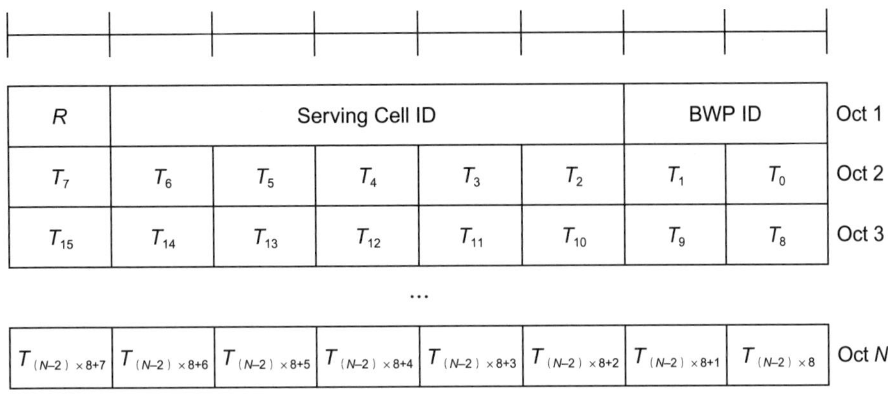

图 6-54　Aperiodic CSI Trigger State Subselection MAC CE

时域关系说明如下。

1）如果 UE 收到激活 AperiodicTriggerState 的 MAC CE，将要在 PUCCH 的 slot n 反馈对应的 AN，那么在 slot $n+3N_{\text{slot}}^{\text{subframe},\mu}$ 之后的第一个 slot 才可以应用该 MAC CE（即 slot n 之后的 3ms 后），μ 为对应 PUCCH 的 SCS。

【举例 32】如图 6-55 所示，对于 30kHz SCS，假定在 slot3 反馈 MAC CE 的 AN，那么 3ms 之后，即最早在 slot10，该 MAC CE 才能生效。

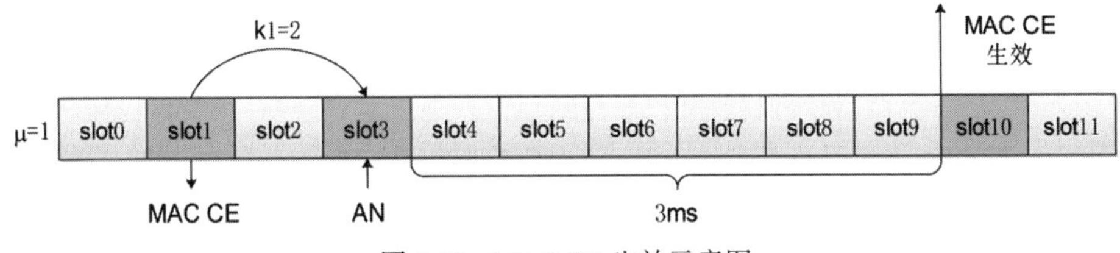

图 6-55　MAC CE 生效示意图

2）UE 不期望在触发非周期 CSI-RS 资源的 DCI0_1 的符号之前，gNB 发送关联的非周期 CSI-RS 资源。slot 偏移通过参数 NZP-CSI-RS-ResourceSet-->aperiodicTriggeringOffset 配置。

```
aperiodicTriggeringOffset          INTEGER(0..6)          OPTIONAL,     -- Need S
```

即如果非周期触发的 DCI0_1 和关联的非周期 CSI-RS 资源集在同一 slot，那么 CSI-RS 不能在 DCI0_1 的符号之前。

【说明】如果 CSI-RS 资源集关联的所有 AperiodicTriggerState 的 QCL-Type 都没有配置为 QCL-TypeD（通过参数 CSI-AperiodicTriggerStateList 配置），则该资源集的 aperiodicTriggeringOffset 固定为 0。

（2）半静态 CSI 上报 / 半静态 CSI-RS

1）PUCCH 半静态 CSI 上报。

```
CSI-MeasConfig-->
csi-ReportConfigToAddModList          SEQUENCE (SIZE (1..maxNrofCSI-
    ReportConfigurations)) OF CSI-ReportConfig  OPTIONAL, -- Need N    // 最多48个
```

如上结构体，最多包含48个CSI上报配置，通过SP CSI reporting on PUCCH Activation/Deactivation MAC CE激活去激活列表中reportConfigType为semiPersistentOnPUCCH的CSI上报。PUCCH半静态CSI report可以关联到1个周期性CSI-RS资源或者半静态CSI-RS资源。

SP CSI reporting on PUCCH Activation/Deactivation MAC CE对应的LCID为51，固定为16 bit，如图6-56所示，包括下面字段。

R	Serving Cell ID					BWP ID		Oct 1
R	*R*	*R*	*R*	S_3	S_2	S_1	S_0	Oct 2

图6-56 SP CSI reporting on PUCCH Activation/Deactivation MAC CE

- ❑ Serving Cell ID：指示本MAC CE应用的服务小区ID，5 bit。
- ❑ BWP ID：指示本MAC CE应用的上行BWP ID，2 bit。
- ❑ S_i：指示csi-ReportConfigToAddModList中reportConfigType为semiPersistentOnPUCCH的CSI report的激活去激活状态。S_0指列表中属性为semiPersistentOnPUCCH的最小的CSI-ReportConfigId，S_1指列表中属性为semiPersistentOnPUCCH的次小的CSI-ReportConfigId，以此类推。S_i置1指示激活该PUCCH半静态CSI report，置0指示去激活。如果列表中配置的PUCCH半静态CSI report个数小于i+1，则UE忽略S_i。

  【**说明**】可以同时激活多个PUCCH半静态CSI report。
- ❑ *R*：保留位，置0。

MAC CE生效时机说明：如果UE收到激活去激活PUCCH半静态CSI report的MAC CE，将要在PUCCH的slot n反馈对应的AN，那么在slot $n+3N_{\text{slot}}^{\text{subframe},\mu}$后的第一个slot才可以应用该MAC CE，$\mu$为对应PUCCH的SCS。

2）PUSCH半静态CSI上报。

```
CSI-MeasConfig-->
semiPersistentOnPUSCH-TriggerStateList       SetupRelease { CSI-
    SemiPersistentOnPUSCH-TriggerStateList }    OPTIONAL, -- Need M

CSI-SemiPersistentOnPUSCH-TriggerStateList ::=
                         SEQUENCE(SIZE (1..maxNrOfSemiPersistentPUSCH-
                            Triggers)) OF CSI-SemiPersistentOnPUSCH-TriggerState
                            // 最大64个
```

CSI-SemiPersistentOnPUSCH-TriggerStateList最多包含64个CSI-SemiPersistentOnPUSCH-TriggerState，每个包含1个CSI上报配置（PUSCH半静态上报），对应某个服务小区的某个BWP的CSI资源配置（只能是周期和半静态资源）。具体使用哪一个触发配置，通过SP-CSI-RNTI加扰的DCI0_1的CSI request字段来指定，并使用该DCI0_1的特殊字段来表示激活或去激活对应PUSCH半静态CSI上报，特殊字段见表6-62和表6-63所示。

DCI0_1 中的 CSI request 字段占 0、1、2、3、4、5 或者 6 bit，具体由参数 reportTriggerSize 决定，取值为 0 对应第 1 个触发配置，取值为 1 对应第 2 个触发配置，以此类推。

表 6-62　半静态 CSI上报激活的 PDCCH 特征

	DCI0_1
HARQ process number	置全 0
Redundancy version	00

表 6-63　半静态 CSI 上报去激活的 PDCCH 特征

	DCI0_1
HARQ process number	置全 0
Modulation and coding scheme	置全 1
Resource block assignment	如果高层配置为资源分配 type0，则置全 0； 如果高层配置为资源分配 type1，则置全 1； 如果高层配置为动态选择资源分配类型，则： 如果 MSB 为 0，则置全 0；否则，置全 1。
Redundancy version	00

3）半静态 CSI-RS 资源。

UE 最多可以配置 64 个 NZP-CSI-RS 资源集和 64 个 CSI-IM 资源集，通过 SP CSI-RS/CSI-IM Resource Set Activation/Deactivation MAC CE 激活去激活 resourceType 为 semiPersistent 的资源集。

NZP-CSI-RS 和 CSI-IM 资源集属于 CSI-ResourceConfig，CSI-ResourceConfig 有 resourceType 和下行 BWP ID，因此可得出 NZP-CSI-RS 和 CSI-IM 资源集的时域类型和关联的下行 BWP ID。

SP CSI-RS/CSI-IM Resource Set Activation/Deactivation MAC CE 对应的 LCID 为 55，比特长度可变，如图 6-57 所示，包括下面字段。

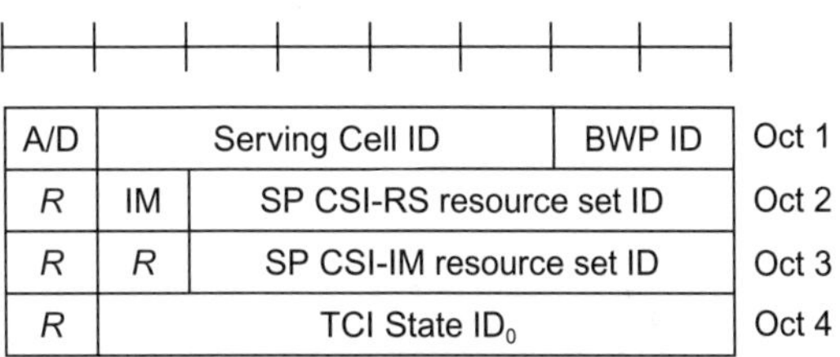

图 6-57　SP CSI-RS/CSI-IM Resource Set Activation/Deactivation MAC CE

- ❑ A/D：指示激活或者去激活 SP CSI-RS 和 CSI-IM resource set，1 表示激活，0 表示去激活。
- ❑ Serving Cell ID：指示本 MAC CE 应用的服务小区 ID，5 bit。
- ❑ BWP ID：指示本 MAC CE 应用的下行 BWP ID，2 bit。
- ❑ SP CSI-RS resource set ID：指示包含半静态 NZP CSI-RS 资源的 NZP-CSI-RS-ResourceSetId，进行激活或者去激活，6 bit。
- ❑ IM：指示 SP CSI-IM resource set ID 字段是否存在，1 表示存在，0 表示不存在。
- ❑ SP CSI-IM resource set ID：指示包含半静态 CSI-IM 资源的 CSI-IM-ResourceSetId，进行激活或者去激活，6 bit。

- TCI State ID_i：指示半静态NZP CSI-RS资源集（SP CSI-RS resource set ID字段指示的）中的资源的 TCI-StateId，TCI State ID_0 指示资源集中的第 1 个资源的 TCI State，TCI State ID_1 为第 2 个资源的 TCI State，以此类推。每个字段占 7 bit。如果 A/D 字段置 0，则 TCI State ID 字段不存在。
- R：保留位，置 0。

MAC CE 生效时机说明：如果 UE 收到 Activation/Deactivation MAC CE，将要在 PUCCH 的 slot n 反馈对应的 AN，那么在 slot $n+3N_{\text{slot}}^{\text{subframe},\mu}$ 之后的第一个 slot 才可以应用该 MAC CE，μ 为对应 PUCCH 的 SCS。

4）半静态资源和半静态上报的生效情况说明。

当半静态 CSI-RS/CSI-IM 资源集或者半静态 ZP CSI-RS 资源集激活了，并且没有收到去激活 MAC CE 时，如果对应的下行 BWP 激活，则该半静态资源集被认为是激活的；否则，认为资源集挂起。

当半静态 PUCCH CSI report 激活了，并且没有去激活时，如果配置该 CSI report 的上行 BWP 激活，则需要上报该 CSI report；否则，该 CSI report 被挂起。

如果 UE 的某个载波去激活了，那么该载波的半静态 CSI-RS/CSI-IM 资源集、半静态 ZP CSI-RS 资源集、半静态 PUCCH CSI report 和半静态 SRS 也要去激活（如果之前已激活）。

2. CSI 处理准则

UE 指示支持的同时进行 CSI 处理的单元个数 N_{CPU} 和 UE 能力参数 simultaneousCSI-ReportsPerCC、simultaneousCSI-ReportsAllCC 有关。如果某个符号已有 L 个 CPU 被占用用于处理 CSI report，还剩下 $N_{\text{CPU}}-L$ 个未被占用的 CPU。假定该符号有 N 个 CSI report 准备发送，每个 CSI report 占用 $O_{\text{CPU}}^{(n)}$ 个 CPU，$n=0,\cdots,N-1$，那么 UE 不期望更新最低优先级的 $N-M$ 个 CSI report，M 为 $0\leqslant M\leqslant N$，满足 $\sum_{n=0}^{M-1}O_{\text{CPU}}^{(n)}\leqslant N_{\text{CPU}}-L$ 的最大值（也就是 UE 只能更新最高优先级的 M 个 CSI report）。

（1）占用 CPU 数目说明

UE 不期望配置一个包含超过 N_{CPU} 个上报配置的非周期 CSI trigger state。一个 CSI report 占用的 CPU 个数（持续多个符号）有如下几种情况。

- 当CSI report的reportQuantity配置为none，并且CSI-RS-ResourceSet配置了trs-Info时，$O_{\text{CPU}}=0$。
- 当 CSI report 的 reportQuantity 配置为 cri-RSRP、ssb-Index-RSRP 或者 none（CSI-RS-ResourceSet 没有配置 trs-Info）时，$O_{\text{CPU}}=1$。
- 当 CSI report 的 reportQuantity 配置为 cri-RI-PMI-CQI、cri-RI-i1、cri-RI-i1-CQI、cri-RI-CQI 或者 cri-RI-LI-PMI-CQI 时：对于单发 UCI（PUSCH 不带 TB/AN）的非周期 CSI report，当没有 CPU 被占用，并且是宽带 CSI report、只对应一个最大 4 port 的 CSI-RS 资源（不上报 CRI），并且 codebookType 配置为 TypeI-SinglePanel 或者

reportQuantity 配置为 cri-RI-CQI 时，$O_{\mathrm{CPU}}=N_{\mathrm{CPU}}$；否则，$O_{\mathrm{CPU}}=K_s$，$K_s$ 为用于信道测量的 CSI-RS 资源集的资源个数。

（2）占用 CPU 持续时间说明

如果 CSI report 的 reportQuantity 没有配置为 none，则占用 CPU 持续的符号数如下。

- 周期 CSI report 或者半静态 CSI report（除了半静态 PUSCH CSI report 的第一个 CSI report）：从用于信道或干扰测量的所有 CSI-RS/CSI-IM/SSB 资源（CSI-RS/CSI-IM/SSB 资源不晚于 CSI 参考资源）的最早的一个符号到带 CSI report 的 PUSCH/PUCCH 的最后一个符号。
- 非周期 CSI report：从触发非周期 CSI report 的 PDCCH 之后的第一个符号到 CSI report 的 PUSCH 的最后一个符号。
- 半静态 PUSCH CSI report 的第一个 CSI report：从触发半静态 PUSCH CSI report 的 PDCCH 之后的第一个符号到 CSI report 的 PUSCH 的最后一个符号。

如果 CSI report 的 reportQuantity 配置为 none，且 CSI-RS-ResourceSet 没有配置 trs-Info，则占用 CPU 持续的符号数如下。

- 半静态 CSI report（除了半静态 PUSCH CSI report 的第一个 CSI report）：从用于每个 L1-RSRP 测量的所有周期或者半静态 CSI-RS/SSB 资源的最早一个符号到最后一个符号之后的 Z_3' 个符号。
- 非周期 CSI report。
  - 开始时间：触发非周期 CSI report 的 PDCCH 之后的第一个符号。
  - 结束时间：该 PDCCH 之后的第一个符号之后的 Z_3 个符号和用于 L1-RSRP 测量的所有 CSI-RS/SSB 资源的最后一个符号之后的 Z_3' 个符号中的最后一个符号。

Z_3 与 Z_3' 的定义后面会详细说明。

（3）NZP CSI-RS 资源激活时间说明

在任何 slot，UE 不期望激活 BWP 内激活的 CSI-RS 天线端口数或者激活的 CSI-RS 资源数超过 UE 的上报能力。NZP CSI-RS 资源激活时间说明如下。

1）对于 aperiodic CSI-RS 资源。

开始时间：触发非周期 CSI request 的 PDCCH 的结束时间。

结束时间：包含对应的 CSI report 的 PUSCH 的结束时间。

2）对于半静态 CSI-RS 资源。

开始时间：激活 MAC CE 生效后。

结束时间：去激活 MAC CE 生效后。

3）对于周期 CSI-RS 资源。

开始时间：周期 CSI-RS 资源配置后。

结束时间：周期 CSI-RS 资源释放后。

如果一个 CSI-RS 资源被 1 个或者多个 CSI report 关联 *N* 次，那么该 CSI-RS 资源和对应的天线端口被计算 *N* 次（也就是分别计算生效时间）。

3. CSI 参考资源

用于测量 CSI 的资源称为 CSI 参考资源（CSI reference resource），一个服务小区的 CSI 参考资源定义如下。

1）在频域上，CSI 参考资源定义为对应 CSI 带宽的一组下行 PRB。

2）在时域上，如果 UE 在上行 slot n' 发送 CSI report，则对应的 CSI 参考资源所在 slot 定义为下行 slot $n\text{-}n_{\text{CSI\_ref}}$。

- ❑ $n=\left\lfloor n'\cdot\frac{2^{\mu_{\text{DL}}}}{2^{\mu_{\text{UL}}}}\right\rfloor$，$\mu_{\text{DL}}$ 和 μ_{UL} 为 DL 和 UL 的子载波间隔配置。
- ❑ 对于周期和半静态 CSI report。
  - 如果只配置 1 个 CSI-RS/SSB 资源用于信道测量，则 $n_{\text{CSI\_ref}}$ 为大于或者等于 $4\cdot 2^{\mu_{\text{DL}}}$ 的最小值，并且 slot $n\text{-}n_{\text{CSI\_ref}}$ 对应一个有效的下行 slot。

    （解读：当只有 1 个资源时，对于 $\mu=0$，周期和半静态 CSI 上报要使用 4 个 slot 之前的最近的一个有效的 CSI-RS 资源来测量。）
  - 如果配置多个 CSI-RS/SSB 资源用于信道测量，则 $n_{\text{CSI\_ref}}$ 为大于或者等于 $5\cdot 2^{\mu_{\text{DL}}}$ 的最小值，并且 slot $n\text{-}n_{\text{CSI\_ref}}$ 对应一个有效的下行 slot。

    （解读：当有多个资源时，对于 $\mu=0$，周期和半静态 CSI 上报要使用 5 个 slot 之前的最近的一个有效的 CSI-RS 资源来测量。）
- ❑ 对于非周期 CSI report。
  - 如果 CSI report 和触发 CSI request 的 DCI0_1 在同一个 slot（即 k2=0），那么 $n_{\text{CSI\_ref}}$ 为 0，也就是 CSI 参考资源就是 CSI request 的 DCI0_1 所在的 slot（协议有约束，此时非周期 CSI-RS 的发送必须在对应的 CSI request 的 DCI0_1 的符号之后发送）。
  - 如果 CSI report 和触发 CSI request 的 DCI0_1 不在同一个 slot，那么 $n_{\text{CSI\_ref}}$ 为大于或者等于 $\lfloor Z'/N_{\text{symb}}^{\text{slot}}\rfloor$ 的最小值，并且 slot $n\text{-}n_{\text{CSI\_ref}}$ 对应一个有效的下行 slot，Z' 的定义后面会详细说明。

    （解读：CSI report 和 CSI request 不在同一个 slot 时，非周期 CSI 上报要使用 $\lfloor Z'/N_{\text{symb}}^{\text{slot}}\rfloor$ 个 slot 之前的最近的一个有效的 CSI-RS 资源来测量。）
- ❑ 当周期或者半静态 CSI-RS/CSI-IM 或者 SSB 用于信道 / 干扰测量时，如果 CSI-RS/CSI-IM/SSB 资源的最后一个符号和对应的非周期 CSI report 的第一个符号的间隔小于或等于 Z' 个符号，那么 UE 不期望使用该资源测量信道 / 干扰。

一个有效的下行 slot 需满足的条件是：至少包括一个配置的下行或者可变（flexible）符号且没有落入测量 GAP。

如果某个 CSI report 对应的 CSI 参考资源没有有效的下行 slot，那么 UE 会忽略该 CSI report。

当发生 CSI report 重配、服务小区激活、BWP 切换或者半静态 CSI 激活时，仅当 UE 接收至少一个用于信道测量的 CSI-RS 和用于干扰测量的 CSI-RS/CSI-IM（要求对应的测量资源不晚于 CSI 参考资源）之后，UE 才上报 CSI report，否则，UE 会丢弃该 CSI report。

当配置了 DRX 时，仅当 UE 接收至少一个用于信道测量的 CSI-RS 和用于干扰测量的 CSI-RS/CSI-IM（要求对应的测量资源在 DRX 激活期，并且不晚于 CSI 参考资源）之后，UE 才上报 CSI report，否则，UE 丢弃该 CSI report。

当需要获取 CSI 反馈时，UE 不期望用于信道测量的 NZP CSI-RS 资源和用于干扰测量的 CSI-IM 或者 NZP CSI-RS 资源重叠。

如果配置上报 CQI（也可能包括 PMI 和 RI），那么 UE 假定对应的 CSI 参考资源满足如下条件。

- ❑ 前 2 个符号为控制信息。
- ❑ PDSCH 和 DMRS 符号总数为 12。
- ❑ 对应的 PDSCH 配置相同的子载波间隔。
- ❑ 需要配置 CQI report 对应的 BWP。
- ❑ 参考资源使用 PDSCH 配置的 CP 长度和子载波间隔。
- ❑ RE 不能用于 PSS、SSS 或者 PBCH。
- ❑ RV 为 0。
- ❑ PDSCH EPRE（Energy Per Resource Element，每 RE 能量）和 CSI-RS EPRE 的偏差满足 6.3.4 节提到的要求。
- ❑ NZP CSI-RS 和 ZP CSI-RS 的 RE 不能重叠。
- ❑ 假定前置 DMRS 符号数与参数 DMRS-DownlinkConfig->maxLength 配置的值相同。
- ❑ 假定附加 DMRS 符号数与参数 dmrs-AdditionalPosition 配置的值相同。
- ❑ PDSCH 符号不包含 DMRS。
- ❑ PRB bundling 大小为 2 PRB。
- ❑ 对于 CQI 计算，UE 假定在天线端口集 [1000,⋯, 1000+ ν –1] 发送的 PDSCH 信号等价于在天线端口集 [3000,⋯, 3000+P–1] 上发送的 PDSCH 信号，v 为层数，如下：

$$\begin{bmatrix} y^{(3000)}(i) \\ \cdots \\ y^{(3000+P-1)}(i) \end{bmatrix} = W(i) \begin{bmatrix} x^{(0)}(i) \\ \cdots \\ x^{(v-1)}(i) \end{bmatrix}$$

$x(i)=[x^{(0)}(i)\cdots x^{(v-1)}(i)]^{\mathrm{T}}$，$P\in[1,2,4,8,12,16,24,32]$ 为 CSI-RS 天线端口。如果只配置了一个 CSI-RS 天线端口，则 $W(i)$ 为 1。

- 如果 reportQuantity 配置为 cri-RI-PMI-CQI 或者 cri-RI-LI-PMI-CQI，则 $W(i)$ 为对应 UE 上报的 PMI。
- 如果 reportQuantity 配置为 cri-RI-CQI，则 $W(i)$ 为 PMI，取值见 6.3.6 节。
- 如果reportQuantity配置为cri-RI-i1-CQI，则$W(i)$为对应上报i1 的PMI，取值见 6.3.6 节。

天线端口集 [3000,⋯,3000 + P–1] 上发送的 PDSCH 信号的 EPRE 和 CSI-RS EPRE 的偏差满足 6.3.4 节提到的要求。

4. CSI 上报的优先级

当 CSI 冲突时，UE 可能需要按照优先级进行丢弃操作，区分优先级的规则如下。

规则 1：非周期 CSI report > 半静态 PUSCH CSI report > 半静态 PUCCH CSI report > 周期 CSI report。

规则 2：CSI report（带 L1-RSRP）> CSI report（不带 L1-RSRP），即用于波束管理的 CSI report 的优先级大于用于获取 CSI 的 CSI report。

规则 3：按 CSI report 所在的服务小区索引排序，服务小区索引越小，CSI report 优先级越高。

规则 4：按 CSI report 的 reportConfigID 排序，值越小，CSI report 优先级越高。

先按规则 1 区分优先级，如果根据规则 1 区分有相同的优先级，再按规则 2 区分，以此类推。

5. UE CSI 计算时间

当 DCI0_1 中的 CSI request 字段触发非周期 CSI report 时，对于第 n 个触发的 CSI report，如果满足下面条件，则 UE 会提供一个有效的 CSI report：带对应 CSI report 的 PUSCH 的第一个符号（考虑 TA 影响），不早于符号 Z_{ref}；并且带第 n 个 CSI report 的 PUSCH 的第一个符号（考虑 TA 影响），不早于符号 $Z'_{\text{ref}}(n)$。

【说明】一个 DCI0_1 最多触发 16 个 CSI report。

Z_{ref} 定义为触发 CSI report 的 PDCCH 的最后一个符号结束后 $T_{\text{proc,CSI}}=(Z)(2048+144)\cdot\kappa 2^{-\mu}\cdot T_c$ 之后的下一个上行符号，$Z'_{\text{ref}}(n)$ 定义为如下资源的最后一个符号结束后 $T'_{\text{proc,CSI}}=(Z')(2048+144)\cdot\kappa 2^{-\mu}\cdot T_c$ 之后的下一个上行符号：当第 n 个 CSI report 关联非周期资源时，用于信道测量的非周期 CSI-RS 资源，以及用于干扰测量的非周期 CSI-IM 资源和非周期 NZP CSI-RS 资源。

【举例 33】对于使用非周期 CSI-RS 资源的非周期 CSI 上报的时间间隔要求，如图 6-58 所示。

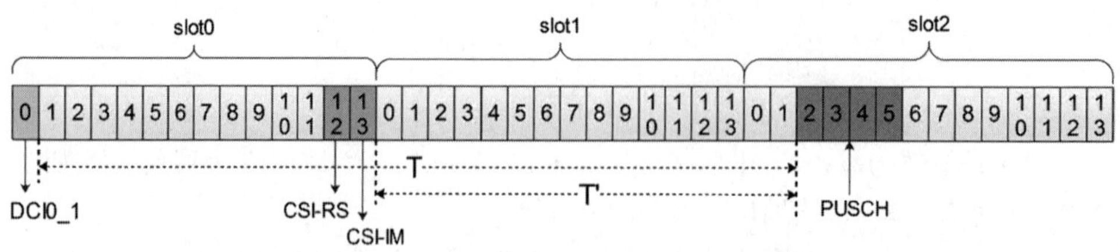

图 6-58 非周期 CSI report 的时间间隔要求示例图

图 6-58 中有 T 和 T' 两个值。T 为触发 CSI 的 DCI0 的最后一个符号和上报 CSI 的 PUSCH 的第一个符号之间的时间间隔，T' 为 CSI-RS/CSI-IM 资源的最后一个符号和上报 CSI 的 PUSCH 的第一个符号之间的时间间隔。

当 DCI0_1 中的 CSI request 字段触发非周期 CSI report 时，如果对应 PUSCH 的第 1 个上行符号（考虑 TA 影响）早于符号 Z_{ref}，且没有 AN 或者 TB 复用到该 PUSCH，则 UE 可以忽略该 DCI0_1。

当 DCI0_1 中的 CSI request 字段触发非周期 CSI report 时，对于第 n 个 CSI report，如果对应 PUSCH 的第 1 个上行符号（考虑 TA 影响）早于符号 $Z'_{\text{ref}}(n)$，那么处理为：若该 DCI 只触发了 1 个 CSI report，并且没有 AN 或者 TB 复用，则 UE 可以忽略该 DCI0_1；否则，UE 不需要更新该第 n 个 CSI report 的上报内容。

下面介绍 Z、Z' 的定义。

$Z = \max\limits_{m=0,\cdots,M-1}(Z(m))$，$Z' = \max\limits_{m=0,\cdots,M-1}(Z'(m))$，$M$ 为更新的 CSI report 的个数，见本节“CSI 处理准则”部分。$(Z(m),Z'(m))$ 对应第 m 个更新的 CSI report，定义如下。

- 当单发 UCI（PUSCH 不带 TB/AN），没有 CPU 被占用，属于宽带 CSI report，只对应一个最大 4 port 的 CSI-RS 资源（不上报 CRI），并且 codebookType 配置为 TypeI-SinglePanel 或者 reportQuantity 配置为 cri-RI-CQI 时，使用 (Z_1,Z_1')，见表 6-64。
- 当宽带 CSI report，只对应一个最大 4 port 的 CSI-RS 资源（不上报 CRI），并且 codebookType 配置为 TypeI-SinglePanel 或者 reportQuantity 配置为 cri-RI-CQI 时，使用 (Z_1,Z_1')，见表 6-65。
- 当 reportQuantity 配置为 cri-RSRP 或 ssb-Index-RSRP 时，使用 (Z_3,Z_3')，见表 6-65，其中 X_μ 参考 UE 上报的能力参数 beamReportTiming，KB_l 参考 UE 上报的能力参数 beamSwitchTiming。
- 其他情况，使用 (Z_2,Z_2')，见表 6-65。

表 6-64　CSI 计算时长（要求 1）

μ	Z_1［符号］	
	Z_1	Z_1'
0	10	8
1	13	11
2	25	21
3	43	36

表 6-64 和 6-65 中的 μ 为组合 $(\mu_{\text{PDCCH}}, \mu_{\text{CSI-RS}}, \mu_{\text{UL}})$ 的最小值，μ_{PDCCH} 为触发 CSI report 的 DCI 所在的 PDCCH 的子载波间隔，μ_{UL} 为带 CSI report 的 PUSCH 的子载波间隔，$\mu_{\text{CSI-RS}}$ 为 DCI 触发的非周期 CSI-RS 资源的最小子载波间隔。

表 6-65　CSI 计算时长（要求 2）

μ	Z_1［符号］		Z_2［符号］		Z_3［符号］	
	Z_1	Z'_1	Z_2	Z'_2	Z_3	Z'_3
0	22	16	40	37	22	X_0
1	33	30	72	69	33	X_1
2	44	42	141	140	$\min(44, X_2+\text{KB}_1)$	X_2
3	97	85	152	140	$\min(97, X_3+\text{KB}_2)$	X_3

6.3.4 CSI-RS 发送

1. 总体要求

CSI-RS 的用途包括 CSI 测量和计算（用于获取信道状态信息）、L1-RSRP 测量和计算（用于波束管理）和时频偏测量（用于 UE 跟踪和补偿时频偏）。

UE 不期望 CSI-RS 占用的 PRB 和 CORESET 冲突，以及和 SIB1 占用的 PDSCH PRB 冲突。CSI-RS 占用的 RE 不能和 DMRS 冲突。如果 UE 配置了 DRX，那么用于 CSI report 的最近的测量机会需要处于 DRX 激活态。

UE 可以配置一个或多个 NZP CSI-RS 资源集，每个 NZP CSI-RS 资源集包括 K（$K \geqslant 1$）个 NZP CSI-RS 资源。CSI-ResourceConfig、NZP-CSI-RS-ResourceSet 和 NZP-CSI-RS-Resource 配置的参数如下。

- nzp-CSI-RS-ResourceId：NZP CSI-RS 资源 ID。
- periodicityAndOffset：CSI-RS 资源的周期和 slot 偏移，用于周期和半静态 CSI-RS 资源。同一个CSI-RS资源集里面的所有CSI-RS资源的周期必须一样，slot偏移可以相同，也可以不同。
- resourceMapping：定义 CSI-RS 资源的天线端口数、CDM（Code Division Multiplexing，码分复用）类型、一个 slot 内的符号和子载波占用情况。
- powerControlOffset：PDSCH EPRE 相对于 NZP CSI-RS EPRE 的偏移，单位为 dB，取值范围为 [−8, 15] dB，以 1 dB 步进。
- powerControlOffsetSS：NZP CSI-RS EPRE 相对于 SSB EPRE 的偏移，单位为 dB。
- scramblingID：CSI-RS 资源的扰码 ID。
- qcl-InfoPeriodicCSI-RS：配置周期 CSI-RS 资源的 QCL 属性。
- repetition：在 NZP-CSI-RS-ResourceSet 中配置。
- trs-Info：在 NZP-CSI-RS-ResourceSet 中配置。
- BWP-Id：在 CSI-ResourceConfig 中配置，定义 CSI-RS 资源所在的 BWP ID。

一个 CSI-RS 资源集中的所有 CSI-RS 资源要求配置相同的 density 和 nrofPorts，除非 NZP CSI-RS 资源用于干扰测量。一个 CSI-RS 资源集中的所有 CSI-RS 资源配置相同的起始 RB（即 startingRB）、RB 个数（即 nrofRBs）和 cdm-Type，且 startingRB 和 nrofRBs 都必须配置为 4 的倍数。如果 startingRB $< N_{\text{BWP}}^{\text{start}}$，则 UE 认为 CSI-RS 资源的初始 CRB 为 $N_{\text{initial RB}} = N_{\text{BWP}}^{\text{start}}$，否则，$N_{\text{initial RB}} = \text{startingRB}$。如果 nrofRBs $> N_{\text{BWP}}^{\text{size}} + N_{\text{BWP}}^{\text{start}} - N_{\text{initial RB}}$，则 UE 认为 CSI-RS 资源的带宽为 $N_{\text{CSI-RS}}^{\text{BW}} = N_{\text{BWP}}^{\text{size}} + N_{\text{BWP}}^{\text{start}} - N_{\text{initial RB}}$，否则，$N_{\text{CSI-RS}}^{\text{BW}} = \text{nrofRBs}$。UE 期望 $N_{\text{CSI-RS}}^{\text{BW}} \geqslant \min(24, N_{\text{BWP}}^{\text{size}})$。

2. 用于干扰测量的 CSI-RS

用于干扰测量的 NZP CSI-RS 配置约束如下。

1）天线端口数不能超过 18。

2）如果配置了用于干扰测量的 NZP CSI-RS 资源集，则 UE 不期望配置用于信道测量的 NZP CSI-RS 资源集超过 1 个资源，并且此时用于干扰测量的 NZP CSI-RS 资源和用于信道测量的 NZP CSI-RS 资源具有 QCL-TypeD 关系。

3）资源类型只能是 aperiodic，只能用于非周期 CSI 上报。

用于干扰测量的 CSI-RS 资源的 QCL 关系参见 11.2 节。

3. 用于干扰测量的 CSI-IM

UE 可以配置一个或多个 CSI-IM 资源集，每个 CSI-IM 资源集包括 K（$K \geqslant 1$）个 CSI-IM 资源。CSI-IM-Resource 包括如下参数。

- csi-IM-ResourceId：CSI-IM 资源 ID。
- csi-IM-ResourceElementPattern：定义 RE 的图样为 pattern0 或 pattern1，有如下参数。
  - subcarrierLocation-p0 或者 subcarrierLocation-p1：定义 CSI-IM 资源的子载波位置。
  - symbolLocation-p0 或者 symbolLocation-p1：定义 CSI-IM 资源的符号位置。
- freqBand：定义 CSI-IM 资源占用的 RB。
- periodicityAndOffset：对于周期和半静态CSI-IM，定义CSI-IM资源的周期和slot偏移。

对于 freqBand 配置的每个 PRB，UE 认为以下 RE 为 CSI-IM 资源：当 csi-IM-ResourceElementPattern 配置为 pattern0 时，RE $(k_{\text{CSI-IM}}, l_{\text{CSI-IM}})$、$(k_{\text{CSI-IM}}, l_{\text{CSI-IM}}+1)$、$(k_{\text{CSI-IM}}+1, l_{\text{CSI-IM}})$ 和 $(k_{\text{CSI-IM}}+1, l_{\text{CSI-IM}}+1)$ 为 CSI-IM 资源；当 csi-IM-ResourceElementPattern 配置为 pattern1 时，RE $(k_{\text{CSI-IM}}, l_{\text{CSI-IM}})$、$(k_{\text{CSI-IM}}+1, l_{\text{CSI-IM}})$、$(k_{\text{CSI-IM}}+2, l_{\text{CSI-IM}})$ 和 $(k_{\text{CSI-IM}}+3, l_{\text{CSI-IM}})$ 为 CSI-IM 资源。其中，$k_{\text{CSI-IM}}$ 和 $l_{\text{CSI-IM}}$ 为高层参数配置的子载波和符号位置。

CSI-IM 资源的 QCL 关系参见 11.2 节。

4. 用于 L1-RSRP 的 CSI-RS

当配置 NZP-CSI-RS-ResourceSet->repetition时，表示该 NZP CSI-RS 资源集只能用于波束管理的 RSRP 测量，此时资源集的所有资源的天线端口数必须一致，并且只能配置为 1 或 2。当 repetition 配置为 on 时，此时资源集的所有资源，在每个符号使用相同的下行空域发送滤波器（即下行波束）发送，此时不用上报 CRI，并且 CSI-RS 的符号不能和 UE 配置的检测 CORESET 的符号重叠；当 repetition 配置为 off 时，不能假定每个符号发送使用相同的下行空域发送滤波器，此时需要上报 CRI。

配置 repetition 的 CSI-RS 资源集，如果和 SSB 有符号重叠，则认为 CSI-RS 和对应的 SSB 为 QCL-TypeD（如果适用），并且 CSI-RS 和 SSB 的 PRB 不能冲突，和 SSB 的子载波间隔必须一致。

5. 用于 tracking 的 CSI-RS

当 NZP-CSI-RS-ResourceSet->trs-Info 配置为 true 时，表示该 NZP CSI-RS 资源集用于 UE 的时偏和频偏测量，此时资源集的所有资源为单天线端口发送，天线端口为 3000，该参考信号称为 TRS（Tracking Reference Signal，跟踪参考信号）。RRC-CONNECTED 的 UE 在接收下行数据的时候，需要不断地跟踪和补偿时偏和频偏，因此需要接收 TRS。

TRS 配置约束如下。

1）对于 FR1，UE 可以配置 1 个或者多个 NZP CSI-RS 资源集，每个资源集包含 4 个周期 NZP CSI-RS 资源（在两个连续的 slot 发送），每个 slot 包含 2 个周期 NZP CSI-RS 资源。

2）对于 FR2，UE 可以配置 1 个或者多个 NZP CSI-RS 资源集，每个资源集包含 2 个周期 NZP CSI-RS 资源（在一个 slot），或者包含 4 个周期 NZP CSI-RS 资源（在两个连续的 slot），每个 slot 包含 2 个周期 NZP CSI-RS 资源。

3）NZP-CSI-RS-ResourceSet->trs-Info 和 repetition不能同时配置。

4）TRS NZP CSI-RS 资源集的所有资源配置的 powerControlOffset 和 powerControlOffsetSS 相同。

TRS NZP CSI-RS 资源集可以配置如下。

❑ 周期性资源集：
- 资源集中的所有资源配置相同的周期、带宽、子载波位置。
- TRS 周期性资源集不能关联到 CSI-ReportConfig。

❑ 一个周期性资源集和一个非周期资源集：
- 非周期资源和周期资源有相同的带宽（有相同的 RB 位置）。
- 非周期资源和周期资源是 QCL 的，类型为 QCL-TypeA 和 QCL-TypeD（如果适用），通过 RRC 进行配置。
- 非周期资源集和周期性资源集包含相同的 CSI-RS 资源个数，每个 slot 也包含相同的 CSI-RS 资源个数。
- 对于 FR2，UE 不期望触发非周期资源集的 PDCCH 的最后一个符号到非周期资源的第一个符号的间隔小于 UE 上报的门限 beamSwitchTiming。
- TRS 非周期资源集关联到 CSI-ReportConfig，其 reportQuantity 必须配置为 none，并且 timeRestrictionForChannelMeasurements 必须配置为 notConfigured。

TRS 的 NZP CSI-RS 资源配置约束如下，通过参数 CSI-RS-resourceMapping 配置。

1）一个 slot 内的两个 CSI-RS 资源的时域位置如下（两个连续的 slot 必须配置相同的时域位置）：

①对于 FR1，$l \in \{4,8\}$、$l \in \{5,9\}$ 或者 $l \in \{6,10\}$；

②对于 FR2，$l \in \{0,4\}$、$l \in \{1,5\}$、$l \in \{2,6\}$、$l \in \{3,7\}$、$l \in \{4,8\}$、$l \in \{5,9\}$、$l \in \{6,10\}$、$l \in \{7,11\}$、$l \in \{8,12\}$ 或者 $l \in \{9,13\}$。

2）单天线端口，density $\rho = 3$。

3）freqBand 配置为 $\min\{52, N_{\mathrm{BWP},i}^{\mathrm{size}}\}$，或者等于 $N_{\mathrm{BWP},i}^{\mathrm{size}}$。

4）如果 CSI-RS 资源的带宽大于 52RB，则 UE 不期望周期配置为 $2^{\mu} \times 10$ 个 slot。

5）通过 periodicityAndOffset 参数配置周期和偏移，周期可配置为 $2^{\mu} X_p$ 个 slot，$X_p =$ 10、20、40 或者 80。

6.3.5 CSI 计算

RI 计算依据上报的 CRI，PMI 计算依据上报的 RI 和 CRI，CQI 计算依据上报的 PMI、RI 和 CRI，LI 计算依据上报的 CQI、PMI、RI 和 CRI。

1. L1-RSRP

用于L1-RSRP计算时，可以配置CSI-RS资源和/或SSB资源，QCL属性为QCL-TypeC和QCL-TypeD（如果适用），最多可以配置16个CSI-RS资源集，每个资源集最多有64个资源，全部加起来不能超过128个CSI-RS资源。

关于L1-RSRP上报，如果nrofReportedRS配置为1，则只上报一个RSRP，长度为7 bit，范围为[−140, −44] dBm，步进为1db，否则（nrofReportedRS配置大于1，或者groupBased-BeamReporting配置为enabled）上报多个RSRP，最强的RSRP在最前面，占7 bit，其他的RSRP占4 bit，和最强的对比，差分上报，步进为2db。

2. CQI

CQI，即Channel Quality Indicator，信道状态指示。gNB根据UE上报的CQI来选择下行PDSCH的调制方式。QPSK、16QAM和64QAM对应的CQI见表6-66或表6-67。QPSK、16QAM、64QAM和256QAM对应的CQI见表6-68。

表 6-66 4-bit CQI 表

CQI索引	调制方式	码率 ×1024	频谱效率
0	超出范围		
1	QPSK	78	0.1523
2	QPSK	120	0.2344
3	QPSK	193	0.3770
4	QPSK	308	0.6016
5	QPSK	449	0.8770
6	QPSK	602	1.1758
7	16QAM	378	1.4766
8	16QAM	490	1.9141
9	16QAM	616	2.4063
10	64QAM	466	2.7305
11	64QAM	567	3.3223
12	64QAM	666	3.9023
13	64QAM	772	4.5234
14	64QAM	873	5.1152
15	64QAM	948	5.5547

表 6-67 4-bit CQI 表 3

CQI索引	调制方式	码率 ×1024	频谱效率
0	超出范围		
1	QPSK	30	0.0586
2	QPSK	50	0.0977
3	QPSK	78	0.1523
4	QPSK	120	0.2344
5	QPSK	193	0.3770
6	QPSK	308	0.6016
7	QPSK	449	0.8770
8	QPSK	602	1.1758
9	16QAM	378	1.4766
10	16QAM	490	1.9141
11	16QAM	616	2.4063
12	64QAM	466	2.7305
13	64QAM	567	3.3223
14	64QAM	666	3.9023
15	64QAM	772	4.5234

表 6-68 4-bit CQI 表 2

CQI索引	调制方式	码率 ×1024	频谱效率	CQI索引	调制方式	码率 ×1024	频谱效率
0	超出范围			4	16QAM	378	1.4766
1	QPSK	78	0.1523	5	16QAM	490	1.9141
2	QPSK	193	0.3770	6	16QAM	616	2.4063
3	QPSK	449	0.8770	7	64QAM	466	2.7305

（续）

CQI 索引	调制方式	码率 ×1024	频谱效率	CQI 索引	调制方式	码率 ×1024	频谱效率
8	64QAM	567	3.3223	12	256QAM	711	5.5547
9	64QAM	666	3.9023	13	256QAM	797	6.2266
10	64QAM	772	4.5234	14	256QAM	885	6.9141
11	64QAM	873	5.1152	15	256QAM	948	7.4063

基于不受限的观测时间和观测频域，UE 获取最高的 CQI 索引，需要满足下面的条件：该 CQI 对应的单个 PDSCH TB（MCS、目标码率、tbSize 组合）的误码率不超过 10%（当 CSI-ReportConfig->cqi-Table配置为 table1 或者 table2 时），或者不超过 0.001%（当 CSI-ReportConfig->cqi-Table 配置为 table3 时）。

如果参数 timeRestrictionForChannelMeasurements 配置为 notConfigured，则 UE 使用 NZP CSI-RS 资源（不晚于 CSI 参考资源）计算 CQI 获得信道测量值；如果参数 timeRestrictionForChannelMeasurements 配置为 configured，则 UE 仅使用最近的 NZP CSI-RS 资源（不晚于 CSI 参考资源）计算 CQI 获得信道测量值。

如果参数 timeRestrictionForInterferenceMeasurements 配置为 notConfigured，则 UE 使用 CSI-IM 和 / 或 NZP CSI-RS 资源（不晚于 CSI参考资源）计算 CQI 获得干扰测量值；如果参数 timeRestrictionForInterferenceMeasurements 配置为 configured，则 UE 仅使用最近的 CSI-IM 和 / 或 NZP CSI-RS 资源（不晚于 CSI 参考资源）计算 CQI 获得干扰测量值。

对于每个子带索引 s，定义一个 2 bit 的 Sub-band Differential CQI（子带差分 CQI）。Sub-band Differential CQI 和 Offset level（偏移等级）的映射关系见表 6-69，其中子带 Offset level 的计算公式如下：

$$\text{Sub-band Offset level}(s) = \text{Sub-band CQI index}(s) - \text{Wideband CQI index}$$

表 6-69 Sub-band Differential CQI 和 Offset level 的映射关系

Sub-band Differential CQI	Offset level
0	0
1	1
2	≥2
3	≤−1

3. PMI

PMI，即 Precoding Matrix Indicator，预编码矩阵指示，每个 PMI 和预编码矩阵一一对应。UE 测量 CSI-RS，将自己认为最合适的 PMI 上报给 gNB，gNB 可以使用终端指示的预编码矩阵，也可以不使用。对于 TDD，gNB 可以根据信道互易性，测量 SRS 从而获得下行预编码矩阵。

考虑到不同的精度要求，NR 系统中定义了两种码本，即 Type I 码本和 Type Ⅱ 码本。Type I 码本为常规精度码本，主要用于 SU MIMO 传输，又分为 Single Panel（单天线阵面）和 Multiple Panel（多天线阵面）两种类型。Type II 为高精度码本，主要用于 MU MIMO 传输。Type II 码本的 PMI 反馈开销比 Type I 大得多。本书只介绍 Type I 码本，Type II 码本请参考 3GPP 38.214 协议。

（1）Type I 单天线阵面码本

Type I 单天线阵面码本支持 2、4、8、12、16、24 和 32 个 CSI-RS 天线端口，支持 Rank1 ～ 8。

对于两天线 {3000, 3001}，且 codebookType 配置为 typeI-SinglePanel 时，每个 PMI 值对应一个 codebook index（码本索引），见表 6-70。配置参数 twoTX-CodebookSubsetRestriction 对应比特序列 $a_5,\cdots,a_1,a_0$，其中 a_0 是 LSB（最低有效位），a_5 是 MSB（最高有效位），比特取值为 0 表示不允许发送对应的 PMI report。比特 0 到 3 分别对应 $\upsilon=1$ 的 codebook index 0 ～ 3，比特 4 和 5 分别对应 $\upsilon=2$ 的 codebook index 0 和 1。

表 6-70 Codebook（1-layer 和 2-layer CSI report，天线端口 3000 到 3001）

码本索引	层数 υ		码本索引	层数 υ	
	1	2		1	2
0	$\frac{1}{\sqrt{2}}\begin{bmatrix}1\\1\end{bmatrix}$	$\frac{1}{2}\begin{bmatrix}1&1\\1&-1\end{bmatrix}$	2	$\frac{1}{\sqrt{2}}\begin{bmatrix}1\\-1\end{bmatrix}$	—
1	$\frac{1}{\sqrt{2}}\begin{bmatrix}1\\j\end{bmatrix}$	$\frac{1}{2}\begin{bmatrix}1&1\\j&-j\end{bmatrix}$	3	$\frac{1}{\sqrt{2}}\begin{bmatrix}1\\-j\end{bmatrix}$	—

对于 4 天线 {3000, 3001, 3002, 3003}、8 天线 {3000, 3001, ⋯, 3007}、12 天线 {3000, 3001, ⋯, 3011}、16 天线 {3000, 3001, ⋯, 3015}、24 天线 {3000, 3001, ⋯, 3023} 和 32 天线 {3000, 3001, ⋯, 3031}，且 codebookType 配置为 typeI-SinglePanel 时，处理过程为：当层数 $\upsilon\in\{2,3,4\}$ 时，每个 PMI 值对应 4 个 codebook index $i_{1,1}$，$i_{1,2}$，$i_{1,3}$，i_2；否则，每个 PMI 值对应 3 个 codebook index $i_{1,1}$，$i_{1,2}$，i_2。

codebook index i_1 定义为

$$i_1=\begin{cases}[i_{1,1}\quad i_{1,2}] & \upsilon\notin\{2,3,4\}\\ [i_{1,1}\quad i_{1,2}\quad i_{1,3}] & \upsilon\in\{2,3,4\}\end{cases}$$

1 ～ 8 层的码本见表 6-75 ～表 6-82。$i_{1,3}$ 映射到 k_1 和 k_2（2-layer report），见表 6-73。$i_{1,3}$ 映射到 k_1 和 k_2（3-layer 和 4-layer report，并且 $P_{\text{CSI-RS}}<16$），见表 6-74。变量 φ_n、θ_p、u_m、$\boldsymbol{v}_{l,m}$ 和 $\tilde{\boldsymbol{v}}_{l,m}$ 如下：

$$\varphi_n=\mathrm{e}^{j\pi n/2}$$

$$\theta_p=\mathrm{e}^{j\pi p/4}$$

$$u_m=\begin{cases}\begin{bmatrix}1 & \mathrm{e}^{j\frac{2\pi m}{O_2N_2}} & \cdots & \mathrm{e}^{j\frac{2\pi m(N_2-1)}{O_2N_2}}\end{bmatrix} & N_2>1\\ 1 & N_2=1\end{cases}$$

$$\boldsymbol{v}_{l,m}=\begin{bmatrix}u_m & \mathrm{e}^{j\frac{2\pi l}{O_1N_1}}u_m & \cdots & \mathrm{e}^{j\frac{2\pi l(N_1-1)}{O_1N_1}}u_m\end{bmatrix}^{\mathrm{T}}$$

$$\tilde{\boldsymbol{v}}_{l,m}=\begin{bmatrix}u_m & \mathrm{e}^{j\frac{4\pi l}{O_1N_1}}u_m & \cdots & \mathrm{e}^{j\frac{4\pi l(N_1/2-1)}{O_1N_1}}u_m\end{bmatrix}^{\mathrm{T}}$$

其中，N_1 和 N_2 通过参数 n1-n2 配置，不同 CSI-RS 天线端口支持的 (N_1,N_2) 配置和对应的 (O_1,O_2) 见表 6-72，CSI-RS 天线端口 $P_{\text{CSI-RS}}$ 等于 $2N_1N_2$。如果 N_2 等于 1，则 UE 只使用 $i_{1,2}=0$，并且不上报 $i_{1,2}$。由上面公式可知，矩阵 $\boldsymbol{v}_{l,m}$ 大小为 $N_1N_2\times1$，矩阵 $\tilde{\boldsymbol{v}}_{l,m}$ 大小为 $(N_1N_2/2)\times1$。

参数 n1-n2 对应比特序列 $a_{A_c-1},\cdots,a_1,a_0$，其中 a_0 是 LSB，a_{A_c-1} 是 MSB，比特取 0 表示对应的 PMI 不允许上报，比特长度为 $A_c=N_1O_1N_2O_2$。当层数 $\upsilon\in\{3,4\}$，并且天线端口为 16、24 或者 32 时，比特 $a_{(N_2O_2(2l-1)+m)\bmod N_1O_1N_2O_2}$、$a_{N_2O_2(2l)+m}$ 和 $a_{N_2O_2(2l+1)+m}$ 各自关联所有的 PMI，基于变量 $\tilde{\boldsymbol{v}}_{l,m}$，$l=0,\cdots,N_1O_1/2-1$，$m=0,\cdots,N_2O_2-1$，此时如果一个或多个关联的比特为 0，则对应基于 $\tilde{\boldsymbol{v}}_{l,m}$ 的任何 PMI 都不允许上报。除此之外，比特 $a_{N_2O_2l+m}$ 关联所有的 PMI，基于变量 $\boldsymbol{v}_{l,m}$，$l=0,\cdots,N_1O_1-1$，$m=0,\cdots,N_2O_2-1$。

【举例 34】假定 $\mu=4$，CSI-RS 天线端口为 16，CodebookConfig 配置为 typeI-SinglePanel->four-two-TypeI-SinglePanel-Restriction，即 N_1=4，N_2=2，则查表 6-72 得出 O_1=4，O_2=4，four-two-TypeI-SinglePanel-Restriction 占 128 bit，定义了限制使用哪些 PMI，如表 6-71 所示。

表 6-71 示例

$i_{1,1}$，即 $l=0,\cdots,N_1O_1/2-1$	$i_{1,2}$，即 $m=0,\cdots,N_2O_2-1$	$a_{(N_2O_2(2l-1)+m)\bmod N_1O_1N_2O_2}$	$a_{N_2O_2(2l)+m}$	$a_{N_2O_2(2l+1)+m}$
		比特编号，数字 0 表示 four-two-TypeI-SinglePanel-Restriction 字段的第 0 比特（LSB），数字 1 表示第 1 比特，以此类推		
0	0	−8mod128=120	0	8
	1	−7mod128=121	1	9
	2	−6mod128=122	2	10
	3	−5mod128=123	3	11
	4	−4mod128=124	4	12
	5	−3mod128=125	5	13
	6	−2mod128=126	6	14
	7	−1mod128=127	7	15
1	0	8mod128=8	16	24
	1	9mod128=9	17	25
	2	10mod128=10	18	26
	3	11mod128=11	19	27
	4	12mod128=12	20	28
	5	13mod128=13	21	29
	6	14mod128=14	22	30
	7	15mod128=15	23	31

注：其他取值的计算方法与此相同，不再列出。

由表 6-71 可看出：

1）$a_{(N_2O_2(2l-1)+m)\bmod N_1O_1N_2O_2}$、$a_{N_2O_2(2l)+m}$ 和 $a_{N_2O_2(2l+1)+m}$ 序列都对应所有的 PMI；

2）four-two-TypeI-SinglePanel-Restriction 字段每 bit 对应 1～2 个 PMI，比如 bit0 对应 1 个 PMI，bit8 对应 2 个 PMI；

3）每个 PMI 对应 3 个 bit，比如 $l=0$，$m=0$ 对应的 PMI，对应 bit0、bit8、bit120。

当 codebookType 配置为 typeI-SinglePanel 时，参数 typeI-SinglePanel-riRestriction 对应比特序列 $r_7,\cdots,r_1,r_0$，r_0 是 LSB，r_7 是 MSB。当 r_i 为 0，$i\in\{0,1,\cdots,7\}$ 时，不允许上报层数为 $\upsilon=i+1$ 的 PMI 和 RI。

当参数 reportQuantity 配置为 cri-RI-i1-CQI 时，参数 typeI-SinglePanel-codebookSubset-Restriction-i2 对应比特序列 $b_{15},\cdots,b_1,b_0$，b_0 是 LSB，b_{15} 是 MSB。比特 b_i 关联 PMI，其对应 codebook index $i_2=i$。当 b_i 为 0 时，不允许随机选择对应比特 b_i 的 PMI（用于 CQI 计算）。

表 6-72　支持的 (N_1,N_2) 和 (O_1,O_2) 配置

CSI-RS 天线端口数 $P_{\text{CSI-RS}}$	(N_1,N_2)	(O_1,O_2)	CSI-RS 天线端口数 $P_{\text{CSI-RS}}$	(N_1,N_2)	(O_1,O_2)
4	（2，1）	（4，1）	24	（4，3）	（4，4）
8	（2，2）	（4，4）		（6，2）	（4，4）
	（4，1）	（4，1）		（12，1）	（4，1）
12	（3，2）	（4，4）	32	（4，4）	（4，4）
	（6，1）	（4，1）		（8，2）	（4，4）
16	（4，2）	（4，4）		（16，1）	（4，1）
	（8，1）	（4，1）			

表 6-73　$i_{1,3}$ 到 k_1 和 k_2 的映射（2-layer CSI report）

$i_{1,3}$	$N_1>N_2>1$		$N_1=N_2$		$N_1=2, N_2=1$		$N_1>2, N_2=1$	
	k_1	k_2	k_1	k_2	k_1	k_2	k_1	k_2
0	0	0	0	0	0	0	0	0
1	O_1	0	O_1	0	O_1	0	O_1	0
2	0	O_2	0	O_2			$2O_1$	0
3	$2O_1$	0	O_1	O_2			$3O_1$	0

表 6-74　$i_{1,3}$ 到 k_1 和 k_2 的映射（3-layer 和 4-layer CSI report，并且 $P_{\text{CSI-RS}}<16$）

$i_{1,3}$	$N_1=2, N_2=1$		$N_1=4, N_2=1$		$N_1=6, N_2=1$		$N_1=2, N_2=2$		$N_1=3, N_2=2$	
	k_1	k_2	k_1	k_2	k_1	k_2	k_1	k_2	k_1	k_2
0	O_1	0	O_1	0	O_1	0	O_1	0	O_1	0
1			$2O_1$	0	$2O_1$	0	0	O_2	0	O_2
2			$3O_1$	0	$3O_1$	0	O_1	O_2	O_1	O_2
3					$4O_1$	0			$2O_1$	0

表 6-75 Codebook（用于 1-layer CSI report，天线端口 3000 到 2999+$P_{\text{CSI-RS}}$）

codebookMode = 1			
$i_{1,1}$	$i_{1,2}$	i_2	
$0,1,\cdots,N_1O_1-1$	$0,\cdots,N_2O_2-1$	$0,1,2,3$	$W^{(1)}_{i_{1,1},i_{1,2},i_2}$

$$W^{(1)}_{l,m,n}=\frac{1}{\sqrt{P_{\text{CSI-RS}}}}\begin{bmatrix}v_{l,m}\\ \varphi_n v_{l,m}\end{bmatrix}$$

codebookMode = 2, $N_2>1$					
$i_{1,1}$	$i_{1,2}$	i_2			
		0	1	2	3
$0,1,\cdots,\frac{N_1O_1}{2}-1$	$0,1,\cdots,\frac{N_2O_2}{2}-1$	$W^{(1)}_{2i_{1,1},2i_{1,2},0}$	$W^{(1)}_{2i_{1,1},2i_{1,2},1}$	$W^{(1)}_{2i_{1,1},2i_{1,2},2}$	$W^{(1)}_{2i_{1,1},2i_{1,2},3}$
$i_{1,1}$	$i_{1,2}$	i_2			
		4	5	6	7
$0,1,\cdots,\frac{N_1O_1}{2}-1$	$0,1,\cdots,\frac{N_2O_2}{2}-1$	$W^{(1)}_{2i_{1,1}+1,2i_{1,2},0}$	$W^{(1)}_{2i_{1,1}+1,2i_{1,2},1}$	$W^{(1)}_{2i_{1,1}+1,2i_{1,2},2}$	$W^{(1)}_{2i_{1,1}+1,2i_{1,2},3}$
$i_{1,1}$	$i_{1,2}$	i_2			
		8	9	10	11
$0,1,\cdots,\frac{N_1O_1}{2}-1$	$0,1,\cdots,\frac{N_2O_2}{2}-1$	$W^{(1)}_{2i_{1,1},2i_{1,2}+1,0}$	$W^{(1)}_{2i_{1,1},2i_{1,2}+1,1}$	$W^{(1)}_{2i_{1,1},2i_{1,2}+1,2}$	$W^{(1)}_{2i_{1,1},2i_{1,2}+1,3}$
$i_{1,1}$	$i_{1,2}$	i_2			
		12	13	14	15
$0,1,\cdots,\frac{N_1O_1}{2}-1$	$0,1,\cdots,\frac{N_2O_2}{2}-1$	$W^{(1)}_{2i_{1,1}+1,2i_{1,2}+1,0}$	$W^{(1)}_{2i_{1,1}+1,2i_{1,2}+1,1}$	$W^{(1)}_{2i_{1,1}+1,2i_{1,2}+1,2}$	$W^{(1)}_{2i_{1,1}+1,2i_{1,2}+1,3}$

$$W^{(1)}_{l,m,n}=\frac{1}{\sqrt{P_{\text{CSI-RS}}}}\begin{bmatrix}v_{l,m}\\ \varphi_n v_{l,m}\end{bmatrix}$$

codebookMode = 2, $N_2=1$					
$i_{1,1}$	$i_{1,2}$	i_2			
		0	1	2	3
$0,1,\cdots,\frac{N_1O_1}{2}-1$	0	$W^{(1)}_{2i_{1,1},0,0}$	$W^{(1)}_{2i_{1,1},0,1}$	$W^{(1)}_{2i_{1,1},0,2}$	$W^{(1)}_{2i_{1,1},0,3}$
$i_{1,1}$	$i_{1,2}$	i_2			
		4	5	6	7
$0,1,\cdots,\frac{N_1O_1}{2}-1$	0	$W^{(1)}_{2i_{1,1}+1,0,0}$	$W^{(1)}_{2i_{1,1}+1,0,1}$	$W^{(1)}_{2i_{1,1}+1,0,2}$	$W^{(1)}_{2i_{1,1}+1,0,3}$
$i_{1,1}$	$i_{1,2}$	i_2			
		8	9	10	11
$0,1,\cdots,\frac{N_1O_1}{2}-1$	0	$W^{(1)}_{2i_{1,1}+2,0,0}$	$W^{(1)}_{2i_{1,1}+2,0,1}$	$W^{(1)}_{2i_{1,1}+2,0,2}$	$W^{(1)}_{2i_{1,1}+2,0,3}$

（续）

$i_{1,1}$	$i_{1,2}$	i_2			
		12	13	14	15
$0,1,\cdots,\frac{N_1O_1}{2}-1$	0	$W^{(1)}_{2i_{1,1}+3,0,0}$	$W^{(1)}_{2i_{1,1}+3,0,1}$	$W^{(1)}_{2i_{1,1}+3,0,2}$	$W^{(1)}_{2i_{1,1}+3,0,3}$
$W^{(1)}_{l,m,n}=\frac{1}{\sqrt{P_{\text{CSI-RS}}}}\begin{bmatrix}v_{l,m}\\ \varphi_n v_{l,m}\end{bmatrix}$					

表 6-76　Codebook（用于 2-layer CSI report，天线端口 3000 到 2999+$P_{\text{CSI-RS}}$）

codebookMode = 1			
$i_{1,1}$	$i_{1,2}$	i_2	
$0,1,\cdots,N_1O_1-1$	$0,\cdots,N_2O_2-1$	0,1	$W^{(2)}_{i_{1,1},i_{1,1}+k_1,i_{1,2},i_{1,2}+k_2,i_2}$
$W^{(2)}_{l,l',m,m',n}=\frac{1}{\sqrt{2P_{\text{CSI-RS}}}}\begin{bmatrix}v_{l,m} & v_{l',m'}\\ \varphi_n v_{l,m} & -\varphi_n v_{l',m'}\end{bmatrix}$，$i_{1,3}$ 到 k_1 和 k_2 的映射见表 6-73			

codebookMode = 2，$N_2>1$			
$i_{1,1}$	$i_{1,2}$	i_2	
		0	1
$0,\cdots,\frac{N_1O_1}{2}-1$	$0,\cdots,\frac{N_2O_2}{2}-1$	$W^{(2)}_{2i_{1,1},2i_{1,1}+k_1,2i_{1,2},2i_{1,2}+k_2,0}$	$W^{(2)}_{2i_{1,1},2i_{1,1}+k_1,2i_{1,2},2i_{1,2}+k_2,1}$
$i_{1,1}$	$i_{1,2}$	i_2	
		2	3
$0,\cdots,\frac{N_1O_1}{2}-1$	$0,\cdots,\frac{N_2O_2}{2}-1$	$W^{(2)}_{2i_{1,1}+1,2i_{1,1}+1+k_1,2i_{1,2},2i_{1,2}+k_2,0}$	$W^{(2)}_{2i_{1,1}+1,2i_{1,1}+1+k_1,2i_{1,2},2i_{1,2}+k_2,1}$
$i_{1,1}$	$i_{1,2}$	i_2	
		4	5
$0,\cdots,\frac{N_1O_1}{2}-1$	$0,\cdots,\frac{N_2O_2}{2}-1$	$W^{(2)}_{2i_{1,1},2i_{1,1}+k_1,2i_{1,2}+1,2i_{1,2}+1+k_2,0}$	$W^{(2)}_{2i_{1,1},2i_{1,1}+k_1,2i_{1,2}+1,2i_{1,2}+1+k_2,1}$
$i_{1,1}$	$i_{1,2}$	i_2	
		6	7
$0,\cdots,\frac{N_1O_1}{2}-1$	$0,\cdots,\frac{N_2O_2}{2}-1$	$W^{(2)}_{2i_{1,1}+1,2i_{1,1}+1+k_1,2i_{1,2}+1,2i_{1,2}+1+k_2,0}$	$W^{(2)}_{2i_{1,1}+1,2i_{1,1}+1+k_1,2i_{1,2}+1,2i_{1,2}+1+k_2,1}$
$W^{(2)}_{l,l',m,m',n}=\frac{1}{\sqrt{2P_{\text{CSI-RS}}}}\begin{bmatrix}v_{l,m} & v_{l',m'}\\ \varphi_n v_{l,m} & -\varphi_n v_{l',m'}\end{bmatrix}$，$i_{1,3}$ 到 k_1 和 k_2 的映射见表 6-73			

codebookMode = 2，$N_2=1$					
$i_{1,1}$	$i_{1,2}$	i_2			
		0	1	2	3
$0,\cdots,\frac{N_1O_1}{2}-1$	0	$W^{(2)}_{2i_{1,1},2i_{1,1}+k_1,0,0,0}$	$W^{(2)}_{2i_{1,1},2i_{1,1}+k_1,0,0,1}$	$W^{(2)}_{2i_{1,1}+1,2i_{1,1}+1+k_1,0,0,0}$	$W^{(2)}_{2i_{1,1}+1,2i_{1,1}+1+k_1,0,0,1}$

（续）

$i_{1,1}$	$i_{1,2}$	i_2			
		4	5	6	7
$0,\cdots,\frac{N_1O_1}{2}-1$	0	$W^{(2)}_{2i_{1,1}+2,2i_{1,1}+2+k_1,0,0,0}$	$W^{(2)}_{2i_{1,1}+2,2i_{1,1}+2+k_1,0,0,1}$	$W^{(2)}_{2i_{1,1}+3,2i_{1,1}+3+k_1,0,0,0}$	$W^{(2)}_{2i_{1,1}+3,2i_{1,1}+3+k_1,0,0,1}$

$$W^{(2)}_{l,l',m,m',n}=\frac{1}{\sqrt{2P_{\text{CSI-RS}}}}\begin{bmatrix} v_{l,m} & v_{l',m'} \\ \varphi_n v_{l,m} & -\varphi_n v_{l',m'} \end{bmatrix}$$，$i_{1,3}$ 到 k_1 的映射见表 6-73

表 6-77　Codebook（用于 3-layer CSI report，天线端口 3000 到 2999+$P_{\text{CSI-RS}}$）

codebookMode = 1 ～ 2，$P_{\text{CSI-RS}}<16$			
$i_{1,1}$	$i_{1,2}$	i_2	
$0,\cdots,N_1O_1-1$	$0,1,\cdots,N_2O_2-1$	0,1	$W^{(3)}_{i_{1,1},i_{1,1}+k_1,i_{1,2},i_{1,2}+k_2,i_2}$

$$W^{(3)}_{l,l',m,m',n}=\frac{1}{\sqrt{3P_{\text{CSI-RS}}}}\begin{bmatrix} v_{l,m} & v_{l',m'} & v_{l,m} \\ \varphi_n v_{l,m} & \varphi_n v_{l',m'} & -\varphi_n v_{l,m} \end{bmatrix}$$，$i_{1,3}$ 到 k_1 和 k_2 的映射见表 6-74

codebookMode = 1 ～ 2，$P_{\text{CSI-RS}}\geqslant 16$				
$i_{1,1}$	$i_{1,2}$	$i_{1,3}$	i_2	
$0,\cdots,\frac{N_1O_1}{2}-1$	$0,\cdots,N_2O_2-1$	0,1,2,3	0,1	$W^{(3)}_{i_{1,1},i_{1,2},i_{1,3},i_2}$

$$W^{(3)}_{l,m,p,n}=\frac{1}{\sqrt{3P_{\text{CSI-RS}}}}\begin{bmatrix} \tilde{v}_{l,m} & \tilde{v}_{l,m} & \tilde{v}_{l,m} \\ \theta_p\tilde{v}_{l,m} & -\theta_p\tilde{v}_{l,m} & \theta_p\tilde{v}_{l,m} \\ \varphi_n\tilde{v}_{l,m} & \varphi_n\tilde{v}_{l,m} & -\varphi_n\tilde{v}_{l,m} \\ \varphi_n\theta_p\tilde{v}_{l,m} & -\varphi_n\theta_p\tilde{v}_{l,m} & -\varphi_n\theta_p\tilde{v}_{l,m} \end{bmatrix}$$

表 6-78　Codebook（用于 4-layer CSI report，天线端口 3000 到 2999+$P_{\text{CSI-RS}}$）

codebookMode = 1 ～ 2，$P_{\text{CSI-RS}}<16$			
$i_{1,1}$	$i_{1,2}$	i_2	
$0,\cdots,N_1O_1-1$	$0,1,\cdots,N_2O_2-1$	0,1	$W^{(4)}_{i_{1,1},i_{1,1}+k_1,i_{1,2},i_{1,2}+k_2,i_2}$

$$W^{(4)}_{l,l',m,m',n}=\frac{1}{\sqrt{4P_{\text{CSI-RS}}}}\begin{bmatrix} v_{l,m} & v_{l',m'} & v_{l,m} & v_{l',m'} \\ \varphi_n v_{l,m} & \varphi_n v_{l',m'} & -\varphi_n v_{l,m} & -\varphi_n v_{l',m'} \end{bmatrix}$$，$i_{1,3}$ 到 k_1 和 k_2 的映射见表 6-74

codebookMode = 1 ～ 2，$P_{\text{CSI-RS}}\geqslant 16$				
$i_{1,1}$	$i_{1,2}$	$i_{1,3}$	i_2	
$0,\cdots,\frac{N_1O_1}{2}-1$	$0,\cdots,N_2O_2-1$	0,1,2,3	0,1	$W^{(4)}_{i_{1,1},i_{1,2},i_{1,3},i_2}$

$$W^{(4)}_{l,m,p,n}=\frac{1}{\sqrt{4P_{\text{CSI-RS}}}}\begin{bmatrix} \tilde{v}_{l,m} & \tilde{v}_{l,m} & \tilde{v}_{l,m} & \tilde{v}_{l,m} \\ \theta_p\tilde{v}_{l,m} & -\theta_p\tilde{v}_{l,m} & \theta_p\tilde{v}_{l,m} & -\theta_p\tilde{v}_{l,m} \\ \varphi_n\tilde{v}_{l,m} & \varphi_n\tilde{v}_{l,m} & -\varphi_n\tilde{v}_{l,m} & -\varphi_n\tilde{v}_{l,m} \\ \varphi_n\theta_p\tilde{v}_{l,m} & -\varphi_n\theta_p\tilde{v}_{l,m} & -\varphi_n\theta_p\tilde{v}_{l,m} & \varphi_n\theta_p\tilde{v}_{l,m} \end{bmatrix}$$

表 6-79 Codebook（用于 5-layer CSI report，天线端口 3000 到 2999+$P_{\text{CSI-RS}}$）

codebookMode = 1 ～ 2				
	$i_{1,1}$	$i_{1,2}$	i_2	
$N_2>1$	$0,\cdots,N_1O_1-1$	$0,\cdots,N_2O_2-1$	0,1	$W^{(5)}_{i_{1,1},i_{1,1}+O_1,i_{1,1}+O_1,i_{1,2},i_{1,2},i_{1,2}+O_2,i_2}$
$N_1>2,N_2=1$	$0,\cdots,N_1O_1-1$	0	0,1	$W^{(5)}_{i_{1,1},i_{1,1}+O_1,i_{1,1}+2O_1,0,0,0,i_2}$

$$W^{(5)}_{l,l',l'',m,m',m'',n}=\frac{1}{\sqrt{5P_{\text{CSI-RS}}}}\begin{bmatrix} v_{l,m} & v_{l,m} & v_{l',m'} & v_{l',m'} & v_{l'',m''} \\ \varphi_n v_{l,m} & -\varphi_n v_{l,m} & v_{l',m'} & -v_{l',m'} & v_{l'',m''} \end{bmatrix}$$

表 6-80 Codebook（用于 6-layer CSI report，天线端口 3000 到 2999+$P_{\text{CSI-RS}}$）

codebookMode = 1 ～ 2				
	$i_{1,1}$	$i_{1,2}$	i_2	
$N_2>1$	$0,\cdots,N_1O_1-1$	$0,\cdots,N_2O_2-1$	0,1	$W^{(6)}_{i_{1,1},i_{1,1}+O_1,i_{1,1}+O_1,i_{1,2},i_{1,2},i_{1,2}+O_2,i_2}$
$N_1>2,N_2=1$	$0,\cdots,N_1O_1-1$	0	0,1	$W^{(6)}_{i_{1,1},i_{1,1}+O_1,i_{1,1}+2O_1,0,0,0,i_2}$

$$W^{(6)}_{l,l',l'',m,m',m'',n}=\frac{1}{\sqrt{6P_{\text{CSI-RS}}}}\begin{bmatrix} v_{l,m} & v_{l,m} & v_{l',m'} & v_{l',m'} & v_{l'',m''} & v_{l'',m''} \\ \varphi_n v_{l,m} & -\varphi_n v_{l,m} & \varphi_n v_{l',m'} & -\varphi_n v_{l',m'} & v_{l'',m''} & -v_{l'',m''} \end{bmatrix}$$

表 6-81 Codebook（用于 7-layer CSI report，天线端口 3000 到 2999+$P_{\text{CSI-RS}}$）

codebookMode = 1 ～ 2				
	$i_{1,1}$	$i_{1,2}$	i_2	
$N_1=4,N_2=1$	$0,\cdots,\frac{N_1O_1}{2}-1$	0	0,1	$W^{(7)}_{i_{1,1},i_{1,1}+O_1,i_{1,1}+2O_1,i_{1,1}+3O_1,0,0,0,0,i_2}$
$N_1>4,N_2=1$	$0,\cdots,N_1O_1-1$	0	0,1	$W^{(7)}_{i_{1,1},i_{1,1}+O_1,i_{1,1}+2O_1,i_{1,1}+3O_1,0,0,0,0,i_2}$
$N_1=2,N_2=2$	$0,\cdots,N_1O_1-1$	$0,\cdots,N_2O_2-1$	0,1	$W^{(7)}_{i_{1,1},i_{1,1}+O_1,i_{1,1},i_{1,1}+O_1,i_{1,2},i_{1,2},i_{1,2}+O_2,i_{1,2}+O_2,i_2}$
$N_1>2,N_2=2$	$0,\cdots,N_1O_1-1$	$0,\cdots,\frac{N_2O_2}{2}-1$	0,1	$W^{(7)}_{i_{1,1},i_{1,1}+O_1,i_{1,1},i_{1,1}+O_1,i_{1,2},i_{1,2},i_{1,2}+O_2,i_{1,2}+O_2,i_2}$
$N_1>2,N_2>2$	$0,\cdots,N_1O_1-1$	$0,\cdots,N_2O_2-1$	0,1	$W^{(7)}_{i_{1,1},i_{1,1}+O_1,i_{1,1},i_{1,1}+O_1,i_{1,2},i_{1,2},i_{1,2}+O_2,i_{1,2}+O_2,i_2}$

$$W^{(7)}_{l,l',l'',l''',m,m',m'',m''',n}=\frac{1}{\sqrt{7P_{\text{CSI-RS}}}}\begin{bmatrix} v_{l,m} & v_{l,m} & v_{l',m'} & v_{l'',m''} & v_{l'',m''} & v_{l''',m'''} & v_{l''',m'''} \\ \varphi_n v_{l,m} & -\varphi_n v_{l,m} & \varphi_n v_{l',m'} & v_{l'',m''} & -v_{l'',m''} & v_{l''',m'''} & -v_{l''',m'''} \end{bmatrix}$$

表 6-82 Codebook（用于 8-layer CSI report，天线端口 3000 到 2999+$P_{\text{CSI-RS}}$）

codebookMode = 1 ～ 2				
	$i_{1,1}$	$i_{1,2}$	i_2	
$N_1=4,N_2=1$	$0,\cdots,\frac{N_1O_1}{2}-1$	0	0,1	$W^{(8)}_{i_{1,1},i_{1,1}+O_1,i_{1,1}+2O_1,i_{1,1}+3O_1,0,0,0,0,i_2}$
$N_1>4,N_2=1$	$0,\cdots,N_1O_1-1$	0	0,1	$W^{(8)}_{i_{1,1},i_{1,1}+O_1,i_{1,1}+2O_1,i_{1,1}+3O_1,0,0,0,0,i_2}$
$N_1=2,N_2=2$	$0,\cdots,N_1O_1-1$	$0,\cdots,N_2O_2-1$	0,1	$W^{(8)}_{i_{1,1},i_{1,1}+O_1,i_{1,1},i_{1,1}+O_1,i_{1,2},i_{1,2},i_{1,2}+O_2,i_{1,2}+O_2,i_2}$

（续）

codebookMode = 1 ～ 2				
	$i_{1,1}$	$i_{1,2}$	i_2	
$N_1>2,N_2=2$	$0,\cdots,N_1O_1-1$	$0,\cdots,\frac{N_2O_2}{2}-1$	0,1	$\boldsymbol{W}^{(8)}_{i_{1,1},i_{1,1}+O_1,i_{1,1},i_{1,1}+O_1,i_{1,2},i_{1,2},i_{1,2}+O_2,i_{1,2}+O_2,i_2}$
$N_1>2,N_2>2$	$0,\cdots,N_1O_1-1$	$0,\cdots,N_2O_2-1$	0,1	$\boldsymbol{W}^{(8)}_{i_{1,1},i_{1,1}+O_1,i_{1,1},i_{1,1}+O_1,i_{1,2},i_{1,2},i_{1,2}+O_2,i_{1,2}+O_2,i_2}$
$\boldsymbol{W}^{(8)}_{l,l',l'',l''',m,m',m'',m''',n}=\frac{1}{\sqrt{8P_{\text{CSI-RS}}}}\begin{bmatrix} v_{l,m} & v_{l,m} & v_{l',m'} & v_{l',m'} & v_{l'',m''} & v_{l'',m''} & v_{l''',m'''} & v_{l''',m'''} \\ \varphi_n v_{l,m} & -\varphi_n v_{l,m} & \varphi_n v_{l',m'} & -\varphi_n v_{l',m'} & v_{l'',m''} & -v_{l'',m''} & v_{l''',m'''} & -v_{l''',m'''} \end{bmatrix}$				

（2）Type I 多天线阵面码本

Type I 多天线阵面码本支持 8、16 和 32 个 CSI-RS 天线端口，只支持 Rank1 ～ 4。对于 8 天线 {3000, 3001, …, 3007}、16 天线 {3000, 3001, …, 3015} 和 32 天线 {3000, 3001, …, 3031}，且 codebookType 配置为 typeI-MultiPanel 时，处理如下。

- N_g、N_1 和 N_2 通过参数 ng-n1-n2 配置，不同 CSI-RS 天线端口支持的 (N_g,N_1,N_2) 配置和对应的 (O_1,O_2) 见表 6-83，CSI-RS 天线端口 $P_{\text{CSI-RS}}$ 等于 $2N_gN_1N_2$。
- $N_g=2$ 时，codebookMode可配置为1或者2；$N_g=4$ 时，codebookMode只能配置为1。

参数 ng-n1-n2 对应比特序列 $a_{A_c-1},\cdots,a_1,a_0$，a_0 是 LSB，a_{A_c-1} 是 MSB，比特取值为 0 表示对应的 PMI 不允许上报，比特长度为 $A_c=N_1O_1N_2O_2$。比特 $a_{N_2O_2l+m}$ 关联所有的 PMI，基于变量 $v_{l,m}$，$l=0,\cdots,N_1O_1-1$，$m=0,\cdots,N_2O_2-1$。参数 ri-Restriction 对应比特序列 $r_3,\cdots,r_1,r_0$，r_0 是 LSB，r_3 是 MSB。当 r_i 为 0，$i\in\{0,1,\cdots,3\}$ 时，不允许上报层数为 $\upsilon=i+1$ 的 PMI 和 RI。

表 6-83　支持的 (N_g,N_1,N_2) 和 (O_1,O_2) 配置

CSI-RS 天线端口数 $P_{\text{CSI-RS}}$	(N_g,N_1,N_2)	(O_1,O_2)
8	(2,2,1)	(4,1)
16	(2,4,1)	(4,1)
	(4,2,1)	(4,1)
	(2,2,2)	(4,4)
32	(2,8,1)	(4,1)
	(4,4,1)	(4,1)
	(2,4,2)	(4,4)
	(4,2,2)	(4,4)

每个 PMI 值对应 codebook index i_1 和 i_2，i_1 为

$$i_1=\begin{cases}[i_{1,1} \quad i_{1,2} \quad i_{1,4}] & \upsilon=1 \\ [i_{1,1} \quad i_{1,2} \quad i_{1,3} \quad i_{1,4}] & \upsilon\in\{2,3,4\}\end{cases}$$

其中，υ 为关联的 RI 值。

当 codebookMode 配置为 1 时，$i_{1,4}$ 为

$$i_{1,4}=\begin{cases} i_{1,4,1} & N_g=2 \\ [i_{1,4,1} \quad i_{1,4,2} \quad i_{1,4,3}] & N_g=4 \end{cases}$$

当 codebookMode 配置为 2 时，$i_{1,4}$ 和 i_2 为

$$i_{1,4}=[i_{1,4,1} \quad i_{1,4,2}]$$
$$i_2=[i_{2,0} \quad i_{2,1} \quad i_{2,2}]$$

$i_{1,3}$ 映射到 k_1 和 k_2（2-layer report），见表 6-73。$i_{1,3}$ 映射到 k_1 和 k_2（3-layer 和 4-layer report），见表 6-84。如果 N_2 为 1，UE 只使用 $i_{1,2}=0$，并且不上报 $i_{1,2}$。

表 6-84 $i_{1,3}$ 到 k_1 和 k_2 的映射（3-layer 和 4-layer CSI report）

$i_{1,3}$	$N_1=2, N_2=1$		$N_1=4, N_2=1$		$N_1=8, N_2=1$		$N_1=2, N_2=2$		$N_1=4, N_2=2$	
	k_1	k_2	k_1	k_2	k_1	k_2	k_1	k_2	k_1	k_2
0	O_1	0	O_1	0	O_1	0	O_1	0	O_1	0
1			$2O_1$	0	$2O_1$	0	0	O_2	0	O_2
2			$3O_1$	0	$3O_1$	0	O_1	O_2	O_1	O_2
3					$4O_1$	0			$2O_1$	0

φ_n，a_p，b_n，u_m 和 $v_{l,m}$ 用于定义码本元素，具体定义如下：

$$\varphi_n=\mathrm{e}^{j\pi n/2}$$
$$a_p=\mathrm{e}^{j\pi/4}e^{j\pi p/2}$$
$$b_n=\mathrm{e}^{-j\pi/4}e^{j\pi n/2}$$
$$u_m=\begin{cases}\begin{bmatrix}1 & \mathrm{e}^{j\frac{2\pi m}{O_2N_2}} & \cdots & \mathrm{e}^{j\frac{2\pi m(N_2-1)}{O_2N_2}}\end{bmatrix} & N_2>1 \\ 1 & N_2=1\end{cases}$$
$$v_{l,m}=\begin{bmatrix}u_m & \mathrm{e}^{j\frac{2\pi l}{O_1N_1}}u_m & \cdots & \mathrm{e}^{j\frac{2\pi l(N_1-1)}{O_1N_1}}u_m\end{bmatrix}^{\mathrm{T}}$$

变量 $\boldsymbol{W}_{l,m,p,n}^{1,N_g,1}$ 和 $\boldsymbol{W}_{l,m,p,n}^{2,N_g,1}$（$N_g\in\{2,4\}$）定义如下：

$$\boldsymbol{W}_{l,m,p,n}^{1,2,1}=\frac{1}{\sqrt{P_{\text{CSI-RS}}}}\begin{bmatrix}v_{l,m}\\ \varphi_n v_{l,m}\\ \varphi_{p_1}v_{l,m}\\ \varphi_n\varphi_{p_1}v_{l,m}\end{bmatrix} \quad \boldsymbol{W}_{l,m,p,n}^{2,2,1}=\frac{1}{\sqrt{P_{\text{CSI-RS}}}}\begin{bmatrix}v_{l,m}\\ -\varphi_n v_{l,m}\\ \varphi_{p_1}v_{l,m}\\ -\varphi_n\varphi_{p_1}v_{l,m}\end{bmatrix}$$

$$W_{l,m,p,n}^{1,4,1}=\frac{1}{\sqrt{P_{\text{CSI-RS}}}}\begin{bmatrix} v_{l,m} \\ \varphi_n v_{l,m} \\ \varphi_{p_1} v_{l,m} \\ \varphi_n\varphi_{p_1} v_{l,m} \\ \varphi_{p_2} v_{l,m} \\ \varphi_n\varphi_{p_2} v_{l,m} \\ \varphi_{p_3} v_{l,m} \\ \varphi_n\varphi_{p_3} v_{l,m} \end{bmatrix} \quad W_{l,m,p,n}^{2,4,1}=\frac{1}{\sqrt{P_{\text{CSI-RS}}}}\begin{bmatrix} v_{l,m} \\ -\varphi_n v_{l,m} \\ \varphi_{p_1} v_{l,m} \\ -\varphi_n\varphi_{p_1} v_{l,m} \\ \varphi_{p_2} v_{l,m} \\ -\varphi_n\varphi_{p_2} v_{l,m} \\ \varphi_{p_3} v_{l,m} \\ -\varphi_n\varphi_{p_3} v_{l,m} \end{bmatrix}$$

其中，$p=\begin{cases} p_1 & N_g=2 \\ [p_1 \quad p_2 \quad p_3] & N_g=4 \end{cases}$。

变量 $W_{l,m,p,n}^{1,N_g,2}$ 和 $W_{l,m,p,n}^{2,N_g,2}$（$N_g=2$）定义如下：

$$W_{l,m,p,n}^{1,2,2}=\frac{1}{\sqrt{P_{\text{CSI-RS}}}}\begin{bmatrix} v_{l,m} \\ \varphi_{n_0} v_{l,m} \\ a_{p_1}b_{n_1} v_{l,m} \\ a_{p_2}b_{n_2} v_{l,m} \end{bmatrix} \quad W_{l,m,p,n}^{2,2,2}=\frac{1}{\sqrt{P_{\text{CSI-RS}}}}\begin{bmatrix} v_{l,m} \\ -\varphi_{n_0} v_{l,m} \\ a_{p_1}b_{n_1} v_{l,m} \\ -a_{p_2}b_{n_2} v_{l,m} \end{bmatrix}$$

其中，$\begin{matrix} p=[p_1 \quad p_2] \\ n=[n_0 \quad n_1 \quad n_2] \end{matrix}$。

1 ～ 4 层的码本见表 6-85 ～表 6-88。

表 6-85 Codebook（用于 1-layer CSI report，天线端口 3000 到 2999+$P_{\text{CSI-RS}}$）

codebookMode = 1，$N_g \in \{2,4\}$				
$i_{1,1}$	$i_{1,2}$	$i_{1,4,q}, q=1,\cdots,N_g-1$	i_2	
$0,\cdots,N_1O_1-1$	$0,\cdots,N_2O_2-1$	0,1,2,3	0,1,2,3	$W_{i_{1,1},i_{1,2},i_{1,4},i_2}^{(1)}$
$W_{l,m,p,n}^{(1)}=W_{l,m,p,n}^{1,N_g,1}$				

codebookMode = 2，$N_g=2$					
$i_{1,1}$	$i_{1,2}$	$i_{1,4,q}$，$q=1,2$	$i_{2,0}$	$i_{2,q}$，$q=1,2$	
$0,\cdots,N_1O_1-1$	$0,\cdots,N_2O_2-1$	0,1,2,3	0,1,2,3	0,1	$W_{i_{1,1},i_{1,2},i_{1,4},i_2}^{(1)}$
$W_{l,m,p,n}^{(1)}=W_{l,m,p,n}^{1,N_g,2}$.					

表 6-86 Codebook（用于 2-layer CSI report，天线端口 3000 到 2999+$P_{\text{CSI-RS}}$）

codebookMode = 1，$N_g \in \{2,4\}$				
$i_{1,1}$	$i_{1,2}$	$i_{1,4,q}, q=1,\cdots,N_g-1$	i_2	
$0,\cdots,N_1O_1-1$	$0,\cdots,N_2O_2-1$	0,1,2,3	0,1	$W_{i_{1,1},i_{1,1}+k_1,i_{1,2},i_{1,2}+k_2,i_{1,4},i_2}^{(2)}$
$W_{l,l',m,m',p,n}^{(2)}=\frac{1}{\sqrt{2}}\begin{bmatrix} W_{l,m,p,n}^{1,N_g,1} & W_{l',m',p,n}^{2,N_g,1} \end{bmatrix}$，$i_{1,3}$ 到 k_1 和 k_2 的映射见表 6-73				

（续）

codebookMode = 2, $N_g = 2$				
$i_{1,1}$	$i_{1,2}$	$i_{1,4,q}$, $q = 1,2$	$i_{2,q}$, $q = 0,1,2$	
$0,\cdots,N_1O_1-1$	$0,\cdots,N_2O_2-1$	$0,1,2,3$	$0,1$	$W^{(2)}_{i_{1,1},i_{1,1}+k_1,i_{1,2},i_{1,2}+k_2,i_{1,4},i_2}$
$W^{(2)}_{l,l',m,m',p,n} = \frac{1}{\sqrt{2}}\begin{bmatrix} W^{1,N_g,2}_{l,m,p,n} & W^{2,N_g,2}_{l',m',p,n} \end{bmatrix}$，$i_{1,3}$ 到 k_1 和 k_2 的映射见表 6-73				

表 6-87　Codebook（用于 3-layer CSI report，天线端口 3000 到 2999+$P_{\text{CSI-RS}}$）

codebookMode = 1, $N_g \in \{2,4\}$				
$i_{1,1}$	$i_{1,2}$	$i_{1,4,q}$, $q = 1,\cdots,N_g-1$	i_2	
$0,\cdots,N_1O_1-1$	$0,\cdots,N_2O_2-1$	$0,1,2,3$	$0,1$	$W^{(3)}_{i_{1,1},i_{1,1}+k_1,i_{1,2},i_{1,2}+k_2,i_{1,4},i_2}$
$W^{(3)}_{l,l',m,m',p,n} = \frac{1}{\sqrt{3}}\begin{bmatrix} W^{1,N_g,1}_{l,m,p,n} & W^{1,N_g,1}_{l',m',p,n} & W^{2,N_g,1}_{l,m,p,n} \end{bmatrix}$，$i_{1,3}$ 到 k_1 和 k_2 的映射见表 6-84				

codebookMode = 2, $N_g = 2$				
$i_{1,1}$	$i_{1,2}$	$i_{1,4,q}$, $q = 1,2$	$i_{2,q}$, $q = 0,1,2$	
$0,\cdots,N_1O_1-1$	$0,\cdots,N_2O_2-1$	$0,1,2,3$	$0,1$	$W^{(3)}_{i_{1,1},i_{1,1}+k_1,i_{1,2},i_{1,2}+k_2,i_{1,4},i_2}$
$W^{(3)}_{l,l',m,m',p,n} = \frac{1}{\sqrt{3}}\begin{bmatrix} W^{1,N_g,2}_{l,m,p,n} & W^{1,N_g,2}_{l',m',p,n} & W^{2,N_g,2}_{l,m,p,n} \end{bmatrix}$，$i_{1,3}$ 到 k_1 和 k_2 的映射见表 6-84				

表 6-88　Codebook（用于 4-layer CSI report，天线端口 3000 到 2999+$P_{\text{CSI-RS}}$）

codebookMode = 1, $N_g \in \{2,4\}$				
$i_{1,1}$	$i_{1,2}$	$i_{1,4,q}$, $q = 1,\cdots,N_g-1$	i_2	
$0,\cdots,N_1O_1-1$	$0,\cdots,N_2O_2-1$	$0,1,2,3$	$0,1$	$W^{(4)}_{i_{1,1},i_{1,1}+k_1,i_{1,2},i_{1,2}+k_2,i_{1,4},i_2}$
$W^{(4)}_{l,l',m,m',p,n} = \frac{1}{\sqrt{4}}\begin{bmatrix} W^{1,N_g,1}_{l,m,p,n} & W^{1,N_g,1}_{l',m',p,n} & W^{2,N_g,1}_{l,m,p,n} & W^{2,N_g,1}_{l',m',p,n} \end{bmatrix}$，$i_{1,3}$ 到 k_1 和 k_2 的映射见表 6-84				

codebookMode = 2, $N_g = 2$				
$i_{1,1}$	$i_{1,2}$	$i_{1,4,q}$, $q = 1,2$	$i_{2,q}$, $q = 0,1,2$	
$0,\cdots,N_1O_1-1$	$0,\cdots,N_2O_2-1$	$0,1,2,3$	$0,1$	$W^{(4)}_{i_{1,1},i_{1,1}+k_1,i_{1,2},i_{1,2}+k_2,i_{1,4},i_2}$
$W^{(4)}_{l,l',m,m',p,n} = \frac{1}{\sqrt{4}}\begin{bmatrix} W^{1,N_g,2}_{l,m,p,n} & W^{1,N_g,2}_{l',m',p,n} & W^{2,N_g,2}_{l,m,p,n} & W^{2,N_g,2}_{l',m',p,n} \end{bmatrix}$，$i_{1,3}$ 到 k_1 和 k_2 的映射见表 6-84				

6.3.6　CSI 上报

1. reportQuantity 说明

reportQuantity 可以配置为 none、cri-RI-PMI-CQI、cri-RI-i1、cri-RI-i1-CQI、cri-RI-CQI、cri-RSRP、ssb-Index-RSRP 或者 cri-RI-LI-PMI-CQI。NR 的 CSI 反馈既支持波束管理，也支持 CSI 获取。用于波束管理时，UE 仅测量波束的参考信号接收功率（RSRP），不用进行干扰测量，此时 reportQuantity 可配置为 none、cri-RSRP 或者 ssb-Index-RSRP；用于 CSI 获取时，

UE需要同时进行信道测量和干扰测量，此时reportQuantity可配置为cri-RI-PMI-CQI、cri-RI-i1、cri-RI-i1-CQI、cri-RI-CQI或者cri-RI-LI-PMI-CQI。

1）如果reportQuantity配置为none，则UE不上报任何内容。

2）如果reportQuantity配置为cri-RI-PMI-CQI或者cri-RI-LI-PMI-CQI，则UE上报一个优选的宽带PMI，或者上报每个优选的子带PMI。

3）如果reportQuantity配置为cri-RI-i1，则UE期望codebookType配置为typeI-SinglePanel，pmi-FormatIndicator配置为widebandPMI，并且UE上报一个宽带PMI的i_1。i_1的定义见6.3.5节，可用于对CSI-RS进行赋形。

4）如果reportQuantity配置为cri-RI-i1-CQI，则UE期望codebookType配置为typeI-SinglePanel，pmi-FormatIndicator配置为widebandPMI，并且UE上报一个宽带PMI的i_1。i_1的定义见6.3.5节。CQI计算基于上报的i_1，假定使用N_p（$N_p \geqslant 1$）个预编码矩阵（对应相同的i_1，不同的i_2，定义见6.3.5节）进行PDSCH传输，其中，UE假定从N_p个预编码矩阵中随机选择一个预编码矩阵，用于PDSCH的每个PRG（用于CQI计算的PRG大小由参数pdsch-BundleSizeForCSI配置）。

5）如果reportQuantity配置为cri-RI-CQI，那么处理如下。

- 如果UE配置了non-PMI-PortIndication，则r个天线端口对应r层（即rank r）。non-PMI-PortIndication对应序列$P_0^{(1)},P_0^{(2)},P_1^{(2)},P_0^{(3)},P_1^{(3)},P_2^{(3)},\cdots,P_0^{(R)},P_1^{(R)},\cdots,P_{R-1}^{(R)}$，每个值为天线端口索引，rank v对应的CSI-RS天线端口索引为$p_0^{(v)},\cdots,p_{v-1}^{(v)}$，$R\in\{1,2,\cdots,P\}$，其中，$P\in\{1,2,4,8\}$为CSI-RS的天线端口数。UE只上报对应配置参数PortIndexFor8Ranks的RI。
- 如果UE没有配置non-PMI-PortIndication，则CSI-RS天线端口索引为$p_0^{(v)},\cdots,p_{v-1}^{(v)}=\{0,\cdots,v-1\}$，关联rank $v=1,2,\cdots,P$，其中，$P\in\{1,2,4,8\}$为CSI-RS的天线端口数。
- 当计算某个rank的CQI时，UE使用该rank对应的天线端口的CSI-RS资源，对应的预编码矩阵为$\frac{1}{\sqrt{v}}$。

6）如果reportQuantity配置为cri-RSRP或者ssb-Index-RSRP，那么处理如下。

- 如果groupBasedBeamReporting配置为disabled，则UE不需要更新超过64个CSI-RS和/或SSB资源的测量结果，并且在一个report中上报nrofReportedRS个不同的CRI或者SSBRI。
- 如果groupBasedBeamReporting配置为enabled，则UE不需要更新超过64个CSI-RS和/或SSB资源的测量结果，并且在一个report中上报两个不同的CRI或者SSBRI，其中，CSI-RS和/或SSB资源可以同时被UE接收（通过一个或者多个空域接收滤波器）。

如果reportQuantity配置为cri-RSRP、cri-RI-PMI-CQI、cri-RI-i1、cri-RI-i1-CQI、cri-RI-CQI或者cri-RI-LI-PMI-CQI，且用于信道测量的资源集配置$K_s>1$个资源，则UE依据上报的CRI获取其他CSI，其中，CRI k（$k \geqslant 0$）对应配置的用于信道测量的nzp-CSI-RS-ResourceSet的第k+1个nzp-CSI-RSResource，并且如果配置了用于干扰测量的csi-IM-ResourceSet，则对应

用于干扰测量的 csi-IM-ResourceSet 的第 k+1 个 csi-IM-Resource。如果配置 $K_s=2$ 个 CSI-RS 资源，则每个资源最多包含 16 个 CSI-RS 天线端口；如果配置 $2<K_s\leqslant 8$ 个 CSI-RS 资源，则每个资源最多包含 8 个 CSI-RS 天线端口。

如果 reportQuantity 配置为 ssb-Index-RSRP，则 UE 需要上报 SSBRI，SSBRI k（$k\geqslant 0$）对应配置的 CSI-SSB-ResourceSet 的第 k+1 个 SSB-Index。

如果 reportQuantity 配置为 cri-RI-PMI-CQI、cri-RI-i1、cri-RI-i1-CQI、cri-RI-CQI 或者 cri-RI-LI-PMI-CQI（即用于 CSI 获取时），则 UE 不期望 CSI-ReportConfig 关联的 CSI-RS 资源集配置大于 8 个 CSI-RS 资源。

如果 reportQuantity 配置为 cri-RSRP 或者 none，并且 CSI-ReportConfig 关联的资源集时域类型为 aperiodic，则 UE 不期望关联的 CSI-RS 资源集配置大于 16 个 CSI-RS 资源。

LI 指示上报 PMI 的预编码矩阵的某一列，其对应上报的最大宽带 CQI 值对应的码字的最强层。如果两个码字的宽带 CQI 值相等，则 LI 对应第一个码字的最强层。即 LI 指示预编码矩阵中最强的列，用于 PT-RS 参考信号映射。

2. reportFreqConfiguration 说明

通过 reportFreqConfiguration 和 subbandSize 配置 CSI 测量的频域粒度。配置约束如下：

1）对于关联 NZP CSI-RS 资源的 CSI report，UE 不期望 csi-ReportingBand 配置的频域范围大于 CSI-RS 资源的频域范围。

2）对于关联 CSI-IM 资源的 CSI report，UE 不期望 csi-ReportingBand 配置的 RB 不包含 CSI-IM RE。

```
reportFreqConfiguration   SEQUENCE {
    cqi-FormatIndicator   ENUMERATED { widebandCQI, subbandCQI }  OPTIONAL,   --
        Need R
    pmi-FormatIndicator   ENUMERATED { widebandPMI, subbandPMI }  OPTIONAL,   --
        Need R
    csi-ReportingBand                          CHOICE {
        subbands3                                  BIT STRING(SIZE(3)),
        subbands4                                  BIT STRING(SIZE(4)),
        subbands5                                  BIT STRING(SIZE(5)),
        subbands6                                  BIT STRING(SIZE(6)),
        subbands7                                  BIT STRING(SIZE(7)),
        subbands8                                  BIT STRING(SIZE(8)),
        subbands9                                  BIT STRING(SIZE(9)),
        subbands10                                 BIT STRING(SIZE(10)),
        subbands11                                 BIT STRING(SIZE(11)),
        subbands12                                 BIT STRING(SIZE(12)),
        subbands13                                 BIT STRING(SIZE(13)),
        subbands14                                 BIT STRING(SIZE(14)),
        subbands15                                 BIT STRING(SIZE(15)),
        subbands16                                 BIT STRING(SIZE(16)),
        subbands17                                 BIT STRING(SIZE(17)),
        subbands18                                 BIT STRING(SIZE(18)),
```

```
        ...,
        subbands19-v1530                          BIT STRING(SIZE(19))
    }   OPTIONAL     -- Need S
}
subbandSize                    ENUMERATED {value1, value2},
```

参数解释如下。

- cqi-FormatIndicator。
  - 当配置为 widebandCQI 时，对于每个码字，整个 CSI 带宽上报一个宽带 CQI。
  - 当配置为 subbandCQI 时，对于每个码字，每个子带上报一个子带 CQI（此时，也需要上报每个码字的宽带 CQI）。
- pmi-FormatIndicator。
  - 当配置为 widebandPMI 时，整个 CSI 带宽上报一个宽带 PMI，如果是两天线，则上报一个值，否则上报 i_1 和 i_2。
  - 当配置为 subbandPMI 时，如果是两天线 CSI-RS port，则每个子带上报一个 PMI（此时，不需要上报宽带 PMI），否则（大于两天线）整个 CSI 带宽上报一个宽带指示 i_1，每个子带上报一个子带指示 i_2。
- csi-ReportingBand：在 CSI report 关联的下行 BWP 内，指示一个连续或者不连续的子带集合。每个比特代表一个子带，最右边的比特代表下行 BWP 的最低子带，比特置 1 表示该子带被选中。subbands3 表示 3 个子带，subbands4 表示 4 个子带，以此类推。如果 CSI report 为宽带上报，则该字段不存在，否则，该字段存在。子带个数可以配置为 3（例如 BWP 大小为 24 个 PRB，subband size 为 8）到 18（例如 BWP 大小为 72 个 PRB，subband size 为 4）。

通过参数 subbandSize 配置 CSI 测量的子带大小。如表 6-89 所示，通过 BWP 大小和参数 subbandSize（subbandSize 取值 value1 表示表 6-89 中第二列的第 1 个值，value2 表示第 2 个值）确定子带大小，一个子带定义为 $N_{\text{PRB}}^{\text{SB}}$ 个连续的 PRB。

表 6-89　子带大小配置

BWP 大小（PRB）	子带大小（PRB）
24 ～ 72	4、8
73 ～ 144	8、16
145 ～ 275	16、32

第 1 个子带大小为 $N_{\text{PRB}}^{\text{SB}}-(N_{\text{BWP},i}^{\text{start}} \bmod N_{\text{PRB}}^{\text{SB}})$。如果 $(N_{\text{BWP},i}^{\text{start}}+N_{\text{BWP},i}^{\text{size}}) \bmod N_{\text{PRB}}^{\text{SB}} \neq 0$，则最后 1 个子带大小为 $(N_{\text{BWP},i}^{\text{start}}+N_{\text{BWP},i}^{\text{size}}) \bmod N_{\text{PRB}}^{\text{SB}}$；如果 $(N_{\text{BWP},i}^{\text{start}}+N_{\text{BWP},i}^{\text{size}}) \bmod N_{\text{PRB}}^{\text{SB}}=0$，则最后 1 个子带大小为 $N_{\text{PRB}}^{\text{SB}}$。其余子带大小都是 $N_{\text{PRB}}^{\text{SB}}$。

以下情况是宽带上报，否则认为是子带上报。

- reportQuantity 配置为 cri-RI-PMI-CQI 或者 cri-RI-LI-PMI-CQI，cqi-FormatIndicator 配置为 widebandCQI，并且 pmi-FormatIndicator 配置为 widebandPMI。
- reportQuantity 配置为 cri-RI-i1。
- reportQuantity 配置为 cri-RI-CQI 或者 cri-RI-i1-CQI，cqi-FormatIndicator 配置为 widebandCQI。

- reportQuantity 配置为 cri-RSRP 或者 ssb-Index-RSRP。

小于 24 个 PRB 的 BWP 的 CSI report 只能是宽带上报，并且 codebookType 只能配置为 typeI-SinglePanel（如果适用）。

3. CSI report 说明

CSI report 上报时机说明如下。

1）对于周期和 PUCCH 半静态 CSI report，通过 CSI-ReportPeriodicityAndOffset 配置上报的周期和偏移，假定周期为 T_{CSI}，偏移为 T_{offset}，单位为 slot，则 UE 在满足下面公式的帧号 n_f、slot 号 $n_{s,f}^{\mu}$（一帧内的 slot 号）发送 CSI report：

$$(N_{\text{slot}}^{\text{frame},\mu} n_f + n_{s,f}^{\mu} - T_{\text{offset}}) \bmod T_{\text{CSI}} = 0$$

其中，μ 为 CSI report 发送的上行 BWP 的子载波间隔配置。

2）对于 PUSCH 半静态 CSI report，通过 reportSlotConfig 配置周期，触发的 DCI0_1 和第 1 个 PUSCH 半静态 CSI report 的 slot 间隔为：如果 UL data 和 UCI 一起发送，则通过 DCI0_1 的 Time domain resource assignment 字段指示，参数来自指示的上行 BWP 的 PUSCH-Config->pusch-TimeDomainAllocationList，即 k2；否则（即单发 UCI），通过 DCI0_1 的 Time domain resource assignment 字段指示，参数来自对应的 CSI-ReportConfig->reportSlotOffsetList，且 Time domain resource assignment 取值为 0，表示使用列表的第 1 个值，取值为 1，表示使用列表的第 2 个值，以此类推。如果该 DCI0_1 触发了多个非周期 CSI report，则取这些 CSI report 得出的偏移最大值。

3）对于非周期 CSI report，DCI0_1 和 PUSCH 非周期 CSI report 的 slot 间隔计算方法同上面情况 2，只发送一次。

4. 总结

用于 CSI 获取和波束管理的 CSI 上报总结如图 6-59 所示。

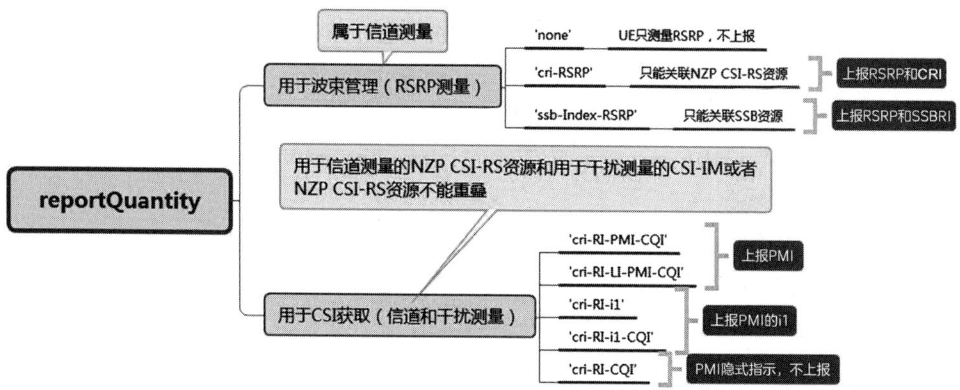

图 6-59　CSI reportQuantity

6.3.7 通过 PUCCH 上报 CSI

通过 PUCCH 上报 CSI 的方式有下面两种。

- 第一种是周期 CSI report，配置即生效，UE 可以配置多个周期 CSI report。周期 CSI report 支持 PUCCH 格式 2、3 和 4，只支持宽带 Type I CSI。
- 第二种是 PUCCH半静态 CSI report，需要通过 MAC CE 激活才生效，一个激活命令可以激活一个或者多个 PUCCH 半静态 CSI report。PUCCH 格式 2 的半静态 CSI report 支持宽带 Type I CSI；PUCCH 格式 3、4 的半静态 CSI report 支持宽带和子带 Type I CSI，以及 Type II CSI Part1。

1. CSI payload 说明

1）对于 Type I CSI wideband report，PUCCH 格式 2、3、4 的 CSI payload 是一样的；对于 Type I CSI subband report（基于 PUCCH 格式 3 或者格式 4），CSI payload 分为两部分，第 1 部分（Part1）包含 RI（如果上报）、CRI（如果上报）和第 1 个码字的 CQI，第 2 部分（Part2）包含 PMI 和第 2 个码字的 CQI（当 RI>4 时）。

2）对于半静态 Type II CSI report（基于 PUCCH 格式 3 或者格式 4），只支持 Part1，并且属于 UE 能力 type2-SP-CSI-Feedback-LongPUCCH。

3）UE 不期望 PUCCH 格式 4 上的 CSI report 的 UCI+CRC 比特长度超过 115。

2. 忽略部分 CSI report 的策略

当 PUCCH 的码率超过高层参数 maxCodeRate 配置的码率时，需要忽略部分 CSI report，丢弃策略如下。

1）如果所有的 CSI report 都只有 1 个 Part，则 UE 按照 CSI report 优先级，从最低优先级开始忽略，直到码率小于或者等于 maxCodeRate 配置的码率。

2）如果存在 Part2，那么处理过程为：当资源不够发送 Part2 时，忽略所有 Part2，Part1 的忽略策略同上；否则，忽略部分 Part2，按优先级从低到高进行（优先级见表 6-90），直到码率小于或者等于 maxCodeRate 配置的码率。

6.3.8 通过 PUSCH 上报 CSI

通过 PUSCH 上报 CSI 的方式有下面两种。

- 第一种是非周期 CSI report，通过 DCI0_1 的 CSI request 触发，支持宽带和子带粒度，支持 TypeI 和 TypeII CSI。
- 第二种是 PUSCH 半静态 CSI report，通过 SP-CSI-RNTI 加扰的 DCI0_1 的 CSI request 触发，支持宽带和子带粒度，支持 TypeI 和 TypeII CSI。

【说明】 PUSCH 资源和 MCS 通过对应的 DCI0_1 调度；CSI 可以和 UL data 复用（例外：PUSCH 半静态 CSI report，不期望和 UL data 复用），也可以单独在 PUSCH 发送。

1. CSI payload 说明

1）PUSCH TypeI 和 TypeII CSI report 都包括两部分（Part），Part1 大小固定，指示了

Part2 的大小，Part1 在 Part2 之前。

- 对于 TypeI CSI report，Part1 包括 RI（如果上报）、CRI（如果上报）、第 1 个码字的 CQI（如果上报），Part2 包括 PMI（如果上报）、LI（如果上报）和第 2 个码字的 CQI（当 RI>4 时）。
- 对于 TypeII CSI report，Part1 包括 RI（如果上报）、CQI 和 TypeII CSI 每层的非零宽带幅度系数个数的指示，各部分分开编码。Part2 包括 PMI 和 LI（如果上报）。Part1 和 Part2 分开编码。

【说明】TypeII CSI report 不上报 CRI（因为只关联一个资源），没有第 2 个码字（因为最大只有两层）。

2）当 reportQuantity 配置为 cri-RSRP 或者 ssb-Index-RSRP 时，CSI 反馈只包括一个 Part。

3）PUCCH 上报的 TypeI 和 TypeII CSI report，如果复用到 PUSCH 发送，则 CSI payload 通过 6.3.7 节介绍的内容决定。

2. 忽略部分 CSI report 的策略

1）当 PUSCH 发送的 CSI 上报包括两部分时，UE 可以忽略 Part2 的部分内容，依据表 6-90 的优先级，先忽略低优先级的数据，忽略的粒度是某个优先级的所有数据。

表 6-90　Part2 CSI report 的优先级

优先级 0: CSI report 1 到 N_{Rep} 的 Part 2 宽带 CSI	优先级 4: CSI report 2 的所有奇数子带的 Part 2 子带 CSI
优先级 1: CSI report 1 的所有偶数子带的 Part 2 子带 CSI	……
优先级 2: CSI report 1 的所有奇数子带的 Part 2 子带 CSI	优先级 $2N_{\text{Rep}}-1$： CSI report N_{Rep} 的所有偶数子带的 Part 2 子带 CSI
优先级 3: CSI report 2 的所有偶数子带的 Part 2 子带 CSI	优先级 $2N_{\text{Rep}}$： CSI report N_{Rep} 的所有奇数子带的 Part 2 子带 CSI

2）以下情况需要忽略 Part2 的部分内容，从最低优先级开始忽略，直到码率达标为止。

- CSI 和 UL data 一起发送时，当 $\left\lceil (O_{\text{CSI-2}}+L_{\text{CSI-2}})\cdot\beta_{\text{offset}}^{\text{PUSCH}}\cdot\sum_{l=0}^{N_{\text{symb,all}}^{\text{PUSCH}}-1}M_{\text{sc}}^{\text{UCI}}(l)\Big/\sum_{r=0}^{C_{\text{UL-SCH}}-1}K_r\right\rceil$ 大于 $\left\lceil \alpha\cdot\sum_{l=0}^{N_{\text{symb,all}}^{\text{PUSCH}}-1}M_{\text{SC}}^{\text{UCI}}(l)\right\rceil-Q'_{\text{ACK}}-Q'_{\text{CSI-1}}$ 时，需要忽略 Part2 的部分内容，直到 $\left\lceil (O_{\text{CSI-2}}+L_{\text{CSI-2}})\cdot\beta_{\text{offset}}^{\text{PUSCH}}\cdot\sum_{l=0}^{N_{\text{symb,all}}^{\text{PUSCH}}-1}M_{\text{sc}}^{\text{UCI}}(l)\Big/\sum_{r=0}^{C_{\text{UL-SCH}}-1}K_r\right\rceil$ 小于或等于 $\left\lceil \alpha\cdot\sum_{l=0}^{N_{\text{symb,all}}^{\text{PUSCH}}-1}M_{\text{SC}}^{\text{UCI}}(l)\right\rceil-Q'_{\text{ACK}}-Q'_{\text{CSI-1}}$，具体字段含义见 6.2.4 节。
- 单发 CSI 时，若 CSI 的码率超过门限，需要忽略 Part2 的部分内容，直到 CSI 的码率 $(O_{\text{CSI-2}}+L_{\text{CSI-2}})/(N_L\cdot Q'_{\text{CSI,2}}\cdot Q_m)$ 小于门限 c_T（c_T 小于 1）。

$$c_T = \frac{R}{\beta_{\text{offset}}^{\text{CSI-part2}}}$$

其中，$\beta_{\text{offset}}^{\text{CSI-part2}}$ 的含义见 6.2.7 节，其他字段含义见 6.2.4 节；R 通过 DCI 告知。

6.3.9 总结

1）通过 PUCCH 上报 CSI 包括周期 CSI report 和半静态 CSI report，如图 6-60 所示。

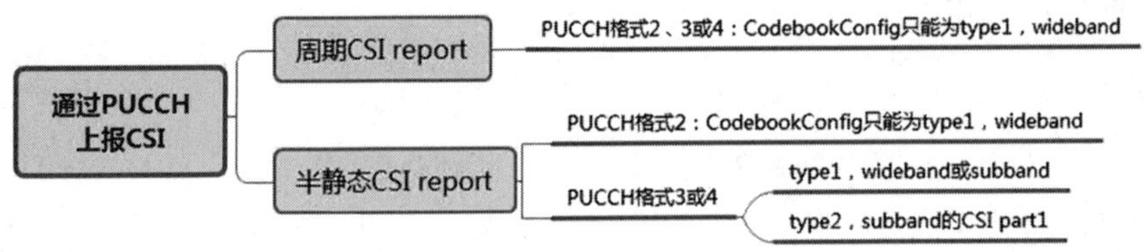

图 6-60　通过 PUCCH 上报 CSI

情况 1：type1 宽带 CSI 上报，如图 6-61 所示。

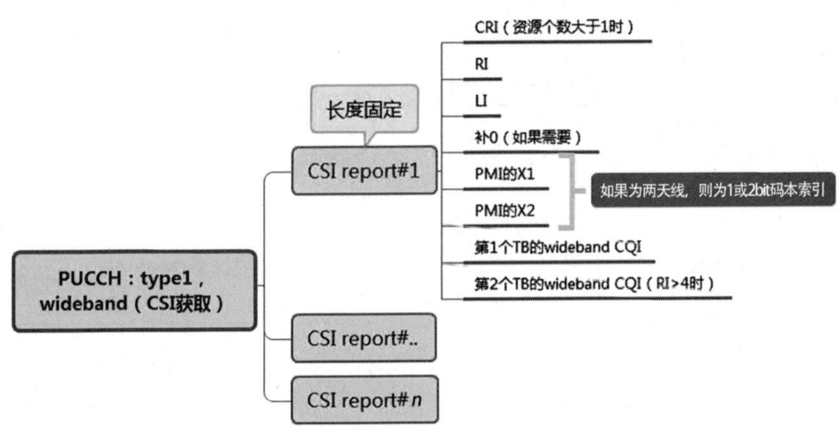

图 6-61　通过 PUCCH 上报（type1，wideband，CSI 获取）

情况 2：上报 RSRP 只有宽带，上报 RSRP 个数根据配置确定，最多有 4 个，如图 6-62 所示。

情况 3：type1 子带 CSI 上报，如图 6-63 所示。

情况 4：type2 子带 CSI 上报，如图 6-64 所示。

2）通过 PUSCH 上报 CSI 包括半静态 CSI report 和非周期 CSI report，如图 6-65 所示。

上报内容统一为如图 6-66 所示的情况。

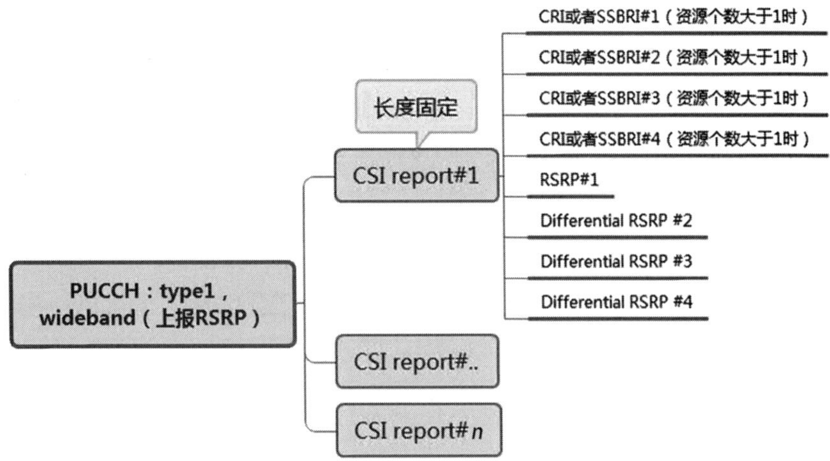

图 6-62　通过 PUCCH 上报（type1，wideband，上报 RSRP）

PUCCH：
type1，
subband
长度固定
CSI part 1
CSI report#1或者CSI report#1的part1
CRI（资源个数大于1时）
RI
第1个TB的wideband CQI
第1个TB的subband CQI
（按子带递增排序）
CSI part1
CSI report#..或者CSI report#..的part1
CSI report#n或者CSI report#n的part1
CSI part2
长度由
part1
决定
CSI report#1的part2 wideband
（如果对应CSI part2存在）
第2个TB的wideband CQI（RI>4时）
LI
PMI的X1
当FormatIndicator= widebandPMI时，
PMI的X2或者两天线的码本索引
CSI report#..的part2 wideband（如果对应CSI part2存在）
CSI report#n的part2 wideband（如果对应CSI part2存在）
CSI report#1的part2 subband
（如果对应CSI part2存在）
当cqi-FormatIndicator=subbandCQI时，
第2个TB的偶数subband CQI（按子带递增排序）
当pmi-FormatIndicator=subbandPMI时，
偶数subband 的PMI X2或者两天线的码本索引（按子带递增排序）
当cqi-FormatIndicator=subbandCQI时，
第2个TB的奇数subband CQI（按子带递增排序）
当pmi-FormatIndicator=subbandPMI时，
奇数subband 的PMI X2或者两天线的码本索引（按子带递增排序）
CSI report#..的part2 subband（如果对应CSI part2存在）
CSI report#n的part2 subband（如果对应CSI part2存在）

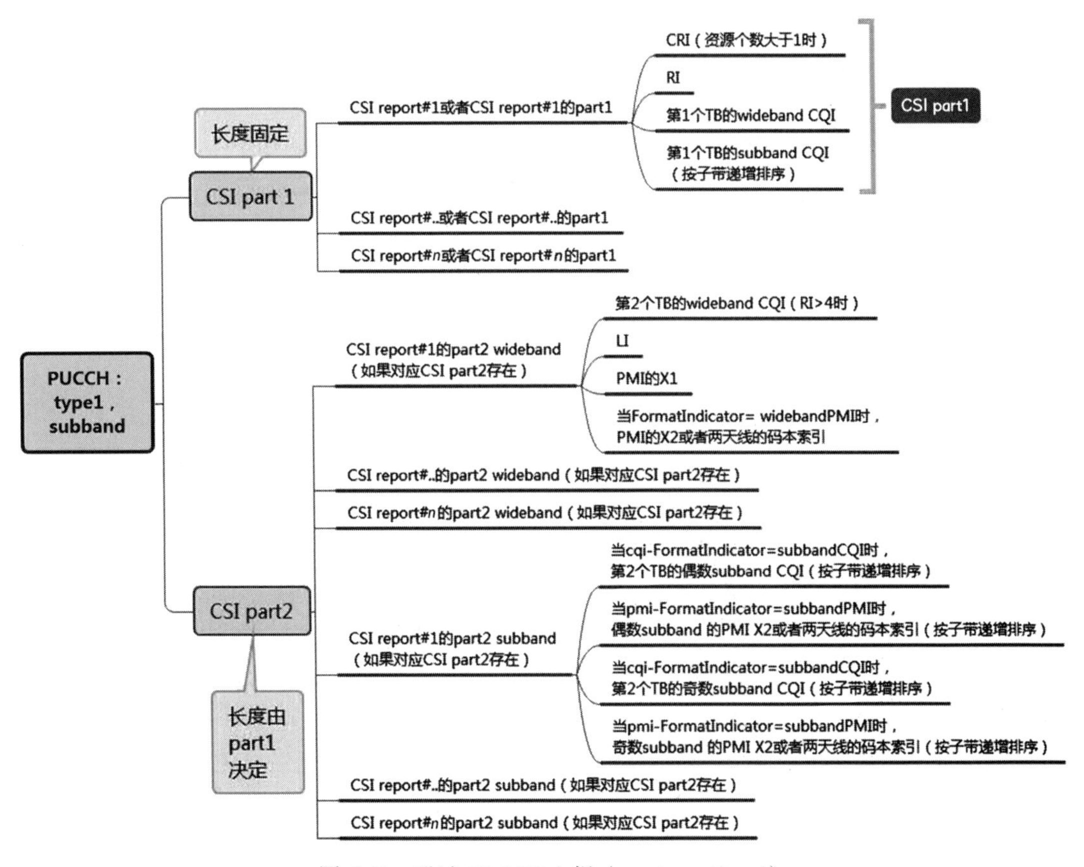

图 6-63　通过 PUCCH 上报（type1，subband）

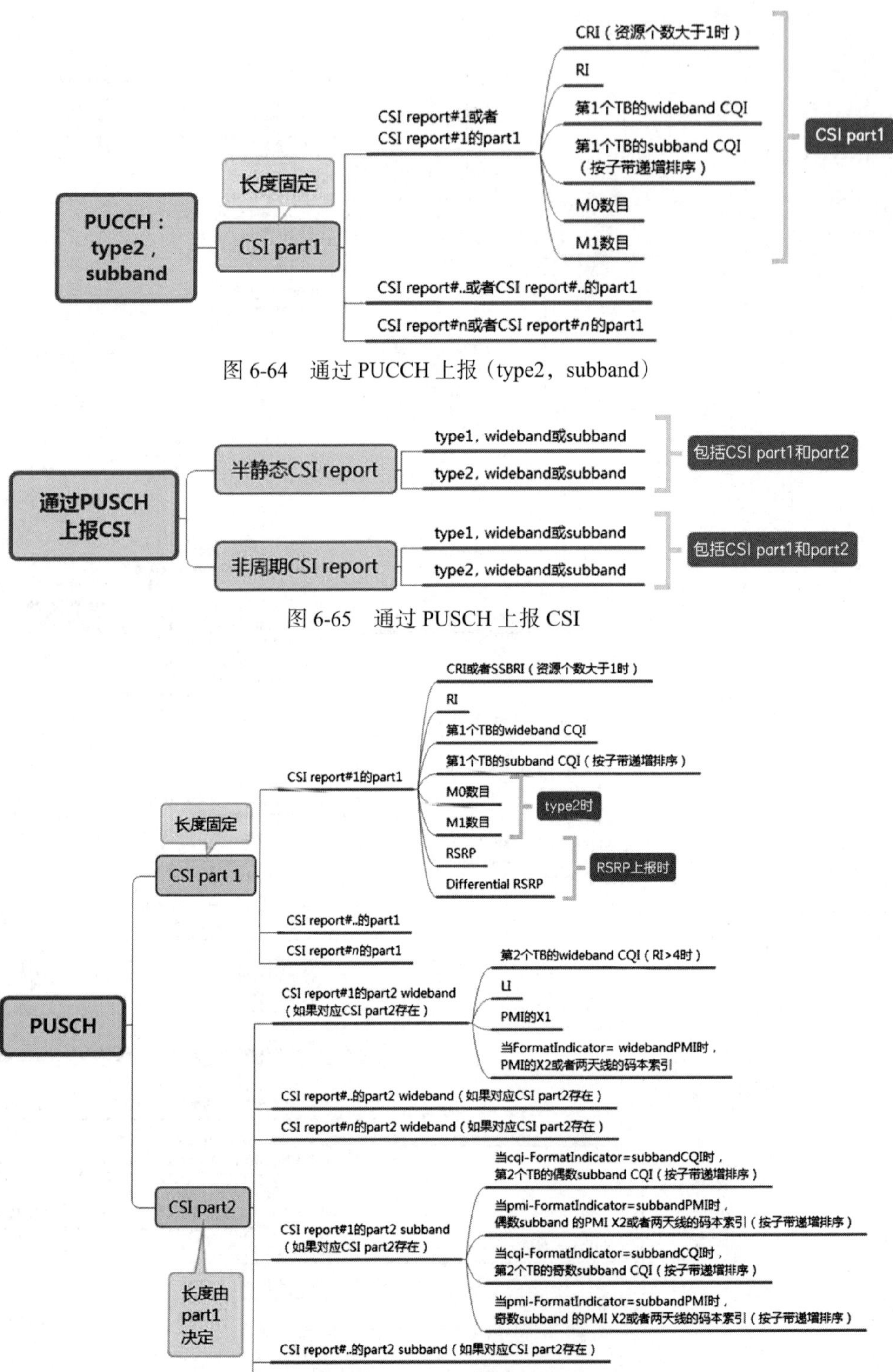

图 6-64　通过 PUCCH 上报（type2，subband）

图 6-65　通过 PUSCH 上报 CSI

图 6-66　通过 PUSCH 上报 CSI（part1，part2）

6.4 参考协议

[1] TS 38.300-fd0. NR; NR and NG-RAN Overall Description
[2] TS 38.331-fg0. NR; Radio Resource Control (RRC); Protocol specification
[3] TS 38.321-fc0. NR; Medium Access Control (MAC) protocol specification
[4] TS 38.211-fa0. NR; Physical channels and modulation
[5] TS 38.212-fd0. NR; Multiplexing and channel coding
[6] TS 38.213-fe0. NR; Physical layer procedures for control
[7] TS 38.214-ff0. NR; Physical layer procedures for data
[8] TS 38.306-fg0. NR; User Equipment (UE) radio access capabilities

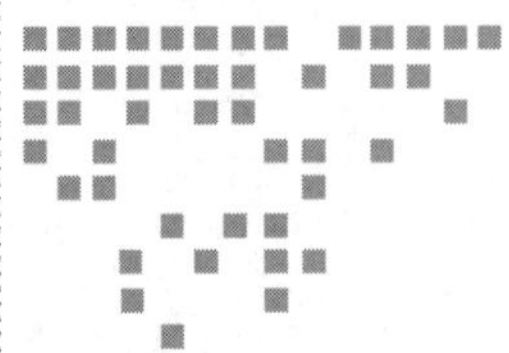

Chapter 7 第 7 章

参考信号处理过程

本章主要介绍下行和上行参考信号处理过程，下行包括 PBCH DMRS（DeModulation Reference Signal，解调参考信号）、PDCCH DMRS、PDSCH DMRS 和 CSI-RS，上行包括 PUCCH DMRS、PUSCH DMRS 和 SRS（Sounding Reference Signal，探测参考信号）。每部分内容包括参数说明、序列产生过程，以及如何映射到物理资源等。

7.1 下行参考信号

7.1.1 PBCH DMRS

PBCH 的 DMRS 占用的时域和频域位置参见 2.5 节。

PBCH 的 DMRS 序列由下式产生：

$$r(m)=\frac{1}{\sqrt{2}}(1-2\cdot c(2m))+j\frac{1}{\sqrt{2}}(1-2\cdot c(2m+1))$$

其中，扰码序列 $c(n)$ 的定义参见 3GPP 38.211 协议，每个 SSB 发送前初始化如下：

$$c_{\text{init}}=2^{11}(\bar{i}_{\text{SSB}}+1)\left(\lfloor N_{\text{ID}}^{\text{cell}}/4\rfloor+1\right)+2^{6}(\bar{i}_{\text{SSB}}+1)+(N_{\text{ID}}^{\text{cell}} \bmod 4)$$

通过解析 PBCH 的 DMRS，我们可以得出 SSB 的索引号。

- 对于 $L_{\max}=4$：$\bar{i}_{\text{SSB}}=i_{\text{SSB}}+4n_{\text{hf}}$，PBCH 在一帧内的前半帧发送时，$n_{\text{hf}}=0$，在后半帧发送时，$n_{\text{hf}}=1$；$i_{\text{SSB}}$ 为 SSB 索引的低 2 bit。
- 对于 $L_{\max}=8$ 或 $L_{\max}=64$：$\bar{i}_{\text{SSB}}=i_{\text{SSB}}$，$i_{\text{SSB}}$ 为 SSB 索引的低 3 bit。

【说明】 $L_{\max}$ 为当前频带内一个 SSB 集合的 SSB 波束的最大数目。

7.1.2 PDCCH DMRS

1. 序列产生

符号 l 的参考信号序列 $r_l(m)$ 为：

$$r_l(m)=\frac{1}{\sqrt{2}}(1-2\cdot c(2m))+j\frac{1}{\sqrt{2}}(1-2\cdot c(2m+1))$$

其中，伪随机序列 $c(i)$ 的定义请参见 3GPP 38.211 协议，初始化如下：

$$c_{\text{init}}=(2^{17}(N_{\text{symb}}^{\text{slot}}n_{\text{s,f}}^{\mu}+l+1)(2N_{\text{ID}}+1)+2N_{\text{ID}})\text{mod}2^{31}$$

l 为 slot 内的符号编号，$n_{\text{s,f}}^{\mu}$ 为一帧内的 slot 编号，N_{ID} 取值为：如果配置了高层参数 pdcch-DMRS-ScramblingID，则 $N_{\text{ID}}\in\{0,1,\cdots,65535\}$，值等于该参数；否则 $N_{\text{ID}}=N_{\text{ID}}^{\text{cell}}$。

2. 映射到物理资源

序列 $r_l(m)$ 映射到物理资源 $(k,l)_{p,\mu}$，依据如下公式：

$$a_{k,l}^{(p,\mu)}=\beta_{\text{DMRS}}^{\text{PDCCH}}\cdot r_l(3n+k')$$
$$k=nN_{\text{sc}}^{\text{RB}}+4k'+1$$
$$k'=0,1,2$$
$$n=0,1,\cdots$$

由上面公式可以得出，每个 RB 的子载波 1、5、9 为 DMRS。其中，频域位置 k 的参考点为：如果 CORESET 通过 PBCH 或者 controlResourceSetZero 配置，则参考点为该 CORESET 内最低 RB 的子载波 0，否则为 CRB0 的子载波 0。l 为一个 slot 内的符号编号。天线端口 $p=2000$。

DMRS 映射分为下面两种情况。

1）如果 precoderGranularity 配置为 sameAsREG-bundle，则 DMRS 在 DCI 所在的 REG 内发送，即窄带映射。

2）如果 precoderGranularity 配置为 allContiguousRBs，则 DMRS 在 CORESET 内包括 DCI 的连续的 RB 内发送，即宽带映射。宽带映射的好处在于增加了 PDCCH DMRS 的数目，从而提高了 UE 的信道估计精度。

【举例 1】假定 searchSpace 的配置为：searchSpaceID=1，为 CSS，nrofCandidates 只配置 aggregationLevel2（候选位置总数为 6），关联的 controlResourceSetId=1。CORESET ID 1 的配置为：frequencyDomainResources=110110000000000000000000000000000000000000000b（共 45 bit 二进制数，4 个 RB 组置 1，中间 1 个 RB 组置 0），CORESET duration=3，非交织，precoderGranularity 配置为 sameAsREG-bundle。

可得出，该配置下 CCE 的候选位置为 CCE0 ～ CCE1、CCE2 ～ CCE3、CCE4 ～ CCE5、CCE6 ～ CCE7、CCE8 ～ CCE9、CCE10 ～ CCE11。如果 gNB 给 UE 在 CCE0 ～ CCE1 上调度了 DCI，则 PDCCH DMRS 只在 REG0 ～ REG11 上发送，如图 7-1 所示。

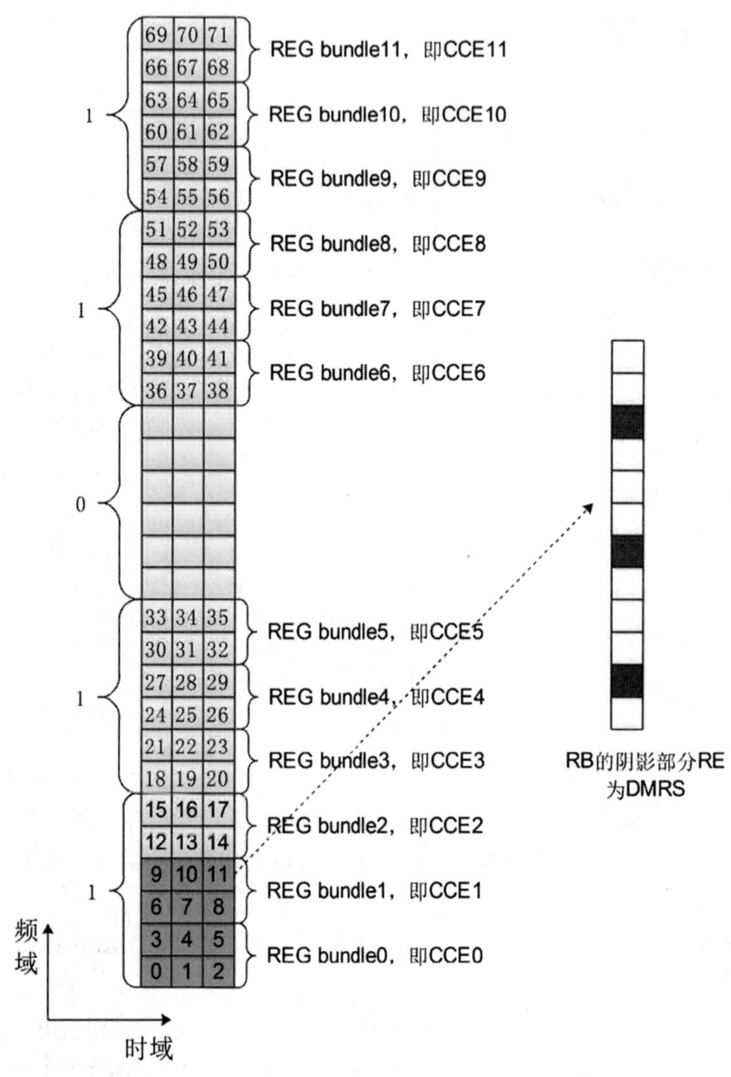

图 7-1　DMRS 映射示例 1

说明：图中数字为 REG 编号。

【**举例 2**】假定 precoderGranularity 配置为 allContiguousRBs，其他配置同例 1，则可得出该配置下 CCE 的候选位置为 CCE0 ～ CCE1、CCE2 ～ CCE3、CCE4 ～ CCE5、CCE6 ～ CCE7、CCE8 ～ CCE9、CCE10 ～ CCE11。如果 gNB 给 UE 在 CCE0 ～ CCE1 上调度了 DCI，则 PDCCH DMRS 需要在 CORESET 内包括 DCI 的连续的 RB 内发送，因此需要在 REG0 ～ REG35 这些 REG 上都发送 DMRS（虽然 gNB 在 REG12 ～ REG35 并没有发送 DCI，但是仍然需要发送 PDCCH DMRS），且在 REG36 ～ REG71 上不发送 PDCCH DMRS，因为这些 RB 和 DCI 所在的 RB 不连续，如图 7-2 所示。

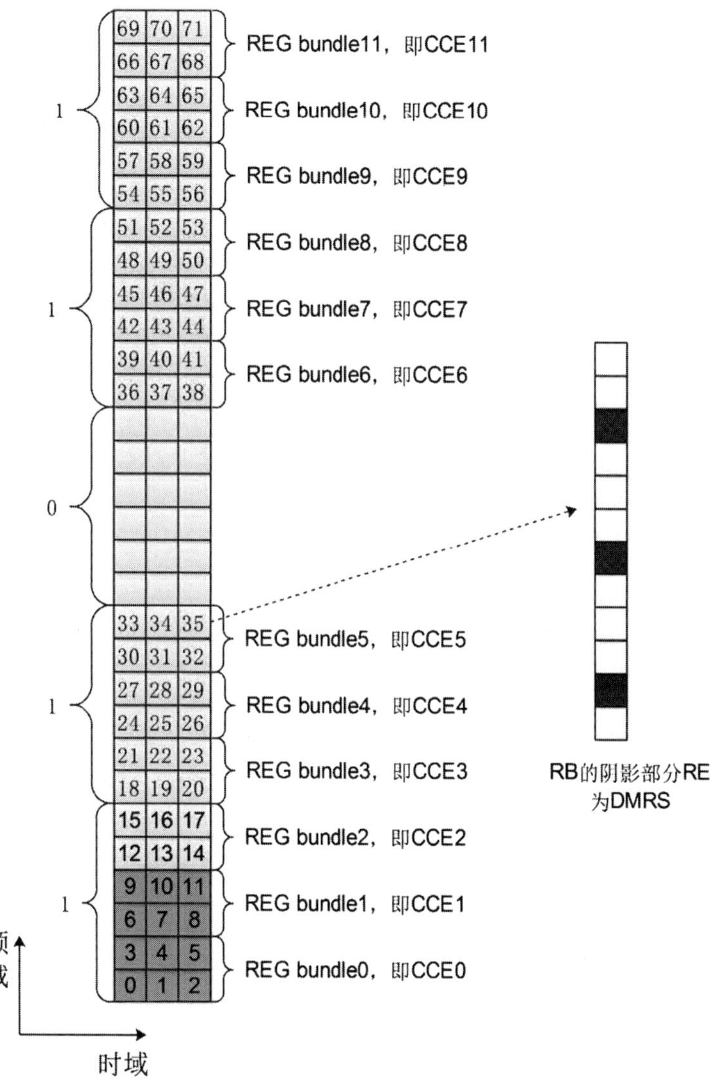

图 7-2 DMRS 映射示例 2

说明：图中数字为 REG 编号。

【举例 3】假定 nrofCandidates 只配置 aggregationLevel4（候选位置总数为 3），precoder-Granularity 配置为 allContiguousRBs，其他配置同例 1。

可得出，该配置下 CCE 的候选位置为 CCE0 ～ CCE3、CCE4 ～ CCE7、CCE8 ～ CCE11。如果 gNB 给 UE 在 CCE4 ～ CCE7 上调度了 DCI，则 PDCCH DMRS 需要在 CORESET 内包括 DCI 的连续的 RB 内发送，因此需要在 REG0 ～ REG71 这些 REG 上都发送 DMRS（虽然 gNB 在 REG0 ～ REG23、REG48 ～ REG71 上并没有发送 DCI，但是仍然需要发送 PDCCH DMRS），如图 7-3 所示。

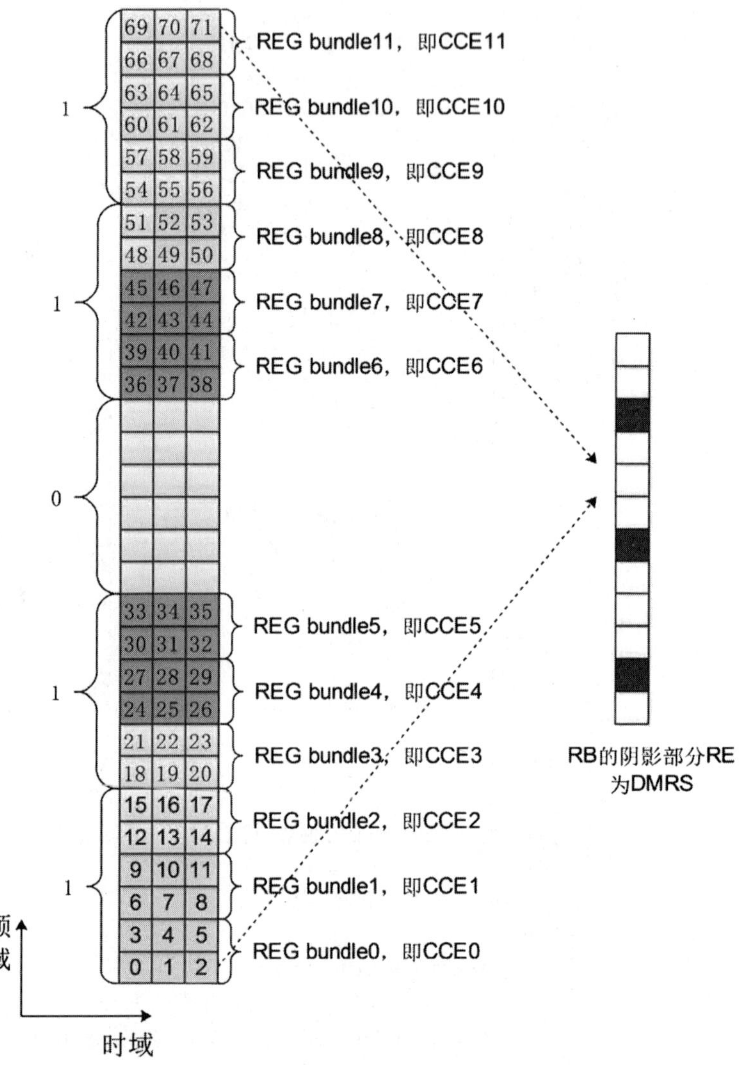

图 7-3 DMRS 映射示例 3

说明：图中数字为 REG 编号。

7.1.3 PDSCH DMRS

1. 参数介绍

根据 PDSCH 的映射类型，DMRS 通过参数 dmrs-DownlinkForPDSCH-MappingTypeA 和 dmrs-DownlinkForPDSCH-MappingTypeB 分别配置。PDSCH 映射 typeA 和 typeB 的 DMRS 参数时，仅 dmrs-Type、dmrs-AdditionalPosition 和 maxLength 参数可以有不同配置（scramblingID 配置必须相同）。

```
PDSCH-Config ::=                          SEQUENCE {
    ...
        dmrs-DownlinkForPDSCH-MappingTypeA      SetupRelease {DMRS-DownlinkConfig}
                                                     OPTIONAL,   -- Need M
        dmrs-DownlinkForPDSCH-MappingTypeB      SetupRelease {DMRS-DownlinkConfig}
                                                     OPTIONAL,   -- Need M
    ...
    }
DMRS-DownlinkConfig ::=     SEQUENCE {
        dmrs-Type                  ENUMERATED {type2}               OPTIONAL,   -- Need S
        dmrs-AdditionalPosition    ENUMERATED {pos0, pos1, pos3}    OPTIONAL,   -- Need S
        maxLength                  ENUMERATED {len2}                OPTIONAL,   -- Need S
        scramblingID0              INTEGER (0..65535)               OPTIONAL,   -- Need S
        scramblingID1              INTEGER (0..65535)               OPTIONAL,   -- Need S
        phaseTrackingRS   SetupRelease {PTRS-DownlinkConfig}        OPTIONAL,   -- Need M
        ...
}
```

参数解释如下。

- dmrs-Type：DMRS 类型，如果不配置，则使用 DMRS type1。
- dmrs-AdditionalPosition：附加 DMRS 位置，如果不配置，则使用 pos2。
- maxLength：前置 DMRS 符号的最大长度，如果不配置，则使用 len1；如果配置为 len2，则通过 DCI1_1 的 Antenna port(s) 字段以及实际调度的码字个数，查表决定使用单符号还是双符号 DMRS。如果配置为 len2，则 dmrs-AdditionalPosition 只能配置为 pos0 或者 pos1。
- scramblingID0、scramblingID1：下行 DMRS 的扰码 ID，如果不配置，则使用该服务小区的 PCI。
- phaseTrackingRS：配置下行 PTRS，如果没有配置，则 UE 认为下行 PTRS 不存在。

除以上配置参数外，基站还可以通过 MIB 和 ServingCellConfigCommon 配置 dmrs-TypeA-Position。该参数表示下行和上行前置 DMRS 的符号位置，取值为 pos2 或 pos3。

2. 序列产生

参考信号序列 $r(n)$ 为：

$$r(n)=\frac{1}{\sqrt{2}}(1-2\cdot c(2n))+j\frac{1}{\sqrt{2}}(1-2\cdot c(2n+1))$$

其中，伪随机序列 $c(i)$，初始化如下：

$$c_{\text{init}}=(2^{17}(N_{\text{symb}}^{\text{slot}}n_{s,f}^{\mu}+l+1)(2N_{\text{ID}}^{n_{\text{SCID}}}+1)+2N_{\text{ID}}^{n_{\text{SCID}}}+n_{\text{SCID}})\bmod 2^{31}$$

参数说明如下。

- l 为 slot 内的符号编号，$n_{s,f}^{\mu}$ 为帧内的 slot 编号。
- n_{SCID} 取值为：对于 DCI1_1 调度的 PDSCH，通过 DCI1_1 的 DMRS sequence initialization

字段指示，$n_{\text{SCID}} \in \{0,1\}$；否则，$n_{\text{SCID}} = 0$。

- ❑ N_{ID}^{0} 和 N_{ID}^{1} 取值如下。
  - 对于 C-RNTI、MCS-C-RNTI 或者 CS-RNTI 加扰的 DCI1_0 调度，如果配置了参数 DMRS-DownlinkConfig->scramblingID0，则 N_{ID}^{0} 等于该参数，$N_{\text{ID}}^{0} \in \{0,1,\cdots,65535\}$。
  - 对于 C-RNTI、MCS-C-RNTI，或者 CS-RNTI 加扰的 DCI1_1 调度，如果配置了参数 DMRS-DownlinkConfig->scramblingID0 和 scramblingID1，则 N_{ID}^{0} 和 N_{ID}^{1} 分别等于该参数，$N_{\text{ID}}^{0}, N_{\text{ID}}^{1} \in \{0,1,\cdots,65535\}$。
  - 除以上情况外，$N_{\text{ID}}^{n_{\text{SCID}}} = N_{\text{ID}}^{\text{cell}}$。

3. 映射到物理资源

PDSCH DMRS 依据参数 dmrs-Type（配置为 type1 或 type2）映射到物理资源。序列 $r(m)$ 映射到资源 $(k,l)_{p,\mu}$，公式如下：

$$a_{k,l}^{(p,\mu)} = \beta_{\text{PDSCH}}^{\text{DMRS}} w_{\text{f}}(k') w_{\text{t}}(l') r(2n+k')$$

$$k = \begin{cases} 4n + 2k' + \Delta & \text{配置type1} \\ 6n + k' + \Delta & \text{配置type2} \end{cases}$$

$$k' = 0,1$$

$$l = \bar{l} + l'$$

$$n = 0,1,\cdots$$

其中，$w_{\text{f}}(k')$、$w_{\text{t}}(l')$ 和 Δ 见表 7-1 和表 7-2，RE 在为 PDSCH 分配的 CRB 内。映射到物理资源时，需要首先确定频域参考点和时域参考点。

频域位置 k 的参考点为：如果是 SI-RNTI 加扰的 DCI1_0（在 CSS 关联的 CORESET0 内）调度的 PDSCH，则参考点为 CORESET0 内最低 RB 的子载波 0；否则，参考点为 CRB0 的子载波 0。

时域位置 l 的参考点和 l_0（l_0 是第 1 个 DMRS 符号的位置，指相对于参考点的偏移）为：对于 PDSCH 映射 typeA，参考点为 slot 的起始，如果高层参数 dmrs-TypeA-Position 等于 3，则 $l_0 = 3$；否则，$l_0 = 2$。对于 PDSCH 映射 typeB，参考点为调度的 PDSCH 符号的起始，$l_0 = 0$。

表 7-1　PDSCH DMRS 配置 type1 参数

p	CDM group λ	Δ	$w_{\text{f}}(k')$		$w_{\text{t}}(l')$	
			$k'=0$	$k'=1$	$l'=0$	$l'=1$
1000	0	0	+1	+1	+1	+1
1001	0	0	+1	−1	+1	+1
1002	1	1	+1	+1	+1	+1
1003	1	1	+1	−1	+1	+1
1004	0	0	+1	+1	+1	−1
1005	0	0	+1	−1	+1	−1
1006	1	1	+1	+1	+1	−1
1007	1	1	+1	−1	+1	−1

表 7-2　PDSCH DMRS 配置 type2 参数

p	CDM group λ	Δ	$w_f(k')$		$w_t(l')$	
			$k'=0$	$k'=1$	$l'=0$	$l'=1$
1000	0	0	+1	+1	+1	+1
1001	0	0	+1	−1	+1	+1
1002	1	2	+1	+1	+1	+1
1003	1	2	+1	−1	+1	+1
1004	2	4	+1	+1	+1	+1
1005	2	4	+1	−1	+1	+1
1006	0	0	+1	+1	+1	−1
1007	0	0	+1	−1	+1	−1
1008	1	2	+1	+1	+1	−1
1009	1	2	+1	−1	+1	−1
1010	2	4	+1	+1	+1	−1
1011	2	4	+1	−1	+1	−1

以下对 PDSCH DMRS 的时域位置、频域位置和天线端口进行详细说明。

（1）时域

见表 7-3 和表 7-4，DMRS 符号的时域位置由 l_d 和 PDSCH 映射类型确定。对于 PDSCH 映射 typeA，l_d 为 slot 的第一个符号到调度的 PDSCH 的最后一个符号的持续符号数；对于 PDSCH 映射 typeB，l_d 为调度的 PDSCH 的第一个符号到 PDSCH 的最后一个符号的持续符号数。处理约束如下。

1）仅当 dmrs-TypeA-Position 为 pos2 时，dmrs-AdditionalPosition 才可以配置为 pos3。

2）对于 PDSCH 映射 typeA：

① 仅当 dmrs-TypeA-Position 为 pos2 时，PDSCH duration 才可以为 3 和 4。

② 对于单符号的 DMRS，如果下面条件全部满足，则 $l_1=12$（为了避开 LTE 的 CRS）；否则，$l_1=11$。

- 高层参数 lte-CRS-ToMatchAround 已配置；
- dmrs-AdditionalPosition 配置为 pos1，$l_0=3$；
- UE 使能 additionalDMRS-DL-Alt（指示 UE 是否支持可变的附加 DMRS 位置，用于和 LTE CRS 共存时。只适用于 15 kHz 的 SCS 和 1 个附加 DMRS 的情况）。

3）对于 PDSCH 映射 typeB：

① 如果 PDSCH duration 是 2、4、7（正常 CP）或者 2、4、6（扩展 CP），且前置 DMRS 符号和某个 CORESET 冲突，则前置 DMRS 符号需要推迟到紧接着该 CORESET 且要避免和任何 CORESET 冲突，并且此时 UE 需要满足如下约束。

- 当 PDSCH duration 是 2 时，UE 不期望接收 DMRS 超过第 2 个符号；
- 当 PDSCH duration 是 4 时，UE 不期望接收 DMRS 超过第 3 个符号；
- 当 PDSCH duration 是 7（正常 CP）或者 6（扩展 CP）时，UE 不期望接收前置 DMRS

超过第 4 个符号。此时，如果只配置 1 个附加单符号 DMRS，那么当前置 DMRS 在第 1 个或第 2 个符号时，UE 期望这个附加 DMRS 配置在第 5 个或第 6 个符号上，否则，UE 期望该附加 DMRS 不发送。

注：上述所说的“第 2 个符号”是指在 PDSCH duration 内的第 2 个符号，其他类似。

② 如果 PDSCH duration 是 2 和 4，则 UE 只支持单符号 DMRS。

表 7-3 PDSCH DMRS 位置 $\bar{l}$（单符号 DMRS）

l_d / 符号	DMRS 位置 $\bar{l}$							
	PDSCH 映射 typeA				PDSCH 映射 typeB			
	dmrs-AdditionalPosition				dmrs-AdditionalPosition			
	pos0	pos1	pos2	pos3	pos0	pos1	pos2	pos3
2	—	—	—	—	l_0	l_0		
3	l_0	l_0	l_0	l_0	—	—		
4	l_0	l_0	l_0	l_0	l_0	l_0		
5	l_0	l_0	l_0	l_0	—	—		
6	l_0	l_0	l_0	l_0	l_0	l_0,4		
7	l_0	l_0	l_0	l_0	l_0	l_0,4		
8	l_0	l_0,7	l_0,7	l_0,7	—	—		
9	l_0	l_0,7	l_0,7	l_0,7	—	—		
10	l_0	l_0,9	l_0,6,9	l_0,6,9	—	—		
11	l_0	l_0,9	l_0,6,9	l_0,6,9	—	—		
12	l_0	l_0,9	l_0,6,9	l_0,5,8,11	—	—		
13	l_0	l_0,l_1	l_0,7,11	l_0,5,8,11	—	—		
14	l_0	l_0,l_1	l_0,7,11	l_0,5,8,11	—	—		

表 7-4 PDSCH DMRS 位置 $\bar{l}$（双符号 DMRS）

l_d / 符号	DMRS 位置 $\bar{l}$					
	PDSCH 映射 typeA			PDSCH 映射 typeB		
	dmrs-AdditionalPosition			dmrs-AdditionalPosition		
	pos0	pos1	pos2	pos0	pos1	pos2
＜4				—	—	
4	l_0	l_0		—	—	
5	l_0	l_0		—	—	
6	l_0	l_0		l_0	l_0	
7	l_0	l_0		l_0	l_0	
8	l_0	l_0		—	—	
9	l_0	l_0		—	—	
10	l_0	l_0,8		—	—	
11	l_0	l_0,8		—	—	

（续）

l_d / 符号	DMRS 位置 $\bar{l}$					
	PDSCH 映射 typeA			PDSCH 映射 typeB		
	dmrs-AdditionalPosition			dmrs-AdditionalPosition		
	pos0	pos1	pos2	pos0	pos1	pos2
12	l_0	l_0,8		—	—	
13	l_0	l_0,10		—	—	
14	l_0	l_0,10		—	—	

（2）频域和天线端口

时域索引 l' 和支持的天线端口 p 见表 7-5。如果参数 DMRS-DownlinkConfig->maxLength 没有配置，则使用单符号 DMRS；如果参数 DMRS-DownlinkConfig->maxLength 配置为 len2，则通过调度 PDSCH 的 DCI 决定使用单符号或者双符号 DMRS。

表 7-5 PDSCH DMRS 时域索引 l' 和天线端口 p

DMRS 长度	l'	支持的天线端口 p	
		配置 type1	配置 type2
单符号	0	1000 ～ 1003	1000 ～ 1005
双符号	0，1	1000 ～ 1007	1000 ～ 1011

天线端口由 DCI1_1 中的 Antenna port(s) 字段指定，根据配置参数和天线端口可以确定 DMRS 的 RE 位置，具体分为以下 4 种情况。

1）DMRS type1，单符号配置，只能调度单码字（如图 7-4 所示），有两个 CDM group，λ=0 占用每个 RB 的偶数位置 RE，天线端口号为 1000、1001；λ=1 占用每个 RB 的奇数位置 RE，天线端口号为 1002、1003。UE 通过 DCI1_1 中的 Antenna port(s) 取值（见表 7-6），可知实际调度的 DMRS 端口（知道端口就知道了 RE 位置）和数据是否可以插花放置。

RE11	1002、1003	λ=1
RE10	1000、1001	λ=0
RE9	1002、1003	λ=1
RE8	1000、1001	λ=0
RE7	1002、1003	λ=1
RE6	1000、1001	λ=0
RE5	1002、1003	λ=1
RE4	1000、1001	λ=0
RE3	1002、1003	λ=1
RE2	1000、1001	λ=0
RE1	1002、1003	λ=1
RE0	1000、1001	λ=0

图 7-4 DMRS type1，单符号配置

2）DMRS type1，双符号配置，可以调度单码字和双码字（如图 7-5 所示），有两个 CDM

group，λ=0 占用每个 RB 的偶数位置 RE，天线端口号为 1000、1001、1004、1005；λ=1 占用每个 RB 的奇数位置 RE，天线端口号为 1002、1003、1006、1007。UE 通过 DCI1_1 中的 Antenna port(s) 取值（见表 7-7），可知实际调度的 DMRS 端口（知道端口就知道了 RE 位置）、单符号还是双符号 DMRS，以及数据是否可以插花放置。

RE	天线端口	λ
RE11	1002、1003、1006、1007	λ=1
RE10	1000、1001、1004、1005	λ=0
RE9	1002、1003、1006、1007	λ=1
RE8	1000、1001、1004、1005	λ=0
RE7	1002、1003、1006、1007	λ=1
RE6	1000、1001、1004、1005	λ=0
RE5	1002、1003、1006、1007	λ=1
RE4	1000、1001、1004、1005	λ=0
RE3	1002、1003、1006、1007	λ=1
RE2	1000、1001、1004、1005	λ=0
RE1	1002、1003、1006、1007	λ=1
RE0	1000、1001、1004、1005	λ=0

图 7-5 DMRS type1，双符号配置

3）DMRS type2，单符号配置，可以调度单码字和双码字（如图 7-6 所示），有 3 个 CDM group，λ=0 占用每个 RB 的 RE0、RE1、RE6、RE7，天线端口号为 1000、1001；λ=1 占用每个 RB 的 RE2、RE3、RE8、RE9，天线端口号为 1002、1003；λ=2 占用每个 RB 的 RE4、RE5、RE10、RE11，天线端口号为 1004、1005。UE 通过 DCI1_1 中的 Antenna port(s) 取值（见表 7-8），可知实际调度的 DMRS 端口（知道端口就知道了 RE 位置）和数据是否可以插花放置。

RE	天线端口	λ
RE11	1004、1005	λ=2
RE10	1004、1005	λ=2
RE9	1002、1003	λ=1
RE8	1002、1003	λ=1
RE7	1000、1001	λ=0
RE6	1000、1001	λ=0
RE5	1004、1005	λ=2
RE4	1004、1005	λ=2
RE3	1002、1003	λ=1
RE2	1002、1003	λ=1
RE1	1000、1001	λ=0
RE0	1000、1001	λ=0

图 7-6 DMRS type2，单符号配置

4）DMRS type2，双符号配置，可以调度单码字和双码字（如图 7-7 所示），有 3 个 CDM group，λ=0 占用每个 RB 的 RE0、RE1、RE6、RE7，天线端口号为 1000、1001、1006、

1007；λ=1 占用每个 RB 的 RE2、RE3、RE8、RE9，天线端口号为 1002、1003、1008、1009；λ=2 占用每个 RB 的 RE4、RE5、RE10、RE11，天线端口号为 1004、1005、1010、1011。UE 通过 DCI1_1 中的 Antenna port(s) 取值（见表 7-9），可知实际调度的 DMRS 端口（知道端口就知道了 RE 位置）、单符号还是双符号 DMRS，以及数据是否可以插花放置。

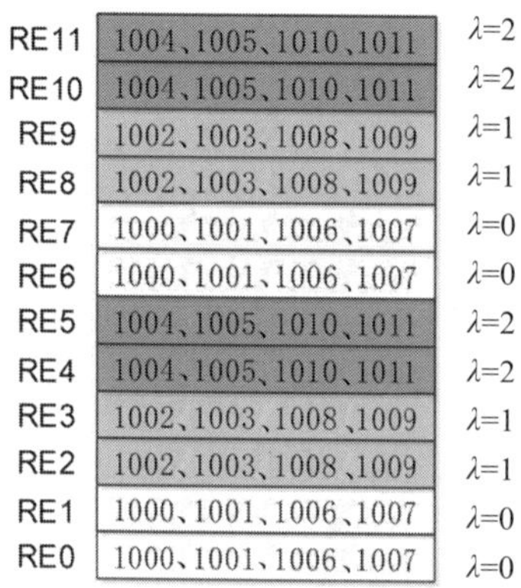

图 7-7　DMRS type2，双符号配置

在没有配置 CSI-RS，并且除非另有配置时，UE 可以假定 PDSCH DMRS 和 SSB 为 QCL 关系，包括多普勒偏移、多普勒扩展、平均时延、时延扩展和空间接收参数（如果适用）。UE 可以假定同一个 CDM group 内的 PDSCH DMRS 为 QCL 关系，包括多普勒偏移、多普勒扩展、平均时延、时延扩展和空间接收参数（如果适用）。UE 可以假定关联同一个 PDSCH 的不同 DMRS port 为 QCL 关系，类型为 QCL-TypeA、QCL-TypeD（如果适用）和平均增益。

UE 假定 DMRS 和 SSB 不冲突（即两者的 RE 不重叠）。UE 不期望 DMRS 和任何该 UE 配置的 CSI-RS 资源冲突。

4. DMRS 的接收过程

DMRS 接收分为下面两种情况。

1）当接收 DCI1_0 调度的 PDSCH，或者在接收 PDSCH 之前 UE 未收到配置参数 dmrs-AdditionalPosition、maxLength、dmrs-Type 中的任何一个时，UE 认为接收 DMRS 的符号没有 PDSCH（除了 PDSCH 映射 typeB，长度为 2 个符号），并且在 DMRS 端口 1000 上发送 typel 的单符号前置 DMRS，同时剩下所有的正交天线端口不能被其他 UE 的 PDSCH 使用。

①对于 PDSCH 映射 typeA：UE 假定 dmrs-AdditionalPosition=pos2，在一个 slot 内最多有两个附加单符号 DMRS 存在（见表 7-3，依据 PDSCH duration 决定附加 DMRS 个数）。

②对于 PDSCH 映射 typeB：

- 当 PDSCH duration 为 7 个符号（正常 CP）或者 6 个符号（扩展 CP）时，如果前置 DMRS 在 PDSCH 的第 1 个或者第 2 个符号，则 UE 假定 1 个附加单符号 DMRS 在第 5 个或者第 6 个符号上；否则，UE 假定附加 DMRS 不存在。

❑ 当 PDSCH duration 为 4 个符号时，UE 假定附加 DMRS 不存在。

❑ 当 PDSCH duration 为 2 个符号时，UE 假定附加 DMRS 不存在，并且 DMRS 所在的符号存在 PDSCH。

以上情况总结如下：

① PDSCH 为 typeA 还是 typeB，由 DCI1 的 Time domain resource assignment 字段决定。

② PDSCH DMRS 只能是 type1，单符号，天线端口号为 1000。

③对于 DCI1_0 调度的 PDSCH，如果 PDSCH duration 是 2 个符号，则 UE 假定不带数据的 CDM group 是 0（即数据可以插花放置）；否则，UE 假定不带数据的 CDM group 是 0、1（即数据不能插花放置）。

④ SIB1 的 DMRS 和对应的 SSB 是 QCL 关系，DMRS 的扰码 ID 使用当前服务小区的 PCI。

2）当接收 C-RNTI、MCS-C-RNTI 或者 CS-RNTI 加扰的 DCI1_1 调度的 PDSCH 时：

① UE 可以配置参数 dmrs-Type，并且配置的 DMRS type 用于接收 PDSCH；

② UE 可以配置参数 maxLength，具体如下。

❑ 如果 maxLength 配置为 len1，则使用单符号 DMRS，并且 UE 可以通过参数 dmrs-AdditionalPosition 配置附加 DMRS，取值可以为 pos0、pos1、pos2 或 pos3。

❑ 如果 maxLength 配置为 len2，则可以使用单符号 DMRS 和双符号 DMRS（通过 DCI1_1 的 Antenna port(s) 字段指示），并且 UE 可以通过参数 dmrs-AdditionalPosition 配置附加 DMRS，取值可以为 pos0 或 pos1。

❑ UE 根据表 7-3 和表 7-4 来接收附加 DMRS。

对于 PDSCH DMRS，UE 可以配置 1 个或 2 个扰码 ID，即 $n_{\mathrm{ID}}^{\mathrm{DMRS},i}$ ，$i=0,1$，该参数对于 PDSCH 映射 typeA 和 typeB 相同。

通过 DCI1_1 的 Antenna port(s) 字段指示，可以用多个 DMRS port 来调度 UE。

对于 PDSCH DMRS 配置 type1，如果 UE 调度单码字且 Antenna port(s) 取值为 2、9、10、11 或 30（见表 7-6 和表 7-7），或者 UE 调度双码字，那么 UE 可以假定所有剩下的正交天线端口不被分配给其他 UE 的 PDSCH。

表 7-6 Antenna port(s) (1000 + DMRS port)（dmrs-Type=1，maxLength=1）

一个码字（码字 0 使能，码字 1 不使能）		
取值	**不带数据的 DMRS CDM group 个数**	**DMRS port**
0	1	0
1	1	1
2	1	0，1
3	2	0
4	2	1
5	2	2
6	2	3
7	2	0，1

（续）

一个码字（码字 0 使能，码字 1 不使能）		
取值	不带数据的 DMRS CDM group 个数	DMRS port
8	2	2，3
9	2	0 ～ 2
10	2	0 ～ 3
11	2	0，2
12 ～ 15	保留	保留

表 7-7　Antenna port(s) (1000 + DMRS port)（dmrs-Type=1，maxLength=2）

一个码字（码字 0 使能，码字 1 不使能）				两个码字（码字 0 使能，码字 1 使能）			
取值	不带数据的 DMRS CDM group 个数	DMRS port	前置符号数	取值	不带数据的 DMRS CDM group 个数	DMRS port	前置符号数
0	1	0	1	0	2	0 ～ 4	2
1	1	1	1	1	2	0，1，2，3，4，6	2
2	1	0，1	1	2	2	0，1，2，3，4，5，6	2
3	2	0	1	3	2	0，1，2，3，4，5，6，7	2
4	2	1	1	4 ～ 31	保留	保留	保留
5	2	2	1				
6	2	3	1				
7	2	0，1	1				
8	2	2，3	1				
9	2	0 ～ 2	1				
10	2	0 ～ 3	1				
11	2	0，2	1				
12	2	0	2				
13	2	1	2				
14	2	2	2				
15	2	3	2				
16	2	4	2				
17	2	5	2				
18	2	6	2				
19	2	7	2				
20	2	0，1	2				
21	2	2，3	2				
22	2	4，5	2				
23	2	6，7	2				
24	2	0，4	2				
25	2	2，6	2				

（续）

一个码字（码字 0 使能，码字 1 不使能）				两个码字（码字 0 使能，码字 1 使能）			
取值	不带数据的 DMRS CDM group 个数	DMRS port	前置符号数	取值	不带数据的 DMRS CDM group 个数	DMRS port	前置符号数
26	2	0，1，4	2				
27	2	2，3，6	2				
28	2	0，1，4，5	2				
29	2	2，3，6，7	2				
30	2	0，2，4，6	2				
31	保留	保留	保留				

对于 PDSCH DMRS 配置 type2，如果 UE 调度单码字且 Antenna port(s) 取值为 2、10 或 23（见表 7-8 和表 7-9），或者 UE 调度双码字，那么 UE 可以假定所有剩下的正交天线端口不被分配给其他 UE 的 PDSCH。

表 7-8 Antenna port(s) (1000 + DMRS port)（dmrs-Type=2，maxLength=1）

一个码字（码字 0 使能，码字 1 不使能）			两个码字（码字 0 使能，码字 1 使能）		
取值	不带数据的 DMRS CDM group 个数	DMRS port	取值	不带数据的 DMRS CDM group 个数	DMRS port
0	1	0	0	3	0 ～ 4
1	1	1	1	3	0 ～ 5
2	1	0，1	2 ～ 31	保留	保留
3	2	0			
4	2	1			
5	2	2			
6	2	3			
7	2	0，1			
8	2	2，3			
9	2	0 ～ 2			
10	2	0 ～ 3			
11	3	0			
12	3	1			
13	3	2			
14	3	3			
15	3	4			
16	3	5			
17	3	0，1			
18	3	2，3			

（续）

一个码字（码字 0 使能，码字 1 不使能）			两个码字（码字 0 使能，码字 1 使能）		
取值	不带数据的 DMRS CDM group 个数	DMRS port	取值	不带数据的 DMRS CDM group 个数	DMRS port
19	3	4，5			
20	3	0 ～ 2			
21	3	3 ～ 5			
22	3	0 ～ 3			
23	2	0，2			
24 ～ 31	保留	保留			

表 7-9　Antenna port(s) (1000 + DMRS port)（dmrs-Type=2，maxLength=2）

一个码字（码字 0 使能，码字 1 不使能）				两个码字（码字 0 使能，码字 1 使能）			
取值	不带数据的 DMRS CDM group 个数	DMRS port	前置符号数	取值	不带数据的 DMRS CDM group 个数	DMRS port	前置符号数
0	1	0	1	0	3	0 ～ 4	1
1	1	1	1	1	3	0 ～ 5	1
2	1	0，1	1	2	2	0，1，2，3，6	2
3	2	0	1	3	2	0，1，2，3，6，8	2
4	2	1	1	4	2	0，1，2，3，6，7，8	2
5	2	2	1	5	2	0，1，2，3，6，7，8，9	2
6	2	3	1	6 ～ 63	保留	保留	保留
7	2	0，1	1				
8	2	2，3	1				
9	2	0 ～ 2	1				
10	2	0 ～ 3	1				
11	3	0	1				
12	3	1	1				
13	3	2	1				
14	3	3	1				
15	3	4	1				
16	3	5	1				
17	3	0，1	1				
18	3	2，3	1				

（续）

一个码字（码字 0 使能，码字 1 不使能）				两个码字（码字 0 使能，码字 1 使能）			
取值	不带数据的 DMRS CDM group 个数	DMRS port	前置符号数	取值	不带数据的 DMRS CDM group 个数	DMRS port	前置符号数
19	3	4，5	1				
20	3	0～2	1				
21	3	3～5	1				
22	3	0～3	1				
23	2	0，2	1				
24	3	0	2				
25	3	1	2				
26	3	2	2				
27	3	3	2				
28	3	4	2				
29	3	5	2				
30	3	6	2				
31	3	7	2				
32	3	8	2				
33	3	9	2				
34	3	10	2				
35	3	11	2				
36	3	0，1	2				
37	3	2，3	2				
38	3	4，5	2				
39	3	6，7	2				
40	3	8，9	2				
41	3	10，11	2				
42	3	0，1，6	2				
43	3	2，3，8	2				
44	3	4，5，10	2				
45	3	0，1，6，7	2				
46	3	2，3，8，9	2				
47	3	4，5，10，11	2				
48	1	0	2				
49	1	1	2				
50	1	6	2				
51	1	7	2				
52	1	0，1	2				

（续）

一个码字（码字 0 使能，码字 1 不使能）				两个码字（码字 0 使能，码字 1 使能）			
取值	不带数据的 DMRS CDM group 个数	DMRS port	前置符号数	取值	不带数据的 DMRS CDM group 个数	DMRS port	前置符号数
53	1	6，7	2				
54	2	0，1	2				
55	2	2，3	2				
56	2	6，7	2				
57	2	8，9	2				
58 ～ 63	保留	保留	保留				

5. DCI1_1 中的字段说明

对于 DCI1_1 调度的 PDSCH，是否支持数据插花放置和 DMRS 天线端口由 DCI1_1 的 Antenna port(s) 字段告知 UE。该字段占 4 bit、5 bit 或 6 bit，字段长度和参数 dmrs-Type、maxlength 的取值有关，具体见表 7-6 ～表 7-9。“不带数据的 DMRS CDM group 个数”取值为 1、2、3，分别指 CDM group {0}、{0,1}、{0,1,2}。天线端口 $\{p_0,\cdots,p_v-1\}$ 依据表 7-6 ～表 7-9 中 DMRS port 的次序决定。

如果 UE 配置了 dmrs-DownlinkForPDSCH-MappingTypeA 和 dmrs-DownlinkForPDSCH-MappingTypeB，则 Antenna port(s) 字段的比特长度等于 $\max\{x_A,x_B\}$，其中，x_A 为依据 dmrs-DownlinkForPDSCH-MappingTypeA 配置得出的该字段的比特长度，x_B 为依据 dmrs-Downlink-ForPDSCH-MappingTypeB 配置得出的该字段的比特长度。如果当前调度的 PDSCH 映射类型对应 x_A 和 x_B 的较小值，则在该字段的高位补 $|x_A-x_B|$ 个 0。

7.1.4　CSI-RS

CSI-RS 包括 NZP(Non Zero Power，非零功率）和 ZP(Zero Power，零功率)CSI-RS 两种。

1）NZP CSI-RS 通过参数 NZP-CSI-RS-Resource 或者 CSI-RS-Resource-Mobility 配置，前者用于信道和干扰测量（MAC 层使用)，后者用于 RRM 测量（RRC 层使用)。

2）ZP CSI-RS 通过参数 PDSCH-Config->ZP-CSI-RS-Resource 配置。该参数指示的 RE 对于 PDSCH 不可用，即不发送 PDSCH。UE 对除 PDSCH 外的信道、信号执行相同的测量和接收，不管它们是否与 ZP CSI-RS 碰撞。

1. 参数介绍

NZP-CSI-RS-Resource 参数如下，具体含义请参看 6.3 节。

```
NZP-CSI-RS-Resource ::=     SEQUENCE {
    nzp-CSI-RS-ResourceId   NZP-CSI-RS-ResourceId,
    resourceMapping         CSI-RS-ResourceMapping,
    powerControlOffset      INTEGER (-8..15),
    powerControlOffsetSS    ENUMERATED{db-3, db0, db3, db6}    OPTIONAL,  -- Need R
```

```
    scramblingID           ScramblingId,
    periodicityAndOffset   CSI-ResourcePeriodicityAndOffset      OPTIONAL,    --
        Cond PeriodicOrSemiPersistent
    qcl-InfoPeriodicCSI-RS TCI-StateId           OPTIONAL,    -- Cond Periodic
    ...
}
```

ZP-CSI-RS-Resource 参数如下，具体含义请参看 8.1.7 节。

```
ZP-CSI-RS-Resource ::=   SEQUENCE {
    zp-CSI-RS-ResourceId             ZP-CSI-RS-ResourceId,
    resourceMapping                  CSI-RS-ResourceMapping,
    periodicityAndOffset             CSI-ResourcePeriodicityAndOffset    OPTIONAL,
        --Cond PeriodicOrSemiPersistent
    ...
}
```

其中，参数 CSI-RS-ResourceMapping 和 CSI-ResourcePeriodicityAndOffset 如下。

1）CSI-RS-ResourceMapping 用来配置一个 slot 内的 CSI-RS 资源位置和天线端口：

```
CSI-RS-ResourceMapping ::=           SEQUENCE {
    frequencyDomainAllocation            CHOICE {
        row1                             BIT STRING (SIZE (4)),
        row2                             BIT STRING (SIZE (12)),
        row4                             BIT STRING (SIZE (3)),
        other                            BIT STRING (SIZE (6))
    },
    nrofPorts                            ENUMERATED {p1,p2,p4,p8,p12,p16,p24,p32},
    firstOFDMSymbolInTimeDomain          INTEGER (0..13),
    firstOFDMSymbolInTimeDomain2         INTEGER (2..12)   OPTIONAL,   -- Need R
    cdm-Type            ENUMERATED {noCDM, fd-CDM2, cdm4-FD2-TD2, cdm8-FD2-TD4},
    density                          CHOICE {
        dot5                             ENUMERATED {evenPRBs, oddPRBs},
        one                              NULL,
        three                            NULL,
        spare                            NULL
    },
    freqBand                         CSI-FrequencyOccupation,
    ...
}
```

参数解释如下。

- frequencyDomainAllocation：频域资源分配指示，通过比特位图表示。
- nrofPorts：配置 CSI-RS 资源的天线端口数目。
- firstOFDMSymbolInTimeDomain：指示 CSI-RS 的第一个符号的位置，仅当 dmrs-TypeA-Position 配置为 pos3 时，才支持配置该值为 2。
- firstOFDMSymbolInTimeDomain2：指示 CSI-RS 的第一个符号的第二个位置，可选。
- cdm-Type：配置 CDM 组类型。

- ❑ density：配置频域资源分配粒度，dot5 表示每 1/0.5 个 PRB（即每两个 PRB）中有一个 PRB 存在 CSI-RS，取值为 evenPRBs 表示偶数 PRB 存在 CSI-RS，取值为 oddPRBs 表示奇数 PRB 存在 CSI-RS；one 表示每个 PRB 中都存在 CSI-RS；three 表示每 1/3 个 PRB（即每 4 个 RE）中存在 CSI-RS。
- ❑ freqBand：配置 RB 起始和 RB 个数，包括以下两个参数。
  - startingRB：CSI-RS 资源的起始 PRB，相对于 CRB0 的偏移，只能配置 4 的倍数。
  - nrofRBs：CSI-RS 资源占用的 PRB 个数，只能配置 4 的倍数，最小配置 24 个 RB。

如果配置值大于对应的 BWP 带宽，则 UE 假定实际的 CSI-RS 带宽为 BWP 大小。

2）CSI-ResourcePeriodicityAndOffset 用来配置周期和半静态 CSI-RS 资源的周期和 slot 偏移：

```
CSI-ResourcePeriodicityAndOffset ::=    CHOICE {
    slots4                              INTEGER (0..3),
    slots5                              INTEGER (0..4),
    slots8                              INTEGER (0..7),
    slots10                             INTEGER (0..9),
    slots16                             INTEGER (0..15),
    slots20                             INTEGER (0..19),
    slots32                             INTEGER (0..31),
    slots40                             INTEGER (0..39),
    slots64                             INTEGER (0..63),
    slots80                             INTEGER (0..79),
    slots160                            INTEGER (0..159),
    slots320                            INTEGER (0..319),
    slots640                            INTEGER (0..639)
}
```

参数解释如下。

- ❑ slots4：表示周期为 4 个 slot，取值范围为 0 ～ 3。取值 0 表示 slot 偏移为 0，取值 1 表示 slot 偏移为 1，以此类推。
- ❑ slots5：表示周期为 5 个 slot，取值范围为 0 ～ 4。取值 0 表示 slot 偏移为 0，取值 1 表示 slot 偏移为 1，以此类推。

2. 序列产生

参考信号序列 $r(m)$ 定义如下：

$$r(m)=\frac{1}{\sqrt{2}}(1-2\cdot c(2m))+j\frac{1}{\sqrt{2}}(1-2\cdot c(2m+1))$$

其中，伪随机序列 $c(i)$ 在每个 OFDM 符号起始，初始化如下：

$$c_{\text{init}}=(2^{10}(N_{\text{symb}}^{\text{slot}}n_{\text{s,f}}^{\mu}+l+1)(2n_{\text{ID}}+1)+n_{\text{ID}})\text{mod}2^{31}$$

$n_{\text{s,f}}^{\mu}$ 为一帧内的 slot 编号，l 为 slot 内的符号编号，n_{ID} 等于配置参数 scramblingID 或

sequenceGenerationConfig。

3. 映射到物理资源

对于 CSI-RS 配置，UE 假定序列 $r(m)$ 映射到资源 $(k,l)_{p,\mu}$，依据如下公式：

$$a_{k,l}^{(p,\mu)} = \beta_{\text{CSIRS}} w_{\text{f}}(k') \cdot w_{\text{t}}(l') \cdot r_{l,n_{\text{s,f}}}(m')$$

$$m' = \lfloor n\alpha \rfloor + k' + \left\lfloor \frac{\bar{k}\rho}{N_{\text{sc}}^{\text{RB}}} \right\rfloor$$

$$k = nN_{\text{sc}}^{\text{RB}} + \bar{k} + k'$$

$$l = \bar{l} + l'$$

$$\alpha = \begin{cases} \rho, X = 1 \\ 2\rho, X > 1 \end{cases}$$

$$n = 0,1\ldots$$

其中，RE $(k,l)_{p,\mu}$ 在分配给 UE 的 CSI-RS 资源占用的 RB 内。ρ 为配置参数 density，天线端口数 X 为配置参数 nrofPorts。参考点 k=0 指 CRB0 的子载波 0。

UE 不期望 CSI-RS 和 DMRS 在同一个 RE 内。

变量 k'、l'、$w_{\text{f}}(k')$ 和 $w_{\text{t}}(l')$ 见表 7-10～表 7-14。表 7-10 每行的每个 $(\bar{k},\bar{l})$ 对应一个 CDM 组，CDM 组大小为 1(noCDM)、2、4 或 8。CDM type 由高层参数 CSI-RS-ResourceMapping-> cdm-Type 配置。k' 和 l' 用于索引一个 CDM 组内的 RE。

CSI-RS 的时域位置、频域位置、天线端口、周期和偏移说明如下。

（1）CSI-RS 时域位置

表 7-10 的时域位置 $l_0 \in \{0,1,\cdots,13\}$ 和 $l_1 \in \{2,3,\cdots,12\}$ 分别由高层参数 firstOFDMSymbolIn-TimeDomain 和 firstOFDMSymbolInTimeDomain2 配置。

（2）CSI-RS 频域位置

通过高层参数 frequencyDomainAllocation 配置，位图指示，取值 row1、row2、row4 分别表示表 7-10 的第一行、第二行、第四行，取值 other 表示其他行（此时，需要匹配 nrofPorts、density 和 cdm-Type 来决定使用哪一行。如果有多行能匹配上，则根据 frequencyDomain-Allocation 取值来决定使用哪一行）。CSI-RS 资源在$\lceil 1/\rho \rceil$个 PRB 内重复。使用规则如下。

- row1 占 4 bit，记为 $[b_3 \cdots b_0]$，从低位开始第一个置 1 的比特编号，就是 k_0 的取值，比如 row1 配置 0001，则 $k_0 = 0$；row1 配置 0100，则 $k_0 = 2$。
- row2 占 12 bit，记为 $[b_{11} \cdots b_0]$，从低位开始第一个置 1 的比特编号，就是 k_0 的取值，比如 row2 配置 000000000001，则 $k_0 = 0$；row2 配置 000010000000，则 $k_0 = 7$。
- row4 占 3 bit，记为 $[b_2 \cdots b_0]$，从低位开始第一个置 1 的比特编号，乘以 4 就是 k_0 的取值，比如 row4 配置 001，则 $k_0 = 0 \times 4 = 0$；row4 配置 100，则 $k_0 = 2 \times 4 = 8$。
- other 占 6 bit，记为 $[b_5 \cdots b_0]$，计算 k 的公式为 $k_{i-1} = 2f(i)$，$f(i)$ 为位图从低位开始第 i

个置 1 的比特编号。

（3）CSI-RS 天线端口

CSI-RS 使用的天线端口 p 由下面公式计算得出：

$$p = 3000 + s + jL$$
$$j = 0,1,\cdots,N/L-1$$
$$s = 0,1,\cdots,L-1$$

其中，s 为表 7-11 ～表 7-14 的序列索引（每个 CDM group 内 L 个天线端口的序列不同），$L \in \{1,2,4,8\}$ 为 CDM group 大小（每个 CDM group 映射 L 个天线端口），N 为 CSI-RS 天线端口总数目，CDM group 总个数为 N/L，CDM group 索引 j 和表 7-10 中的 $(\bar{k},\bar{l})$ 一一对应。

（4）周期和偏移

对于周期和半静态 CSI-RS 资源，我们可通过参数 CSI-ResourcePeriodicityAndOffset 配置周期和偏移，使用如下公式：

$$(N_{\text{slot}}^{\text{frame},\mu} n_{\text{f}} + n_{\text{s,f}}^{\mu} - T_{\text{offset}}) \bmod T_{\text{CSI-RS}} = 0$$

其中，n_{f} 为帧号，$n_{\text{s,f}}^{\mu}$ 为一个帧内的 slot 编号，$T_{\text{CSI-RS}}$ 和 T_{offest} 由配置参数 CSI-Resource-PeriodicityAndOffset 决定。例如，假定 CSI-ResourcePeriodicityAndOffset 配置为 slots40，取值为 2，则对于 15k SCS，CSI-RS 发送周期为 40 ms，在模 4 等于 0 的帧的 slot2 上发送，即在帧 0、帧 4、帧 8 等的 slot2 上发送 CSI-RS。

【举例 4】假定 CSI-RS-ResourceMapping 参数配置如下。

- FrequencyDomainAllocation：other，取值为 101010。
- nrofPorts：12，即共 12 个天线端口。
- density：1。
- cdm-Type：cdm4-FD2-TD2，即 CDM group 大小为 4（每个 CDM group 映射 4 个天线端口）。CDM group 个数为 12/4=3 个，索引为 0 ～ 2。
- CSI-FrequencyOccupation：配置 RB 起始和 RB 个数。
- firstOFDMSymbolInTimeDomain：12。
- firstOFDMSymbolInTimeDomain2：不存在。

则 CSI-RS 的时域和频域资源映射如下。

1）通过 nrofPorts、cdm-Type、density 取值查表 7-10，得出使用第 10 行。

2）FrequencyDomainAllocation 取值为 other（101010），得出 $k_0 = 2\times1 = 2$，$k_1 = 2\times3 = 6$，$k_2 = 2\times5 = 10$。

3）firstOFDMSymbolInTimeDomain 得出 $l_0 = 12$。

4）天线端口计算如下。

① (k_0,l_0) 对应 CDM group 0，天线端口号为 3000 ～ 3003。

② (k_1,l_0) 对应 CDM group 1，天线端口号为 3004 ～ 3007。

③ (k_2,l_0) 对应 CDM group 2，天线端口号为 3008 ～ 3011。

5）每个 CDM group 内共有 4 个 RE。

综上，得出一个 slot 内的 CSI-RS 占用资源及天线端口（如图 7-8 所示），每个 PRB 相同。

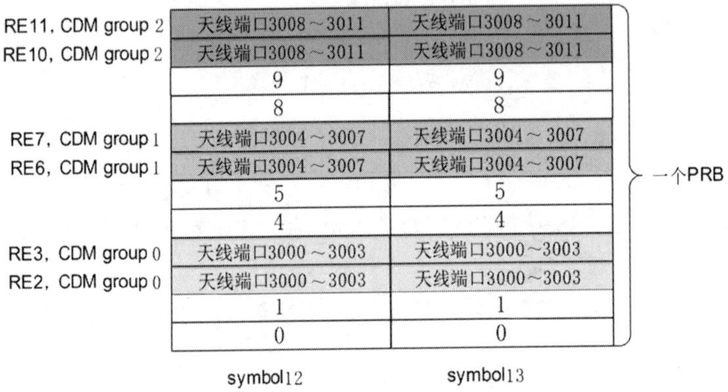

	symbol12	symbol13
RE11，CDM group 2	天线端口3008～3011	天线端口3008～3011
RE10，CDM group 2	天线端口3008～3011	天线端口3008～3011
	9	9
	8	8
RE7，CDM group 1	天线端口3004～3007	天线端口3004～3007
RE6，CDM group 1	天线端口3004～3007	天线端口3004～3007
	5	5
	4	4
RE3，CDM group 0	天线端口3000～3003	天线端口3000～3003
RE2，CDM group 0	天线端口3000～3003	天线端口3000～3003
	1	1
	0	0

一个PRB

图 7-8 CSI-RS 资源映射示例

表 7-10 一个 slot 内的 CSI-RS 位置

Row	nrofPorts X	density ρ	cdm-Type	$(\bar{k},\bar{l})$	CDM group 索引 j	k'	l'
1	1	3	noCDM	(k_0,l_0)，(k_0+4,l_0)，(k_0+8,l_0)	0，0，0	0	0
2	1	1，0.5	noCDM	(k_0,l_0)	0	0	0
3	2	1，0.5	fd-CDM2	(k_0,l_0)	0	0，1	0
4	4	1	fd-CDM2	(k_0,l_0)，(k_0+2,l_0)	0，1	0，1	0
5	4	1	fd-CDM2	(k_0,l_0)，(k_0,l_0+1)	0，1	0，1	0
6	8	1	fd-CDM2	(k_0,l_0)，(k_1,l_0)，(k_2,l_0)，(k_3,l_0)	0，1，2，3	0，1	0
7	8	1	fd-CDM2	(k_0,l_0)，(k_1,l_0)，(k_0,l_0+1)，(k_1,l_0+1)	0，1，2，3	0，1	0
8	8	1	cdm4-FD2-TD2	(k_0,l_0)，(k_1,l_0)	0，1	0，1	0，1
9	12	1	fd-CDM2	(k_0,l_0)，(k_1,l_0)，(k_2,l_0)，(k_3,l_0)，(k_4,l_0)，(k_5,l_0)	0, 1, 2, 3, 4, 5	0，1	0
10	12	1	cdm4-FD2-TD2	(k_0,l_0)，(k_1,l_0)，(k_2,l_0)	0，1，2	0，1	0，1
11	16	1，0.5	fd-CDM2	(k_0,l_0)，(k_1,l_0)，(k_2,l_0)，(k_3,l_0)，(k_0,l_0+1)，(k_1,l_0+1)，(k_2,l_0+1)，(k_3,l_0+1)	0，1，2，3，4，5，6，7	0，1	0
12	16	1，0.5	cdm4-FD2-TD2	(k_0,l_0)，(k_1,l_0)，(k_2,l_0)，(k_3,l_0)	0，1，2，3	0，1	0，1
13	24	1，0.5	fd-CDM2	(k_0,l_0)，(k_1,l_0)，(k_2,l_0)，(k_0,l_0+1)，(k_1,l_0+1)，(k_2,l_0+1)，(k_0,l_1)，(k_1,l_1)，(k_2,l_1)，(k_0,l_1+1)，(k_1,l_1+1)，(k_2,l_1+1)	0，1，2，3，4，5，6，7，8，9，10，11	0，1	0
14	24	1，0.5	cdm4-FD2-TD2	(k_0,l_0)，(k_1,l_0)，(k_2,l_0)，(k_0,l_1)，(k_1,l_1)，(k_2,l_1)	0, 1, 2, 3, 4, 5	0，1	0，1
15	24	1，0.5	cdm8-FD2-TD4	(k_0,l_0)，(k_1,l_0)，(k_2,l_0)	0，1，2	0，1	0，1，2，3

（续）

Row	nrofPorts X	density ρ	cdm-Type	$(\bar{k},\bar{l})$	CDM group 索引 j	k'	l'
16	32	1，0.5	fd-CDM2	(k_0,l_0)，(k_1,l_0)，(k_2,l_0)，(k_3,l_0)，(k_0,l_0+1)，(k_1,l_0+1)，(k_2,l_0+1)，(k_3,l_0+1)，(k_0,l_1)，(k_1,l_1)，(k_2,l_1)，(k_3,l_1)，(k_0,l_1+1)，(k_1,l_1+1)，(k_2,l_1+1)，(k_3,l_1+1)	0，1，2，3，4，5，6，7，8，9，10，11，12，13，14，15	0，1	0
17	32	1，0.5	cdm4-FD2-TD2	(k_0,l_0)，(k_1,l_0)，(k_2,l_0)，(k_3,l_0)，(k_0,l_1)，(k_1,l_1)，(k_2,l_1)，(k_3,l_1)	0，1，2，3，4，5，6，7	0，1	0，1
18	32	1，0.5	cdm8-FD2-TD4	(k_0,l_0)，(k_1,l_0)，(k_2,l_0)，(k_3,l_0)	0，1，2，3	0，1	0，1，2，3

表 7-11　序列 $w_f(k')$ 和 $w_t(l')$（cdm-Type 等于 noCDM）

序列索引	$w_f(0)$	$w_t(0)$
0	1	1

表 7-12　序列 $w_f(k')$ 和 $w_t(l')$（cdm-Type 等于 fd-CDM2）

序列索引	$[w_f(0)w_f(1)]$	$w_t(0)$
0	[+1 +1]	1
1	[+1 −1]	1

表 7-13　序列 $w_f(k')$ 和 $w_t(l')$（cdm-Type 等于 cdm4-FD2-TD2）

序列索引	$[w_f(0)w_f(1)]$	$[w_t(0)\ w_t(1)]$
0	[+1 +1]	[+1 +1]
1	[+1 −1]	[+1 +1]
2	[+1 +1]	[+1 −1]
3	[+1 −1]	[+1 −1]

表 7-14　序列 $w_f(k')$ 和 $w_t(l')$（cdm-Type 等于 cdm8-FD2-TD4）

序列索引	$[w_f(0)\ w_f(1)]$	$[w_t(0)\ w_t(1)\ w_t(2)\ w_t(3)]$
0	[+1 +1]	[+1 +1 +1 +1]
1	[+1 −1]	[+1 +1 +1 +1]
2	[+1 +1]	[+1 −1 +1 −1]
3	[+1 −1]	[+1 −1 +1 −1]
4	[+1 +1]	[+1 +1 −1 −1]
5	[+1 −1]	[+1 +1 −1 −1]
6	[+1 +1]	[+1 −1 −1 +1]
7	[+1 −1]	[+1 −1 −1 +1]

7.2 上行参考信号

7.2.1 PUCCH DMRS

PUCCH 格式不同，DMRS 的处理也不同，具体见 6.2 节。

7.2.2 PUSCH DMRS

1. 参数介绍

对于配置的 UL Grant，DMRS 通过参数 ConfiguredGrantConfig->cg-DMRS-Configuration 配置。该参数为必选参数。对于动态调度的 PUSCH，根据 PUSCH 的映射类型，DMRS 通过参数 dmrs-UplinkForPUSCH-MappingTypeA 和 dmrs-UplinkForPUSCH-MappingTypeB 分别配置。PUSCH 映射 typeA 和 typeB 的 DMRS 参数，仅 dmrs-Type、dmrs-AdditionalPosition 和 maxLength 字段可以配置不同。

```
PUSCH-Config ::=                        SEQUENCE {
...
    dmrs-UplinkForPUSCH-MappingTypeA        SetupRelease  { DMRS-UplinkConfig }
        OPTIONAL,    -- Need M
    dmrs-UplinkForPUSCH-MappingTypeB        SetupRelease  { DMRS-UplinkConfig }
        OPTIONAL,    -- Need M
...
}
DMRS-UplinkConfig ::=     SEQUENCE {
    dmrs-Type               ENUMERATED {type2}               OPTIONAL,   -- Need S
    dmrs-AdditionalPosition ENUMERATED {pos0, pos1, pos3}    OPTIONAL,   -- Need S
    phaseTrackingRS     SetupRelease { PTRS-UplinkConfig }   OPTIONAL,   -- Need M
    maxLength               ENUMERATED {len2}                OPTIONAL,   -- Need S
    transformPrecodingDisabled     SEQUENCE {
        scramblingID0          INTEGER (0..65535)            OPTIONAL,   -- Need S
        scramblingID1          INTEGER (0..65535)            OPTIONAL,   -- Need S
        ...
    }                                                        OPTIONAL,   -- Need R
    transformPrecodingEnabled       SEQUENCE {
        nPUSCH-Identity            INTEGER(0..1007)          OPTIONAL,   -- Need S
        sequenceGroupHopping       ENUMERATED {disabled}     OPTIONAL,   -- Need S
        sequenceHopping            ENUMERATED {enabled}      OPTIONAL,   -- Need S
        ...
    }                                                        OPTIONAL,   -- Need R
    ...
}
```

参数解释如下。

- dmrs-Type：DMRS 类型，如果不配置，则使用 DMRS type1。
- dmrs-AdditionalPosition：附加 DMRS 位置，如果不配置，则使用 pos2。
- phaseTrackingRS：配置上行 PTRS。

- maxLength：前置 DMRS 符号的最大长度，如果不配置，则使用 len1；如果配置为 len2，则通过 DCI0_1 的 Antenna port(s) 字段以及实际调度的码字个数，查表决定使用单符号还是双符号 DMRS。如果配置为 len2，则 dmrs-AdditionalPosition 只能配置为 pos0 或者 pos1。
- transformPrecodingDisabled：用于 CP-OFDM。
  - scramblingID0：上行 DMRS 的扰码 ID，如果不配置，则使用该服务小区的 PCI。
  - scramblingID1：上行 DMRS 的扰码 ID，如果不配置，则使用该服务小区的 PCI。
- transformPrecodingEnabled：用于 DFT-s-OFDM。
  - nPUSCH-Identity：DFT-s-OFDM DMRS 使用的参数 N_ID^(PUSCH)，如果不配置，则使用该服务小区的 PCI。
  - sequenceGroupHopping：网络可以配置小区级参数 PUSCH-ConfigCommon->groupHoppingEnabledTransformPrecoding 来使能 DMRS 组跳频，在这种情况下，可以配置 UE 级参数 sequenceGroupHopping 不使能组跳频（Msg3 除外），即覆盖小区级参数。如果不配置该参数，则 UE 使用和 Msg3 一样的跳频模式。
  - sequenceHopping：使能 DMRS 序列跳频（不用于 Msg3，Msg3 的 DMRS 序列不跳频），不能同时配置使能组跳频和序列跳频。如果不配置该参数，则 UE 使用和 Msg3 一样的跳频模式。

2. 序列产生

（1）DFT 预编码不使能

如果 DFT 预编码不使能，则序列 $r(n)$ 的产生方式如下：

$$r(n)=\frac{1}{\sqrt{2}}(1-2\cdot c(2n))+j\frac{1}{\sqrt{2}}(1-2\cdot c(2n+1))$$

伪随机序列 $c(i)$ 初始化为：

$$c_{\text{init}}=(2^{17}(N_{\text{symb}}^{\text{slot}}n_{\text{s,f}}^{\mu}+l+1)(2N_{\text{ID}}^{n_{\text{SCID}}}+1)+2N_{\text{ID}}^{n_{\text{SCID}}}+n_{\text{SCID}})\bmod 2^{31}$$

参数说明如下。

- l 为 slot 内的符号编号，$n_{\text{s,f}}^{\mu}$ 为帧内的 slot 编号。
- n_{SCID} 取值如下：
  - 对于 DCI0_1 调度的 PUSCH，通过 DCI0_1 的 DMRS sequence initialization 字段指示，$n_{\text{SCID}}\in\{0,1\}$。
  - 对于 Configured Grant type1 PUSCH，通过参数 dmrs-SeqInitialization 配置，$n_{\text{SCID}}\in\{0,1\}$。
  - 除以上情况外，$n_{\text{SCID}}=0$。
- N_{ID}^{0} 和 N_{ID}^{1} 取值如下：
  - 对于 C-RNTI、MCS-C-RNTI 或者 CS-RNTI 加扰的 DCI0_0 调度，如果配置了 DMRS-

UplinkConfig->transformPrecodingDisabled->scramblingID0，则 N_{ID}^{0} 等于该参数值，$N_{\mathrm{ID}}^{0} \in \{0,1,\cdots,65535\}$。

- 对于 DCI0_1 调度的 PUSCH，或者 Configured Grant 调度的 PUSCH，如果配置了 DMRS-UplinkConfig->transformPrecodingDisabled->scramblingID0 和 scramblingID1，则 N_{ID}^{0} 和 N_{ID}^{1} 分别等于该参数值，$N_{\mathrm{ID}}^{0}, N_{\mathrm{ID}}^{1} \in \{0,1,\cdots,65535\}$。
- 除以上情况外，$N_{\mathrm{ID}}^{n_{\mathrm{SCID}}} = N_{\mathrm{ID}}^{\mathrm{cell}}$。

（2）DFT 预编码使能

如果 DFT 预编码使能，则序列 $r(n)$ 的产生方式如下：

$$r(n) = r_{u,v}^{(\alpha,\delta)}(n)$$
$$n = 0,1,\cdots,M_{\mathrm{sc}}^{\mathrm{PUSCH}}/2^{\delta}-1$$

其中，$r_{u,v}^{(\alpha,\delta)}(m)$ 定义见 6.2.3 节，δ=1，α=0，组编号 u 和序列编号 v 说明如下。

组编号 $u = (f_{\mathrm{gh}} + n_{\mathrm{ID}}^{\mathrm{RS}}) \bmod 30$，$n_{\mathrm{ID}}^{\mathrm{RS}}$ 的取值为：如果不是 RAR UL Grant 和 TC-RNTI 加扰的 DCI0_0 调度的 PUSCH，并且通过参数 DMRS-UplinkConfig->transformPrecodingEnabled->nPUSCH-Identity 配置了 $n_{\mathrm{ID}}^{\mathrm{PUSCH}}$，则 $n_{\mathrm{ID}}^{\mathrm{RS}} = n_{\mathrm{ID}}^{\mathrm{PUSCH}}$；否则，$n_{\mathrm{ID}}^{\mathrm{RS}} = N_{\mathrm{ID}}^{\mathrm{cell}}$。

f_{gh} 和序列编号 v 的取值如下。

- ❑ 如果组跳频和序列跳频都不使能，那么 $f_{\mathrm{gh}} = 0$，$v = 0$。
- ❑ 如果组跳频使能，序列跳频不使能，那么 $f_{\mathrm{gh}} = \left(\sum_{m=0}^{7} 2^{m} c(8(N_{\mathrm{symb}}^{\mathrm{slot}} n_{\mathrm{s,f}}^{\mu} + l) + m)\right) \bmod 30$，$v = 0$，伪随机序列 $c(i)$ 在每个无线帧开始初始化为 $c_{\mathrm{init}} = \lfloor n_{\mathrm{ID}}^{\mathrm{RS}} / 30 \rfloor$。
- ❑ 如果组跳频不使能，序列跳频使能，那么 $f_{\mathrm{gh}} = 0$，$v = \begin{cases} c(N_{\mathrm{symb}}^{\mathrm{slot}} n_{\mathrm{s,f}}^{\mu} + l), & M_{\mathrm{ZC}} \geqslant 6N_{\mathrm{sc}}^{\mathrm{RB}} \\ 0, & \text{其他} \end{cases}$，伪随机序列 $c(i)$ 在每个无线帧开始初始化为 $c_{\mathrm{init}} = n_{\mathrm{ID}}^{\mathrm{RS}}$。

以上参数 l 为 slot 内的符号编号。对于两符号的 DMRS，l 为两符号 DMRS 的第一个符号的编号。

组跳频和序列跳频模式通过参数配置。对于 RAR UL Grant 或者 TC-RNTI 加扰的 DCI0_0 调度的 PUSCH，序列跳频不使能，组跳频通过参数 PUSCH-ConfigCommon->groupHoppingEnabledTransformPrecoding 配置。对于其他 PUSCH，如果配置了参数 DMRS-UplinkConfig->transformPrecodingEnabled->sequenceGroupHopping 和 sequenceHopping，则通过这两个参数决定是否进行组跳频和序列跳频；否则，和 Msg3 使用相同的跳频模式。UE 不期望同时配置组跳频和序列跳频。

3. 预编码和映射到物理资源

序列 $r(m)$ 映射到中间变量 $\tilde{a}_{k,l}^{(\tilde{p}_j,\mu)}$，区分 DFT 预编码是否使能，然后进行如下处理。

1）如果 DFT 预编码不使能，处理如下：

$$\tilde{a}_{k,l}^{(\tilde{p}_j,\mu)} = w_{\mathrm{f}}(k')w_{\mathrm{t}}(l')r(2n+k')$$
$$k = \begin{cases} 4n+2k'+\Delta & \text{配置 type1} \\ 6n+k'+\Delta & \text{配置 type2} \end{cases}$$
$$k' = 0,1$$
$$l = \overline{l} + l'$$
$$n = 0,1,\cdots$$
$$j = 0,1,\cdots,v-1$$

2）如果 DFT 预编码使能，处理如下：

$$\tilde{a}_{k,l}^{(\tilde{p}_0,\mu)} = w_{\mathrm{f}}(k')w_{\mathrm{t}}(l')r(2n+k')$$
$$k = 4n+2k'+\Delta$$
$$k' = 0,1$$
$$l = \overline{l} + l'$$
$$n = 0,1,\cdots$$

其中 $w_{\mathrm{f}}(k')$ 、 $w_{\mathrm{t}}(l')$ 和 Δ 见表 7-15 和表 7-16，DMRS 类型通过参数 DMRS-UplinkConfig->dmrs-Type 配置，k' 和 Δ 对应 $\tilde{p}_0,\cdots,\tilde{p}_{v-1}$ 。如果 Δ 对应到不是 $\tilde{p}_j$ 的天线端口，则 $\tilde{a}_{k,l}^{(\tilde{p}_j,\mu)}=0$ 。

中间变量 $\tilde{a}_{k,l}^{(\tilde{p}_j,\mu)}$ 需要先进行预编码，然后乘以幅度调整因子 $\beta_{\mathrm{PUSCH}}^{\mathrm{DMRS}}$，映射到物理资源，处理如下。

$$\begin{bmatrix} a_{k,l}^{(p_0,\mu)}(m) \\ \vdots \\ a_{k,l}^{(p_{\rho-1},\mu)}(m) \end{bmatrix} = \beta_{\mathrm{PUSCH}}^{\mathrm{DMRS}} \boldsymbol{W} \begin{bmatrix} \tilde{a}_{k,l}^{(\tilde{p}_0,\mu)}(m) \\ \vdots \\ \tilde{a}_{k,l}^{(\tilde{p}_{v-1},\mu)}(m) \end{bmatrix}$$

其中，预编码矩阵 $\boldsymbol{W}$ 同 PUSCH 使用的 $\boldsymbol{W}$；天线端口 $\{p_0,\cdots,p_{\rho-1}\}$ 同 PUSCH 使用的天线端口；$\{\tilde{p}_0,\cdots,\tilde{p}_{v-1}\}$ 为 DMRS 天线端口，其确定方法后面会详细介绍；RE $\tilde{a}_{k,l}^{(\tilde{p}_j,\mu)}$ 在给 PUSCH 分配的 CRB 内。DMRS 映射到物理资源时，需要首先确定频域参考点和时域参考点。

频域位置 k 的参考点为：如果 DFT 预编码不使能，则参考点为 CRB0 的 subcarrier 0；如果 DFT 预编码使能，则参考点为 PUSCH 分配的频域最低编号的 RB 的 subcarrier 0。

时域位置 l 的参考点和 l_0（l_0 是第 1 个 DMRS 符号的位置，指相对于参考点的偏移）为：对于 PUSCH 映射 typeA，如果跳频不使能，则参考点为 slot 的起始，如果跳频使能，则参考点为每个跳频单元的起始；l_0 通过高层参数 dmrs-TypeA-Position（来自 MIB 或者 ServingCellConfigCommon）配置。对于 PUSCH 映射 typeB，如果跳频不使能，则参考点为调度的 PUSCH 符号的起始，如果跳频使能，则参考点为每个跳频单元的起始；$l_0=0$ 。

DMRS 符号的位置为 $\overline{l}$ ，和 l_{d} 有关。当配置为 PUSCH 映射 typeA，slot 内跳频不使能时，l_{d} 为 slot 的第一个符号到 PUSCH 的最后一个符号的持续时间（见表 7-17 和表 7-18）；当配置为 PUSCH 映射 typeB，slot 内跳频不使能时，l_{d} 为 PUSCH 的持续时间（见表 7-17 和

表 7-18）；当 slot 内跳频使能时，l_d 为每个跳频单元的持续时间（见表 7-20）。如果参数 DMRS-UplinkConfig->maxLength 没有配置，则使用单符号 DMRS；如果参数 DMRS-UplinkConfig->maxLength 配置为 len2，则通过 DCI 或者 Configured Grant 配置决定使用单符号或者双符号 DMRS。如果参数 DMRS-UplinkConfig->dmrs-AdditionalPosition 没有配置为 pos0，并且 slot 内跳频使能，则使用表 7-20 决定 DMRS 符号位置，此时假定每个跳频的 dmrs-AdditionalPosition 等于 pos1。

对于 PUSCH 映射 typeA，仅当 dmrs-TypeA-Position 等于 pos2 时，dmrs-AdditionalPosition 才可以配置为 pos3。对于 PUSCH 映射 typeA，仅当 dmrs-TypeA-Position 等于 pos2 时，表 7-18 中的 $l_d = 4$ 才适用。

时域索引 l' 和支持的天线端口 $\tilde{p}_j$ 见表 7-19。

表 7-15　PUSCH DMRS 配置 type1 参数

$\tilde{p}$	CDM group λ	Δ	$w_f(k')$		$w_t(l')$	
			$k'=0$	$k'=1$	$l'=0$	$l'=1$
0	0	0	+1	+1	+1	+1
1	0	0	+1	−1	+1	+1
2	1	1	+1	+1	+1	+1
3	1	1	+1	−1	+1	+1
4	0	0	+1	+1	+1	−1
5	0	0	+1	−1	+1	−1
6	1	1	+1	+1	+1	−1
7	1	1	+1	−1	+1	−1

表 7-16　PUSCH DMRS 配置 type2 参数

$\tilde{p}$	CDM group λ	Δ	$w_f(k')$		$w_t(l')$	
			$k'=0$	$k'=1$	$l'=0$	$l'=1$
0	0	0	+1	+1	+1	+1
1	0	0	+1	−1	+1	+1
2	1	2	+1	+1	+1	+1
3	1	2	+1	−1	+1	+1
4	2	4	+1	+1	+1	+1
5	2	4	+1	−1	+1	+1
6	0	0	+1	+1	+1	−1
7	0	0	+1	−1	+1	−1
8	1	2	+1	+1	+1	−1
9	1	2	+1	−1	+1	−1
10	2	4	+1	+1	+1	−1
11	2	4	+1	−1	+1	−1

表 7-17　PUSCH DMRS 位置 $\bar{l}$（单符号 DMRS，slot 内跳频不使能）

l_d（符号）	DMRS 位置 $\bar{l}$							
	PUSCH 映射 typeA				PUSCH 映射 typeB			
	dmrs-AdditionalPosition				dmrs-AdditionalPosition			
	pos0	pos1	pos2	pos3	pos0	pos1	pos2	pos3
＜4	—	—	—	—	l_0	l_0	l_0	l_0
4	l_0	l_0	l_0	l_0	l_0	l_0	l_0	l_0
5	l_0	l_0	l_0	l_0	l_0	l_0,4	l_0,4	l_0,4
6	l_0	l_0	l_0	l_0	l_0	l_0,4	l_0,4	l_0,4
7	l_0	l_0	l_0	l_0	l_0	l_0,4	l_0,4	l_0,4
8	l_0	l_0,7	l_0,7	l_0,7	l_0	l_0,6	l_0,3,6	l_0,3,6
9	l_0	l_0,7	l_0,7	l_0,7	l_0	l_0,6	l_0,3,6	l_0,3,6
10	l_0	l_0,9	l_0,6,9	l_0,6,9	l_0	l_0,8	l_0,4,8	l_0,3,6,9
11	l_0	l_0,9	l_0,6,9	l_0,6,9	l_0	l_0,8	l_0,4,8	l_0,3,6,9
12	l_0	l_0,9	l_0,6,9	l_0,5,8,11	l_0	l_0,10	l_0,5,10	l_0,3,6,9
13	l_0	l_0,11	l_0,7,11	l_0,5,8,11	l_0	l_0,10	l_0,5,10	l_0,3,6,9
14	l_0	l_0,11	l_0,7,11	l_0,5,8,11	l_0	l_0,10	l_0,5,10	l_0,3,6,9

表 7-18　PUSCH DMRS 位置 $\bar{l}$（双符号 DMRS，slot 内跳频不使能）

l_d（符号）	DMRS 位置 $\bar{l}$							
	PUSCH 映射 typeA				PUSCH 映射 typeB			
	dmrs-AdditionalPosition				dmrs-AdditionalPosition			
	pos0	pos1	pos2	pos3	pos0	pos1	pos2	pos3
＜4	—	—			—	—		
4	l_0	l_0			—	—		
5	l_0	l_0			l_0	l_0		
6	l_0	l_0			l_0	l_0		
7	l_0	l_0			l_0	l_0		
8	l_0	l_0			l_0	l_0,5		
9	l_0	l_0			l_0	l_0,5		
10	l_0	l_0,8			l_0	l_0,7		
11	l_0	l_0,8			l_0	l_0,7		
12	l_0	l_0,8			l_0	l_0,9		
13	l_0	l_0,10			l_0	l_0,9		
14	l_0	l_0,10			l_0	l_0,9		

表 7-19　PUSCH DMRS 时域索引 l'

DMRS 长度	l'	支持的天线端口 $\tilde{p}$	
		配置 type1	配置 type2
单符号	0	0～3	0～5
双符号	0，1	0～7	0～11

表 7-20 PUSCH DMRS 位置 $\bar{l}$（单符号 DMRS，slot 内跳频使能）

l_d（符号）	DMRS 位置 $\bar{l}$											
	PUSCH 映射 typeA								PUSCH 映射 typeB			
	$l_0=2$				$l_0=3$				$l_0=0$			
	dmrs-AdditionalPosition				dmrs-AdditionalPosition				dmrs-AdditionalPosition			
	pos0		pos1		pos0		pos1		pos0		pos1	
	1st hop	2nd hop	1st hop	2nd hop	1st hop	2nd hop	1st hop	2nd hop	1st hop	2nd hop	1st hop	2nd hop
≤3	—	—	—	—	—	—	—	—	0	0	0	0
4	2	0	2	0	3	0	3	0	0	0	0	0
5，6	2	0	2	0，4	3	0	3	0，4	0	0	0，4	0，4
7	2	0	2，6	0，4	3	0	3	0，4	0	0	0，4	0，4

4. DMRS 的发送过程

DMRS 发送分为下面 3 种情况。

1）当 PUSCH 不是由 C-RNTI、CS-RNTI、SP-CSI-RNTI 或者 MCS-C-RNTI 加扰的 DCI0_1 调度，也不是由 Configured Grant 调度时：

- UE 使用单符号的 DMRS，类型为 type1，天线端口为 0。
- DMRS 符号不能调度 PUSCH 数据（即不支持数据插花放置），除了 1 或者 2 符号的 PUSCH 并且 DFT 预编码不使能的情况。
- 依据 PUSCH 调度类型和 PUSCH 持续时间，当跳频不使能时，查表 7-17 确定附加 DMRS；当跳频使能时，查表 7-20。如果跳频不使能，则 UE 假定 dmrs-AdditionalPosition 等于 pos2，最多有两个附加 DMRS；如果跳频使能，则 UE 假定 dmrs-AdditionalPosition 等于 pos1，最多有一个附加 DMRS。

2）当 PUSCH 通过 CS-RNTI 加扰的激活 DCI0_0 调度时：

- UE 使用单符号的 DMRS，类型通过参数 ConfiguredGrantConfig->dmrs-Type 配置，天线端口为 0。
- DMRS 符号不能调度 PUSCH 数据（即不支持数据插花放置），除了 1 或者 2 符号的 PUSCH 并且 DFT 预编码不使能的情况。
- 依据参数 ConfiguredGrantConfig->dmrs-AdditionalPosition、PUSCH 调度类型、PUSCH 持续时间，当跳频不使能时，查表 7-17 确定附加 DMRS；当跳频使能时，查表 7-20。

3）当 PUSCH 通过 C-RNTI、CS-RNTI、SP-CSI-RNTI 或者 MCS-C-RNTI 加扰的 DCI0_1 调度，或者是通过 Configured Grant 调度时：

- UE 可以配置 DMRS-UplinkConfig->dmrs-Type，如果配置了，则使用 type2 来发送 DMRS；否则，使用 type1。
- 可以配置前置 DMRS 的符号长度 DMRS-UplinkConfig->maxLength。如果没有配置 maxLength，则 DCI0 和 Configured Grant 调度的 PUSCH 都使用单符号 DMRS，并且可

以通过参数 dmrs-AdditionalPosition 配置附加 DMRS，取值可以为 pos0、pos1、pos2 或 pos3。如果配置了 maxLength，则 DCI0 和 Configured Grant 调度的 PUSCH 都可以使用单符号 DMRS 或者双符号 DMRS，并且可以通过参数 dmrs-AdditionalPosition 配置附加 DMRS，取值可以为 pos0 或 pos1。依据表 7-17 或者表 7-18 确定附加 DMRS。

对于 DCI0_1 调度的 PUSCH，或者 CS-RNTI 加扰的激活 DCI0_1 调度的 PUSCH，或者 Configured Grant type1 配置的 PUSCH，表 7-22 ～表 7-39 中指示的 DMRS CDM group 不用于数据发送。

对于 DCI0_0 调度的 PUSCH，或者 CS-RNTI 加扰的激活 DCI0_0 调度的 PUSCH：当 DFT 预编码不使能，且是 1 或者 2 符号的 PUSCH 时，不带数据的 CDM group 的个数为 1，即 CDM group 0；当是 CS-RNTI 加扰的激活 DCI0_0 调度的 PUSCH，并且参数 cg-DMRS-Configuration->dmrs-Type 等于 type2 ，PUSCH 大于 2 符号时，不带数据的 CDM group 的个数为 3，即 CDM group {0,1,2}；除前述两种情况外，不带数据的 CDM group 的个数为 2，即 CDM group {0,1}。

对于 PUSCH 的 DMRS，PUSCH EPRE 和 DMRS EPRE 的比率 β_{DMRS} 见表 7-21。DMRS 幅度调整因子 $\beta_{\text{PUSCH}}^{\text{DMRS}}$ 为 $10^{-\frac{\beta_{\text{DMRS}}}{20}}$。

表 7-21 PUSCH EPRE 和 DMRS EPRE 的比率

不带数据的 DMRS CDM group 个数	DMRS 配置 type1	DMRS 配置 type2
1	0 dB	0 dB
2	−3 dB	−3 dB
3	—	−4.77 dB

5. DCI0_1 中字段说明

对于 DCI0_1 调度的 PUSCH，是否支持数据插花放置和 DMRS 天线端口由 DCI0_1 的 Antenna ports 字段告知 UE。该字段长度由如下因素决定：

- 如果 DFT 预编码使能，dmrs-Type=1，maxLength=1，则长度为 2 bit，见表 7-22。
- 如果 DFT 预编码使能，dmrs-Type=1，maxLength=2，则长度为 4 bit，见表 7-23。
- 如果 DFT 预编码不使能，dmrs-Type=1，maxLength=1，rank 为 1 ～ 4（对于 txConfig = nonCodebook，rank 由 DCI0_1 的 SRS resource indicator 字段指示；对于 txConfig = codebook，rank 由 DCI0_1 的 Precoding information and number of layers 字段指示），则长度为 3 bit，见表 7-24 ～表 7-27。
- 如果 DFT 预编码不使能，dmrs-Type=1，maxLength=2，rank 为 1 ～ 4，则长度为 4 bit，见表 7-28 ～表 7-31。
- 如果 DFT 预编码不使能，dmrs-Type=2，maxLength=1，rank 为 1 ～ 4，则长度为 4 bit，见表 7-32 ～表 7-35。
- 如果 DFT 预编码不使能，dmrs-Type=2，maxLength=2，rank 为 1 ～ 4，则长度为 5 bit，见表 7-36 ～表 7-39。

其中，表 7-22 ～表 7-39 中“不带数据的 DMRS CDM group 个数”取值为 1、2 和 3 分别指 CDM group {0}、CMD group{0,1} 和 CMD group{0, 1, 2}。

如果 UE 配置了 dmrs-UplinkForPUSCH-MappingTypeA 和 dmrs-UplinkForPUSCH-MappingTypeB，则 Antenna ports 字段的比特长度等于 $\max\{x_A, x_B\}$，其中，x_A 为依据 dmrs-UplinkForPUSCH-MappingTypeA 配置得出的该字段的长度，x_B 为依据 dmrs-UplinkForPUSCH-MappingTypeB 配置得出的该字段的长度。如果当前调度的 PUSCH 映射类型对应 x_A 和 x_B 的较小值，则在该字段的高位补 $|x_A - x_B|$ 个 0。

表 7-22 Antenna ports（DFT 预编码使能，dmrs-Type=1，maxLength=1）

取值	不带数据的 DMRS CDM group 个数	DMRS 端口
0	2	0
1	2	1
2	2	2
3	2	3

表 7-23 Antenna ports（DFT 预编码使能，dmrs-Type=1，maxLength=2）

取值	不带数据的 DMRS CDM group 个数	DMRS 端口	前置符号数
0	2	0	1
1	2	1	1
2	2	2	1
3	2	3	1
4	2	0	2
5	2	1	2
6	2	2	2
7	2	3	2
8	2	4	2
9	2	5	2
10	2	6	2
11	2	7	2
12 ～ 15	保留	保留	保留

表 7-24 Antenna ports（DFT 预编码不使能，dmrs-Type=1，maxLength=1，rank=1）

取值	不带数据的 DMRS CDM group 个数	DMRS 端口
0	1	0
1	1	1
2	2	0
3	2	1
4	2	2
5	2	3
6 ～ 7	保留	保留

表 7-25 Antenna ports（DFT 预编码不使能，dmrs-Type=1，maxLength=1，rank=2）

取值	不带数据的 DMRS CDM group 个数	DMRS 端口
0	1	0，1
1	2	0，1
2	2	2，3
3	2	0，2
4～7	保留	保留

表 7-26 Antenna ports（DFT 预编码不使能，dmrs-Type=1，maxLength=1，rank=3）

取值	不带数据的 DMRS CDM group 个数	DMRS 端口
0	2	0～2
1～7	保留	保留

表 7-27 Antenna ports（DFT 预编码不使能，dmrs-Type=1，maxLength=1，rank=4）

取值	不带数据的 DMRS CDM group 个数	DMRS 端口
0	2	0～3
1～7	保留	保留

表 7-28 Antenna ports（DFT 预编码不使能，dmrs-Type=1，maxLength=2，rank=1）

取值	不带数据的 DMRS CDM group 个数	DMRS 端口	前置符号数
0	1	0	1
1	1	1	1
2	2	0	1
3	2	1	1
4	2	2	1
5	2	3	1
6	2	0	2
7	2	1	2
8	2	2	2
9	2	3	2
10	2	4	2
11	2	5	2
12	2	6	2
13	2	7	2
14～15	保留	保留	保留

表 7-29 Antenna ports（DFT 预编码不使能，dmrs-Type=1，maxLength=2，rank=2）

取值	不带数据的 DMRS CDM group 个数	DMRS 端口	前置符号数
0	1	0，1	1

（续）

取值	不带数据的 DMRS CDM group 个数	DMRS 端口	前置符号数
1	2	0，1	1
2	2	2，3	1
3	2	0，2	1
4	2	0，1	2
5	2	2，3	2
6	2	4，5	2
7	2	6，7	2
8	2	0，4	2
9	2	2，6	2
10～15	保留	保留	保留

表 7-30　Antenna ports（DFT 预编码不使能，dmrs-Type=1，maxLength=2，rank=3）

取值	不带数据的 DMRS CDM group 个数	DMRS 端口	前置符号数
0	2	0～2	1
1	2	0，1，4	2
2	2	2，3，6	2
3～15	保留	保留	保留

表 7-31　Antenna ports（DFT 预编码不使能，dmrs-Type=1，maxLength=2，rank=4）

取值	不带数据的 DMRS CDM group 个数	DMRS 端口	前置符号数
0	2	0～3	1
1	2	0，1，4，5	2
2	2	2，3，6，7	2
3	2	0，2，4，6	2
4～15	保留	保留	保留

表 7-32　Antenna ports（DFT 预编码不使能，dmrs-Type=2，maxLength=1，rank=1）

取值	不带数据的 DMRS CDM group 个数	DMRS 端口
0	1	0
1	1	1
2	2	0
3	2	1
4	2	2
5	2	3
6	3	0
7	3	1

（续）

取值	不带数据的 DMRS CDM group 个数	DMRS 端口
8	3	2
9	3	3
10	3	4
11	3	5
12 ～ 15	保留	保留

表 7-33 Antenna ports（DFT 预编码不使能，dmrs-Type=2，maxLength=1，rank=2）

取值	不带数据的 DMRS CDM group 个数	DMRS 端口
0	1	0，1
1	2	0，1
2	2	2，3
3	3	0，1
4	3	2，3
5	3	4，5
6	2	0，2
7 ～ 15	保留	保留

表 7-34 Antenna ports（DFT 预编码不使能，dmrs-Type=2，maxLength=1，rank=3）

取值	不带数据的 DMRS CDM group 个数	DMRS 端口
0	2	0 ～ 2
1	3	0 ～ 2
2	3	3 ～ 5
3 ～ 15	保留	保留

表 7-35 Antenna ports（DFT 预编码不使能，dmrs-Type=2，maxLength=1，rank=4）

取值	不带数据的 DMRS CDM group 个数	DMRS 端口
0	2	0 ～ 3
1	3	0 ～ 3
2 ～ 15	保留	保留

表 7-36 Antenna ports（DFT 预编码不使能，dmrs-Type=2，maxLength=2，rank=1）

取值	不带数据的 DMRS CDM group 个数	DMRS 端口	前置符号数
0	1	0	1
1	1	1	1
2	2	0	1
3	2	1	1
4	2	2	1
5	2	3	1
6	3	0	1

（续）

取值	不带数据的 DMRS CDM group 个数	DMRS 端口	前置符号数
7	3	1	1
8	3	2	1
9	3	3	1
10	3	4	1
11	3	5	1
12	3	0	2
13	3	1	2
14	3	2	2
15	3	3	2
16	3	4	2
17	3	5	2
18	3	6	2
19	3	7	2
20	3	8	2
21	3	9	2
22	3	10	2
23	3	11	2
24	1	0	2
25	1	1	2
26	1	6	2
27	1	7	2
28 ～ 31	保留	保留	保留

表 7-37 Antenna ports（DFT 预编码不使能，dmrs-Type=2，maxLength=2，rank=2）

取值	不带数据的 DMRS CDM group 个数	DMRS 端口	前置符号数
0	1	0，1	1
1	2	0，1	1
2	2	2，3	1
3	3	0，1	1
4	3	2，3	1
5	3	4，5	1
6	2	0，2	1
7	3	0，1	2
8	3	2，3	2
9	3	4，5	2
10	3	6，7	2
11	3	8，9	2

（续）

取值	不带数据的 DMRS CDM group 个数	DMRS 端口	前置符号数
12	3	10，11	2
13	1	0，1	2
14	1	6，7	2
15	2	0，1	2
16	2	2，3	2
17	2	6，7	2
18	2	8，9	2
19 ~ 31	保留	保留	保留

表 7-38 Antenna ports（DFT 预编码不使能，dmrs-Type=2，maxLength=2，rank=3）

取值	不带数据的 DMRS CDM group 个数	DMRS 端口	前置符号数
0	2	0 ~ 2	1
1	3	0 ~ 2	1
2	3	3 ~ 5	1
3	3	0，1，6	2
4	3	2，3，8	2
5	3	4，5，10	2
6 ~ 31	保留	保留	保留

表 7-39 Antenna ports（DFT 预编码不使能，dmrs-Type=2，maxLength=2，rank=4）

取值	不带数据的 DMRS CDM group 个数	DMRS 端口	前置符号数
0	2	0 ~ 3	1
1	3	0 ~ 3	1
2	3	0，1，6，7	2
3	3	2，3，8，9	2
4	3	4，5，10，11	2
5 ~ 31	保留	保留	保留

7.2.3 SRS

1. 概述

SRS（Sounding Reference Signal，探测参考信号）有如下 3 种用途，通过 SRS 资源集的参数 usage 配置。

- 上行信道信息获取：usage 配置为 codebook 或 nonCodebook。
- 下行信道信息获取（满足信道互易性时）：usage 配置为 antennaSwitching。

- ❑ 上行波束管理：usage 配置为 beamManagement。

UE 可以配置一个或多个 SRS 资源集，每个 SRS 资源集可以配置 $K \geqslant 1$ 个 SRS 资源。UE 支持的 K 最大值通过 UE 能力字段指示，每个 SRS 资源包含 1、2 或 4 个 SRS 端口。一个 SRS 资源可以配置的最小带宽为 4 个 RB，最大带宽为 272 个 RB。SRS 配置约束如下。

1）当 usage 配置为 beamManagement 时，一个 SRS 资源集在同一个时刻只能发送一个 SRS 资源；但是，同一个 BWP 具有相同时域行为的不同 SRS 资源集的 SRS 资源可以同时发送。

2）半静态 SRS 资源集、周期 SRS 资源集里的所有 SRS 资源的周期必须配置一样（slot 偏移可以不同）。

3）一个 SRS 资源可以配置 $N_S \in \{1,2,4\}$ 个连续的 OFDM 符号，且必须是在 slot 的后 6 个符号内，同时 SRS 资源的所有天线端口映射到该 SRS 资源的每个符号。

4）当 PUSCH 和 SRS 在同一个 slot 内发送时，SRS 只能在 PUSCH 和对应的 DMRS 之后发送。

5）一个 SRS 资源集的所有 SRS 资源的时域行为必须配置相同，SRS 资源和关联的 SRS 资源集的时域行为必须配置相同。

对于类型为 periodic 的 SRS 资源，当配置了 spatialRelationInfo 时：

- ❑ 如果配置的参考信号是 ssb-Index，那么 UE 使用接收参考 SSB（ssb-Index 指示的 SSB）所用的空域滤波器来发送该 SRS。
- ❑ 如果配置的参考信号是 csi-RS-Index，那么 UE 使用接收参考 CSI-RS（csi-RS-Index 指示的 NZP CSI-RS，可以是周期或者半静态 CSI-RS）所用的空域滤波器来发送该 SRS。
- ❑ 如果配置的参考信号是 srs，那么 UE 使用发送参考 SRS（srs 指示的 SRS，只能是周期 SRS）所用的空域滤波器来发送该 SRS。

对于类型为 semi-persistent 的 SRS 资源：

- ❑ 当 UE 收到 SP SRS Activation/Deactivation MAC CE（该 MAC CE 内容本节后续会讲到）激活或者去激活半静态 SRS 时，假定在 slot n 内反馈该 MAC CE 的 AN，那么在 slot $n+3N_{\text{slot}}^{\text{subframe},\mu}$ 之后的第一个 slot 才开始应用该 MAC CE。
- ❑ 当激活的 SRS 资源配置了 spatialRelationInfo 时，UE 使用激活 MAC CE 指示的参考信号替换配置的参考信号。
- ❑ 当配置了 spatialRelationInfo 时，
  - 如果配置的参考信号是 ssb-Index，那么 UE 使用接收参考 SSB（ssb-Index 指示的 SSB）所用的空域滤波器来发送该 SRS。
  - 如果配置的参考信号是 csi-RS-Index，那么 UE 使用接收参考 CSI-RS（csi-RS-Index 指示的 NZP CSI-RS，可以是周期或者半静态 CSI-RS）所用的空域滤波器来发送该 SRS。
  - 如果配置的参考信号是 srs，那么 UE 使用发送参考 SRS（srs 指示的 SRS，可以是周期或者半静态 SRS）所用的空域滤波器来发送该 SRS。

- 半静态 SRS 生效时间说明如下。
  - 如果 UE 收到了激活半静态 SRS 的 MAC CE，并且没有收到去激活该 SRS 的 MAC CE，当对应的上行 BWP 被激活时，UE 认为该半静态 SRS 是激活的；否则，挂起该半静态 SRS。
  - 配置半静态 SRS，或者切换后，该半静态 SRS 初始化为去激活状态。

对于类型为 aperiodic 的 SRS 资源：

- 通过 DCI0_1、DCI1_1 或者 DCI2_3 的 SRS request 字段，基站可以触发非周期 SRS。对于用途为 codebook 或者 antennaSwitching 的 SRS 资源，触发非周期 SRS 的 PDCCH 的最后一个符号到 SRS 发送的第一个符号的最小时间间隔为 N_2；否则，最小时间间隔为 N_2+14，单位为符号。其中，N_2 的定义参见 8.2.10 节，SCS 取 PDCCH 和非周期 SRS 的较小值。
- 如果在 slot n 内收到触发非周期 SRS 的 DCI，则在 slot $\left\lfloor n \cdot \frac{2^{\mu_{SRS}}}{2^{\mu_{PDCCH}}} \right\rfloor + k$ 内发送对应的非周期 SRS，其中 k 通过参数 slotOffset 配置，μ_{SRS} 为触发的非周期 SRS 的子载波间隔，μ_{PDCCH} 为对应 PDCCH 的子载波间隔。
- 当配置了 spatialRelationInfo 时，
  - 如果配置的参考信号是 ssb-Index，那么 UE 使用接收参考 SSB（ssb-Index 指示的 SSB）所用的空域滤波器来发送该 SRS。
  - 如果配置的参考信号是 csi-RS-Index，那么 UE 使用接收参考 CSI-RS（csi-RS-Index 指示的 NZP CSI-RS，可以是周期 CSI-RS、半静态 CSI-RS 或者最新的非周期 CSI-RS）所用的空域滤波器来发送该 SRS。
  - 如果配置的参考信号是 srs，那么 UE 使用发送参考 SRS（srs 指示的 SRS，可以是周期 SRS、半静态 SRS 或者非周期 SRS）所用的空域滤波器来发送该 SRS。

SRS 和 PRACH、PUCCH、PUSCH 冲突，以及多个 SRS 冲突的处理规则如下。

1）对于同一个载波的 PUCCH 和 SRS：

- 当周期 SRS、半静态 SRS 和仅带 CSI report 或者仅带 L1-RSRP report 的 PUCCH 存在符号冲突时，在冲突的符号上，UE 不发送 SRS（在不冲突的符号上，UE 正常发送 SRS）。
- 当周期 SRS、半静态 SRS、非周期 SRS 和带 AN 和 / 或 SR 的 PUCCH 存在符号冲突时，在冲突的符号上，UE 不发送 SRS（在不冲突的符号上，UE 正常发送 SRS）。
- 当非周期 SRS 和仅带周期 / 半静态 CSI report 或者仅带周期 / 半静态 L1-RSRP report 的 PUCCH 存在符号冲突时，UE 不发送 PUCCH。

2）对于频带内或频带间 CA，如果 UE 不支持同时发送 SRS 和 PUCCH / PUSCH，那么 UE 不期望在同一个符号上在一个载波配置 SRS，而在另外一个载波配置 PUSCH/UL DMRS/

UL PT-RS/PUCCH。

3）对于频带内或频带间 CA，如果 UE 不支持同时发送 SRS 和 PRACH，那么 UE 不期望在一个载波上发送 SRS，而同时在另外一个载波上发送 PRACH。

4）多个类型的 SRS 冲突时的处理规则如下。

- 当非周期 SRS 和周期 / 半静态 SRS 存在符号冲突时，在冲突的符号上，UE 发送非周期 SRS，不发送周期 / 半静态 SRS（在不冲突的符号上，UE 正常发送周期 / 半静态 SRS）。
- 当半静态 SRS 和周期 SRS 存在符号冲突时，在冲突的符号上，UE 发送半静态 SRS，不发送周期 SRS（在不冲突的符号上，UE 正常发送周期 SRS）。

周期 SRS 资源（配置即开始发送）和半静态 SRS 资源（激活后才开始发送）分别通过参数 periodicityAndOffset-p 和 periodicityAndOffset-sp 配置周期和偏移。假定周期为 T_{SRS}，slot 偏移为 T_{offset}，则满足下面公式的帧号和 slot 可以发送 SRS：

$$(N_{\text{slot}}^{\text{frame},\mu} n_{\text{f}} + n_{\text{s,f}}^{\mu} - T_{\text{offset}}) \bmod T_{\text{SRS}} = 0$$

具体是否可以发送 SRS，要看当前 slot 的 SRS 资源所在符号是否都为上行符号（对于 TDD），以及和 PRACH、PUCCH、PUSCH 的冲突情况。

2. 参数介绍

SRS 参数通过 BWP-UplinkDedicated->SRS-Config 配置，SRS-Config 是 UE 对应 BWP 的专用参数，属于 UE 的 BWP 级参数。

```
SRS-Config ::=                               SEQUENCE {
    srs-ResourceSetToReleaseList                     SEQUENCE (SIZE(1..maxNrofSRS-
        ResourceSets)) OF SRS-ResourceSetId      OPTIONAL,   -- Need N
    srs-ResourceSetToAddModList                      SEQUENCE (SIZE(1..maxNrofSRS-
        ResourceSets)) OF SRS-ResourceSet        OPTIONAL,   -- Need N
    srs-ResourceToReleaseList                        SEQUENCE (SIZE(1..maxNrofSRS-
        Resources)) OF SRS-ResourceId            OPTIONAL,   -- Need N
    srs-ResourceToAddModList                         SEQUENCE (SIZE(1..maxNrofSRS-
        Resources)) OF SRS-Resource              OPTIONAL,   -- Need N
    tpc-Accumulation   ENUMERATED {disabled}     OPTIONAL,   -- Need S
    ...
}
```

参数解释如下。

- srs-ResourceSetToReleaseList：SRS 资源集释放列表。
- srs-ResourceSetToAddModList：SRS 资源集增加、修改列表。maxNrofSRS-ResourceSets 取值为 16 时，每个 BWP 最多有 16 个 SRS 资源集。
- srs-ResourceToReleaseList：SRS 资源释放列表。
- srs-ResourceToAddModList：SRS 资源增加、修改列表。maxNrofSRS-Resources 取值为 64。

❑ tpc-Accumulation：如果不配置该参数，则 UE 使用 SRS 的累积式 TPC 命令。

其中，SRS 资源集和 SRS 资源参数说明如下。

（1）SRS 资源集

通过 srs-ResourceSetId 标示，配置多个 SRS 资源的集合，以及 SRS 资源集相关参数。

```
SRS-ResourceSet ::=      SEQUENCE {
    srs-ResourceSetId                  SRS-ResourceSetId,
    srs-ResourceIdList                 SEQUENCE (SIZE(1..maxNrofSRS-ResourcesPerSet))
        OF SRS-ResourceId    OPTIONAL, -- Cond Setup
    resourceType         CHOICE {
        aperiodic              SEQUENCE {
            aperiodicSRS-ResourceTrigger  INTEGER (1..maxNrofSRS-TriggerStates-1),
            csi-RS          NZP-CSI-RS-ResourceId     OPTIONAL, -- Cond NonCodebook
            slotOffset          INTEGER (1..32)       OPTIONAL, -- Need S
            ...,
            [[
            aperiodicSRS-ResourceTriggerList         SEQUENCE (SIZE(1..maxNrofSRS-
                TriggerStates-2))       OF INTEGER (1..maxNrofSRS-TriggerStates-1)
                OPTIONAL   -- Need M
            ]]
        },
        semi-persistent        SEQUENCE {
            associatedCSI-RS NZP-CSI-RS-ResourceId   OPTIONAL, -- Cond NonCodebook
            ...
        },
        periodic                  SEQUENCE {
            associatedCSI-RS  NZP-CSI-RS-ResourceId  OPTIONAL, -- Cond NonCodebook
            ...
        }
    },
    usage     ENUMERATED {beamManagement, codebook, nonCodebook, antennaSwitching},
    alpha                   Alpha                         OPTIONAL, -- Need S
    p0                      INTEGER (-202..24)            OPTIONAL, -- Cond Setup
    pathlossReferenceRS                          CHOICE {
        ssb-Index                                SSB-Index,
        csi-RS-Index                             NZP-CSI-RS-ResourceId
    }                                                     OPTIONAL, -- Need M
    srs-PowerControlAdjustmentStates            ENUMERATED { sameAsFci2, separateClos
        edLoop}                                           OPTIONAL, -- Need S
    ...
}
SRS-ResourceSetId ::=      INTEGER (0..maxNrofSRS-ResourceSets-1)
Alpha ::= ENUMERATED {alpha0, alpha04, alpha05, alpha06, alpha07, alpha08, alpha09,
    alpha1}
```

参数解释如下。

❑ SRS-ResourceSetId：SRS 资源集 ID，取值范围为 0 ～ 15。

❑ srs-ResourceIdList：该 SRS 资源集包含的 SRS 资源 ID 列表。maxNrofSRS-ResourcesPerSet

取值为 16，即一个 SRS 资源集最多包含 16 个 SRS 资源。该字段在配置 SRS 资源集或者 SRS 资源的时候强制存在；否则，可选存在。

- resourceType：SRS 资源集的时域类型。一个 SRS 资源集内的所有 SRS 资源必须配置和该 SRS 资源集相同的时域类型。
  - aperiodic：非周期 SRS 资源集包括以下参数。
    - aperiodicSRS-ResourceTrigger：非周期 SRS 资源集触发的标示，取值范围为 1 ～ 3。
    - csi-RS：当 SRS 资源集用途为 nonCodebook 时，可选配置 SRS 资源集关联的 NZP-CSI-RS 资源；否则，不配置 csi-RS。
    - slotOffset：触发非周期 SRS 的 DCI 和 SRS 发送的 slot 间隔，如果不配置，则默认为 0（即触发非周期 SRS 的 DCI 和对应的 SRS 发送在同一个 slot 内）。
  - semi-persistent：半静态 SRS 资源集包括以下参数。
    - associatedCSI-RS：当 SRS 资源集用途为 nonCodebook 时，可选配置 SRS 资源集关联的 NZP-CSI-RS 资源；否则，不配置 associatedCSI-RS。
  - periodic：周期 SRS 资源集包括以下参数。
    - associatedCSI-RS：当 SRS 资源集用途为 nonCodebook 时，可选配置 SRS 资源集关联的 NZP-CSI-RS 资源；否则，不配置 associatedCSI-RS。
- usage：SRS 资源集用途，不支持在 codebook 和 nonCodebook 之间进行重配。
- alpha：SRS 功控使用的 alpha 值，alpha0 对应值为 0，alpha04 对应值为 0.4，以此类推，alpha1 对应值为 1。如果不配置，则 UE 使用值 1。
- p0：SRS 功控使用的 P0 值，仅允许配置偶数值，步进为 2，单位为 dbm。该字段在配置 SRS-ResourceSet 或者 SRS-Resource 时强制存在；否则，可选存在。
- pathlossReferenceRS：SRS 路损评估时使用的参考信号。
- srs-PowerControlAdjustmentStates：SRS 功控相关参数。

（2）SRS 资源

通过 srs-ResourceId 标示，配置一个 SRS 资源的时域、频域位置等参数。

```
SRS-Resource ::=       SEQUENCE {
    srs-ResourceId             SRS-ResourceId,
    nrofSRS-Ports              ENUMERATED {port1, ports2, ports4},
    ptrs-PortIndex             ENUMERATED {n0, n1 }          OPTIONAL,   -- Need R
    transmissionComb           CHOICE {
        n2                             SEQUENCE {
            combOffset-n2                          INTEGER (0..1),
            cyclicShift-n2                         INTEGER (0..7)
        },
        n4                              SEQUENCE {
            combOffset-n4                          INTEGER (0..3),
            cyclicShift-n4                         INTEGER (0..11)
        }
    },
```

```
    resourceMapping            SEQUENCE {
        startPosition                        INTEGER (0..5),
        nrofSymbols                          ENUMERATED {n1, n2, n4},
        repetitionFactor                     ENUMERATED {n1, n2, n4}
    },
    freqDomainPosition                   INTEGER (0..67),
    freqDomainShift                      INTEGER (0..268),
    freqHopping                          SEQUENCE {
        c-SRS                                INTEGER (0..63),
        b-SRS                                INTEGER (0..3),
        b-hop                                INTEGER (0..3)
    },
    groupOrSequenceHopping    ENUMERATED { neither, groupHopping, sequenceHopping },
    resourceType              CHOICE {
        aperiodic                    SEQUENCE {
            ...
        },
        semi-persistent              SEQUENCE {
            periodicityAndOffset-sp           SRS-PeriodicityAndOffset,
            ...
        },
        periodic                     SEQUENCE {
            periodicityAndOffset-p            SRS-PeriodicityAndOffset,
            ...
        }
    },
    sequenceId                   INTEGER (0..1023),
    spatialRelationInfo          SRS-SpatialRelationInfo   OPTIONAL,  -- Need R
    ...
}
SRS-ResourceId ::=      INTEGER (0..maxNrofSRS-Resources-1)
SRS-PeriodicityAndOffset ::=     CHOICE {
    sl1                                   NULL,
    sl2                                   INTEGER(0..1),
    sl4                                   INTEGER(0..3),
    sl5                                   INTEGER(0..4),
    sl8                                   INTEGER(0..7),
    sl10                                  INTEGER(0..9),
    sl16                                  INTEGER(0..15),
    sl20                                  INTEGER(0..19),
    sl32                                  INTEGER(0..31),
    sl40                                  INTEGER(0..39),
    sl64                                  INTEGER(0..63),
    sl80                                  INTEGER(0..79),
    sl160                                 INTEGER(0..159),
    sl320                                 INTEGER(0..319),
    sl640                                 INTEGER(0..639),
    sl1280                                INTEGER(0..1279),
    sl2560                                INTEGER(0..2559)
}
```

参数解释如下。

- SRS-ResourceId：SRS 资源 ID，取值范围为 0 ～ 63。
- nrofSRS-Ports：SRS 端口数。
- transmissionComb：SRS 发送梳分参数。
- resourceMapping：配置一个 slot 内 SRS 资源占用的符号位置和数目，SRS 资源不能超过 slot 边界。
  - startPosition：SRS 资源的符号起始位置，取值为 0 指最后一个符号，取值为 1 指倒数第二个符号，以此类推。
  - nrofSymbols：SRS 资源的连续符号数目，取值为 1、2、4。
  - repetitionFactor：重复因子。
- freqDomainPosition、freqDomainShift：频域位置和偏移参数。
- freqHopping：跳频参数。
- groupOrSequenceHopping：组或序列跳频参数。
- resourceType：SRS 资源的时域类型。
  - periodicityAndOffset-sp、periodicityAndOffset-p：半静态、周期 SRS 资源的周期（单位为 slot）和 slot 偏移。
- sequenceId：用于初始化伪随机组和序列跳频的序列 ID。
- spatialRelationInfo：配置 SRS 的空间关系参考信号，具体参数如下。

```
SRS-SpatialRelationInfo ::=     SEQUENCE {
    servingCellId             ServCellIndex                OPTIONAL,    -- Need S
    referenceSignal           CHOICE {
        ssb-Index                 SSB-Index,
        csi-RS-Index              NZP-CSI-RS-ResourceId,
        srs                       SEQUENCE {
            resourceId                SRS-ResourceId,
            uplinkBWP                 BWP-Id
        }
    }
}
```

参数解释如下。

- servingCellId：参考信号所在的服务小区 ID，如果不配置，则参考信号所在的服务小区就是当前 SRS 配置所属的服务小区。
- referenceSignal：参考信号可以配置为 SSB、NZP-CSI-RS 或 SRS。

3. 物理层过程

（1）SRS 资源

SRS 资源通过参数 SRS-Resource 配置，具体如下。

- $N_{\text{ap}}^{\text{SRS}} \in \{1,2,4\}$ 个天线端口 $\{p_i\}_{i=0}^{N_{\text{ap}}^{\text{SRS}}-1}$ ，$N_{\text{ap}}^{\text{SRS}}$ 通过参数 nrofSRS-Ports 配置。当该 SRS 资源

所属的 SRS 资源集的用途不是 nonCodebook 时，$p_i = 1000 + i$；当该 SRS 资源所属的 SRS 资源集的用途是 nonCodebook 时，SRS 资源的天线端口的确定方法见 8.2.4 节。

- ❑ $N_{\text{symb}}^{\text{SRS}} \in \{1,2,4\}$ 个连续 OFDM 符号，$N_{\text{symb}}^{\text{SRS}}$ 通过参数 resourceMapping->nrofSymbols 配置。
- ❑ l_0 为 SRS 的时域起始符号，$l_0 = N_{\text{symb}}^{\text{slot}} - 1 - l_{\text{offset}}$，其中，$l_{\text{offset}} \in \{0,1\cdots,5\}$ 通过参数 resourceMapping->startPosition 配置，$l_{\text{offset}} \geqslant N_{\text{symb}}^{\text{SRS}} - 1$。
- ❑ k_0 为 SRS 的频域起始位置。

（2）序列产生

一个 SRS 资源的 SRS 序列由下列公式产生：

$$r^{(p_i)}(n,l') = r_{u,v}^{(\alpha_i,\delta)}(n)$$
$$0 \leqslant n \leqslant M_{\text{sc,b}}^{\text{SRS}} - 1$$
$$l' \in \{0,1,\cdots,N_{\text{symb}}^{\text{SRS}} - 1\}$$

其中：

- ❑ $M_{\text{sc,b}}^{\text{SRS}}$ 为 SRS 序列长度，定义在本节后面会介绍。
- ❑ $r_{u,v}^{(\alpha,\delta)}(n)$ 的定义见 6.2.3 节，其中 δ、循环移位 α_i、组编号 u 和序列编号 v 的定义如下。
  - $\delta = \log_2(K_{\text{TC}})$，$K_{\text{TC}}$ 由参数 transmissionComb 配置，配置为 $n2$（取值为 2）或 $n4$（取值为 4）。
  - 循环移位 α_i（用于天线端口 p_i）公式如下：

$$\alpha_i = 2\pi \frac{n_{\text{SRS}}^{\text{cs},i}}{n_{\text{SRS}}^{\text{cs,max}}}$$
$$n_{\text{SRS}}^{\text{cs},i} = \left(n_{\text{SRS}}^{\text{cs}} + \frac{n_{\text{SRS}}^{\text{cs,max}}(p_i - 1000)}{N_{\text{ap}}^{\text{SRS}}} \right) \bmod n_{\text{SRS}}^{\text{cs,max}}$$

其中，$n_{\text{SRS}}^{\text{cs}} \in \{0,1,\cdots,n_{\text{SRS}}^{\text{cs,max}} - 1\}$ 由参数 transmissionComb 配置，配置为 cyclicShift-n2 或 cyclicShift-n4。当 $K_{\text{TC}} = 4$ 时，$n_{\text{SRS}}^{\text{cs,max}} = 12$；当 $K_{\text{TC}} = 2$ 时，$n_{\text{SRS}}^{\text{cs,max}} = 8$。

  - 组编号 $u = (f_{\text{gh}}(n_{\text{s,f}}^{\mu}, l') + n_{\text{ID}}^{\text{SRS}}) \bmod 30$ 和序列编号 v，与参数 groupOrSequenceHopping 有关，$n_{\text{ID}}^{\text{SRS}}$（SRS 序列 ID）由参数 sequenceId 配置，$l' \in \{0,1,\cdots,N_{\text{symb}}^{\text{SRS}} - 1\}$ 为 SRS 资源内的符号编号。
    - ○ 如果 groupOrSequenceHopping 配置为 neither，则组和序列都不跳频：

$$f_{\text{gh}}(n_{\text{s,f}}^{\mu}, l') = 0$$
$$v = 0$$

    - ○ 如果 groupOrSequenceHopping 配置为 groupHopping，则组跳频，序列不跳频：

$$f_{\text{gh}}(n_{\text{s,f}}^{\mu}, l') = \left(\sum\nolimits_{m=0}^{7} c(8(n_{\text{s,f}}^{\mu} N_{\text{symb}}^{\text{slot}} + l_0 + l') + m) \cdot 2^m\right) \bmod 30$$
$$v = 0$$

$c(i)$ 为伪随机序列，每个无线帧起始初始化为 $c_{\text{init}} = n_{\text{ID}}^{\text{SRS}}$。

○ 如果 groupOrSequenceHopping 配置为 sequenceHopping，则组不跳频，序列跳频：

$$f_{\text{gh}}(n_{\text{s,f}}^{\mu}, l') = 0$$

$$v = \begin{cases} c(n_{\text{s,f}}^{\mu} N_{\text{symb}}^{\text{slot}} + l_0 + l'), & M_{\text{sc,b}}^{\text{SRS}} \geqslant 6N_{\text{sc}}^{\text{RB}} \\ 0, & \text{其他} \end{cases}$$

$c(i)$ 为伪随机序列，每个无线帧起始初始化为 $c_{\text{init}} = n_{\text{ID}}^{\text{SRS}}$。

（3）映射到物理资源

某个 SRS 资源发送时，SRS 序列 $r^{(p_i)}(n,l')$ 乘以幅度因子 β_{SRS}，针对天线端口 p_i，按序列顺序从 $r^{(p_i)}(0,l')$ 映射到 RE (k,l)。

$$a_{K_{\text{TC}}k'+k_0^{(p_i)},l'+l_0}^{(p_i)} = \begin{cases} \dfrac{1}{\sqrt{N_{ap}}} \beta_{\text{srs}} r^{(p_i)}(k',l'), & k' = 0,1,\cdots,M_{\text{sc,b}}^{\text{SRS}} - 1, \ l' = 0,1,\cdots,N_{\text{symb}}^{\text{SRS}} - 1 \\ 0, & \text{其他} \end{cases}$$

❑ SRS 序列长度由下式得出：

$$M_{\text{sc},b}^{\text{SRS}} = m_{\text{SRS},b} N_{\text{sc}}^{\text{RB}} / K_{\text{TC}}$$

其中，$m_{\text{SRS},b}$ 查表 7-40 得出，$b = B_{\text{SRS}}$，$B_{\text{SRS}} \in \{0,1,2,3\}$ 由参数 freqHopping->b-SRS 配置，行号 $C_{\text{SRS}} \in \{0,1,\cdots,63\}$ 由参数 freqHopping->c-SRS 配置。

❑ 频域起始位置 $k_0^{(p_i)}$ 由下式定义：

$$k_0^{(p_i)} = \bar{k}_0^{(p_i)} + \sum_{b=0}^{B_{\text{SRS}}} K_{\text{TC}} M_{\text{sc},b}^{\text{SRS}} n_b$$

其中，公式中各个变量的定义如下。

$$\bar{k}_0^{(p_i)} = n_{\text{shift}} N_{\text{sc}}^{\text{RB}} + k_{\text{TC}}^{(p_i)}$$

$$k_{\text{TC}}^{(p_i)} = \begin{cases} (\bar{k}_{\text{TC}} + K_{\text{TC}}/2) \bmod K_{\text{TC}}, & n_{\text{SRS}}^{\text{cs}} \in \{n_{\text{SRS}}^{\text{cs,max}}/2,\cdots,n_{\text{SRS}}^{\text{cs,max}} - 1\}, \ N_{ap}^{\text{SRS}} = 4, \ p_i \in \{1001,1003\} \\ \bar{k}_{\text{TC}}, & \text{其他} \end{cases}$$

其中，n_{shift} 为 SRS 频域偏移值，由参数 freqDomainShift 配置。如果 $N_{\text{BWP}}^{\text{start}} \leqslant n_{\text{shift}}$，则参考点 $k_0^{(p_i)} = 0$ 为 CRB0 的子载波 0；否则，参考点为该 BWP 的最小子载波。$\bar{k}_{\text{TC}} \in \{0,1,\cdots,K_{\text{TC}} - 1\}$ 由参数 transmissionComb 配置，取值为 combOffset-n2 或 combOffset-n4。

n_b 为频域位置索引。SRS 跳频由参数 $b_{\text{hop}} \in \{0,1,2,3\}$ 配置，即参数 freqHopping->b-hop。

①如果 $b_{\text{hop}} \geqslant B_{\text{SRS}}$，则跳频不使能，该 SRS 资源的所有 $N_{\text{symb}}^{\text{SRS}}$ 个符号的频域位置索引 n_b 保持不变（除非重配），定义如下：

$$n_b = \lfloor 4n_{\text{RRC}} / m_{\text{SRS},b} \rfloor \bmod N_b$$

n_{RRC} 由参数 freqDomainPosition 配置，$m_{\text{SRS},b}$ 和 $N_b(b=B_{\text{SRS}})$ 查表 7-40 得出，行号即 C_{SRS}。

②如果 $b_{\text{hop}}<B_{\text{SRS}}$，则跳频使能，频域位置索引 n_b 定义如下：

$$n_b=\begin{cases}\lfloor 4n_{\text{RRC}}/m_{\text{SRS},b}\rfloor \bmod N_b, & b\leqslant b_{\text{hop}}\\ (F_b(n_{\text{SRS}})+\lfloor 4n_{\text{RRC}}/m_{\text{SRS},b}\rfloor)\bmod N_b, & \text{其他}\end{cases}$$

N_b 见表 7-40。

$$F_b(n_{\text{SRS}})=\begin{cases}(N_b/2)\left\lfloor \dfrac{n_{\text{SRS}} \bmod \prod_{b'=b_{\text{hop}}}^{b} N_{b'}}{\prod_{b'=b_{\text{hop}}}^{b-1} N_{b'}}\right\rfloor+\left\lfloor \dfrac{n_{\text{SRS}} \bmod \prod_{b'=b_{\text{hop}}}^{b} N_{b'}}{2\prod_{b'=b_{\text{hop}}}^{b-1} N_{b'}}\right\rfloor, & N_b\text{为偶数}\\ \lfloor N_b/2\rfloor \left\lfloor n_{\text{SRS}}/\prod_{b'=b_{\text{hop}}}^{b-1} N_{b'}\right\rfloor, & N_b\text{为奇数}\end{cases}$$

如果 $N_{b_{\text{hop}}}=1$，则忽略 N_b。

对于非周期 SRS，$n_{\text{SRS}}=\lfloor l'/R\rfloor$，$R\leqslant N_{\text{symb}}^{\text{SRS}}$ 为重复因子，由参数 repetitionFactor 配置。

对于周期和半静态 SRS，且满足 $(N_{\text{slot}}^{\text{frame},\mu}n_{\text{f}}+n_{\text{s,f}}^{\mu}-T_{\text{offset}}) \bmod T_{\text{SRS}}=0$ 的 slot，则

$$n_{\text{SRS}}=\left(\frac{N_{\text{slot}}^{\text{frame},\mu}n_{\text{f}}+n_{\text{s,f}}^{\mu}-T_{\text{offset}}}{T_{\text{SRS}}}\right)\cdot\left(\frac{N_{\text{symb}}^{\text{SRS}}}{R}\right)+\left\lfloor\frac{l'}{R}\right\rfloor$$

其中，周期 T_{SRS}（单位为 slot）和 slot 偏移 T_{offset} 由参数 periodicityAndOffset-p（周期 SRS）或者 periodicityAndOffset-sp（半静态 SRS）配置。

表 7-40 SRS 带宽配置

C_{SRS}	$B_{\text{SRS}}=0$		$B_{\text{SRS}}=1$		$B_{\text{SRS}}=2$		$B_{\text{SRS}}=3$	
	$m_{\text{SRS},0}$	N_0	$m_{\text{SRS},1}$	N_1	$m_{\text{SRS},2}$	N_2	$m_{\text{SRS},3}$	N_3
0	4	1	4	1	4	1	4	1
1	8	1	4	2	4	1	4	1
2	12	1	4	3	4	1	4	1
3	16	1	4	4	4	1	4	1
4	16	1	8	2	4	2	4	1
5	20	1	4	5	4	1	4	1
6	24	1	4	6	4	1	4	1
7	24	1	12	2	4	3	4	1
8	28	1	4	7	4	1	4	1
9	32	1	16	2	8	2	4	2
10	36	1	12	3	4	3	4	1
11	40	1	20	2	4	5	4	1
12	48	1	16	3	8	2	4	2
13	48	1	24	2	12	2	4	3
14	52	1	4	13	4	1	4	1

（续）

C_{SRS}	$B_{SRS}=0$		$B_{SRS}=1$		$B_{SRS}=2$		$B_{SRS}=3$	
	$m_{SRS,0}$	N_0	$m_{SRS,1}$	N_1	$m_{SRS,2}$	N_2	$m_{SRS,3}$	N_3
15	56	1	28	2	4	7	4	1
16	60	1	20	3	4	5	4	1
17	64	1	32	2	16	2	4	4
18	72	1	24	3	12	2	4	3
19	72	1	36	2	12	3	4	3
20	76	1	4	19	4	1	4	1
21	80	1	40	2	20	2	4	5
22	88	1	44	2	4	11	4	1
23	96	1	32	3	16	2	4	4
24	96	1	48	2	24	2	4	6
25	104	1	52	2	4	13	4	1
26	112	1	56	2	28	2	4	7
27	120	1	60	2	20	3	4	5
28	120	1	40	3	8	5	4	2
29	120	1	24	5	12	2	4	3
30	128	1	64	2	32	2	4	8
31	128	1	64	2	16	4	4	4
32	128	1	16	8	8	2	4	2
33	132	1	44	3	4	11	4	1
34	136	1	68	2	4	17	4	1
35	144	1	72	2	36	2	4	9
36	144	1	48	3	24	2	12	2
37	144	1	48	3	16	3	4	4
38	144	1	16	9	8	2	4	2
39	152	1	76	2	4	19	4	1
40	160	1	80	2	40	2	4	10
41	160	1	80	2	20	4	4	5
42	160	1	32	5	16	2	4	4
43	168	1	84	2	28	3	4	7
44	176	1	88	2	44	2	4	11
45	184	1	92	2	4	23	4	1
46	192	1	96	2	48	2	4	12
47	192	1	96	2	24	4	4	6
48	192	1	64	3	16	4	4	4
49	192	1	24	8	8	3	4	2
50	208	1	104	2	52	2	4	13
51	216	1	108	2	36	3	4	9
52	224	1	112	2	56	2	4	14

（续）

C_{SRS}	$B_{SRS}=0$		$B_{SRS}=1$		$B_{SRS}=2$		$B_{SRS}=3$	
	$m_{SRS,0}$	N_0	$m_{SRS,1}$	N_1	$m_{SRS,2}$	N_2	$m_{SRS,3}$	N_3
53	240	1	120	2	60	2	4	15
54	240	1	80	3	20	4	4	5
55	240	1	48	5	16	3	8	2
56	240	1	24	10	12	2	4	3
57	256	1	128	2	64	2	4	16
58	256	1	128	2	32	4	4	8
59	256	1	16	16	8	2	4	2
60	264	1	132	2	44	3	4	11
61	272	1	136	2	68	2	4	17
62	272	1	68	4	4	17	4	1
63	272	1	16	17	8	2	4	2

4. 用于下行信道信息获取的 SRS

当满足信道互易性时，gNB 可以通过测量 SRS 获取下行信道信息，但是 UE 同时发送的天线数目可能少于接收的天线数目，这取决于 UE 的天线收发能力（通过 UE 能力参数 supportedSRS-TxPortSwitch 告知 gNB）。因此，UE 可能需要在不同天线之间切换来进行 SRS 发送。NR 定义了 4 种 UE 的收发能力，即收发天线数目相等（1T1R/2T2R/4T4R）、一发两收（1T2R）、一发四收（1T4R）、两发四收（2T4R）。supportedSRS-TxPortSwitch 可以取值为 t1r2、t2r4、t1r4、t1r4-t2r4、t1r1、t2r2、t4r4。取值 t1r2 表示 UE 支持 1T2R，t1r4-t2r4 表示 UE 支持 1T4R 和 2T4R，其他以此类推。

当参数 SRS-ResourceSet->usage 配置为 antennaSwitching 时，该 SRS 资源集用于 gNB 获取下行信道信息。依据 UE 的收发能力，配置约束如下。

- 对于 1T2R，最多配置两个 resourceType 不同的 SRS 资源集，每个 SRS 资源集包括两个 SRS 资源，并且要求这两个 SRS 资源在不同符号上发送且每个 SRS 资源包含一个不同的 SRS port。
- 对于 2T4R，最多配置两个 resourceType 不同的 SRS 资源集，每个 SRS 资源集包括两个 SRS 资源，并且要求这两个 SRS 资源在不同符号上发送且每个 SRS 资源包含两个不同的 SRS port（即 4 个 port 各不相同）。
- 对于 1T4R，配置零或一个 resourceType 为 periodic 或 semi-persistent 的 SRS 资源集，每个 SRS 资源集包括 4 个 SRS 资源，并且要求这 4 个 SRS 资源在不同符号上发送且每个 SRS 资源包含一个不同的 SRS port。
- 对于 1T4R，配置零或两个 resourceType 为 aperiodic 的 SRS 资源集，共 4 个 SRS 资源（每个 SRS 资源集包含两个 SRS 资源，或者一个 SRS 资源集包含一个 SRS 资源，一个 SRS 资源集包含 3 个 SRS 资源），并且要求如下。

- 这4个SRS资源在两个不同slot的不同符号上发送；
- 这4个SRS资源中每个包含一个不同的SRS port；
- 这两个SRS资源集的alpha、p0、pathlossReferenceRS和srs-PowerControlAdjustmentStates参数值相同；
- 这两个SRS资源集的aperiodicSRS-ResourceTrigger或AperiodicSRS-ResourceTriggerList参数值相同；
- 这两个SRS资源集的slotOffset参数不同。

❑ 对于1T1R、2T2R或4T4R，最多配置两个SRS资源集，每个SRS资源集包含一个SRS资源，SRS port分别为1、2、4。

用途为antennaSwitching的SRS配置约束如下。

1）当SRS资源集的多个SRS资源在同一个slot内发送时，多个SRS资源之间需要有一个保护周期，即Y个符号，此时UE不发送任何其他信号。Y的定义见表7-41。

表7-41 一个SRS资源集的两个SRS资源之间的最小保护周期（用于antenna switching）

μ	$\Delta f = 2^{\mu} \cdot 15(\text{kHz})$	Y（符号）
0	15	1
1	30	1
2	60	1
3	120	2

2）如果UE能力指示为t1r4-t2r4，则UE期望每个SRS资源配置相同的port数（1或者2）。

3）如果UE能力指示为t1r2、t2r4、t1r4、t1r4-t2r4，则UE不期望在同一个slot内配置或触发一个以上用途为antennaSwitching的SRS资源集。

4）如果UE能力指示为t1r1、t2r2、t4r4，则UE不期望在同一个符号内配置或触发一个以上用途为antennaSwitching的SRS资源集。

5. 相关MAC CE说明

SP SRS Activation / Deactivation MAC CE的LCID为50，长度可变，内容见图7-9，包括如下字段。

❑ A/D：占1 bit，指示激活或去激活半静态SRS资源集，取值为1指示激活，取值为0指示去激活。

❑ SRS Resource Set's Cell ID：占5 bit，指示半静态SRS资源集所属的服务小区ID。如果字段C为0，则该字段还指示所有Resource ID_i字段指示的资源所属的服务小区ID。

❑ SRS Resource Set's BWP ID：占2 bit，指示SP SRS资源集所属的上行BWP。如果字段C为0，则该字段还指示所有Resource ID_i字段指示的资源所属的上行BWP。

❑ C：占1 bit，指示字段Resource Serving Cell ID和Resource BWP ID是否存在，取值为1表示存在，取值为0表示不存在。

- SUL：占 1 bit，指示该 MAC CE 应用到 NUL 或者 SUL，取值为 1 表示应用到 SUL，取值为 0 表示应用到 NUL。
- SP SRS Resource Set ID：占 4 bit，指示将要激活或者去激活的半静态 SRS 资源集 ID。
- F_i：占 1 bit，指示半静态 SRS 资源集中的 SRS 资源使用的参考信号（用于确定空间关系，即发送波束）类型。F_0 对应SRS资源集的第一个SRS资源，F_1 对应第二个SRS资源，以此类推。其取值为 1 指示使用 NZP CSI-RS 资源，取值为 0 指示使用 SSB 或者 SRS 资源。仅当 MAC CE 用于激活，即 A/D 为 1 时，该字段才存在。
- Resource ID_i：占 7 bit，指示 SRS 资源使用的参考信号 ID（用于确定空间关系，即发送波束）。Resource ID_0 对应 SRS 资源集的第一个 SRS 资源，Resource ID_1 对应第二个 SRS 资源，以此类推。如果 F_i 为 0，并且该字段的第一位为 1，则剩下 6 位为 SSB-Index；如果 F_i 为 0，并且该字段的第一位为 0，则剩下 6 位为 SRS-ResourceId。仅当 MAC CE 用于激活，即 A/D 为 1 时，该字段才存在。
- Resource Serving Cell ID_i：占 5 bit，指示 Resource ID_i 所属的服务小区 ID。
- Resource BWP ID_i：占 2 bit，指示 Resource ID_i 所属的上行 BWP ID。
- R：保留位，置 0。

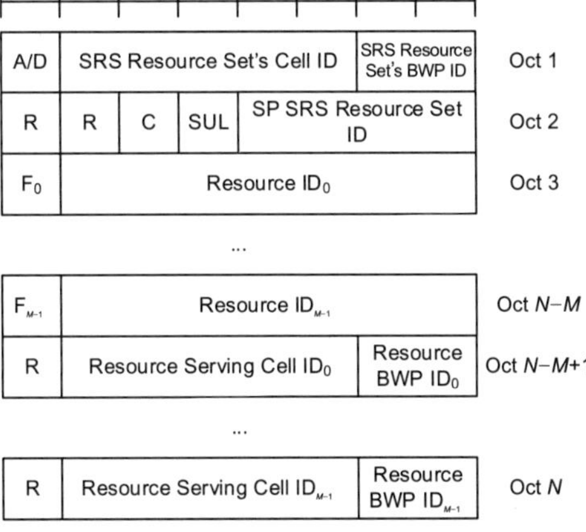

图 7-9　SP SRS Activation / Deactivation MAC CE

7.3　参考协议

[1]　TS 38.331-fg0. NR; Radio Resource Control (RRC); Protocol specification
[2]　TS 38.211-fa0. NR; Physical channels and modulation
[3]　TS 38.212-fd0. NR; Multiplexing and channel coding
[4]　TS 38.213-fe0. NR; Physical layer procedures for control
[5]　TS 38.214-ff0. NR; Physical layer procedures for data

Chapter 8 第 8 章

数据信道处理过程

本章主要介绍数据信道处理过程，包括 PDSCH（Physical Downlink Shared CHannel，物理下行共享信道）和 PUSCH（Physical Uplink Shared CHannel，物理上行共享信道）。每部分都包括概述、参数介绍、物理层过程（包括 bit 级和符号级处理）、传输方案、时域和频域资源分配方式、如何确定调制阶数 / 目标码率 /TBS（TB Size，TB 大小）、基于 CBG 的传输、处理时间要求等。其中，对于 PDSCH，还介绍了资源映射过程；对于 PUSCH，还介绍了 DFT 预编码过程和 PUSCH 跳频过程。

8.1　PDSCH

8.1.1　概述

对于每个小区，UE 最多支持 16 个下行 HARQ 进程。UE 使用的 HARQ 进程数由 RRC 参数 PDSCH-ServingCellConfig-> nrofHARQ-processesForPDSCH 配置（属于 UE 的服务小区级参数），如果没有配置，则默认有 8 个 HARQ 进程。

PDSCH 调度有以下约束。

1）在一个被调度小区内，对于任何 HARQ 进程，UE 不期望接收一个在时域上和另外一个 PDSCH 冲突的 PDSCH，也就是不同 HARQ 的 PDSCH 在时域上不能重叠。

2）对于一个 HARQ 进程，UE 在发送前一个 PDSCH 的 AN 之后，才能接收该 HARQ 的新的 PDSCH。

3）在一个被调度小区内，假定 UE 在 slot i 上接收到第一个 PDSCH，对应的 AN 在 slot j 上反馈，那么 UE 不期望在第一个 PDSCH 之后收到的第二个 PDSCH，对应的 AN 在 slot j 之前的 slot 反馈。也就是晚接收的 PDSCH 对应的 AN 反馈也要晚发送。

4）对于一个被调度小区内的任何两个 HARQ 进程，假定 UE 在符号 i 结束接收到第一个 PDCCH，对应的 PDSCH 在符号 j 开始接收，那么 UE 不期望在符号 i 之后结束接收的第二个 PDCCH，对应的 PDSCH 在第一个 PDSCH 结束之前开始接收。也就是晚接收的 PDCCH 对应的 PDSCH 也要晚接收。

5）在一个被调度小区内，对于 SI-RNTI 加扰的 PDSCH，UE 不期望在前一个 PDSCH 的最后一个符号之后的 N 个符号之内，开始解码该 PDSCH 的重传数据。对于该 PDSCH 的 SCS，当 μ=0 和 μ=1 时，N=13；当 μ=2 时，N=20；当 μ=3 时，N=24。

6）在同一个服务小区内，UE 不期望 C-RNTI 或者 MCS-C-RNTI 加扰的 PDSCH 在时域上和 CS-RNTI 加扰的 PDSCH 有重叠，除非对应的 PDCCH（用来调度该 C-RNTI 或者 MCS-C-RNTI 加扰的 PDSCH）在 CS-RNTI 加扰的 PDSCH（DLSPS 周期调度）开始之前至少 14 个符号就结束了（即 PDCCH 结束到 CS-RNTI 加扰的 PDSCH 开始之间间隔大于或等于 14 个符号），在这种情况下，UE 处理该 C-RNTI 或者 MCS-C-RNTI 加扰的 PDSCH。

7）在同一个服务小区内，UE 不期望 C-RNTI、MCS-C-RNTI 或 CS-RNTI 加扰的 PDSCH 在时域上和 RA-RNTI 加扰的 PDSCH 有重叠。

8）UE 在 RRC_IDLE 和 RRC_INACTIVE 下，可以解码两个在时域上部分或者完全重叠、在频域上使用不重叠 PRB 的 PDSCH（当每个 PDSCH 都是 SI-RNTI、P-RNTI、RA-RNTI 或 TC-RNTI 加扰时）。

9）对于 FR1 小区，UE 在处理 P-RNTI 触发的 SI 获取过程时，可以解码 C-RNTI、MCS-C-RNTI 或者 CS-RNTI 加扰的 PDSCH（当这个 PDSCH 和 SI-RNTI 加扰的 PDSCH 在时域上部分或者完全重叠、使用不重叠的 PRB 时），不包括处理 C-RNTI、MCS-C-RNTI 或者 CS-RNTI 加扰的 PDSCH 需要能力级 2 的处理时间（在这种情况下，UE 不处理 C-RNTI、MCS-C-RNTI 或 CS-RNTI 加扰的 PDSCH）。

10）对于 FR2 小区，UE 在处理 P-RNTI 触发的 SI 获取过程时，UE 不期望解码同一个小区的 C-RNTI、MCS-C-RNTI 或者 CS-RNTI 加扰的 PDSCH（当这个 PDSCH 和 SI-RNTI 加扰的 PDSCH 在时域上部分或者完全重叠时）。

11）UE 在处理自己请求的 SI 获取过程时，可以解码 C-RNTI、MCS-C-RNTI 或 CS-RNTI 加扰的 PDSCH。

【举例 1】 如图 8-1 所示，后接收的 PDSCH 先反馈 AN 是不允许的。

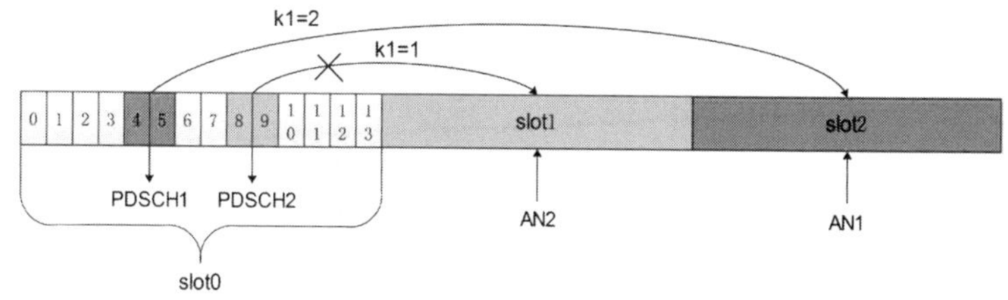

图 8-1　PDSCH 处理示例图 1

【举例 2】如图 8-2 所示，后接收的 DCI 先调度 PDSCH 是不允许的。

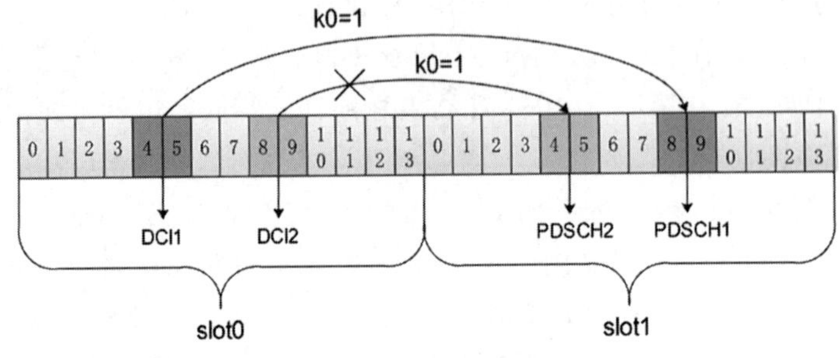

图 8-2 PDSCH 处理示例图 2

8.1.2 参数介绍

1.PDSCH-ServingCellConfig

其通过参数 ServingCellConfig->SetupRelease{PDSCH-ServingCellConfig} 配置，对于该 UE 在该小区的所有 BWP 都适用，属于 UE 的服务小区级参数。

```
PDSCH-ServingCellConfig ::=                SEQUENCE {
    codeBlockGroupTransmission                 SetupRelease { PDSCH-
        CodeBlockGroupTransmission }           OPTIONAL,    -- Need M
    xOverhead            ENUMERATED { xOh6, xOh12, xOh18 }    OPTIONAL,    -- Need S
    nrofHARQ-ProcessesForPDSCH                      ENUMERATED {n2, n4, n6, n10, n12,
        n16}                   OPTIONAL,    -- Need S
    pucch-Cell           ServCellIndex         OPTIONAL,    -- Cond SCellAddOnly
    ...,
    [[
    maxMIMO-Layers                 INTEGER (1..8)             OPTIONAL,   -- Need M
    processingType2Enabled         BOOLEAN                    OPTIONAL    -- Need M
    ]]
}

PDSCH-CodeBlockGroupTransmission ::=    SEQUENCE {
    maxCodeBlockGroupsPerTransportBlock      ENUMERATED {n2, n4, n6, n8},
    codeBlockGroupFlushIndicator             BOOLEAN,
    ...
}
```

参数解释如下。

- codeBlockGroupTransmission：基于 CBG 传输的 PDSCH 配置。
- xOverhead：overhead 值，如果不配置，则默认为 0。
- nrofHARQ-ProcessesForPDSCH：PDSCH 的 HARQ 进程数，*n*2 表示两个 HARQ 进程，*n*4 表示 4 个 HARQ 进程，以此类推。其如果不配置，则默认有 8 个 HARQ 进程。
- pucch-Cell：指示 PUCCH 发送的服务小区索引（同一个小区组）。其如果不配置，则

UE 在同一个小区组的 SpCell 小区的 PUCCH 上发送 AN，或者在本小区发送 AN（当本小区是 PUCCH SCell 时）。对于该字段，UE 的处理如下。

- 对于 SpCell 和 PUCCH SCell，不配置该字段。
- 对于 non-PUCCH SCell，
  - 如果是增加 SCell，则 UE 的处理为：若配置该字段，则在指定服务小区的 PUCCH 上发送 AN；若不配置该字段，则在同一个小区组的 SpCell 小区的 PUCCH 上发送 AN。
  - 如果是重配 SCell，则不配置该字段，UE 保持之前的配置值。

❑ maxMIMO-Layers：指示UE在本服务小区所有BWP的用于PDSCH的最大MIMO层数。

❑ processingType2Enabled：使能 PDSCH 能力级 2 的处理时间。

2. PDSCH-ConfigCommon

其是 UE 的下行 BWP（初始 BWP 或专用 BWP）的公共参数，属于小区级参数，通过 SIB1 或者 RRC 专用信令配置。

1）通过 SIB1 配置如下，为初始 BWP0 的小区级参数：

SIB1->ServingCellConfigCommonSIB->DownlinkConfigCommonSIB->BWP-DownlinkCommon->SetupRelease{PDSCH-ConfigCommon}

2）通过 RRC 专用信令配置如下，为专用 BWP 的小区级参数：

ServingCellConfig->BWP-Downlink->BWP-DownlinkCommon->SetupRelease{PDSCH-ConfigCommon}

```
PDSCH-ConfigCommon ::=                    SEQUENCE {
    pdsch-TimeDomainAllocationList            PDSCH-TimeDomainResourceAllocationList
        OPTIONAL,    -- Need R
    ...
}
```

参数解释如下。

pdsch-TimeDomainAllocationList：公共 PDSCH 时域列表。

3. PDSCH-Config

其是 UE 的下行 BWP（初始 BWP 或专用 BWP）的专用参数，属于 UE 的 BWP 级参数，通过 BWP-DownlinkDedicated->SetupRelease{PDSCH-Config} 配置。

```
PDSCH-Config ::=                          SEQUENCE {
    dataScramblingIdentityPDSCH         INTEGER (0..1023)         OPTIONAL,-- Need S
    dmrs-DownlinkForPDSCH-MappingTypeA       SetupRelease { DMRS-DownlinkConfig }
        OPTIONAL,    -- Need M
    dmrs-DownlinkForPDSCH-MappingTypeB       SetupRelease { DMRS-DownlinkConfig }
        OPTIONAL,    -- Need M

    tci-StatesToAddModList                  SEQUENCE (SIZE(1..maxNrofTCI-States))
        OF TCI-State                    OPTIONAL,    -- Need N
    tci-StatesToReleaseList                 SEQUENCE (SIZE(1..maxNrofTCI-States))
```

```
        OF TCI-StateId                  OPTIONAL,    -- Need N
    vrb-ToPRB-Interleaver                   ENUMERATED {n2, n4}      OPTIONAL,    --
        Need S
    resourceAllocation                        ENUMERATED { resourceAllocationType0,
        resourceAllocationType1, dynamicSwitch},
    pdsch-TimeDomainAllocationList                  SetupRelease { PDSCH-
        TimeDomainResourceAllocationList }            OPTIONAL,    -- Need M
    pdsch-AggregationFactor          ENUMERATED { n2, n4, n8 }     OPTIONAL,    --
        Need S
    rateMatchPatternToAddModList          SEQUENCE (SIZE (1..maxNrofRateMatchPatterns))
        OF RateMatchPattern   OPTIONAL,    -- Need N
    rateMatchPatternToReleaseList         SEQUENCE (SIZE (1..maxNrofRateMatchPatterns))
        OF RateMatchPatternId OPTIONAL,    -- Need N
    rateMatchPatternGroup1       RateMatchPatternGroup           OPTIONAL,    -- Need R
    rateMatchPatternGroup2       RateMatchPatternGroup           OPTIONAL,    -- Need R

    rbg-Size              ENUMERATED {config1, config2},
    mcs-Table             ENUMERATED {qam256, qam64LowSE}      OPTIONAL,    -- Need S
    maxNrofCodeWordsScheduledByDCI     ENUMERATED {n1, n2}    OPTIONAL,    -- Need R

    prb-BundlingType                          CHOICE {
        staticBundling                        SEQUENCE {
            bundleSize        ENUMERATED { n4, wideband }     OPTIONAL     -- Need S
        },
        dynamicBundling                       SEQUENCE {
            bundleSizeSet1          ENUMERATED { n4, wideband, n2-wideband, n4-
                wideband }        OPTIONAL,    -- Need S
            bundleSizeSet2    ENUMERATED { n4, wideband }     OPTIONAL     -- Need S
        }
    },
    zp-CSI-RS-ResourceToAddModList                      SEQUENCE (SIZE (1..maxNrofZP-
        CSI-RS-Resources)) OF ZP-CSI-RS-Resource            OPTIONAL,    -- Need N
    zp-CSI-RS-ResourceToReleaseList                     SEQUENCE (SIZE (1..maxNrofZP-
        CSI-RS-Resources)) OF ZP-CSI-RS-ResourceId          OPTIONAL,    -- Need N
    aperiodic-ZP-CSI-RS-ResourceSetsToAddModList     SEQUENCE (SIZE (1..maxNrofZP-
        CSI-RS-ResourceSets)) OF ZP-CSI-RS-ResourceSet      OPTIONAL,    -- Need N
    aperiodic-ZP-CSI-RS-ResourceSetsToReleaseList SEQUENCE (SIZE (1..maxNrofZP-
        CSI-RS-ResourceSets)) OF ZP-CSI-RS-ResourceSetId   OPTIONAL,    -- Need N
    sp-ZP-CSI-RS-ResourceSetsToAddModList     SEQUENCE (SIZE (1..maxNrofZP-CSI-RS-
        ResourceSets)) OF ZP-CSI-RS-ResourceSet       OPTIONAL,    -- Need N
    sp-ZP-CSI-RS-ResourceSetsToReleaseList   SEQUENCE (SIZE (1..maxNrofZP-CSI-RS-
        ResourceSets)) OF ZP-CSI-RS-ResourceSetId     OPTIONAL,    -- Need N
    p-ZP-CSI-RS-ResourceSet    SetupRelease { ZP-CSI-RS-ResourceSet }  OPTIONAL, --
        Need M
    ...
}
RateMatchPatternGroup ::=                  SEQUENCE (SIZE (1..maxNrofRateMatchPatter
    nsPerGroup)) OF CHOICE {
    cellLevel                              RateMatchPatternId,
    bwpLevel                               RateMatchPatternId
}
```

参数解释如下。

- dataScramblingIdentityPDSCH：PDSCH 扰码 ID，如果不配置，则使用 PCI。
- DMRS-DownlinkConfig：DMRS 配置，PDSCH 映射 typeA 和 typeB 分开配置，具体见 7.1.3 节。
- tci-StatesToAddModList：PDSCH 的 QCL 配置，具体见 11.2 节。
- vrb-ToPRB-Interleaver：VRB 到 PRB 交织参数，如果不配置，则默认不交织。
- resourceAllocation：频域资源分配类型，必选字段。
- pdsch-TimeDomainAllocationList：时域资源分配列表。
- pdsch-AggregationFactor：PDSCH 重复发送的次数，如果不配置，则默认为 1。
- rateMatchPatternToAddModList：速率匹配参数，具体见 8.1.7 节。
- RateMatchPatternGroup：速率匹配组配置，具体见 8.1.7 节。
- rbg-Size：RBG 大小配置，type0 时使用该参数，type1 时忽略该参数，必选字段。
- mcs-Table：PDSCH 使用的 MCS 表，如果不配置，则使用 64QAM 的表。
- maxNrofCodeWordsScheduledByDCI：最大码字个数，该参数会影响 DCI1_1 中 MCS、RV、NDI 字段的个数。
- prb-BundlingType：PRB bundling 配置。
- zp-CSI-RS-ResourceToAddModList：ZP-CSI-RS 资源配置，具体见 8.1.7 节。
- aperiodic-ZP-CSI-RS-ResourceSetsToAddModList：非周期 ZP-CSI-RS 资源集配置，具体见 8.1.7 节。
- sp-ZP-CSI-RS-ResourceSetsToAddModList：半静态 ZP-CSI-RS 资源集配置，具体见 8.1.7 节。
- p-ZP-CSI-RS-ResourceSet：周期 ZP-CSI-RS 资源集配置，具体见 8.1.7 节。

4.PDSCH-TimeDomainResourceAllocationList

PDSCH 时域列表，可以通过 PDSCH-ConfigCommon 和 PDSCH-Config 配置。参数 PDSCH-TimeDomainResourceAllocation 的个数决定了 DCI 中 Time domain resource assignment 字段的长度。maxNrofDL-Allocations 为 16，即最多可以配置 16 个。

```
PDSCH-TimeDomainResourceAllocationList ::=   SEQUENCE (SIZE(1..maxNrofDL-
    Allocations)) OF PDSCH-TimeDomainResourceAllocation


PDSCH-TimeDomainResourceAllocation ::=  SEQUENCE {
    k0                                 INTEGER(0..32)      OPTIONAL,   -- Need S
    mappingType                        ENUMERATED {typeA, typeB},
    startSymbolAndLength               INTEGER (0..127)
}
```

参数解释如下。

- maxNrofDL-Allocations：取值为 16。
- k0：PDCCH 到对应调度的 PDSCH 的间隔，单位为 slot；如果不配置，则默认为 0。

❑ mappingType：PDSCH 的映射类型。

❑ startSymbolAndLength：PDSCH 的起始符号和持续符号，记为 SLIV。

8.1.3 物理层过程

PDSCH 处理的物理层过程如图 8-3 所示。

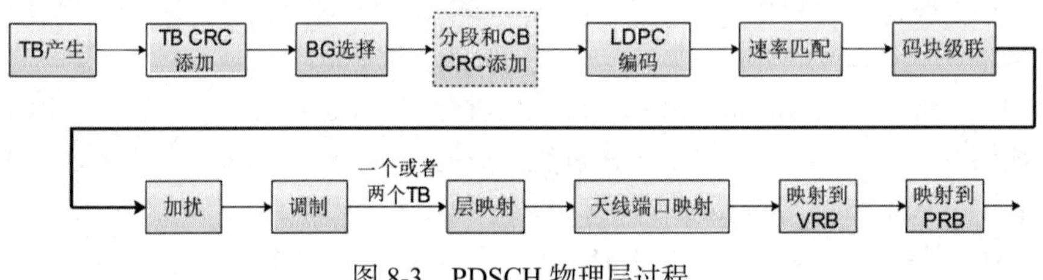

图 8-3 PDSCH 物理层过程

其中，虚线框为可选过程，“加扰”之前为 bit 级处理。如果下行发送两个 TB，则在“层映射”之前每个 TB 都是各自处理，单 TB 只能映射到 1～4 层，两个 TB 只能映射到 5～8 层。

1. bit 级处理

PDSCH 最多支持两个 TB，当发送两个 TB 时，两个 TB 分别进行 bit 级处理。bit 级处理包括如下过程。

1）TB CRC 添加。

假定输入的比特序列为 $a_0,a_1,a_2,a_3,\cdots,a_{A-1}$， a_0 为 TB 的最高位，A 为 TB 的比特长度（即 TBS 大小），添加 CRC 后，输出的比特序列为 $b_0,b_1,b_2,b_3,\cdots,b_{B-1}$，其中，$B=A+L$，$L$ 为 TB CRC 的长度。如果 $A>3824$，则 L=24；否则 L=16。

2）LDPC BG（Base Graph，基图）选择。

通过 TBS 大小和目标码率来确定初始 TB 发送（即新传）的 LDPC BG，重传和对应新传的 LDPC BG 相同。如果 $A\leqslant 292$，或者 $A\leqslant 3824$ 且 $R\leqslant 0.67$，或者 $R\leqslant 0.25$，则使用 LDPC BG 2；否则，使用 LDPC BG 1。其中，A 为添加 CRC 前 TB 的比特长度。

3）分段和 CB（Code Block，码块）CRC 添加。

输入比特序列为 $b_0,b_1,b_2,b_3,\cdots,b_{B-1}$，当 $B\leqslant K_{\text{cb}}$ 时，不需要进行码块分割，码块个数 $C=1$；否则，需要进行码块分割，并对分割后的每个码块添加 24 bit 的 CB CRC，码块个数 $C=\lceil B/(K_{\text{cb}}-L)\rceil$，$L=24$，输出序列为 $c_{r0},c_{r1},c_{r2},c_{r3},\cdots,c_{r(K_r-1)}$，其中 $0\leqslant r<C$ 为码块编号，$K_r=K$ 为码块 r 的比特长度，每个码块的长度相等。

对于 LDPC BG 1，$K_{\text{cb}}=8448$；对于 LDPC BG 2，$K_{\text{cb}}=3840$。

4）LDPC 编码。

每个码块独立进行 LDPC 编码，输入序列为 $c_{r0},c_{r1},c_{r2},c_{r3},\cdots,c_{r(K_r-1)}$，输出序列为 $d_{r0},d_{r1},d_{r2},d_{r3},\cdots,d_{r(N_r-1)}$，$N_r=N$ 为码块 r 编码后比特长度，每个码块的长度相等。对于 LDPC BG 1，

$N = 3K$；对于 LDPC BG 2，$N = 5K$。

5）速率匹配。

每个码块独立进行速率匹配。速率匹配过程包括比特选择和比特交织。比特选择和当前 PDSCH 的 RV 取值有关，具体过程请参考 3GPP 38.212 协议。

输入序列为 $d_{r0}, d_{r1}, d_{r2}, d_{r3}, \cdots, d_{r(N_r-1)}$，输出序列为 $f_{r0}, f_{r1}, f_{r2}, f_{r3}, \cdots, f_{r(E_r-1)}$，$E_r$ 为码块 r 速率匹配后的比特长度。E_r 计算伪代码如下（可以看出，速率匹配后每个码块的长度可能不相等）：

```
Set j = 0
for r = 0 to C−1
  if CBGTI 指示第 r 个码块不发送
    E_r = 0；
  else
    if j ≤ C′ − mod(G/(N_L·Q_m), C′) − 1
      E_r = N_L·Q_m·⌊G/(N_L·Q_m·C′)⌋；
    else
      E_r = N_L·Q_m·⌈G/(N_L·Q_m·C′)⌉；
    end if
    j = j + 1；
  end if
end for
```

参数解释如下。

- ❑ N_L 为 TB 发送的层数。
- ❑ Q_m 为调制阶数。
- ❑ G 为 TB 所有可以发送的编码比特数。
- ❑ 如果调度该 TB 的 DCI 中无 CBGTI 字段，则 $C' = C$；否则，C' 等于该 TB 实际调度的 CB 个数。

6）码块级联。

输入 C 个码块序列 $f_{r0}, f_{r1}, f_{r2}, f_{r3}, \cdots, f_{r(E_r-1)}$，$r = 0, \cdots, C-1$，$C$ 个码块按顺序级联后输出序列 $g_0, g_1, g_2, g_3, \cdots, g_{G-1}$，长度 $G = \sum_{r=0}^{C-1} E_r$。

2. 加扰

下行最多有两个码字（Codeword），即 $q \in \{0,1\}$。当单码字时，$q = 0$。

对于码字 q，比特块为 $b^{(q)}(0), \cdots, b^{(q)}(M_{\text{bit}}^{(q)} - 1)$，$M_{\text{bit}}^{(q)}$ 为码字 q 的比特总数，加扰为 $\tilde{b}^{(q)}(0), \cdots, \tilde{b}^{(q)}(M_{\text{bit}}^{(q)} - 1)$，如下：

$$\tilde{b}^{(q)}(i) = (b^{(q)}(i) + c^{(q)}(i)) \bmod 2$$

扰码序列 $c^{(q)}(i)$ 初始化如下：

$$c_{\text{init}} = n_{\text{RNTI}} \cdot 2^{15} + q \cdot 2^{14} + n_{\text{ID}}$$

其中，如果是C-RNTI、MCS-C-RNTI或CS-RNTI加扰的，非CSS的DCI1_0调度的PDSCH，并且配置了PDSCH-Config->dataScramblingIdentityPDSCH，则 n_{ID} 等于该参数，$n_{\text{ID}} \in \{0,1,\cdots,1023\}$；除此之外，$n_{\text{ID}} = N_{\text{ID}}^{\text{cell}}$。$n_{\text{RNTI}}$ 就是UE本次PDSCH传输关联的RNTI。

3. 调制

对每个码字 q，UE使用表8-1的调制方式来调制加扰比特块 $\tilde{b}^{(q)}(0),\cdots,\tilde{b}^{(q)}(M_{\text{bit}}^{(q)}-1)$，产生一组复值调制符号 $d^{(q)}(0),\cdots,d^{(q)}(M_{\text{symb}}^{(q)}-1)$，其长度为比特块长度 $M_{\text{bit}}^{(q)}$ 除以 Q_m。

表 8-1　支持的调制方式

调制方式	调制阶数 Q_m
QPSK	2
16QAM	4
64QAM	6
256QAM	8

4. 层映射

UE假定每个码字的复值调制符号映射到一个或多个层，见表8-2。复值序列 $d^{(q)}(0),\cdots,d^{(q)}(M_{\text{symb}}^{(q)}-1)$ 映射到层 $\boldsymbol{x}(i)=[x^{(0)}(i),\cdots,x^{(\upsilon-1)}(i)]^{\text{T}}$，$i=0,1,\cdots,M_{\text{symb}}^{\text{layer}}-1$，其中，$\upsilon$ 是层数，$M_{\text{symb}}^{\text{layer}}$ 为每层的调制符号数。

表 8-2　码字到层的映射

层数	码字数	码字到层的映射（$i=0,1,\cdots,M_{\text{symb}}^{\text{layer}}-1$）	
1	1	$x^{(0)}(i)=d^{(0)}(i)$	$M_{\text{symb}}^{\text{layer}}=M_{\text{symb}}^{(0)}$
2	1	$x^{(0)}(i)=d^{(0)}(2i)$ $x^{(1)}(i)=d^{(0)}(2i+1)$	$M_{\text{symb}}^{\text{layer}}=M_{\text{symb}}^{(0)}/2$
3	1	$x^{(0)}(i)=d^{(0)}(3i)$ $x^{(1)}(i)=d^{(0)}(3i+1)$ $x^{(2)}(i)=d^{(0)}(3i+2)$	$M_{\text{symb}}^{\text{layer}}=M_{\text{symb}}^{(0)}/3$
4	1	$x^{(0)}(i)=d^{(0)}(4i)$ $x^{(1)}(i)=d^{(0)}(4i+1)$ $x^{(2)}(i)=d^{(0)}(4i+2)$ $x^{(3)}(i)=d^{(0)}(4i+3)$	$M_{\text{symb}}^{\text{layer}}=M_{\text{symb}}^{(0)}/4$
5	2	$x^{(0)}(i)=d^{(0)}(2i)$ $x^{(1)}(i)=d^{(0)}(2i+1)$ $x^{(2)}(i)=d^{(1)}(3i)$ $x^{(3)}(i)=d^{(1)}(3i+1)$ $x^{(4)}(i)=d^{(1)}(3i+2)$	$M_{\text{symb}}^{\text{layer}}=M_{\text{symb}}^{(0)}/2=M_{\text{symb}}^{(1)}/3$

（续）

层数	码字数	码字到层的映射（$i=0,1,\cdots,M_{\text{symb}}^{\text{layer}}-1$）	
6	2	$x^{(0)}(i)=d^{(0)}(3i)$ $x^{(1)}(i)=d^{(0)}(3i+1)$ $x^{(2)}(i)=d^{(0)}(3i+2)$ $x^{(3)}(i)=d^{(1)}(3i)$ $x^{(4)}(i)=d^{(1)}(3i+1)$ $x^{(5)}(i)=d^{(1)}(3i+2)$	$M_{\text{symb}}^{\text{layer}}=M_{\text{symb}}^{(0)}/3=M_{\text{symb}}^{(1)}/3$
7	2	$x^{(0)}(i)=d^{(0)}(3i)$ $x^{(1)}(i)=d^{(0)}(3i+1)$ $x^{(2)}(i)=d^{(0)}(3i+2)$ $x^{(3)}(i)=d^{(1)}(4i)$ $x^{(4)}(i)=d^{(1)}(4i+1)$ $x^{(5)}(i)=d^{(1)}(4i+2)$ $x^{(6)}(i)=d^{(1)}(4i+3)$	$M_{\text{symb}}^{\text{layer}}=M_{\text{symb}}^{(0)}/3=M_{\text{symb}}^{(1)}/4$
8	2	$x^{(0)}(i)=d^{(0)}(4i)$ $x^{(1)}(i)=d^{(0)}(4i+1)$ $x^{(2)}(i)=d^{(0)}(4i+2)$ $x^{(3)}(i)=d^{(0)}(4i+3)$ $x^{(4)}(i)=d^{(1)}(4i)$ $x^{(5)}(i)=d^{(1)}(4i+1)$ $x^{(6)}(i)=d^{(1)}(4i+2)$ $x^{(7)}(i)=d^{(1)}(4i+3)$	$M_{\text{symb}}^{\text{layer}}=M_{\text{symb}}^{(0)}/4=M_{\text{symb}}^{(1)}/4$

综上，可以得出如下结论。

1）单码字，只能映射到 1 ～ 4 层；双码字，只能映射到 5 ～ 8 层。

2）对于双码字，当两个码字的 Q_m 相同时：

- 如果映射到 5 层，则码字 0 的比特长度除以码字 1 的比特长度等于 2/3；
- 如果映射到 7 层，则码字 0 的比特长度除以码字 1 的比特长度等于 3/4；
- 如果映射到 6 层或 8 层，则码字 0 的比特长度等于码字 1 的比特长度。

3）层映射之后，每层的复值符号个数相同。

5. 天线端口映射

序列 $[x^{(0)}(i),\cdots,x^{(\upsilon-1)}(i)]^{\mathrm{T}}$ 映射到天线端口如下：

$$\begin{bmatrix} y^{(p_0)}(i) \\ \vdots \\ y^{(p_{\upsilon-1})}(i) \end{bmatrix}=\begin{bmatrix} x^{(0)}(i) \\ \vdots \\ x^{(\upsilon-1)}(i) \end{bmatrix}$$

其中，$i=0,1,\cdots,M_{\text{symb}}^{\text{ap}}-1$，$M_{\text{symb}}^{\text{ap}}=M_{\text{symb}}^{\text{layer}}$，天线端口 $\{p_0,\cdots,p_{\upsilon-1}\}$ 同 PDSCH DMRS 的端口。由上式可得出，层数等于天线端口个数。

6. 映射到 VRB

对于用于传输物理信道的每个天线端口，UE 应假定复值符号 $y^{(p)}(0),\cdots,y^{(p)}(M_{\text{symb}}^{\text{ap}}-1)$ 从 $y^{(p)}(0)$ 开始映射到 VRB 的 RE $(k',l)_{p,\mu}$，映射顺序为从最低编号开始先频域再时域，并且 RE 满足下列条件。

1）在已分配用于传输的 VRB 中；

2）可用于 PDSCH 的 RE；

3）RE 未给 DMRS 使用；未给 NZP CSI-RS 使用（有条件）；未给 PT-RS 使用；没有被标记为“PDSCH 不可用（即需要做速率匹配的 RE）”。

7.VRB 到 PRB 映射

VRB 映射到 PRB，分为交织和非交织两种方法，规则如下。

1）DCI1_0 只支持 type1 分配，DCI1_0 中的 VRB-to-PRB mapping 字段固定占 1 bit，取值为 0 表示非交织，取值为 1 表示交织。

2）DCI1_1 支持 type0 和 type1 分配，如果高层只配置为 type0 调度或者高层参数 vrb-ToPRB-Interleaver 没有配置，则 DCI1_1 中的 VRB-to-PRB mapping 字段占 0 bit，使用非交织方法；否则，DCI1_1 中的 VRB-to-PRB mapping 字段占 1 bit，取值为 0 表示非交织，取值为 1 表示交织。

交织参数通过 PDSCH-Config->vrb-ToPRB-Interleaver 配置，如果没有配置该参数，则表示非交织。该参数适用于 DCI1_1 和 USS 的 DCI1_0，如下：

vrb-ToPRB-Interleaver   ENUMERATED {n2, n4}   OPTIONAL, -- Need S

对于非交织，如果是公共搜索空间的 DCI1_0 调度的 PDSCH，那么 VRB n 映射到 PRB $n+N_{\text{start}}^{\text{CORESET}}$（$N_{\text{start}}^{\text{CORESET}}$ 为收到该 DCI1_0 的 CORESET 的最小 PRB 编号，即对于这种情况，只能在该 CORESET 内分配 RB）；否则，VRB n 映射到 PRB n。

对于交织，VRB 是按照 RB bundle 粒度映射到 PRB。RB bundle 的定义和映射方法如下。

RB bundle 的定义分下面 3 种情况。

①对于 SI-RNTI 加扰的 DCI1_0（在 Type0-PDCCH CSS 关联的 CORESET0 内发送）调度的 PDSCH，CORESET0 大小记为 $N_{\text{BWP, init}}^{\text{size}}$，这些 RB 被分为 $N_{\text{bundle}}=\lceil N_{\text{BWP, init}}^{\text{size}}/L\rceil$ 个 RB bundle（按照 RB 和 RB bundle 编号递增的顺序划分），$L=2$。每个 RB bundle 的大小通过如下方法确定。

- 如果 $N_{\text{BWP, init}}^{\text{size}} \bmod L>0$，则 RB bundle $N_{\text{bundle}}-1$ 包含 $N_{\text{BWP, init}}^{\text{size}} \bmod L$ 个 RB；否则，包含 L 个 RB；
- 其他的 RB bundle 都包含 L 个 RB。

②对于在 BWP i 内，其他 CSS 关联的 DCI1_0(除了在 Type0-PDCCH CSS 关联的 CORESET0 内发送）调度的 PDSCH，BWP i 起始记为 $N_{\text{BWP},i}^{\text{start}}$（CRB 编号）。VRB 个数记为 $N_{\text{BWP, init}}^{\text{size}}$，集合为 $\{0,1,\cdots,N_{\text{BWP, init}}^{\text{size}}-1\}$，被分为 N_{bundle} 个 VRB bundle；PRB 个数也为 $N_{\text{BWP, init}}^{\text{size}}$，集合为 $\{N_{\text{start}}^{\text{CORESET}}, N_{\text{start}}^{\text{CORESET}}+1,\cdots,N_{\text{start}}^{\text{CORESET}}+N_{\text{BWP, init}}^{\text{size}}-1\}$，被分为 N_{bundle} 个 PRB bundle（都按照 RB 和 RB bundle

编号递增的顺序划分）。其中，如果配置了 CORESET0，则 $N_{\text{BWP, init}}^{\text{size}}$ 为 CORESET0 的大小；否则，$N_{\text{BWP, init}}^{\text{size}}$ 为初始下行 BWP 的大小。$N_{\text{bundle}} = \lceil (N_{\text{BWP, init}}^{\text{size}} + (N_{\text{BWP}, i}^{\text{start}} + N_{\text{start}}^{\text{CORESET}}) \bmod L) / L \rceil$，其中 $L = 2$，$N_{\text{start}}^{\text{CORESET}}$ 为收到 DCI1_0 的 CORESET 的最小 PRB 编号。每个 RB bundle 的大小通过如下方法确定。

- RB bundle0 包含 $L - ((N_{\text{BWP}, i}^{\text{start}} + N_{\text{start}}^{\text{CORESET}}) \bmod L)$ 个 RB；
- 如果 $(N_{\text{BWP, init}}^{\text{size}} + N_{\text{BWP}, i}^{\text{start}} + N_{\text{start}}^{\text{CORESET}}) \bmod L > 0$，则 RB bundle $N_{\text{bundle}} - 1$ 包含 $(N_{\text{BWP, init}}^{\text{size}} + N_{\text{BWP}, i}^{\text{start}} + N_{\text{start}}^{\text{CORESET}}) \bmod L$ 个 RB；否则，包含 L 个 RB；
- 其他的 RB bundle 都包含 L 个 RB。

③对于其他所有的 PDSCH（即 DCI1_1 和 USS 的 DCI1_0 调度的 PDSCH），BWP i 带宽为 $N_{\text{BWP}, i}^{\text{size}}$，起始位置为 $N_{\text{BWP}, i}^{\text{start}}$（CRB 编号），被分为 $N_{\text{bundle}} = \lceil (N_{\text{BWP},i}^{\text{size}} + (N_{\text{BWP},i}^{\text{start}} \bmod L)) / L_i \rceil$ 个 RB bundle（按照 RB 和 RB bundle 编号递增划分），L_i 为 RB bundle 的大小，通过参数 vrb-ToPRB-Interleaver 配置。每个 RB bundle 的大小通过如下方法确定。

- RB bundle0 包含 $L_i - (N_{\text{BWP},i}^{\text{start}} \bmod L_i)$ 个 RB；
- 如果 $(N_{\text{BWP},i}^{\text{start}} + N_{\text{BWP},i}^{\text{size}}) \bmod L_i > 0$，则 RB bundle $N_{\text{bundle}} - 1$ 包含 $(N_{\text{BWP},i}^{\text{start}} + N_{\text{BWP},i}^{\text{size}}) \bmod L_i$ 个 RB；否则，包含 L_i 个 RB；
- 其他的 RB bundle 都包含 L_i 个 RB。

VRB 映射到 PRB 的方法如下。

- VRB bundle $N_{\text{bundle}} - 1$ 映射到 PRB bundle $N_{\text{bundle}} - 1$；
- VRB bundle $j \in \{0, 1, \cdots, N_{\text{bundle}} - 2\}$ 映射到 PRB bundle $f(j)$：

$$
\begin{aligned}
& f(j) = rC + c \\
& j = cR + r \\
& r = 0, 1, \cdots, R - 1 \\
& c = 0, 1, \cdots, C - 1 \\
& R = 2 \\
& C = \lfloor N_{\text{bundle}} / R \rfloor
\end{aligned}
$$

UE 不期望配置 L_i为2 、PRG（Precoding Resource block Group，预编码资源块组，具体含义参见 8.1.5 节）大小为 4。如果没有配置 RB bundle 大小，则 UE 假定 L_i为2 。

综上，总结如下：

1）只有频域分配 type1 支持交织，type0 不支持；

2）DCI1_0 和 DCI1_1 中的 VRB-to-PRB mapping 字段用于指示是否交织，占 1 bit，取值为 1 表示交织，取值为 0 表示非交织。

8.1.4　传输方案

PDSCH 只支持一种传输方案，即传输方案 1。对于 PDSCH 的传输方案 1，PDSCH 最多映射到8层，天线端口为1000～1011（取决于PDSCH DMRS接收过程），PDSCH和PDSCH DMRS使用相同的空域预处理方式。下行预编码和波束赋形体现在DMRS天线端口到物理天线端口映射过程中，这取决于基站的实现，因此标准不需要定义具体的传输方案。

8.1.5 资源分配

1. 时域

对于PDSCH，其通过DCI1的Time domain resource assignment字段指示时域位置。该字段给出时域列表的索引号，取值为0表示列表的第1个，取值为1表示列表的第2个，依次索引。时域资源分配方式分下面几种情况。

1）对于SIB1的PDSCH，使用默认时域列表。

2）对于其他公共PDSCH（即OSI、paging、Msg2和Msg4），如果配置了pdsch-ConfigCommon->pdsch-TimeDomainAllocationList，则使用该参数；否则，使用默认时域列表。

3）对于UE专用PDSCH（即C-RNTI、MCS-C-RNTI、CS-RNTI调度的PDSCH），分下面两种情况。

①当该PDSCH是由关联到CSS的CORESET0的DCI1_0调度时，如果配置了pdsch-Config-Common->pdsch-TimeDomainAllocationList，则使用该参数；否则，使用默认时域列表；

②除①外，如果UE配置了pdsch-Config->pdsch-TimeDomainAllocationList，则优先使用该专用参数；否则如果配置了pdsch-ConfigCommon->pdsch-TimeDomainAllocationList，则其次使用该公共参数；否则（即都没有配置），使用默认时域列表。

以上PDSCH时域资源分配见表8-3，表中Default A、Default B和Default C为默认时域列表，具体内容请参考3GPP 38.214协议。

表8-3 PDSCH时域资源分配

RNTI	PDCCH搜索空间	SSB和CORESET的图样	pdsch-ConfigCommon配置了pdsch-TimeDomain-AllocationList	pdsch-Config配置了pdsch-TimeDomain-AllocationList	PDSCH时域资源分配
SI-RNTI	Type0 common	1	—	—	Default A（正常CP）
		2	—	—	Default B
		3	—	—	Default C
SI-RNTI	Type0A common	1	No	—	Default A
		2	No	—	Default B
		3	No	—	Default C
		1，2，3	Yes	—	pdsch-Config-Common-> pdsch-TimeDomain-AllocationList

（续）

RNTI	PDCCH 搜索空间	SSB 和 CORESET 的图样	pdsch-ConfigCommon 配置了 pdsch-TimeDomain-AllocationList	pdsch-Config 配置了 pdsch-TimeDomain-AllocationList	PDSCH 时域资源分配
RA-RNTI，TC-RNTI	Type1 common	1，2，3	No	—	Default A
		1，2，3	Yes	—	pdsch-Config-Common-> pdsch-Time-DomainAllocationList
P-RNTI	Type2 common	1	No	—	Default A
		2	No	—	Default B
		3	No	—	Default C
		1，2，3	Yes	—	pdsch-Config-Common-> pdsch-Time-DomainAllocationList
C-RNTI、MCS-C-RNTI、CS-RNTI	关联到 CORESET0 的任何 CSS	1，2，3	No	—	Default A
		1，2，3	Yes	—	pdsch-Config-Common-> pdsch-Time-DomainAllocationList
C-RNTI、MCS-C-RNTI、CS-RNTI	USS 或者没有关联到 CORESET0 的任何 CSS	1，2，3	No	No	Default A
		1，2，3	Yes	No	pdsch-Config-Common-> pdsch-TimeDomain-AllocationList
		1，2，3	No/Yes	Yes	pdsch-Config-> pdsch-TimeDomain-AllocationList

PDSCH 时域列表包括 k0、PDSCH 映射类型和 SLIV（Start and Length Indicator Value，起始和长度指示值），说明如下。

- k0：假定 DCI1 调度的 slot 为 n，那么对应 PDSCH 调度的 slot 为 $\left\lfloor n\cdot\frac{2^{\mu_{\mathrm{PDSCH}}}}{2^{\mu_{\mathrm{PDCCH}}}}\right\rfloor+k0$。
- PDSCH 映射类型：取值为 type A 或 type B。
- SLIV：如果 $(L-1)\leqslant 7$，则 $SLIV=14\cdot(L-1)+S$；否则，$SLIV=14\cdot(14-L+1)+(14-1-S)$。

其中，$0<L\leqslant 14-S$，S 表示 PDSCH 的起始符号，L 为 PDSCH 的持续符号数，S 和 L 的取值满足表 8-4 的约束。

表 8-4 有效的 S 和 L 组合

PDSCH 映射类型	正常 CP			扩展 CP		
	S	L	$S+L$	S	L	$S+L$
type A	{0, 1, 2, 3}（注）	{3,⋯,14}	{3, ⋯, 14}	{0, 1, 2, 3}（注）	{3, ⋯, 12}	{3, ⋯, 12}
type B	{0, ⋯, 12}	{2,4,7}	{2, ⋯, 14}	{0, ⋯, 10}	{2, 4, 6}	{2, ⋯, 12}

注：仅当 dmrs-TypeA-Position = 3 时，$S = 3$ 才支持

PDCCH 和调度的 PDSCH 的时域关系有如下约束。

1）对于 typeA，如果 PDSCH 和 PDCCH 在同一个 slot 内（即 k0=0），则 PDCCH 必须在前 3 个符号里调度。

2）对于 typeA，前置 DMRS 不能在 PDSCH 的第 1 个符号前面。

3）对于 typeB，PDCCH 的第 1 个符号不能在对应调度的 PDSCH 的第 1 个符号后面。

当接收 C-RNTI、MCS-C-RNTI 或者 CS-RNTI 加扰的 DCI1_1 调度的 PDSCH，或者是 DLSPS 的 PDSCH 周期调度（通过 DCI1_1 激活）时，如果配置了 pdsch-AggregationFactor，则 UE 需要在连续 pdsch-AggregationFactor 个 slot 上重复接收 PDSCH（每个 slot 的 PDSCH 占用的时域和频域资源一样），此时需要限制 PDSCH 只能映射到单层。第 n 次发送机会的 TB 对应的 RV 见表 8-5（n 取值为 0,1,⋯,pdsch-AggregationFactor−1），RV 由调度 PDSCH 的 DCI1_1 指示。对于 DCI1_1 激活的 PDSCH 周期调度，RV 取表 8-5 中第一行的值（即 0、2、3、1）。

表 8-5 RV（配置了 pdsch-AggregationFactor）

调度 PDSCH 的 DCI 中的 RV	第 n 次发送机会的 RV			
	n mod 4 = 0	n mod 4 = 1	n mod 4 = 2	n mod 4 = 3
0	0	2	3	1
2	2	3	1	0
3	3	1	0	2
1	1	0	2	3

2. 频域

PDSCH 支持 type0 和 type1 两种频域分配方式。DCI1_0 只支持 type1 分配方式。使用高层配置的 resourceAllocation（来自 PDSCH-Config）确定 type，取值为 resourceAllocationType0、resourceAllocationType1 或 dynamicSwitch。如果取值为 dynamicSwitch，则通过 DCI1_1 的 Frequency domain resource assignment 字段的 MSB 位确定，取值为 0 表示使用 type0，取值为 1 表示使用 type1。

DCI1 的 Frequency domain resource assignment 字段大小说明如下。

1）对于 DCI1_0，只支持 type1，该字段大小为 $\lceil \log_2(N_{RB}^{DL,BWP}(N_{RB}^{DL,BWP}+1)/2) \rceil$，$N_{RB}^{DL,BWP}$ 的含义在本节后面介绍。

2）对于 DCI1_1（$N_{\mathrm{RB}}^{\mathrm{DL,BWP}}$ 为当前激活下行 BWP 大小）：

- 如果 PDSCH-Config->resourceAllocation 配置为 resourceAllocationType0，则该字段大小为 N_{RBG}。N_{RBG} 的含义在本节后面介绍。
- 如果 PDSCH-Config->resourceAllocation 配置为 resourceAllocationType1，则该字段大小为 $\lceil \log_2(N_{\mathrm{RB}}^{\mathrm{DL,BWP}}(N_{\mathrm{RB}}^{\mathrm{DL,BWP}}+1)/2) \rceil$。
- 如果 PDSCH-Config->resourceAllocation 配置为 dynamicSwitch，则该字段大小为 $\max(\lceil \log_2(N_{\mathrm{RB}}^{\mathrm{DL,BWP}}(N_{\mathrm{RB}}^{\mathrm{DL,BWP}}+1)/2) \rceil, N_{\mathrm{RBG}})+1$。其 MSB 位指示使用 type0 还是 type1，取值为 0 表示使用 type0，取值为 1 表示使用 type1。如果是 type0，则 MSB 位后紧接着 N_{RBG} bit 指示资源分配；如果是 type1，则 MSB 位后紧接着 $\lceil \log_2(N_{\mathrm{RB}}^{\mathrm{DL,BWP}}(N_{\mathrm{RB}}^{\mathrm{DL,BWP}}+1)/2) \rceil$ bit 指示资源分配。

如果 DCI 中没有 Bandwidth part indicator 字段，或者 UE 不支持通过 DCI 切换 BWP，则 type0 和 type1 在 UE 的激活 BWP 内分配 RB。如果 DCI 中存在 Bandwidth part indicator 字段，并且 UE 支持通过 DCI 切换 BWP，则 type0 和 type1 在 Bandwidth part indicator 字段指示的 BWP 内分配 RB。当 UE 收到 PDCCH 后，首先决定用哪个 BWP，再在 BWP 内决定资源分配。

【说明】如果 Bandwidth part indicator 字段指示的不是当前激活 BWP，并且其指示的 BWP 的资源分配类型配置为 dynamicSwitch，并且目标 BWP 的 Frequency domain resource assignment 字段长度比当前激活 BWP 的 Frequency domain resource assignment 字段长度要长，那么 UE 假定目标 BWP 使用 type0 类型分配（因为此时高位发生了截断，只能假定一种类型）。

【总结】

DCI1 里面指示的 RB 频域位置说明如下。

1）对于 DCI1_0 调度（只支持 type1）：在任何 PDCCH 公共搜索空间调度的 DCI1_0，都忽略当前激活的 BWP，PDSCH 在调度 DCI1_0 的 CORESET 频域范围内分配 RB；否则，在当前激活 BWP 内分配 RB。

2）对于 DCI1_1 调度（支持 type0 和 type1）：

- 如果 DCI1_1 没带 Bandwidth part indicator 字段，或者 UE 不支持通过 DCI 切换 BWP，则 PDSCH 在当前激活 BWP 内分配 RB。
- 如果 DCI1_1 带了 Bandwidth part indicator 字段，并且 UE 支持通过 DCI 切换 BWP，则 PDSCH 在 Bandwidth part indicator 字段指示的 BWP 内分配 RB。

【说明】如果 Bandwidth part indicator 字段指示的 BWP 和当前 UE 激活的 BWP 不同（即涉及 BWP 切换），则 Frequency domain resource assignment 字段大小是按照原 BWP 大小计算的。UE 在解析该字段前，先按照新 BWP 下该字段的大小进行高位补 0 或者截断，使该字段的大小等于新 BWP 下该字段大小，再按照 type0 或者 type1 的规则解析。此时，如果 UE 的资源分配类型配置为 dynamicSwitch，并且原 BWP 大小小于新 BWP 大小，则 UE 假定为 type0 资源分配方式。

（1）type0

type0是RBG分配方式。RBG由连续的VRB组成（type0不支持交织），大小由参数PDSCH-Config->rbg-Size配置（可配置为config1或config2）。RBG大小（记为P）如表8-6所示。type0只支持DCI1_1调度。

表8-6 RBG大小

BWP大小	P	
	rbg-Size配置为config1	rbg-Size配置为config2
1～36	2	4
37～72	4	8
73～144	8	16
145～275	16	16

对于BWP i（带宽为$N_{\mathrm{BWP},i}^{\mathrm{size}}$，起始位置为$N_{\mathrm{BWP},i}^{\mathrm{start}}$），RBG的个数记为$N_{\mathrm{RBG}}$，$N_{\mathrm{RBG}}=\lceil(N_{\mathrm{BWP},i}^{\mathrm{size}}+(N_{\mathrm{BWP},i}^{\mathrm{start}} \bmod P))/P\rceil$，每个RBG的大小如下：

1）第一个RBG的大小为$\mathrm{RBG}_0^{\mathrm{size}}=P-N_{\mathrm{BWP},i}^{\mathrm{start}} \bmod P$。

2）如果$(N_{\mathrm{BWP},i}^{\mathrm{start}}+N_{\mathrm{BWP},i}^{\mathrm{size}}) \bmod P>0$，则最后一个RBG的大小为$\mathrm{RBG}_{\mathrm{last}}^{\mathrm{size}}=(N_{\mathrm{BWP},i}^{\mathrm{start}}+N_{\mathrm{BWP},i}^{\mathrm{size}}) \bmod P$；否则，大小为$P$。

3）其他所有RBG的大小为P。

RBG从BWP的最低频开始编号，从RBG0到RBG $N_{\mathrm{RBG}}-1$依次递增。

type0的频域资源由DCI1_1的Frequency domain resource assignment字段指示，用位图表示，占用N_{RBG} bit（每比特对应一个RBG）。该字段从MSB到LSB分别对应RBG0到RBG $N_{\mathrm{RBG}}-1$，置1表示分配给UE，置0表示未分配。

（2）type1

type1是RB分配方式，分配激活或者DCI指示的BWP内连续的VRB（交织或者非交织）。type1支持DCI1_0和DCI1_1调度。

type1的频域资源由DCI1的Frequency domain resource assignment字段指示，即RIV（Resource Indication Value，资源指示值），用来指示PDSCH的起始RB编号和RB数目。RIV的计算分下面两种情况（RB_{start}和L_{RBs}都指VRB）。

1）假定给UE分配的起始RB编号为RB_{start}，RB长度为L_{RBs}，那么RIV计算公式如下（方法1）：

如果$(L_{\mathrm{RBs}}-1)\leqslant\lfloor N_{\mathrm{BWP}}^{\mathrm{size}}/2\rfloor$，则

$$RIV=N_{\mathrm{BWP}}^{\mathrm{size}}(L_{\mathrm{RBs}}-1)+RB_{\mathrm{start}}$$

否则，

$$RIV=N_{\mathrm{BWP}}^{\mathrm{size}}(N_{\mathrm{BWP}}^{\mathrm{size}}-L_{\mathrm{RBs}}+1)+(N_{\mathrm{BWP}}^{\mathrm{size}}-1-RB_{\mathrm{start}})$$

其中，$L_{\mathrm{RBs}}\geqslant1$，并且不超过$N_{\mathrm{BWP}}^{\mathrm{size}}-RB_{\mathrm{start}}$。对于在任何CSS内调度的DCI1_0，如果配置了

CORESET0，则 $N_{\mathrm{BWP}}^{\mathrm{size}}$ 为 CORESET0 的大小；否则，$N_{\mathrm{BWP}}^{\mathrm{size}}$ 为初始下行 BWP 的大小。对于 DCI1_1 或者在 USS 内调度的 DCI1_0，$N_{\mathrm{BWP}}^{\mathrm{size}}$ 为当前激活 BWP 的大小。

2）对于在 USS 内调度的 DCI1_0，如果 DCI 长度取自 CSS 的 DCI1_0（具体过程参见 6.1.5 节），则在激活 BWP（大小为 $N_{\mathrm{BWP}}^{\mathrm{active}}$）内分配 RB，$RB_{\mathrm{start}}=0,K,2K,\cdots,(N_{\mathrm{BWP}}^{\mathrm{initial}}-1)K$，$L_{\mathrm{RBs}}=K,2K,\cdots,N_{\mathrm{BWP}}^{\mathrm{initial}}K$。RIV 计算公式如下（方法 2）：

如果 $(L'_{\mathrm{RBs}}-1)\leqslant\lfloor N_{\mathrm{BWP}}^{\mathrm{initial}}/2\rfloor$，则

$$\mathrm{RIV}=N_{\mathrm{BWP}}^{\mathrm{initial}}(L'_{\mathrm{RBs}}-1)+RB'_{\mathrm{start}}$$

否则，

$$RIV=N_{\mathrm{BWP}}^{\mathrm{initial}}(N_{\mathrm{BWP}}^{\mathrm{initial}}-L'_{\mathrm{RBs}}+1)+(N_{\mathrm{BWP}}^{\mathrm{initial}}-1-RB'_{\mathrm{start}})$$

其中，$L'_{\mathrm{RBs}}=L_{\mathrm{RBs}}/K$，$RB'_{\mathrm{start}}=RB_{\mathrm{start}}/K$，且 L'_{RBs} 不超过 $N_{\mathrm{BWP}}^{\mathrm{initial}}-RB'_{\mathrm{start}}$。如果 $N_{\mathrm{BWP}}^{\mathrm{active}}>N_{\mathrm{BWP}}^{\mathrm{initial}}$，则 K 为集合 {1, 2, 4, 8} 中的最大值，且满足 $K\leqslant\lfloor N_{\mathrm{BWP}}^{\mathrm{active}}/N_{\mathrm{BWP}}^{\mathrm{initial}}\rfloor$；否则，$K=1$。如果配置了 CORESET0，则 $N_{\mathrm{BWP}}^{\mathrm{initial}}$ 为 CORESET0 的大小；否则，$N_{\mathrm{BWP}}^{\mathrm{initial}}$ 为初始下行 BWP 的大小。

【总结】

1）对于 DCI1_0 调度，typel 资源分配包括如下几种情况。

①对于在公共搜索空间调度的 DCI1_0，PDSCH 在调度 DCI1_0 的 CORESET 频域范围内分配 RB，RIV 使用上面的方法 1 计算，N 为 CORESET0 的大小（配置了 CORESET0 时）或初始下行 BWP 的大小（没有配置 CORESET0 时）。

②对于在 UE 专用搜索空间调度的 DCI1_0，PDSCH 在当前激活 BWP 内分配 RB。

- 如果是"USS 内调度的 DCI1_0，DCI 长度取自 CSS 的 DCI1_0"，则 RIV 使用上面的方法 2 计算，N 为 CORESET0 的大小（配置了 CORESET0 时）或初始下行 BWP 的大小（没有配置 CORESET0 时）。
- 除上述情况外，RIV 使用上面的方法 1 计算，N 为当前激活 BWP 的大小。

2）对于 DCI1_1 调度，typel 资源分配只有一种情况，即 PDSCH 在当前激活 BWP 内或者 DCI1_1 指示的 BWP 内分配 RB，RIV 使用上面的方法 1 计算，N 为当前激活 BWP 的大小。

3. PRB bundling

UE 进行预编码的粒度是 $P'_{\mathrm{BWP},i}$ 个连续的 PRB（即 PRB bundling），$P'_{\mathrm{BWP},i}$ 为 {2, 4, wideband} 其中一个值，$P'_{\mathrm{BWP},i}$ 通过 RRC 参数 PDSCH-Config->prb-BundlingType 配置，参数如下，

```
prb-BundlingType            CHOICE {
        staticBundling      SEQUENCE {
            bundleSize        ENUMERATED { n4, wideband }    OPTIONAL    -- Need S
        },
        dynamicBundling      SEQUENCE {
            bundleSizeSet1   ENUMERATED { n4, wideband, n2-wideband, n4-wideband }
                                                             OPTIONAL,   -- Need S
            bundleSizeSet2   ENUMERATED { n4, wideband }    OPTIONAL    -- Need S
        }
    },
```

$P'_{\text{BWP},i}$ 取值说明如下。

1）对于 DCI1_0 调度的 PDSCH，UE 假定 $P'_{\text{BWP},i}$ 等于 2。

2）对于 DCI1_1 调度的 PDSCH，$P'_{\text{BWP},i}$ 取值如下。

- 如果未配置 prb-BundlingType，则使用默认值 2，DCI1_1 里面的 PRB bundling size indicator 字段不存在。
- 如果 prb-BundlingType 配置为 staticBundling，则使用配置值，DCI1_1 里面的 PRB bundling size indicator 字段不存在。
- 如果 prb-BundlingType 配置为 dynamicBundling，则通过 DCI1_1 里面的 PRB bundling size indicator 字段指示。该字段占 1 bit。
  - 如果该字段取值为 0，则使用 bundleSizeSet2；
  - 如果该字段取值为 1，则使用 bundleSizeSet1。当 bundleSizeSet1 配置为 n4 或 wideband 时，直接使用配置值。当 bundleSizeSet1 配置为 n2-wideband 或 n4-wideband 时，如果调度的 PRB 是连续的并且大于 $N^{\text{size}}_{\text{BWP},i}/2$，则取值为 wideband；否则，取值为 2 或 4。

预编码说明如下。

1）如果 $P'_{\text{BWP},i}$ 取值为 wideband，则 UE 不期望分配的 PRB 是不连续的，并且 UE 假定在分配的资源上使用相同的预编码。

2）如果 $P'_{\text{BWP},i}$ 取值为 2 或者 4，则 PRG（Precoding Resource Block Group，预编码资源块组）把带宽分割为 $P'_{\text{BWP},i}$ 个连续的 PRB。

- 第一个 PRG 的大小为 $P'_{\text{BWP},i} - N^{\text{start}}_{\text{BWP},i} \bmod P'_{\text{BWP}}$；
- 如果 $(N^{\text{start}}_{\text{BWP},i} + N^{\text{size}}_{\text{BWP},i}) \bmod P'_{\text{BWP},i} \neq 0$，则最后一个 PRG 的大小为 $(N^{\text{start}}_{\text{BWP},i} + N^{\text{size}}_{\text{BWP},i}) \bmod P'_{\text{BWP},i}$；否则，最后一个 PRG 的大小为 $P'_{\text{BWP},i}$；
- 其他 PRG 的大小为 $P'_{\text{BWP},i}$。

UE 假定一个 PRG 内的下行连续 PRB 使用相同的预编码。

对于 SI-RNTI 加扰的 DCI1_0（在 Type0-PDCCH CSS 关联的 CORESET0 内）调度的 SIB1 的 PDSCH，PRG 从 CORESET0 的最低 RB 开始划分；否则，PRG 从 CRB0 开始划分。当 RBG 大小配置为 2，或者 VRB 到 PRB 交织大小配置为 2 时，UE 不期望配置的 $P'_{\text{BWP},i}$ 为 4。

8.1.6 调制阶数、目标码率和 TBS 确定

1. 调制阶数和目标码率确定

对于 DCI1_0 或者 DCI1_1 调度的 PDSCH（通过 C-RNTI、MCS-C-RNTI、TC-RNTI、CS-RNTI、SI-RNTI、RA-RNTI 或者 P-RNTI 加扰），或者 SPS-config 配置的 PDSCH，其调制阶数和目标码率确定如下。

- 如果高层参数 PDSCH-Config->mcs-Table 配置为 qam256，则对于 C-RNTI 加扰的 DCI1_1

调度的 PDSCH，UE 使用 I_{MCS} 和表 8-8 来确定调制阶数 Q_m 和目标码率 R。

- 如果 UE 没有配置 MCS-C-RNTI，高层参数 PDSCH-Config->mcs-Table 配置为 qam64LowSE，则对于 C-RNTI 加扰的 USS 的 DCI 调度的 PDSCH，UE 使用 I_{MCS} 和表 8-9 来确定调制阶数 Q_m 和目标码率 R。
- 如果 UE 配置了 MCS-C-RNTI，则对于 MCS-C-RNTI 加扰的 DCI 调度的 PDSCH，UE 使用 I_{MCS} 和表 8-9 来确定调制阶数 Q_m 和目标码率 R。
- 对于 DLSPS 调度的 PDSCH（激活或者周期调度）：
  - 如果 UE 配置了 SPS-config->mcs-Table（qam64LowSE），则 UE 使用 I_{MCS} 和表 8-9 来确定调制阶数 Q_m 和目标码率 R。
  - 如果 UE 没有配置 SPS-config->mcs-Table，PDSCH-Config->mcs-Table 配置为 qam256，且是 DCI1_1 激活的 DLSPS，则 UE 使用 I_{MCS} 和表 8-8 来确定调制阶数 Q_m 和目标码率 R。

除以上情况外，UE 全部使用 I_{MCS} 和表 8-7 来确定调制阶数 Q_m 和目标码率 R。

UE 不期望解码 P-RNTI、RA-RNTI、SI-RNTI 加扰的 PDSCH 的 $Q_m > 2$。

表 8-7 PDSCH 的 MCS 索引表 1（64QAM）

MCS 索引 I_{MCS}	调制阶数 Q_m	目标码率 $R\times[1024]$	频谱效率 SE
0	2	120	0.2344
1	2	157	0.3066
2	2	193	0.3770
3	2	251	0.4902
4	2	308	0.6016
5	2	379	0.7402
6	2	449	0.8770
7	2	526	1.0273
8	2	602	1.1758
9	2	679	1.3262
10	4	340	1.3281
11	4	378	1.4766
12	4	434	1.6953
13	4	490	1.9141
14	4	553	2.1602
15	4	616	2.4063
16	4	658	2.5703
17	6	438	2.5664
18	6	466	2.7305
19	6	517	3.0293
20	6	567	3.3223

（续）

MCS 索引 I_{MCS}	调制阶数 Q_m	目标码率 $R\times[1024]$	频谱效率 SE
21	6	616	3.6094
22	6	666	3.9023
23	6	719	4.2129
24	6	772	4.5234
25	6	822	4.8164
26	6	873	5.1152
27	6	910	5.3320
28	6	948	5.5547
29	2	保留	
30	4	保留	
31	6	保留	

表 8-8 PDSCH 的 MCS 索引表 2（256QAM）

MCS 索引 I_{MCS}	调制阶数 Q_m	目标码率 $R\times[1024]$	频谱效率 SE
0	2	120	0.2344
1	2	193	0.3770
2	2	308	0.6016
3	2	449	0.8770
4	2	602	1.1758
5	4	378	1.4766
6	4	434	1.6953
7	4	490	1.9141
8	4	553	2.1602
9	4	616	2.4063
10	4	658	2.5703
11	6	466	2.7305
12	6	517	3.0293
13	6	567	3.3223
14	6	616	3.6094
15	6	666	3.9023
16	6	719	4.2129
17	6	772	4.5234
18	6	822	4.8164
19	6	873	5.1152
20	8	682.5	5.3320
21	8	711	5.5547
22	8	754	5.8906

（续）

MCS 索引 I_{MCS}	调制阶数 Q_m	目标码率 $R\times[1024]$	频谱效率 SE
23	8	797	6.2266
24	8	841	6.5703
25	8	885	6.9141
26	8	916.5	7.1602
27	8	948	7.4063
28	2	保留	
29	4	保留	
30	6	保留	
31	8	保留	

表 8-9 PDSCH 的 MCS 索引表 3（64QAM-LowSE）

MCS 索引 I_{MCS}	调制阶数 Q_m	目标码率 $R\times[1024]$	频谱效率 SE
0	2	30	0.0586
1	2	40	0.0781
2	2	50	0.0977
3	2	64	0.1250
4	2	78	0.1523
5	2	99	0.1934
6	2	120	0.2344
7	2	157	0.3066
8	2	193	0.3770
9	2	251	0.4902
10	2	308	0.6016
11	2	379	0.7402
12	2	449	0.8770
13	2	526	1.0273
14	2	602	1.1758
15	4	340	1.3281
16	4	378	1.4766
17	4	434	1.6953
18	4	490	1.9141
19	4	553	2.1602
20	4	616	2.4063
21	6	438	2.5664
22	6	466	2.7305
23	6	517	3.0293
24	6	567	3.3223

（续）

MCS 索引 I_{MCS}	调制阶数 Q_m	目标码率 $R\times[1024]$	频谱效率 SE
25	6	616	3.6094
26	6	666	3.9023
27	6	719	4.2129
28	6	772	4.5234
29	2	保留	
30	4	保留	
31	6	保留	

2. TBS 确定

当 PDSCH-Config->maxNrofCodeWordsScheduledByDCI 配置为 n2 时，如果 DCI1_1 的 $I_{MCS}=26$、$rv_{id}=1$，则表示该 TB 不使能。如果两个 TB 都使能，则 TB1 映射到 codeword0，TB2 映射到 codeword1；如果只有一个 TB 使能，则该 TB 总是映射到 codeword0。

对于 DCI1_0 或 DCI1_1 调度的 PDSCH（通过 C-RNTI、MCS-C-RNTI、TC-RNTI、CS-RNTI 或者 SI-RNTI 加扰），TBS 确定方法如下。

1）如果 $0\leqslant I_{MCS}\leqslant 27$，并且使用表 8-8 确定调制阶数和目标码率；或者 $0\leqslant I_{MCS}\leqslant 28$，并且使用表 8-7 或表 8-9 确定调制阶数和目标码率，则 UE 按下面步骤确定 TBS（除 DCI1_1 指示该 TB 不使能外）。

步骤 1：确定 slot 内的 PDSCH 的 RE 个数，记为 N_{RE}。

①确定 PDSCH 内一个 PRB 的 RE 个数，记为 N'_{RE}，$N'_{RE}=N_{sc}^{RB}\cdot N_{symb}^{sh}-N_{DMRS}^{PRB}-N_{oh}^{PRB}$，其中，$N_{sc}^{RB}=12$，为一个 PRB 的子载波个数；$N_{symb}^{sh}$ 为 slot 内 PDSCH 分配的符号个数；N_{DMRS}^{PRB} 为 slot 内 PDSCH 持续时间内一个 PRB 内的 DMRS 占用的 RE 总数（包括不带数据的 DMRS CDM 组的 RE 开销）；N_{oh}^{PRB} 为高层参数 PDSCH-ServingCellConfig->xOverhead 配置值，如果没有配置，则 N_{oh}^{PRB} 取值为 0。对于 SI-RNTI、RA-RNTI 或者 P-RNTI 加扰的 PDCCH 调度的 PDSCH，N_{oh}^{PRB} 取值为 0。

② UE 确定 N_{RE}，$N_{RE}=\min(156,N'_{RE})\cdot n_{PRB}$，其中，$n_{PRB}$ 为分配给 UE 的 PRB 个数。

步骤 2：计算临时信息比特数 N_{info}，$N_{info}=N_{RE}\cdot R\cdot Q_m\cdot \upsilon$，如果 $N_{info}\leqslant 3824$，则 UE 进入步骤 3；否则，UE 进入步骤 4。

步骤 3：如果 $N_{info}\leqslant 3824$，则 TBS 确定方法如下。

①量化临时信息比特数 N_{info}，$N'_{info}=\max\left(24,2^n\cdot\left\lfloor\frac{N_{info}}{2^n}\right\rfloor\right)$，$n=\max(3,\lfloor\log_2(N_{info})\rfloor-6)$；

②使用表 8-10，查找不小于 N'_{info} 的最接近的 TBS。

步骤 4：如果 $N_{info}>3824$，则 TBS 确定方法如下。

①量化临时信息比特数 N_{info}，$N'_{info}=\max\left(3840,2^n\times \text{round}\left(\frac{N_{info}-24}{2^n}\right)\right)$，其中，$n=\lfloor\log_2$

$(N_{info}-24)\rfloor-5$；

②当 $R\leqslant 1/4$ 时，$TBS=8C\left\lceil\frac{N'_{info}+24}{8C}\right\rceil-24$，其中，$C=\left\lceil\frac{N'_{info}+24}{3816}\right\rceil$；

③当 $R>1/4$ 时，如果 $N'_{info}>8424$，则 $TBS=8C\left\lceil\frac{N'_{info}+24}{8C}\right\rceil-24$，其中，$C=\left\lceil\frac{N'_{info}+24}{8424}\right\rceil$；否则，$TBS=8\left\lceil\frac{N'_{info}+24}{8}\right\rceil-24$。

表 8-10 TBS（$N_{info}\leqslant 3824$）

Index	TBS	Index	TBS	Index	TBS	Index	TBS
1	24	25	240	49	808	73	2024
2	32	26	256	50	848	74	2088
3	40	27	272	51	888	75	2152
4	48	28	288	52	928	76	2216
5	56	29	304	53	984	77	2280
6	64	30	320	54	1032	78	2408
7	72	31	336	55	1064	79	2472
8	80	32	352	56	1128	80	2536
9	88	33	368	57	1160	81	2600
10	96	34	384	58	1192	82	2664
11	104	35	408	59	1224	83	2728
12	112	36	432	60	1256	84	2792
13	120	37	456	61	1288	85	2856
14	128	38	480	62	1320	86	2976
15	136	39	504	63	1352	87	3104
16	144	40	528	64	1416	88	3240
17	152	41	552	65	1480	89	3368
18	160	42	576	66	1544	90	3496
19	168	43	608	67	1608	91	3624
20	176	44	640	68	1672	92	3752
21	184	45	672	69	1736	93	3824
22	192	46	704	70	1800		
23	208	47	736	71	1864		
24	224	48	768	72	1928		

2）如果 $28\leqslant I_{MCS}\leqslant 31$，并且使用表 8-8 确定调制阶数和目标码率，则 TBS 由该 TB 的最近一次传输的使用 $0\leqslant I_{MCS}\leqslant 27$ 的 DCI 决定；如果该 TB 的初始 PDSCH 是 SPS 周期调度，则 TBS 由最近传输的 SPS 调度的 DCI 决定。

3）如果 $29 \leqslant I_{MCS} \leqslant 31$，并且使用表 8-7 或表 8-9 确定调制阶数和目标码率，则 TBS 由该 TB 的最近一次传输的使用 $0 \leqslant I_{MCS} \leqslant 28$ 的 DCI 决定；如果该 TB 的初始 PDSCH 是 SPS 周期调度，则 TBS 由最近传输的 SPS 调度的 DCI 决定。

UE 不期望接收 SI-RNTI 加扰的 PDCCH 调度的 PDSCH，其 TBS 超过 2976 bit。

对于 DCI1_0 调度的 PDSCH（通过 P-RNTI 或者 RA-RNTI 加扰），TBS 也由上面的步骤 1～步骤 4 确定，但步骤 2 有如下差异：N_{info} 计算公式不同，$N_{info} = S \cdot N_{RE} \cdot R \cdot Q_m \cdot \upsilon$，比例因子 S 由 DCI1_0 中的 TB scaling 字段决定，占 2 bit，取值见表 8-11。

表 8-11　N_{info} 的比例因子（P-RNTI 和 RA-RNTI）

TB scaling 字段	比例因子 S
00	1
01	0.5
10	0.25
11	

8.1.7　PDSCH 资源映射

本节主要描述 PDSCH 资源映射过程，包括默认的资源冲突处理规则，以及 gNB 配置的速率匹配（包括 RB 级和 RE 级粒度）。

当接收 SI-RNTI 加扰的 PDSCH，并且 DCI 中的 system information indicator 字段为 0 时（即 SIB1），UE 假定该 PDSCH 的 RE 和 SSB 不冲突。

当接收 SI-RNTI（DCI 中的 system information indicator 字段值为 1，即 OSI）、RA-RNTI、P-RNTI 或者 TC-RNTI 加扰的 PDSCH 时，UE 通过 ssb-PositionsInBurst 确定 SSB 的传输，如果这些 PDSCH 和 SSB 的 PRB 冲突，则 UE 假定冲突的 PRB 用来发送 SSB，而不发送这些 PDSCH。

当接收 C-RNTI、MCS-C-RNTI、CS-RNTI 加扰的 PDCCH 调度的 PDSCH，或者 SPS 周期调度的 PDSCH 时，本章节指示的 RE 对于这些 PDSCH 不可用。进一步，UE 通过 ssb-PositionsInBurst 确定 SSB 的传输，如果这些 PDSCH 和 SSB 的 PRB 冲突，则 UE 假定冲突的 PRB 用来发送 SSB，而不发送这些 PDSCH。

UE 期望 ServingCellConfigCommon 配置的 ssb-PositionsInBurst 和 SIB1 配置的 ssb-PositionsInBurst 相同。UE 不期望 PDSCH DMRS 的 RE 为 PDSCH 不可用的 RE，即 PDSCH DMRS 的 RE 不能和 SSB、速率匹配的 RE 冲突。

1. RB 符号级粒度

（1）参数

RateMatchPattern 用于配置 UE 的 RB 级速率匹配，可以通过 ServingCellConfigCommon、ServingCellConfig 和 PDSCH-Config 配置。

```
RateMatchPattern ::=                SEQUENCE {
    rateMatchPatternId                  RateMatchPatternId,
    patternType                         CHOICE {
        bitmaps                             SEQUENCE {
            resourceBlocks                      BIT STRING (SIZE (275)),
            symbolsInResourceBlock              CHOICE {
                oneSlot                             BIT STRING (SIZE (14)),
                twoSlots                            BIT STRING (SIZE (28))
            },
            periodicityAndPattern                   CHOICE {
                n2                                  BIT STRING (SIZE (2)),
                n4                                  BIT STRING (SIZE (4)),
                n5                                  BIT STRING (SIZE (5)),
                n8                                  BIT STRING (SIZE (8)),
                n10                                 BIT STRING (SIZE (10)),
                n20                                 BIT STRING (SIZE (20)),
                n40                                 BIT STRING (SIZE (40))
            }                                   OPTIONAL,   -- Need S
            ...
        },
        controlResourceSet                  ControlResourceSetId
    },
    subcarrierSpacing           SubcarrierSpacing       OPTIONAL,   -- Cond CellLevel
    dummy                       NUMERATED { dynamic, semiStatic },
    ...
}
```

参数解释如下。

- RateMatchPatternId：取值范围为 1 ～ 3。
- patternType：取值为下列之一，指示为 RB 级或 CORESET 级速率匹配。
  - bitmaps：指示为 RB 级速率匹配，包括如下参数。
    - resourceBlocks：为 bitmap，指示 RB 级速率匹配的频域范围，置 1 表示该 RB 需要速率匹配。如果是小区级速率匹配，则指示为 CRB；如果是 BWP 级速率匹配，则指示为 BWP 内的 PRB。第一个 / 最左边的比特对应 RB0，以此类推。
    - symbolsInResourceBlock：为 bitmap，置 1 表示该符号需要速率匹配，当取值为 oneSlot 时，对于扩展 CP，前 12 位有效，UE 忽略后 2 位；否则，14 位都有效。当取值为 twoSlots 时，对于扩展 CP，前 12 位对应第一个 slot，紧接着的 12 位对应第二个 slot，UE 忽略后 4 位；否则，前 14 位对应第一个 slot，紧接着的 14 位对应第二个 slot。第一个 / 最左边的比特对应第一个 slot 的符号 0，以此类推。
    - periodicityAndPattern：为 bitmap，指示速率匹配时域重复图样，每比特对应 {resourceBlocks，symbolsInResourceBlock} 定义的图样单元，取值为 1 表示该图样单元存在。可配置为 {1, 2, 4, 5, 8, 10, 20, 40} 个图样单元，最大指示 40 ms，从

帧号 n_f mod 4 = 0 开始。该字段是可选字段，如果不配置，则默认取值为 n1，此时如果 symbolsInResourceBlock 取值为 oneSlot，则每帧的每个 slot 都使用这个图样；如果 symbolsInResourceBlock 取值为 twoSlots，则每帧的偶数 slot 使用第一个 slot 位图，奇数 slot 使用第二个 slot 位图。

- controlResourceSet：指 PDSCH 速率匹配该 CORESET ID 指示的 CORESET，频域同该 CORESET 的频域范围，时域由该 CORESET 关联的 searchSpace 确定。

❑ SubcarrierSpacing：指示速率匹配图样的子载波间隔，对于 FR1，取值为 15 kHz、30 kHz 或者 60 kHz；对于 FR2，取值为 60 kHz 或者 120 kHz。对于小区级速率匹配，该字段必选（特别说明：小区级速率匹配只应用于使用同样 SCS 的 PDSCH）；对于 BWP 级速率匹配，该字段不存在，SCS 同对应 BWP 的子载波间隔。

❑ dummy：协议已删除该参数，UE 收到后忽略该参数。

【举例 3】假定 patternType 配置为 bitmaps，SCS 为 30 kHz，正常 CP，symbolsInResourceBlock 配置为 twoSlots，取值为 00000000100011 00000000000001，periodicityAndPattern 配置为 n4，取值为 0010，则 periodicityAndPattern 的每位对应一个 symbolsInResourceBlock（即两个 slot），每个周期就是 8 个 slot，共 4 ms。图 8-4 所示为 40 ms 的重复图样，深色格子表示该 slot 的该符号需要进行速率匹配。

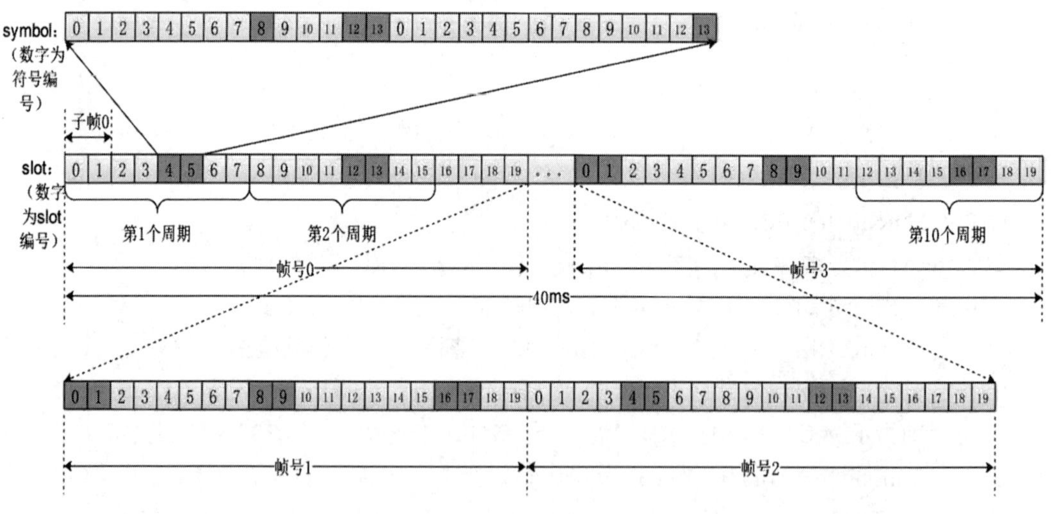

图 8-4 速率匹配图示

RateMatchPatternGroup 用于配置可由 DCI 动态激活的速率匹配组，只能通过 PDSCH-Config 配置。

```
RateMatchPatternGroup ::=    SEQUENCE (SIZE (1..maxNrofRateMatchPatternsPerGroup))
    OF CHOICE {
    cellLevel                RateMatchPatternId,
    bwpLevel                 RateMatchPatternId
}
```

参数解释如下。

- maxNrofRateMatchPatternsPerGroup：取值为8，一个组最多8个速率匹配图样。
- RateMatchPatternId：速率匹配ID，来自PDSCH-Config->rateMatchPatternToAddModList（BWP级）或者ServingCellConfig->rateMatchPatternToAddModList（小区级）。

（2）处理过程

UE可以配置如下参数，指示这些RB对于PDSCH不可用，需要做速率匹配。

- ServingCellConfig->rateMatchPatternToAddModList：每个服务小区最多配置4个Rate-MatchPattern，小区级速率匹配。
- ServingCellConfigCommon->rateMatchPatternToAddModList：每个服务小区最多配置4个RateMatchPattern，小区级速率匹配。
- BWP-DownlinkDedicated->pdsch-Config->rateMatchPatternToAddModList：每个BWP最多配置4个RateMatchPattern，BWP级速率匹配。
- BWP-DownlinkDedicated->pdsch-Config->rateMatchPatternGroup1和rateMatchPatternGroup2：配置动态的速率匹配组。

其中，动态的速率匹配组rateMatchPatternGroup1和rateMatchPatternGroup2需要通过DCI1_1的Rate matching indicator字段激活，说明如下。

1）如果未配置RateMatchPatternGroup，则该字段占用0 bit。

2）如果只配置了一个RateMatchPatternGroup，则该字段占用1 bit。

3）如果配置了两个RateMatchPatternGroup，则该字段占用2 bit，高位表示rateMatchPattern-Group1，低位表示rateMatchPatternGroup2。

位（bit）置1表示该DCI1_1调度的PDSCH激活对应的速率匹配图样组。

以上配置的速率匹配的使用规则如下。

对于DCI1_0调度的PDSCH，或者是DCI1_0激活的SPS周期调度的PDSCH，应用以上所有配置的速率匹配规则（包括rateMatchPatternGroup1和rateMatchPatternGroup2配置的）。

对于DCI1_1调度的PDSCH，或者是DCI1_1激活的SPS周期调度的PDSCH，rateMatch-PatternGroup1和rateMatchPatternGroup2配置的RateMatchPatternId，通过DCI1_1动态激活；其他所有配置的，但是不在rateMatchPatternGroup1和rateMatchPatternGroup2内的速率匹配图样，UE都直接使用。

【说明】以上描述的SPS周期调度的PDSCH，包括初次激活DLSPS的PDSCH，以及后续DLSPS周期调度的PDSCH。

PDSCH和CORESET冲突的处理规则如下。

如果UE监测PDCCH候选位置包括CCE聚合度8和16（两者的起始CCE索引相同，使用非交织CORESET，该CORESET占用1个符号），并且UE在CCE聚合度8收到了PDCCH，那么该PDCCH调度的PDSCH不能占用CCE聚合度16候选位置的资源。

如果PDCCH调度的PDSCH和该PDCCH所在的CORESET资源冲突，那么调度PDSCH的

DCI 资源和关联的 PDCCH DMRS 资源对于 PDSCH 不可用。如果该 DCI 所在的 CORESET 配置 precoderGranularity 为 allContiguousRBs，那么关联的 PDCCH DMRS 资源指该 CORESET 的所有 REG 内的 DMRS；否则，关联的 PDCCH DMRS 资源指 DCI 所在的 REG 内的 DMRS。

【说明】PDSCH 和 CORESET 冲突的不可用资源，gNB 和 UE 自行按照上述规则进行速率匹配。

2. RE 级粒度

（1）参数

RE 级的速率匹配主要是通过参数 RateMatchPatternLTE-CRS 和 ZP-CSI-RS-Resource 配置，分别说明如下。

RateMatchPatternLTE-CRS 用来定义 LTE 的 CRS 图样，UE 需要速率匹配对应的资源，可以通过如下信元配置：

ServingCellConfigCommon->SetupRelease{RateMatchPatternLTE-CRS}

ServingCellConfig->SetupRelease{RateMatchPatternLTE-CRS}

```
RateMatchPatternLTE-CRS ::=           SEQUENCE {
    carrierFreqDL               INTEGER (0..16383),
    carrierBandwidthDL          ENUMERATED {n6, n15, n25, n50, n75, n100, spare2, spare1},
    mbsfn-SubframeConfigList      EUTRA-MBSFN-SubframeConfigList   OPTIONAL,  -- Need M
    nrofCRS-Ports                 ENUMERATED {n1, n2, n4},
    v-Shift                       ENUMERATED {n0, n1, n2, n3, n4, n5}
}
```

参数解释如下。

- carrierFreqDL：LTE 的中心频点。
- carrierBandwidthDL：LTE 的载波带宽，单位为 PRB。
- mbsfn-SubframeConfigList：LTE 的 MBSFN 子帧配置。
- nrofCRS-Ports：LTE CRS 天线端口数。
- v-Shift：LTE CRS 的 v-Shift。

ZP-CSI-RS-Resource 即零功率（Zero Power）CSI-RS 资源，用于配置 UE 的 RE 级速率匹配，参数如下。

```
PDSCH-Config ::=                            SEQUENCE {
    ...
    zp-CSI-RS-ResourceToAddModList                 SEQUENCE (SIZE (1..maxNrofZP-CSI-
        RS-Resources)) OF ZP-CSI-RS-Resource                  OPTIONAL,   -- Need N
    zp-CSI-RS-ResourceToReleaseList                SEQUENCE (SIZE (1..maxNrofZP-CSI-
        RS-Resources)) OF ZP-CSI-RS-ResourceId                OPTIONAL,   -- Need N
    aperiodic-ZP-CSI-RS-ResourceSetsToAddModList     SEQUENCE (SIZE (1..maxNrofZP-
        CSI-RS-ResourceSets)) OF ZP-CSI-RS-ResourceSet        OPTIONAL,   -- Need N
    aperiodic-ZP-CSI-RS-ResourceSetsToReleaseList SEQUENCE (SIZE (1..maxNrofZP-
        CSI-RS-ResourceSets)) OF ZP-CSI-RS-ResourceSetId      OPTIONAL,   -- Need N
    sp-ZP-CSI-RS-ResourceSetsToAddModList      SEQUENCE (SIZE (1..maxNrofZP-CSI-RS-
        ResourceSets)) OF ZP-CSI-RS-ResourceSet               OPTIONAL,   -- Need N
```

```
    sp-ZP-CSI-RS-ResourceSetsToReleaseList  SEQUENCE (SIZE (1..maxNrofZP-CSI-RS-
        ResourceSets)) OF ZP-CSI-RS-ResourceSetId         OPTIONAL,   -- Need N
    p-ZP-CSI-RS-ResourceSet       SetupRelease { ZP-CSI-RS-ResourceSet }
                                                          OPTIONAL,   -- Need M
    ...
}
```

参数解释如下。

- zp-CSI-RS-ResourceToAddModList：零功率 CSI-RS 资源，UE 需要进行速率匹配。列表中的每个资源都可以归属到某一个类型的资源集（非周期 ZP-CSI-RS 资源集、半静态 ZP-CSI-RS 资源集或者周期 ZP-CSI-RS 资源集）。maxNrofZP-CSI-RS-Resources 取值为 32。
- aperiodic-ZP-CSI-RS-ResourceSetsToAddModList：非周期 ZP-CSI-RS 资源集，最多配置 3 个，zp-CSI-RS-ResourceSetId 取值范围为 1 ～ 3，通过 DCI1_1 的 ZP CSI-RS trigger 字段激活。
- sp-ZP-CSI-RS-ResourceSetsToAddModList：半静态 ZP-CSI-RS 资源集，通过 MAC CE 激活和去激活。
- p-ZP-CSI-RS-ResourceSet：周期 ZP-CSI-RS 资源集，zp-CSI-RS-ResourceSetId 取值为 0。

其中，ZP-CSI-RS-Resource 和 ZP-CSI-RS-ResourceSet 分别说明如下。

```
ZP-CSI-RS-Resource ::=               SEQUENCE {
    zp-CSI-RS-ResourceId             ZP-CSI-RS-ResourceId,
    resourceMapping                  CSI-RS-ResourceMapping,
    periodicityAndOffset             CSI-ResourcePeriodicityAndOffset
                                     OPTIONAL, --Cond PeriodicOrSemiPersistent
    ...
}
ZP-CSI-RS-ResourceId ::=             INTEGER (0..maxNrofZP-CSI-RS-Resources-1)
```

参数解释如下。

- zp-CSI-RS-ResourceId：ZP-CSI-RS 资源 ID，取值范围为 0 ～ 31，最多可配置 32 个。
- resourceMapping：配置一个 slot 内 ZP-CSI-RS 资源占用的符号和 RE 位置。
- periodicityAndOffset：ZP-CSI-RS 资源周期和偏移。对于周期或者半静态 ZP-CSI-RS 资源，该参数首次必须配置，如果重配不带该参数，则使用上次的配置值；对于非周期 ZP-CSI-RS 资源，该参数不存在。

【注意】周期或者半静态 ZP-CSI-RS 资源和非周期 ZP-CSI-RS 资源不能互相重配，即不能把周期或者半静态 ZP-CSI-RS 资源修改为非周期 ZP-CSI-RS 资源，也不能把非周期 ZP-CSI-RS 资源修改为周期或半静态 ZP-CSI-RS 资源。

```
ZP-CSI-RS-ResourceSet ::=            SEQUENCE {
    zp-CSI-RS-ResourceSetId              ZP-CSI-RS-ResourceSetId,
    zp-CSI-RS-ResourceIdList                 SEQUENCE (SIZE(1..maxNrofZP-CSI-RS-
```

```
        ResourcesPerSet)) OF ZP-CSI-RS-ResourceId,
    ...
}
ZP-CSI-RS-ResourceSetId ::=  INTEGER (0..maxNrofZP-CSI-RS-ResourceSets-1)
```

参数解释如下。

- zp-CSI-RS-ResourceSetId：ZP-CSI-RS 资源集 ID，取值为 0 ～ 15，最多可配置 16 个。maxNrofZP-CSI-RS-ResourceSets 取值为 16。
- maxNrofZP-CSI-RS-ResourcesPerSet：取值为 16，每个资源集最多配置 16 个资源。

（2）处理过程

UE 可以配置如下参数，指示这些 RE 对于 PDSCH 不可用，需要做速率匹配。

- ServingCellConfig->RateMatchPatternLTE-CRS：小区级速率匹配。
- ServingCellConfigCommon->RateMatchPatternLTE-CRS：小区级速率匹配。

【注意】以上是速率匹配 LTE 的 CRS，只适用于 NR 的 15 kHz SCS 的 PDSCH。

- BWP-DownlinkDedicated->pdsch-Config->zp-CSI-RS-ResourceToAddModList：可以配置 ZP-CSI-RS 资源，包括周期、半静态、非周期资源，BWP 级参数。对于周期的 ZP-CSI-RS 资源集，这些 RE 对于 PDSCH 不可用，UE 直接进行速率匹配。非周期和半静态的 ZP-CSI-RS 资源集需要 gNB 触发。

非周期的 ZP-CSI-RS 资源集说明如下。

1）通过 DCI1_1 的 ZP CSI-RS trigger 字段触发非周期的 ZP-CSI-RS 资源集，该字段占用$\lceil \log_2(n_{zp}+1) \rceil$ bit，n_{zp} 为配置的非周期的 ZP-CSI-RS 资源集个数，最多配置 3 个。ZP-CSI-RS-ResourceSetId 取值范围为 1 ～ 3，处理如下。

①如果未配置，则占用 0 bit。

②如果配置 1 个，则占用 1 bit，取值为 0 表示未触发，取值为 1 表示触发 zp-CSI-RS-ResourceSetId=1 的资源集。

③如果配置 2 个或 3 个，则占用 2 bit，取值为 00b 表示未触发，取值为 01b 表示触发 zp-CSI-RS-ResourceSetId=1 的资源集，取值为 10b 表示触发 zp-CSI-RS-ResourceSetId=2 的资源集，取值为 11b 表示触发 zp-CSI-RS-ResourceSetId=3 的资源集。

【说明】如果 UE 配置了多个 slot（即配置了 pdsch-AggregationFactor）或者单 slot 的 PDSCH 发送，则 DCI1_1 触发的非周期 ZP-CSI-RS 资源集，对该 DCI1_1 动态调度的或者激活 DLSPS 的所有 slot 的 PDSCH 都有效，其中包括 DCI1_1 触发的动态调度 PDSCH，或者 DCI1_1 激活的 DLSPS 周期调度的所有 PDSCH。如果配置了 pdsch-AggregationFactor，则还包括连续 pdsch-AggregationFactor 个 slot 的 PDSCH。

2）对于 DCI1_0 调度的 PDSCH，或者通过 DCI1_0 激活的 DLSPS 调度的 PDSCH，非周期 ZP-CSI-RS 资源集指示的 RE 对于这些 PDSCH 可用。

【举例 4】假定 UE 在 slot0 的符号 0 上收到 DCI1_1，触发了非周期 ZP-CSI-RS 资源集 1，该 ZP-CSI-RS 资源集指示 ZP-CSI-RS 占用 slot 内的符号 9 和符号 13；DCI1_1 调度的

PDSCH1 在 slot1 的符号 6 ～符号 9 上；UE 在 slot1 上收到 DCI1_0，其调度的 PDSCH2 在 slot1 的符号 12 和符号 13 上。

由以上得出，非周期 ZP-CSI-RS 在 slot1 上生效，PDSCH1 需要对符号 9 上非周期 ZP-CSI-RS 占用的 RE 进行速率匹配，PDSCH2 对符号 13 上非周期 ZP-CSI-RS 占用的 RE 不做速率匹配，如图 8-5 所示。

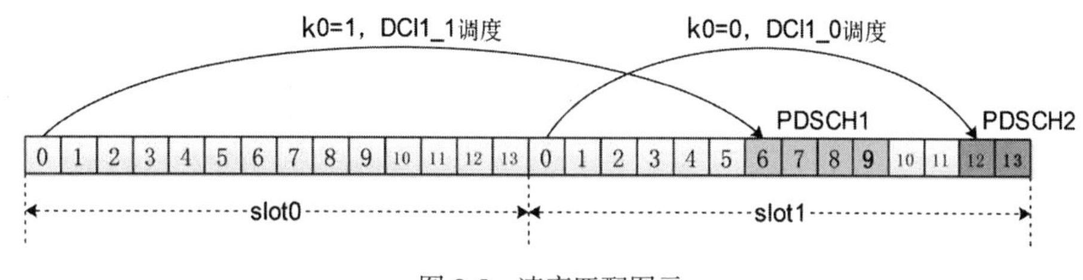

图 8-5　速率匹配图示

半静态的 ZP-CSI-RS 资源集说明如下。

通过 MAC CE“ SP ZP CSI-RS Resource Set Activation/Deactivation MAC CE”激活和去激活半静态的 ZP-CSI-RS 资源集，一旦激活，则这些 RE 对于 PDSCH 不可用。该 MAC CE 的 LCID 为 48，包含的内容如图 8-6 所示。

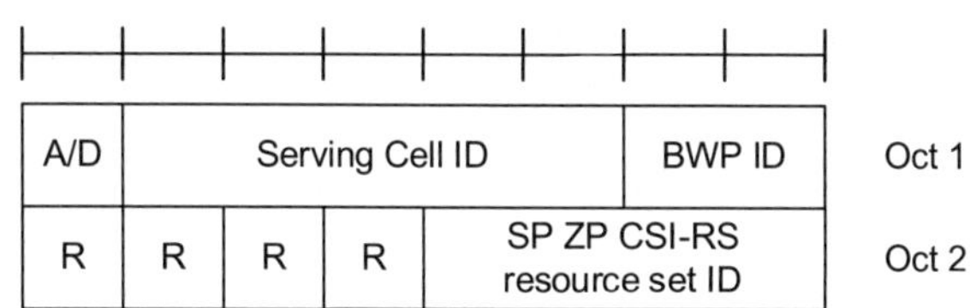

图 8-6　SP ZP CSI-RS Resource Set Activation/Deactivation MAC CE

字段说明如下。

- A/D：占 1 bit，激活、去激活指示，取值为 0 表示去激活，取值为 1 表示激活。
- Sercing Cell ID：占 5 bit，指示 MAC CE 应用的服务小区 ID。
- BWP ID：占 1 bit，指示 MAC CE 应用的下行 BWP ID。
- SP ZP CSI-RS resource set ID：占 4 bit，指示将要激活或者去激活的半静态 ZP-CSI-RS 资源集 ID，参数来自 PDSCH-Config->sp-ZP-CSI-RS-ResourceSetsToAddModList。

不论是激活还是去激活 MAC CE，如果在 slot n 发送 MAC CE 的 PDSCH 对应的 AN，那么该 MAC CE 在 slot $n+3N_{\text{slot}}^{\text{subframe},\mu}$ 之后的第一个 slot 生效，其中，μ 为发送 AN 的 PUCCH 的 SCS 配置。

8.1.8　基于 CBG 的 PDSCH 传输

UE 通过 RRC 参数 PDSCH-ServingCellConfig->codeBlockGroupTransmission 来配置是否基于 CBG 传输 PDSCH。如果配置了该参数，则 UE 在该服务小区基于 CBG 传输 PDSCH；

否则，UE 在该服务小区基于 TB 传输 PDSCH。

UE 使用如下公式计算每个 TB 的 CBG 个数：

$$M = \min(N, C)$$

其中，N 是每个 TB 的最大 CBG 个数，通过 RRC 参数 maxCodeBlockGroupsPerTransportBlock 配置；C 是 TB 的码块个数（也就是码块分割后的个数）。每个 TB 包含 M 个 CBG，每个 CBG 包含的码块索引由如下过程计算得出。

定义 $M_1 = \text{mod}(C, M)$，$K_1 = \left\lceil \frac{C}{M} \right\rceil$，$K_2 = \left\lfloor \frac{C}{M} \right\rfloor$。如果 $M_1 > 0$，则 CBG m $(m = 0,1,\cdots,M_1 - 1)$ 包括码块索引 $m \cdot K_1 + k$ $(k = 0,1,\cdots,K_1 - 1)$。CBG m $(m = M_1, M_1 + 1,\cdots,M - 1)$ 包括码块索引 $M_1 \cdot K_1 + (m - M_1) \cdot K_2 + k$ $(k = 0,1,\cdots,K_2 - 1)$。

由以上可以得出，如果 $C < N$，则共有 C 个 CBG，且每个 CBG 只包含 1 个 CB。

【举例 5】假定 N=4，C=30（得出 M=4，M_1=2，K_1=8，K_2=7），那么共有 4 个 CBG，这 30 个码块编号为 0 ～ 29，分为如下 4 组。

CBG0：0、1、2、3、4、5、6、7；

CBG1：8、9、10、11、12、13、14、15；

CBG2：16、17、18、19、20、21、22；

CBG3：23、24、25、26、27、28、29。

假定 N=4，C=3，那么共有 3 个 CBG，这 3 个码块编号为 0 ～ 2，分为如下 3 组。

CBG0：0；

CBG1：1；

CBG2：2。

gNB 通过 DCI1_1 的 CBG transmission information 字段告知 UE 哪些 CBG 需要重传，并通过 CBG flushing out information 字段告知 UE 是否进行重传合并，说明如下。

1）CBG transmission information（CBGTI）：占 0、2、4、6 或 8 bit，处理如下。

① 如果当前服务小区未配置 codeBlockGroupTransmission，则占 0 bit。

② 如果当前服务小区配置了 codeBlockGroupTransmission，则占用的比特数等于 $N_{\text{TB}} \cdot N$。其中，N_{TB} 等于参数 maxNrofCodeWordsScheduledByDCI，N 等于参数 maxCodeBlockGroupsPerTransportBlock。若 N_{TB}=2，则高位前 N 个比特对应第一个 TB。同时，如果调度了第二个 TB，则后 N 个比特对应第二个 TB。其中，每 N 个比特的前 M 个比特依次对应 M 个 CBG，MSB 对应 CBG0。

- 新传时，UE 认为所有的 CBG 都发送，不关注该字段；
- 重传时，比特取值为 0 表示对应的 CBG 不发送，比特取值为 1 则表示发送。

约束：由于最大只有 8 bit，所以当配置两个 TB 时，最多只能支持 4 个 CBG。

2）CBG flushing out information（CBGFI）：占 0 bit 或 1 bit，处理如下。

① 当参数 codeBlockGroupFlushIndicator 配置为 TRUE 时，CBGFI 占 1 bit。

- 新传时，UE 不关注该字段；
- 重传时，该比特取值为 0 表示重传的 CBG和新传的 CBG 不合并，取值为 1 表示重传的 CBG 和新传的相同 CBG 合并。

② 除①外，CBGFI 占 0 bit。

8.1.9 UE PDSCH 处理时间

如果反馈 AN 的 PUCCH 的第一个上行符号不早于符号 L_1，其中 L_1 定义为对应 PDSCH 的最后一个符号结束后，间隔时间 $T_{\text{proc},1}=(N_1+d_{1,1})(2048+144)\cdot\kappa 2^{-\mu}\cdot T_C$ 之后的第一个上行符号，那么 UE 可以提供有效的 AN 反馈，处理如下。

1）N_1 基于 μ 查表 8-12 和表 8-13（对应 UE 能力级 1 和能力级 2），其中 μ 取组合 (μ_{PDCCH}, μ_{PDSCH}, μ_{UL}) 中得出 $T_{\text{proc},1}$ 最大的 μ，μ_{PDCCH} 为调度 PDSCH 的 PDCCH 的子载波间隔，μ_{PDSCH} 为 PDSCH 的子载波间隔，μ_{UL} 为反馈 AN 的上行信道的子载波间隔，κ 取值请参考 3GPP 38.211 协议。

2）如果 PDSCH 的附加 DMRS 位置 $l_1=12$，那么 $N_{1,0}$=14（见表 8-12）；否则 $N_{1,0}$=13。

3）如果 UE 配置了 CA，则 AN 反馈的第一个上行符号要考虑 CA 小区间的时间差。

4）对于 PDSCH 映射 typeA，假定 PDSCH 的最后一个符号为第 i 个符号，如果 $i<7$，则 $d_{1,1}=7-i$；否则 $d_{1,1}=0$。

5）对于 UE 能力级 1 处理时间，PDSCH 映射 typeB：

①如果分配的 PDSCH 符号数为 7，则 $d_{1,1}=0$；

②如果分配的 PDSCH 符号数为 4，则 $d_{1,1}=3$；

③如果分配的 PDSCH 符号数为 2，则 $d_{1,1}=3+d$，d 为调度的 PDCCH 和对应 PDSCH的重叠符号数。

6）对于 UE 能力级 2 处理时间，PDSCH 映射 typeB：

①如果分配的 PDSCH 符号数为 7，则 $d_{1,1}=0$；

②如果分配的 PDSCH 符号数为 4，则 $d_{1,1}$ 为调度的 PDCCH 和对应 PDSCH 的重叠符号数；

③当分配的 PDSCH 符号数为 2 时，如果调度的 PDCCH 在 3 个符号的 CORESET 内，且该 CORESET 和对应 PDSCH 的起始符号相同，则 $d_{1,1}=3$；否则，$d_{1,1}$ 为调度的 PDCCH 和对应 PDSCH 的重叠符号数。

7）对于 UE 能力级 2 处理时间，当 $\mu_{\text{PDSCH}}=1$ 时，如果调度的 RB 超过了 136 个，则 UE 默认为能力级 1 的处理时间。如果在能力级 2 处理时间的 PDSCH 的起始符号之前的 10 个符号内，存在任何一个 SCS 30 kHz、调度大于 136RB 的 PDSCH 的最后一个符号（按能力级 1 处理时间的 PDSCH），则 UE 可以不处理最后一个符号落在这 10 个符号内的所有 PDSCH。

8）如果 UE 在某个小区支持 PDSCH 能力级 2 的处理时间，并且在该服务小区 UE 的参数 PDSCH-ServingCellConfig->processingType2Enabled 配置为 enable，则 UE 应用 PDSCH 能

力级 2 的处理时间。

9）如果 PUCCH 和其他 PUCCH 或 PUSCH 冲突，则时间间隔要求参看 6.2.6 节。

当不满足上述时间间隔要求时，UE 可以不发送对应 PDSCH 的 AN 反馈。$T_{proc,1}$ 对于正常 CP 和扩展 CP 都适用。

表 8-12　PDSCH 处理时间（PDSCH 处理能力 1）

μ	PDSCH 解码时间 N_1（符号）	
	dmrs-DownlinkForPDSCH-MappingTypeA 和 dmrs-DownlinkForPDSCH-MappingTypeB 中的 dmrs-AdditionalPosition = pos0	dmrs-DownlinkForPDSCH-MappingTypeA 或 dmrs-DownlinkForPDSCH-MappingTypeB 中的 dmrs-AdditionalPosition ≠ pos0，或者 DMRS 参数没有配置
0	8	$N_{1,0}$
1	10	13
2	17	20
3	20	24

表 8-13　PDSCH 处理时间（PDSCH 处理能力 2）

μ	PDSCH 解码时间 N_1（符号）
	dmrs-DownlinkForPDSCH-MappingTypeA 和 dmrs-DownlinkForPDSCH-MappingTypeB 中的 dmrs-AdditionalPosition = pos0
0	3
1	4.5
2	9（用于 FR1）

8.2 PUSCH

8.2.1 概述

PUSCH 有 DFT-S-OFDM 和 CP-OFDM 两种波形。DFT-S-OFDM 波形具有单载波特性，其 PAPR（Peak to Average Power Ratio，峰均功率比）低，主要用于功率受限的边缘覆盖场景，只支持单层数据传输。CP-OFDM 波形最多可以支持 4 层传输。LTE 的上行只有 DFT-S-OFDM 波形。

上行支持 16 个 HARQ 进程。PUSCH 调度分为如下几类。

- ❑ 动态调度，通过 DCI0_0 或 DCI0_1 指示。
- ❑ 非动态授权，又分为以下两类。
  - type1，通过 RRC 配置授权，配置 CS-RNTI、周期、时域和频域资源位置等。
  - type2，配置 CS-RNTI、周期等，通过 CS-RNTI 加扰的 DCI0 进行激活、去激活、重传，也就是通过 DCI0 指示授权，类似 LTE 的上行 SPS。

PUSCH 调度有以下约束。

1）在一个被调度小区内，对于任何 HARQ 进程，UE 不期望发送一个在时域上和另外一个 PUSCH 冲突的 PUSCH，也就是不同 HARQ 的 PUSCH 在时域上不能重叠。

2）对于一个 HARQ 进程，UE 在发送前一个 TC-RNTI 加扰的 DCI0_0 或者 RAR 的 UL Grant 调度的 PUSCH 结束之后，才能接收该 HARQ 的新的 TC-RNTI 加扰的 DCI0_0（用于调度 PUSCH）。

3）对于一个 HARQ 进程，UE 在发送前一个 C-RNTI、CS-RNTI 或 MCS-C-RNTI 加扰的 DCI 调度的 PUSCH 结束之后，才能接收该 HARQ 的新的 C-RNTI、CS-RNTI 或者 MCS-C-RNTI 加扰的 DCI0_0 或者 DCI0_1（用于调度 PUSCH）。

4）对于一个被调度小区内的任何两个 HARQ 进程，假定 UE 在符号 i 结束接收到第一个 DCI0，其对应的 PUSCH 在符号 j 开始发送；UE 不期望在符号 i 之后结束接收的第二个 DCI0，其对应的 PUSCH 在第一个 PUSCH 结束之前开始发送。也就是晚接收的 DCI0，对应的 PUSCH 也要晚发送。

5）如果 UE 收到带 CSI request 的 DCI0_1，指示的所有 CSI report 的类型都是 none，并且 UL-SCH indicator 字段为 0，则 UE 忽略 DCI0_1 里面的其他字段（除了 CSI request），不发送对应的 PUSCH。

6）如果 UE 收到 DCI0_0 或者 DCI0_1，但是没有产生待发送的 MAC PDU，并且没有 PUCCH（带 CSI/HARQ-ACK）和 PUSCH 冲突，则 UE 不发送 PUSCH；如果此时，存在 PUCCH（带 CSI/HARQ-ACK）和 PUSCH 冲突，则 R15 协议没有定义如何处理。

7）如果配置了 SUL，则重传和新传必须是在同一个上行。

8）DCI0_0 调度的 PUSCH，只能使用单天线端口，UE 依据当前小区激活上行 BWP 的最小编号的专用 PUCCH 资源 ID，来决定发送波束（当适用时）。

9）对于 FR2 连接态的 UE，如果一个 BWP 没有配置带 PUCCH-SpatialRelationInfo 的 PUCCH 资源，则 UE 不期望在该 BWP 上使用 DCI0_0 调度。

PUSCH 波形总结如图 8-7 所示。

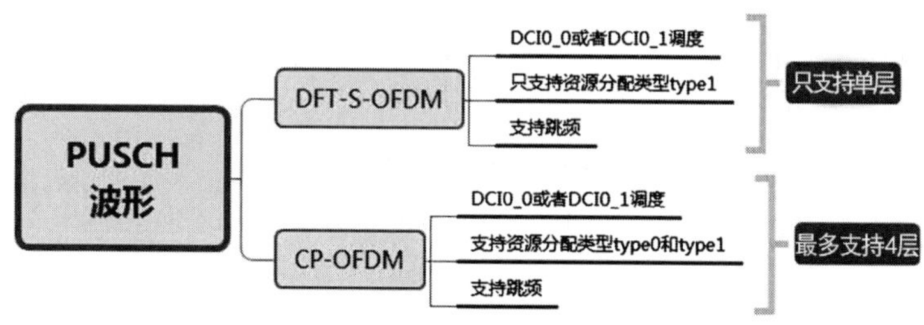

图 8-7　PUSCH 波形

8.2.2　参数介绍

1. PUSCH-ServingCellConfig

其通过参数 ServingCellConfig->UplinkConfig->SetupRetease{PUSCH-ServingCellConfig} 配置，对于该 UE 在该小区的所有 BWP 都适用，属于 UE 的服务小区级参数。

```
PUSCH-ServingCellConfig ::=              SEQUENCE {
    codeBlockGroupTransmission
        SetupRelease { PUSCH-CodeBlockGroupTransmission }   OPTIONAL,   -- Need M
    rateMatching          ENUMERATED  {limitedBufferRM}     OPTIONAL,   -- Need S
    xOverhead             ENUMERATED {xoh6, xoh12, xoh18}    OPTIONAL,   -- Need S
    ...,
    [[
    maxMIMO-Layers                  INTEGER (1..4)           OPTIONAL,   -- Need M
    processingType2Enabled          BOOLEAN                  OPTIONAL    -- Need M
    ]]
}

PUSCH-CodeBlockGroupTransmission ::=    SEQUENCE {
    maxCodeBlockGroupsPerTransportBlock     ENUMERATED {n2, n4, n6, n8},
    ...
}
```

参数解释如下。

- codeBlockGroupTransmission：基于 CBG 传输的 PUSCH 配置。
- maxCodeBlockGroupsPerTransportBlock：每个 TB 的最大 CBG 个数。
- rateMatching：如果配置该参数，则 UE 使能 LBRM（Limited Buffer Rate-Matching，有限缓存速率匹配）。如果不配置该参数，则 UE 使用 FBRM（Full Buffer Rate-Matching，满缓存速率匹配）。
- xOverhead：计算 TBS 时使用，如果不配置，则 UE 使用 0。
- maxMIMO-Layers：指示本小区该UE的NUL的所有BWP使用的PUSCH最大MIMO层；对于 SUL，最大 MIMO 层为 1，不用配置该参数。
- processingType2Enabled：使能 PUSCH 能力级 2 处理时间。

2. PUSCH-ConfigCommon

UE 的上行 BWP（初始 BWP 或专用 BWP）的公共参数，属于小区级参数，通过 SIB1 或者 RRC 专用信令配置。

1）通过 SIB1 配置如下，为初始 BWP0 的小区级参数：

SIB1->ServingCellConfigCommonSIB->UplinkConfigCommonSIB->BWP-UplinkCommon->SetupRelease{PUSCH-ConfigCommon}

2）通过 RRC 专用信令配置如下，为专用 BWP 的小区级参数：

ServingCellConfig->UplinkConfig->BWP-Uplink->BWP-UplinkCommon->SetupRelease{PUSCH-ConfigCommon}

```
PUSCH-ConfigCommon ::=                    SEQUENCE {
    groupHoppingEnabledTransformPrecoding   ENUMERATED {enabled}
                                                        OPTIONAL,    -- Need R
    pusch-TimeDomainAllocationList          PUSCH-TimeDomainResourceAllocationList
                                                        OPTIONAL,    -- Need R
```

```
    msg3-DeltaPreamble          INTEGER (-1..6)            OPTIONAL,    -- Need R
    p0-NominalWithGrant         INTEGER (-202..24)         OPTIONAL,    -- Need R
    ...
}
```

参数解释如下。

- groupHoppingEnabledTransformPrecoding：对于 DFT 预编码使能时的 DMRS 发送，可以配置组跳频。
- pusch-TimeDomainAllocationList：上行数据时域分配列表。
- msg3-DeltaPreamble：Msg3 和 RACH preamble 的功率偏移，实际值 = 字段值 ×2 [dB]。
- p0-NominalWithGrant：上行授权调度的 PUSCH（除了 Msg3）的 P0 值，单位为 dbm，只能配置为偶数值，步进为 2，小区级参数。

3.PUSCH-Config

UE 的上行 BWP（初始 BWP 或专用 BWP）的专用参数，属于 UE 的 BWP 级参数，通过 BWP-UplinkDedicated->SetupRelease{PUSCH-Config} 配置。PUSCH-Config 的配置要求如下。

1）可以在 UL 和 SUL 的上行 BWP 上配置（即可以只配置 UL 或者 SUL 的一个或多个上行 BWP，也可以同时配置 UL 和 SUL 的一个或多个上行 BWP）。

2）如果 UE 配置了 SUL，并且在 UL 和 SUL 的上行 BWP 上都配置了 PUSCH，则通过 DCI0_1 的 UL/SUL indicator 字段指示使用哪一个。

```
PUSCH-Config ::=                              SEQUENCE {
    dataScramblingIdentityPUSCH     INTEGER (0..1023)        OPTIONAL,   -- Need S
    txConfig          ENUMERATED {codebook, nonCodebook}     OPTIONAL,   -- Need S
    dmrs-UplinkForPUSCH-MappingTypeA            SetupRelease { DMRS-UplinkConfig }
        OPTIONAL,    -- Need M
    dmrs-UplinkForPUSCH-MappingTypeB            SetupRelease { DMRS-UplinkConfig }
        OPTIONAL,    -- Need M

    pusch-PowerControl     PUSCH-PowerControl                OPTIONAL,   -- Need M
    frequencyHopping     ENUMERATED {intraSlot, interSlot}   OPTIONAL,   -- Need S
    frequencyHoppingOffsetLists              SEQUENCE (SIZE (1..4)) OF INTEGER (1..
        maxNrofPhysicalResourceBlocks-1)                     OPTIONAL,   -- Need M
    resourceAllocation                        ENUMERATED { resourceAllocationType0,
        resourceAllocationType1, dynamicSwitch},
    pusch-TimeDomainAllocationList                SetupRelease
        { PUSCH-TimeDomainResourceAllocationList }           OPTIONAL,   -- Need M
    pusch-AggregationFactor     ENUMERATED { n2, n4, n8 }    OPTIONAL,   -- Need S
    mcs-Table         ENUMERATED {qam256, qam64LowSE}        OPTIONAL,   -- Need S
    mcs-TableTransformPrecoder   ENUMERATED {qam256, qam64LowSE}
                                                             OPTIONAL,   -- Need S
    transformPrecoder       ENUMERATED {enabled, disabled}   OPTIONAL,   -- Need S
    codebookSubset          ENUMERATED {fullyAndPartialAndNonCoherent, partialAndN
        onCoherent,nonCoherent}                         OPTIONAL, -- Cond codebookBased
    maxRank           INTEGER (1..4)                     OPTIONAL, -- Cond codebookBased
    rbg-Size          ENUMERATED { config2}                  OPTIONAL,   -- Need S
```

```
    uci-OnPUSCH       SetupRelease { UCI-OnPUSCH}            OPTIONAL,  -- Need M
    tp-pi2BPSK        ENUMERATED {enabled}                   OPTIONAL,  -- Need S
    ...
}

UCI-OnPUSCH ::=          SEQUENCE {
    betaOffsets             CHOICE {
        dynamic             SEQUENCE (SIZE (4)) OF BetaOffsets,
        semiStatic          BetaOffsets
    }                                                        OPTIONAL, -- Need M
    scaling                      ENUMERATED { f0p5, f0p65, f0p8, f1 }
}
```

参数解释如下。

- dataScramblingIdentityPUSCH：PUSCH 扰码 ID，如果不配置，则使用 PCI。
- txConfig：配置 PUSCH 是基于码本还是非码本传输，如果不配置，则 UE 只能使用单天线端口发送 PUSCH。
- DMRS-UplinkConfig：DMRS 配置，PUSCH 映射 typeA 和 typeB 分开配置，具体见 7.2.2 节。
- pusch-PowerControl：PUSCH 功控相关参数。
- frequencyHopping：跳频模式，具体见 8.2.9 节。
- frequencyHoppingOffsetLists：跳频偏移，具体见 8.2.9 节。
- resourceAllocation：DCI0_1 的频域资源分配类型。
- pusch-TimeDomainAllocationList：PUSCH 的时域列表。
- pusch-AggregationFactor：PUSCH 的重复发送次数，如果不配置，则使用 1。
- mcs-Table：DFT 预编码不使能时 PUSCH 使用的 MCS 表，如果不配置，则使用 64QAM 的 MCS 表。
- mcs-TableTransformPrecoder：DFT 预编码使能时 PUSCH 使用的 MCS 表，如果不配置，则使用 64QAM 的 MCS 表。
- transformPrecoder：配置 DFT 预编码是否使能，如果不配置，则 UE 应用参数 msg3-transformPrecoder。
- codebookSubset：基于码本传输时支持的 TPMI（Transmitted Precoding Matrix Indicator，发射预编码矩阵指示）子集，取决于 UE 的最大天线相干能力。该参数在配置为基于码本传输时，强制存在；否则不存在。
- maxRank：基于码本传输时支持的最大秩。该参数在配置为基于码本传输时，强制存在；否则不存在。
- rbg-Size：RBG 大小配置，对于资源分配 resourceAllocationType1 不适用。如果不配置，则使用 config1。
- uci-OnPUSCH 参数如下。

- betaOffsets：配置 dynamic 或 semiStatic 的 betaOffset，如果不配置，则使用 semiStatic。
- scaling：scaling factor，用来限制 PUSCH 上复用 UCI 的 RE 数量。f0p5 表示 0.5，f0p65 表示 0.65，f0p8 表示 0.8，f1 表示 1。该参数也适用于配置的 UL Grant 指示的 PUSCH。

❑ tp-pi2BPSK：使能 pi/2-BPSK（用于 DFT 预编码使能时），如果不配置，则不使能 pi/2-BPSK。

4.PUSCH-TimeDomainResourceAllocationList

PUSCH 时域列表，可以通过 PUSCH-ConfigCommon 和 PUSCH-Config 配置。参数 PUSCH-TimeDomainResourceAllocation 的个数决定了 DCI 中 Time domain resource assignment 字段的长度。maxNrofUL-Allocations 为 16，即最多可以配置 16 个该参数。

```
PUSCH-TimeDomainResourceAllocationList ::=  SEQUENCE (SIZE(1..maxNrofUL-
    Allocations)) OF PUSCH-TimeDomainResourceAllocation

PUSCH-TimeDomainResourceAllocation ::=  SEQUENCE {
    k2                          INTEGER(0..32)           OPTIONAL,   -- Need S
    mappingType                 ENUMERATED {typeA, typeB},
    startSymbolAndLength        INTEGER (0..127)
}
```

参数解释如下。

❑ k2：DCI0 到对应调度的 PUSCH 的间隔，取值范围为 0 ～ 32，单位为 slot。当该字段不存在时，对于 PUSCH SCS 15kHz 或 30kHz，默认取值为 1；对于 PUSCH SCS 60kHz，默认取值为 2；对于 PUSCH SCS 120kHz，默认取值为 3。

❑ mappingType：资源映射类型。

❑ startSymbolAndLength：即 SLIV，可得出 PUSCH 起始符号和符号长度，配置要保证符号分配不跨越 slot。

8.2.3　物理层过程

PUSCH 处理的物理层过程如图 8-8 所示。

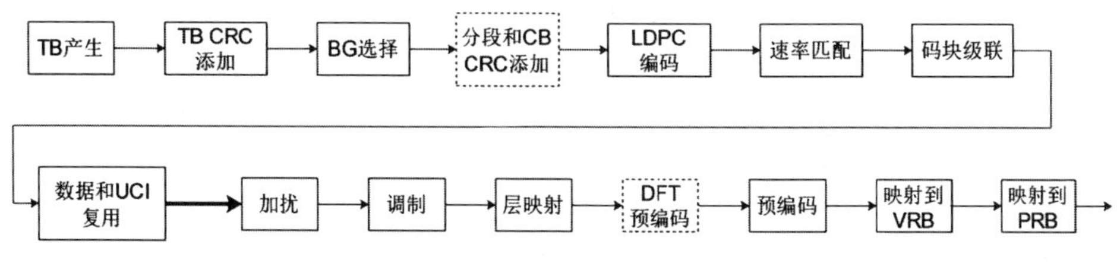

图 8-8　PUSCH 物理层过程

其中，虚线框为可选过程，“加扰”之前为 bit 级处理。

1. bit级处理

PUSCH只支持单TB，bit级处理包括如下过程。其中，除速率匹配外，步骤1～步骤6的处理过程全部同PDSCH的对应bit级处理过程。

1）TB CRC添加：处理过程同PDSCH的TB CRC添加。

2）LDPC BG（Base Graph，基图）选择：处理过程同PDSCH的LDPC BG选择。

3）分段和CB（Code Block，码块）CRC添加：处理过程同PDSCH的分段和CB CRC添加。

4）LDPC编码：处理过程同PDSCH的LDPC编码。

5）速率匹配：处理和PDSCH的速率匹配不同，具体过程请参考3GPP 38.212协议。

6）码块级联：处理过程同PDSCH的码块级联。

7）数据和UCI复用：具体过程请参考3GPP 38.212协议。

2. 加扰

上行只支持单码字。对于码字 $q=0$，假定比特序列为 $b^{(q)}(0),\cdots,b^{(q)}(M_{\text{bit}}^{(q)}-1)$，$M_{\text{bit}}^{(q)}$ 为码字 q 的比特长度，经过加扰后输出序列 $\tilde{b}^{(q)}(0),\cdots,\tilde{b}^{(q)}(M_{\text{bit}}^{(q)}-1)$，加扰过程依据下面的伪代码：

```
Set i = 0
while  i < M_bit^(q)
  if b^(q)(i) = x              // UCI 占位符 bit
     b̃^(q)(i) = 1
  else
    if b^(q)(i) = y             // UCI 占位符 bit
       b̃^(q)(i) = b̃^(q)(i−1)
    else
       b̃^(q)(i) = (b^(q)(i) + c^(q)(i)) mod 2
    end if
  end if
  i = i + 1
end while
```

x 和 y 为占位符，定义请参考3GPP 38.212协议。

扰码序列 $c^{(q)}(i)$ 初始化如下：

$$c_{\text{init}}=n_{\text{RNTI}}\cdot 2^{15}+n_{\text{ID}}$$

其中，如果是C-RNTI、MCS-C-RNTI、SP-CSI-RNTI或CS-RNTI加扰的，非CSS的DCI0_0调度的PUSCH，并且配置了PUSCH-Config->dataScramblingIdentityPUSCH，则 n_{ID} 等于该参数，$n_{\text{ID}}\in\{0,1,\cdots,1023\}$；除此之外，$n_{\text{ID}}=N_{\text{ID}}^{\text{cell}}$。$n_{\text{RNTI}}$ 就是UE本次PUSCH传输关联的RNTI。

3. 调制

对码字 $q=0$，UE使用表8-14所示的调制方式来调制加扰比特块 $\tilde{b}^{(q)}(0),\cdots,\tilde{b}^{(q)}(M_{\text{bit}}^{(q)}-1)$，产生一组复值调制符号 $d^{(q)}(0),\cdots,d^{(q)}(M_{\text{symb}}^{(q)}-1)$，其长度为比特块长度 $M_{\text{bit}}^{(q)}$ 除以 Q_{m}。

表 8-14 支持的调制方式

传输预编码不使能		传输预编码使能	
调制方式	调制阶数 Q_m	调制方式	调制阶数 Q_m
		π/2-BPSK	1
QPSK	2	QPSK	2
16QAM	4	16QAM	4
64QAM	6	64QAM	6
256QAM	8	256QAM	8

4. 层映射

单码字的复值调制符号映射到 1 ～ 4 层，见表 8-2。复制序列 $d^{(q)}(0),\cdots,d^{(q)}(M_{\text{symb}}^{(q)}-1)$ 映射到层 $x(i)=[x^{(0)}(i)\cdots x^{(\upsilon-1)}(i)]^{\text{T}}$，$i=0,1,\cdots,M_{\text{symb}}^{\text{layer}}-1$，其中，$\upsilon$ 是层数，$M_{\text{symb}}^{\text{layer}}$ 为每层的调制符号个数。

5. DFT 预编码

如果 DFT 预编码没有使能，则 $y^{(\lambda)}(i)=x^{(\lambda)}(i)$，$\lambda=0,1,\cdots,\upsilon-1$。如果 DFT 预编码使能，则只支持单层传输，即 $\upsilon=1$。输入序列假定为 $x^{(0)}(0),\cdots,x^{(0)}(M_{\text{symb}}^{\text{layer}}-1)$，输出序列为 $y^{(0)}(0),\cdots,y^{(0)}(M_{\text{symb}}^{\text{layer}}-1)$，DFT 预编码过程如下。

$$y^{(0)}(l\cdot M_{\text{sc}}^{\text{PUSCH}}+k)=\frac{1}{\sqrt{M_{\text{sc}}^{\text{PUSCH}}}}\sum_{i=0}^{M_{\text{sc}}^{\text{PUSCH}}-1}\tilde{x}^{(0)}(l\cdot M_{\text{sc}}^{\text{PUSCH}}+i)\mathrm{e}^{-j\frac{2\pi ik}{M_{\text{sc}}^{\text{PUSCH}}}}$$

$$k=0,\cdots,M_{\text{sc}}^{\text{PUSCH}}-1$$

$$l=0,\cdots,M_{\text{symb}}^{\text{layer}}/M_{\text{sc}}^{\text{PUSCH}}-1$$

其中，$M_{\text{sc}}^{\text{PUSCH}}=M_{\text{RB}}^{\text{PUSCH}}\cdot N_{\text{sc}}^{\text{RB}}$，$M_{\text{RB}}^{\text{PUSCH}}$ 为 PUSCH 占用的 RB 数，要求满足 $M_{\text{RB}}^{\text{PUSCH}}=2^{\alpha_2}\cdot 3^{\alpha_3}\cdot 5^{\alpha_5}$，$\alpha_2,\alpha_3,\alpha_5$ 为非负整数。

$\tilde{x}^{(0)}(i)$ 依据 PTRS（Phase-tracking Reference Signal，相位跟踪参考信号）配置不同而不同，具体如下。

1）如果不使用 PTRS，则复值序列 $x^{(0)}(0),\cdots,x^{(0)}(M_{\text{symb}}^{\text{layer}}-1)$ 分为 $M_{\text{symb}}^{\text{layer}}/M_{\text{sc}}^{\text{PUSCH}}$ 个集合，每个集合对应一个符号，$\tilde{x}^{(0)}(i)=x^{(0)}(i)$。

2）如果使用 PTRS，则复值序列 $x^{(0)}(0),\cdots,x^{(0)}(M_{\text{symb}}^{\text{layer}}-1)$ 分为多个集合，每个集合对应一个符号，集合 l 包含 $M_{\text{sc}}^{\text{PUSCH}}-\varepsilon_l N_{\text{samp}}^{\text{group}}N_{\text{group}}^{\text{PTRS}}$ 个复值，映射到 $\tilde{x}^{(0)}(lM_{\text{sc}}^{\text{PUSCH}}+i')$，对应符号 l，其中，$i'\in\{0,1,\cdots,M_{\text{sc}}^{\text{PUSCH}}-1\}$，且 $i'\neq m$。PTRS 索引 m、PTRS 组个数 $N_{\text{group}}^{\text{PTRS}}$、每组的 PTRS 个数 $N_{\text{samp}}^{\text{group}}$ 的定义请参考 3GPP 38.211 协议。当符号 l 包含一个或多个 PTMS 时，$\varepsilon_l=1$；否则，$\varepsilon_l=0$。

6. 预编码

序列 $[y^{(0)}(i)\cdots y^{(\upsilon-1)}(i)]^{\mathrm{T}}$，$i=0,1,\cdots,M_{\text{symb}}^{\text{layer}}-1$，依据如下公式进行预编码：

$$\begin{bmatrix} z^{(p_0)}(i) \\ \vdots \\ z^{(p_{\rho-1})}(i) \end{bmatrix} = \boldsymbol{W} \begin{bmatrix} y^{(0)}(i) \\ \vdots \\ y^{(\upsilon-1)}(i) \end{bmatrix}$$

其中，$i=0,1,\cdots,M_{\text{symb}}^{\text{ap}}-1$，$M_{\text{symb}}^{\text{ap}}=M_{\text{symb}}^{\text{layer}}$，$\{p_0,\cdots,p_{\rho-1}\}$ 为天线端口。

对于非码本传输，预编码矩阵 $\boldsymbol{W}$ 为单位矩阵（Identity Matrix）。对于码本传输，单天线端口时，单层传输，$W=1$；否则，W 取值见表 8-15 ～表 8-21，TPMI 索引通过 DCI0_1 的 Precoding information and number of layers 字段告知 UE，或者通过配置参数 precodingAnd-NumberOfLayers 告知 UE。

当参数 txConfig 没有配置时，$W=1$。

表 8-15 预编码矩阵 W（单层传输，两天线端口）

TPMI 索引	W（从左到右，按 TPMI 索引递增排序）							
0 ～ 5	$\frac{1}{\sqrt{2}}\begin{bmatrix}1\\0\end{bmatrix}$	$\frac{1}{\sqrt{2}}\begin{bmatrix}0\\1\end{bmatrix}$	$\frac{1}{\sqrt{2}}\begin{bmatrix}1\\1\end{bmatrix}$	$\frac{1}{\sqrt{2}}\begin{bmatrix}1\\-1\end{bmatrix}$	$\frac{1}{\sqrt{2}}\begin{bmatrix}1\\j\end{bmatrix}$	$\frac{1}{\sqrt{2}}\begin{bmatrix}1\\-j\end{bmatrix}$	—	—

表 8-16 预编码矩阵 W（单层传输，4 天线端口，DFT 预编码使能）

TPMI 索引	W（从左到右，按 TPMI 索引递增排序）							
0 ～ 7	$\frac{1}{2}\begin{bmatrix}1\\0\\0\\0\end{bmatrix}$	$\frac{1}{2}\begin{bmatrix}0\\1\\0\\0\end{bmatrix}$	$\frac{1}{2}\begin{bmatrix}0\\0\\1\\0\end{bmatrix}$	$\frac{1}{2}\begin{bmatrix}0\\0\\0\\1\end{bmatrix}$	$\frac{1}{2}\begin{bmatrix}1\\0\\1\\0\end{bmatrix}$	$\frac{1}{2}\begin{bmatrix}1\\0\\-1\\0\end{bmatrix}$	$\frac{1}{2}\begin{bmatrix}1\\0\\j\\0\end{bmatrix}$	$\frac{1}{2}\begin{bmatrix}1\\0\\-j\\0\end{bmatrix}$
8 ～ 15	$\frac{1}{2}\begin{bmatrix}0\\1\\0\\1\end{bmatrix}$	$\frac{1}{2}\begin{bmatrix}0\\1\\0\\-1\end{bmatrix}$	$\frac{1}{2}\begin{bmatrix}0\\1\\0\\j\end{bmatrix}$	$\frac{1}{2}\begin{bmatrix}0\\1\\0\\-j\end{bmatrix}$	$\frac{1}{2}\begin{bmatrix}1\\1\\1\\-1\end{bmatrix}$	$\frac{1}{2}\begin{bmatrix}1\\1\\j\\j\end{bmatrix}$	$\frac{1}{2}\begin{bmatrix}1\\1\\-1\\1\end{bmatrix}$	$\frac{1}{2}\begin{bmatrix}1\\1\\-j\\-j\end{bmatrix}$
16 ～ 23	$\frac{1}{2}\begin{bmatrix}1\\j\\1\\j\end{bmatrix}$	$\frac{1}{2}\begin{bmatrix}1\\j\\j\\1\end{bmatrix}$	$\frac{1}{2}\begin{bmatrix}1\\j\\-1\\-j\end{bmatrix}$	$\frac{1}{2}\begin{bmatrix}1\\j\\-j\\-1\end{bmatrix}$	$\frac{1}{2}\begin{bmatrix}1\\-1\\1\\1\end{bmatrix}$	$\frac{1}{2}\begin{bmatrix}1\\-1\\j\\-j\end{bmatrix}$	$\frac{1}{2}\begin{bmatrix}1\\-1\\-1\\-1\end{bmatrix}$	$\frac{1}{2}\begin{bmatrix}1\\-1\\-j\\j\end{bmatrix}$
24 ～ 27	$\frac{1}{2}\begin{bmatrix}1\\-j\\1\\-j\end{bmatrix}$	$\frac{1}{2}\begin{bmatrix}1\\-j\\j\\-1\end{bmatrix}$	$\frac{1}{2}\begin{bmatrix}1\\-j\\-1\\j\end{bmatrix}$	$\frac{1}{2}\begin{bmatrix}1\\-j\\-j\\1\end{bmatrix}$	—	—	—	—

表 8-17　预编码矩阵 W（单层传输，4 天线端口，DFT 预编码不使能）

TPMI 索引	W（从左到右，按 TPMI 索引递增排序）							
0 ~ 7	$\frac{1}{2}\begin{bmatrix}1\\0\\0\\0\end{bmatrix}$	$\frac{1}{2}\begin{bmatrix}0\\1\\0\\0\end{bmatrix}$	$\frac{1}{2}\begin{bmatrix}0\\0\\1\\0\end{bmatrix}$	$\frac{1}{2}\begin{bmatrix}0\\0\\0\\1\end{bmatrix}$	$\frac{1}{2}\begin{bmatrix}1\\0\\1\\0\end{bmatrix}$	$\frac{1}{2}\begin{bmatrix}1\\0\\-1\\0\end{bmatrix}$	$\frac{1}{2}\begin{bmatrix}1\\0\\j\\0\end{bmatrix}$	$\frac{1}{2}\begin{bmatrix}1\\0\\-j\\0\end{bmatrix}$
8 ~ 15	$\frac{1}{2}\begin{bmatrix}0\\1\\0\\1\end{bmatrix}$	$\frac{1}{2}\begin{bmatrix}0\\1\\0\\-1\end{bmatrix}$	$\frac{1}{2}\begin{bmatrix}0\\1\\0\\j\end{bmatrix}$	$\frac{1}{2}\begin{bmatrix}0\\1\\0\\-j\end{bmatrix}$	$\frac{1}{2}\begin{bmatrix}1\\1\\1\\1\end{bmatrix}$	$\frac{1}{2}\begin{bmatrix}1\\1\\j\\j\end{bmatrix}$	$\frac{1}{2}\begin{bmatrix}1\\1\\-1\\-1\end{bmatrix}$	$\frac{1}{2}\begin{bmatrix}1\\1\\-j\\-j\end{bmatrix}$
16 ~ 23	$\frac{1}{2}\begin{bmatrix}1\\j\\1\\j\end{bmatrix}$	$\frac{1}{2}\begin{bmatrix}1\\j\\j\\-1\end{bmatrix}$	$\frac{1}{2}\begin{bmatrix}1\\j\\-1\\-j\end{bmatrix}$	$\frac{1}{2}\begin{bmatrix}1\\j\\-j\\1\end{bmatrix}$	$\frac{1}{2}\begin{bmatrix}1\\-1\\1\\-1\end{bmatrix}$	$\frac{1}{2}\begin{bmatrix}1\\-1\\j\\-j\end{bmatrix}$	$\frac{1}{2}\begin{bmatrix}1\\-1\\-1\\1\end{bmatrix}$	$\frac{1}{2}\begin{bmatrix}1\\-1\\-j\\j\end{bmatrix}$
24 ~ 27	$\frac{1}{2}\begin{bmatrix}1\\-j\\1\\-j\end{bmatrix}$	$\frac{1}{2}\begin{bmatrix}1\\-j\\j\\-1\end{bmatrix}$	$\frac{1}{2}\begin{bmatrix}1\\-j\\-1\\j\end{bmatrix}$	$\frac{1}{2}\begin{bmatrix}1\\-j\\-j\\-1\end{bmatrix}$	—	—	—	—

表 8-18　预编码矩阵 W（两层传输，两天线端口，DFT 预编码不使能）

TPMI 索引	W（从左到右，按 TPMI 索引递增排序）			
0 ~ 2	$\frac{1}{\sqrt{2}}\begin{bmatrix}1 & 0\\0 & 1\end{bmatrix}$	$\frac{1}{\sqrt{2}}\begin{bmatrix}1 & 1\\1 & -1\end{bmatrix}$	$\frac{1}{\sqrt{2}}\begin{bmatrix}1 & 1\\j & -j\end{bmatrix}$	

表 8-19　预编码矩阵 W（两层传输，4 天线端口，DFT 预编码不使能）

TPMI 索引	W（从左到右，按 TPMI 索引递增排序）			
0 ~ 3	$\frac{1}{2}\begin{bmatrix}1 & 0\\0 & 1\\0 & 0\\0 & 0\end{bmatrix}$	$\frac{1}{2}\begin{bmatrix}1 & 0\\0 & 0\\0 & 1\\0 & 0\end{bmatrix}$	$\frac{1}{2}\begin{bmatrix}1 & 0\\0 & 0\\0 & 0\\0 & 1\end{bmatrix}$	$\frac{1}{2}\begin{bmatrix}0 & 0\\1 & 0\\0 & 1\\0 & 0\end{bmatrix}$
4 ~ 7	$\frac{1}{2}\begin{bmatrix}0 & 0\\1 & 0\\0 & 0\\0 & 1\end{bmatrix}$	$\frac{1}{2}\begin{bmatrix}0 & 0\\0 & 0\\1 & 0\\0 & 1\end{bmatrix}$	$\frac{1}{2}\begin{bmatrix}1 & 0\\0 & 1\\1 & 0\\0 & -j\end{bmatrix}$	$\frac{1}{2}\begin{bmatrix}1 & 0\\0 & 1\\1 & 0\\0 & j\end{bmatrix}$
8 ~ 11	$\frac{1}{2}\begin{bmatrix}1 & 0\\0 & 1\\-j & 0\\0 & 1\end{bmatrix}$	$\frac{1}{2}\begin{bmatrix}1 & 0\\0 & 1\\-j & 0\\0 & -1\end{bmatrix}$	$\frac{1}{2}\begin{bmatrix}1 & 0\\0 & 1\\-1 & 0\\0 & -j\end{bmatrix}$	$\frac{1}{2}\begin{bmatrix}1 & 0\\0 & 1\\-1 & 0\\0 & j\end{bmatrix}$

（续）

TPMI 索引	**W**（从左到右，按 TPMI 索引递增排序）			
12 ～ 15	$\frac{1}{2}\begin{bmatrix}1&0\\0&1\\j&0\\0&1\end{bmatrix}$	$\frac{1}{2}\begin{bmatrix}1&0\\0&1\\j&0\\0&-1\end{bmatrix}$	$\frac{1}{2\sqrt{2}}\begin{bmatrix}1&1\\1&1\\1&-1\\1&-1\end{bmatrix}$	$\frac{1}{2\sqrt{2}}\begin{bmatrix}1&1\\1&1\\j&-j\\j&-j\end{bmatrix}$
16 ～ 19	$\frac{1}{2\sqrt{2}}\begin{bmatrix}1&1\\j&j\\1&-1\\j&-j\end{bmatrix}$	$\frac{1}{2\sqrt{2}}\begin{bmatrix}1&1\\j&j\\j&-j\\-1&1\end{bmatrix}$	$\frac{1}{2\sqrt{2}}\begin{bmatrix}1&1\\-1&-1\\1&-1\\-1&1\end{bmatrix}$	$\frac{1}{2\sqrt{2}}\begin{bmatrix}1&1\\-1&-1\\j&-j\\-j&j\end{bmatrix}$
20 ～ 21	$\frac{1}{2\sqrt{2}}\begin{bmatrix}1&1\\-j&-j\\1&-1\\-j&j\end{bmatrix}$	$\frac{1}{2\sqrt{2}}\begin{bmatrix}1&1\\-j&-j\\j&-j\\1&-1\end{bmatrix}$	—	—

表 8-20　预编码矩阵 W（3 层传输，4 天线端口，DFT 预编码不使能）

TPMI 索引	**W**（从左到右，按 TPMI 索引递增排序）			
0 ～ 3	$\frac{1}{2}\begin{bmatrix}1&0&0\\0&1&0\\0&0&1\\0&0&0\end{bmatrix}$	$\frac{1}{2}\begin{bmatrix}1&0&0\\0&1&0\\1&0&0\\0&0&1\end{bmatrix}$	$\frac{1}{2}\begin{bmatrix}1&0&0\\0&1&0\\-1&0&0\\0&0&1\end{bmatrix}$	$\frac{1}{2\sqrt{3}}\begin{bmatrix}1&1&1\\1&-1&1\\1&1&-1\\1&-1&-1\end{bmatrix}$
4 ～ 6	$\frac{1}{2\sqrt{3}}\begin{bmatrix}1&1&1\\1&-1&1\\j&j&-j\\j&-j&-j\end{bmatrix}$	$\frac{1}{2\sqrt{3}}\begin{bmatrix}1&1&1\\-1&1&-1\\1&1&-1\\-1&1&1\end{bmatrix}$	$\frac{1}{2\sqrt{3}}\begin{bmatrix}1&1&1\\-1&1&-1\\j&j&-j\\-j&j&j\end{bmatrix}$	—

表 8-21　预编码矩阵 W（4 层传输，4 天线端口，DFT 预编码不使能）

TPMI 索引	**W**（从左到右，按 TPMI 索引递增排序）			
0 ～ 3	$\frac{1}{2}\begin{bmatrix}1&0&0&0\\0&1&0&0\\0&0&1&0\\0&0&0&1\end{bmatrix}$	$\frac{1}{2\sqrt{2}}\begin{bmatrix}1&1&0&0\\0&0&1&1\\1&-1&0&0\\0&0&1&-1\end{bmatrix}$	$\frac{1}{2\sqrt{2}}\begin{bmatrix}1&1&0&0\\0&0&1&1\\j&-j&0&0\\0&0&j&-j\end{bmatrix}$	$\frac{1}{4}\begin{bmatrix}1&1&1&1\\1&-1&1&-1\\1&1&-1&-1\\1&-1&-1&1\end{bmatrix}$
4	$\frac{1}{4}\begin{bmatrix}1&1&1&1\\1&-1&1&-1\\j&j&-j&-j\\j&-j&-j&j\end{bmatrix}$	—	—	—

7. 映射到 VRB

每个天线端口的复值序列 $z^{(p)}(0),\cdots,z^{(p)}(M_{\mathrm{symb}}^{\mathrm{ap}}-1)$，根据功控要求乘以幅度调整因子

β_{PUSCH}后，从$z^{(p)}(0)$开始映射到分配的 VRB 的 RE $(k',l)_{p,\mu}$，映射顺序为从最低编号开始先频域再时域，映射到 VRB 对应天线端口，$k'=0$对应最低编号 VRB 的第一个子载波。RE 要求满足下列条件：在分配的 VRB 内，并且对应的 RE 没有被关联的 DMRS、PT-RS 或者其他互操作 UE 的 DMRS 使用。

8. VRB 到 PRB 映射

VRB 到 PRB 按非交织映射，分下面两种情况。

1）对于 RAR UL Grant 调度的 PUSCH（即 Msg3）或者 TC-RNTI 加扰的 DCI0_0 调度的 PUSCH，假定是在激活上行 BWP i 上调度（BWP i 起始为$N_{\text{BWP},i}^{\text{start}}$），BWP i 包含初始上行 BWP0 的所有 RB（BWP0 起始为$N_{\text{BWP},0}^{\text{start}}$），并且和 BWP0 的 SCS、CP 类型一致，那么 VRB n 映射到 PRB $n+N_{\text{BWP},0}^{\text{start}}-N_{\text{BWP},i}^{\text{start}}$。

2）除上述情况外，VRB n 映射到 PRB n。

8.2.4 传输方案

PUSCH 支持基于码本传输和非码本传输两种传输方案。当参数 pusch-Config->txConfig 配置为 codebook 时，使用基于码本传输；当参数 pusch-Config->txConfig 配置为 nonCodebook 时，使用非码本传输。在参数 txConfig 配置之前，PUSCH 只能使用 DCI0_0 调度。DCI0_0 调度的 PUSCH，只能使用单天线端口传输。

1. DCI0_1 中字段说明

对于 DCI0_1 调度的 PUSCH，gNB 通过 DCI0_1 的 SRS resource indicator 和 Precoding information and number of layers 字段告知 UE 使用的 SRI、层数和 TPMI 等信息，通过 SRS request 字段触发非周期 SRS 资源发送，字段说明如下。

1）SRS resource indicator：占$\left\lceil \log_2\left(\sum_{k=1}^{\min\{L_{\max},N_{\text{SRS}}\}}\binom{N_{\text{SRS}}}{k}\right)\right\rceil$或者$\lceil \log_2(N_{\text{SRS}})\rceil$bit，其中$N_{\text{SRS}}$为配置的用途为 codeBook 或者 nonCodeBook 的 SRS 资源集中的 SRS 资源个数。可以看出，如果N_{SRS}为 1，则该字段占 0 bit。

①如果参数 txConfig = nonCodebook，则该字段占$\left\lceil \log_2\left(\sum_{k=1}^{\min\{L_{\max},N_{\text{SRS}}\}}\binom{N_{\text{SRS}}}{k}\right)\right\rceil$bit，见表 8-22～表 8-25。其中，$N_{\text{SRS}}$为配置的用途为 nonCodeBook 的 SRS 资源集中的 SRS 资源个数；如果 UE 支持 maxMIMO-Layers，并且 PUSCH 所在服务小区配置了参数 PUSCH-ServingCellConfig -> maxMIMO-Layers，则$L_{\max}$等于该参数值；否则，$L_{\max}$为 UE 支持的 PUSCH 所在服务小区的基于非码本传输的 PUSCH 的最大层数。

②如果参数 txConfig = codebook，则该字段占$\lceil \log_2(N_{\text{SRS}})\rceil$bit，见表 8-26。其中，$N_{\text{SRS}}$为配置的用途为 codeBook 的 SRS 资源集中的 SRS 资源个数。

【说明】查表 8-22～表 8-26，可由 SRS resource indicator 字段的取值得出 PUSCH 使用的 SRS 资源集中 SRS 资源的索引。

表 8-22 SRI indication（非码本传输，$L_{max}=1$）

取值	SRI, $N_{SRS}=2$	取值	SRI, $N_{SRS}=3$	取值	SRI, $N_{SRS}=4$
0	0	0	0	0	0
1	1	1	1	1	1
		2	2	2	2
		3	保留	3	3

表 8-23 SRI indication（非码本传输，$L_{max}=2$）

取值	SRI, $N_{SRS}=2$	取值	SRI, $N_{SRS}=3$	取值	SRI, $N_{SRS}=4$
0	0	0	0	0	0
1	1	1	1	1	1
2	0,1	2	2	2	2
3	保留	3	0, 1	3	3
		4	0, 2	4	0, 1
		5	1, 2	5	0, 2
		6～7	保留	6	0, 3
				7	1, 2
				8	1, 3
				9	2, 3
				10～15	保留

表 8-24 SRI indication（非码本传输，$L_{max}=3$）

取值	SRI, $N_{SRS}=2$	取值	SRI, $N_{SRS}=3$	取值	SRI, $N_{SRS}=4$
0	0	0	0	0	0
1	1	1	1	1	1
2	0, 1	2	2	2	2
3	保留	3	0, 1	3	3
		4	0, 2	4	0, 1
		5	1, 2	5	0, 2
		6	0, 1, 2	6	0, 3
		7	保留	7	1, 2
				8	1, 3
				9	2, 3
				10	0, 1, 2
				11	0, 1, 3
				12	0, 2, 3
				13	1, 2, 3
				14～15	保留

表 8-25　SRI indication（非码本传输，$L_{max}=4$）

取值	SRI, $N_{SRS}=2$	取值	SRI, $N_{SRS}=3$	取值	SRI, $N_{SRS}=4$
0	0	0	0	0	0
1	1	1	1	1	1
2	0,1	2	2	2	2
3	保留	3	0, 1	3	3
		4	0, 2	4	0, 1
		5	1, 2	5	0, 2
		6	0, 1, 2	6	0, 3
		7	保留	7	1, 2
				8	1, 3
				9	2, 3
				10	0, 1, 2
				11	0, 1, 3
				12	0, 2, 3
				13	1, 2, 3
				14	0, 1, 2, 3
				15	保留

表 8-26　SRI indication（基于码本传输）

取值	SRI, $N_{SRS}=2$
0	0
1	1

2）Precoding information and number of layers：该字段长度如下。

① 如果参数 txConfig = nonCodeBook，则该字段占 0 bit。

② 如果参数 txConfig = codebook，单天线端口，则该字段占 0 bit。

③ 如果参数 txConfig = codebook，4 天线端口，DFT 预编码不使能，maxRank =2、3 或 4，则根据 codebookSubset 取值，该字段占 4 bit、5 bit 或 6 bit，见表 8-27。

④ 如果参数 txConfig = codebook，4 天线端口，DFT 预编码不使能且 maxRank = 1，或者 DFT 预编码使能，则根据 codebookSubset 取值，该字段占 2 bit、4 bit 或 5 bit，见表 8-28。

⑤ 如果参数 txConfig = codebook，2 天线端口，DFT 预编码不使能，maxRank =2，则根据 codebookSubset 取值，该字段占 2 bit 或 4 bit，见表 8-29。

⑥ 如果参数 txConfig = codebook，2 天线端口，DFT 预编码不使能且 maxRank =1，或者 DFT 预编码使能，则根据 codebookSubset 取值，该字段占 1 bit 或 3 bit，见表 8-30。

【说明】查表 8-27 ～表 8-30，可由 Precoding information and number of layers 字段的取值得出 PUSCH 使用的层数和 TPMI 索引。

表 8-27 PMI 和层数（4 天线端口，DFT 预编码不使能，maxRank = 2、3 或 4）

取值	codebookSubset = fullyAndPartial-AndNonCoherent	取值	codebookSubset = Partial-AndNonCoherent	取值	codebookSubset= nonCoherent
0	1 layer: TPMI=0	0	1 layer: TPMI=0	0	1 layer: TPMI=0
1	1 layer: TPMI=1	1	1 layer: TPMI=1	1	1 layer: TPMI=1
…	…	…	…	…	…
3	1 layer: TPMI=3	3	1 layer: TPMI=3	3	1 layer: TPMI=3
4	2 layers: TPMI=0	4	2 layers: TPMI=0	4	2 layers: TPMI=0
…	…	…	…	…	…
9	2 layers: TPMI=5	9	2 layers: TPMI=5	9	2 layers: TPMI=5
10	3 layers: TPMI=0	10	3 layers: TPMI=0	10	3 layers: TPMI=0
11	4 layers: TPMI=0	11	4 layers: TPMI=0	11	4 layers: TPMI=0
12	1 layer: TPMI=4	1	1 layer: TPMI=4	12 ～ 15	保留
…	…	…	…		
19	1 layer: TPMI=11	19	1 layer: TPMI=11		
20	2 layers: TPMI=6	20	2 layers: TPMI=6		
…	…	…	…		
27	2 layers: TPMI=13	27	2 layers: TPMI=13		
28	3 layers: TPMI=1	28	3 layers: TPMI=1		
29	3 layers: TPMI=2	29	3 layers: TPMI=2		
30	4 layers: TPMI=1	30	4 layers: TPMI=1		
31	4 layers: TPMI=2	31	4 layers: TPMI=2		
32	1 layers: TPMI=12				
…	…				
47	1 layers: TPMI=27				
48	2 layers: TPMI=14				
…	…				
55	2 layers: TPMI=21				
56	3 layers: TPMI=3				
…	…				
59	3 layers: TPMI=6				
60	4 layers: TPMI=3				
61	4 layers: TPMI=4				
62 ～ 63	保留				

表 8-28 PMI 和层数（4 天线端口，DFT 预编码不使能且 maxRank =1，或者 DFT 预编码使能）

取值	codebookSubset = fullyAndPartial-AndNonCoherent	取值	codebookSubset= PartialAnd-NonCoherent	取值	codebookSubset= nonCoherent
0	1 layer: TPMI=0	0	1 layer: TPMI=0	0	1 layer: TPMI=0

（续）

取值	codebookSubset = fullyAndPartial-AndNonCoherent	取值	codebookSubset= PartialAnd-NonCoherent	取值	codebookSubset= nonCoherent
1	1 layer: TPMI=1	1	1 layer: TPMI=1	1	1 layer: TPMI=1
…	…	…	…	…	…
3	1 layer: TPMI=3	3	1 layer: TPMI=3	3	1 layer: TPMI=3
4	1 layer: TPMI=4	4	1 layer: TPMI=4		
…	…	…	…		
11	1 layer: TPMI=11	11	1 layer: TPMI=11		
12	1 layers: TPMI=12	12 ～ 15	保留		
…	…				
27	1 layers: TPMI=27				
28 ～ 31	保留				

表 8-29　PMI 和层数（2 天线端口，DFT 预编码不使能，maxRank =2）

取值	codebookSubset = fullyAndPartialAndNonCoherent	取值	codebookSubset = nonCoherent
0	1 layer: TPMI=0	0	1 layer: TPMI=0
1	1 layer: TPMI=1	1	1 layer: TPMI=1
2	2 layers: TPMI=0	2	2 layers: TPMI=0
3	1 layer: TPMI=2	3	保留
4	1 layer: TPMI=3		
5	1 layer: TPMI=4		
6	1 layer: TPMI=5		
7	2 layers: TPMI=1		
8	2 layers: TPMI=2		
9 ～ 15	保留		

表 8-30　PMI 和层数（2 天线端口，DFT 预编码不使能且 maxRank =1，或者 DFT 预编码使能）

取值	codebookSubset = fullyAndPartialAndNonCoherent	取值	codebookSubset = nonCoherent
0	1 layer: TPMI=0	0	1 layer: TPMI=0
1	1 layer: TPMI=1	1	1 layer: TPMI=1
2	1 layer: TPMI=2		
3	1 layer: TPMI=3		
4	1 layer: TPMI=4		
5	1 layer: TPMI=5		
6 ～ 7	保留		

3）SRS request：该字段长度如下。

①如果 UE 没有配置 supplementaryUplink，则该字段占 2 bit，含义见表 8-31。

②如果 UE 配置了 supplementaryUplink，则该字段占 3 bit，第一个比特指示 non-SUL/SUL（取值 0 表示 non-SUL，1 表示 SUL），后两个比特含义见表 8-31。

该字段也可以用来指示关联的 CSI-RS。

表 8-31　SRS request

取值	触发的非周期 SRS 资源集，用于 DCI0_1、DCI1_1 和 DCI2_3（参数 srs-TPC-PDCCH-Group 配置为 typeB）	触发的非周期 SRS 资源集，用于 DCI2_3（参数 srs-TPC-PDCCH-Group 配置为 typeA）
00	无非周期 SRS 资源集触发	无非周期 SRS 资源集触发
01	SRS 资源集，其参数 aperiodicSRS-ResourceTrigger 配置为 1，或者参数 aperiodicSRS-ResourceTriggerList 值中有 1	SRS 资源集，其参数 usage 配置为 antennaSwitching，并且 resourceType 配置为 aperiodic，用于 SRS-Carrier-Switching 配置的第一个服务小区集
10	SRS 资源集，其参数 aperiodicSRS-ResourceTrigger 配置为 2，或者参数 aperiodicSRS-ResourceTriggerList 值中有 2	SRS 资源集，其参数 usage 配置为 antennaSwitching，并且 resourceType 配置为 aperiodic，用于 SRS-Carrier-Switching 配置的第二个服务小区集
11	SRS 资源集，其参数 aperiodicSRS-ResourceTrigger 配置为 3，或者参数 aperiodicSRS-ResourceTriggerList 值中有 3	SRS 资源集，其参数 usage 配置为 antennaSwitching，并且 resourceType 配置为 aperiodic，用于 SRS-Carrier-Switching 配置的第三个服务小区集

2. 基于码本的上行发送

对于基于码本的上行发送，PUSCH 可以通过 DCI0_0、DCI0_1 或者 Configured Grant 调度。如果是 DCI0_1 或者 Configured Grant 调度的 PUSCH，则 UE 基于 SRI、TPMI 和 rank 来决定 PUSCH 使用的预编码矩阵。SRI、TPMI 和 rank 可通过 DCI0_1 的 SRS resource indicator 和 Precoding information and number of layers 字段告知 UE，或者通过参数 srs-ResourceIndicator 和 precodingAndNumberOfLayers 配置。

TPMI 用于指示预编码矩阵，该预编码矩阵对应于 SRI 指示的 SRS（配置了多个 SRS 资源时），或者配置的 SRS（只配置了一个 SRS 资源时）。预编码矩阵从等于该 SRS 端口数 nrofSRS-Ports 的天线端口的上行码本中选择。slot n 收到的 DCI0_1 指示的 SRI 指最近发送的 SRI 指示的、在该 DCI0_1 之前的 SRS 资源。

对于基于码本的上行发送，UE 基于 TPMI 和参数 pusch-Config->codebookSubset 来决定码本子集。依据 UE 能力，codebookSubset 可以配置为 fullyAndPartialAndNonCoherent、partialAndNonCoherent 或 nonCoherent。最大传输层可以通过参数 pusch-Config->maxRank 配置。

对于基于码本的上行发送，配置约束如下。

1）当参数 txConfig 配置为 codebook 时，UE 至少需要配置一个 SRS 资源。

2）当 UE 上报能力为 partialAndNonCoherent 时，UE 不期望 codebookSubset 配置为 fullyAndPartialAndNonCoherent。

3）当 UE 上报能力为 nonCoherent 时，UE 不期望 codebookSubset 配置为 fullyAndPartial-

AndNonCoherent 或 partialAndNonCoherent。

4）当用途为 codebook 的 SRS 资源集的 nrofSRS-Ports 配置为 2 天线时，UE 不期望 codebook-Subset 配置为 partialAndNonCoherent。

5）对于基于码本的上行发送，UE 最多配置一个 usage 为 codebook 的 SRS 资源集，最大的 SRS 资源个数只能为 2。当 SRS 资源个数配置为 2 时，要求这两个 SRS 资源的 nrofSRS-Ports 必须配置相同，并通过 DCI0_1 的 SRS resource indicator 字段指示使用哪一个。

如果配置的是非周期 SRS 资源，那么 DCI 的 SRS request 字段触发非周期 SRS 资源发送。

【总结】

基于码本发送，处理过程如下。

1）PUSCH 的层数：通过 DCI0_1 指示或者 ConfiguredGrantConfig 配置。

2）PUSCH 的天线端口：和 DCI0_1 指示或者 ConfiguredGrantConfig 配置的 SRS 资源的天线端口一样。

3）PUSCH 使用的预编码矩阵：通过 DCI0_1 指示或者 ConfiguredGrantConfig 配置。

4）SRS：不使用预编码矩阵。

5）DCI0_1 调度的处理过程如下。

① UE 发送 SRS；

② gNB 测量 SRS，确定 SRI、层数和 TPMI，通过 DCI0_1 的 SRS resource indicator 和 Precoding information and number of layers 字段告知 UE；

③ UE 根据指示的预编码矩阵和传输层数来发送 PUSCH。

3. 非码本的上行发送

基于非码本的上行发送和基于码本的上行发送，最大的区别是其预编码矩阵不再限定在固定的候选集内，而是 UE 基于信道互易性，通过测量用于非码本的 SRS 资源集关联的下行 NZP CSI-RS，获得候选的上行预编码矩阵，并利用该预编码矩阵，对该 SRS 资源集内的 SRS 进行预编码后发送给基站，再由基站确定 SRI，告知 UE，然后 UE 利用 SRI 确定 PUSCH 的预编码矩阵和传输层数。

对于基于非码本的上行发送，PUSCH 可以通过 DCI0_0、DCI0_1 或者 Configured Grant 调度。当配置了多个 SRS 资源时，UE 基于 SRI 来确定 PUSCH 的预编码矩阵和层数。SRI 通过 DCI0_1 的 SRS resource indicator 字段指示，或者参数 srs-ResourceIndicator 配置。slot n 收到的 DCI0_1 指示的 SRI 指最近发送的 SRI 指示的、在该 DCI0_1 之前的 SRS 资源。

对于基于非码本的上行发送，UE 基于测量 SRS 关联的 NZP CSI-RS 资源来计算对应 SRS 使用的预编码矩阵。UE 仅仅能配置一个 NZP CSI-RS 资源，用于 usage 为 nonCodebook 的 SRS 资源集。UE 的处理如下。

1）如果配置为非周期 SRS 资源集，则关联的 NZP-CSI-RS 资源通过 DCI0_1、DCI1_1 的 SRS request 字段指示。如果 SRS 关联的非周期 NZP-CSI-RS 资源的最后一个符号，到

SRS发送的第一个符号间隔小于42个符号，则UE不会更新该SRS使用的预编码矩阵。

2）如果UE配置为与非周期NZP CSI-RS资源相关联的非周期SRS，那么当DCI的SRS request字段取值非00b，并且不是用于跨载波或者跨BWP调度时，激活对应的非周期SRS和非周期NZP CSI-RS资源，对应CSI-RS在该DCI的slot上发送。此时，被调度小区配置的任何TCI state不能是QCL-TypeD。

3）如果配置为周期或者半静态SRS资源集，则用于测量的NZP-CSI-RS-ResourceId通过参数associatedCSI-RS指示。

UE对指示的SRI和指示的DMRS天线端口进行一一映射，并且按递增顺序对应到PUSCH传输层{0, ···, v−1}。

UE发送PUSCH使用的天线端口，和SRI指示的SRS资源的天线端口一样（包括天线端口数和天线端口号），SRS资源集中的第(i+1)个SRS资源的天线端口为$p_i = 1000 + i$。层数等于天线端口数。

【举例6】假定txConfig配置为nonCodebook，对应SRS资源集配置了4个资源，maxRank配置为2。gNB发送的DCI0_1的SRS resource indicator字段值为5。

根据配置可知，需要查表8-23，DCI0_1中的SRS resource indicator字段值为5，查表得出“0,2”。可知，对应PUSCH是2层，端口号为1000和1002，第1层映射到天线端口1000，第2层映射到天线端口1002。实际对应的预编码矩阵为单位矩阵，即$\begin{bmatrix} 1 & 0 \\ 0 & 1 \end{bmatrix}$。

对于基于非码本的上行发送，配置约束如下。

1）只能有一个SRS资源集的参数usage配置为nonCodebook，并且其SRS资源个数最大只能配置为4，并且每个SRS资源的nrofSRS-Ports只能配置为port1。

2）一个符号能发送的最大SRS数目，以及配置的最大SRS资源数目都属于UE能力。同时发送的SRS资源占用同样的RB。

3）对于基于非码本的上行发送，UE不期望对应的SRS参数spatialRelationInfo和associatedCSI-RS同时配置。

4）对于基于非码本的上行发送，当配置usage为nonCodebook的SRS资源集时（至少配置一个SRS资源），才能使用DCI0_1调度。

【总结】

基于非码本发送，DCI0_1调度的处理过程如下。

1）UE测量用途为nonCodebook的SRS资源集关联的NZP CSI-RS，获取候选的上行预编码矩阵。

2）UE发送该SRS资源集内的SRS，乘以该预编码矩阵。

3）gNB测量该SRS，选定使用的SRI，通过DCI0_1的SRS resource indicator字段告知UE。

4）UE根据该SRI确定预编码矩阵和传输层数来发送PUSCH。

4. 总结

PUSCH 传输方案总结见图 8-9。

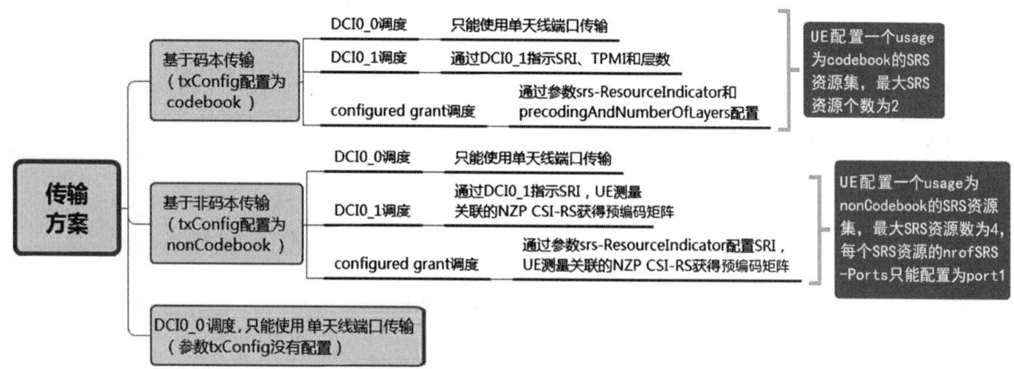

图 8-9 PUSCH 传输方案

【说明】

1）对应 SRS 资源集只配置了一个 SRS 资源时，直接使用，DCI0_1 中的 SRS resource indicator 字段不存在，参数 srs-ResourceIndicator 不用配置。

2）对于基于码本的 DCI0_1 调度，对应 SRS 资源的 nrofSRS-Ports 都配置为 port1 时，只能使用单天线端口传输。

3）对于基于非码本的 DCI0_1 调度，对应 SRS 资源集的 SRS 资源个数为 1，只能使用单天线端口传输。

4）以上各种传输方案都可以使能 DFT 预编码或者不使能 DFT 预编码。

8.2.5 资源分配

1. 时域

对于 PUSCH，通过 DCI0 的 Time domain resource assignment 字段指示时域位置。该字段给出时域列表的索引号，取值为 0 表示列表的第 1 个，取值为 1 表示列表的第 2 个，依次索引。针对 PUSCH 是否包含 ULdata，时域资源分配方式分别描述如下。

1）对于发送包含 ULdata 的 PUSCH（包含或者不包含 CSI report），分为下面几种情况。

① MAC RAR 调度的 PUSCH(即 Msg3)，如果配置了 pusch-ConfigCommon->pusch-TimeDomainAllocationList，则使用该参数；否则，使用默认时域列表。

② 其他 PUSCH（即 TC-RNTI、C-RNTI、MCS-C-RNTI、CS-RNTI、SP-CSI-RNTI 调度的 PUSCH），分下面两种情况。

- 当该PUSCH是由关联到CSS的CORESET0的DCI0_0调度时，如果配置了pusch-ConfigCommon->pusch-TimeDomainAllocationList，则使用该参数；否则，使用默认时域列表。

- 除上一种情况外，如果UE配置了pusch-Config->pusch-TimeDomainAllocationList，则优先使用该专用参数；否则如果配置了pusch-ConfigCommon->pusch-TimeDomainAllocationList，则其次使用该公共参数；否则（即都没有配置），使用默认时域列表。

以上PUSCH时域资源分配见表8-32，表中Default A为默认时域列表，具体内容请参考3GPP 38.214协议。

表8-32 PUSCH时域资源分配

RNTI	PDCCH 搜索空间	pusch-ConfigCommon 配置了 pusch-TimeDomainAllocationList	pusch-Config 配置了 pusch-TimeDomainAllocationList	PUSCH 时域资源分配
MAC RAR调度的PUSCH		No	—	Default A
		Yes		pusch-ConfigCommon->pusch-TimeDomainAllocationList
C-RNTI、MCS-C-RNTI、TC-RNTI、CS-RNTI	关联CORESET0的任何CSS	No	—	Default A
		Yes		pusch-ConfigCommon->pusch-TimeDomainAllocationList
C-RNTI、MCS-C-RNTI、TC-RNTI、CS-RNTI、SP-CSI-RNTI	USS或者关联非CORESET0的任何CSS	No	No	Default A
		Yes	No	pusch-ConfigCommon->pusch-TimeDomainAllocationList
		No/Yes	Yes	pusch-Config->pusch-TimeDomainAllocationList

PUSCH时域列表包括$k2$、PUSCH映射类型和SLIV，说明如下。

- $k2$：假定DCI0调度的slot为n，那么对应PUSCH调度的slot为$\left\lfloor n\cdot\frac{2^{\mu_{\text{PUSCH}}}}{2^{\mu_{\text{PDCCH}}}}\right\rfloor+k2$。

【**注意**】对于RAR调度的PUSCH（即Msg3新传），需要在$k2$的基础上加Δ。Msg3重传调度不需要加Δ。Δ取值见表8-33。

表8-33 Δ定义

μ_{PUSCH}	Δ
0	2
1	3
2	4
3	6

- PUSCH映射类型：取值为typeA或typeB。
- SLIV：如果$(L-1)\leqslant 7$，则$SLIV=14\cdot(L-1)+S$；否则，$SLIV=14\cdot(14-L+1)+(14-1-S)$。其中，$0<L\leqslant 14-S$，$S$表示PUSCH的起始符号，$L$为PUSCH的持续符号数，$S$和$L$的取值满足表8-34的约束。

表 8-34 有效的 *S* 和 *L* 组合

PUSCH 映射类型	正常 CP			扩展 CP		
	S	*L*	*S*+*L*	*S*	*L*	*S*+*L*
type A	0	{4,…,14}	{4,…,14}	0	{4,…,12}	{4,…,12}
type B	{0,…,13}	{1,…,14}	{1,…,14}	{0,…,11}	{1,…,12}	{1,…,12}

2）对于单发 CSI report 的情况（不包含 ULdata），DCI0 的 Time domain resource assignment 字段取值为 *m*，指示 RRC 配置的 pusch-Config->pusch-TimeDomainAllocationList 列表的第 *m*+1 个元素，定义了 PUSCH 的 SLIV 和映射类型。*k*2 的取值为 $\max_j Y_j(m+1)$，其中，Y_j 中的 $j=0,\cdots,N_{\text{Rep}}-1$，$N_{\text{Rep}}$ 是该 DCI0 触发的非周期 CSI report 的个数，$Y_j(m+1)$ 对应 CSI report 如下参数列表 reportSlotOffsetList 的第（*m*+1）个元素取值：

CSI-ReportConfig：

```
aperiodic     SEQUENCE {
    reportSlotOffsetList    SEQUENCE (SIZE (1..maxNrofUL-Allocations)) OF INTEGER(0..32)
                        }
```

当发送 C-RNTI、MCS-C-RNTI 或者 CS-RNTI（NDI=1）加扰的 DCI0_1 调度的 PUSCH 时，如果配置了 pusch-AggregationFactor，则 UE 需要在连续 pusch-AggregationFactor 个 slot 上重复发送 PUSCH（每个 slot 的 PUSCH 占用的时域和频域资源一样），此时需要限制 PUSCH 只能映射到单层。第 *n* 次发送机会的 TB 对应的 RV 见表 8-35（*n* 取值为 0,1,…,pusch-AggregationFactor−1），RV 由调度 PUSCH 的 DCI0_1 指示。

表 8-35 RV（配置了 pusch-AggregationFactor）

调度 PUSCH 的 DCI 指示的 RV	第 *n* 次发送时机的 RV			
	n mod 4 = 0	*n* mod 4 = 1	*n* mod 4 = 2	*n* mod 4 = 3
0	0	2	3	1
2	2	3	1	0
3	3	1	0	2
1	1	0	2	3

2. 频域

PUSCH 支持 type0 和 type1 两种频域分配方式。DCI0_0 只支持 type1。上行跳频只在 type1 下可用。type0 只支持 DFT 预编码不使能的情况（也就是只支持 CP-OFDM 波形），type1 都支持（DFT-S-OFDM 和 CP-OFDM 波形都支持）。

使用高层配置的 resourceAllocation（来自 PUSCH-Config）来确定 type，取值为 resourceAllocationType0、resourceAllocationType1 或 dynamicSwitch。如果取值为 dynamicSwitch，则通过 DCI0_1 的 Frequency domain resource assignment 字段的 MSB 位确定，取值为 0 表示使用 type0，取值为 1 表示使用 type1。RAR UL Grant 调度的 PUSCH 除外，其频域资源分配方

式见 3.4 节。

DCI0 的 Frequency domain resource assignment 字段大小说明如下。

1）对于 C-RNTI、CS-RNTI 或 MCS-RNTI 加扰的 DCI0_0，只支持 type1，该字段大小为$\lceil \log_2(N_{RB}^{UL,BWP}(N_{RB}^{UL,BWP}+1)/2) \rceil$，$N_{RB}^{UL,BWP}$的含义本节后面会介绍。

①如果支持 PUSCH 跳频，则 N_{UL_hop} MSB bit 用来指示频率偏移（当参数 frequencyHopping-OffsetLists 包含 2 个偏移值时，$N_{UL\_hop}=1$；当其包含 4 个偏移值时，$N_{UL\_hop}=2$），$\lceil \log_2(N_{RB}^{UL,BWP}(N_{RB}^{UL,BWP}+1)/2) \rceil - N_{UL\_hop}$ bit 指示频域资源分配。

②如果不支持 PUSCH 跳频，则$\lceil \log_2(N_{RB}^{UL,BWP}(N_{RB}^{UL,BWP}+1)/2) \rceil$ bit 指示频域资源分配。

2）对于 TC-RNTI 加扰的 DCI0_0，只支持 type1，该字段大小为$\lceil \log_2(N_{RB}^{UL,BWP}(N_{RB}^{UL,BWP}+1)/2) \rceil$，$N_{RB}^{UL,BWP}$为初始上行 BWP 大小。

①如果支持 PUSCH 跳频，则 N_{UL_hop} MSB bit 用来指示频率偏移（当 $N_{RB}^{UL,BWP}<50$ 时，$N_{UL\_hop}=1$；否则，$N_{UL\_hop}=2$），$\lceil \log_2(N_{RB}^{UL,BWP}(N_{RB}^{UL,BWP}+1)/2) \rceil - N_{UL\_hop}$ bit 指示频域资源分配。

②如果不支持 PUSCH 跳频，则$\lceil \log_2(N_{RB}^{UL,BWP}(N_{RB}^{UL,BWP}+1)/2) \rceil$ bit 指示频域资源分配。

3）对于 DCI0_1（$N_{RB}^{UL,BWP}$为当前激活上行 BWP 大小）：

①如果 PUSCH-Config->resourceAllocation 配置为 resourceAllocationType0，则该字段大小为N_{RBG}，N_{RBG}的含义本节后面会介绍。

②如果 PUSCH-Config->resourceAllocation 配置为 resourceAllocationType1，则该字段大小为$\lceil \log_2(N_{RB}^{UL,BWP}(N_{RB}^{UL,BWP}+1)/2) \rceil$。

③如果 PUSCH-Config->resourceAllocation 配置为 dynamicSwitch，则该字段大小为 $\max(\lceil \log_2(N_{RB}^{UL,BWP}(N_{RB}^{UL,BWP}+1)/2) \rceil, N_{RBG})+1$。其 MSB 位指示使用 type0 还是 type1，取值为 0 表示使用 type0，取值为 1 表示使用 type1。如果是 type0，则 MSB 位后紧接着 N_{RBG} bit 指示资源分配；如果是 type1，则 MSB 位后紧接着$\lceil \log_2(N_{RB}^{UL,BWP}(N_{RB}^{UL,BWP}+1)/2) \rceil$ bit 指示资源分配。

④如果最终确定使用 type1，则还需要区分是否支持 PUSCH 跳频，占用不同的高位，低位用来指示资源分配，处理同“C-RNTI、CS-RNTI 或 MCS-RNTI 加扰的 DCI0_0”。

如果 DCI 中没有 Bandwidth part indicator 字段，或者 UE 不支持通过 DCI 切换 BWP，则 type0 和 type1 在 UE 的激活 BWP 内分配 RB。如果 DCI 中存在 Bandwidth part indicator 字段，并且 UE 支持通过 DCI 切换 BWP，则 type0 和 type1 在 Bandwidth part indicator 字段指示的 BWP 内分配 RB。UE 收到 PDCCH 后，首先决定用哪个 BWP，再在 BWP 内决定资源分配。

【说明】如果 Bandwidth part indicator 字段指示的不是当前激活 BWP，并且其指示的 BWP 的资源分配类型配置为 dynamicSwitch，并且目标 BWP 的 Frequency domain resource assignment 字段长度比当前激活 BWP 的 Frequency domain resource assignment 字段长度要长，那么 UE 假定目标 BWP 使用 type0 类型分配（因为此时高位发生了截断，只能假定一种类型）。

【总结】DCI0 里面指示的 RB 频域位置说明如下。

1）对于 DCI0_0 调度（只支持 type1），PUSCH 在当前激活 BWP 内分配 RB。

2）对于 DCI0_1 调度（支持 type0 和 type1）：

- 如果 DCI0_1 没带 Bandwidth part indicator 字段，或者 UE 不支持通过 DCI 切换 BWP，则 PUSCH 在当前激活 BWP 内分配 RB。
- 如果 DCI0_1 带了 Bandwidth part indicator 字段，并且 UE 支持通过 DCI 切换 BWP，则 PUSCH 在 Bandwidth part indicator 字段指示的 BWP 内分配 RB。

（1）type0

type0 是 RBG 分配方式。RBG 由连续的 VRB 组成，大小由参数 PUSCH-Config->rbg-Size 配置（可配置为 config1 或 config2）。RBG 大小（记为 P）如表 8-36 所示。type0 只支持 DCI0_1 调度，不支持跳频，只支持 CP-OFDM 波形。

表 8-36　RBG 大小

BWP 大小	RBG 大小（记为 P）	
	rbg-Size 配置为 config1	rbg-Size 配置为 config2
1 ～ 36	2	4
37 ～ 72	4	8
73 ～ 144	8	16
145 ～ 275	16	16

对于 BWP i（带宽为 $N_{\text{BWP},i}^{\text{size}}$，起始位置为 $N_{\text{BWP},i}^{\text{start}}$），RBG 的个数记为 N_{RBG}，$N_{\text{RBG}} = \lceil (N_{\text{BWP},i}^{\text{size}} + (N_{\text{BWP},i}^{\text{start}} \bmod P)) / P \rceil$，每个 RBG 的大小如下：

1）第一个 RBG 的大小为 $\text{RBG}_0^{\text{size}} = P - N_{\text{BWP},i}^{\text{start}} \bmod P$。

2）如果 $(N_{\text{BWP},i}^{\text{start}} + N_{\text{BWP},i}^{\text{size}}) \bmod P > 0$，则最后一个 RBG 的大小为 $\text{RBG}_{\text{last}}^{\text{size}} = (N_{\text{BWP},i}^{\text{start}} + N_{\text{BWP},i}^{\text{size}}) \bmod P$；否则，大小为 P。

3）其他所有 RBG 的大小为 P。

RBG 从 BWP 的最低频开始编号，从 RBG0 到 RBG $N_{\text{RBG}} - 1$ 依次递增。

type0 的频域资源由 DCI0_1 的 Frequency domain resource assignment 字段指示，用位图表示，占用 N_{RBG} bit（每比特对应一个 RBG）。该字段从 MSB 到 LSB 分别对应 RBG0 到 RBG $N_{\text{RBG}} - 1$，置 1 表示分配给 UE，置 0 表示未分配。

RBG 方式下分配 RB 有如下限制。

- 对于 FR1，不连续 RB 分配仅仅用于 almost contiguous allocation（几乎连续分配），除此之外，需要连续分配。CP-OFDM 的 RB 分配满足下面条件，可称为 almost contiguous allocation：

$$N_{\text{RB\_gap}} / (N_{\text{RB\_alloc}} + N_{\text{RB\_gap}}) \leqslant 0.25$$

其中，$N_{\text{RB\_alloc}} + N_{\text{RB\_gap}}$ 大于 106、51 或 24 RB（分别对应 15 kHz、30 kHz 或 60 kHz 的子载波间隔），$N_{\text{RB\_alloc}}$ 为分配的 RB 总数，$N_{\text{RB\_gap}}$ 为分配的 RB 之间的未分配的 RB

总数。由此可知，在 FR1 的 20 MHz 及以下，RBG 方式下分配的 RB 必须连续。

- 对于 FR2，type0 方式下分配的 RB 必须连续。

（2）type1

type1 是 RB 分配方式，分配激活或者 DCI 指示的 BWP 内连续的 VRB（只能非交织）。type1 支持 DCI0_0 和 DCI0_1 调度，支持跳频。

type1 的频域资源由 DCI0 的 Frequency domain resource assignment 字段指示，即 RIV，用来指示 PUSCH 的起始 RB 编号和 RB 数目。RIV 的计算分下面两种情况（RB_{start} 和 L_{RBs} 都指 VRB）。

1）假定给 UE 分配的起始 RB 编号为 RB_{start}，RB 长度为 L_{RBs}，那么 RIV 计算公式如下（方法 1）：

如果 $(L_{\text{RBs}}-1)\leqslant\lfloor N_{\text{BWP}}^{\text{size}}/2\rfloor$，则

$$RIV = N_{\text{BWP}}^{\text{size}}(L_{\text{RBs}}-1)+RB_{\text{start}}$$

否则，

$$RIV = N_{\text{BWP}}^{\text{size}}(N_{\text{BWP}}^{\text{size}}-L_{\text{RBs}}+1)+(N_{\text{BWP}}^{\text{size}}-1-RB_{\text{start}})$$

其中，$L_{\text{RBs}}\geqslant 1$，且不超过 $N_{\text{BWP}}^{\text{size}}-RB_{\text{start}}$。对于在任何 CSS 内调度的 DCI0_0，$N_{\text{BWP}}^{\text{size}}$ 为初始上行 BWP 的大小。对于 DCI0_1 或者在 USS 内调度的 DCI0_0，$N_{\text{BWP}}^{\text{size}}$ 为当前激活 BWP 的大小。

2）对于在 USS 内调度的 DCI0_0，如果 DCI 长度取自 CSS 的 DCI0_0（具体过程请参见 6.1.5 节），则 UE 在激活 BWP（大小为 $N_{\text{BWP}}^{\text{active}}$）内分配 RB，$RB_{\text{start}}=0,K,2K,\cdots,(N_{\text{BWP}}^{\text{initial}}-1)K$，$L_{\text{RBs}}=K,2K,\cdots,N_{\text{BWP}}^{\text{initial}}K$，RIV 计算如下（方法 2）：

如果 $(L'_{\text{RBs}}-1)\leqslant\lfloor N_{\text{BWP}}^{\text{initial}}/2\rfloor$，则

$$RIV = N_{\text{BWP}}^{\text{initial}}(L'_{\text{RBs}}-1)+RB'_{\text{start}}$$

否则，

$$RIV = N_{\text{BWP}}^{\text{initial}}(N_{\text{BWP}}^{\text{initial}}-L'_{\text{RBs}}+1)+(N_{\text{BWP}}^{\text{initial}}-1-RB'_{\text{start}})$$

其中，$L'_{\text{RBs}}=L_{\text{RBs}}/K$，$RB'_{\text{start}}=RB_{\text{start}}/K$，且 L'_{RBs} 不超过 $N_{\text{BWP}}^{\text{initial}}-RB'_{\text{start}}$。如果 $N_{\text{BWP}}^{\text{active}}>N_{\text{BWP}}^{\text{initial}}$，则 K 为集合 {1, 2, 4, 8} 中的最大值，且满足 $K\leqslant\lfloor N_{\text{BWP}}^{\text{active}}/N_{\text{BWP}}^{\text{initial}}\rfloor$；否则，$K=1$。$N_{\text{BWP}}^{\text{initial}}$ 为初始上行 BWP 的大小。

【总结】

1）对于 DCI0_0 调度，type1 资源分配分下面几种情况。

①对于在公共搜索空间调度的 DCI0_0，PUSCH 在当前激活 BWP 内分配 RB，RIV 使用上面的方法 1 计算，N 为初始上行 BWP 的大小。

②对于在 UE 专用搜索空间调度的 DCI0_0，PUSCH 在当前激活 BWP 内分配 RB。

- 如果是“USS 内调度的 DCI0_0，DCI 长度取自 CSS 的 DCI0_0”，则 RIV 使用上面的方法 2 计算，N 为初始上行 BWP 的大小。

❑ 除上述情况外，RIV 使用上面的方法 1 计算，N 为当前激活 BWP 的大小。

2）对于 DCI0_1 调度，type1 资源分配只有一种情况，即 PUSCH 在当前激活 BWP 内或者 DCI0_1 指示的 BWP 内分配 RB，RIV 使用上面的方法 1 计算，N 为当前激活 BWP 的大小。

8.2.6 DFT 预编码

对于 RAR UL Grant 调度的 PUSCH 或者 TC-RNTI 加扰的 DCI0_0 调度的 PUSCH，UE 根据参数 RACH-ConfigCommon->msg3-transformPrecoder 来决定 DFT 预编码是否使能。

对于 CS-RNTI（NDI=1）、C-RNTI、MCS-C-RNTI 或者 SP-CSI-RNTI 加扰的 DCI0 调度的 PUSCH，如果是 DCI0_0 调度，则根据参数 msg3-transformPrecoder 来决定 DFT 预编码是否使能；如果不是 DCI0_0 调度，则根据参数 PUSCH-Config->transformPrecoder（配置了该参数）或 msg3-transformPrecoder（没有配置参数 PUSCH-Config->transformPrecoder）来决定 DFT 预编码是否使能。

对于 Configured Grant 调度的 PUSCH，如果配置了 ConfiguredGrantConfig->transformPrecoder，则根据该参数来决定 DFT 预编码是否使能；否则，根据参数 msg3-transformPrecoder 来决定 DFT 预编码是否使能。

8.2.7 调制阶数、目标码率和 TBS 确定

1. 调制阶数和目标码率确定

对于 RAR UL Grant 调度的 PUSCH，或者 DCI0_0 调度的 PUSCH（通过 C-RNTI、MCS-C-RNTI、TC-RNTI 或者 CS-RNTI 加扰），或者 DCI0_1 调度的 PUSCH（通过 C-RNTI、MCS-C-RNTI、CS-RNTI 或者 SP-CSI-RNTI 加扰），或者 Configured Grant 配置的 PUSCH，处理如下。

1）如果 DFT 预编码没有使能，那么处理如下。

❑ 如果高层参数 PUSCH-Config->mcs-Table 配置为 qam256，那么对于 C-RNTI 或者 SP-CSI-RNTI 加扰的 DCI0_1 调度的 PUSCH，UE 使用 I_{MCS} 和表 8-8 来确定调制阶数 Q_m 和目标码率 R。

❑ 如果 UE 没有配置 MCS-C-RNTI，高层参数 PUSCH-Config->mcs-Table 配置为 qam64LowSE，那么对于 C-RNTI 或者 SP-CSI-RNTI 加扰的 USS 的 DCI 调度的 PUSCH，UE 使用 I_{MCS} 和表 8-9 来确定调制阶数 Q_m 和目标码率 R。

❑ 如果 UE 配置了 MCS-C-RNTI，那么对于 MCS-C-RNTI 加扰的 DCI 调度的 PUSCH，UE 使用 I_{MCS} 和表 8-9 来确定调制阶数 Q_m 和目标码率 R。

❑ 对于 ConfiguredGrantConfig 配置的 PUSCH（type1 和 type2）：

- 如果 ConfiguredGrantConfig ->mcs-Table 配置为 qam256，那么对于 CS-RNTI 加扰的 DCI 调度的 PUSCH，或者 Configured Grant 配置的 PUSCH，UE 使用 I_{MCS} 和表 8-8 来确定调制阶数 Q_m 和目标码率 R。
- 如果 ConfiguredGrantConfig ->mcs-Table 配置为 qam64LowSE，那么对于 CS-RNTI

加扰的 DCI 调度的 PUSCH，或者 Configured Grant 配置的 PUSCH，UE 使用 I_{MCS} 和表 8-9 来确定调制阶数 Q_m 和目标码率 R。

- 除以上情况外，UE 全部使用 I_{MCS} 和表 8-7 来确定调制阶数 Q_m 和目标码率 R。

2）如果 DFT 预编码使能，那么处理如下。

- 如果高层参数 PUSCH-Config->mcs-TableTransformPrecoder 配置为 qam256，那么对于 C-RNTI 或者 SP-CSI-RNTI 加扰的 DCI0_1 调度的 PUSCH，UE 使用 I_{MCS} 和表 8-8 来确定调制阶数 Q_m 和目标码率 R。
- 如果 UE 没有配置 MCS-C-RNTI，高层参数 PUSCH-Config->mcs-TableTransformPrecoder 配置为 qam64LowSE，那么对于 C-RNTI 或者 SP-CSI-RNTI 加扰的 USS 的 DCI 调度的 PUSCH，UE 使用 I_{MCS} 和表 8-38 来确定调制阶数 Q_m 和目标码率 R。
- 如果 UE 配置了 MCS-C-RNTI，那么对于 MCS-C-RNTI 加扰的 DCI 调度的 PUSCH，UE 使用 I_{MCS} 和表 8-38 来确定调制阶数 Q_m 和目标码率 R。
- 对于 ConfiguredGrantConfig 配置的 PUSCH（type1 和 type2）：
  - 如果 ConfiguredGrantConfig ->mcs-TableTransformPrecoder 配置为 qam256，那么对于 CS-RNTI 加扰的 DCI 调度的 PUSCH，或者 Configured Grant 配置的 PUSCH，UE 使用 I_{MCS} 和表 8-8 来确定调制阶数 Q_m 和目标码率 R。
  - 如果 ConfiguredGrantConfig->mcs-TableTransformPrecoder 配置为 qam64LowSE，那么对于 CS-RNTI 加扰的 DCI 调度的 PUSCH，或者 Configured Grant 配置的 PUSCH，UE 使用 I_{MCS} 和表 8-38 来确定调制阶数 Q_m 和目标码率 R。
- 除以上情况外，UE 全部使用 I_{MCS} 和表 8-37 来确定调制阶数 Q_m 和目标码率 R。

对于表 8-37 和表 8-38，如果配置了参数 tp-pi2BPSK，则 q=1；否则，q=2。

表 8-37 PUSCH 的 MCS 索引表 1（DFT 预编码使能，64QAM）

MCS 索引 I_{MCS}	调制阶数 Q_m	目标码率 $R\times[1024]$	频谱效率 SE
0	q	240/ q	0.2344
1	q	314/ q	0.3066
2	2	193	0.3770
3	2	251	0.4902
4	2	308	0.6016
5	2	379	0.7402
6	2	449	0.8770
7	2	526	1.0273
8	2	602	1.1758
9	2	679	1.3262
10	4	340	1.3281
11	4	378	1.4766
12	4	434	1.6953
13	4	490	1.9141

（续）

MCS 索引 I_{MCS}	调制阶数 Q_m	目标码率 $R\times[1024]$	频谱效率 SE
14	4	553	2.1602
15	4	616	2.4063
16	4	658	2.5703
17	6	466	2.7305
18	6	517	3.0293
19	6	567	3.3223
20	6	616	3.6094
21	6	666	3.9023
22	6	719	4.2129
23	6	772	4.5234
24	6	822	4.8164
25	6	873	5.1152
26	6	910	5.3320
27	6	948	5.5547
28	q	保留	
29	2	保留	
30	4	保留	
31	6	保留	

表 8-38　PUSCH 的 MCS 索引表 2（DFT 预编码使能，64QAM-LowSE）

MCS 索引 I_{MCS}	调制阶数 Q_m	目标码率 $R\times[1024]$	频谱效率 SE
0	q	60/q	0.0586
1	q	80/q	0.0781
2	q	100/q	0.0977
3	q	128/q	0.1250
4	q	156/q	0.1523
5	q	198/q	0.1934
6	2	120	0.2344
7	2	157	0.3066
8	2	193	0.3770
9	2	251	0.4902
10	2	308	0.6016
11	2	379	0.7402
12	2	449	0.8770
13	2	526	1.0273
14	2	602	1.1758
15	2	679	1.3262
16	4	378	1.4766
17	4	434	1.6953

（续）

MCS 索引 I_{MCS}	调制阶数 Q_m	目标码率 $R\times[1024]$	频谱效率 SE
18	4	490	1.9141
19	4	553	2.1602
20	4	616	2.4063
21	4	658	2.5703
22	4	699	2.7305
23	4	772	3.0156
24	6	567	3.3223
25	6	616	3.6094
26	6	666	3.9023
27	6	772	4.5234
28	q	保留	
29	2	保留	
30	4	保留	
31	6	保留	

2. TBS 确定

对于 RAR UL Grant 调度的 PUSCH，或者 DCI0_0 调度的 PUSCH（通过 C-RNTI、MCS-C-RNTI、TC-RNTI 或 CS-RNTI 加扰），或者 DCI0_1 调度的 PUSCH（通过 C-RNTI、MCS-C-RNTI 或 CS-RNTI），或者 Configured Grant 配置的 PUSCH，处理如下。

1）如果 $0\leqslant I_{MCS}\leqslant 27$，DFT 预编码不使能，并且使用表 8-8；或者 $0\leqslant I_{MCS}\leqslant 28$，DFT 预编码不使能，并且使用表 8-7 或表 8-9；或者 $0\leqslant I_{MCS}\leqslant 27$，并且 DFT 预编码使能，则 UE 按下面步骤确定 TBS。

步骤 1：确定 slot 内的 PUSCH 的 RE 个数，记为 N_{RE}。

①确定 PUSCH 上一个 PRB 中的 RE 个数，记为 N'_{RE}，$N'_{RE}=N_{sc}^{RB}\cdot N_{symb}^{sh}-N_{DMRS}^{PRB}-N_{oh}^{PRB}$，其中，$N_{sc}^{RB}=12$，为一个 PRB 的子载波个数；$N_{symb}^{sh}$ 为 slot 内 PUSCH 分配的符号个数；N_{DMRS}^{PRB} 为 slot 内 PUSCH 持续时间内一个 PRB 中的 DMRS 占用的 RE 总数（包括不带数据的 DMRS CDM 组的 RE 开销）；N_{oh}^{PRB} 为高层参数 PUSCH-ServingCellConfig->xOverhead 配置值，如果没有配置，则 N_{oh}^{PRB} 取值为 0。对于 Msg3 传输，N_{oh}^{PRB} 取值为 0。

② UE 确定 N_{RE}。$N_{RE}=\min(156,N'_{RE})\cdot n_{PRB}$，其中，$n_{PRB}$ 为 UE 分配的 PRB 个数。

步骤 2 ～步骤 4 同 PDSCH，见 8.1.6 节的对应步骤。

2）如果 $28\leqslant I_{MCS}\leqslant 31$，DFT 预编码不使能，并且使用表 8-8；或者 $28\leqslant I_{MCS}\leqslant 31$，并且 DFT 预编码使能，则 TBS 由该 TB 的最近一次传输的使用 $0\leqslant I_{MCS}\leqslant 27$ 的 DCI 决定。如果该 TB 的初始 PUSCH 是 Configured Grant 配置的，则对于 Configured Grant type1，TBS 由参数 ConfiguredGrantConfig−>mcsAndTBS 确定；对于 Configured Grant type2，TBS 由最近传输的 CS-RNTI 加扰的 DCI 决定。

3）如果 $29 \leqslant I_{MCS} \leqslant 31$，并且使用表 8-7 或表 8-9，则 TBS 由该 TB 的最近一次传输的使用 $0 \leqslant I_{MCS} \leqslant 28$ 的 DCI 决定。如果该 TB 的初始 PUSCH 是 Configured Grant 配置的，则对于 Configured Grant type1，TBS 由参数 ConfiguredGrantConfig->mcsAndTBS 确定；对于 Configured Grant type2，TBS 由最近传输的 CS-RNTI 加扰的 DCI 决定。

8.2.8　基于 CBG 的 PUSCH 传输

UE 通过 RRC 参数 PUSCH-ServingCellConfig->codeBlockGroupTransmission 来配置是否基于 CBG 传输 PUSCH。如果配置了该参数，则 UE 在该服务小区基于 CBG 传输 PUSCH；否则，UE 在该服务小区基于 TB 传输 PUSCH。

UE 使用下面公式来计算每个 TB 的 CBG 个数：

$$M = \min(N, C)$$

其中，N 是每个 TB 的最大 CBG 个数，通过 RRC 参数 maxCodeBlockGroupsPerTransport-Block 配置，C 是 TB 的码块个数（也就是码块分割后的个数）。每个 TB 包含 M 个 CBG，每个 CBG 包含的码块索引由如下过程计算得出。

定义 $M_1 = \mathrm{mod}(C, M)$，$K_1 = \left\lceil \frac{C}{M} \right\rceil$，$K_2 = \left\lfloor \frac{C}{M} \right\rfloor$。如果 $M_1 > 0$，则 CBG m $(m = 0,1,\cdots,M_1 - 1)$ 包括码块索引 $m \cdot K_1 + k$ $(k = 0,1,\cdots,K_1 - 1)$。CBG m $(m = M_1, M_1 + 1,\cdots,M - 1)$ 包括码块索引 $M_1 \cdot K_1 + (m - M_1) \cdot K_2 + k$ $(k = 0,1,\cdots,K_2 - 1)$。

由以上可以得出，如果 $C < N$，则共有 C 个 CBG，每个 CBG 只包含一个 CB。

【举例 7】假定 N=4，C=30（得出 M=4，M_1=2，K_1=8，K_2=7），那么共有 4 个 CBG，这 30 个码块编号为 0 ～ 29，分为如下 4 组。

- CBG0：0,1,2,3,4,5,6,7；
- CBG1：8,9,10,11,12,13,14,15；
- CBG2：16,17,18,19,20,21,22；
- CBG3：23,24,25,26,27,28,29。

假定 N=4，C=3，那么共有 3 个 CBG，这 3 个码块编号为 0 ～ 2，分为如下 3 组。

- CBG0：0；
- CBG1：1；
- CBG2：2。

gNB 通过 DCI0_1 的 CBG transmission information 字段告知 UE 哪些 CBG 需要重传。该字段占 0、2、4、6 或者 8 bit，说明如下。

1）如果当前服务小区未配置 codeBlockGroupTransmission，则该字段占 0 bit；

2）如果当前服务小区配置了 codeBlockGroupTransmission，则该字段占用的比特数等于 N，即高层参数 maxCodeBlockGroupsPerTransportBlock。MSB 对应 CBG0，高位 M 个比特依

次对应 M 个 CBG。

① 新传时，UE 认为所有的 CBG 都发送，不关注该字段。

② 重传时，比特取值为 0 表示对应的 CBG 不发送，比特取值为 1 表示发送。

8.2.9 PUSCH 跳频

UE 通过参数 pusch-Config 和 configuredGrantConfig 的 frequencyHopping 配置跳频模式。如果不配置参数 frequencyHopping，则 DCI0_1 不支持跳频（DCI0_0 是否支持跳频不受该参数限制）。frequencyHopping 可配置两种跳频模式：slot 内跳频，适用于单个 slot 和多 slot 发送的 PUSCH；slot 间跳频，适用于多 slot 发送的 PUSCH。

DCI0_0 中的 Frequency hopping flag 字段固定占 1 bit。DCI0_1 中的 Frequency hopping flag 字段占 0 bit 或者 1 bit，如果只配置了资源分配方式 type0，或者参数 frequencyHopping 没有配置，则该字段占 0 bit；否则，占 1 bit。

对于资源分配方式 type1，不论是否使能 DFT 预编码，当 DCI0_0、DCI0_1 或者 RAR UL Grant 的 Frequency hopping flag 字段置 1，或者对于 Configured Grant type1，配置了 rrc-Configured-UplinkGrant->frequencyHoppingOffset 参数时，UE 执行 PUSCH 跳频；否则，不跳频。

对于 RAR UL Grant 或者 TC-RNTI 加扰的 DCI0_0 调度的 PUSCH(即 Msg3 新传和重传)，第二个跳频单元的频率偏移见表 8-39。

表 8-39 Msg3 新传和重传的第二个跳频单元频率偏移

初始上行 BWP 的大小	$N_{\text{UL,hop}}$ 个跳频比特取值	频率偏移（第二个跳频单元）
$N_{\text{BWP}}^{\text{size}} < 50$	0	$\lfloor N_{\text{BWP}}^{\text{size}}/2 \rfloor$
	1	$\lfloor N_{\text{BWP}}^{\text{size}}/4 \rfloor$
$N_{\text{BWP}}^{\text{size}} \geqslant 50$	00	$\lfloor N_{\text{BWP}}^{\text{size}}/2 \rfloor$
	01	$\lfloor N_{\text{BWP}}^{\text{size}}/4 \rfloor$
	10	$-\lfloor N_{\text{BWP}}^{\text{size}}/4 \rfloor$
	11	保留

对于 DCI0_0、DCI0_1 调度的 PUSCH 或者 Configured Grant type2 的 PUSCH，并且频域资源分配方式为 type1 时，第二个跳频单元的频率偏移由参数 PUSCH-Config-> frequency-HoppingOffsetLists 配置，分下面两种情况。

1）当激活 BWP 大小小于 50 个 PRB，配置两个偏移值时，通过 DCI0 的 Frequency domain resource assignment 字段的其中 1 bit 指示（具体见 8.2.5 节），取值为 0 表示使用第一个值，取值为 1 表示使用第二个值。

2）当激活 BWP 大小大于等于 50 个 PRB，配置 4 个偏移值时，通过 DCI0 的 Frequency domain resource assignment 字段的其中 2 bit 指示（具体见 8.2.5 节），取值为 00b 表示使用第一个值，取值为 01b 表示使用第二个值，取值为 10b 表示使用第三个值，取值为 11b 表示使用第 4 个值。

对于 Configured Grant type1 的 PUSCH，频率偏移由参数 rrc-ConfiguredUplinkGrant->frequencyHoppingOffset 配置。

对于 slot 内跳频，每个跳频单元的起始 RB 如下：

$$\mathrm{RB}_{\mathrm{start}}=\begin{cases}\mathrm{RB}_{\mathrm{start}} & i=0\\ (\mathrm{RB}_{\mathrm{start}}+\mathrm{RB}_{\mathrm{offset}})\bmod N_{\mathrm{BWP}}^{\mathrm{size}} & i=1\end{cases}$$

其中，i=0 是第一个跳频单元，i=1 是第二个跳频单元，$\mathrm{RB}_{\mathrm{start}}$ 由 DCI0 的 Frequency domain resource assignment 字段计算得出，$\mathrm{RB}_{\mathrm{offset}}$ 为两个跳频单元之间的频率偏移。第一个跳频单元的符号数目为$\lfloor N_{\mathrm{symb}}^{\mathrm{PUSCH,s}}/2\rfloor$，第二个跳频单元的符号数目为 $N_{\mathrm{symb}}^{\mathrm{PUSCH,s}}-\lfloor N_{\mathrm{symb}}^{\mathrm{PUSCH,s}}/2\rfloor$，$N_{\mathrm{symb}}^{\mathrm{PUSCH,s}}$ 为一个 slot 内 PUSCH 发送的符号长度。

对于 slot 间跳频（只适用于多 slot 发送），slot n_s^μ 的起始 RB 如下：

$$\mathrm{RB}_{\mathrm{start}}(n_s^\mu)=\begin{cases}\mathrm{RB}_{\mathrm{start}} & n_s^\mu \bmod 2=0\\ (\mathrm{RB}_{\mathrm{start}}+\mathrm{RB}_{\mathrm{offset}})\bmod N_{\mathrm{BWP}}^{\mathrm{size}} & n_s^\mu \bmod 2=1\end{cases}$$

其中，n_s^μ 为一个无线帧内的当前 slot 编号，$\mathrm{RB}_{\mathrm{start}}$ 由 DCI0 的 Frequency domain resource assignment 字段计算得出，$\mathrm{RB}_{\mathrm{offset}}$ 为两个跳频单元之间的频率偏移。

PUSCH 跳频总结见图 8-10 所示。

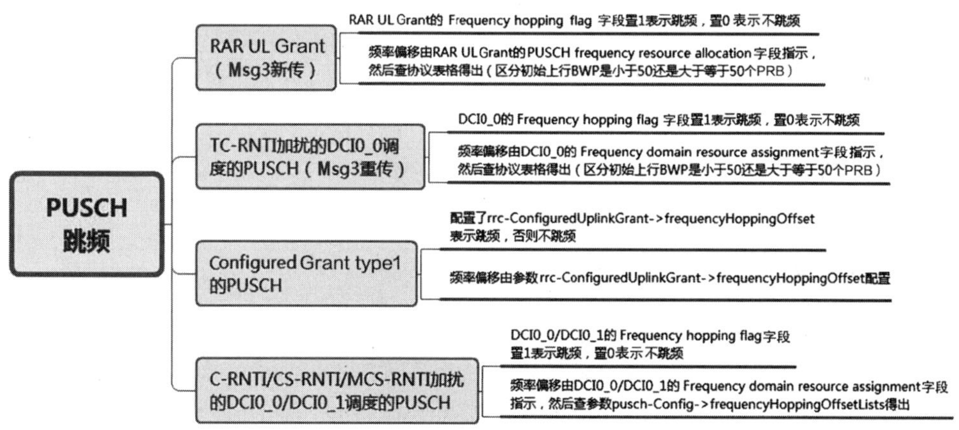

图 8-10　PUSCH 跳频

8.2.10　UE PUSCH 准备时间

如果 PUSCH 的第一个上行符号不早于符号 L_2，其中 L_2 定义为调度该 PUSCH 的 PDCCH 的最后一个符号结束后，间隔时间 $T_{\mathrm{proc},2}=\max((N_2+d_{2,1})(2048+144)\cdot\kappa 2^{-\mu}\cdot T_c,d_{2,2})$ 之后的第一个上行符号，那么 UE 可以发送 TB，处理如下。

1）N_2 基于 μ 查表 8-40 和表 8-41（对应 UE 能力级 1 和能力级 2），其中 μ 取组合 (μ_{DL}, μ_{UL}) 中得出 $T_{\mathrm{proc},2}$ 最大的 μ，μ_{DL} 为调度 PUSCH 的 PDCCH 的子载波间隔，μ_{UL} 为 PUSCH 的

子载波间隔，κ 取值请参考 3GPP 38.211 协议。

2）如果 PUSCH 的第一个符号只包含 DMRS，则 $d_{2,1}=0$；否则，$d_{2,1}=1$。

3）如果 UE 配置了 CA，则 PUSCH 分配的第一个上行符号要考虑 CA 小区间的时间差影响。

4）如果调度的 DCI0_1 触发了 BWP 切换，则 $d_{2,2}$ 等于 BWP 切换时延；否则，$d_{2,2}$=0。

5）对于在某个小区、支持能力级 2 的 UE，如果 UE 参数 PUSCH-ServingCellConfig->processingType2Enabled 配置为 enable，则 UE 应用能力级 2 的处理时间。

6）如果 DCI 调度的 PUSCH 和一个或多个 PUCCH 冲突，则时间间隔要求参看 6.2.6 节。

当不满足上述时间间隔要求时，UE 可以忽略收到的 DCI0。$T_{proc,2}$ 对于正常 CP 和扩展 CP 都适用。

表 8-40　PUSCH 准备时间（PUSCH 处理能力 1）

μ	PUSCH 准备时间 N_2(符号)
0	10
1	12
2	23
3	36

表 8-41　PUSCH 准备时间（PUSCH 处理能力 2）

μ	PUSCH 准备时间 N_2(符号)
0	5
1	5.5
2	11（用于 FR1）

8.3　参考协议

[1] TS 38.300-fd0. NR; NR and NG-RAN Overall Description
[2] TS 38.331-fg0. NR; Radio Resource Control (RRC); Protocol specification
[3] TS 38.321-fc0. NR; Medium Access Control (MAC) protocol specification
[4] TS 38.211-fa0. NR; Physical channels and modulation
[5] TS 38.212-fd0. NR; Multiplexing and channel coding
[6] TS 38.213-fe0. NR; Physical layer procedures for control
[7] TS 38.214-ff0. NR; Physical layer procedures for data
[8] TS 38.306-fg0. NR; User Equipment (UE) radio access capabilities

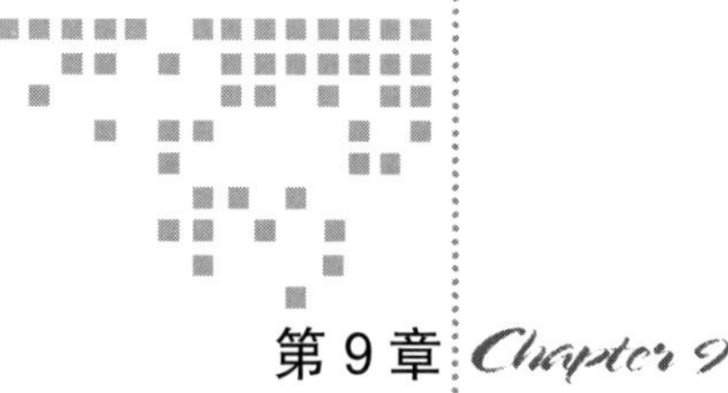

第 9 章 Chapter 9

MAC 层处理过程

本章主要介绍 NR 的 MAC 层处理过程，包括 TA 维护、下行数据传输（下行授权接收和下行 HARQ）、上行数据传输（上行授权接收、上行 HARQ、BSR 和 SR）、非连续接收、非动态调度（下行 SPS 和上行 Configured Grant）、MAC PDU 等内容。

9.1 TA 维护

9.1.1 TA 用途

TA（Time Advance，定时提前）是指 UE 上行发送的系统帧比下行接收的系统帧提前一定的时间。示意图如图 9-1 所示。

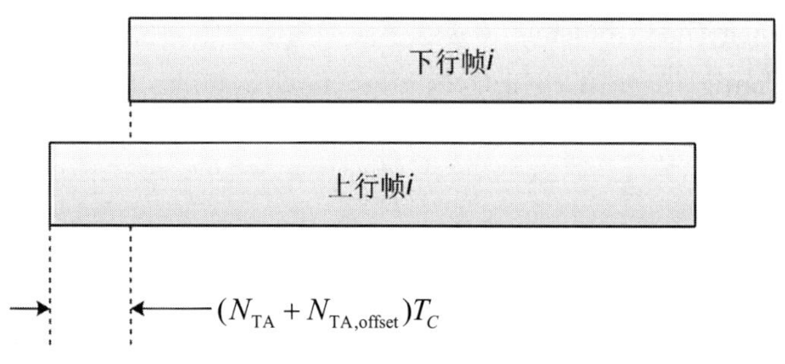

图 9-1 上下行定时关系

上行为何要提前发送呢？为了保证不同 UE 之间上行传输信号的正交性，避免小区内干扰，不同 UE 的同一子帧的上行信号到达 gNB 的时间要基本对齐。gNB 只要在 CP（Cyclic

Prefix）范围内接收到UE发送的上行数据，就能够正确地解码上行数据，因此，要求来自不同UE的同一子帧的上行信号到达gNodeB的时间都落在CP内即可。由此提出了TA的机制，即gNB通过测量不同UE的上行信号（preamble、SRS、PUSCH、PUCCH等）来估算TA，并根据UE的移动不断调整TA值发送给UE，这样gNB就能保证上行接收侧的时间同步。

如图9-1所示，UE上行发送的提前量为$(N_{\text{TA}}+N_{\text{TA,offset}})T_c$，其中$T_c$取值见2.2节，$N_{\text{TA,offset}}$通过RRC参数n-TimingAdvanceOffset配置，如果没有配置，则使用默认值（FR1默认值为25600，FR2默认值为13792）。对于PRACH发送，N_{TA}为0。对于其他上行发送，N_{TA}由如下方式确定。

1）通过RAR告知UE：见3.4节，MAC RAR中有12 bit的Timing Advance Command（TA命令），取值为0, 1, 2, …, 3846，记为T_{A}。对于SCS为$2^{\mu}\cdot 15$ kHz，$N_{\text{TA}}=T_{\text{A}}\cdot 16\cdot 64/2^{\mu}$。

2）通过TAC MAC CE告知UE：TAC MAC CE中有6 bit的Timing Advance Command，取值为0, 1, 2, …, 63，记为T_{A}。对于SCS为$2^{\mu}\cdot 15$ kHz，$N_{\text{TA\_new}}=N_{\text{TA\_old}}+(T_{\text{A}}-31)\cdot 16\cdot 64/2^{\mu}$，其中$N_{\text{TA_old}}$为当前UE维护的$N_{\text{TA}}$值。也就是TAC MAC CE是针对当前UE维护的TA值的调整。

TAC MAC CE的LCID为61，长度固定为8 bit，包含字段如图9-2所示。

- TAG ID：占2 bit，指示该TAC MAC CE应用的TAG。
- Timing Advance Command：占6 bit，指示索引值T_A(0, 1, 2,⋯,63)，用于TA调整。

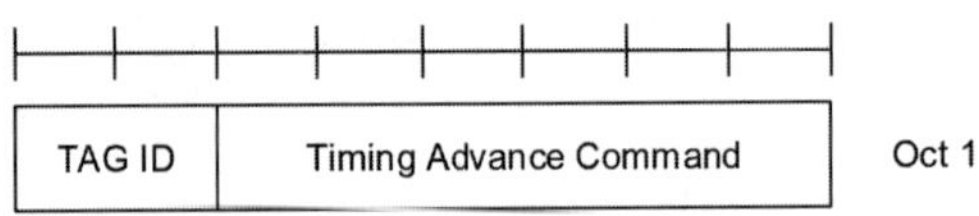

图9-2 Timing Advance Command MAC CE

9.1.2 参数

TA相关参数如下。

- ServingCellConfigCommonSIB->UplinkConfigCommonSIB->TimeAlignmentTimer（timeAlignmentTimerCommon），必选字段，属于小区的公共参数。
- CellGroupConfig->MAC-CellGroupConfig->TAG-Config，可选字段，属于UE的小区组级别参数，用于配置TAG参数。
- ServingCellConfig->tag-Id，必选字段，配置UE当前服务小区所属的TAG-Id。

```
TAG-Config ::=                          SEQUENCE {
    tag-ToReleaseList           SEQUENCE (SIZE (1..maxNrofTAGs)) OF TAG-Id
                                                          OPTIONAL,    -- Need N
    tag-ToAddModList            SEQUENCE (SIZE (1..maxNrofTAGs)) OF TAG
                                                          OPTIONAL     -- Need N
}
TAG ::=                                 SEQUENCE {
    tag-Id                              TAG-Id,
    timeAlignmentTimer                  TimeAlignmentTimer,
```

```
    ...
}
TAG-Id ::=                          INTEGER (0..maxNrofTAGs-1)
TimeAlignmentTimer ::=  ENUMERATED {ms500, ms750, ms1280, ms1920, ms2560, ms5120,
    ms10240, infinity}
```

参数解释如下。

- tag-Id：TAG ID，取值范围为 0 ～ 3，每个小区组（MCG 或者 SCG）最多有 4 个 TAG，TAG-Id 在每个小区组内唯一标识一个 TAG。包含 SpCell 的 TAG 称为 PTAG（Primary Timing Advance Group，主 TAG），TAG-Id 为 0；其他 TAG 称为 STAG（Secondary Timing Advance Group，辅 TAG），TAG-Id 为 1 ～ 3。
- timeAlignmentTimer：该 TAG 的 TA 定时器时长，单位为 ms，如取值为 ms500 指 500 ms，ms750 指 750 ms，以此类推。

9.1.3 上行 TA 维护过程

一个 UE 的每个小区组（MCG 和 SCG）最多可以配置 4 个 TAG，UE 的每个服务小区都归属于某个 TAG，包含 SpCell 的 TAG 为 PTAG，其 TAG-Id 为 0，只包含 SCell 的 TAG 为 STAG，其 TAG-Id 为 1 ～ 3。TAG-Id 在一个小区组内唯一。UE 的 MAC 实体为每个 TAG 启动一个 TA 定时器，定时器时长通过该 TAG 的 timeAlignmentTimer 参数配置，在该定时器超时前，UE 认为属于该 TAG 的服务小区保持上行同步。UE 的 TAG 配置示例如图 9-3 所示。

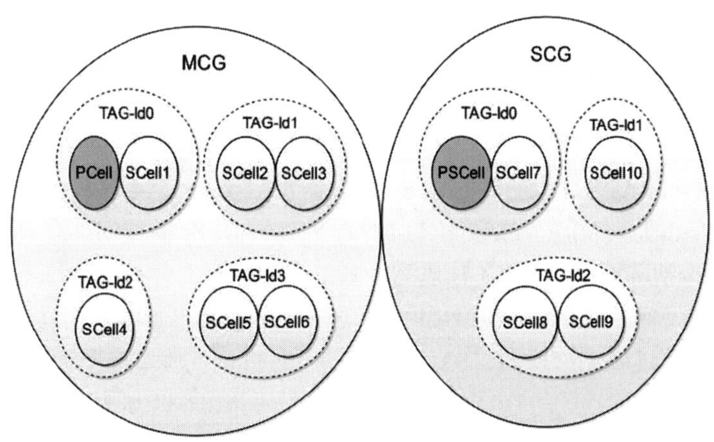

图 9-3 TAG 配置示例

UE 的 MAC 实体的上行 TA 维护过程如下（以下是一个小区组内的处理）。

1）当收到 TAC MAC CE，并且指示的 TAG 已经维护 N_{TA} 时，对指示的 TAG 应用收到的 TAC，启动或者重启该 TAG 的 TA 定时器。

2）当某个 TAG 的服务小区通过 RAR 收到 TAC 时，处理如下。

① 如果 RA preamble 不是 MAC 层选择的竞争 RA preamble，那么对该 TAG 应用收到的

TAC，启动或者重启该TAG的TA定时器（说明：对于定时器时长，在收到专用参数time-AlignmentTimer之前，UE使用SIB1配置的小区级参数timeAlignmentTimerCommon）。

② 如果该TAG的TA定时器没有运行，那么处理过程为：对该TAG应用收到的TAC，启动该TAG的TA定时器；当竞争解决没有成功，或者是SI请求触发的RA竞争解决成功时，停止该TAG的TA定时器。

③ 除以上情况外，忽略收到的TAC。

3）当某个TA定时器超时时，如果该TA定时器关联PTAG，那么清空所有服务小区的HARQ buffer，通知RRC层释放所有服务小区的PUCCH（如果配置了）以及所有服务小区的SRS（如果配置了），清空任何配置的下行和上行授权，清空任何用于半静态CSI上报的PUSCH资源，并认为所有在运行的TA定时器超时，维护所有TAG的N_{TA}；如果该TA定时器关联STAG，那么针对属于该STAG的所有服务小区，清空所有的HARQ buffer，通知RRC层释放PUCCH（如果配置了）以及SRS（如果配置了），清空任何配置的下行和上行授权，清空任何用于半静态CSI上报的PUSCH资源，维护该TAG的N_{TA}。

当一个服务小区所属的TAG的TA定时器没有在运行，那么在该服务小区，UE除了发送RA preamble外，不发送其他任何上行数据。当PTAG的TA定时器没有在运行，那么UE除了在SpCell小区发送RA preamble外，在其他任何服务小区都不发送任何上行数据。

【说明】以上描述都是针对UE的一个小区组内部的处理过程。如果UE配置了MCG和SCG，则两个小区组分别处理。

9.2 下行数据传输

9.2.1 下行授权接收

P-RNTI和RA-RNTI加扰的DLSCH数据没有HARQ处理，其他SI-RNTI、Temporary C-RNTI、C-RNTI、CS-RNTI和MCS-RNTI加扰的DLSCH数据都有HARQ处理。

对于每个服务小区的PDCCH监测时机，UE的MAC实体处理如下。

1）如果收到Temporary C-RNTI的第一个下行授权，则认为NDI翻转，为新传数据。

2）如果收到C-RNTI加扰的DCI调度的下行授权，那么处理如下。

① 如果该DCI指示的HARQ的前一包数据是CS-RNTI加扰的下行授权调度或者SPS周期调度，则认为NDI翻转（忽略NDI取值），为新传数据。

② 如果该DCI指示的HARQ的前一包数据是Temporary C-RNTI加扰的下行授权调度，则认为NDI翻转，为新传数据。

3）如果收到CS-RNTI加扰的DCI，那么处理如下。

① 如果NDI为1，则认为对应HARQ的NDI没有翻转，为重传数据。

② 如果NDI为0，那么处理如下。

❑ 当DCI内容指示为SPS去激活时，清空配置的下行授权，若反馈AN的服务小区所在

TAG 的 TA 定时器还在运行中，则发送 AN。

- 当 DCI 内容指示为 SPS 激活时，保存配置的下行授权，激活或者重激活 DLSPS，处理后续的 DLSPS 周期调度。

4）如果收到 SI-RNTI 加扰的 DCI1_0，则把下行授权和 RV 递交给广播 HARQ 进程处理（带 BCCH 的 DLSCH 也有 HARQ）。

对于每个服务小区的 DLSPS，如果配置且激活，并且周期调度的 PDSCH 没有和同一个服务小区动态调度的 PDSCH 存在时域冲突，那么 UE 的 MAC 实体处理过程为：接收周期调度的 PDSCH，把 TB 递交给 HARQ 实体；设置这个周期调度的 HARQ ID；认为 NDI 翻转，为新传数据（也就是周期调度都是新传数据）。

隐含的意思为，当 DLSPS 周期调度和动态调度冲突时，不处理 DLSPS 周期调度，处理动态调度。

对于 DLSPS，HARQ ID 取决于 PDSCH 发送的 slot 编号，计算公式如下：

$$\text{HARQ Process ID} = [\text{floor}(\text{CURRENT\_slot} \times 10 / (\text{numberOfSlotsPerFrame} \times \text{periodicity}))] \text{ modulo nrofHARQ-Processes}$$

其中，CURRENT_slot = [(SFN × numberOfSlotsPerFrame) + 一帧内的该 slot 编号]，SFN 为当前的帧号，numberOfSlotsPerFrame 为一帧内的 slot 数目，nrofHARQ-Processes 为配置的 DLSPS 的 HARQ 总数。对于 DLSPS PDSCH 重复发送，CURRENT_slot 指第一个发送时机的 slot 索引。

9.2.2 下行 HARQ

对于 UE 的每个服务小区，MAC 实体都包含一个 HARQ 实体。HARQ 实体包含多个并行的 HARQ 进程，每个 HARQ 进程对应一个 HARQ ID。

当物理层没有配置下行空分复用时，HARQ 进程支持 1 个 TB；当物理层配置了下行空分复用时，HARQ 进程支持 1 个或 2 个 TB。当配置 pdsch-AggregationFactor > 1 时，下行重复发送 pdsch-AggregationFactor 次 TB，每次发送的 HARQ 进程相同。

对于每个接收到的 TB 和关联的 HARQ 信息，HARQ 进程处理为：如果存在 NDI 并且翻转（相比该 TB 的前一次传输），或者当前是广播 HARQ 进程并且是第一次接收该 TB，或者是第一次接收该 TB（也就是没有该 TB 之前的 NDI），那么认为是新传；否则，认为是重传。

识别出新传或重传数据后，UE 的 MAC 实体处理如下。

1）如果是新传，则尝试解码接收的数据；

2）如果是重传，并且该 TB 的数据之前没有成功解码，那么通知物理层进行数据软合并，并尝试解码合并后的数据（隐含意思：是重传，但是该 TB 之前已经成功解码，那么不需要再解码）。

3）如果本次成功解码该 TB 的数据，或者该 TB 的数据之前已经成功解码，那么处理如下：

① 如果是 BCCH 数据，则递交成功解码的 MAC PDU 给上层；

② 如果不是 BCCH 数据，那么处理过程为：若是第一次成功解码该 TB，则递交该 MAC PDU 给 Disassembly and Demultiplexing Entity（分拆和解复用实体）；否则（即之前已经成功解码，已经递交给分拆和解复用实体），不再递交。

4）如果本次解码失败并且该 TB 的数据之前也解码失败，那么通知物理层用 MAC 实体当前尝试解码的数据替换该 TB 缓存的数据。

5）如果是 Temporary C-RNTI 加扰的 DCI 并且竞争解决没有成功，或者是 BCCH 数据，或者反馈 AN 的服务小区所在 TAG 的 TA 定时器已经停止或超时，则不反馈该 TB 的 AN；否则，反馈该 TB 的 AN。

如果 UE 收到重传数据，TB 大小和前一包数据的 TB 大小不同，那么由 UE 决定如何处理。

9.3 上行数据传输

9.3.1 上行授权接收

上行授权通过 PDCCH 动态指示，或者 RAR 指示，抑或者 RRC 半静态配置。如果 MAC 实体配置了一个 C-RNTI、Temporary C-RNTI（即 TC-RNTI）或者 CS-RNTI，对于每个 PDCCH 监测时机和每个服务小区（所属 TAG 的 TA 定时器在运行中），UE 的 MAC 实体处理如下。

1）如果收到 TC-RNTI 加扰的 DCI 调度的上行授权，或者 RAR 的上行授权，则递交该上行授权和关联的 HARQ 信息给 HARQ 实体。

2）如果收到 C-RNTI 加扰的 DCI 调度的上行授权，那么处理如下。

① 当该 DCI 指示的 HARQ 的前一包数据是 CS-RNTI 加扰的上行授权或者配置的上行授权调度时，认为 NDI 翻转（忽略 NDI 取值），为新传数据。

② 当该 DCI 指示的 HARQ 进程用于配置的上行授权时，启动或者重启该 HARQ 进程的 configuredGrantTimer（如果配置了）。注：configuredGrantTimer 的含义见 9.5.2 节。

③ 递交该上行授权和关联的 HARQ 信息给 HARQ 实体。

3）如果收到 CS-RNTI 加扰的 DCI，那么处理如下。

① 当 NDI 为 1 时，认为对应 HARQ 的 NDI 没有翻转（即为重传数据），启动或者重启该 HARQ 进程的 configuredGrantTimer（如果配置了），递交该上行授权和关联的 HARQ 信息给 HARQ 实体。

② 当 NDI 为 0 时，如果 DCI 内容指示为配置的 UL Grant type2 去激活，则触发 Configured Grant Confirmation MAC CE；如果 DCI 内容指示为配置的 UL Grant type2 激活，则触发 Configured Grant Confirmation MAC CE，保存配置的上行授权，处理对应的 PUSCH，停止该 HARQ 进程的 configuredGrantTimer（如果在运行）。

对于每个服务小区配置的上行授权 Configured UL Grant，如果配置且激活，并且配置的上行授权调度的 PUSCH 没有和同一个服务小区动态调度或者 RAR 指示的 PUSCH 存在时域冲突，那么 UE 的 MAC 实体处理过程为：设置这个 PUSCH 调度的 HARQ ID；如果该 HARQ 的 configuredGrantTimer 没有运行，则认为 NDI 翻转，为新传数据（也就是周期调度都是新传数据），递交配置的上行授权和相关的 HARQ 信息给 HARQ 实体。

对于配置的上行授权，HARQ ID 取决于 PUSCH 发送的第一个符号编号，计算公式如下：

HARQ Process ID = [floor(CURRENT_symbol/periodicity)] modulo nrofHARQ-Processes

其中，CURRENT_symbol = SFN × numberOfSlotsPerFrame × numberOfSymbolsPerSlot + 当前帧内的当前 slot 编号 × numberOfSymbolsPerSlot + 当前 slot 内的符号编号，SFN 为当前的帧号，numberOfSlotsPerFrame 为一帧内的 slot 数目，numberOfSymbolsPerSlot 为一个 slot 内的符号数目，nrofHARQ-Processes 为配置的上行授权的 HARQ 总数。对于 PUSCH 重复发送，CURRENT_symbol 指第一个发送时机的符号索引。

如果 UE 的 MAC 实体收到 RAR 的上行授权，以及 C-RNTI 或 CS-RNTI 加扰的上行授权，指示同时在 SpCell 发送 PUSCH（即存在时域冲突），那么 UE 的 MAC 实体可以选择发送哪个 PUSCH。

9.3.2 上行 HARQ

对于 UE 的配置了上行（包括配置 supplementaryUplink）的每个服务小区，MAC 实体都包含一个 HARQ 实体。HARQ 实体包含多个并行的 HARQ 进程，每个小区支持 16 个上行 HARQ 进程，每个 HARQ 进程支持一个 TB，且对应一个 HARQ ID。RAR 的上行授权调度的上行传输，HARQ ID 为 0。

对于动态调度，当配置 pusch-AggregationFactor > 1 时，上行重复发送最大 pusch-Aggregation-Factor 次 TB。对于配置的上行授权（包括配置的 UL Grant type1 和配置的 UL Grant type2，见 9.5.2 节），当配置 repK > 1 时，上行重复发送最大 repK 次 TB。对于动态上行授权和配置的上行授权，一个 bundle 内的每次重复发送的 HARQ 进程相同。

对每个上行授权，首先标记对应的 HARQ 进程，区分新传和重传。HARQ 实体新传和重传分别处理如下。

1）如果上行授权不是 TC-RNTI 加扰的 DCI0 调度的，并且 NDI 相比该 HARQ 的前一包数据翻转了；或者上行授权是 C-RNTI 加扰的 DCI0 调度的，并且对应的 HARQ buffer 为空；或者上行授权是通过 RAR 收到的；或者上行授权是 ra-ResponseWindow 内的 C-RNTI 加扰的 DCI0 调度的，并且指示成功完成了波束失败恢复的 RA 过程；或者上行授权是配置的上行授权的重复发送 bundle 之一，可以用于初始发送，并且该 bundle 没有待发送的 MAC PDU，那么认为是新传。处理如下。

① 当获取到了待发送的 MAC PDU 时，递交该 MAC PDU、上行授权和关联的 HARQ 信息给对应的 HARQ 进程，通知该 HARQ 进程触发新传；若上行授权是 CS-RNTI 加扰的 DCI 调度的，或者是配置的上行授权，抑或者是 C-RNTI 加扰的 DCI 调度的并且该 HARQ 进程是配置

的上行授权的，那么在发送新传数据时启动或者重启该HARQ进程的configuredGrantTimer（如果配置了）。

② 当没有获取到待发送的MAC PDU时，清空该HARQ进程的HARQ buffer。

2）如果不属于以上情况，则认为是重传，处理如下。

① 如果该上行授权是CS-RNTI加扰的DCI调度的，并且该HARQ进程的HARQ buffer是空的；或者该上行授权是重复发送bundle之一，并且该bundle没有待发送的MAC PDU；或者该上行授权是配置的上行授权的重复发送bundle之一，并且对应的PUSCH和该服务小区的动态调度或RAR指示的上行授权对应的PUSCH冲突，那么忽略该上行授权。

② 除以上情况外，递交该上行授权和关联的HARQ信息（RV）给对应的HARQ进程，通知该HARQ进程触发重传；若上行授权是CS-RNTI加扰的DCI调度的，或者是C-RNTI加扰的DCI调度的并且该HARQ进程是配置的上行授权的，那么在发送重传数据时启动或者重启该HARQ进程的configuredGrantTimer（如果配置了）。

在决定NDI是否翻转时，忽略TC-RNTI加扰的DCI0_0里面的NDI取值。当通过PUSCH传输启动或重新启动configuredGrantTimer时，其应在PUSCH传输的第一个符号开始时启动。

当HARQ实体请求新传或重传数据发送时，UE HARQ进程处理如下。

1）如果是新传发送，则保存MAC PDU到关联的HARQ buffer，保存上行授权，依据下面的第3步发送TB。

2）如果是重传发送，则保存上行授权，依据下面的第3步发送TB。

3）如果MAC PDU来自Msg3 buffer，或者传输时刻没有测量GAP并且重传时和Msg3发送不冲突，则通知物理层发送TB。即发送Msg3时，忽略测量GAP；除了Msg3之外，其他新传和重传都要考虑测量GAP，GAP期间不发送；重传时，还要看是否和Msg3冲突，若和Msg3冲突，也不发送。

9.3.3 逻辑信道优先级处理

当UE进行新传发送时，需要执行逻辑信道优先级处理（Logical Channel Prioritization，LCP）过程。逻辑信道按照下列顺序进行优先级处理（优先级从高到低排序）：C-RNTI MAC CE或者UL-CCCH数据、Configured Grant Confirmation MAC CE、BSR相关MAC CE（除了padding BSR（含义见9.3.4节））、Single Entry PHR MAC CE或者Multiple Entry PHR MAC CE、除了UL-CCCH的其他逻辑信道的数据、Recommended bit rate query MAC CE、padding BSR。

当同时满足下列条件时，对于当前HARQ实体，MAC实体不产生MAC PDU：参数skipUplinkTxDynamic配置为true，并且上行授权是C-RNTI调度的或者是配置的上行授权；对应PUSCH没有带非周期CSI report；MAC PDU不包含MAC SDU；MAC PDU只包含periodic BSR且任何LCG都没有可用数据，或者MAC PDU仅包含padding BSR。

9.3.4　缓存状态上报

1. 参数

缓存状态上报（Buffer Status Report，BSR）在 MAC 参数中配置，和 BWP 无关，属于小区组参数，分析如下。

CellGroupConfig->MAC-CellGroupConfig->BSR-Config，是可选参数。

```
BSR-Config ::=              SEQUENCE {
    periodicBSR-Time            ENUMERATED { sf1, sf5, sf10, sf16, sf20, sf32, sf40,
        sf64,sf80, sf128, sf160, sf320, sf640, sf1280, sf2560, infinity },
    retxBSR-Timer               ENUMERATED { sf10, sf20, sf40, sf80, sf160, sf320,
        sf640, sf1280, sf2560, sf5120, sf10240, spare5, spare4, spare3, spare2,
        spare1},
    logicalChannelSR-DelayTimer      ENUMERATED { sf20, sf40, sf64, sf128, sf512,
        sf1024, sf2560, spare1}    OPTIONAL, -- Need R
    ...
}
```

参数解释如下。

- periodicBSR-Timer：周期 BSR 时长，sf1 表示 1 个子帧，sf5 表示 5 个子帧，以此类推。
- retxBSR-Timer：重发 BSR 时长，sf10 表示 10 个子帧，sf20 表示 20 个子帧，以此类推。
- logicalChannelSR-DelayTimer：SR 延迟时长，sf20 表示 20 个子帧，sf40 表示 40 个子帧，以此类推。

2. BSR MAC CE

BSR MAC CE 包括 Short BSR（固定大小）、Long BSR（可变大小）、Short Truncated BSR（固定大小）和 Long Truncated BSR（可变大小）4 种。

每种 BSR 格式通过 MAC 子头的 LCID 标识，见图 9-4 和图 9-5。

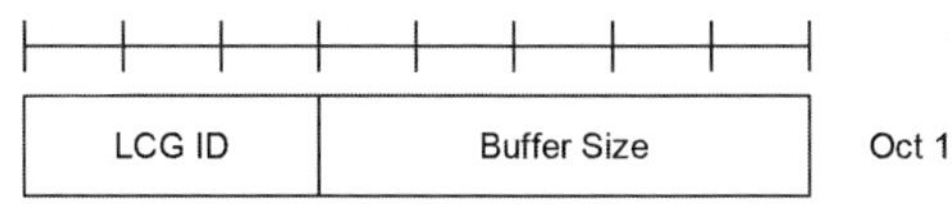

图 9-4　Short BSR 和 Short Truncated BSR MAC CE

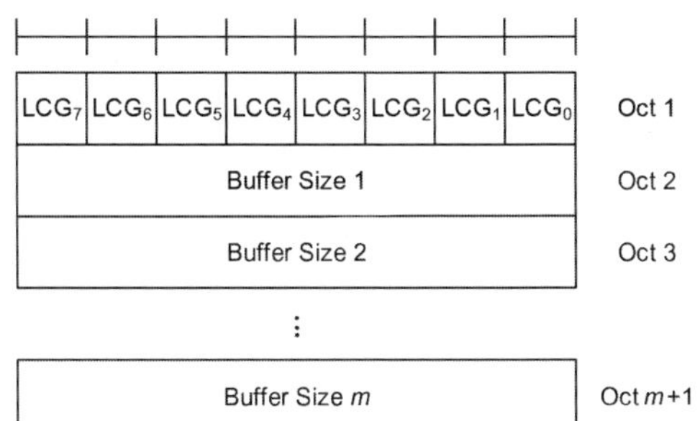

图 9-5　Long BSR 和 Long Truncated BSR MAC CE

BSR MAC CE 字段含义如下。

- LCG ID：占 3 bit，Logical Channel Group ID（逻辑信道组 ID），指示上报缓存状态所属的 LCG ID。
- LCG_i：
  - 对于 Long BSR，该字段指示 LCG_i 对应的 Buffer Size 字段是否存在，取值 1 表示存在，取值 0 表示不存在；
  - 对于Long Truncated BSR，该字段指示LCG_i是否有可用待发的数据，取值1表示有，取值 0 表示没有。
- Buffer Size：表示 MAC PDU 组装后，LCG 还剩余的待发数据量，不包括 RLC 头和 MAC 子头，单位为字节。对于 Short BSR 和 Short Truncated BSR，该字段占 5 bit，索引对应的 BS（Buffer Size，缓存大小）取值见表 9-1。对于 Long BSR 和 Long Truncated BSR，该字段占 8 bit，索引对应的 BS 取值见表 9-2。
  - 对于 Long BSR，该字段按照 LCG_i 递增排序。
  - 对于 Long Truncated BSR，该字段的数目取决于 padding 比特的大小，要求在不超过 padding 比特大小的情况下放最大可能的数目，并且对应 LCG 存在待发的数据。多个 Buffer Size 字段如何排序会在后文介绍。

【注意】Long BSR 和 Long Truncated BSR 的 Buffer Size 字段的数目可以是 0。

表 9-1 5 bit Buffer Size（单位：字节）

索引	BS 取值	索引	BS 取值	索引	BS 取值	索引	BS 取值
0	0	8	≤ 102	16	≤ 1446	24	≤ 20516
1	≤ 10	9	≤ 142	17	≤ 2014	25	≤ 28581
2	≤ 14	10	≤ 198	18	≤ 2806	26	≤ 39818
3	≤ 20	11	≤ 276	19	≤ 3909	27	≤ 55474
4	≤ 28	12	≤ 384	20	≤ 5446	28	≤ 77284
5	≤ 38	13	≤ 535	21	≤ 7587	29	≤ 107669
6	≤ 53	14	≤ 745	22	≤ 10570	30	≤ 150000
7	≤ 74	15	≤ 1038	23	≤ 14726	31	> 150000

表 9-2 8 bit Buffer Size（单位：字节）

索引	BS 取值	索引	BS 取值	索引	BS 取值	索引	BS 取值
0	0	64	≤ 560	128	≤ 31342	192	≤ 1754595
1	≤ 10	65	≤ 597	129	≤ 33376	193	≤ 1868488
2	≤ 11	66	≤ 635	130	≤ 35543	194	≤ 1989774
3	≤ 12	67	≤ 677	131	≤ 37850	195	≤ 2118933
4	≤ 13	68	≤ 720	132	≤ 40307	196	≤ 2256475
5	≤ 14	69	≤ 767	133	≤ 42923	197	≤ 2402946
6	≤ 15	70	≤ 817	134	≤ 45709	198	≤ 2558924

（续）

索引	BS 取值	索引	BS 取值	索引	BS 取值	索引	BS 取值
7	≤ 16	71	≤ 870	135	≤ 48676	199	≤ 2725027
8	≤ 17	72	≤ 926	136	≤ 51836	200	≤ 2901912
9	≤ 18	73	≤ 987	137	≤ 55200	201	≤ 3090279
10	≤ 19	74	≤ 1051	138	≤ 58784	202	≤ 3290873
11	≤ 20	75	≤ 1119	139	≤ 62599	203	≤ 3504487
12	≤ 22	76	≤ 1191	140	≤ 66663	204	≤ 3731968
13	≤ 23	77	≤ 1269	141	≤ 70990	205	≤ 3974215
14	≤ 25	78	≤ 1351	142	≤ 75598	206	≤ 4232186
15	≤ 26	79	≤ 1439	143	≤ 80505	207	≤ 4506902
16	≤ 28	80	≤ 1532	144	≤ 85730	208	≤ 4799451
17	≤ 30	81	≤ 1631	145	≤ 91295	209	≤ 5110989
18	≤ 32	82	≤ 1737	146	≤ 97221	210	≤ 5442750
19	≤ 34	83	≤ 1850	147	≤ 103532	211	≤ 5796046
20	≤ 36	84	≤ 1970	148	≤ 110252	212	≤ 6172275
21	≤ 38	85	≤ 2098	149	≤ 117409	213	≤ 6572925
22	≤ 40	86	≤ 2234	150	≤ 125030	214	≤ 6999582
23	≤ 43	87	≤ 2379	151	≤ 133146	215	≤ 7453933
24	≤ 46	88	≤ 2533	152	≤ 141789	216	≤ 7937777
25	≤ 49	89	≤ 2698	153	≤ 150992	217	≤ 8453028
26	≤ 52	90	≤ 2873	154	≤ 160793	218	≤ 9001725
27	≤ 55	91	≤ 3059	155	≤ 171231	219	≤ 9586039
28	≤ 59	92	≤ 3258	156	≤ 182345	220	≤ 10208280
29	≤ 62	93	≤ 3469	157	≤ 194182	221	≤ 10870913
30	≤ 66	94	≤ 3694	158	≤ 206786	222	≤ 11576557
31	≤ 71	95	≤ 3934	159	≤ 220209	223	≤ 12328006
32	≤ 75	96	≤ 4189	160	≤ 234503	224	≤ 13128233
33	≤ 80	97	≤ 4461	161	≤ 249725	225	≤ 13980403
34	≤ 85	98	≤ 4751	162	≤ 265935	226	≤ 14887889
35	≤ 91	99	≤ 5059	163	≤ 283197	227	≤ 15854280
36	≤ 97	100	≤ 5387	164	≤ 301579	228	≤ 16883401
37	≤ 103	101	≤ 5737	165	≤ 321155	229	≤ 17979324
38	≤ 110	102	≤ 6109	166	≤ 342002	230	≤ 19146385
39	≤ 117	103	≤ 6506	167	≤ 364202	231	≤ 20389201
40	≤ 124	104	≤ 6928	168	≤ 387842	232	≤ 21712690
41	≤ 132	105	≤ 7378	169	≤ 413018	233	≤ 23122088
42	≤ 141	106	≤ 7857	170	≤ 439827	234	≤ 24622972
43	≤ 150	107	≤ 8367	171	≤ 468377	235	≤ 26221280
44	≤ 160	108	≤ 8910	172	≤ 498780	236	≤ 27923336

（续）

索引	BS 取值	索引	BS 取值	索引	BS 取值	索引	BS 取值
45	≤ 170	109	≤ 9488	173	≤ 531156	237	≤ 29735875
46	≤ 181	110	≤ 10104	174	≤ 565634	238	≤ 31666069
47	≤ 193	111	≤ 10760	175	≤ 602350	239	≤ 33721553
48	≤ 205	112	≤ 11458	176	≤ 641449	240	≤ 35910462
49	≤ 218	113	≤ 12202	177	≤ 683087	241	≤ 38241455
50	≤ 233	114	≤ 12994	178	≤ 727427	242	≤ 40723756
51	≤ 248	115	≤ 13838	179	≤ 774645	243	≤ 43367187
52	≤ 264	116	≤ 14736	180	≤ 824928	244	≤ 46182206
53	≤ 281	117	≤ 15692	181	≤ 878475	245	≤ 49179951
54	≤ 299	118	≤ 16711	182	≤ 935498	246	≤ 52372284
55	≤ 318	119	≤ 17795	183	≤ 996222	247	≤ 55771835
56	≤ 339	120	≤ 18951	184	≤ 1060888	248	≤ 59392055
57	≤ 361	121	≤ 20181	185	≤ 1129752	249	≤ 63247269
58	≤ 384	122	≤ 21491	186	≤ 1203085	250	≤ 67352729
59	≤ 409	123	≤ 22885	187	≤ 1281179	251	≤ 71724679
60	≤ 436	124	≤ 24371	188	≤ 1364342	252	≤ 76380419
61	≤ 464	125	≤ 25953	189	≤ 1452903	253	≤ 81338368
62	≤ 494	126	≤ 27638	190	≤ 1547213	254	> 81338368
63	≤ 526	127	≤ 29431	191	≤ 1647644	255	保留

3. 处理过程

BSR 用于告知 gNB，UE MAC 实体的上行待发数据量。每个逻辑信道可以配置关联到一个 LCG。由于 BSR 上报的是 LCG 的数据量，因此对于不关联 LCG 的逻辑信道，不涉及 BSR 相关操作。

当满足下面任何一个条件时，UE 触发 BSR。

1）当属于某个 LCG 的逻辑信道的上行数据到达 MAC 实体，并且该数据的逻辑信道优先级高于任何存在可用数据的关联 LCG 的逻辑信道优先级，或者其他所有关联 LCG 的逻辑信道都没有可用数据时，触发 BSR，此类 BSR 称为 Regular BSR。

2）已分配上行资源，padding 比特数等于或者大于 BSR MAC CE 加子头，此类 BSR 称为 Padding BSR。

3）retxBSR-Timer 定时器超时，并且至少一个关联 LCG 的逻辑信道包括上行数据，此类 BSR 称为 Regular BSR。

4）periodicBSR-Timer 定时器超时，此类 BSR 称为 Periodic BSR。

【注意】如果对于多个逻辑信道，Regular BSR 触发事件同时发生，那么每个逻辑信道触发一个单独的 Regular BSR。

对于 Regular BSR，MAC 实体处理过程为：如果触发 BSR 的逻辑信道的参数 logicalChannel-

SR-DelayTimerApplied 配置为 true，则启动或者重启定时器 logicalChannelSR-DelayTimer；否则（即 logicalChannelSR-DelayTimerApplied 配置为 false），停止定时器 logicalChannelSR-DelayTimer（如果在运行）。

对于 Regular BSR 和 Periodic BSR，MAC 实体处理过程为：当构建包含 BSR 的 MAC PDU 时，如果大于 1 个 LCG 有待发数据，则上报 Long BSR，包含所有存在待发数据的 LCG；否则，上报 Short BSR。

对于 Padding BSR，MAC 实体处理过程如下。

1）如果 padding 比特数等于或者大于 Short BSR 加子头，但是小于 Long BSR 加子头，那么处理如下。

① 在构建 BSR 时，如果大于一个 LCG 存在待发数据，那么处理如下。

- 当 padding 比特数等于 Short BSR 加子头时，上报 Short Truncated BSR，对应 LCG 为存在待发数据的最高优先级的逻辑信道所属的 LCG。
- 当 padding 比特数大于 Short BSR 加子头时，上报 Long Truncated BSR，包含最大数目的 Buffer Size 字段（不超过 padding 比特数），其对应的 LCG 存在待发数据（即 LCG 的至少 1 个逻辑信道存在待发数据）。BSR MAC CE 包括的多个 Buffer Size 字段按下面的顺序排列：按LCG中的最高优先级逻辑信道（该逻辑信道可能存在待发数据，也可能不存在待发数据）的优先级递减排序，如果有相同的优先级，LCGID 小的排在前面。

② 在构建 BSR 时，如果只有一个 LCG 有待发数据，则上报 Short BSR。

2）如果 padding 比特数等于或者大于 Long BSR 加子头，则上报 Long BSR，包含所有存在待发数据的 LCG。

如果至少一个 BSR 被触发，并且没有取消，则 MAC 实体处理过程如下。

1）如果存在用于新传的 UL-SCH（上行共享信道）资源，并且可以容纳 BSR MAC CE 加子头，则构造 BSR MAC CE，启动或者重启 periodicBSR-Timer 定时器（除非所有已产生的 BSR 都是 Long BSR 或者 Short Truncated BSR），启动或者重启 retxBSR-Timer 定时器。

2）当 Regular BSR 被触发，并且 logicalChannelSR-DelayTimer 没有在运行时，如果没有用于新传的 UL-SCH 资源，或者存在配置的上行授权，且触发该 BSR 的逻辑信道的 logicalChannelSR-Mask 配置为 false，或者存在用于新传的 UL-SCH 资源，但是该 UL-SCH 资源不满足触发该 BSR 的逻辑信道配置的 LCP 映射限制，那么触发一个 SR。

即使多个事件都触发了 BSR，一个 MAC PDU 也最多包含一个 BSR MAC CE。Regular BSR 和 Periodic BSR 的优先级比 Padding BSR 高。MAC 实体在接收到用于任何新传数据发送的上行授权时，都重启 retxBSR-Timer 定时器。

当上行授权可以容纳所有的待发数据，但是不能额外容纳 BSR MAC CE 加子头时，取消所有已触发的 BSR。当 MAC PDU 已发送，并且包含了一个 Long 或者 Short BSR MAC CE 时，取消所有 MAC PDU 组装前已触发的 BSR。

9.3.5 调度请求

1. 参数

调度请求（Scheduling Request，SR）相关参数如下。

1）SR 配置参数，在 MAC 参数中配置，和 BWP 无关，属于小区组参数：CellGroup-Config->MAC-CellGroupConfig->SchedulingRequestConfig，每个小区组最多有 8 个 SR 配置参数，通过 schedulingRequestId 标示，可选参数。

2）SR 资源配置参数，在 PUCCH-Config 中配置，和 BWP 相关，属于 BWP 级参数：PUCCH-Config->SchedulingRequestResourceConfig，每个 BWP 最多有 8 个 SR 资源配置参数，通过 schedulingRequestResourceId 标示。每个 SchedulingRequestResourceId 关联 1 个 SchedulingRequestId，具体请参见 6.2.2 节。

3）逻辑信道可选对应一个 SR 配置参数，表示该 SR 配置应用于这个逻辑信道：CellGroup-Config->RLC-BearerConfig->LogicalChannelConfig->SchedulingRequestId。

```
SchedulingRequestConfig ::=          SEQUENCE {
    schedulingRequestToAddModList       SEQUENCE (SIZE (1..maxNrofSR-ConfigPerCellGroup))
        OF SchedulingRequestToAddMod     OPTIONAL, -- Need N
    schedulingRequestToReleaseList      SEQUENCE (SIZE (1..maxNrofSR-ConfigPerCellGroup))
        OF SchedulingRequestId           OPTIONAL  -- Need N
}

SchedulingRequestToAddMod ::=        SEQUENCE {
    schedulingRequestId     SchedulingRequestId,
    sr-ProhibitTimer        ENUMERATED {ms1, ms2, ms4, ms8, ms16, ms32, ms64, ms128}
        OPTIONAL, -- Need S
    sr-TransMax                 ENUMERATED { n4, n8, n16, n32, n64, spare3, spare2,
        spare1}
}
SchedulingRequestId ::=              INTEGER (0..7)
```

参数解释如下。

- ❑ schedulingRequestToAddModList：SR 配置参数，maxNrofSR-ConfigPerCellGroup 等于 8，即每个小区组最多有 8 套 SR 配置参数。
- ❑ SchedulingRequestId：取值范围为 0 ～ 7。
- ❑ sr-ProhibitTimer：SR 禁止定时器，指 SR 的发送间隔，如 ms1 表示 1ms，ms2 表示 2ms，以此类推。如果不配置该参数，则默认使用 0。
- ❑ sr-TransMax：SR 最大发送次数，如 n4 表示 4 次，n8 表示 8 次，以此类推。

2. 处理过程

SR 用来请求用于新传的 UL-SCH 资源。SR 相关参数配置约束如下。

1）MAC 实体可以配置 0、1 或者多个 SR 配置（即 SchedulingRequestId）。

2）一个 SR 配置对应一组跨不同小区和 BWP 的用于 SR 的 PUCCH 资源（即 PUCCH-

ResourceId，通过 SchedulingRequestResourceConfig 配置）。

3）每个逻辑信道对应 0 个或者 1 个 SR 配置。对于一个逻辑信道，每个 BWP 最多可以配置一个 PUCCH 资源用于 SR 发送（即在一个 BWP 内，1 个 SchedulingRequestId 不能关联多个 SchedulingRequestResourceId）。

4）每个 SR 配置对应 1 个或多个逻辑信道（即不同的逻辑信道可以对应同一个 SR 配置）。

对于 R15 协议，SR 只能由 BSR MAC CE 触发，触发该 BSR 的逻辑信道的 SR 配置（即 SchedulingRequestId），被认为是该被触发的 SR 对应的 SR 配置。由于一个 SR 配置可以对应多个逻辑信道，而每个逻辑信道都可能触发一个 SR，所以多个被触发的 SR 可能对应同一个 SR 配置。

【举例 1】假定 UE 没有配置双连接和 CA 小区，其 SR 配置示例如图 9-6 所示。

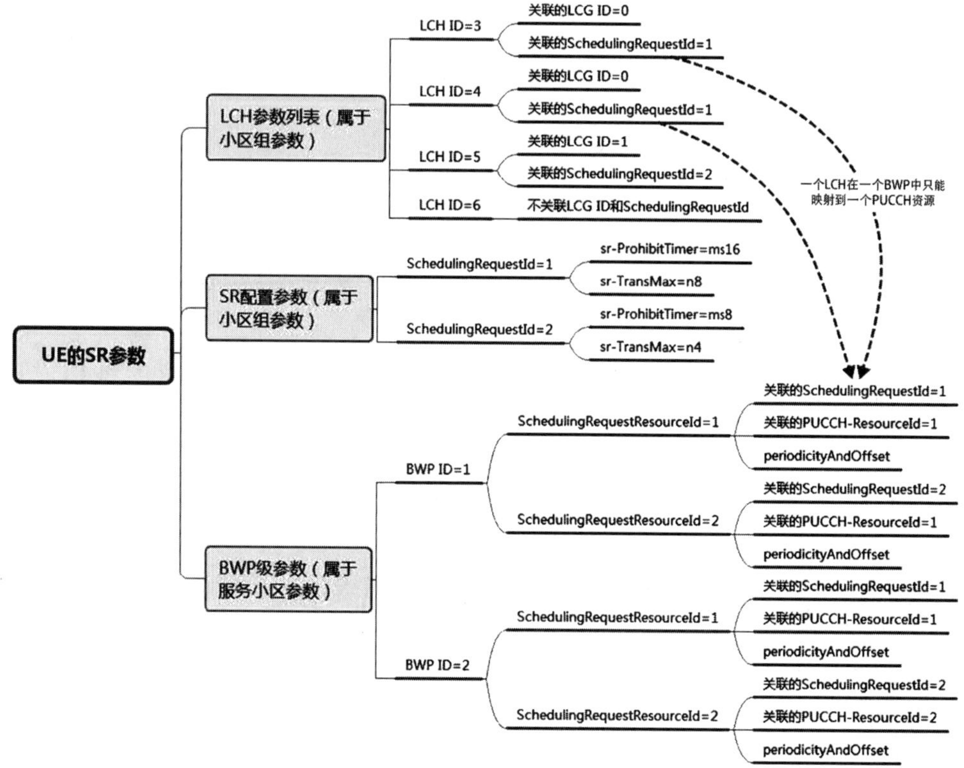

图 9-6 SR 配置示例图

对图 9-6 的分析如下。

1）LCH 6 没有关联 LCG，所以该逻辑信道不会触发 BSR，也就不会触发 SR。

2）LCH 3、LCH 4 和 LCH 5 在 BWP 1 和 BWP 2 中分别只能关联一个用于发送 SR 的 PUCCH 资源。

3）LCH 3 和 LCH 4 关联同一个 SR 配置参数 SchedulingRequestId 1。

4）在 BPW1 中，SchedulingRequestId 1 和 SchedulingRequestId 2 关联同一个 PUCCH 资源，即 PUCCH-ResourceId 1；在 BWP2 中，SchedulingRequestId 1 和 SchedulingRequestId 2 关联不同的 PUCCH 资源，分别关联 PUCCH-ResourceId 1 和 PUCCH-ResourceId 2。

如果一个 SR 被触发，并且对应的 SR 配置没有其他 pending SR（待发的 SR），则设置对应 SR 配置（即 SchedulingRequestId）的 SR_COUNTER 为 0。

SR 被触发后，称为 pending SR，直到该 SR 被取消。当上行授权可以容纳所有的待发数据时，取消所有的 pending SR，并停止对应的 sr-ProhibitTimer 定时器。当 MAC PDU 已发送，并且包含了一个 Long 或者 Short BSR MAC CE 时，取消所有的 MAC PDU 组装前的 pending SR，并停止对应的 sr-ProhibitTimer 定时器。

仅仅当 SR 发送时机对应的 PUCCH 资源所属的 BWP 激活时，该资源才认为是有效的。只要至少存在一个 pending SR，则针对每个 pending SR，UE 的 MAC 实体处理如下。

1）如果 MAC 实体没有用于该 pending SR 的有效的 PUCCH 资源，那么在 SpCell 中发起 RA 过程，取消该 pending SR。

2）如果 MAC 实体有用于该 pending SR 的有效的 PUCCH 资源，那么对于该 pending SR 对应的 SR 配置（即 SchedulingRequestId），当该 PUCCH 资源上有一个 SR 发送时机，并且在该 SR 发送时机 sr-ProhibitTimer 没有在运行，并且该 SR 发送时机的 PUCCH 资源没有和测量 GAP 以及 UL-SCH 资源冲突时，处理如下。

① 如果 SR_COUNTER < sr-TransMax，则 SR_COUNTER 加 1，通知物理层发送 SR，启动 sr-ProhibitTimer 定时器。

② 如果 SR_COUNTER ≥ sr-TransMax，则通知 RRC 释放所有服务小区的 PUCCH 和 SRS 参数，清空任何配置的下行 SPS 和上行 Grant，清空任何用于半静态 CSI report 的 PUSCH 资源，在 SpCell 发起 RA 过程，取消所有的 pending SR。

当存在大于 1 个冲突的有效的 PUCCH 资源需要发送 SR 时，选择哪个 PUCCH 资源来发送 SR 取决于 UE 行为。如果多个 SR 触发从 MAC 实体到 PHY 层的指令以在同一有效的 PUCCH 资源上发送 SR 信号，则相关 SR 配置的 SR_COUNTER 只累加一次。

关于 SR 的处理，NR 和 LTE 不同，LTE 的 LCH 没有关联到 SR 配置，UE 维护一个 SR_COUNTER，基站收到 SR 后，无法和 UE 的 LCH 关联，只能按 UE 调度；但是 NR 的 LCH 可以关联到 SR 配置，因此 UE 是按照每个 SR 配置来维护 SR_COUNTER，基站收到 SR 后，知道是 UE 的哪个 LCH 触发了 SR，因此可以按业务优先级进行调度。

9.4 非连续接收

9.4.1 参数

非连续接收（Discontinuous Reception，DRX）在 MAC 参数中配置，和 BWP 无关，属于小区组参数，分析如下。

CellGroupConfig->MAC-CellGroupConfig->SetupRelease { DRX-Config }，是可选参数。

```
DRX-Config ::=      SEQUENCE {
    drx-onDurationTimer      CHOICE {
        subMilliSeconds          INTEGER (1..31),
        milliSeconds             ENUMERATED {
            ms1, ms2, ms3, ms4, ms5, ms6, ms8, ms10, ms20, ms30, ms40, ms50, ms60,
                ms80, ms100, ms200, ms300, ms400, ms500, ms600, ms800, ms1000,
                ms1200, ms1600, spare8, spare7, spare6, spare5, spare4, spare3,
                spare2, spare1 }
                                    },
    drx-InactivityTimer       ENUMERATED {
                ms0, ms1, ms2, ms3, ms4, ms5, ms6, ms8, ms10, ms20, ms30, ms40,
                    ms50, ms60, ms80, ms100, ms200, ms300, ms500, ms750, ms1280,
                    ms1920, ms2560, spare9, spare8, spare7, spare6, spare5,
                    spare4, spare3, spare2, spare1},
    drx-HARQ-RTT-TimerDL            INTEGER (0..56),
    drx-HARQ-RTT-TimerUL            INTEGER (0..56),
    drx-RetransmissionTimerDL       ENUMERATED {
            sl0, sl1, sl2, sl4, sl6, sl8, sl16, sl24, sl33, sl40, sl64, sl80,
                sl96, sl112, sl128, sl160, sl320, spare15, spare14, spare13,
                spare12, spare11, spare10, spare9, spare8, spare7, spare6,
                spare5, spare4, spare3, spare2, spare1},
    drx-RetransmissionTimerUL       ENUMERATED {
            sl0, sl1, sl2, sl4, sl6, sl8, sl16, sl24, sl33, sl40, sl64, sl80,
                sl96, sl112, sl128, sl160, sl320, spare15, spare14, spare13,
                spare12, spare11, spare10, spare9, spare8, spare7, spare6,
                spare5, spare4, spare3, spare2, spare1 },
    drx-LongCycleStartOffset         CHOICE {
        ms10                                INTEGER(0..9),
        ms20                                INTEGER(0..19),
        ms32                                INTEGER(0..31),
        ms40                                INTEGER(0..39),
        ms60                                INTEGER(0..59),
        ms64                                INTEGER(0..63),
        ms70                                INTEGER(0..69),
        ms80                                INTEGER(0..79),
        ms128                               INTEGER(0..127),
        ms160                               INTEGER(0..159),
        ms256                               INTEGER(0..255),
        ms320                               INTEGER(0..319),
        ms512                               INTEGER(0..511),
        ms640                               INTEGER(0..639),
        ms1024                              INTEGER(0..1023),
        ms1280                              INTEGER(0..1279),
        ms2048                              INTEGER(0..2047),
        ms2560                              INTEGER(0..2559),
        ms5120                              INTEGER(0..5119),
        ms10240                             INTEGER(0..10239)
    },
```

```
    shortDRX                SEQUENCE {
        drx-ShortCycle          ENUMERATED  {
                ms2, ms3, ms4, ms5, ms6, ms7, ms8, ms10, ms14, ms16, ms20, ms30,
                    ms32, ms35, ms40, ms64, ms80, ms128, ms160, ms256, ms320,
                    ms512, ms640, spare9, spare8, spare7, spare6, spare5, spare4,
                    spare3, spare2, spare1 },
        drx-ShortCycleTimer     INTEGER (1..16)
    }                                                       OPTIONAL,   -- Need R
    drx-SlotOffset                          INTEGER (0..31)
}
```

参数解释如下。

- drx-onDurationTimer：DRX 周期开始时的持续时间。
    - subMilliSeconds：单位为 1/32 ms。
    - milliSeconds：单位为 ms，如 ms1 表示 1ms，ms2 表示 2ms，以此类推。
- drx-InactivityTimer：收到上行或者下行新传 PDCCH 指示后，启动该定位器。单位为 ms，如 ms0 表示 0ms，ms1 表示 1ms，以此类推。
- drx-HARQ-RTT-TimerDL：接收下行重传指示（即 DCI1）之前的最短持续时间，除了广播 HARQ 外，每个下行 HARQ 进程对应一个该定时器。单位为接收 TB 所在 BWP 的 symbol 长度，0 表示 0 个 symbol，1 表示 1 个 symbol，以此类推。
- drx-HARQ-RTT-TimerUL：接收上行重传授权（即 DCI0）之前的最短持续时间，每个上行 HARQ 进程对应一个该定时器。单位为发送 TB 所在 BWP 的 symbol 长度，0 表示 0 个 symbol，1 表示 1 个 symbol，以此类推。
- drx-RetransmissionTimerDL：接收下行重传（即 PDSCH）之前的最长持续时间，除了广播 HARQ 外，每个下行 HARQ 进程对应一个该定时器。单位为接收 TB 所在 BWP 的 slot 长度，如 sl0 表示 0 个 slot，sl1 表示 1 个 slot，以此类推。
- drx-RetransmissionTimerUL：接收上行重传授权（即 DCI0）之前的最长持续时间，每个上行 HARQ 进程对应一个该定时器。单位为发送 TB 所在 BWP 的 slot 长度，如 sl0 表示 0 个 slot，sl1 表示 1 个 slot，以此类推。
- drx-LongCycleStartOffset：用来配置 drx-LongCycle 和 drx-StartOffset（应用于 Long 和 Short DRX Cycle），单位为 ms。如果配置了 drx-ShortCycle，则 drx-LongCycle 必须配置为 drx-ShortCycle 的倍数。
- shortDRX：可选参数，配置短 DRX 参数。
    - drx-ShortCycle：Short DRX cycle，单位为 ms，如 ms2 表示 2ms，ms3 表示 3ms，以此类推。
    - drx-ShortCycleTimer：drx-ShortCycle 的倍数，1 表示 1*drx-ShortCycle，2 表示 2*drx-ShortCycle，以此类推。
- drx-SlotOffset：启动 drx-onDurationTimer 定时器之前的延迟。单位为 1/32 ms，取值 0 表示 0ms，取值 1 表示 1/32ms，取值 2 表示 2/32ms，以此类推。

9.4.2 处理过程

可以配置 DRX 参数，来控制 UE 检测 C-RNTI、CS-RNTI、INT-RNTI、SFI-RNTI、SP-CSI-RNTI、TPC-PUCCH-RNTI、TPC-PUSCH-RNTI 和 TPC-SRS-RNTI 加扰的 PDCCH。RRC_CONNECTED 的 UE，如果配置了 DRX 参数，则对于所有激活的服务小区，UE 可以根据 DRX 参数来不连续检测 PDCCH，以达到省电的目的。

DRX 相关的 MAC CE 包括 DRX Command MAC CE（LCID 为 60）和 Long DRX Command MAC CE（LCID 为 59），这两种 MAC CE 都只存在 MAC 子头，净荷大小为 0 bit。

DRX 使用的各种定时器参数见 9.4.1 节说明。DRX Active Time（DRX 激活时期）包括以下时间窗：drx-onDurationTimer、drx-InactivityTimer、drx-RetransmissionTimerDL、drx-RetransmissionTimerUL 或 ra-ContentionResolutionTimer 定时器运行中；或者 PUCCH 发送了 SR，处于 pending 状态；或者非竞争 RA，已收到 RAR，还未收到 C-RNTI 加扰的 PDCCH 新传指示。

如果配置了 DRX，则 MAC 实体处理如下。

1）如果在配置的下行授权（即 DLSPS）上收到了一个 MAC PDU，则在对应 PDSCH 的 AN 反馈结束之后的第一个符号启动对应 HARQ 的 drx-HARQ-RTT-TimerDL 定时器，停止该 HARQ 的 drx-Retransmission-TimerDL 定时器。

2）如果在配置的上行授权（即 Configured Grant type1 或 type2）上发送了一个 MAC PDU，则在第一个 PUSCH 发送（一个 bundle 内）结束之后的第一个符号启动对应 HARQ 的 drx-HARQ-RTT-TimerUL 定时器，停止该 HARQ 的 drx-RetransmissionTimerUL 定时器。

3）如果 drx-HARQ-RTT-TimerDL 定时器超时，并且对应 HARQ 的数据没有成功解码，则在 drx-HARQ-RTT-TimerDL 超时后的第一个符号启动该 HARQ 的 drx-Retransmission-TimerDL 定时器。

4）如果 drx-HARQ-RTT-TimerUL 定时器超时，则在 drx-HARQ-RTT-TimerUL 超时后的第一个符号启动对应 HARQ 的 drx-RetransmissionTimerUL 定时器。

5）如果收到一个 DRX Command MAC CE 或 Long DRX Command MAC CE，则停止 drx-onDurationTimer，停止 drx-InactivityTimer。

6）当 drx-InactivityTimer 定时器超时，或者收到 DRX Command MAC CE 时：如果配置了 Short DRX cycle，则在 drx-InactivityTimer 超时之后的第一个符号，或者 DRX Command MAC CE 接收之后的第一个符号启动或重启 drx-ShortCycleTimer 定时器，使用 Short DRX Cycle；否则，使用 Long DRX cycle。

7）如果 drx-ShortCycleTimer 定时器超时，则使用 Long DRX cycle。

8）如果收到 Long DRX Command MAC CE，则停止 drx-ShortCycleTimer，使用 Long DRX cycle。

9）如果使用 Short DRX Cycle，且 [(SFN × 10) + subframe number] modulo (drx-ShortCycle) = (drx-StartOffset) modulo (drx-ShortCycle)；或者使用 Long DRX Cycle，且 [(SFN × 10) +

subframe number] modulo (drx-LongCycle) = drx-StartOffset，其中，subframe number 为当前子帧号，那么从该子帧起始的 drx-SlotOffset 之后，启动 drx-onDurationTimer。

10）当 MAC 实体处于 Active Time 时，处理如下。

① 检测 PDCCH。

② 如果 PDCCH 指示一个下行发送，则在对应 PDSCH 的 AN 反馈结束之后的第一个符号启动对应 HARQ 的 drx-HARQ-RTT-TimerDL，停止该 HARQ 的 drx-RetransmissionTimerDL。

③ 如果 PDCCH 指示一个上行发送，则在第一个 PUSCH 发送（一个 bundle 内）结束之后的第一个符号启动对应 HARQ 的 drx-HARQ-RTT-TimerUL，停止该 HARQ 的 drx-RetransmissionTimerUL 定时器。

④ 如果 PDCCH 指示一个下行或者上行新传，则在 PDCCH 接收结束之后的第一个符号启动或者重启 drx-InactivityTimer。

【说明】指示激活 DLSPS 或者 Configured Grant type2 的 PDCCH 被认为是新传。

11）如果直到符号 n 之前的 4ms，MAC 实体评估符号 n 没有处于 Active Time（这里指通过接收 UL Grant、DL Assignment、DRX Command MAC CE、Long DRX Command MAC CE 和发送 SR 来评估符号 n 是否进入 DRX Active Time），则在符号 n 不发送周期 SRS 和半静态 SRS，不上报 PUCCH 发送的 CSI 和半静态 PUSCH CSI。

解读：UE 最迟要在符号 n 之前的 4ms，评估符号 n 是否为激活态，否则如果在符号 n 之前的 4ms 以内，触发符号 n 进入了激活态，则 UE 在符号 n 也不会发送周期 SRS、半静态 SRS、PUCCH CSI report（包括周期和半静态）、PUSCH 半静态 CSI report。

12）如果 csi-Mask 配置为 true，并且直到符号 n 之前的 4ms，MAC 实体评估符号 n，drx-onDurationTimer 定时器没有在运行（这里指通过接收 UL Grant、DL Assignment、DRX Command MAC CE 和 Long DRX Command MAC CE 来评估），则在符号 n 不上报 PUCCH 发送的 CSI。

【说明】如果配置在 PUCCH 上报的 CSI report 和其他 UCI 冲突，并且选中的 PUCCH 资源在非 DRX Active Time 或者在非 on-duration 时期（csi-Mask 配置为 true），则是否发送 CSI report（复用其他 UCI）取决于 UE 行为。

当 UE 发送 AN、非周期 PUSCH CSI、非周期 SRS 时，忽略是否正在检测 PDCCH（即忽略是否处于 DRX Active Time）。当 PDCCH occasion 不是完全处于 DRX Active Time 时（例如，DRX Active Time 在 PDCCH occasion 之间启动或者结束），UE 不需要检测该 PDCCH。

9.5 非动态调度的发送和接收

9.5.1 下行

1. 参数

下行非动态调度包括如下参数。

- PhysicalCellGroupConfig->cs-RNTI：可选参数，下行 SPS（Semi-Persistent Scheduling，半静态调度）和上行配置授权使用，小区组内使用。
- BWP-Downlink->BWP-DownlinkDedicated->SetupRelease{SPS-Config}：可选参数，DLSPS 配置，属于 UE 的 BWP 级参数，配置约束如下。
  - 如果 DLSPS 已经激活，那么只能在带参数 reconfigurationWithSync 的时候重配 DLSPS 参数，可以在任何时候释放 DLSPS 配置。
  - SPS-Config 可以在 SpCell 中配置，也可以在 SCell 中配置，一个小区组最多只能有一个服务小区配置 SPS-Config。

```
SPS-Config ::=          SEQUENCE {
    periodicity             ENUMERATED {ms10, ms20, ms32, ms40, ms64, ms80, ms128,
        ms160, ms320, ms640,spare6, spare5, spare4, spare3, spare2, spare1},
    nrofHARQ-Processes      INTEGER (1..8),
    n1PUCCH-AN              PUCCH-ResourceId            OPTIONAL,   -- Need M
    mcs-Table               ENUMERATED {qam64LowSE}     OPTIONAL,   -- Need S
    ...
}
```

参数解释如下。

- periodicity：DLSPS 周期。
- nrofHARQ-Processes：DLSPS 的 HARQ 进程数，最大 8 个。
- n1PUCCH-AN：DLSPS 的 PUCCH 资源 ID，只能配置为格式 0 或格式 1。
- mcs-Table：DLSPS 使用的 MCS 表，可选参数。当配置了该参数时，UE 使用 low-SE 64QAM 的 MCS 表。当没有配置该参数时，如果 PDSCH-Config 的 mcs-Table 参数配置为 qam256 并且通过 DCI1_1 激活 DLSPS，则 UE 使用 256QAM 的 MCS 表；否则，使用 non-low-SE 64QAM 的 MCS 表。

2. 处理过程

DLSPS 配置属于 BWP 级参数，通过 CS-RNTI 加扰的 DCI1 进行激活、去激活和重传 DLSPS。当高层释放 SPS 时，所有的 SPS 配置都需要释放。

SPS 第 N 次周期调度的 SFN 和 slot 使用如下公式计算：

$$(\text{numberOfSlotsPerFrame}\times\text{SFN}+\text{一个帧内的slot编号})=[(\text{numberOfSlotsPerFrame}\times\text{SFN}_{\text{start time}}+\text{slot}_{\text{start time}})+N\times\text{periodicity}\times\text{numberOfSlotsPerFrame}/10]\text{modulo}(1024\times\text{numberOfSlotsPerFrame})$$

其中，$\text{SFN}_{\text{start time}}$ 和 $\text{slot}_{\text{start time}}$ 是 SPS 激活或者重激活的第一次 PDSCH 发送的 SFN 和 slot。

DLSPS 的重传（非重复发送）通过 CS-RNTI 加扰的 DCI1 指示，NDI=1。DLSPS 的 HARQ ID 计算方法和 HARQ 相关处理见 9.2 节。

【举例 2】假定配置为 15 kHz SCS，SPS 参数 periodicity 配置为 10 ms，在帧 0、slot2 收

到激活 SPS 命令（k0=0），则下一次周期调度时间点为帧 1、slot2，如图 9-7 所示。

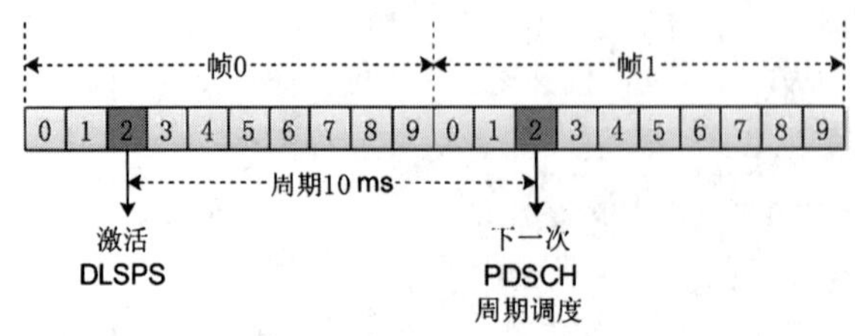

图 9-7 DLSPS 图示 1

【举例 3】假定配置为 30 kHz SCS，SPS 参数 periodicity 配置为 32 ms，在帧 5、slot1 收到激活 SPS 命令（k0=0），则下一次周期调度时间点为帧 8、slot5，如图 9-8 所示。

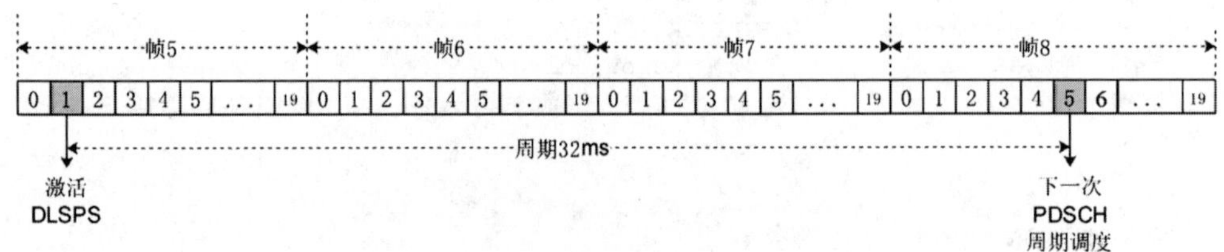

图 9-8 DLSPS 图示 2

9.5.2 上行

1. 参数

上行非动态调度包括如下参数。

- BWP-UplinkDedicated->SetupRelease{ConfiguredGrantConfig}：可选参数，Configured Grant 包括 type1 和 type2，属于 UE 的 BWP 级参数，配置约束如下。
  - 可以在 UL 和 SUL 配置，但如果配置为 type1，不能同时在 UL 和 SUL 配置。
  - 对于 Configured Grant type2，如果已经激活，那么只能在带参数 reconfigurationWithSync 的时候重配 configuredGrantConfig 参数，可以在任何时候释放配置。

```
ConfiguredGrantConfig ::=             SEQUENCE {
    frequencyHopping          ENUMERATED {intraSlot, interSlot}  OPTIONAL,  -- Need S
    cg-DMRS-Configuration             DMRS-UplinkConfig,
    mcs-Table                 ENUMERATED {qam256, qam64LowSE}    OPTIONAL,  -- Need S
    mcs-TableTransformPrecoder   ENUMERATED {qam256, qam64LowSE}    OPTIONAL,   --
        Need S
    uci-OnPUSCH               SetupRelease { CG-UCI-OnPUSCH }   OPTIONAL,  -- Need M
    resourceAllocation           ENUMERATED { resourceAllocationType0,
        resourceAllocationType1, dynamicSwitch },
    rbg-Size                    ENUMERATED {config2}            OPTIONAL,  -- Need S
    powerControlLoopToUse               ENUMERATED {n0, n1},
    p0-PUSCH-Alpha                       P0-PUSCH-AlphaSetId,
    transformPrecoder         ENUMERATED {enabled, disabled}   OPTIONAL,  -- Need S
```

```
    nrofHARQ-Processes                INTEGER(1..16),
    repK                                 ENUMERATED {n1, n2, n4, n8},
    repK-RV         ENUMERATED {s1-0231, s2-0303, s3-0000}   OPTIONAL,  -- Need R
    periodicity           ENUMERATED {
sym2, sym7, sym1x14, sym2x14, sym4x14, sym5x14, sym8x14, sym10x14, sym16x14,
    sym20x14, sym32x14, sym40x14, sym64x14, sym80x14, sym128x14, sym160x14, sym256x14,
    sym320x14, sym512x14, sym640x14, sym1024x14, sym1280x14, sym2560x14, sym5120x14,
    sym6, sym1x12, sym2x12, sym4x12, sym5x12, sym8x12, sym10x12, sym16x12, sym20x12,
    sym32x12, sym40x12, sym64x12, sym80x12, sym128x12, sym160x12, sym256x12,
    sym320x12, sym512x12, sym640x12, sym1280x12, sym2560x12
    },
    configuredGrantTimer        INTEGER (1..64)              OPTIONAL,  -- Need R
    rrc-ConfiguredUplinkGrant                SEQUENCE {
        timeDomainOffset                        INTEGER (0..5119),
        timeDomainAllocation                    INTEGER  (0..15),
        frequencyDomainAllocation               BIT STRING (SIZE(18)),
        antennaPort                             INTEGER (0..31),
        dmrs-SeqInitialization        INTEGER (0..1)         OPTIONAL,  -- Need R
        precodingAndNumberOfLayers       INTEGER (0..63),
        srs-ResourceIndicator         INTEGER (0..15)        OPTIONAL,  -- Need R
        mcsAndTBS                        INTEGER (0..31),
        frequencyHoppingOffset        INTEGER (1.. maxNrofPhysicalResourceBlocks-1)
                                                             OPTIONAL,  -- Need R
        pathlossReferenceIndex                         INTEGER (0..maxNrofPUSCH-
            PathlossReferenceRSs-1),
        ...
    }                                                        OPTIONAL,  -- Need R
    ...
}
CG-UCI-OnPUSCH ::= CHOICE {
    dynamic                                  SEQUENCE (SIZE (1..4)) OF BetaOffsets,
    semiStatic                               BetaOffsets
}
```

参数解释如下。

- frequencyHopping：intraSlot 指示 slot 内跳频，interSlot 指示 slot 间跳频。如果不配置该参数，则跳频不使能。
- cg-DMRS-Configuration：上行 DMRS 配置。
- mcs-Table：DFT 预编码不使能时，UE 使用的 MCS 表。如果不配置该参数，则默认使用 64QAM 的 MCS 表。
- mcs-TableTransformPrecoder：DFT 预编码使能时，UE 使用的 MCS 表。如果不配置该参数，则默认使用 64QAM 的 MCS 表。
- uci-OnPUSCH：配置动态或者半静态 BetaOffset。对于 Configured Grant type1，其只能配置为半静态。
- resourceAllocation：配置资源分配类型。对于 Configured Grant type1，其只能配置为 resourceAllocationType0 或 resourceAllocationType1。

- rbg-Size：RBG 大小为 config1 或 config2。当 resourceAllocation 配置为 resourceAllocation-Type1 时，UE 不应用该参数。如果不配置该参数，则 UE 应用 config1。
- transformPrecoder：使能或者不使能 DFT 预编码，适用于 Configured Grant type1 和 type2。如果不配置该参数，则 UE 应用参数 RACH-ConfigCommon->msg3-transformPrecoder。
- nrofHARQ-Processes：HARQ 进程数，适用于 Configured Grant type1 和 type2。
- repK：配置 PUSCH 重复发送次数 K。
- repK-RV：重复发送使用的RV序列。当配置repK大于1时，网络将配置该参数；否则，不配置该参数。
- periodicity：Configured Grant type1 和 type2 的周期。不同子载波间隔可支持的周期见 3GPP 38.331 协议。
- configuredGrantTimer：Configured Grant 的定时器的初始值，为 periodicity 的倍数。
- rrc-ConfiguredUplinkGrant：如果配置了该参数，则 Configured Grant 类型为 typel；否则，类型为 type2。包括以下参数。
  - timeDomainOffset：相对 SFN=0 的时域 offset，单位为 slot。
  - timeDomainAllocation：时域资源指示，取值 m 表示时域列表的第 m+1 行，时域列表的选择规则同 USS。
  - frequencyDomainAllocation：频域资源指示，最低 N 位有效，N 取值同 DCI0_1 的 Frequency domain resource assignment 字段长度。
  - antennaPort：天线端口。
  - dmrs-SeqInitialization：DMRS 序列初始化参数。当参数 transformPrecoder 配置为 disabled 时，网络将配置该参数；否则，不配置该参数。
  - precodingAndNumberOfLayers： 同 DCI0_1 的 Precoding information and number of layers 字段。
  - srs-ResourceIndicator：指示使用的 SRS 资源。
  - mcsAndTBS：配置 MCS 表的索引，R15 版本协议不配置 28 ～ 31。
  - frequencyHoppingOffset：跳频偏移。

2. 处理过程

上行非动态调度有两种类型。

- Configured Grant type1：上行授权通过 RRC 参数 rrc-ConfiguredUplinkGrant 配置，如果配置了该参数，并且当前 BWP 是激活的，则认为上行授权生效。
- Configured Grant type2：上行授权通过 CS-RNTI 加扰的 DCI0 激活、去激活和重激活。

Configured Grant type2 相关的 MAC CE 为 Configured Grant Confirmation MAC CE，其 LCID 为 55，只存在 MAC 子头，净荷大小为 0 bit。

type1 和 type2 配置属于一个服务小区的 BWP 级参数。对于一个服务小区，其只能配置为 type1 或者 type2。不同服务小区的多个配置可以同时激活。对于 type2，激活和去激活在不同的服务小区之间是独立的。

当配置 Configured Grant type1 时，UE 的 MAC 实体保存配置的上行授权、初始化或者重新初始化配置的上行授权，根据配置参数 timeDomainOffset 和 S（S 来自 SLIV，即 PUSCH 的起始符号，见 8.2.5 节），确定发送第一包 PUSCH 的时机，并在满足下面公式的符号（即 SFN、slot number in the frame、symbol number in the slot）上进行 PUSCH 周期发送。

$$[(\text{SFN}\times\text{numberOfSlotsPerFrame}\times\text{numberOfSymbolsPerSlot})+(\text{slot number in the frame}\times\text{numberOfSymbolsPerSlot})+\text{symbol number in the slot}]=(\text{timeDomainOffset}\times\text{numberOfSymbolsPerSlot}+\text{S}+N\times\text{periodicity})\ \text{modulo}(1024\times\text{numberOfSlotsPerFrame}\times\text{numberOfSymbolsPerSlot}),\ N\geqslant 0$$

其中，periodicity 为 ConfiguredGrantConfig 配置参数。

对于 Configured Grant type2，UE 收到 CS-RNTI 加扰的 DCI0 激活、重激活或者去激活 Configured Grant type2 时，触发 Configured Grant Confirmation MAC CE。仅当有上行新传数据需要发送时，UE 才组装该 MAC CE 和数据一起发送。激活或者重激活后，UE 在满足下面公式的符号（即 SFN、slot number in the frame、symbol number in the slot）上进行 PUSCH 周期发送。

$$[(\text{SFN}\times\text{numberOfSlotsPerFrame}\times\text{numberOfSymbolsPerSlot})+(\text{slot number in the frame}\times\text{numberOfSymbolsPerSlot})+\text{symbol number in the slot}]=[(\text{SFN}_{\text{start time}}\times\text{numberOfSlotsPerFrame}\times\text{numberOfSymbolsPerSlot}+\text{slot}_{\text{start time}}\times\text{numberOfSymbolsPerSlot}+\text{symbol}_{\text{start time}})+N\times\text{periodicity}]\text{modulo}(1024\times\text{numberOfSlotsPerFrame}\times\text{numberOfSymbolsPerSlot}),\ N\geqslant 0$$

其中，$\text{SFN}_{\text{start time}}$、$\text{slot}_{\text{start time}}$ 和 $\text{symbol}_{\text{start time}}$ 对应激活或者重激活 Configured Grant type2 时的第一个 PUSCH 发送时机。periodicity 为 ConfiguredGrantConfig 配置参数。

Configured Grant type1 和 type2 的新传，当 UE 没有数据需要发送时，不发送 PUSCH。Configured Grant type1 和 type2 的重传（非重复发送），通过 CS-RNTI 加扰的 DCI0 指示，NDI=1。

Configured UL Grant 的 HARQ ID 计算方法和 HARQ 相关处理见 9.3 节。对于 Configured Grant 新传，PUSCH 传输参数由 configuredGrantConfig 提供，除了参数 dataScramblingIdentity-PUSCH、txConfig、codebookSubset、maxRank 和 scaling of UCI-OnPUSCH（这些参数由 pusch-Config 提供）。对于 Configured Grant 重传，PUSCH 传输参数由 pusch-Config 提供，除了参数 p0-NominalWithoutGrant、p0-PUSCH-Alpha、powerControlLoopToUse、pathlossReference-Index、mcs-Table、mcs-TableTransformPrecoder 和 transformPrecoder。

3. 重复发送

下面介绍 Configured Grant type1 和 type2 的重复发送过程。新传和重传的重复发送过程不同，具体如下。

（1）新传的重复发送

对于 Configured Grant type1 和 type2，当参数 repK 配置大于 1 时，UE 在连续 repK 个 slot 内进行重复发送，repK 个 slot 使用相同的符号分配。如果 repK-RV 没有配置，则上行发送的 RV 为 0；否则，第 n 个（n=1, 2,⋯, K，K 为重复发送的总次数）重复发送的 RV，为 RV 序列的第 (mod(n-1,4)+1) 个值。一个 TB 的初始传输可以在如下时机开始。

- RV 序列为 {0,2,3,1} 时，K 个重复的第一个发送时机；
- RV 序列为 {0,3,0,3} 时，K 个重复中对应 RV=0 的任何发送时机，比如第 1 个和第 3 个发送时机；
- RV 序列为 {0,0,0,0} 时，K 个重复中的任何发送时机，除了 K=8 时的最后一个发送时机。

对于任何 RV 序列，当下面任何一个条件先满足时，重复发送停止。

- 发送了 K 次；
- 周期 P 内的 K 个重复中的最后一次发送时机（即周期 P 时间窗之后不再进行重复发送）；
- 某个重复发送和 DCI0_0 或 DCI0_1 调度的同一个 HARQ 的 PUSCH 存在冲突（该冲突的重复发送以及之后的重复发送都不再进行）。

UE 不期望配置重复发送 K 次的时间大于周期 P。如果在某个发送时机，一个 slot 内可用于 PUSCH 发送的上行符号小于 PUSCH 的持续符号 L，则 UE 不发送该时机的 PUSCH（比如，针对 TDD 可能出现这种情况）。

（2）重传的重复发送

对于 Configured Grant type1 和 type2 的重传，即 CS-RNTI 加扰的 DCI0_1（NDI=1）调度的 PUSCH，如果配置了 PUSCH-Config->pusch-AggregationFactor，则 PUSCU 需要进行重复发送，处理过程见 8.2.5 节。

9.5.3 PDCCH validation

UE 收到 CS-RNTI（通过参数 PhysicalCellGroupConfig->cs-RNTI 配置）加扰的 DCI，并且 NDI 为 0，处理如下。

1）如果 DCI 中的字段满足表 9-3，则指示 DLSPS 或者 Configured Grant type2 激活；

2）如果 DCI 中的字段满足表 9-4，则指示 DLSPS 或者 Configured Grant type2 去激活；

3）如果 DCI 中的字段既不满足表 9-3，也不满足表 9-4，则 UE 丢弃该 DCI。

表 9-3 DLSPS 和 Configured Grant type2 的激活 DCI 特征

字段	DCI1_0	DCI1_1	DCI0_0 或 DCI0_1
HARQ process number	0	0	0
Redundancy version	00	对于使能的 TB：设置为 00	00

表 9-4 DLSPS 和 Configured Grant type2 的去激活 DCI 特征

字段	DCI1_0	DCI0_0
HARQ process number	0	0
Redundancy version	00	00
Modulation and coding scheme	5 bit，设置为全 1	5 bit，设置为全 1
Frequency domain resource assignment	所有比特设置为全 1	所有比特设置为全 1

UE 收到 CS-RNTI 加扰的 DCI，并且 NDI 为 1，表示重传。

UE 在收到 DLSPS 去激活 DCI1_0 的最后一个符号的间隔 N 个符号之后，回复该 DCI1_0 的 ACK。如果 UE 收到 DLSPS 去激活 DCI1_0 的服务小区的参数 PDSCH-ServingCellConfig->processingType2Enabled 配置为 enable，则 $\mu=0$ 时 $N=5$，$\mu=1$ 时 $N=5.5$，$\mu=2$ 时 $N=11$；否则，$\mu=0$ 时 $N=10$，$\mu=1$ 时 $N=12$，$\mu=2$ 时 $N=22$，$\mu=3$ 时 $N=25$，其中 μ 为 PDCCH（传输 DLSPS 去激活 DCI1_0）和对应 PUCCH（传输 DLSPS 去激活 DCI1_0 的反馈）的 SCS 配置的最小值。

9.6 MAC PDU

9.6.1 DLSCH 和 ULSCH（除了透传 MAC PDU 和 RAR）

一个 MAC PDU 包含一个或多个 MAC subPDU，每个 MAC subPDU 包含下列内容之一：仅一个 MAC subheader，一个 MAC subheader 和一个 MAC SDU，一个 MAC subheader 和一个 MAC CE，一个 MAC subheader 和 padding。

每个 MAC subheader 对应一个 MAC SDU、MAC CE 或者 padding。

MAC subheader 分如下两种，每个字段的含义见 9.6.3 节。

1）应用于固定大小的 MAC CE、padding 和包含 UL CCCH 的 MAC SDU，MAC subheader 包含两个字段：R、LCID，如图 9-9 所示。

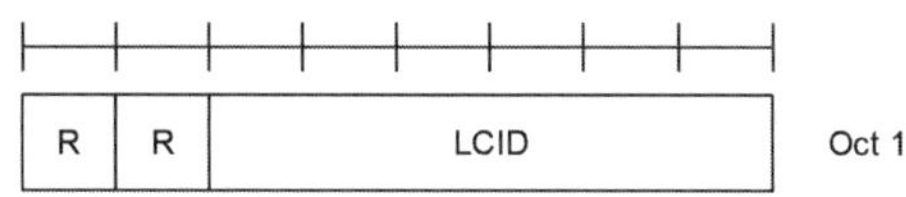

图 9-9 R/LCID MAC subheader

2）除了上述情况之外，MAC subheader 包含 4 个字段：R、F、LCID、L，具体又分两种情况，如图 9-10 和图 9-11 所示。其中，L 分别占 8 bit 和 16 bit。

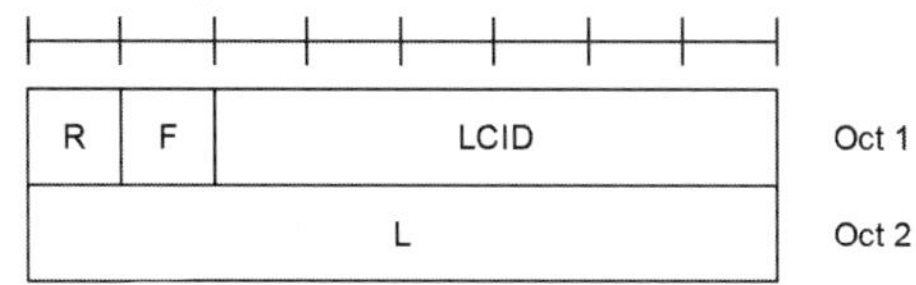

图 9-10 R/F/LCID/L MAC subheader（8 bit L 字段）

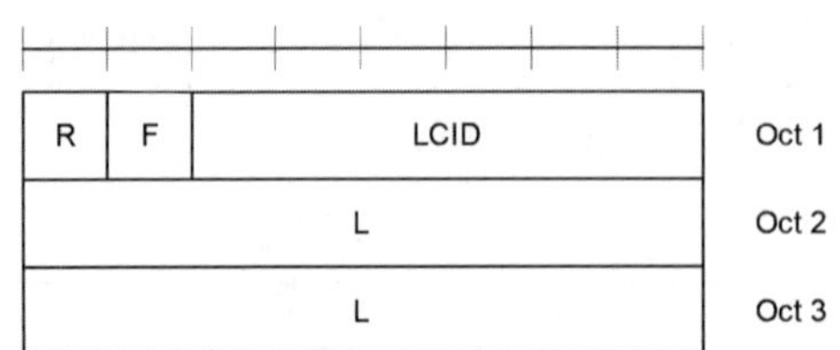

图 9-11 R/F/LCID/L MAC subheader（16 bit L 字段）

对于下行 MAC PDU，MAC CE 都放在一起，并且放在所有的 MAC SDU 前面，包含 padding 的 MAC subPDU（可能没有）放在最后面，其 padding 大小可能为 0（即只有 MAC subheader），如图 9-12 所示。

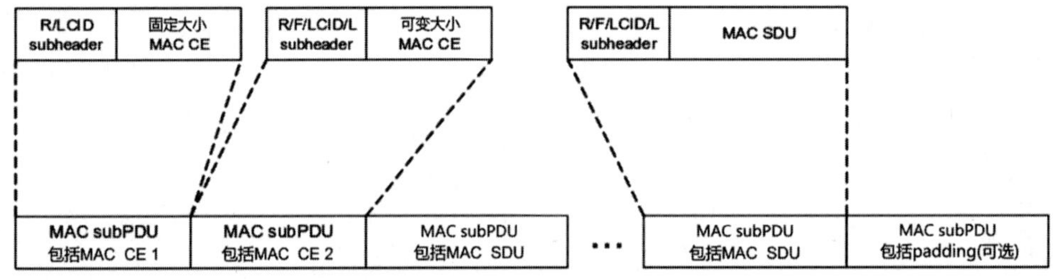

图 9-12 下行 MAC PDU 示例

对于上行 MAC PDU，MAC CE 都放在一起，并且放在所有的 MAC SDU 后面，包含 padding 的 MAC subPDU（可能没有）放在最后面，其 padding 大小可能为 0（即只有 MAC subheader），如图 9-13 所示。

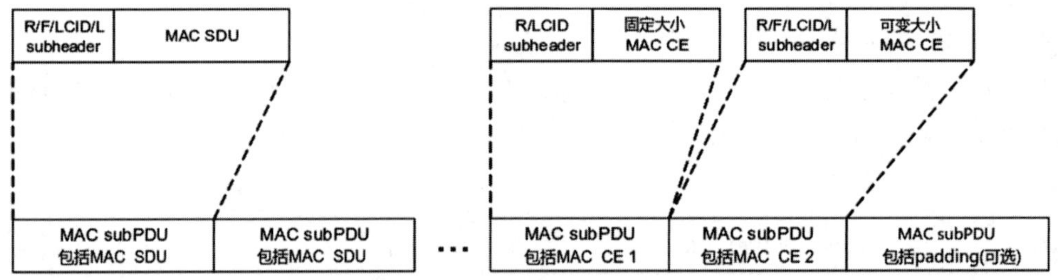

图 9-13 上行 MAC PDU 示例

9.6.2 透传 MAC PDU

透传 MAC PDU 包含一个完整的 MAC SDU，用于发送 PCH、BCH 和包含 BCCH 的 DL SCH，如图 9-14 所示。

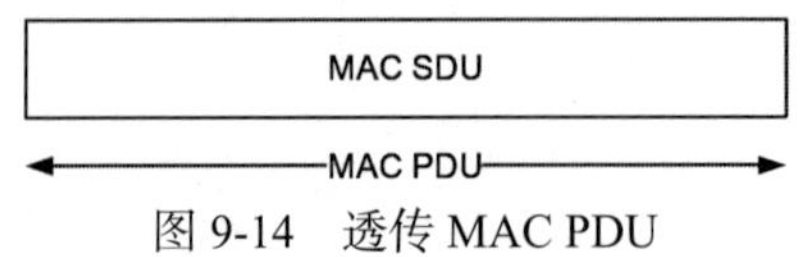

图 9-14 透传 MAC PDU

9.6.3 MAC subheader

MAC subheader 包括下面字段，8 bit 对齐。

- LCID：逻辑信道 ID，标识一个 MAC SDU、MAC CE 或者 padding，固定长度为 6 bit，取值见表 9-5 和表 9-6。
- F：指示 L 字段的大小。除了对应“固定大小的 MAC CE、padding、包含 UL CCCH 的 MAC SDU”的 MAC subheader 外，其他 MAC subheader 包含 F 字段，长度为 1 bit。其取值为 0 表示 L 字段占 8 bit，取值为 1 表示 L 字段占 16 bit。
- L：指示 MAC SDU 或者可变 MAC CE 的长度。除了对应“固定大小的 MAC CE、padding、包含 UL CCCH 的 MAC SDU”的 MAC subheader 外，其他 MAC subheader 包含 L 字段，长度由 F 字段指示。
- R：保留位，置 0。

表 9-5　DL SCH 的 LCID

取值	LCID
0	CCCH
1 ~ 32	逻辑信道 ID
33 ~ 46	保留
47	Recommended bit rate
48	SP ZP CSI-RS Resource Set Activation、Deactivation
49	PUCCH spatial relation Activation、Deactivation
50	SP SRS Activation、Deactivation
51	SP CSI reporting on PUCCH Activation、Deactivation
52	TCI State Indication for UE-specific PDCCH
53	TCI States Activation、Deactivation for UE-specific PDSCH
54	Aperiodic CSI Trigger State Subselection
55	SP CSI-RS、CSI-IM Resource Set Activation、Deactivation
56	Duplication Activation、Deactivation
57	SCell Activation、Deactivation (four octets)
58	SCell Activation、Deactivation (one octet)
59	Long DRX Command
60	DRX Command
61	Timing Advance Command
62	UE Contention Resolution Identity
63	Padding

表 9-6　UL SCH 的 LCID

取值	LCID
0	64 bit 的 CCCH
1 ~ 32	逻辑信道 ID

（续）

取值	LCID
33 ～ 51	保留
52	48 bit 的 CCCH
53	Recommended bit rate query
54	Multiple Entry PHR (four octets C_i)
55	Configured Grant Confirmation
56	Multiple Entry PHR (one octet C_i)
57	Single Entry PHR
58	C-RNTI
59	Short Truncated BSR
60	Long Truncated BSR
61	Short BSR
62	Long BSR
63	Padding

9.7 参考协议

[1] TS 38.300-fd0. NR; NR and NG-RAN Overall Description

[2] TS 38.331-fg0. NR; Radio Resource Control (RRC); Protocol specification

[3] TS 38.321-fc0. NR; Medium Access Control (MAC) protocol specification

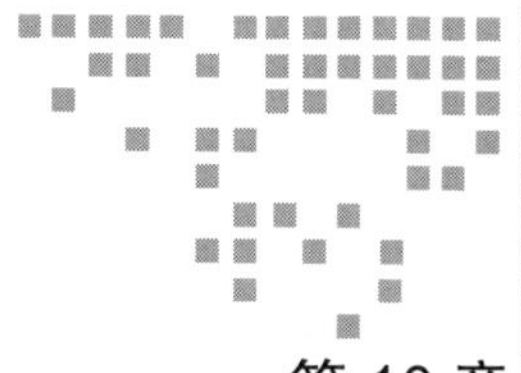

第 10 章 Chapter 10

注册和会话管理流程

本章主要介绍 UE 在 SA 组网下，经过 5G 基站接入 5G 核心网的过程，包括注册和 PDU 会话建立流程，更多的注册和会话管理流程请查看 3GPP 23.502 协议。值得注意的是，NR 的注册流程和 LTE 差异较大，LTE 是在注册的同时完成了默认承载建立，而 NR 的注册和承载建立是分开的（详见 10.3 节）。

10.1 注册

UE 发起的注册类型分为以下几种，通过 Registration request 消息的 5GS registration type IE 告知核心网。

- ❑ initial registration（初始注册）：刚开机时，UE 发起初始注册。
- ❑ mobility registration updating（移动更新注册）：当 UE 移动到不属于已注册的 TAI list 的TA（Tracking Area）时，或者当UE需要更新通过注册流程协商的能力和协议参数时，UE 发起移动更新注册。
- ❑ periodic registration updating（周期更新注册）：当周期更新定时器 T3512 超时时，UE 发起周期更新注册。
- ❑ emergency registration（紧急注册）：当 UE 在受限状态下需要紧急服务时，UE 发起紧急注册。

通过 5GS registration type IE 的"Follow-on request bit (FOR)"告知核心网，在完成注册后是否马上释放 NAS 信令连接。FOR 占 1 bit，取值为 0（No follow-on request pending），表示注册完成后释放 NAS 信令连接；取值为 1（Follow-on request pending），表示注册完成后保

持 NAS 信令连接。

如果 UE 发起紧急注册，或者希望在初始注册完成后延长 NAS 信令连接（比如有待发送的 UL 信令），UE 置 FOR 为 1。

通用的注册流程如图 10-1 所示。

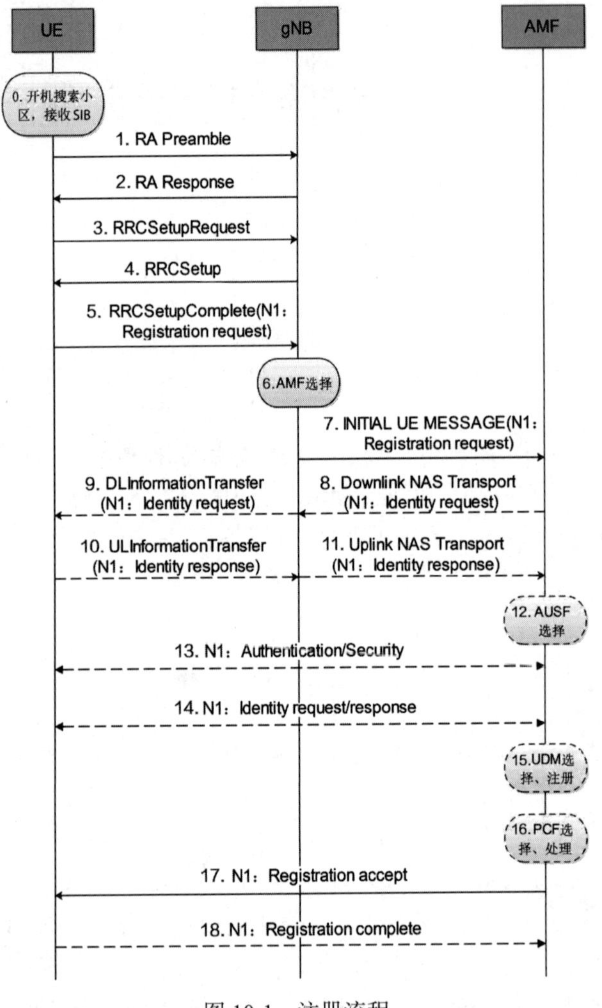

图 10-1　注册流程

下面对注册流程图中的各步骤进行详细说明。

0：UE 如果是刚开机，需要先进行物理下行同步，选择一个小区，接收 SIB，获取 RA 相关参数。

1 ～ 4：进行竞争 RA 过程，建立 RRC 连接。

5：UE 发送 RRCSetupComplete 消息（带 NAS 消息 Registration request），其中 Registration request 和 RRCSetupComplete 消息说明如下。

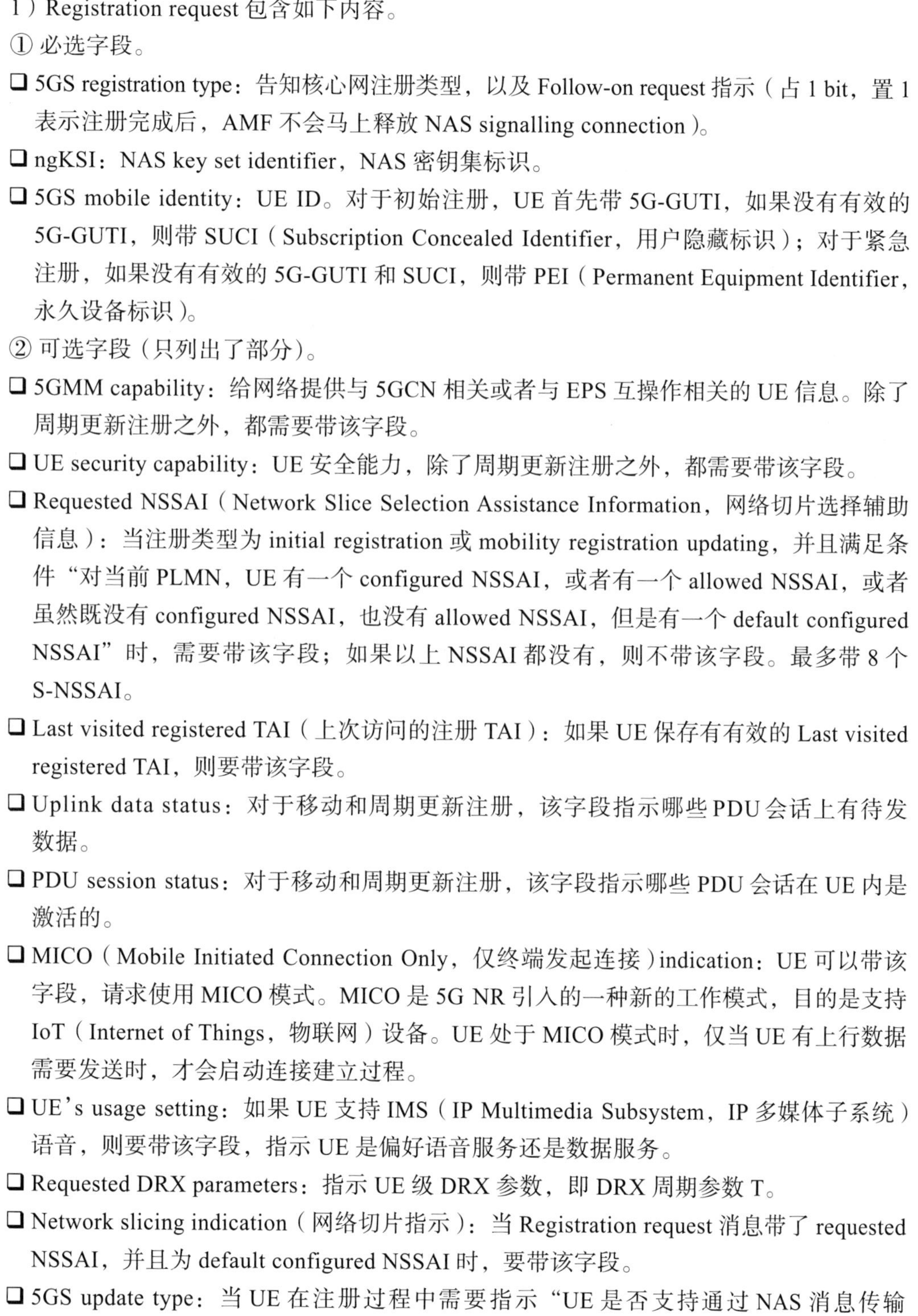

1）Registration request 包含如下内容。

① 必选字段。

- 5GS registration type：告知核心网注册类型，以及 Follow-on request 指示（占 1 bit，置 1 表示注册完成后，AMF 不会马上释放 NAS signalling connection）。
- ngKSI：NAS key set identifier，NAS 密钥集标识。
- 5GS mobile identity：UE ID。对于初始注册，UE 首先带 5G-GUTI，如果没有有效的 5G-GUTI，则带 SUCI（Subscription Concealed Identifier，用户隐藏标识）；对于紧急注册，如果没有有效的 5G-GUTI 和 SUCI，则带 PEI（Permanent Equipment Identifier，永久设备标识）。

② 可选字段（只列出了部分）。

- 5GMM capability：给网络提供与 5GCN 相关或者与 EPS 互操作相关的 UE 信息。除了周期更新注册之外，都需要带该字段。
- UE security capability：UE 安全能力，除了周期更新注册之外，都需要带该字段。
- Requested NSSAI（Network Slice Selection Assistance Information，网络切片选择辅助信息）：当注册类型为 initial registration 或 mobility registration updating，并且满足条件“对当前 PLMN，UE 有一个 configured NSSAI，或者有一个 allowed NSSAI，或者虽然既没有 configured NSSAI，也没有 allowed NSSAI，但是有一个 default configured NSSAI”时，需要带该字段；如果以上 NSSAI 都没有，则不带该字段。最多带 8 个 S-NSSAI。
- Last visited registered TAI（上次访问的注册 TAI）：如果 UE 保存有有效的 Last visited registered TAI，则要带该字段。
- Uplink data status：对于移动和周期更新注册，该字段指示哪些 PDU 会话上有待发数据。
- PDU session status：对于移动和周期更新注册，该字段指示哪些 PDU 会话在 UE 内是激活的。
- MICO（Mobile Initiated Connection Only，仅终端发起连接）indication：UE 可以带该字段，请求使用 MICO 模式。MICO 是 5G NR 引入的一种新的工作模式，目的是支持 IoT（Internet of Things，物联网）设备。UE 处于 MICO 模式时，仅当 UE 有上行数据需要发送时，才会启动连接建立过程。
- UE’s usage setting：如果 UE 支持 IMS（IP Multimedia Subsystem，IP 多媒体子系统）语音，则要带该字段，指示 UE 是偏好语音服务还是数据服务。
- Requested DRX parameters：指示 UE 级 DRX 参数，即 DRX 周期参数 T。
- Network slicing indication（网络切片指示）：当 Registration request 消息带了 requested NSSAI，并且为 default configured NSSAI 时，要带该字段。
- 5GS update type：当 UE 在注册过程中需要指示“UE 是否支持通过 NAS 消息传输

SMS 信息，或者 NG-RAN 无线能力参数是否需要更新信息”时，要带该字段。

2）RRCSetupComplete 包含如下内容。

① 必选字段。

- selectedPLMN-Identity：UE 选择的 PLMN。
- dedicatedNAS-Message：携带 NAS 消息。

② 可选字段。

- registeredAMF：UE 已注册 AMF 的 GUAMI（Globally Unique AMF ID，全球唯一 AMF 标识）。
- guami-Type：指示 GUAMI 来自 5G-GUTI 还是 EPS GUTI。
- s-NSSAI-List：UE NAS 提供的 S-NSSAI 列表。
- ng-5G-S-TMSI-Value：5G-S-TMSI 值。

6：当 RRCSetupComplete 没有带 5G-S-TMSI 或 GUAMI，或者 5G-S-TMSI 或 GUAMI 指示的不是一个有效的 AMF 时，gNB 基于 Requested NSSAI（如果有）和本地策略进行 AMF 选择。

7：gNB 选择好 AMF 后，发送 INITIAL UE MESSAGE 消息（带 NAS 消息 Registration request），包含如下内容。

① 必选字段。

- RAN UE NGAP ID：gNB 为该 UE 分配的唯一标识。
- NAS-PDU：即透传的 Registration request。
- User Location Information：包含LTE、NR或非3GPP下UE的位置信息。对于NR来说，包含 NR CGI（Cell Global Identity，小区全球识别码）和 TAI 等信息。
- RRC Establishment Cause：取值为emergency、highPriorityAccess、mt-Access、mo-Signalling、mo-Data、mo-VoiceCall、mo-VideoCall、mo-SMS、mps-PriorityAccess、mcs-PriorityAccess、…、notAvailable。

② 可选字段（只列出了部分）。

- 5G-S-TMSI：如果 RRCSetupComplete 带了 5G-S-TMSI，则 gNB 带该字段。
- UE Context Request：如果带该字段，则 AMF 触发 Initial Context Setup 过程。
- Allowed NSSAI：允许的 NSSAI。

8～11：如果 AMF 没有获得 UE 的 SUCI，则发起 Identity Request 过程请求 SUCI。

12～13：AMF 选择 AUSF，进行鉴权、安全过程。

14：如果 AMF 没有获得 UE 的 PEI，则发起 Identity Request 过程请求 PEI（PEI 必须加密传输，除非 UE 进行紧急注册不能鉴权）。对于紧急注册，UE 可以在 Registration request 里带 PEI，如果是这样，则跳过该 Identity 过程。

注：8～11、13 和 14 在空口和 NG 口，上下行都是直传消息。

15～16：进行 UDM 和 PCF 相关处理，具体可查看 3GPP 23.502 协议。

17：发送 Registration accept 消息。如果 INITIAL UE MESSAGE 消息没有带 UE Context Request IE，则 AMF 发送 Downlink NAS Transport 消息（带 NAS 消息 Registration accept），空口 gNB 发送 DLInformationTransfer 消息（带 NAS 消息 Registration accept）。如果 INITIAL UE MESSAGE 消息带了 UE Context Request IE，则 AMF 发送 INITIAL CONTEXT SETUP REQUEST 消息（带 NAS 消息 Registration accept），空口 gNB 还是发送 DLInformationTransfer 消息（带 NAS 消息 Registration accept）。详细过程见 10.3 节。Registration accept 消息包含如下内容。

① 必选字段。

- 5GS registration result：告知 UE 注册结果，取值为 3GPP access、Non-3GPP access 或者 3GPP access and non-3GPP access；告知 UE 是否允许经过 NAS 传输 SMS（Short Message Service，短消息业务）。

② 可选字段（只列出了部分）。

- 5G-GUTI：核心网分给 UE 的 5G-GUTI。
- Equivalent PLMNs：等效 PLMN 列表。
- TAI list：TAI 列表。
- Allowed NSSAI：允许的 NSSAI，即当前服务 PLMN 的当前注册域内，允许 UE 使用的 S-NSSAI。在以下情况下带该字段。
  - UE 在 Registration request 消息带了 Requested NSSAI，网络允许其中的一个或多个 S-NSSAI（验证UE的Subscribed S-NSSAI，取Requested NSSAI和Subscribed S-NSSAI 的交集为允许的 S-NSSAI）。
  - Registration request 消息没有带 Requested NSSAI，或者 Requested NSSAI 不在 UE 签约的 S-NSSAI 当中，但是网络有一个或多个标记为默认可用的 Subscribed S-NSSAI。
- Rejected NSSAI：拒绝的 NSSAI。
- Configured NSSAI：当前 PLMN 配置的 NSSAI。
- PDU session status：当前接入网的 PDU 会话在网络的激活状态。
- MICO indication：如果 Registration request 消息带了 MICO indication，并且网络支持和同意使用 MICO 模式，则带该字段。
- Network slicing indication：如果 UE 在 UDM 签约的网络切片信息发生变化，则带该字段。
- T3512 value：周期更新定时器 T3512。
- T3502 value：定时器 T3502。
- NSSAI inclusion mode：NSSAI 包含模式，用于 UE NAS 层通知 RRC 层在 RRCSetup-Complete 消息是否包含 NSSAI。
- Negotiated DRX parameters：如果 Registration request 消息带了 Requested DRX parameters，

则带该字段。

18：以下情况下 UE 回复 Registration complete（空口为 ULInformationTransfer 消息，NG 口为 Uplink NAS Transport 消息）：Registration accept 分配了新的 5G-GUTI；或者 Registration accept 带了 Network slicing indication，指示 UE 的网络切片签约信息发生变化；或者 Registration accept 带了新的 configured NSSAI。

10.2 PDU 会话建立

5G 系统中 PDU 会话（PDU session）的类型分为 IPv4、IPv6、IPv4IPv6、Unstructured 和 Ethernet。每个 PDU 会话有各自的 SSC（Session and Service Continuity，会话和服务连续性）mode，并且在 PDU 会话的整个生命周期内不能改变。SSC mode 分下面 3 种。

1）SSC mode1：网络会一直维持在 PDU 会话建立时充当 PDU 会话锚点的 UPF。SSC mode1 可以应用于任何 PDU 会话类型和任何接入类型。

2）SSC mode2：如果 SSC mode2 的 PDU 会话只有一个 PDU 会话锚点，那么网络可以在触发 PDU 会话释放之后，马上建立一个新的 PDU 会话（接入同一个 DN）。SSC mode2 可以应用于任何 PDU 会话类型和任何接入类型。

3）SSC mode3：网络允许 UE 先前的 PDU 会话锚点的连接被释放之前，先建立一条新 PDU 会话锚点的连接（接入同一个 DN）。在 R15 协议版本中，SSC mode3 仅可应用于 IP 类型的 PDU 会话，应用于任何接入类型。

PDU 会话建立只能由 UE 发起，且只能在 connected 状态下发起。如果是在 IDLE 状态下，UE 需要先触发 service request 建立 NAS 信令连接，再发起 PDU 会话建立流程。

非漫游的 PDU 会话建立流程如图 10-2 所示。

下面对 PDU 会话建立流程图中的各步骤进行详细说明。

0：如果是在 IDLE 下，UE 需要先发起 service request 建立 NAS 信令连接；如果是在 connected 下，UE 可以直接发起 PDU 会话建立流程。

1～2：UE 的 NAS-SM 层生成 PDU session establishment request 消息，封装在 NAS-MM 层的 UL NAS transport 消息中，再封装在 UE RRC 层的 ULInformationTransfer 消息中，通过空口发给 gNB，gNB 生成 UPLINK NAS TRANSPORT 消息，把 NAS-PDU 透传给 SMF。PDU session establishment request 和 UL NAS transport 消息说明如下。

1）PDU session establishment request 消息内容如下。

① 必选字段。

- PDU session ID：UE 分配 PDU 会话 ID，取值范围为 1～15。
- Integrity protection maximum data rate：UE 支持的用户面完保的最大数据速率，包括上行和下行。

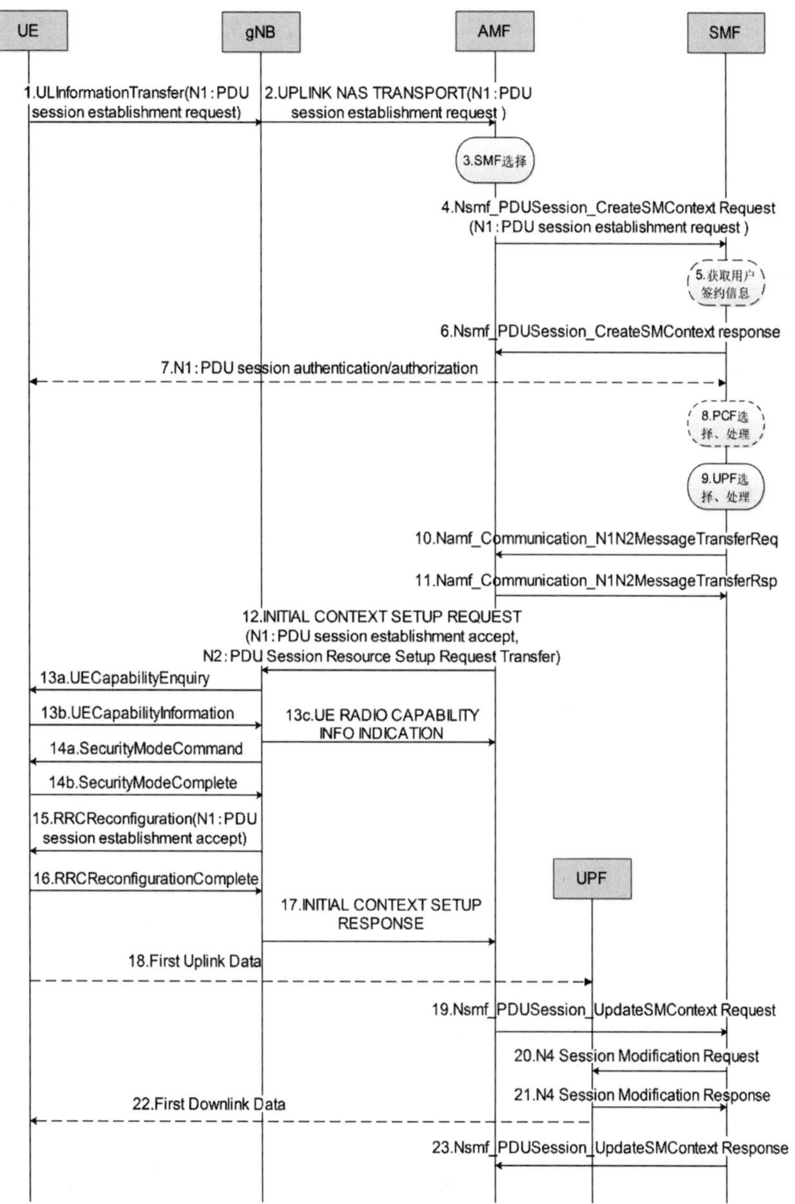

图 10-2　非漫游的 PDU 会话建立流程图

② 可选字段（只列出了部分）。

- PDU session type：新建立一个 PDU 会话时，带该字段，取值为 IPv4、IPv6、IPv4IPv6、Unstructured 或 Ethernet。
- SSC mode：UE 请求的 SSC 模式。
- 5GSM capability：5GSM 能力参数，包括是否支持映射 QoS 和是否支持多宿主 IPv6

PDU会话。

❑ Maximum number of supported packet filters：UE支持的包分类规则最大个数。当UE支持大于16个包分类规则，并且PDU会话类型是IPv4、IPv6、IPv4IPv6或Ethernet时，带该字段。

❑ Always-on PDU session requested：当UE请求建立永久在线的PDU会话时，带该字段。

2）UL NAS transport 消息内容如下。

① 必选字段。

❑ Payload container type：取值为N1 SM information。

❑ Payload container：带N1 SM消息。

② 可选字段（只列出了部分）。

❑ PDU session ID：当Payload container type IE为N1 SM information时，要带该字段。

❑ Request type：PDU会话建立或者修改时，要带该字段。取值为initial request、existing PDU session、initial emergency request、existing emergency PDU session或modification request。

❑ S-NSSAI：当Request type IE为initial request或existing PDU session，并且Payload container type IE为N1 SM information时，可以带该字段。

3：选择SMF，具体过程请参看3GPP 23.502协议。

4：AMF决定S-NSSAI，把PDU session establishment request消息和S-NSSAI发给SMF。

5～6：SMF获取用户签约信息，回复应答。

7：PDU会话认证、授权流程，具体过程请参看3GPP 23.502协议。

8～9：PCF和UPF相关处理，具体过程请参看3GPP 23.502协议。

10：SMF生成N1 PDU session establishment accept消息（内容请参看3GPP 24.501协议）和N2 PDU Session Resource Setup Request IE（内容请参看3GPP 38.413协议），发给AMF。

11：AMF回复应答消息。

12：AMF生成INITIAL CONTEXT SETUP REQUEST消息，携带来自SMF的N1消息（封装到NAS-MM消息DL NAS transport中）和N2 IE，发给gNB。

【注意】如果在连接态，UE的初始上下文已经成功建立，那么12为PDU SESSION RESOURCE SETUP REQUEST消息，17为PDU SESSION RESOURCE SETUP RESPONSE消息。

13a～13c：能力查询过程。

14a～14b：空口安全过程。

【注意】如果在连接态，UE的初始上下文已经成功建立，那么此时无能力查询和空口安全过程。

15：gNB生成RRCReconfiguration消息，把NAS-MM消息DL NAS transport（带SMF的N1 PDU session establishment accept消息）透传给UE。

16～17：UE回复RRCReconfigurationComplete消息，gNB收到后回复INITIAL CONTEXT SETUP RESPONSE消息。

18：UE 可以发送上行数据。

19 ～ 23：SMF 和 UPF 更新 PDU 会话相关信息。

22：UPF 可以发送下行数据。

PDU 会话释放可以由 UE 和核心网发起（核心网的 AMF、SMF 和 PCF 都可以发起 PDU 会话释放流程）。去注册可以由 UE 和核心网发起。具体过程请参看 3GPP 23.502 协议。

10.3 总结

UE 进行初始注册，然后进行 PDU 会话建立，有下面两种典型过程，具体使用哪种过程取决于各厂家的实现。

过程 1：UE 在 Registration request 消息中置 Follow-on request bit (FOR) 为 1，gNB 在 INITIAL UE MESSAGE 消息中不带 UE Context Request，流程如图 10-3 所示。

过程 2：UE 在 Registration request 消息中置 Follow-on request bit (FOR) 为 1，gNB 在 INITIAL UE MESSAGE 消息中带 UE Context Request，流程如图 10-4 所示。

过程 1 和过程 2 的主要区别在于，过程 2 的 UE 上下文在注册过程中已经建立好了，空口 SMC 过程建立较早，因此带 Registration accept 的 RRC 消息 DLInformationTransfer 是加密发送的。

10.4 参考协议

[1] TS 38.331-fg0. NR; Radio Resource Control (RRC); Protocol specification

[2] TS 23.501-fc0. System architecture for the 5G System (5GS)

[3] TS 23.502-ff0. Procedures for the 5G System(5GS)

[4] TS 24.501-f60. Non-Access-Stratum (NAS) protocol for 5G System (5GS); Stage 3

[5] TS 38.413-fd0. NG-RAN;NG Application Protocol (NGAP)

[6] TS 29.502-fa0. 5G System; Session Management Services

[7] TS 29.518-fc0. 5G System; Access and Mobility Management Services

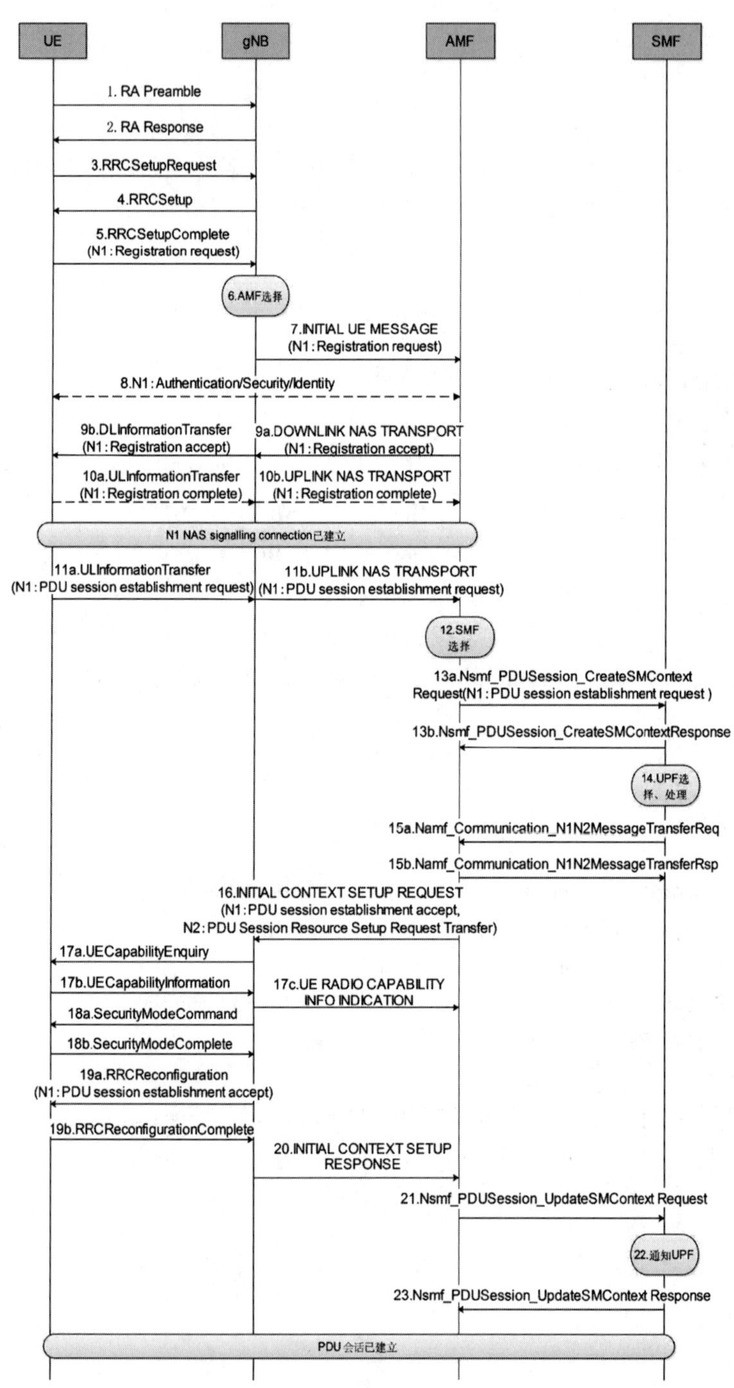

图 10-3　注册和 PDU 会话建立流程图 1

注：gNB 发起 Initial UE Message 时如果不带 UE Context Request IE，AMF 是回复 Downlink NAS Transport 还是 Initial Context Setup Request，取决于运营商配置。

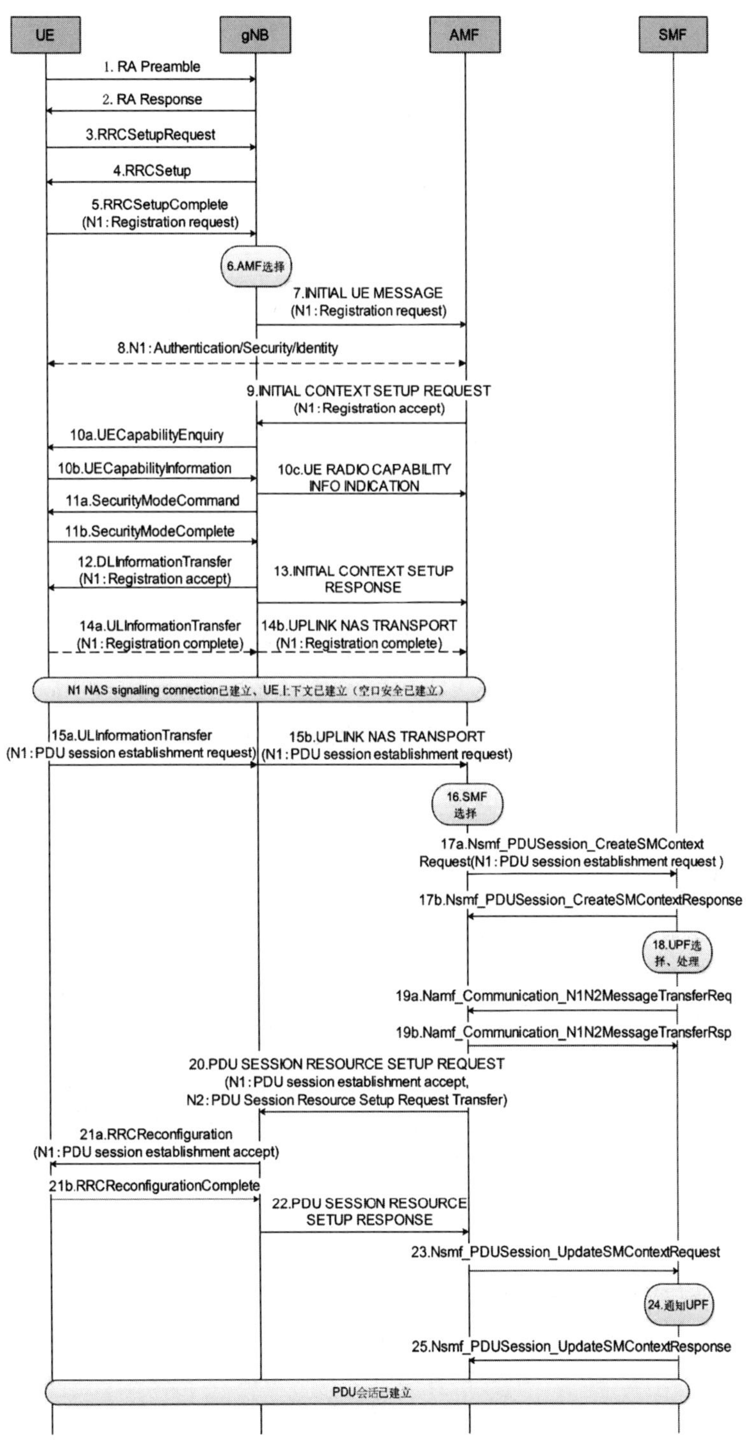

图 10-4　注册和 PDU 会话建立流程图 2

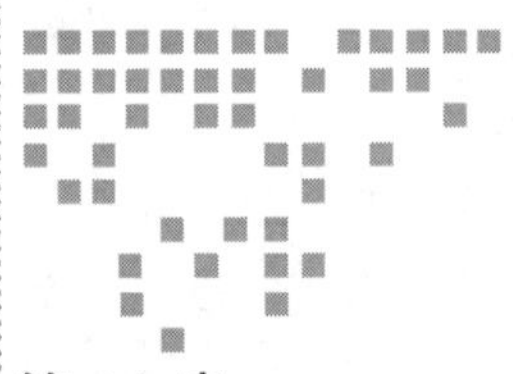

Chapter 11 第 11 章

5G 关键技术

本章主要介绍 BWP（Bandwidth Part，部分带宽）、QCL（Quasi Co-Location，准共站址）、DC（Dual Connectivity，双连接）、网络切片和 QoS（Quality of Service，服务质量）等 5G 关键技术。其中，BWP 和网络切片是 NR 新引入的技术，而 QCL、DC 和 QoS 是在 4G 技术上引入了新的内容。

11.1 部分带宽

5G 的最小带宽为 5 MHz，最大带宽为 400 MHz，UE 在大部分时间不会占满全部带宽。引入 BWP 后，UE 只在激活 BWP 内收发数据，这样可以有效降低 UE 的功耗。另外，不同 BWP 可以有不同的子载波间隔，这样也便于适应 5G 的多种业务类型。BWP 具体内容请参见 2.7 节。

UE 接入后，可以配置多个 BWP，根据业务量、信道情况和带宽使用情况在多个 BWP 之间进行动态切换。如图 11-1 所示，给 UE 配置了 3 个 BWP：

- ❑ BWP1，带宽 40 MHz，SCS 15 kHz；
- ❑ BWP2，带宽 10 MHz，SCS 15 kHz；
- ❑ BWP3，带宽 20 MHz，SCS 60 kHz。

第一阶段，UE 的业务量较大，需要使用大带宽，激活 BWP1；第二阶段，UE 的业务量较小，使用小带宽即可，激活 BWP2；第三阶段，网络发现 BWP2 所在带宽内有较大干扰，或者 BWP2 所在带宽内资源较为紧缺，于是激活了 UE 的 BWP3。

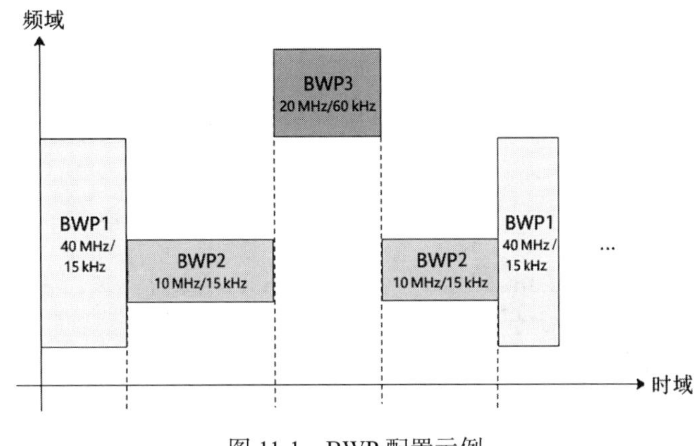

图 11-1　BWP 配置示例

11.2　准共站址

如果一个天线端口上传输的符号的大尺度信道特性，可以从另一个天线端口上传输的符号的信道特性推知，那么这两个天线端口称为准共站址（Quasi Co-Location，QCL）。大尺度特性包括一个或者多个时延扩展（delay spread）、多普勒扩展（Doppler spread）、多普勒偏移（Doppler shift）、平均增益（average gain）、平均时延（average delay）和空间接收参数（Spatial Rx parameter）。

QCL 的概念是随着 LTE 的 CoMP 技术引入的，当 UE 从不同的传输点接收数据时，空间差异会导致从不同传输点接收到的数据的大尺度衰落特性不同，而这会影响信道估计的准确性，因此，不同传输点发出的信号需要使用不同的信道估计参数。NR 相对于 LTE，需要考虑 6 GHz 以上不同波束对信道特性的影响，新引入了空间接收参数，如果两个天线端口的空间接收参数为 QCL 关系，则认为可以使用相同的波束来接收这两个端口的数据。

两个天线端口的 QCL 类型包括 QCL-TypeA、QCL-TypeB、QCL-TypeC 和 QCL-TypeD，见表 11-1。

表 11-1　QCL 类型

类型	特性	用途
QCL-TypeA	多普勒偏移、多普勒扩展、平均时延、时延扩展	用于信道估计
QCL-TypeB	多普勒偏移、多普勒扩展	用于信道估计
QCL-TypeC	多普勒偏移、平均时延	针对 SSB 作为 QCL 参考，获得粗略的大尺度特性
QCL-TypeD	空间接收参数	6 GHz 以上频段使用，隐含指示 UE 使用的接收波束

本节区分 PDCCH、PDSCH 和 CSI-RS/TRS/CSI-IM 分别描述各自的 QCL 相关过程。

11.2.1 参数介绍

1. 用于 PDCCH

CORESET 的 QCL 参数如下，属于 UE 的 BWP 级参数，通过 PDCCH-Config 或者 PDCCH-ConfigCommon 配置。

```
ControlResourceSet ::=              SEQUENCE {
...
    tci-StatesPDCCH-ToAddList           SEQUENCE(SIZE (1..maxNrofTCI-StatesPDCCH))
        OF TCI-StateId    OPTIONAL, -- Cond NotSIB1-initialBWP
    tci-StatesPDCCH-ToReleaseList       SEQUENCE(SIZE (1..maxNrofTCI-StatesPDCCH))
        OF TCI-StateId    OPTIONAL, -- Cond NotSIB1-initialBWP
    tci-PresentInDCI          ENUMERATED {enabled}       OPTIONAL, -- Need S
    ...
}
```

参数解释如下。

- ❑ tci-StatesPDCCH-ToAddList、tci-StatesPDCCH-ToReleaseList：配置 CORESET 的 TCI（Transmission Configuration Indicator，传输配置指示）状态，如果大于 1 个，需要通过 MAC CE 激活。指示的 TCI-StateId 是该 CORESET 所属的小区和 BWP 的 pdsch-Config 配置的 TCI state。SIB1 不能配置该参数；如果广播了 SIB1，则初始 BWP 的公共参数 PDCCH-ConfigCommon 不能配置该参数；其他情况，可选配置该参数。
- ❑ tci-PresentInDCI：指示 DCI1_1 是否带 TCI 字段。如果不配置该参数，则 DCI1_1 无 TCI 字段；否则，DCI1_1 有 TCI 字段。对于跨载波调度的调度小区的 CORESET，该参数必须配置。
- ❑ maxNrofTCI-StatesPDCCH：取值为 64。

2. 用于 PDSCH

PDSCH 的 QCL 参数如下，属于 UE 的 BWP 级参数，可选配置。

```
PDSCH-Config ::=                        SEQUENCE {
    ...
    tci-StatesToAddModList             SEQUENCE (SIZE(1..maxNrofTCI-States)) OF TCI-
        State                         OPTIONAL,    -- Need N
    tci-StatesToReleaseList            SEQUENCE (SIZE(1..maxNrofTCI-States)) OF TCI-
        StateId                       OPTIONAL,    -- Need N
    ...
}
```

参数解释如下。

- ❑ tci-StatesToAddModList、tci-StatesToReleaseList：配置 PDSCH 的 TCI state，即配置 PDSCH DMRS 和下行 RS 的 QCL 关系。
- ❑ maxNrofTCI-States：取值为 128。

```
TCI-State ::=        SEQUENCE {
    tci-StateId                TCI-StateId,
    qcl-Type1                  QCL-Info,
    qcl-Type2                  QCL-Info           OPTIONAL,    -- Need R
    ...
}
QCL-Info ::=         SEQUENCE {
    cell                  ServCellIndex           OPTIONAL,    -- Need R
    bwp-Id                BWP-Id                  OPTIONAL, -- Cond CSI-RS-Indicated
    referenceSignal       CHOICE {
        csi-rs                         NZP-CSI-RS-ResourceId,
        ssb                            SSB-Index
    },
    qcl-Type                      ENUMERATED {typeA, typeB, typeC, typeD},
    ...
}
TCI-StateId ::=                   INTEGER (0..maxNrofTCI-States-1)
```

参数解释如下。

- ❑ tci-StateId：取值范围为 0 ～ 127，最多有 128 个 TCI state。
- ❑ QCL-Info：一个 TCI state 最多配置两个下行 RS 和对应的 QCL 类型。这两个下行 RS 可以相同，也可以不相同，但是两个下行 RS 的 QCL 类型不能相同。包括下面参数。
    - ● cell：下行RS所在的服务小区。如果不配置该参数，则为配置TCI-State的服务小区。仅当 qcl-Type 为 typeC 或 typeD 时，参考信号才可以是其他服务小区的。
    - ● bwp-Id：当下行 RS 为 CSI-RS 时，该字段强制存在，否则，不存在。指示 CSI-RS 所在的 BWP。
    - ● referenceSignal：配置参考信号，SSB 或者 CSI-RS。
    - ● qcl-Type：配置 QCL 类型。

3. UE 能力

PDSCH 和 PDCCH QCL 相关能力参数，属于 per band 参数（band 级参数），通过 BandNR-> MIMO-ParametersPerBand 配置。

```
MIMO-ParametersPerBand ::=       SEQUENCE {
    tci-StatePDSCH                        SEQUENCE {
        maxNumberConfiguredTCIstatesPerCC  ENUMERATED {n4, n8, n16, n32, n64, n128}
                                                                        OPTIONAL,
        maxNumberActiveTCI-PerBWP          ENUMERATED {n1, n2, n4, n8}   OPTIONAL
    }                                                                   OPTIONAL,
    additionalActiveTCI-StatePDCCH         ENUMERATED {supported}        OPTIONAL,
    ...
}
```

参数解释如下。

- ❑ tci-StatePDSCH：UE 上报的 PDSCH 相关的 TCI state 能力。

● maxNumberConfiguredTCIstatesPerCC：每小区支持的 PDSCH 配置的最大 TCI state 个数。对于 FR1，强制填写至少为支持的频带所允许的最大 SSB 个数；对于 FR2，强制填写至少为 64，128 为可选值。

● maxNumberActiveTCI-PerBWP：每 BWP 支持的最大激活 TCI state 个数，包括 PDSCH 和 PDCCH。

❑ additionalActiveTCI-StatePDCCH：指示 PDCCH 是否支持额外的激活 TCI state。仅当 maxNumberActiveTCI-PerBWP 存在时才可以带该参数，否则不能带该参数。

QCL-TypeD 相关能力参数，属于 per band per band combination 参数（band combination 内 band 级参数），通过 FeatureSetDownlink->timeDurationForQCL 配置。

```
timeDurationForQCL          SEQUENCE {
        scs-60kHz               ENUMERATED {s7, s14, s28}           OPTIONAL,
        scs-120kHz              ENUMERATED {s14, s28}               OPTIONAL
}
```

参数解释如下。

timeDurationForQCL：对于 QCL-TypeD，定义 UE 执行 PDCCH 接收并应用 DCI 中接收的用于 PDSCH 处理的空间 QCL 信息所需的最小符号数。取值 s7，表示 PDCCH 的最后一个符号结束，到对应的 PDSCH 的第一个符号开始，之间的间隔需要大于或等于 7 个符号。如果 PDCCH 到 PDSCH 的间隔小于 timeDurationForQCL，则 PDSCH 不能使用 DCI 中指示的 PDSCH 的 QCL-TypeD 信息。该时间间隔主要用于 DCI 译码和接收波束调整。

11.2.2 相关 MAC CE

1. 用于 PDCCH

UE 通过接收 TCI State Indication for UE-specific PDCCH MAC CE 来指示 CORESET 上接收的 PDCCH 的 TCI state ID。当给 UE 配置的 CORESET 的 TCI state 只有 1 个时，gNB 不用发送该 MAC CE。该 MAC CE 长度固定为 16 bit，内容如图 11-2 所示。

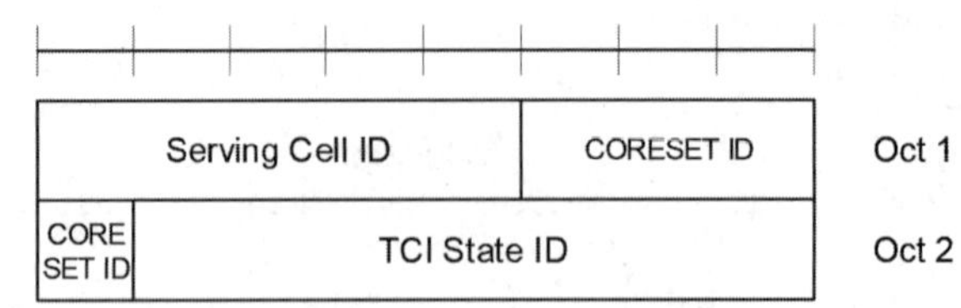

图 11-2　TCI State Indication for UE-specific PDCCH MAC CE

字段解释如下。

❑ Serving Cell ID：指示该 MAC CE 应用的服务小区 ID。

❑ CORESET ID：指示该 MAC CE 应用的 CORESET ID。

❑ TCI State ID：指示 CORESET 使用的 TCI State ID。对于 CORESET0，指示当前激活

BWP 的 PDSCH-Config 中的 tci-States-ToAddModList 和 tci-States-ToReleaseList 配置的前 64 个 TCI state；对于非 CORESET0，指示该 CORESET 的 tci-StatesPDCCH-ToAddList 和 tci-StatesPDCCH-ToReleaseList 配置的 TCI state。

MAC CE 指示的 TCI state 的生效时间为：如果 UE 收到 TCI State Indication for UE-specific PDCCH MAC CE，将要在 PUCCH 的 slot k 反馈该 MAC CE 的 AN，那么激活的 TCI state 在 slot $k+3\cdot N_{\text{slot}}^{\text{subframe},\mu}$ 之后的第一个 slot 开始使用，μ 为对应 PUCCH 的 SCS。

2. 用于 PDSCH

UE 通过接收 TCI States Activation/Deactivation for UE-specific PDSCH MAC CE 来激活 PDSCH 的 TCI state。初始接入配置或者切换后，需要通过该 MAC CE 来激活 PDSCH 的 TCI state，在收到该 MAC CE 前，认为配置的 PDSCH 的 TCI state 都是非激活的。该 MAC CE 长度可变，内容如图 11-3 所示。

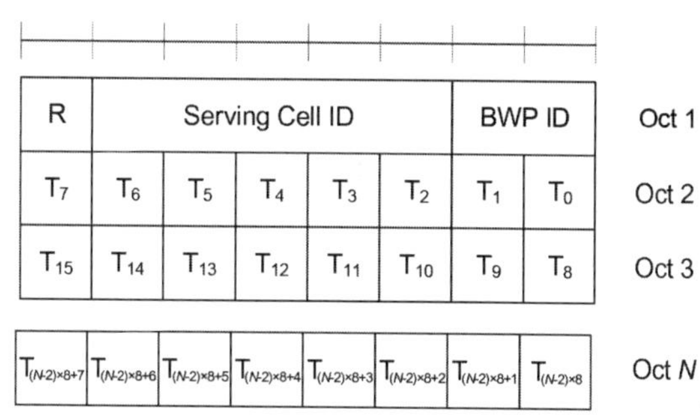

图 11-3 TCI States Activation/Deactivation for UE-specific PDSCH MAC CE

字段解释如下。

- Serving Cell ID：指示该 MAC CE 应用的服务小区 ID。
- BWP ID：指示该 MAC CE 应用的 BWP ID。
- T_i：每位对应 TCI-StateId i，置 0 表示去激活该 TCI-StateId，置 1 表示激活该 TCI-StateId。最多激活 8 个 TCI state，再通过 DCI1_1 的 Transmission configuration indication 字段（占 3 bit）指示使用哪一个 TCI state，取值 0 表示使用 MAC CE 激活的第 1 个置为 1 的 TCI state，取值 1 表示使用 MAC CE 激活的第 2 个置为 1 的 TCI state，以此类推，取值 7 表示使用 MAC CE 激活的第 8 个置为 1 的 TCI state。

MAC CE 指示的 TCI state 的生效时间为：如果 UE收到 TCI States Activation/Deactivation for UE-specific PDSCH MAC CE，将要在 PUCCH 的 slot n 反馈该 MAC CE 的 AN，那么激活的 TCI state 在 slot $n+3\text{N}_{\text{slot}}^{\text{subframe},\mu}$ 之后的第一个 slot 开始使用，μ 为对应 PUCCH 的 SCS。

11.2.3 QCL 说明

1. PDCCH

CORESET0 和非 CORESET0 的 TCI state 处理不同，本节分别进行描述。CORESET0 不

能配置自己的 TCI state，但是可以通过 TCI State Indication for UE-specific PDCCH MAC CE 给 UE 的 CORESET0 指定 TCI state，其 TCI state 配置来自对应激活 BWP 的 PDSCH-Config。非 CORESET0 可以配置自己的 TCI state，如果配置的 TCI state 大于 1 个，那么需要通过 TCI State Indication for UE-specific PDCCH MAC CE 指示使用哪一个。

对于 CORESET0，PDCCH DMRS 的 QCL 关系如下。

1）在给 CORESET0 指示 TCI state 之前，UE 假定使用 CORESET0 调度的公共业务（比如 RMSI、OSI、paging、Msg2/Msg4），其 PDCCH 以及对应的 PDSCH 与对应 SSB是 QCL 的，QCL 类型为 average gain、QCL-TypeA 和 QCL-TypeD（6 GHz 以上频段）。对应 SSB 详细说明如下。

- ❑ RMSI：searchSpace0 指定的 PDCCH检测时机关联的 SSB。
- ❑ OSI：如果使用 searchSpace0，同 RMSI；如果不使用 searchSpace0，则每个 OSI PDCCH 检测时机对应 1 个 SSB 索引，具体见第 2 章中 OSI 相关内容。
- ❑ paging：如果使用 searchSpace0，同 RMSI；如果不使用 searchSpace0，则每个 paging PDCCH 检测时机对应 1 个 SSB 索引，具体见第 4 章中寻呼相关内容。
- ❑ Msg2/Msg4：虽然会配置单独的 ra-SearchSpace，但 PDCCH 检测时机不对应到 SSB 索引，而使用RA过程关联的SSB(preamble关联的SSB)，具体见第 3 章RA相关内容。

2）UE 接入成功后，可以给 UE 的专用 PDSCH 配置 TCI state，并且可以发送 TCI State Indication for UE-specific PDCCH MAC CE 指示 CORESET0 的 TCI state，其 TCI state 即当前激活 BWP 的 PDSCH 配置的 TCI state。此时，CORESET0 和以下下行 RS 是 QCL 的。

- ❑ 如果收到了指示 CORESET0 的 TCI state 的 MAC CE“TCI State Indication for UE-specific PDCCH MAC CE”，则 CORESET0 和该 TCI state 配置的下行 RS 为 QCL 关系。

【说明】如果 PDSCH-config 只配置了 1 个 TCI state，也需要通过上述 MAC CE 来激活 CORESET0 的 TCI state。

- ❑ 如果最近的 RA 过程之后，没有收到过指示 CORESET0 的 TCI state 的 MAC CE“TCI State Indication for UE-specific PDCCH MAC CE”，则 CORESET0 和 UE 最近的 RA 过程（除了 PDCCH order 触发的非竞争 RA）关联的 SSB 为 QCL 关系。

对于非 CORESET0，PDCCH DMRS 的 QCL 关系如下：

1）如果 UE 在该 CORESET 没有配置 tci-StatesPDCCH-ToAddList 和 tci-StatesPDCCH-ToReleaseList，或者通过 tci-StatesPDCCH-ToAddList 和 tci-StatesPDCCH-ToReleaseList 配置了超过 1 个 TCI state，但是没有收到 MAC CE 激活命令，则 UE 假定 PDCCH DMRS 和初始 RA 过程关联的 SSB 是 QCL 的。

2）如果 reconfigurationWithSync 的重配通过 tci-StatesPDCCH-ToAddList 和 tci-States-PDCCH-ToReleaseList 配置了超过 1 个 TCI state，但是没有收到 MAC CE 激活命令，则 UE 假定 PDCCH DMRS 和 reconfigurationWithSync 的 RA 过程关联的 SSB 或者 CSI-RS 是 QCL 的。

3）如果该 CORESET 只配置了一个 TCI sate（这种情况不需要通过 MAC CE 来激活），

或者收到了 MAC CE 激活命令指示 1 个 TCI state，则 PDCCH DMRS 应用该 TCI state。

合法的 PDCCH DMRS 的 TCI state 见表 11-2。

表 11-2 PDCCH DMRS 的 TCI state

	下行 RS 1	QCL-Type1	下行 RS 2（如适用）	QCL-Type2（如适用）
1	TRS	QCL-TypeA	同一个 TRS	QCL-TypeD
2	TRS	QCL-TypeA	CSI-RS（repetition）	QCL-TypeD
3	CSI-RS	QCL-TypeA	同一个 CSI-RS	QCL-TypeD
4	对应 SSB	average gain、QCL-TypeA	同一个 SSB	QCL-TypeD

注：最后一行是 UE 在 PDCCH TCI state 激活前的默认使用组合。QCL-TypeD 只适用于 6 GHz 以上频段。

2. PDSCH

UE 可以通过能力信息上报支持的 PDSCH TCI state 个数和每个 BWP 支持的激活 PDSCH TCI state 个数。首先，gNB 参考 UE 能力，通过 RRC 信令给 UE 配置一个或多个 PDSCH TCI state；其次，通过 TCI States Activation/Deactivation for UE-specific PDSCH MAC CE 来激活最多 8 个 PDSCH TCI state；最后，通过 DCI 的 Transmission configuration indication 字段指示对应调度的 PDSCH 使用哪个激活的 TCI state。

UE 在收到 PDSCH 的 TCI 配置但还未激活之前（特别说明：即使只配置了一个 TCI state，也需要通过 MAC CE 来激活），UE 假定 PDSCH DMRS 和初始 RA 相关的 SSB 是 QCL 的，类型为 QCL-TypeA 和 QCL-TypeD（QCL-TypeD 只用于 6 GHz 以上频段）。

如果 UE 收到了 TCI States Activation/Deactivation for UE-specific PDSCH MAC CE，已激活了 PDSCH 的 TCI state，分下面两种情况。

1）对于 DCI1_1 调度（tci-PresentInDCI 使能时），PDSCH 的 TCI state 为：如果 PDSCH 配置了 QCL-TypeD 并且从收到 DCI 到对应的 PDSCH 的间隔大于或等于 timeDurationForQCL，或者没有配置 QCL-TypeD，则应用 DCI1_1 的 Transmission configuration indication 字段指示的 TCI state；否则（PDSCH 配置了 QCL-TypeD，并且上述间隔小于 timeDurationForQCL），与当前激活 BWP 的最近出现的最小 CORESET ID 的 CORESET 的 TCI state 相同。

2）对于 DCI1_1 调度（tci-PresentInDCI 没有使能时），或者对于 DCI1_0 调度，PDSCH 的 TCI state 为：如果 PDSCH 配置了 QCL-TypeD 并且从收到 DCI 到对应的 PDSCH 的间隔大于或等于 timeDurationForQCL，或者没有配置 QCL-TypeD，则与调度该 PDSCH 的 PDCCH 的 TCI state 相同；否则，与当前激活 BWP 的最近出现的最小 CORESET ID 的 CORESET 的 TCI state 相同。

【说明】虽然对于第 2 种情况，使用的是 PDCCH 的 TCI state，但是 PDCCH 的 TCI state 也来自 PDSCH，所以也要先激活 PDSCH 的 TCI state。

如果 UE 配置了跨载波调度的 CORESET，则 UE 期望该 CORESET 的 tci-PresentInDCI 配置为 enabled；如果配置了 TCI state，并且包含 QCL-TypeD，则 UE 期望下行 DCI 和对应的 PDSCH 的间隔大于或等于门限 timeDurationForQCL。

合法的 PDSCH DMRS 的 TCI state 见表 11-3。

表 11-3 PDSCH DMRS 的 TCI state

	下行 RS 1	QCL-Type1	下行 RS 2（如适用）	QCL-Type2（如适用）
1	TRS	QCL-TypeA	同一个 TRS	QCL-TypeD
2	TRS	QCL-TypeA	CSI-RS（repetition）	QCL-TypeD
3	CSI-RS	QCL-TypeA	同一个 CSI-RS	QCL-TypeD
4	对应 SSB	QCL-TypeA	同一个 SSB	QCL-TypeD

注：最后一行是 UE 在 PDSCH TCI state 激活前的默认使用组合。QCL-TypeD 只适用于 6 GHz 以上频段。

3. CSI-RS/TRS/CSI-IM

如果某个 CSI-RS 资源和某个 CORESET 关联的搜索空间存在符号重叠（CSI-RS 和 CORESET 的 PRB 不能重叠），则该 CSI-RS 和该 CORESET 为 QCL-TypeD 关系（如果适用）。

不同类型的 NZP CSI-RS 资源集的 QCL 关系说明如下。

- 对于周期性资源集，通过 RRC 参数配置每个资源的 TCI-StateId。
- 对于半静态资源集，通过 SP CSI-RS/CSI-IM Resource Set Activation/Deactivation MAC CE 激活资源集的时候，指定每个资源的 TCI-StateId。
- 对于非周期资源集，如果是用于信道测量的 NZP CSI-RS，则通过 AperiodicTriggerState 配置每个资源的 TCI-StateId；如果是用于干扰测量的 NZP CSI-RS，则必须配置 NZP CSI-RS 资源集用于信道测量，并且 UE 不期望该用于信道测量的 NZP CSI-RS 资源集包含多于 1 个资源，同时，认为干扰测量的 NZP CSI-RS（一个或多个）和信道测量的一个 NZP CSI-RS 为 QCL-TypeD 关系。

CSI-IM 资源集用于干扰测量时，必须配置 NZP CSI-RS 资源集用于信道测量，并且两个资源集的资源个数要相等，此时，按照资源顺序一一对应，具有 QCL-TypeD 关系。

非周期 TRS 和周期 TRS 是 QCL 的，类型为 QCL-TypeA 和 QCL-TypeD（如果适用），通过 RRC 配置。

所有合法的 TCI state 见表 11-4 ～表 11-6，QCL-TypeD 只适用于 6 GHz 以上频段。

表 11-4 周期 TRS 的 TCI state

	下行 RS 1	QCL-Type1	下行 RS 2（如适用）	QCL-Type2（如适用）
1	SSB	QCL-TypeC	同一个 SSB	QCL-TypeD
2	SSB	QCL-TypeC	CSI-RS（repetition）	QCL-TypeD

表 11-5 波束管理 CSI-RS（配置 repetition）的 TCI state

	下行 RS 1	QCL-Type1	下行 RS 2（如适用）	QCL-Type2（如适用）
1	TRS	QCL-TypeA	同一个 TRS	QCL-TypeD
2	TRS	QCL-TypeA	CSI-RS（repetition）	QCL-TypeD
3	SSB	QCL-TypeC	同一个 SSB	QCL-TypeD

表 11-6 CSI 测量的 CSI-RS 的 TCI state

	下行 RS 1	QCL-Type1	下行 RS 2（如适用）	QCL-Type2（如适用）
1	TRS	QCL-TypeA	同一个 TRS	QCL-TypeD
2	TRS	QCL-TypeA	SSB	QCL-TypeD
3	TRS	QCL-TypeA	CSI-RS（repetition）	QCL-TypeD
4	TRS	QCL-TypeB		

注：只有当 QCL-TypeD 不适用时，才能使用第 4 种 TCL state。

11.3 双连接

双连接（Dual Connectivity，DC）包括 EN-DC、NGEN-DC、NE-DC 和 NR-DC，统称为 MR-DC。

- EN-DC：MN 为 eNB，SN 为 en-gNB，接入 EPC。
- NGEN-DC：MN 为 ng-eNB，SN 为 gNB，接入 5GC。
- NE-DC：MN 为 gNB，SN 为 ng-eNB，接入 5GC。
- NR-DC：MN 为 gNB，SN 为 gNB，接入 5GC。

后三种 MR-DC 都是接入的 5GC，因而可统称为 MR-DC with 5GC。

对于 NSA 组网，必须使用双连接技术。UE 在 MN 完成初始接入，接入完成后，可以根据基站策略添加 SN，添加 SN 的时候可能需要和 SN 进行同步。只有 MN 和核心网存在控制面连接，SN 和核心网不存在控制面连接；MN 和核心网存在用户面连接，SN 和核心网可能存在，也可能不存在用户面连接。具体参考后面协议栈的相关内容。

UE 可以在配置双连接的同时配置 CA 小区。UE 同时配置双连接和 CA 的场景，如图 11-4 所示。

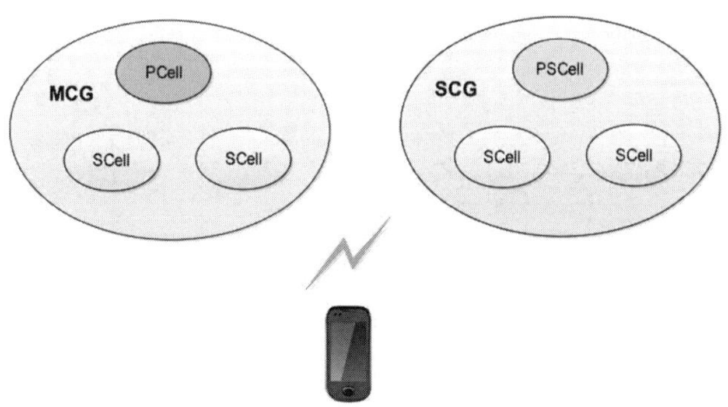

图 11-4 双连接 +CA 图示

11.3.1 控制面协议栈

UE 的 RRC 状态即在 MN 的 RRC 状态。MN 和 UE、核心网都存在控制面连接；SN 和

UE 可能存在控制面连接（如果配置了 SRB3 或者 split SRB，则存在控制面连接，否则不存在），SN 和核心网不存在控制面连接。

EN-DC（接入 EPC）的控制面协议栈如图 11-5 所示，MN 和核心网之间为 S1 接口，MN 和 SN 之间为 X2-C 接口。

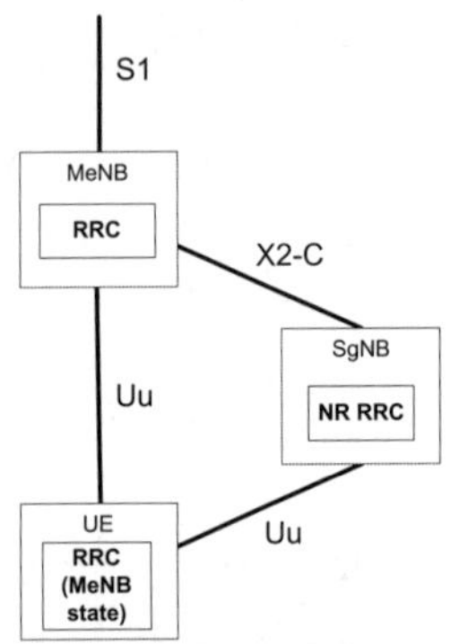

图 11-5　EN-DC（接入 EPC）的控制面协议栈

NGEN-DC、NE-DC 和 NR-DC（接入 5GC）的控制面协议栈如图 11-6 所示，MN 和核心网之间为 NG-C 接口，MN 和 SN 之间为 Xn-C 接口。

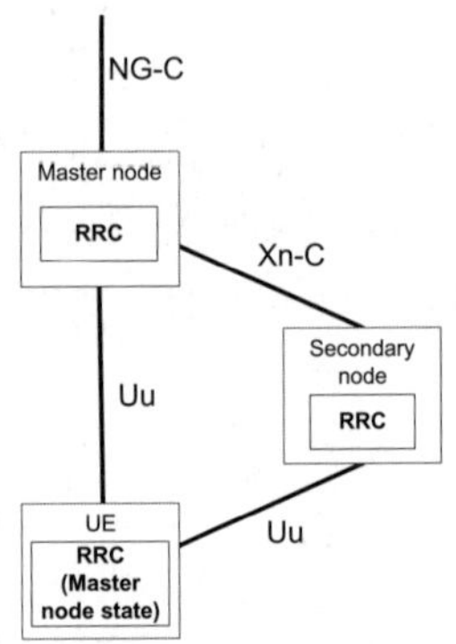

图 11-6　NGEN-DC、NE-DC 和 NR-DC（接入 5GC）的控制面协议栈

11.3.2 用户面协议栈

对于双连接，从 UE 角度看，存在如下 3 种承载类型。

- MCG Bearer：Radio Bearer 关联的 RLC Bearer 仅在 MCG 配置。
- SCG Bearer：Radio Bearer 关联的 RLC Bearer 仅在 SCG 配置。
- Split Bearer：Radio Bearer 关联的 RLC Bearer 在 MCG 和 SCG 都配置了。

1. 对于 EN-DC

从 UE 侧看，协议栈如图 11-7 所示。

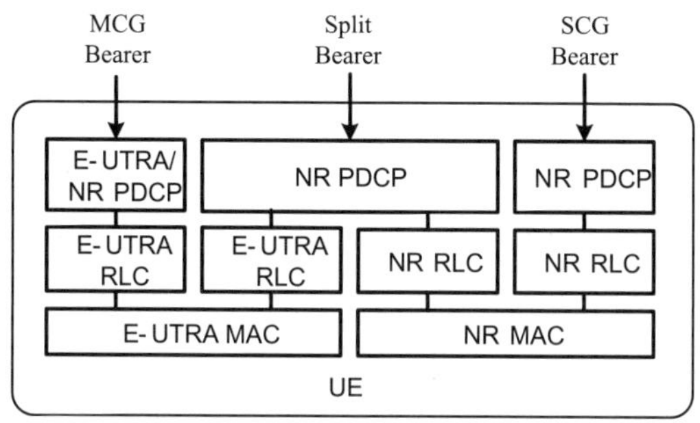

图 11-7 EN-DC 协议栈（UE 侧）

从网络侧看，协议栈如图 11-8 所示。

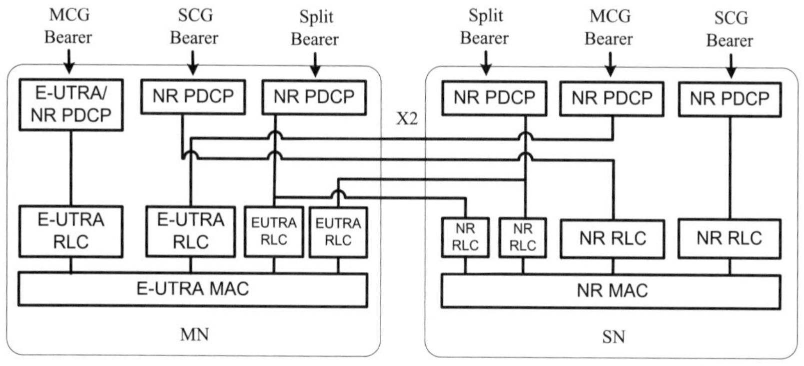

图 11-8 EN-DC 协议栈（网络侧）

2. 对于 NGEN-DC、NE-DC 和 NR-DC

从 UE 侧看，协议栈如图 11-9 所示。

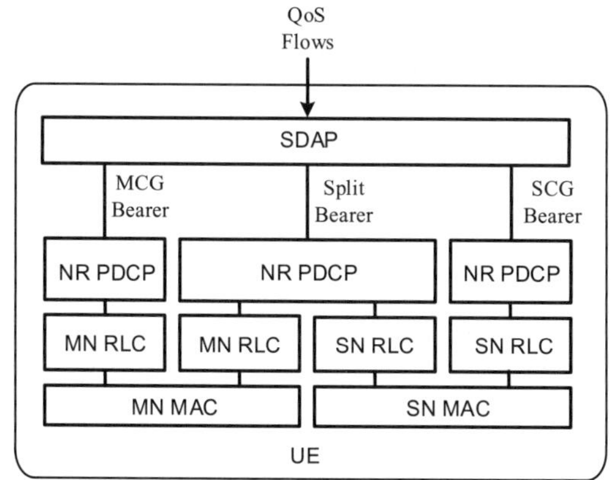

图 11-9 NGEN-DC、NE-DC 和 NR-DC 协议栈（UE 侧）

从网络侧看，协议栈如图 11-10 所示。

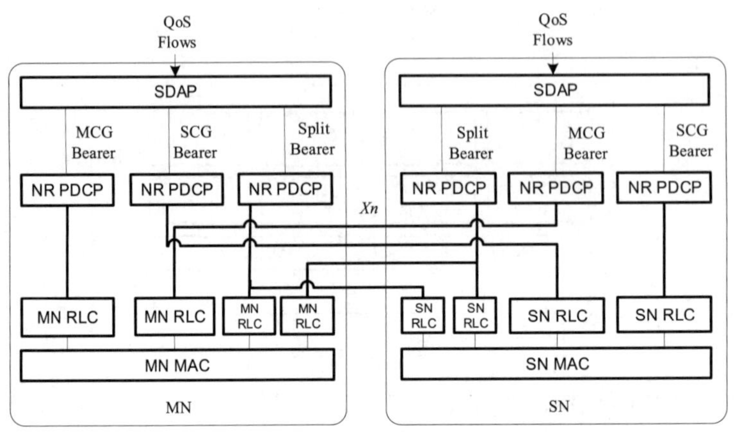

图 11-10　NGEN-DC、NE-DC 和 NR-DC 协议栈（网络侧）

由图 11-8 和图 11-10 可知，对于基站来说，MCG Bearer、SCG Bearer 和 Split Bearer 这三种承载，NR PDCP 实体既可以在 MN 侧，也可以在 SN 侧，还可以同时在 MN 和 SN 侧。结合图 11-7 和图 11-9 可知，对于 UE 来说，NR PDCP 既可以通过 MN 配置，也可以通过 SN 配置，UE 不用区分是通过哪个节点配置的。Radio Bearer 参数属于 UE 级参数，同时服务于 MN 和 SN。

11.3.3　SN 增加

SN 增加过程只能由 MN 发起，添加 SN 的时机不属于协议规定范畴，各厂家有自己的实现方式。比如，可能是盲添加、基于测量添加、基于业务量添加等。

对于 EN-DC，SN 增加过程如图 11-11 所示。

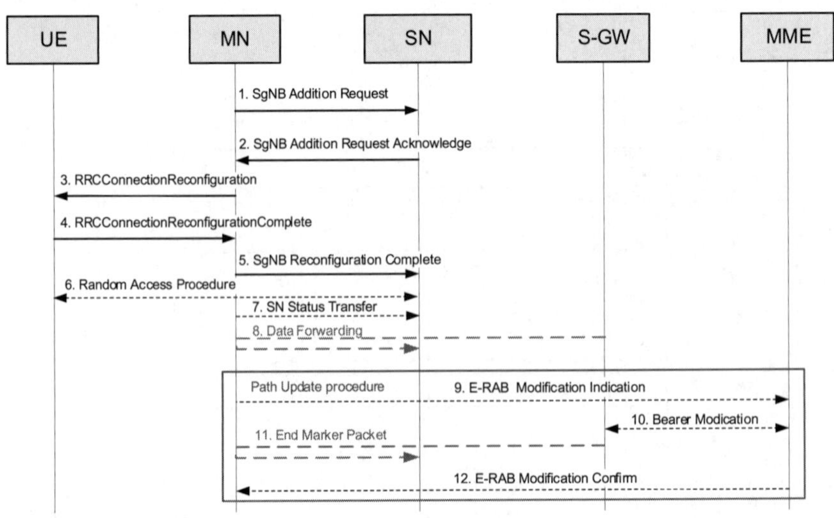

图 11-11　SN 增加（EN-DC）

对于 NGEN-DC、NE-DC 和 NR-DC，SN 增加过程如图 11-12 所示。

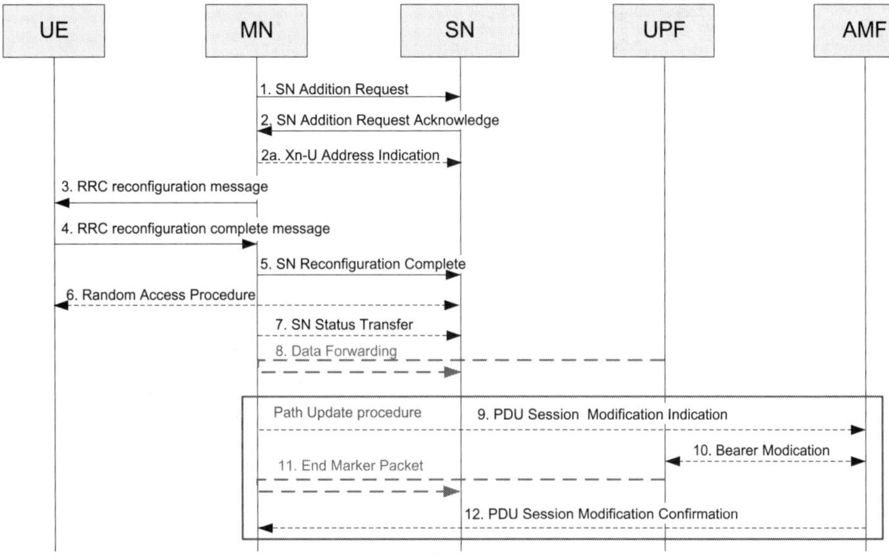

图 11-12　SN 增加（NGEN-DC、NE-DC 和 NR-DC）

上面两类双连接的 SN 增加过程说明如下。

1）SN 的 RRC 参数由 SN 生成，通过消息 2 发给 MN。MN 通过 RRC 重配（消息 3）把 SN 的 RRC 参数发给 UE（MN 不修改 SN 的 RRC 参数）。

2）如果消息 3 配置了需要 SCG 无线资源的承载，则 UE 需要和 SN 的 PSCell 进行同步（RA 过程，消息 6）；否则，不需要同步。

3）UE 发送 RRC 重配完成（消息 4）和执行 RA 过程（消息 6）的顺序，协议没有给出，属于 UE 行为。

4）消息 9 ～ 12 为 Path Update procedure（路径更新过程），MN 通知核心网更新 E-RAB 承载或 PDU 会话信息。

11.3.4　SN 删除

SN 删除过程既可以由 MN 发起，也可以由 SN 发起。SN 删除过程不一定要向 UE 发送 RRC 重配消息，比如 MN 由于 Radio Link Failure（无线链路失败）发生了 RRC 连接重建立时，空口不向 UE 发送信令。本节只给出不同 DC 的 SN 释放的流程图，详细解读可以参看 3GPP 37.340 协议。

1. 对于 EN-DC

MN 发起的 SN 删除过程如图 11-13 所示。

SN 发起的 SN 删除过程如图 11-14 所示。

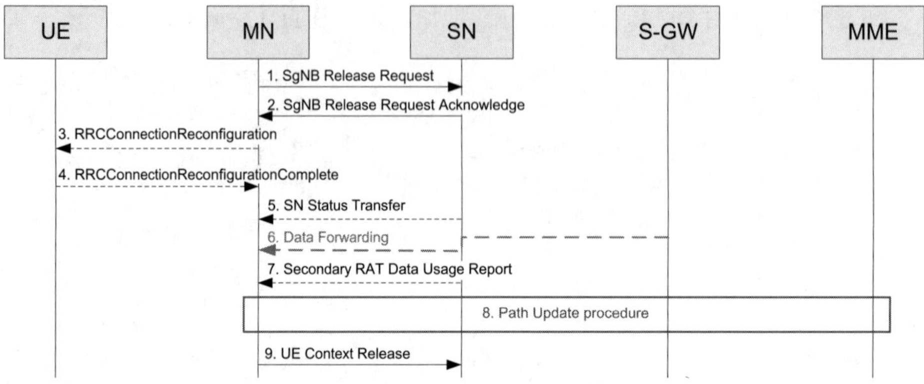

图 11-13 MN 发起的 SN 删除（EN-DC）

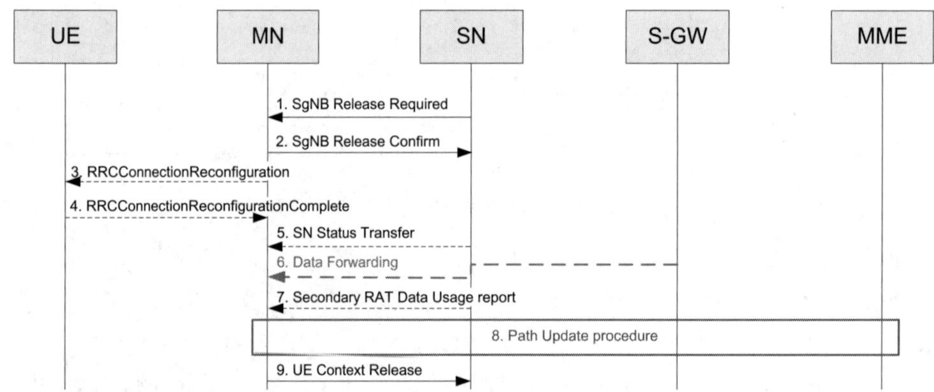

图 11-14 SN 发起的 SN 删除（EN-DC）

2. 对于 NGEN-DC、NE-DC 和 NR-DC

MN 发起的 SN 删除过程如图 11-15 所示。

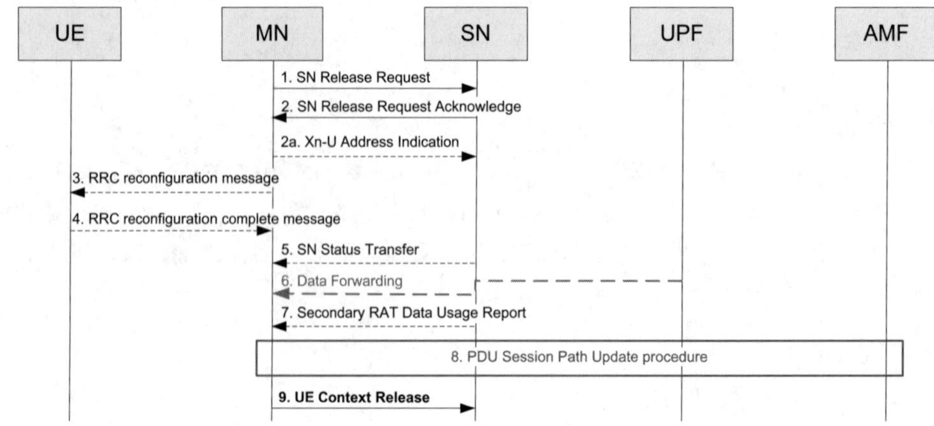

图 11-15 MN 发起的 SN 删除（NGEN-DC、NE-DC 和 NR-DC）

SN 发起的 SN 删除过程如图 11-16 所示。

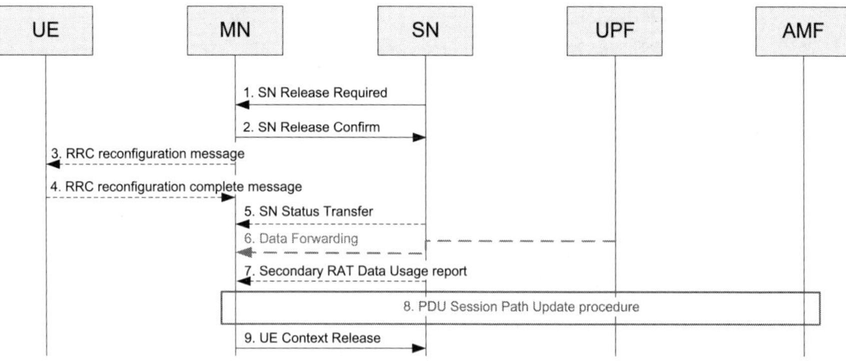

图 11-16 SN 发起的 SN 删除（NGEN-DC、NE-DC 和 NR-DC）

11.3.5 SN 修改

SN 修改过程既可以由 MN 发起，也可以由 SN 发起。SN 修改过程一定涉及 MN 对 UE 进行空口重配。本节只给出不同 DC 的 SN 修改的流程图，详细解读可以参看 3GPP 37.340 协议。

1. 对于 EN-DC

MN 发起的 SN 修改如图 11-17 所示。

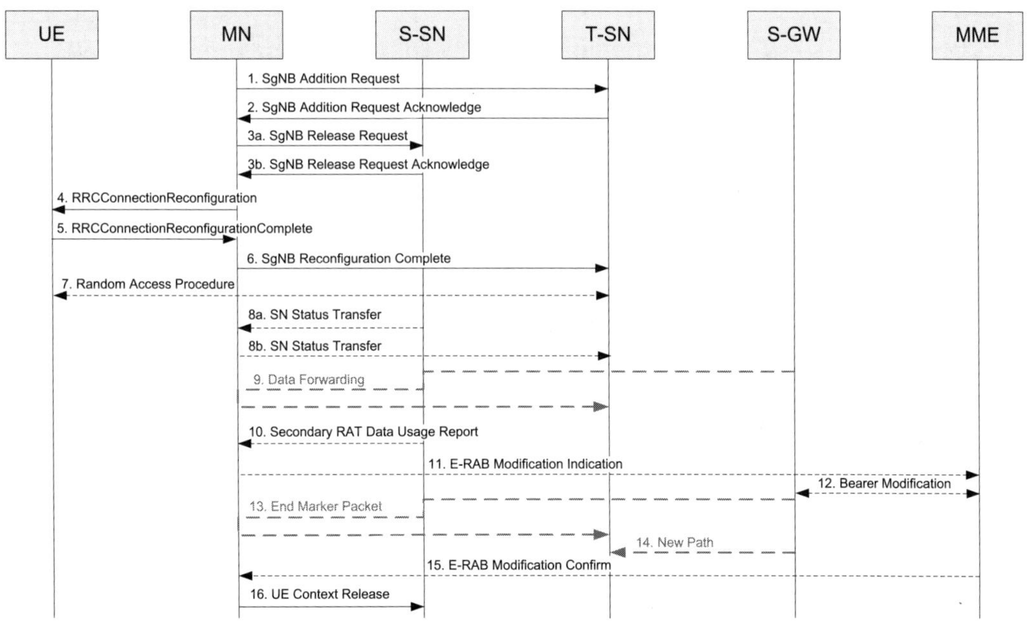

图 11-17 MN 发起的 SN 修改（EN-DC）

SN 发起的 SN 修改如图 11-18 所示。

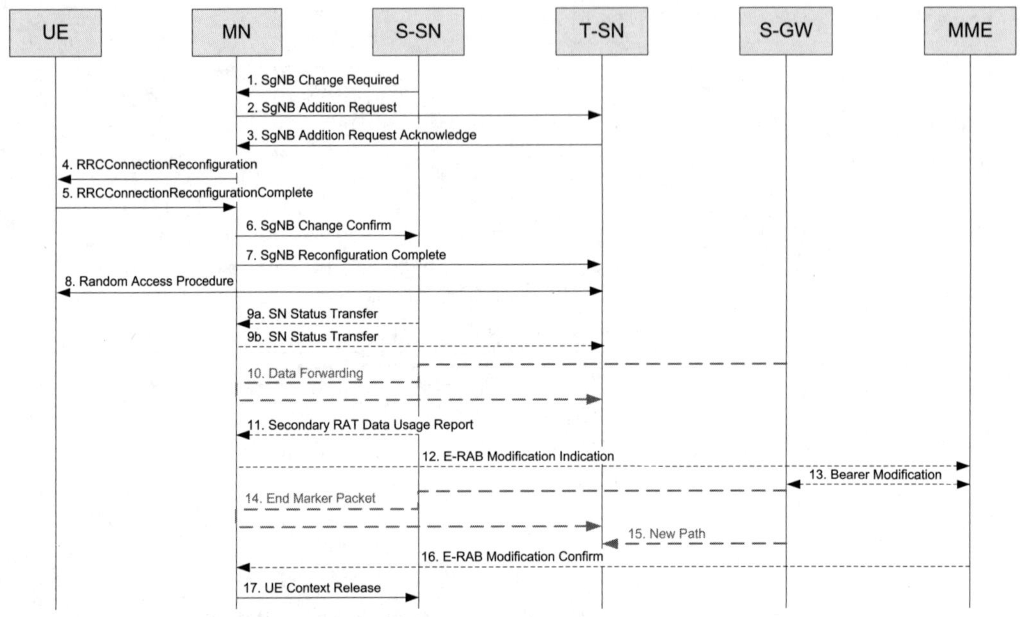

图 11-18 SN 发起的 SN 修改（EN-DC）

2. 对于 NGEN-DC、NE-DC 和 NR-DC

MN 发起的 SN 修改如图 11-19 所示。

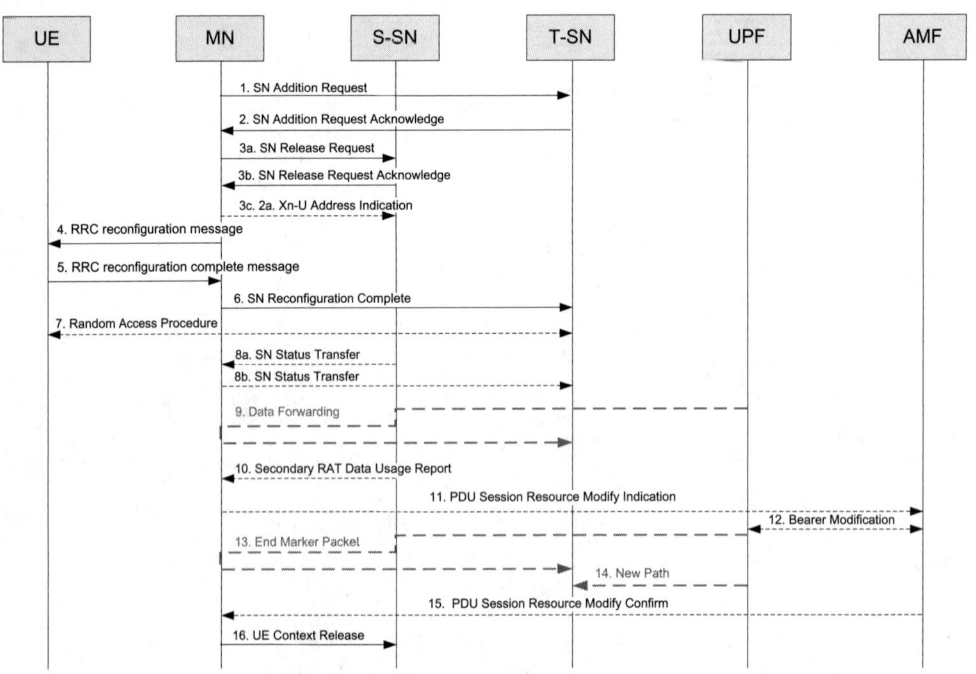

图 11-19 MN 发起的 SN 修改（NGEN-DC、NE-DC 和 NR-DC）

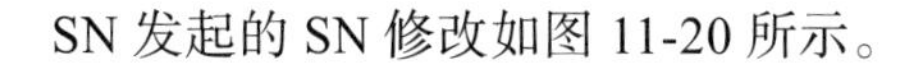

SN 发起的 SN 修改如图 11-20 所示。

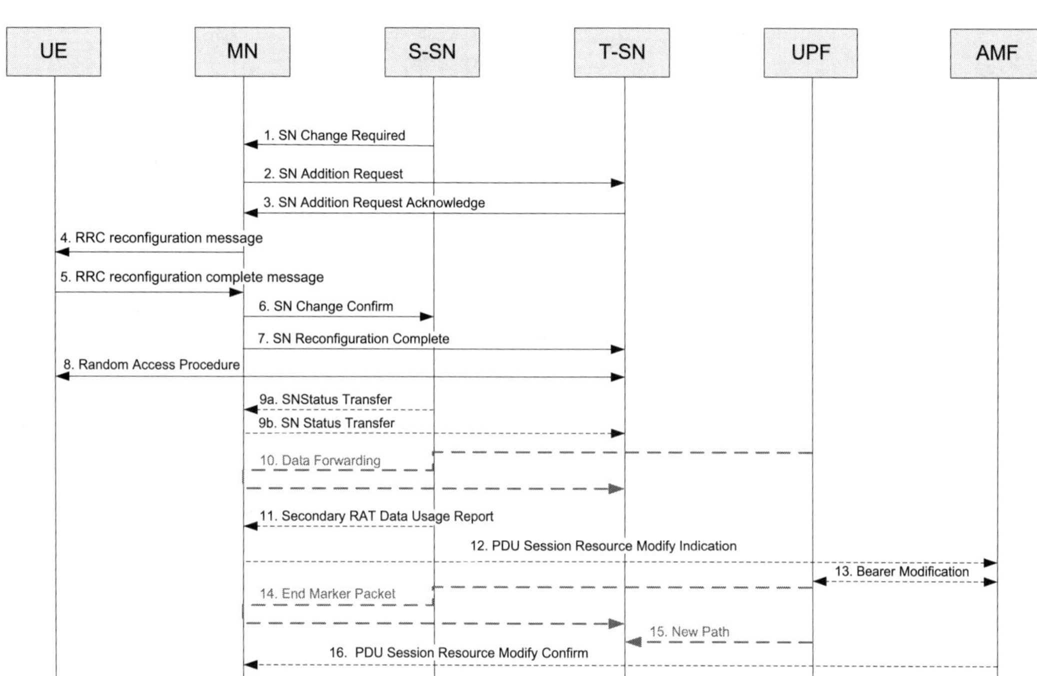

图 11-20 SN 发起的 SN 修改（NGEN-DC、NE-DC 和 NR-DC）

如图 11-17 和图 11-19 中的步骤 7 所示，对于 MN 发起的 SN 修改，当目标 SN 存在 SCG 无线承载相关配置时，UE 需要和目标 SN 进行 RA 过程，否则不需要。如图 11-18 和图 11-20 中的步骤 8 所示，对于 SN 发起的 SN 修改，UE 一定要和目标 SN 进行 RA 过程，这是由于 SN 发起的 SN 修改只适用于 SN 配置了 SCG 无线资源的场景。

11.3.6 切换

本节描述涉及双连接的切换相关过程，分下面几大类：

- ❑ MN 间切换，即切换前后都是双连接，可以同时进行 SN 修改；
- ❑ MN 切换到 eNB/gNB，即双连接切换到单站；
- ❑ eNB/gNB 切换到 MN，即单站切换到双连接。

本节只给出不同场景的切换流程图，详细解读可以参看 3GPP 37.340 协议。

1. MN 间切换

对于 MN 间切换，由目标 MN 决定是保持、修改还是删除 SN。

对于 EN-DC 场景，当前协议版本不支持系统间的 MN 间切换，例如不支持 EN-DC 切换到 NGEN-DC 或 NR-DC。MN 间切换，同时伴随 MN 发起的 SN 修改，流程如图 11-21 所示。

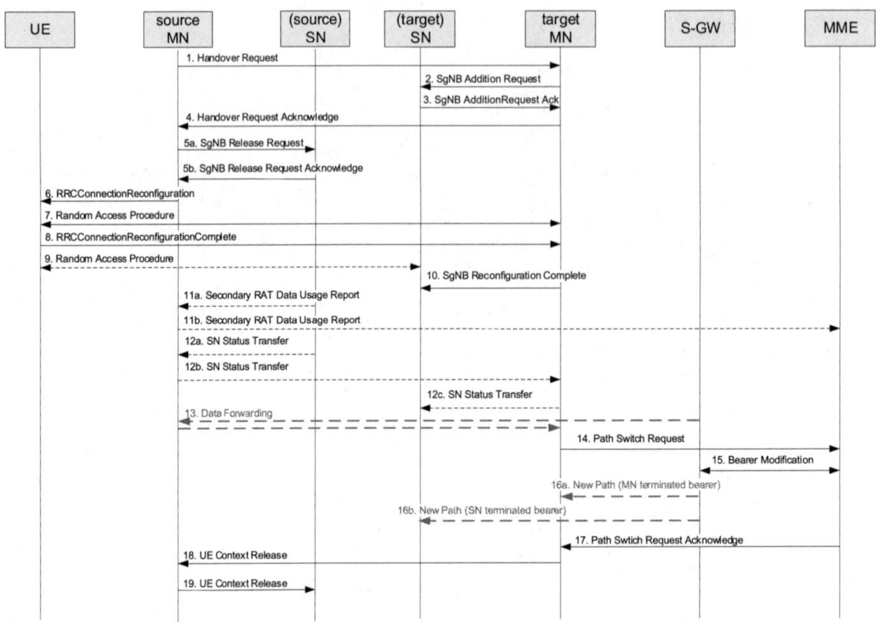

图 11-21 MN 间切换（EN-DC）

对于 NGEN-DC、NE-DC 和 NR-DC 场景，只支持 RAT 内的 MN 间切换，例如，不支持 NGEN-DC 切换到 NR-DC。MN 间切换，同时伴随 MN 发起的 SN 修改，流程如图 11-22 所示。

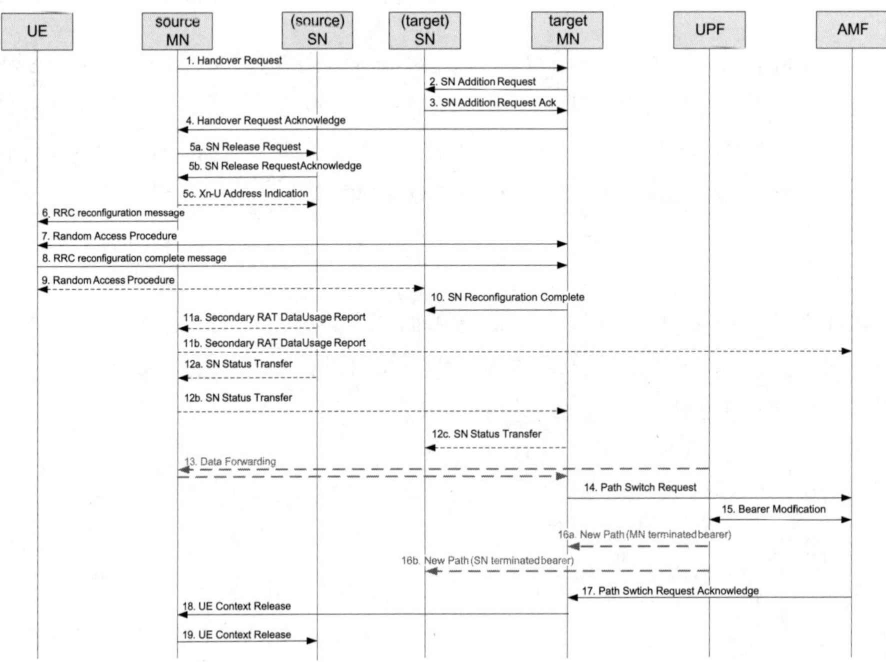

图 11-22 MN 间切换（NGEN-DC、NE-DC 和 NR-DC）

2. MN 切换到 eNB/gNB

对于 EN-DC 场景，支持 EN-DC 切换到 eNB、gNB 或者 ng-eNB。

EN-DC 切换到 eNB（同时删除 SN）的流程如图 11-23 所示。

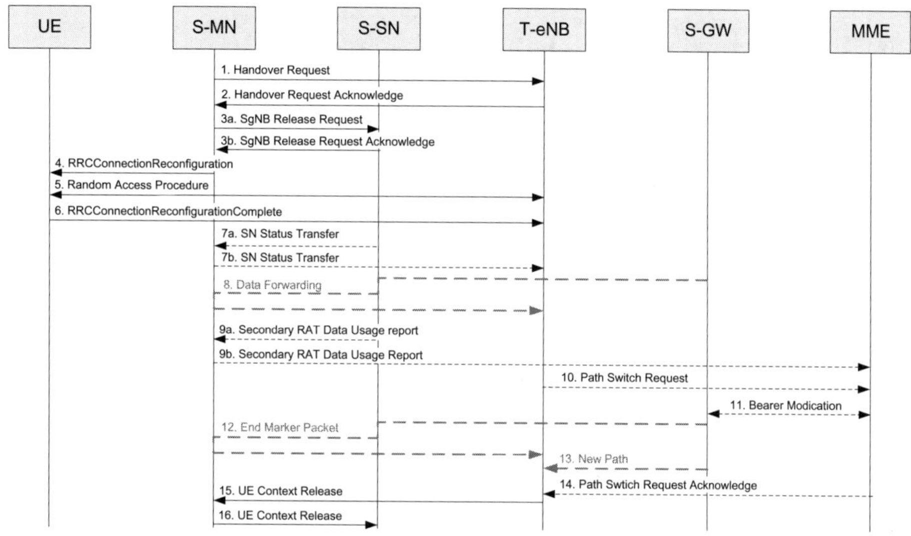

图 11-23　EN-DC 切换到 eNB

对于 NGEN-DC、NE-DC 和 NR-DC 场景，不管源 MN 和目标基站属于相同的 RAT 还是不同的 RAT，都支持。例如，支持 NGEN-DC/NE-DC/NR-DC 切换到 ng-eNB、gNB 或 eNB。

MR-DC with 5GC 切换到 ng-eNB 或 gNB（同时删除 SN）的流程如图 11-24 所示。

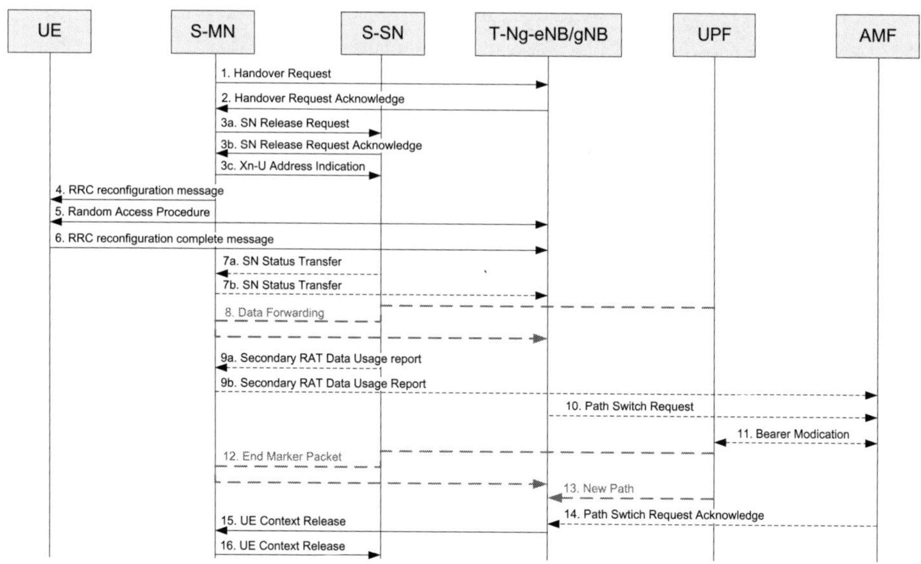

图 11-24　MR-DC with 5GC 切换到 ng-eNB 或 gNB

3. eNB/gNB 切换到 MN

对于 EN-DC 场景，不支持 gNB 或者 ng-eNB 切换到 EN-DC，只支持 eNB 切换到 EN-DC。eNB 切换到 EN-DC（同时添加 SN）的流程如图 11-25 所示。

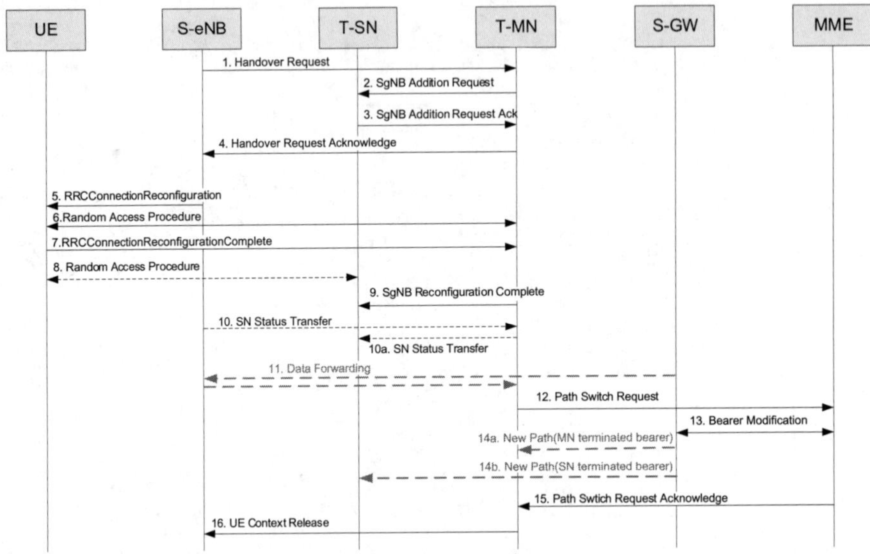

图 11-25　eNB 切换到 EN-DC

对于 NGEN-DC、NE-DC 和 NR-DC 场景，不支持 eNB 切换到 NGEN-DC/NE-DC/NR-DC，只支持 ng-eNB 或者 gNB 切换到 NGEN-DC/NE-DC/NR-DC。

ng-eNB 或 gNB 切换到 MR-DC with 5GC（同时添加 SN）的流程如图 11-26 所示。

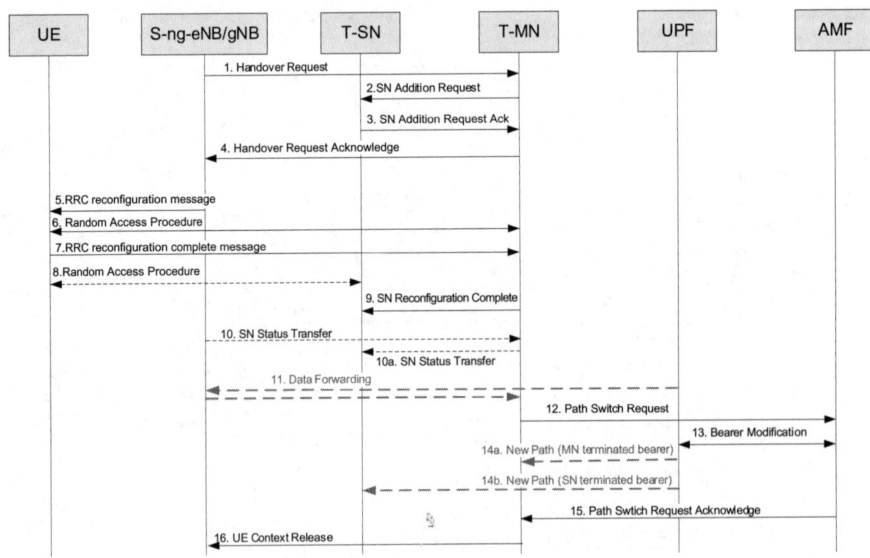

图 11-26　ng-eNB 或 gNB 切换到 MR-DC with 5GC

4. 总结

在当前协议版本中，对于涉及 MR-DC 的切换流程，UE 的支持情况总结见表 11-7。

表 11-7 MR-DC 切换

分类	源侧	目标侧	是否支持	备注
MN 间切换	EN-DC	EN-DC	支持	
	EN-DC	MR-DC with 5GC	不支持	不支持系统间的 MN 间切换
	MR-DC with 5GC	EN-DC	不支持	
	NGEN-DC	NGEN-DC	支持	
	NGEN-DC	NR-DC	不支持	不支持 RAT 间的 MN 间切换
	NR-DC	NGEN-DC	不支持	
	NR-DC	NR-DC	支持	
	NR-DC	NE-DC	不支持	
	NE-DC	NR-DC	不支持	
	NE-DC	NE-DC	支持	
	NE-DC	NGEN-DC	不支持	不支持 RAT 间的 MN 间切换
	NGEN-DC	NE-DC	不支持	
MN 切换到 eNB/gNB	EN-DC	eNB	支持	
	EN-DC	ng-eNB	支持	
	EN-DC	gNB	支持	
	MR-DC with 5GC	eNB	支持	
	MR-DC with 5GC	ng-eNB	支持	
	MR-DC with 5GC	gNB	支持	
eNB/gNB 切换到 MN	eNB	EN-DC	支持	
	ng-eNB	EN-DC	不支持	不支持系统间的目标侧带 SN 的切换
	gNB	EN-DC	不支持	
	eNB	MR-DC with 5GC	不支持	
	ng-eNB	MR-DC with 5GC	支持	
	gNB	MR-DC with 5GC	支持	

11.4 网络切片

11.4.1 概述

网络切片（Network Slice）是在一个 PLMN（Public Land Mobile Network，公共陆地移动网）内定义的，包括 RAN 部分和 CN 部分。网络可以通过调度和提供不同的 L1、L2 配置来实现不同的网络切片。每一个网络切片通过 S-NSSAI（Single Network Slice Selection Assistance Information，单个网络切片选择辅助信息）来唯一标识，包括两部分内容。

1）SST（Slice/Service Type）：切片 / 服务类型，必选信息，指在功能和服务方面的预期网络切片行为，占 8 bit，取值范围为 0 ～ 255，其中 0 ～ 127 为标准 SST 值，128 ～ 255 为运营商自定义的值。

2）SD（Slice Differentiator）：切片差分器，可选信息，补充切片 / 服务类型，以区分相同 SST 的多个网络切片，占 24 bit。

S-NSSAI 的长度为 8 bit 或者 32 bit，如图 11-27 所示。

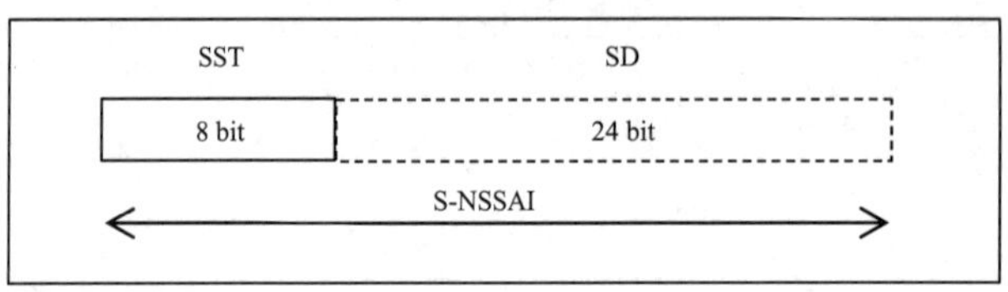

图 11-27　S-NSSAI

NSSAI（Network Slice Selection Assistance Information，网络切片选择辅助信息）包括一个或多个 S-NSSAI。一个 PDU session 只能归属于某一个 S-NSSAI。

S-NSSAI 分下面两种。

- 标准值：只包含一个标准 SST 值，无 SD。标准值在所有 PLMN 内通用，当前协议定义的标准 SST 值见表 11-8。
- 非标准值：由 SST 和 SD 组成，或者仅由一个非标准的 SST 值组成，无 SD。非标准值 S-NSSAI 仅在它关联的 PLMN 内标识一个网络切片。

表 11-8　标准的 SST 值

Slice/Service Type	SST 值	特点
eMBB	1	适用于 5G 增强移动宽带
URLLC	2	适用于高可靠低时延通信
MIoT	3	适用于大规模 IoT

本章后面会介绍 Subscribed S-NSSAI、Default S-NSSAI、Requested NSSAI、Configured NSSAI、Default Configured NSSAI、Allowed NSSAI、Rejected NSSAI 和 mapped HPLMN S-NSSAI，含义说明如下。

1）Subscribed S-NSSAI：签约 S-NSSAI，属于一个 PLMN 内用户的签约信息。

2）Default S-NSSAI：默认 S-NSSAI，根据运营商的策略，一个或者多个 Subscribed S-NSSAI 可以被设置为 Default S-NSSAI。当 UE 在注册请求消息的 Requested NSSAI 中没有带任何有效的 S-NSSAI 时，网络会使用 Default S-NSSAI 给 UE 提供服务（如果配置了 Default S-NSSAI）。

3）Requested NSSAI：请求的 NSSAI，UE 在 Registration request 中带给网络，具体见 10.1 节。网络根据签约信息验证 UE 在注册请求中带的 Requested NSSAI。

4）Configured NSSAI：配置 NSSAI，即当前服务 PLMN 配置给 UE 使用的 NSSAI，每个 PLMN 最多有一个 Configured NSSAI。网络通过 Registration accept 将其带给 UE。

5）Default Configured NSSAI：默认配置 NSSAI，即 UE 的 HPLMN（Home PLMN，归属 PLMN，为终端用户归属的 PLMN，终端 USIM 卡上的 IMSI 号中包含的 MCC 和 MNC 与

HPLMN上的MCC和MNC是一致的。对于某一用户来说，其HPLMN只有一个）配置的NSSAI。对于既没有Configured NSSAI，也没有Allowed NSSAI的PLMN，Default Configured NSSAI有效。

6）Allowed NSSAI：允许的NSSAI，表示在当前服务PLMN的当前注册域内，允许UE使用的S-NSSAI。网络通过Registration accept将其带给UE，具体见10.1节。

7）Rejected NSSAI：拒绝的NSSAI，表示在UE请求的NSSAI中，哪些S-NSSAI被网络拒绝了，并且告知UE是在当前PLMN还是在当前注册域内拒绝使用。网络通过Registration accept将其带给UE。

8）mapped HPLMN S-NSSAI：映射S-NSSAI，指当前服务PLMN的S-NSSAI，映射到HPLMN所对应的S-NSSAI值，在漫游场景下使用。

Requested NSSAI、Configured NSSAI和Allowed NSSAI在NAS协议3GPP 24.501中定义，如图11-28所示。

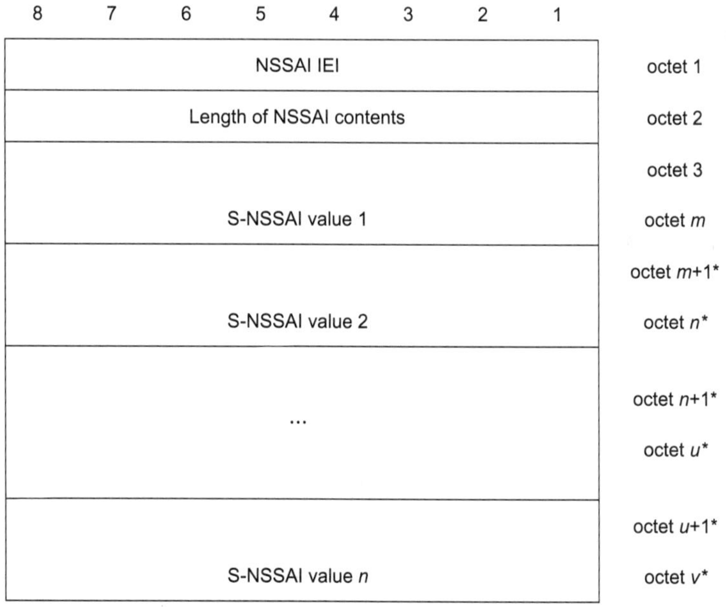

8 7 6 5 4 3 2 1	
NSSAI IEI	octet 1
Length of NSSAI contents	octet 2
S-NSSAI value 1	octet 3 octet *m*
S-NSSAI value 2	octet *m*+1* octet *n**
…	octet *n*+1* octet *u**
S-NSSAI value *n*	octet *u*+1* octet *v**

图11-28 NSSAI

注：①Requested NSSAI和Allowed NSSAI中的S-NSSAI value个数不超过8；②Configured NSSAI中的S-NSSAI value个数不超过16；③一个NSSAI中可以有多个S-NSSAI的SST和SD（可选存在）值相同，但是对应的Mapped HPLMN SST和Mapped HPLMN SD（可选存在）值不同。

S-NSSAI定义如图11-29所示，后3个为可选字段。

Mapped HPLMN SST：漫游时使用，指前述SST（VPLMN的SST）映射到HPLMN对应的SST（HPLMN的SST）。Mapped HPLMN SD类似。

8 7 6 5 4 3 2 1	
S-NSSAI IEI	octet 1
Length of S-NSSAI contents	octet 2
SST	octet 3
SD	octet 4* octet 6*
Mapped HPLMN SST	octet 7*
Mapped HPLMN SD	octet 8* octet 10*

图 11-29　S-NSSAI

11.4.2　注册网络切片

UE 的注册流程见 10.1 节，其中涉及网络切片的处理如下。

（1）UE->AMF/gNB

UE 在 Registration request 消息中可能带 Requested NSSAI 字段。当注册类型为 initial registration 或 mobility registration updating，并且满足下面任一条件时，需要带该字段。

- ❑ 对于当前 PLMN，UE 没有 Allowed NSSAI，有 Configured NSSAI，则 Requested NSSAI 使用 Configured NSSAI 中的一个或多个 S-NSSAI，并且该配置的 S-NSSAI 不属于当前 PLMN 和当前注册域的 Rejected NSSAI。
- ❑ 对于当前 PLMN，UE 有 Allowed NSSAI，则 Requested NSSAI 使用 Allowed NSSAI 中的一个或多个 S-NSSAI，可选加上一个或多个 Configured NSSAI 中的 S-NSSAI，并且该配置的 S-NSSAI 不属于当前 PLMN 和当前注册域的 Rejected NSSAI。
- ❑ 对于当前 PLMN，UE 既没有 Allowed NSSAI，也没有 Configured NSSAI，但是有一个 Default Configured NSSAI，则 Requested NSSAI 使用 Default Configured NSSAI，并且通过 Network slicing indication IE 告知网络当前使用的是 Default Configured NSSAI。

如果以上条件都不满足，则 Registration request 消息中不带 Requested NSSAI。

UE 在 RRCSetupComplete 消息中可以带 0、1 或多个 S-NSSAI（最多可以带 8 个，通过 s-NSSAI-List 字段携带）。是否带 S-NSSAI，以及带哪些 S-NSSAI，由 NAS 层依据参数 NSSAI inclusion mode（网络可通过 Registration accept 告知 UE，这取决于运营商策略）和当前流程决定后告知 RRC 层，具体请参看 3GPP 24.501 和 23.501 协议。

（2）gNB->AMF

依据 RRCSetupComplete 消息中的 5G-S-TMSI/GUAMI 和 NSSAI 来选择 AMF，如果未选择到合适的 AMF，则选择默认 AMF。如果 RRCSetupComplete 消息中带了 S-NSSAI，则 gNB 在 INITIAL UE MESSAGE 消息中带 Allowed NSSAI 字段。

（3）AMF->UE/gNB

如果注册成功，则 AMF 回复 Registration accept 消息，并且带下面的网络切片相关字段。

- Allowed NSSAI：当满足条件“网络允许 Requested NSSAI 中的一个或多个 S-NSSAI”或者“Registration request 消息中没有带 Requested NSSAI 字段，或者 Requested NSSAI 都不属于UE的Subscribed S-NSSAI，但是该UE在核心网配置了Default S-NSSAI”时，核心网带该字段。
- Rejected NSSAI：当Requested NSSAI中的某些S-NSSAI被核心网拒绝时，需要带该字段。
- Configured NSSAI，当满足下面任一条件时，核心网可以给 UE 在当前 PLMN 内带新的 Configured NSSAI。
  - Registration request 消息中没有带 Requested NSSAI 字段。
  - Registration request 消息中带了 Requested NSSAI 字段，但是包含一个在当前服务 PLMN 不可用的 S-NSSAI。
  - Registration request 消息中带了 Requested NSSAI 字段，但是包含一个错误的 mapped S-NSSAI 的 S-NSSAI。
  - Registration request 消息中带了 Network slicing indication 字段，并且指示 requested NSSAI 来自 default configured NSSAI。
- Network slicing indication：当 UE 在核心网的网络切片签约信息发生变化时，需要带该字段。

Registration accept 消息封装在 NG 口的 Downlink NAS Transport 或者 INITIAL CONTEXT SETUP REQUEST 消息中。其中，Downlink NAS Transport 消息可选带 Allowed NSSAI 字段，INITIAL CONTEXT SETUP REQUEST 消息必选带 Allowed NSSAI 字段，用于核心网给基站指示该 UE 允许的 S-NSSAI。

（4）UE->AMF

当 Registration accept 消息带了 Network slicing indication，指示 UE 的网络切片签约信息发生变化时，或者 Registration accept 带了新的 Configured NSSAI 时，则 UE 回复 Registration complete 消息，用于确认成功更新网络切片信息。

11.4.3 PDU 会话中的网络切片

一个 PDU 会话只能归属于某一个 S-NSSAI。在 Connected 状态，UE 发起 PDU session establishment request 消息，经过 gNB 和 AMF 透传给 SMF；SMF 生成 N1 PDU session establishment accept 消息和 N2 PDU Session Resource Setup Request IE，并送给 AMF：AMF

发送 PDU SESSION RESOURCE SETUP REQUEST 消息给 gNB（当 UE 上下文已经建立时），带 N1 message 和 N2 IE；gNB 通过 RRCReconfiguration 消息把 N1 PDU session establishment accept 发给 UE。具体过程如图 11-30 所示。

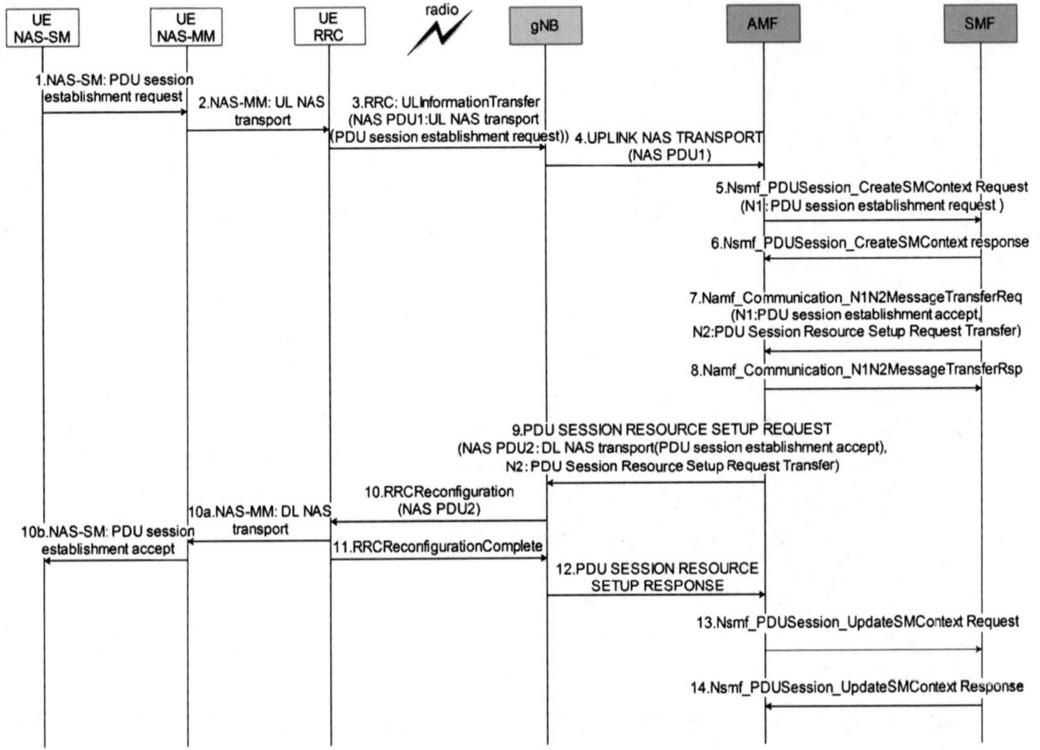

图 11-30　PDU 会话建立过程

其中涉及 S-NSSAI 的消息说明如下。

1）UE NAS-SM-->SMF：NAS-SM 消息 PDU session establishment request，带 PduSessionId。PduSessionId 由 UE 生成。

注：UE NAS-SM-->SMF 表示 UE NAS-SM 消息由核心网对等层 SMF 处理，以下类似。

2）UE NAS-MM-->AMF：NAS-MM 消息 UL NAS transport，带 PduSessionId 和 PDU session establishment request，可能带 S-NSSAI。

3）UE RRC-->gNB-->AMF：NAS PDU 透传给 AMF。

4）AMF-->SMF：Nsmf_PDUSessionService_CreateSMContextRequest 消息，带 PduSessionId、S-NSSAI 和 PDU session establishment request。

注：如果 UE 没有带 S-NSSAI，则由 AMF 决定 S-NSSAI。

5）SMF-->AMF：Namf_CommunicationService_N1N2MessageTransferReq 消息，带 PduSessionId、N1 PDU session establishment accept（AMF 收到后，封装为 DL NAS transport 消息

透传给 gNB，gNB 再透传给 UE，UE 处理该消息）和 N2 PDU Session Resource Setup Request Transfer IE（AMF 收到后直接透传给 gNB，gNB 处理该消息）。

6）AMF-->gNB：PDU SESSION RESOURCE SETUP REQUEST 消息，带 PduSessionId、S-NSSAI、NAS PDU（即 DL NAS transport，带 PDU session establishment accept）和 PDU Session Resource Setup Request Transfer IE。

7）gNB-->UE RRC：RRCReconfiguration 消息，带 PduSessionId 和 NAS PDU。

8）AMF-->UE NAS-MM：NAS-MM 消息 DL NAS transport，带 PduSessionId 和 PDU session establishment accept。

9）SMF-->UE NAS-SM：NAS-SM 消息 PDU session establishment accept，带 PduSessionId 和 S-NSSAI。

由以上可知，PDU 会话的 S-NSSAI 在 UE 的 NAS-SM 层、UE 的 NAS-MM 层、gNB、AMF 和 SMF 层都有涉及。

11.5 服务质量

11.5.1 概述

5G 服务质量（Quality of Service，QoS）模型基于 QoS flow（QoS 流），支持 GBR（Guaranteed Bit Rate，保证比特速率）QoS flow 和 Non-GBR（Non-Guaranteed Bit Rate，非保证比特速率）QoS flow。在 NAS 层，QoS flow 是一个 PDU 会话中 QoS 区分的最细粒度。在 PDU 会话中，QoS flow 由 QFI（QoS Flow Identifier，QoS 流 ID）来标识，取值范围为 0 ～ 63，在一个 PDU 会话内唯一。

NG-RAN 的 QoS 架构如图 11-31 所示。

对于每个 UE，5GC 建立一个或多个 PDU 会话；对于每个 UE 的一个 PDU 会话，NG-RAN 至少建立一个 DRB，后续还可以建立额外的多个 DRB（关联到该 PDU 会话）。每个 DRB 对应一个或多个 QoS flow。UE 和 5GC 的 NAS level packet filter（NAS 层包分类器）分别映射 UL 和 DL 数据包到不同的 QoS flow；UE 和 NG-RAN 的 AS-level mapping rule（接入层映射规则）分别映射 UL 和 DL QoS flow 到不同的 DRB。

总结：一个 UE 可以有一个或多个 PDU 会话，一个 PDU 会话可以有一个或多个 DRB，一个 DRB 可以有一个或多个 QoS flow。QoS flow 由 QFI 标识，QFI 在一个 PDU 会话内唯一（即一个 PDU 会话内，不同的 QoS flow 使用不同的 QFI，一个 QFI 只能出现在某一个该 PDU 会话关联的 DRB 内）。

UE、gNB 和 5GC 确保 QoS，通过映射数据包到合适的 QoS flow 和 DRB，具体包括两步：IP flow 到 QoS flow 映射（NAS 层完成），QoS flow 到 DRB 映射（AS 层完成）。11.5.3 节详细介绍了数据包映射过程。

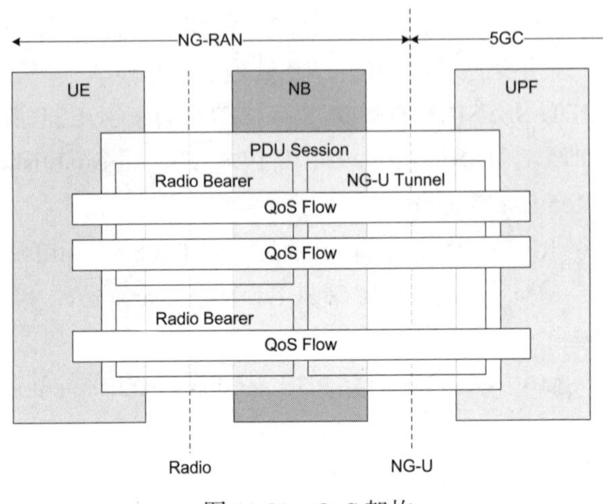

图 11-31　QoS 架构

11.5.2　QoS 流

QoS 流（QoS flow）由 QFI 来标识，分 GBR QoS flow 和 Non-GBR QoS flow。本节主要介绍 QoS flow 参数、QoS 规则和上下行数据包映射过程。

1. QoS flow 参数

GBR QoS flow 和 Non-GBR QoS flow 分别包括以下参数。

1）GBR QoS flow 参数如下。

- 5G QoS Identifier：即 5QI。
- Allocation and Retention Priority：即 ARP（分配和保留优先级），在系统资源受限时，ARP 参数决定了一个新的 QoS flow 是被接受还是被拒绝。
- Guaranteed Flow Bit Rate：即 GFBR，保证流比特速率，包括上行和下行保证流比特速率。
- Maximum Flow Bit Rate：即 MFBR，最大流比特速率，包括上行和下行最大流比特速率。
- Maximum Packet Loss Rate：可选参数，最大丢包率，包括上行和下行最大丢包率。在当前协议版本中，仅“voice media”的 GBR QoS flow 配置该参数。
- Delay Critical Resource Type：指示该 GBR QoS flow 是否是 Delay Critical GBR（时延敏感 GBR）。
- Notification Control：可选参数，指示当该 QoS flow 的 GFBR 不满足或者再次满足时，gNB 是否需要通知 SMF。

2）Non-GBR QoS flow 参数如下。

- 5G QoS Identifier：即 5QI。
- Allocation and Retention Priority：即 ARP，在系统资源受限时，ARP 参数决定了一个

新的 QoS flow 是被接受还是被拒绝。

- Reflective QoS Attribute：即 RQA（反射 QoS 属性），可选参数，指示该 QoS flow 承载的某些业务受 RQoS（Reflective QoS，反射 QoS）影响。
- Additional QoS Flow Information：可选参数，指示该 Non-GBR QoS flow 的业务比当前 PDU 会话的其他 Non-GBR QoS flow 的业务出现更频繁。
- Session-AMBR（Aggregate Maximum Bit Rate，聚合最大比特率）和 UE-AMBR：可选参数，Session-AMBR 限制一个 PDU 会话的所有 Non-GBR QoS flow 的流量总和，由 UE 和 UPF 保障；UE-AMBR 限制一个 UE 的所有 Non-GBR QoS flow 的流量总和，由 gNB 保障。Session-AMBR 和 UE-AMBR 使用的平均窗长相同，默认为 2 s。

其中，Qos flow 中的参数 5QI 又包括以下参数。

- Priority Level：优先级。
- Packet Delay Budget：包时延预算。
- Packet Error Rate：误包率。
- Averaging Window：平均窗长，仅用于 GBR QoS flow；
- Maximum Data Burst Volume：最大数据突发量，仅用于时延敏感 GBR QoS flow。

2. QoS 规则

每个 QoS flow 对应一个或多个 QoS 规则（QoS rule)，UE 根据 QoS rule 映射 UL 数据包到不同的 QoS flow。在上行中，有如下两种方式获得 QoS flow 的 QoS rule。

- Reflective mapping：反射 QoS，对于每个 DRB，UE 监测下行数据包的 QoS rule，从而得出上行数据包的 QoS rule，此时，下行数据包头中有 QFI，被称为 Derived QoS rule。
- Explicit Configuration：明确的信令配置，被称为 Signalled QoS rule。

其中，Derived QoS rule 和 Signalled QoS rule 分别包含如下参数。

1）Signalled QoS rule 包括以下参数。

- QoS rule identifier（QoS规则ID，QRI）：取值范围为0～255，在一个PDU会话内唯一。
- default QoS rule indication（DQR 指示）：指示是否是默认 QoS 规则。该参数不能修改，并且关联默认 QoS 规则的 Qos flow，在 PDU 会话生命周期内不能被删除。默认 QoS 规则是 PDU 会话中唯一可以配置为匹配所有 UL 数据包的 QoS 规则，如果是这样，该默认 QoS 规则的 precedence 值必须配置为最大。默认 QoS 规则也可以不配置为匹配所有 UL 数据包。
- precedence：优先级，取值范围为 0 ～ 255，值越大，优先级越低。
- QoS flow identifier（QoS 流 ID，QFI）：指示该 QoS 规则关联的 Qos flow。
- packet filter set：即包分类器集，可选参数，对于类型为 IPv4、IPv6、IPv4v6 或 Ethernet 的 PDU 会话，Signalled QoS rule 的 packet filter set 不能为空；对于类型为 unstructured 的 PDU 会话，只有一个 QoS flow，只有一个默认 QoS 规则，不包含 packet filter set，

即对于 unstructured 类型的 PDU 会话，所有业务都映射到同一个 QoS flow。

【说明】一个 PDU 会话至少有一个 Signalled QoS rule，并且至少有一个默认 QoS rule；一个 Qos flow 可以有 0、1 或多个 Signalled QoS rule。

2）Derived QoS rule 包括以下参数。

- precedence：优先级，取值为 80。
- QoS Flow Identifier：指示该 QoS 规则关联的 Qos flow。
- packet filter：一个给定的上行 packet filter 只能关联一个 Derived QoS rule。

【说明】一个 QoS flow 可以有 0、1 或多个 Derived QoS rule。

在接入层，gNB 配置 QoS flow 和 DRB 的映射关系（如何映射取决于 gNB）。对于每个 PDU 会话，其可以配置一个默认 DRB。UL 数据包如果匹配不到任何 QoS rule，可以映射到默认 DRB。

3. 数据映射过程

上下行数据包的映射过程如图 11-32 所示。

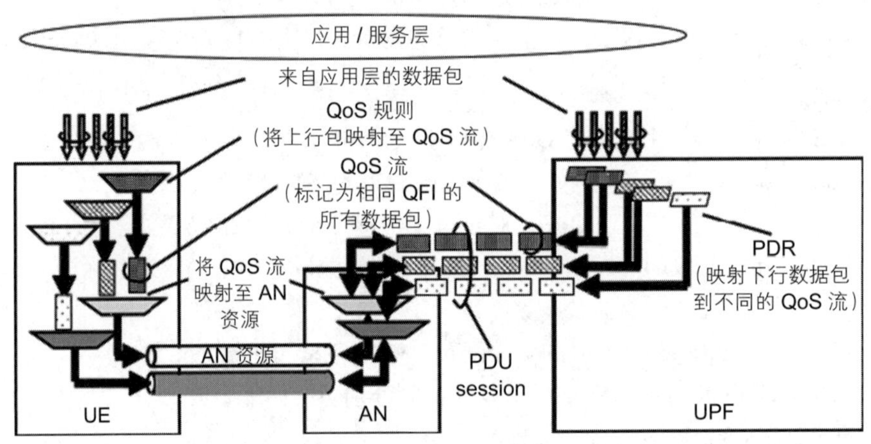

图 11-32 上下行数据包映射图

下行和上行数据包的映射过程说明如下。

1）下行数据包映射分别在 UPF 和 gNB 完成，分下面两步。

① Data packet->QoS flow：UPF 根据下行 PDR（Packet Detection Rule，包检测规则）的 packet filter set 映射 DL 数据包到不同的 QoS flow。如果匹配不上任何规则，则 UPF 丢弃该下行数据包。

② QoS flow->DRB：gNB 通过配置的映射规则，把下行 QoS flow 映射到某个 DRB。

2）上行数据包映射在 UE 完成，分以下两步。

① Data packet->QoS flow：该过程由 UE 的 NAS 层完成。UL 数据包先选定某个 PDU session，再根据该 PDU session 的 QoS rule 的 packet filter set 映射到不同的 QoS flow，处理如下。

- 对于 IPv4、IPv6、IPv4v6 或 Ethernet 的 PDU session，UE 根据 QoS rule 的优先级从高到低匹配，当匹配上某个 QoS rule（即数据包匹配上该 QoS rule 的 packet filter set），则映射到其对应的 QoS flow；如果没有匹配上任何 QoS rule，并且该 PDU session 没有配置默认 DRB，则丢弃该上行数据包。
- 对于 Unstructured 的 PDU session，默认 QoS rule 不包含 packet filter set，匹配所有的上行数据包。

② QoS flow->DRB：该过程由 UE 的 AS 层的 SDAP 完成。上行数据包映射到某个 QoS flow 后会带 QFI，再通过 SDAP 配置的映射规则映射到某个上行 DRB。

UE 侧的 PDU session、DRB、QoS flow 和 QoS rule 关系如图 11-33 所示。

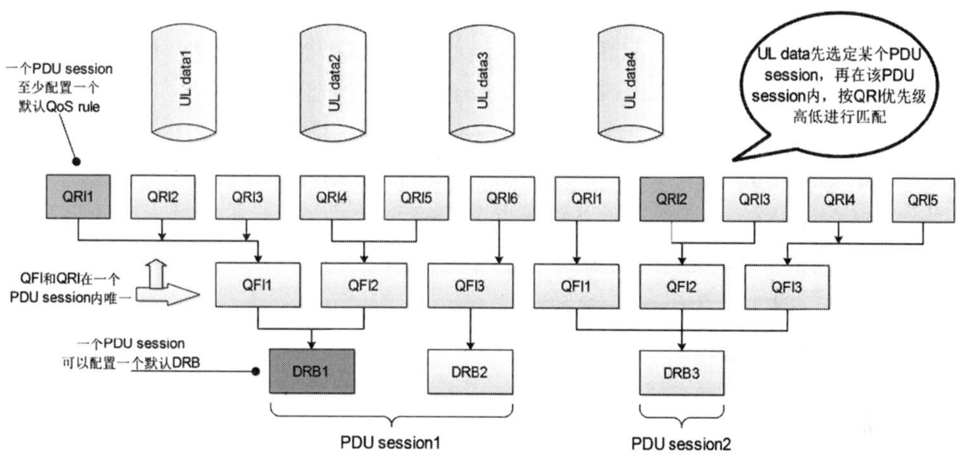

图 11-33 PDU session、DRB、QoS flow 和 QoS rule 关系

11.5.3 PDU 会话中的 QoS

本节主要描述 PDU 会话建立过程中所涉及的 QoS 相关参数。PDU 会话建立流程请参见 11.4.3 节。其中涉及 QoS 参数的消息如下。

1）UE NAS-SM->SMF：NAS-SM 消息 PDU session establishment request，带下面的字段。

- PduSessionId：必选字段，取值范围为 1 ～ 15，PduSessionId 由 UE 生成。
- 5GSM capability：可选字段，5GSM 能力参数，指示是否支持 reflective QoS。
- Maximum number of supported packet filters：可选字段，UE 支持的包分类规则最大个数。

2）UE NAS-MM->AMF：NAS-MM 消息 UL NAS transport，带 PduSessionId 和 PDU session establishment request，可能带 S-NSSAI。

3）UE RRC->gNB->AMF：NAS PDU 透传给 AMF。

4）AMF->SMF：Nsmf_PDUSessionService_CreateSMContextRequest 消息，带 PduSessionId、S-NSSAI 和 PDU session establishment request。

注：如果 UE 没有带 S-NSSAI，则由 AMF 决定 S-NSSAI。

5）SMF->AMF：Namf_CommunicationService_N1N2MessageTransferReq 消息，带下面的字段。

- PduSessionId：必选字段。
- N1 PDU session establishment accept：必选字段，AMF 收到后，封装为 DL NAS transport 消息透传给 gNB，gNB 再透传给 UE，UE 处理该消息。
- N2 PDU Session Resource Setup Request Transfer IE：必选字段，AMF 收到后直接透传给 gNB，gNB 处理该消息。
- ARP：可选字段。
- 5QI：可选字段。

6）AMF->gNB：PDU SESSION RESOURCE SETUP REQUEST 消息，带下面的字段。

- PduSessionId 和 S-NSSAI：必选字段。
- NAS PDU：必选字段，即 DL NAS transport（带 PDU session establishment accept）。
- PDU Session Resource Setup Request Transfer IE：必选字段，包含如下 QoS 参数。
  - PDU Session Aggregate Maximum Bit Rate：可选字段，该 PDU 会话的所有 Non-GBR QoS flow 的 AMBR，包括上行和下行。SMF 提供该参数。当该 PDU 会话至少存在一个 Non-GBR QoS flow 时，要带该字段；否则，不带该字段。
  - QoS Flow Setup Request Item：必选字段，QoS flow 列表，一个 PDU 会话最多包含 64 个 QoS flow，包括如下参数。
    - QoS Flow Identifier：必选字段，QFI。
    - QoS Flow Level QoS Parameters：必选字段，QoS flow 的参数，具体内容请参见 11.5.4 节。
    - E-RAB ID：可选字段，LTE 的 E-RAB ID，在 4G 和 5G 切换时带。
- UE Aggregate Maximum Bit Rate：可选字段，该 UE 的所有 Non-GBR QoS flow 的 AMBR，包括上行和下行，属于 UE 签约参数，由 AMF 提供。

7）gNB->UE RRC：RRCReconfiguration 消息，带 RadioBearerConfig（具体内容请参见 11.5.4 节）和 NAS PDU。

8）AMF->UE NAS-MM：NAS-MM 消息 DL NAS transport，带 PduSessionId 和 PDU session establishment accept。

9）SMF->UE NAS-SM：NAS-SM 消息 PDU session establishment accept，带下面的字段。

① 必选字段（只列出 QoS 相关字段）。

- PduSessionId：PDU 会话 ID。
- Authorized QoS rules：给出不同 QoS flow 对应的 QoS 规则，一个 QoS flow 可以有 0、1 或者多个 signalled QoS rule（注：如果某个 QoS flow 带了 0 个 signalled QoS rule，则需要 Derived QoS rule）。UE 据此把 UL 数据包映射到某一个 QoS flow。
- Session-AMBR：该 PDU 会话的所有 Non-GBR QoS flow 的 AMBR，包括上行和下行。

② 可选字段（只列出 QoS 相关字段）。

- ❑ S-NSSAI：在非紧急 PDU 会话建立时必带。
- ❑ RQ timer value：Reflective QoS 使用的定时器。
- ❑ Authorized QoS flow descriptions：给出不同 QoS flow 的 QoS 参数，比如 5QI、GFBR uplink、GFBR downlink、MFBR uplink、MFBR downlink、Averaging window 和 EPS bearer identity 等。

由以上可知，PDU 会话的 QoS 参数在 UE 的 NAS-SM 层、gNB、AMF 和 SMF 层都有涉及。

11.5.4 QoS 参数

SMF 组装的 PDU Session Resource Setup Request Transfer IE 和 PDU Session Resource Modify Request Transfer IE 由 AMF 透传给 gNB 处理。PDU Session Resource Setup Request Transfer 必带 QoS Flow Level QoS Parameters 字段，PDU Session Resource Modify Request Transfer 可选带 QoS Flow Level QoS Parameters 字段。QoS Flow Level QoS Parameters 包括如下字段，见表 11-9。

表 11-9 QoS Flow Level QoS Parameters 字段

字段名称	必选 / 可选	说明
Non-dynamic 5QI 或者 Dynamic 5QI	必选	见下文
Allocation and Retention Priority	必选	见下文
GBR QoS Flow Information	可选	GBR QoS flow 要带该字段，否则不带，见下文
Reflective QoS Attribute	可选	Non-GBR QoS flow 可以带该字段，否则不带
Additional QoS Flow Information	可选	Non-GBR QoS flow 可以带该字段，否则不带

每个字段的含义如下。

- ❑ Non-dynamic 5QI：非动态 5QI，为标准的或者预配置的 5QI，见表 11-10。

表 11-10 Non-dynamic 5QI

IE 名称	是否存在	取值范围	描述
5QI	M	INTEGER (0,⋯,255, ⋯)	标准的或者预配置的 5QI
Priority Level	O	INTEGER (1,⋯,127, ⋯)	优先级，1 为最高优先级，127 为最低优先级。当带该字段时，替换标准值或预配置值
Averaging Window	O	INTEGER (0,⋯,4095, ⋯)，单位为 ms	平均窗长，仅用于 GBR QoS flow，默认值为 2000 ms。当带该字段时，替换标准值或预配置值
Maximum Data Burst Volume	O	INTEGER (0,⋯,4095, ⋯)，单位为 byte	MDBV，最大数据突发量，仅用于 Delay Critical GBR QoS flow。当带该字段时，替换标准值或预配置值

注：表中 M 表示必选字段；O 表示可选字段。

❑ Dynamic 5QI：动态 5QI，由核心网配置，见表 11-11。

表 11-11 Dynamic 5QI

IE 名称	是否存在	取值范围	描述
Priority Level	M	INTEGER (1,…,127, …)	优先级
Packet Delay Budget	M	INTEGER (0,…,1023, …)，单位为 0.5 ms	包时延预算
Packet Error Rate	M		误包率
5QI	O	INTEGER (0,…,255, …)	动态分配的 5QI
Delay Critical	C-ifGBRflow	delay critical 或者 non-delay critical	指示该 GBR QoS flow 是否是 Delay Critical GBR
Averaging Window	C-ifGBRflow	INTEGER (0,…,4095, …)，单位为 ms	平均窗长，仅用于 GBR QoS flow，默认值为 2000 ms
Maximum Data Burst Volume	O	INTEGER (0,…,4095, …)，单位为 byte	MDBV，最大数据突发量，Delay Critical GBR QoS flow 必须带该字段，否则不带

注：C-ifGBRflow 表示当 GBR QoS Flow Information IE 存在时，对应 IE 也存在，即 GBR QoS flow 必须配置该字段。

❑ Allocation and Retention Priority：分配和保留优先级，指示不同 QoS flow 之间的优先级，见表 11-12。

表 11-12 Allocation and Retention Priority

IE 名称	是否存在	取值范围	描述
Priority Level	M	1 ～ 15	优先级，1 为最高优先级，15 为最低优先级
Pre-emption Capability	M	shall not trigger pre-emption 或 may trigger pre-emption	shall not trigger pre-emption：该 QoS flow 不能抢占其他低优先级 QoS flow；may trigger pre-emption：该 QoS flow 可以抢占其他低优先级 QoS flow
Pre-emption Vulnerability	M	not pre-emptable 或 pre-emptable	not pre-emptable：该 QoS flow 不能被其他高优先级 QoS flow 抢占；pre-emptable：该 QoS flow 可以被其他高优先级 QoS flow 抢占

❑ GBR QoS Flow Information：配置 GBR QoS flow 的 QoS 参数，见表 11-13。

表 11-13 GBR QoS Flow Information

IE 名称	是否存在	取值范围	描述
Maximum Flow Bit Rate Downlink	M	INTEGER (0,…,4000000000000, …)，单位为 bit/s	MFBR，下行最大流比特率
Maximum Flow Bit Rate Uplink	M	INTEGER (0,…,4000000000000, …)，单位为 bit/s	MFBR，上行最大流比特率
Guaranteed Flow Bit Rate Downlink	M	INTEGER (0,…,4000000000000, …)，单位为 bit/s	GFBR，下行保证流比特率
Guaranteed Flow Bit Rate Uplink	M	INTEGER (0,…,4000000000000, …)，单位为 bit/s	GFBR，上行保证流比特率
Notification Control	O	ENUMERATED (notification requested, …)	通知指示

（续）

IE 名称	是否存在	取值范围	描述
Maximum Packet Loss Rate Downlink	O	INTEGER (0,…,1000, …)，单位为 1/1000	下行最大丢包率
Maximum Packet Loss Rate Uplink	O	INTEGER (0,…,1000, …)，单位为 1/1000	上行最大丢包率

gNB 根据以上 QoS flow 的参数，生成空口 QoS 相关参数，并且把 QoS flow 映射到某个 DRB。空口参数 RadioBearerConfig 如下所示，可以配置多个 DRB。每个 DRB 有对应的 SDAP 配置，每个 SDAP 关联一个或者多个 QFI，同时归属于某个 PDU 会话，也就是一个 PDU 会话关联一个或多个 DRB，一个 DRB 关联一个或多个 QFI，一个 QFI 有一个或多个 QoS 规则。

```
RadioBearerConfig ::=                     SEQUENCE {
    srb-ToAddModList          SRB-ToAddModList          OPTIONAL,    -- Cond HO-Conn
    srb3-ToRelease            ENUMERATED{true}          OPTIONAL,    -- Need N
    drb-ToAddModList          DRB-ToAddModList          OPTIONAL,    -- Cond HO-toNR
    drb-ToReleaseList         DRB-ToReleaseList         OPTIONAL,    -- Need N
    securityConfig            SecurityConfig            OPTIONAL,    -- Need M
    ...
}
DRB-ToAddModList ::=       SEQUENCE (SIZE (1..maxDRB)) OF DRB-ToAddMod
DRB-ToAddMod ::=     SEQUENCE {
    cnAssociation             CHOICE {
        eps-BearerIdentity           INTEGER (0..15),
        sdap-Config                   SDAP-Config
    }                                                    OPTIONAL,    -- Cond DRBSetup
    drb-Identity              DRB-Identity,
    reestablishPDCP           ENUMERATED{true}           OPTIONAL,    -- Need N
    recoverPDCP               ENUMERATED{true}           OPTIONAL,    -- Need N
    pdcp-Config               PDCP-Config                OPTIONAL,    -- Cond PDCP
    ...
}
SDAP-Config ::=    SEQUENCE {
    pdu-Session               PDU-SessionID,
    sdap-HeaderDL             ENUMERATED {present, absent},
    sdap-HeaderUL             ENUMERATED {present, absent},
    defaultDRB                BOOLEAN,
    mappedQoS-FlowsToAdd          SEQUENCE (SIZE (1..maxNrofQFIs)) OF QFI
                                                      OPTIONAL, -- Need N
    mappedQoS-FlowsToRelease      SEQUENCE (SIZE (1..maxNrofQFIs)) OF QFI
                                                      OPTIONAL, -- Need N
    ...
}
QFI ::=                  INTEGER (0..maxQFI)  //取值 0～63
PDU-SessionID ::=        INTEGER (0..255)
```

一个 DRB 又关联一个逻辑信道（LCH），LCH 的 QoS 相关参数有 priority、prioritisedBitRate 和 bucketSizeDuration 等。逻辑信道优先级处理请参看 3GPP 38.321 协议。

11.6 参考协议

[1] TS 38.300-fd0. NR; NR and NG-RAN Overall Description
[2] TS 38.306-fg0. NR; User Equipment (UE) radio access capabilities
[3] TS 38.213-f90. NR; Physical layer procedures for control
[4] TS 38.214-f90. NR; Physical layer procedures for data
[5] TS 38.321-fc0. NR; Medium Access Control (MAC) protocol specification
[6] TS 38.331-fg0. NR; Radio Resource Control (RRC); Protocol specification
[7] TS 38.413-fd0. NG-RAN;NG Application Protocol (NGAP)
[8] TS 37.340-ff0. Evolved Universal Terrestrial Radio Access (E-UTRA) and NR;Multi-connectivity
[9] TS 23.501-fc0. System architecture for the 5G System (5GS)
[10] TS 23.502-ff0. Procedures for the 5G System(5GS)
[11] TS 24.501-f60. Non-Access-Stratum (NAS) protocol for 5G System (5GS); Stage 3
[12] TS 29.502-fa0. 5G System; Session Management Services
[13] TS 29.518-fc0. 5G System; Access and Mobility Management Services

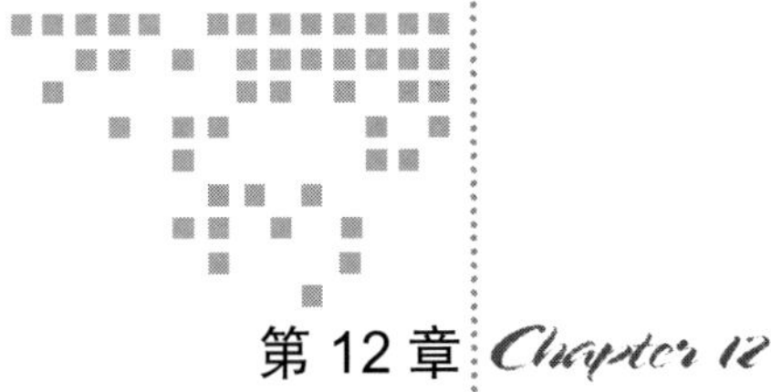

第 12 章 Chapter 12

SIB1 和配置参数设计

本章主要介绍 SIB1 和 UE 重配消息的设计架构，并对 UE 重配消息进行了详细解读。通过学习本章，读者可以知道哪些参数属于 UE 级，哪些参数属于小区组级，哪些参数属于服务小区级，哪些参数属于 BWP 级。

12.1 SIB1 参数说明

SIB1 参数如图 12-1 所示，每个参数的含义具体见 2.6.1 节。

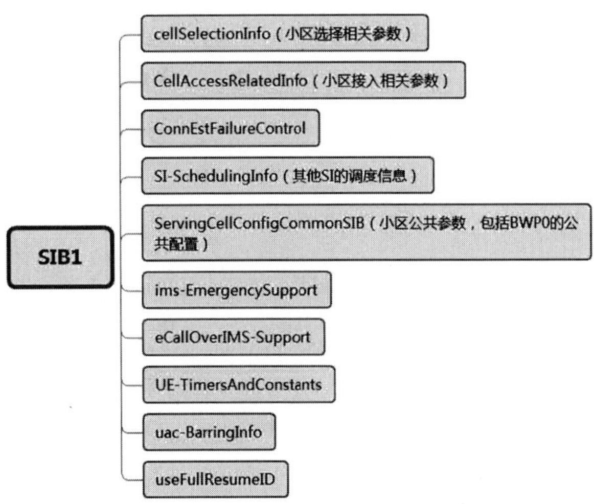

图 12-1　SIB1

其中，ServingCellConfigCommonSIB 参数如图 12-2 所示。

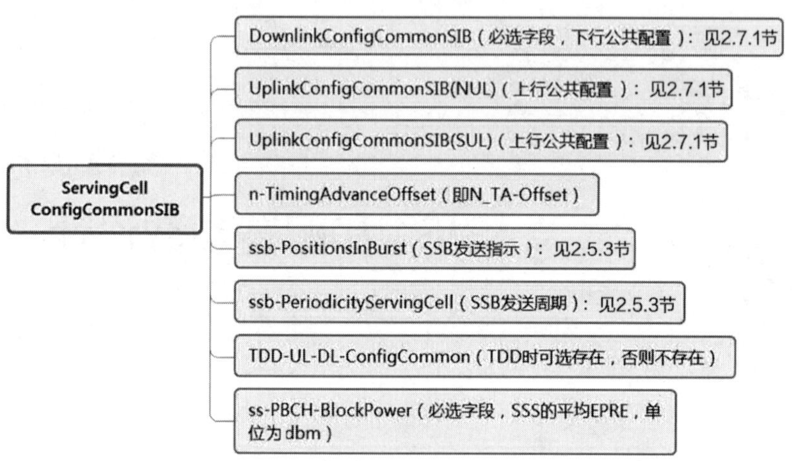

图 12-2　ServingCellConfigCommonSIB

12.2　UE 配置参数说明

本节描述 RRCReconfiguration 消息配置的 UE 参数。UE 配置参数分为如下几个级别。

- UE 级参数：比如 RB 配置、测量配置等，在多个 CG 内都有效。
- CG 级参数：比如 RLC 配置、MAC 小区组配置，以及 PHY 小区组配置等，只在当前 CG 内有效。
- 服务小区级参数：比如 PDCCH 服务小区配置、PDSCH 服务小区配置、PUSCH 服务小区配置、SRS 载波切换配置，以及跨载波调度配置等，只在当前服务小区内有效。
- BWP 级参数：比如下行 PDCCH、PDSCH、DLSPS、无线链路检测配置，上行 RACH、PUCCH、PUSCH、SRS、上行免授权、波束失败恢复配置等，只在当前 BWP 内有效。

下面分别进行描述。

12.2.1　RRCReconfiguration

RRCReconfiguration 参数如图 12-3 所示。

【说明】

1）RadioBearerConfig 属于 UE 级参数，服务于 MCG 和 SCG，数据匹配到某个 DRB 后可以分流到 MCG 或者 SCG，见 11.3 节。

2）MeasConfig 属于 UE 级参数。

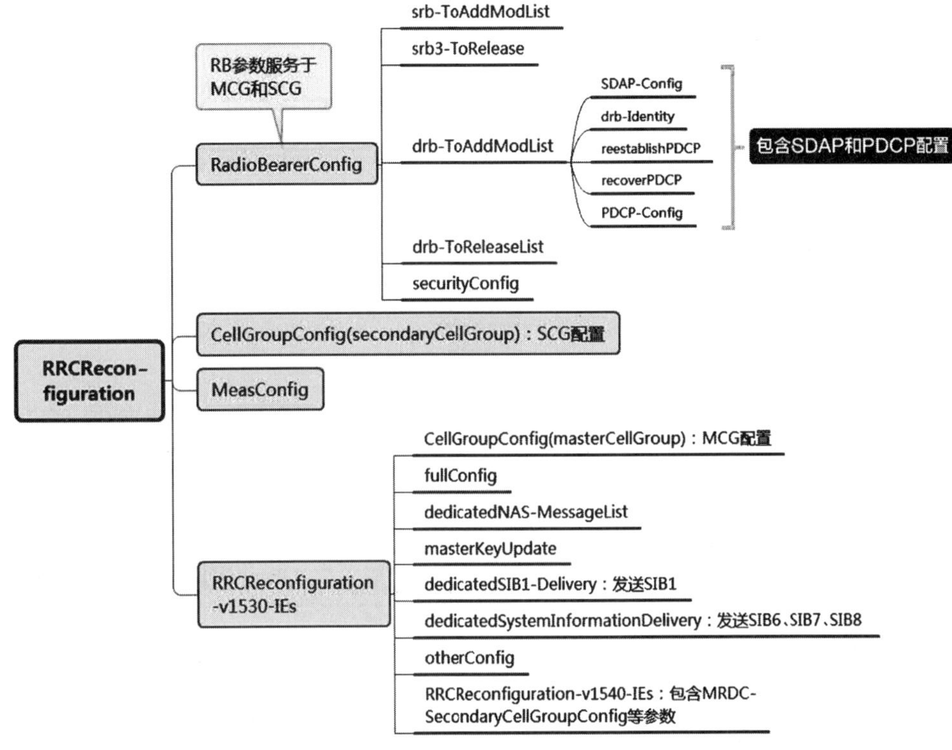

图 12-3　RRCReconfiguration

12.2.2　CellGroupConfig

CellGroupConfig 参数如图 12-4 所示。

【说明】

1）CellGroupConfig 用于配置 MCG 或者 SCG 参数。一个小区组包含关联 RLC 实体的逻辑信道集合、一个 MAC 实体、一个主小区（SpCell）、0 个或多个辅小区（SCell）。

2）对于 RLC 层，其可以配置多个 RLC bearer。每个 RLC bearer 包含 RLC 参数、对应的 LCH ID 和 LCH 参数、关联的 RB（SRB 或 DRB）ID 等。

3）对于 MAC 层，DRX、SR、BSR 等参数都属于小区组级别参数（也就是 MCG 和 SCG 各自配置，各自执行相关过程），不属于某个服务小区参数（也就是对 SpCell 和 SCell 都适用）。比如，DRX 参数，MCG 和 SCG 各自维护，但是 CG 内部各个 CA 载波之间只维护一个 DRX。

4）对于 PHY 层，是否支持 HARQ 绑定、HARQ-ACK 码本类型、各种 RNTI、PDCCH 盲检测限制等参数都属于小区组级别参数（也就是 MCG 和 SCG 各自配置，各自执行相关过程），不属于某个服务小区参数（也就是对 SpCell 和 SCell 都适用）。

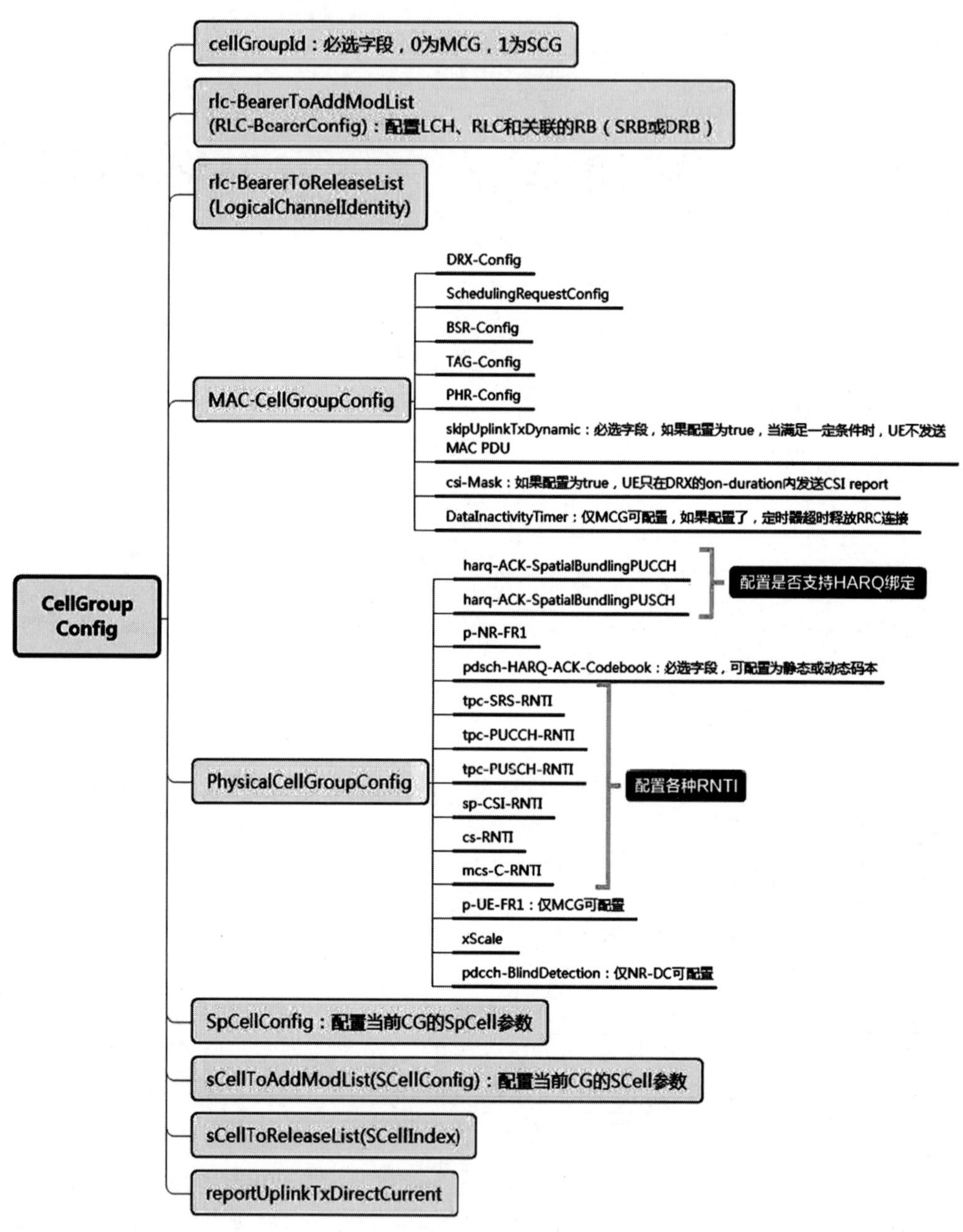

图 12-4　CellGroupConfig

12.2.3　SpCellConfig

SpCellConfig 参数如图 12-5 所示。

SpCellConfig

ServCellIndex：PSCell必带该字段，PCell不带该字段（固定使用0）

ReconfigurationWithSync

ServingCellConfigCommon：目标SpCell的公共配置参数

newUE-Identity(RNTI-Value)：必选字段

t304：必选字段

rach-ConfigDedicated：非竞争RA参数

SSB-MTC：配置测量SSB的时机

RLF-TimersAndConstants

rlmInSyncOutOfSyncThreshold

ServingCellConfig：SpCell的专用配置参数（如果带了ReconfigurationWithSync，则指目标SpCell）

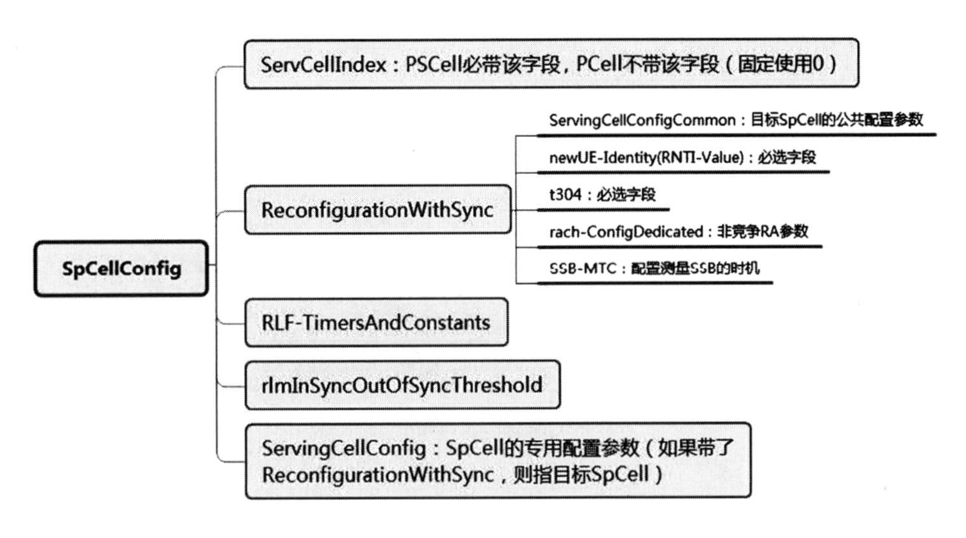

图 12-5 SpCellConfig

【说明】

1）ServCellIndex：取值范围为0～31，取值为0表示PCell，取值为1～31表示PSCell和所有的SCell。该参数在MCG和SCG内统一使用。

2）ReconfigurationWithSync的解释见3.7节。

3）由图12-5可以看出，SpCell的公共配置参数ServingCellConfigCommon需要通过ReconfigurationWithSync配置。对于PSCell，如果要修改公共配置参数，那么只能通过ReconfigurationWithSync给UE重配，也就是要再次进行同步和RA过程。对于PCell，如果UE的当前激活BWP配置了pagingSearchSpace、searchSpaceSIB1和searchSpaceOtherSystemInformation，那么UE可以通过接收paging消息，从而知道系统信息发生了变化，进一步接收SIB。

12.2.4 SCellConfig

SCellConfig参数如图12-6所示。

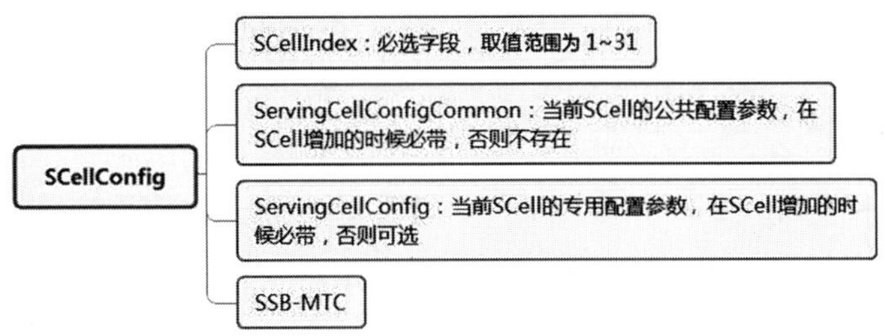

图 12-6 SCellConfig

由图12-6可以看出，SCell的公共配置参数ServingCellConfigCommon，只能在增加SCell的时候配置，如果要修改SCell的公共配置参数，则只能删除SCell后再次添加进而修改。

12.2.5 ServingCellConfigCommon

ServingCellConfigCommon 参数如图 12-7 所示。

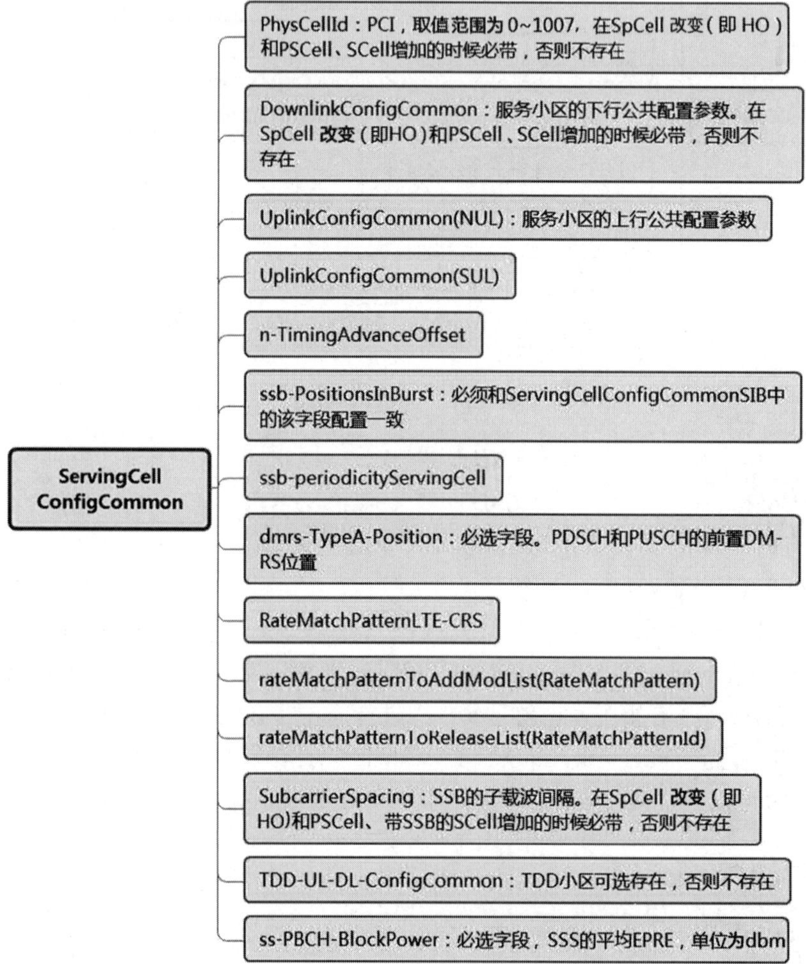

图 12-7　ServingCellConfigCommon

【说明】

1）ServingCellConfigCommon 用于配置 UE 的服务小区的公共参数。

2）downlinkConfigCommon 参数要和当前服务小区的 MIB 和 SIB1（如果有）参数保持一致，具体见 2.7.1 节。

3）只有配置了 NUL 的 UplinkConfigCommon，才可以配置 SUL 的 UplinkConfigCommon。

12.2.6　ServingCellConfig

ServingCellConfig 参数如图 12-8 所示。

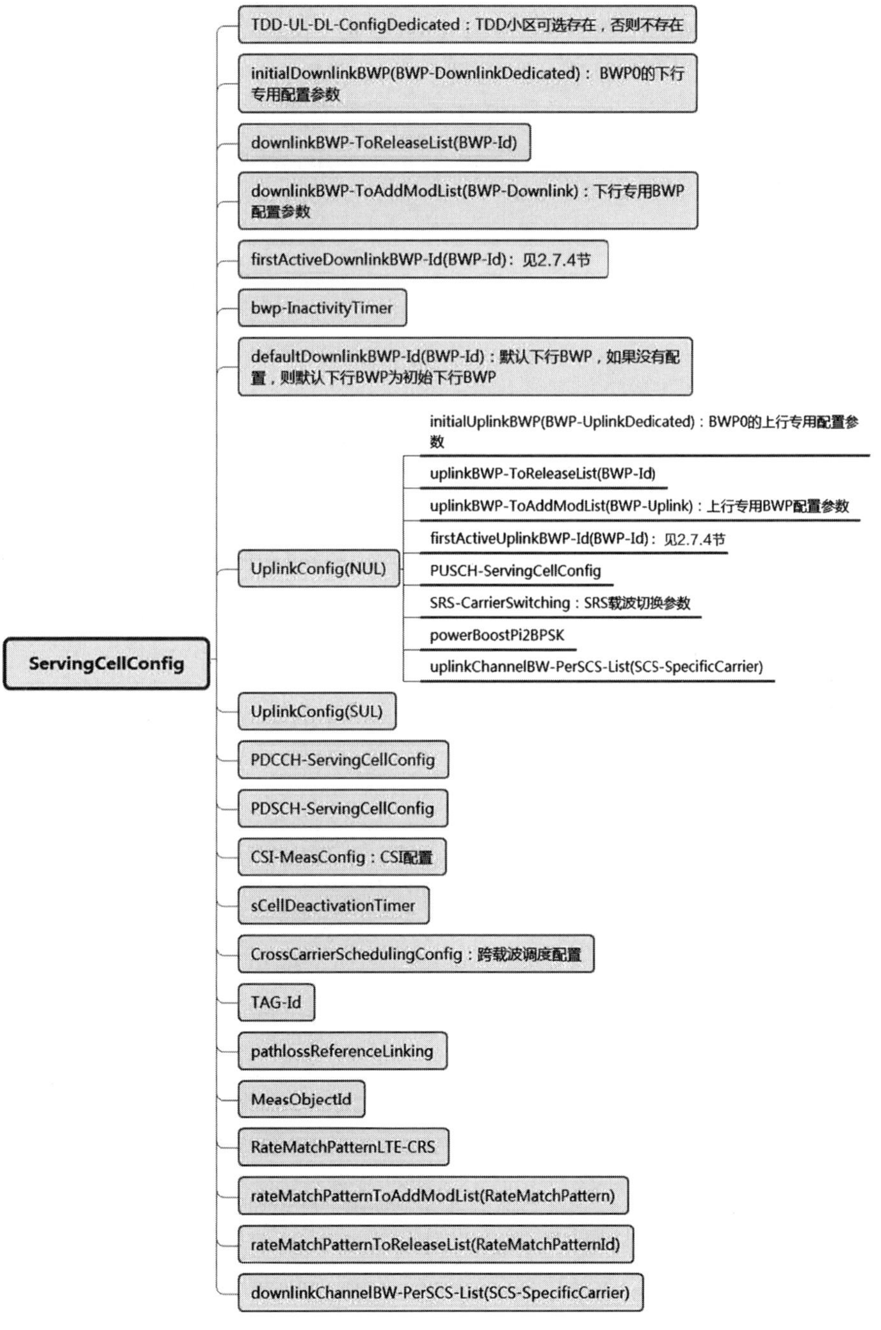

图 12-8　ServingCellConfig

【说明】

1）ServingCellConfig 用于配置 UE 的服务小区（MCG、SCG 的 SpCell 或 SCell）参数，大部分参数属于 UE 级专用参数。

2）仅当 ServingCellConfigCommon 配置了 NUL 的 UplinkConfigCommon 或 ServingCell-ConfigCommonSIB 配置了 NUL 的 UplinkConfigCommonSIB，才可以配置 NUL 的 UplinkConfig。

3）仅当 ServingCellConfigCommon 配置了 SUL 的 UplinkConfigCommon 或 ServingCell-ConfigCommonSIB 配置了 SUL 的 UplinkConfigCommonSIB，才可以配置 SUL 的 UplinkConfig。